**VDI** BERICHTE

Herausgeber: Verein Deutscher Ingenieure

# VDI BERICHTE 952

## VEREIN DEUTSCHER INGENIEURE

KOMMISSION REINHALTUNG DER LUFT
IM VDI UND DIN

# UMWELTSCHUTZ IN STÄDTEN

## EMISSIONSMINDERUNG — ENTSORGUNG ENERGIE — PLANUNG

Tagung Dresden, 20. bis 22. Mai 1992

**VDI** VERLAG

Die Deutsche Bibliothek — CIP-Einheitsaufnahme

**Umweltschutz in Städten** : Emissionsminderung, Entsorgung, Energie, Planung ; Tagung Dresden, 20. — 22. Mai 1992 / Kommission Reinhaltung der Luft im VDI und DIN. —
  (VDI-Berichte ; 952)
  ISBN 3-18-090952-8
NE: Kommission Reinhaltung der Luft; Verein Deutscher Ingenieure: VDI-Berichte

© VDI-Verlag GmbH · Düsseldorf 1992

Alle Rechte vorbehalten, auch das des Nachdruckes, der Wiedergabe (Photokopie, Mikrokopie), der Speicherung in Datenverarbeitungsanlagen und der Übersetzung, auszugsweise oder vollständig.

Printed in Germany

ISSN 0083-5560

ISBN 3-18-090952-8

**Inhalt**

| | | Seite |
|---|---|---|
| H. Gassert | Eröffnung | 1 |
| G. Steve Hart | IUAPPA's Role in the International Community | 5 |
| L. Trepl | Die Stadt als Lebensraum — urbane Ökosysteme und Stadt-Landschaft | 9 |
| J. Schmölling und B. Schärer | Entwicklungstendenzen der staatlichen Instrumente und Strategien im Umweltschutz | 23 |
| J. Hennerkes | Aufgaben und Organisation eines kommunalen Umweltamtes | 39 |
| H. E. Wichmann, J. Heinrich und K. Schwinkowski | Umweltepidemiologische Untersuchungen in Thüringen | 55 |
| U. Heinrich | Das kanzerogene Potential von Luftschadstoffen — Die Bedeutung von Kfz-Abgasen | 65 |
| H. Ising | Gesundheitliche Aspekte der Lärmbelastung in Städten im Vergleich zu anderen Gesundheitsrisiken | 83 |
| W. Werner, M. Paduch und P. Peklo | Belästigungen durch Gerüche — Feststellung, Bewertung und Maßnahmen zu ihrer Beseitigung | 95 |
| B. Prinz | Wirkungen von Luftschadstoffen auf Ökosysteme in Ballungszentren — Bewertungsmaßstäbe und Abhilfemaßnahmen | 111 |
| T. Broniewski und S. Karczmarczyk | Atmosphärische Korrosion und Bausubstanz — Konservierung und Sanierung | 135 |
| W. Seiler, D. Möller und E. Renner | Auswirkungen von Emissionsminderungsmaßnahmen in den neuen Bundesländern auf die Verteilung und Deposition von luftgetragenen Schadstoffen | 147 |
| P. Bruckmann und H.-U. Pfeffer | Langjährige Entwicklung der Luftqualität in urbanen Gebieten am Beispiel des Ballungsraumes Rhein-Ruhr | 151 |
| J. Krause und A. Hellwig | Die Asbestexposition in den neuen Bundesländern — Situation und notwendige Maßnahmen am Beispiel Sachsen-Anhalt | 167 |

|  |  | Seite |
|---|---|---|
| T. Gaux | Messungen und Überwachung von Emissionen aus nicht genehmigungspflichtigen Kleinfeuerungsanlagen im Hausbrand und Kleingewerbe | 179 |
| E. A. Drösemeier | Schadstoffmessungen an Verkehrsschwerpunkten | 189 |
| N. Gorißen | Entwicklungen der Kfz-Schadstoffemissionen — Erfordernisse und Möglichkeiten zur Minderung | 197 |
| G. Penn-Bressel | Verkehrslärm in Städten und Lärmminderungspläne — Erfahrungen aus Modellvorhaben des Umweltbundesamtes | 223 |
| H. Klingenberg | Technische Maßnahmen zur Emissionsminderung (Luft/Lärm) an Kraftfahrzeugen | 231 |
| P. Leisen | Abschätzung verkehrsbedingter Luftbelastungen durch Modelluntersuchungen und anhand praktischer Beispiele | 253 |
| W. Knobloch | Vermeidung und Entsorgung von Hausmüll | 277 |
| A. Schumacher | Umweltverträgliche Abfallverbrennung | 291 |
| L. Müller | Moderne Deponietechnik | 303 |
| P. Gelfort | Städtebauliche Ansätze zur Verbesserung der Umwelt | 317 |
| R. Petersen | Ansätze für den stadtgerechten Verkehr: Vermeiden — Verlagern — Beruhigen | 329 |
| W.-D. Glatzel | Energiesparmaßnahmen in Städten als Beitrag zum Immissionsschutz | 349 |
| W. Solfrian | Energieversorgungskonzepte für die neuen Bundesländer — Folgerungen für Sanierungsmaßnahmen und Regionalplanung | 375 |
| K. M. Sullivan | Clean black and brown coal fired power stations — the Australian experience and energy concept | 389 |
| W.-F. Staab und E. Führlich | Energieversorgung mit Kohle — Stand der Technik bei Neuanlagen und bei der Sanierung von Altanlagen | 401 |

| | | Seite |
|---|---|---|
| W. Bley | Die moderne Ölfeuerung im Wärmemarkt<br>Chancen — Emissionsverhalten — Wirtschaftlichkeit | 413 |
| R. Schupp und<br>H.-P. Roosen | Wärmeerzeugung mit Erdgas — Möglichkeiten der<br>Emissionsminderung und Beispiele | 421 |
| G. Eisenbeiß | Einsatz erneuerbarer Energien | 441 |
| H. Kleinschmidt | Ein kurzfristiges Konzept zur Senkung der Immissionen<br>aus der Energieerzeugung im Versorgungsgebiet | 453 |
| H. Langer | Investitionshilfen und Finanzierungsmodelle für<br>Maßnahmen des Umweltschutzes | 463 |
| | Autorenverzeichnis | 475 |

# Eröffnung

Senator E. h. Dr. **H. Gassert**

Zu dem Kolloquium "Umweltschutz in Städten" heiße ich Sie im Namen der Kommission Reinhaltung der Luft im VDI und DIN herzlich willkommen. Es ist die dritte Veranstaltung dieser Art; die erste fand 1982 in Berlin statt und die zweite 1986 in München. Der besondere Gruß galt damals, meine Damen und Herren, zwei Kollegen aus der ehemaligen DDR. Ich freue mich, daß wir heutzutage die Teilnahme von Kollegen aus den neuen Bundesländern nicht als Besonderheit herausheben müssen, sondern als selbstverständlich ansehen dürfen. Gott sei Dank sind es auch keine politischen Hemmnisse mehr, die unsere Kollegen aus den östlichen Nachbarstaaten von einer Teilnahme abhalten. Ich begrüße daher sehr herzlich auch die Kollegen aus Polen, die heute an der Tagung teilnehmen.

Wir möchten mit dieser Veranstaltung für den bedeutsamsten Lebens- und Tätigkeitsraum des Menschen, nämlich die Stadt, die dort vorhandenen Umweltprobleme aufzeigen und Lösungsvorschläge diskutieren. Der vielen Schwierigkeiten, die uns dabei entgegenstehen, sind wir uns wohl bewußt. Dieser Lebens- und Tätigkeitsraum ist zugleich Musterbeispiel dafür, daß sich der Mensch stets seine Umwelt selber gestaltet. Wo immer der Mensch auftrat, zur Sicherung seiner Existenz, zur Erleichterung seines Daseins, mußte er in die natürliche Umwelt eingreifen.

Umweltschutz ist für den handelnden und verantwortungsbewußten Menschen stets Umweltgestaltung gewesen und wird es auch bleiben. Die wissenschaftlichen Grundlagen für diese Gestaltung sind uns, ein Blick in unsere Städte beweist es, offensichtlich nur in unvollkommener Form bekannt.

Wie Sie dem Programm entnehmen, haben wir uns bemüht, ein breitgefächertes Themenspektrum anzubieten. Natürlich lassen sich nicht alle Probleme in 2 1/2 Tagen ansprechen, zumal – wie Sie alle wissen – durch die Vereinigung der beiden Teile Deutschlands eine Vielzahl neuer Probleme auf uns zugekommen sind. Mir ist bewußt, daß wir diese Probleme nur gemeinsam werden lösen können. Unter Gemeinsamkeit verstehe ich auch ausdrücklich die Mitwirkung unserer europäischen Nachbarn bzw. unserer Fachkollegen über Europa hinaus! So möchte ich in diesem Zusammenhang ganz besonders Herrn Dr. Steve Hart, Präsident der IUAPPA (International Union of Air Pollution Prevention Associations), begrüßen, der ja gleich noch ein Grußwort an uns richten wird.

Wie mir der Präsident berichtet hat, wurden und werden die Entwicklungen im östlichen Teil Deutschlands in der Welt mit großem Interesse verfolgt und diskutiert. Deshalb wird sehr leicht verständlich, daß sich seinerzeit die Mitglieder des Executive Committees der IUAPPA ausdrücklich hinter die Planung dieses Kolloquiums gestellt und die Mitwirkung der IUAPPA ausdrücklich befürwortet haben. Es ist meine feste Überzeugung, daß die Experten im Umweltschutz nicht nur auf Regierungsebene eng kooperieren müssen, sondern auch auf der Ebene der sogenannten nicht-regierungsgebundenden Institutionen ("Non-Governmental Organisations). Ich erinnere in diesem Zusammenhang nur an die Konferenz der UNCED in Brasilien in diesem Jahr, an der voraussichtlich über 10.000 Vertreter und Experten von Regierungen weltweit teilnehmen werden. Ich will damit zum Ausdruck bringen, daß nicht-regierungsgebundene Organisationen hier ihre besondere Verpflichtung haben. Dies gilt insbesondere auch für das Gebiet der Luftreinhaltung und damit für die IUAPPA. Nochmals herzlichen Dank, Herr Präsident, daß Sie den Weg von Kanada nach Dresden gefunden haben.

Die Notwendigkeit, dem Umweltschutz besonders in Städten eine hohe Priorität einzuräumen, ergibt sich aus der Tatsache, daß ein Drittel der Bevölkerung in den Entwicklungsländern und zwei Drittel der Bevölkerung in den Industrieländern in städtischen Gebieten leben. Hier liegt die große Herausforderung an Politik, Wissenschaft und Technik, die Qualität dieses Lebensraumes so zu gestalten, daß er von den dort lebenden Menschen voll akzeptiert wird. Zugleich muß diese Gestaltung möglichst wenig umweltschädlich sein.

Die planerischen und technischen Möglichkeiten hierzu sind vorhanden und wurden auch angewendet, was sich an vielen Beispielen weltweit belegen läßt. Aber auch die Mißstände sind offenkundig - im Westen und im Osten.

Das heutige Kolloquium, meine Damen und Herren, zielt mit seiner Themenauswahl auf die Umweltprobleme der neuen Bundesländer, die - wie wir wissen - einen besonders großen Nachholbedarf haben. Dies gilt insbesondere für die Städte im südlichen Teil der neuen Bundesländer.

Hier schätzt man nach einer Recherche des IFO-Instituts in München den Investitionsbedarf für den Umweltschutz auf rund 210 Milliarden DM bis zum Jahr 2000. Dieses Geld muß nach Kosten/Nutzen-Gesichtspunkten optimal eingesetzt werden - eine Forderung, die sich nur mit fachlicher Kompetenz und in abgestimmter Zusammenarbeit aller an dieser gewaltigen Aufgabe Beteiligten erfüllen läßt.

Das Kolloquium will hierzu einen Beitrag leisten, indem es die wirkungsbezogenen, planerischen, organisatorischen und technischen Aspekte der Maßnahmen zur Emissionsminderung und Entsorgung in Städten zusammenfaßt.

Besonders hervorheben möchte ich die am zweiten Tag vorgesehene Podiumsdiskussion, in der Verantwortliche aus Politik, Verwaltung, Wissenschaft und Technik die Situation aus ihrer Sicht vortragen und anschließend für Ihre Fragen und Anregungen zur Verfügung stehen.

Ich wünsche der Tagung einen guten Verlauf und Ihnen, meine Damen und Herren, daß Sie viele für Ihre Tätigkeit wertvolle Informationen mit nach Hause nehmen können.

# IUAPPA's Role in the International Community
## G. Steve Hart, Nepean/Canada

Good morning honoured guests and participants in this very important "3rd IUAPPA Regional Conference". Our hosts the Verein Deutscher Ingenieure (VDI) are to be congratulated on organizing this meeting. On behalf of the IUAPPA Executive Committee I would also like to thank you for organizing this conference. I can assure you that it is greatly appreciated.

The International Union of Air Pollution Prevention Associations, or IUAPPA as we call it, has had the honour of staging a World Clean Air Congress in Duesseldorf but it is the first time that we are staging a conference in this part of your country. I would therefore, like to take a few minutes to tell you something about the Union.

Seven national associations foundet IUAPPA in 1964. The wisdom of the individuals involved in this effort is very evident today. They saw the need for an international, integrating, non-governmental organization which could foster the cause of air pollution control worldwide. I am glad to say that the Union now comprises 28 national associations, including your VDI. We also anticipate having several other members in the near future.

The need for an organization such as IUAPPA, through which the international level of environmental awareness can be raised and environmental technology can be transferred internationally, becomes ever more evident as the years go by. IUAPPA is unique in that it brings together the strengths and resources of its member associations in a symbiotic and synergistic manner.

The global nature of many of today's environmental issues is now well recognized. Examples such as ozone depletion, climate change and the international movement of hazardous wastes are typical of this type of problem. There is an obvious need for international, forum type organizations to address these problems and facilitate international collaboration. IUAPPA is designed for, and is intended to provide a vehicle for such collaboration.

What has IUAPPA achieved over the last 27 years, since it was founded, in helping to foster this international cooperation that we all agree is necessary. I believe that although the Union has gone through growing pains, natural to any new organization, that its contributions have been significant and are growing in importance.

The first major initiative of IUAPPA was the institution of a series of World Clean Air Congresses every 3 to 4 years. Eight of these have been held in London, Washington, D.C., Duesseldorf, Tokyo, Buenos Aires, Paris, Sydney and the Hague. The 9th Conference will be held in Montreal from August 30 to September 4, 1992 and I will say a bit more on this shortly.

IUAPPA recently instituted a series of Regional Conferences, where the idea is to enable more people from different countries to participate actively in dealing with environmental problems pertinent to their regions. The first of these Regional Conferences was held in South Africa last year and the second was held in Seoul, Korea last fall. The third is, of course, the conference we are attending here in Dresden, and the fourth will be held in Australia in July. We are working on two or three other possibilities including Eastern Europe and the Indian Sub-Continent.

Another recent initiative was the publication in 1988 of the first edition of Clean Air Around the World. I am happy to say that the second edition has been published with contributions from 26 countries, and from the United Nations and the European Commission.

The scope and by-laws of IUAPPA have recently been reviewed and a proposal is coming forward to broaden the mandate of the Union. The focus will still be predominantly on air pollution control but many aspects of waste management and other environmental issues will probably be included.

Another interesting initiative has been the establishment of the developing countries fund, with the purpose of trying to facilitate more participation from these countries through such things as:

- assisting in the development of national non-governmental organizations;
- assisting in the publication of information in the national languages of member countries; and
- general technology transfer.

This fund is in its fledgling state and needs all the help it can get.

The Air and Waste Management Association of Canada and the United States was asked, on behalf of IUAPPA, to prepare a declaration for presentation at the "United Nations Conference on Environment and Development", to be held in Brazil in the summer of 1992. This Declaration entitled

"IUAPPA Declaration on Pollution Prevention" focuses on the need to change the international approach from pollution clean-up to pollution prevention. It has been given wide distribution to all United Nations members as input to the Brazil Conference.

Now to Montreal 1992. Martin Rivers, as first vice-president of IUAPPA and myself would like to invite you to come to Montreal this year from August 30 to September 4 to participate in the 9th World Clean Air Congress, which will be hosted by the Quebec Section of AWMA. As you all know, Montreal is a vibrant, interesting city which is always prepared to welcome visitors.

The organizing committee has been working very hard to put together an outstanding conference. I am delighted to say that we have had a very good response from most of the National Associations in the Union, including about 70 abstracts from VDI. I believe that this conference will indeed contribute substantially to the diffusion of environmental technology and knowledge on an international basis. I have left several copies of the conference program at the registration desk.

I know that I speak for the Air and Waste Management Association of the United States and Canada, and especially the official hosts, the Quebec section of this association, when I offer you a warm invitation to come and see us in Montreal this year. I guarantee you a wonderful time both technically and socially, in one of the world's most interesting cities.

# Die Stadt als Lebensraum —
# urbane Ökosysteme und Stadt-Landschaft

L. Trepl, Berlin

**Zusammenfassung**

"Stadtökologie" bezieht sich auf einen besonderen wissenschaftlichen und praktischen Umgang mit der Natur in der Stadt. Der Naturbegriff wird einerseits im Sinne der Naturwissenschaften, andererseits in der Bedeutung von Natur als "Landschaft" gebraucht. Unter Berücksichtigung der politischen und kulturellen Implikationen dieses Begriffspaares wird die Geschichte des Verhältnisses der Städter zur Natur in der Stadt dargestellt.

## 1. Einleitung

In den anderen Beiträgen dieses Bandes geht es um Dinge wie Luftreinhaltung und Lärmbekämpfung, Deponietechnik und Energieversorgung. Man könnte sagen, daß vor dem Hintergrund einer Kenntnis der Autökologie des Menschen Methoden entwickelt werden, seine Lebensbedingungen in einem bestimmten Lebensraum, dem städtischen, zu verbessern. Das nennt man städtischen Umweltschutz. "Lebensbedingungen" bezieht sich auf das biologische Leben, oder auf die Beziehung zur "Natur". Deren Relevanz in den Mittelpunkt zu stellen und zum Ausgangspunkt der Politik zu machen, nennt man - in der politischen Diskussion - Stadtökologie.

Nun fällt aber auf, daß die städtischen Umweltschützer - die einschlägigen Behörden ebenso wie die Verbände und die Bürgerinitiativen - zum großen Teil, vielleicht zum überwiegenden Teil sich gar nicht mit solchen Dingen befassen, wie sie hier auf dieser Veranstaltung behandelt werden, sondern z.B. mit der Gestaltung von Parkanlagen, der

Pflege von Biotopen und dem Schutz von Straßenbäumen. Der Gegenstand ist hier ein kategorial anderer als der eben umschriebene, und um diesen Teil von städtischem Umweltschutz soll es im vorliegenden Beitrag gehen. Es soll damit also weniger eine Einführung in das dann folgende gegeben werden als vielmehr deutlich gemacht werden, daß damit nur partiell das erfaßt ist, was der Titel der Tagung verspricht.

Man mag einwenden, daß dieses auf der Tagung nicht Behandelte gar nicht den Rahmen jener Autökologie des Menschen sprengt, es sei lediglich ein besonderer Aspekt derselben: Die Parkanlagen dienen der Klimaverbesserung, die Straßenbäume der Luftreinhaltung, und der Artenreichtum der Biotope wird wohl irgendwie zur ökologischen Stabilität beitragen. Zum Teil stimmt das sogar. Dennoch ist es natürlich keine Frage, daß die tatsächliche Motivation hinter jenen das "Stadtgrün" betreffenden Aktivitäten eine ganz andere ist. Man möchte Park- und Straßenbaum nicht deshalb erhalten, weil sie Schadstoffe aus der Luft filtern oder (angeblich) Sauerstoff spenden, sondern weil man sie schön findet, weil sie zur Identität des Quartiers gehören oder einfach weil man sich an sie gewöhnt hat. Kurz: Es geht gar nicht um die ökologische, sondern um die kulturelle Umwelt. Und dies nicht nur da, wo explizit z.B. von gartenarchitektonischer Gestaltung gesprochen wird, sondern auch da, wo man guten Gewissens behauptet, nichts als Umweltschutz oder "Stadtökologie" zu betreiben.

Um es noch einmal etwas anders zu sagen: "Umweltschutz" oder "Ökologie" - im normativen und politischen Sinn des Wortes - befaßt sich mit der Verbesserung der Beziehungen der Gesellschaft zur "Natur". Natur existiert aber für uns auf mindestens zwei, und zwar zwei kategorial verschiedene Weisen: Zum einen als Gegenstand der Naturwissenschaften, z.B. der Ökologie. Man spricht von materieller, physischer oder objektiver Natur. Und dann als Teil unserer symbolischen, kulturellen Welt. Das nennt man meist "Landschaft".

Eine Unmenge an praktischem Unfug im Umweltschutz kommt daher, daß man dies nicht auseinanderhält. Darum will ich jetzt darüber sprechen, wie sich beides zueinander verhält, was das mit der Stadt zu tun hat und was die politischen Implikationen dieser Beziehungen sind. Zu diesem Zweck will ich, aus einer Perspektive, die man eine kulturtheoretische nennen könnte, darlegen, wie sich das Verhältnis von Stadt und Natur historisch entwickelt hat.[1]

## 2. Die Entstehung der Landschaft

Die Stadt war, seit es sie gibt, Ort der Flucht und des Schutzes vor und der Befreiung von der Gewalt der Natur. Wo diese in die Städte Einlaß erhielt, war, bis hin zu den französischen Gärten des Absolutismus, der oberste Zweck die "Demonstration der Entschlossenheit, über das Grün zu herrschen". (Amery 1981) Das änderte sich erst in der Neuzeit, vor allem in der Zeit der Aufklärung.

Mit den neuen Naturwissenschaften war ein Verhältnis zur Natur entstanden, in dem diese für die Wissenschaft nicht mehr als "Ganze" vorkam. Im Mittelalter war das noch so. In einem Satz über Natur im Rahmen der alten "theoria" war das Ästhetische und das Moralische noch nicht vom Kognitiven getrennt. Ein Naturgesetz war ein göttlicher Befehl, also zugleich etwas Moralisches. Es nicht zu befolgen zeugte nicht nur von einem Fehler wissenschaftlichen Denkens, sondern war eine Sünde. Die Natur der neuen Wissenschaft aber ist eine abstrakte, unsinnliche, sinnlose, wertfreie. Sie kann konstitutiv weder schön sein

---

1) Das folgende enthält Auszüge aus Trepl, L. 1992: Stadtnatur - in ökologisch-funktionalistischer und hermeneutischer Betrachtung. Bayerische Akad. d. Wiss. (Hrsg.): Kolloqium Stadtökologie 8./9. Dez. 1989, München

noch an sich einen Wert haben. Zugleich entstand, als notwendiges Korrelat, die **Landschaft**. Bekanntlich gab es ja für die Menschen des Mittelalters keine Landschaft, so wie es auch für Menschen, die heute noch in strukturell vorneuzeitlichen Verhältnissen leben, z.B. Bauern, keine gibt. Als ästhetische, und nur so, konnte die Natur "ganz" bleiben. (Piepmeier 1980)

Als Landschaft betrachtet, ist die Natur nichts Objektives, d.h. sie ist nichts Beobachterunabhängiges. Als Ökosystem (d.h. als ein naturwissenschaftlicher Gegenstand) betrachtet hat das Naturobjekt z.B. eine bestimmte Artenzahl oder Biomasseproduktion, und diese ist für alle Beobachter die gleiche. Als Landschaft betrachtet ist die gleiche Natur z.B. für den einen Beobachter schön oder erhaben, für den anderen häßlich oder bedrohlich. Als Landschaft ist Natur auch nicht "wertfrei", sondern etwas per se Normatives und Moralisches: Es ist verwerflich, ein landschaftsuntypisches Haus zu bauen.

### 3. Ländliche Landschaft als Utopie der Städter

Landschaft gab es nur da, wo Natur noch die sinnlich-konkrete, den "ganzen Menschen" "betreffende" war, d.h. auf dem Land. Denn die Bauern arbeiteten **in** der Natur, deren Teil sie waren, sie waren mit Leib und Seele an den Boden gebunden. Und sie arbeiten, um konkrete, für sie als Naturwesen notwendige Dinge zu erzeugen, nicht um Geld zu verdienen. Aber wenn Landschaft auch nur auf dem Land existierte, so war sie doch nur für die modernen Stadtbewohner vorhanden, für Menschen also, die **gleichzeitig** mit dem objektivierenden, analytischen Blick der neuen Wissenschaft die Natur betrachteten. Für sie wurde die Landschaft zum Ort der Sehnsucht. Das Leben in dieser Landschafts-Natur galt aber zugleich als das **vernünftige** Leben, denn Vernunft hieß in der Zeit der Aufklärung vor allem zweckmäßige Schlichtheit, wie man sie in der Natur, in der Landschaft, also auf dem Lande findet - ganz im Gegensatz zum Hof. Das Landleben war die natürliche, d.h. vernünftige Alternative zur Künstlichkeit und Un-Natur der höfischen Kultur. Die Natur der Landschaft wurde zum Kampfbegriff des fortschrittlichen Bürgertums gegen die höfische Gesellschaft. (Eisel 1982)

Dieses Naturideal der Aufklärung ist aber zugleich ein **konstruktivistisches**: Das naturgemäße, vernünftige soziale Leben ebenso wie die Naturschönheit sollen nicht passiv erfahren, sondern aktiv geschaffen werden. Die zu konstruierende Natur war hier aber nicht die abstrakte der physikalischen Experimente und der industriellen Produktion, sondern die sinnlich-konkrete des Landlebens und des Künstlers. Der Landschaftsgarten - in dem der konstruierende Geist nicht eine abstrakte "zweite Natur" herstellt wie in der Industrie, sondern die Natur gerade so, wie sie von sich aus wäre, künstlich noch einmal erzeugt - wurde zur vornehmsten Kunstform.

In seiner Utopie wandte sich das aufkärerisch gesonnene Bürgertum also zurück auf Lebensformen bzw. Gesellschaft-Natur-Beziehungen, die von seiner eigenen, durch die entstehende Industrie bestimmten Lebensform bedroht waren (ebd.). Das war eine paradoxe Situation, die nicht von langer Dauer sein konnte. (Zum Naturideal der Aufklärung s. z.B. Eisel 1982, Trepl 1987)

Seit der Wende zum 19. Jahrhundert begann sich das aufklärerische Naturideal in ein konservatives zu wandeln. Die nach Maßgabe der Vernunft zu konstruierende Natur wurde zur vorgegebenen. An diese Natur hatte sich der Mensch anzupassen. Sie wurde nun nicht mehr in erster Linie ästhetisch, sondern **ökologisch-funktional** begriffen, und zwar nach dem Muster des Organismus: Wie ein gut funktionierendes Organ fügt sich jedes Teil ein ins Ganze, und so soll auch der Mensch sich einfügen in die Landschaft, den "Lebensraum" oder in das Ganze von "Land und Leuten". Erst von diesem organischen Ganzen aus erhält alles Einzelne Sinn. Die Vernunft des autonomen Menschen gilt nun als das, was für den Bau von Städten und Fabriken verantwortlich ist und damit die Reste jenes ganzheitlichen, natürlichen Lebens bedroht, welches das zu erhaltende, und nicht mehr das zu schaffende, Ideal ist. So fallen Vernunft und Natur auseinander, und Natur, Landschaft und Land kommen zu ihrem konservativen Beiklang, den sie bis vor kurzem, bis zum Aufkommen einer politisch links eingeordneten Ökologiebewegung, ausschließlich hatten. Sie stehen nun nicht mehr gegen Herrschaft und Hof, sondern gegen die Stadt und alles, was mit ihr assoziiert wird, sie "stehen plötzlich gegen Rationalität, Atheismus, Abstraktion, Wissenschaft, Theorie, Spekulation usw." (Eisel ebd.)

Für das Bürgertum, das den industriellen Fortschritt trägt, bekommt die so verstandene Natur eine kompensatorische Funktion: Sie gleicht die unangenehmen Folgen der Industrialisierung für ihre Nutznießer selbst aus oder verdeckt sie. In **dieser** Funktion wanderte seit Beginn des 19. Jahrhunderts die Natur in Gestalt von Landschaftsgärten in die Städte ein. Die Parks sind Symbol der Flucht vor der Stadt. Sie sind den Gärten um die ländlichen Herrensitze nachempfunden, die ihrerseits vorindustrielle Verhältnisse symbolisieren: die organischen, persönlichen Abhängigkeitsverhältnisse, die Einheit von Mensch und Natur im konkreten, ganzheitlichen Lebenszusammenhang.

Da so etwas nirgendwo mehr wirklich zu finden ist, muß die Symbolik auf die Grenzen der Welt verweisen: zurück in die Geschichte zu archaischen Verhältnissen - das Grundmuster der Landschaftsgärten entspricht den extensiven Weidelandschaften, Traumbild ist das Hirtenland Arkadien; "Rand der Ökomene" - die Bergkiefern und Dornstrauchgestrüppe symbolisieren die Grenzen menschlicher Herrschaft gegen die "Wüste"; räumliche Ferne - die exotischen Gehölze verweisen auf Gegenden, in denen es das ganzheitliche Leben noch geben soll (Hard 1985).

## 4. Die spontane Natur der Stadt

Neben der künstlichen Natur der Anlagen gibt es in den Städten auch wilde, spontane Natur. Als "das, was von selber geschieht", müßte **sie** eigentlich die "wirkliche" Natur der Stadt sein. Für die meisten Menschen ist sie das sicher nicht; wer würde schon, nach wirklicher Natur gefragt, die Pflasterritzenvegetation vor einem englischen Garten nennen? Der Grund ist gerade die Natürlichkeit der spontanen Stadtvegetation unter städtischen Verhältnissen: Sie ist an diese angepaßt. Darum symbolisiert sie "Stadt", d.h. Un-Natur. Darum muß sie verdrängt und bekämpft werden. Bekämpft wird sie mittels des Gärtnergrüns, das Natur symbolisiert, aber nicht Natur ist - vielmehr ist, so gesehen, "die gesamte Tätigkeit des Stadtgärtners eine einzige, kontinuierliche und ungeheuer kostspielige Naturvernichtung", eine Zerstörung der Natur, die "im Gärtnergrün unentwegt (als Unkraut) hochschießt, sobald Pflege- und Herbiziddruck nur ein wenig nachläßt." (ebd.) Unter den administrativen Bedingungen der modernen Großstadt ist die kompensatorische Funktion des "Grüns" nicht seine einzige geblieben. Während die Bürger früher ihre Stadt weitgehend selbst verwalteten, wird die moderne Stadt verwaltet ("Bürger" waren natürlich nicht die Stadtbewohner, sondern eine kleine Minderheit wohlhabender, rechtgläubiger, männlicher, gewöhnlich alteingesessener Einwohner). Die riesenhaft angewachsenen Verwaltungsapparate regulieren und disziplinieren das Leben der Bewohner, und sie sorgen für sie. Das muß in der Grünpolitik zum Ausdruck kommen.

Die zahlreichen ungenutzten, d.h. wirklich nutzbaren Frei-Flächen, die es früher in den Städten gab, werden "eingegrünt". Die geplante Vegetation signalisiert zweierlei: Fürsorge ("seht, was man doch alles für Euch tut", Hülbusch 1981) und Reglementierung, Lenkung der Bewegung in geordnete Bahnen, Ausgrenzung der Stadtbewohner von den Flächen, die früher allgemeines Gut waren. Die Grünflächen dürfen nicht betreten werden; viele heißen bezeichnenderweise "Abstandsgrün". Die spontane Vegetatioon, die sich, da **sie** den ökologischen Bedingungen in der Stadt entspricht, dennoch einstellt, erinnert aber ständig an die Grenzen der Beherrschbarkeit und Planbarkeit. So wird sie zum Un-Kraut. "Un-Kraut, Zeichen auch von mangelnder sozialer Hygiene - erinnert an Armut und Außenseiter, lärmende, 'dreckige' Kinder und Abfall. (...) Das Un-Kraut ist offensichtlich etwas Politisches". (ebd.)

Diesen Zusammenhang zu beachten ist wichtig, wenn sich die neue, "ökologische" Haltung zur Stadtnatur nicht als bedenklicher Irrweg herausstellen soll. In gewisser Hinsicht ist die neue Tendenz ein Wiederaufleben der Naturutopie der Aufklärung - neuer Rousseauismus. "Natur" ist nicht mehr nur konservativ besetzt. Sie steht nur noch bedingt gegen "Stadt", denn Natur soll in die Stadt geholt werden nicht mehr nur als Symbol im Dienste von Verdrängung, Flucht und Kompensation, sondern das natürliche Leben soll **wirklich** hier stattfinden.

## 5. Stadt und Ökologie

Das heißt aber: Derjenige Aspekt der konservativen Wende des aufklärerischen Naturideals, der im Übergang von einem ästhetisch-konstruktivistischen zu einem ökologisch-funktionalen, organizistischen Begriff von Naturganzheit bestand, wird **nicht** rückgängig gemacht. Jene organische Einbindung in Natur wurde ja nie realisiert, sondern immer nur symbolisiert - in kompensatorischer Absicht. Die neue, grüne Opposition gegen das Industriesystem ist konsequenter: Sie richtet sich gegen die rein ästhetische Bestimmung des Stadtgrüns und klagt die Realisierung des darin enthaltenen Versprechens ein.

Dieses Versprechen heißt, daß der Städter nicht mehr nur als ästhetischer Betrachter, sondern als physisches Wesen in Einklang mit der Natur lebt, optimal angepaßt an sie. Weil man heute der Meinung ist, eine solche Anpassung müsse auf wissenschaftlichen Kenntnissen beruhen, nennt man die so betrachtete Natur Ökosystem. Solche Systeme erforscht man seit über 100 Jahren, seitdem gibt es ein wissenschaftliches Fach namens Ökologie. Sie wurde aber so gut wie ausschließlich außerhalb der Stadt betrieben.

Warum gab es keine Stadtökologie? Eigentlich aus dem gleichen Grund, aus dem es keine Hydrologie der trockenen Dinge gibt. Ökologie hat etwas mit "Natur" zu tun, und "Stadt" ist das Gegenteil von Natur. Natur muß man hier als Landschafts-Natur verstehen. Sie ist, wie oben beschrieben, mit der Stadt entstanden als deren Gegenteil.

Darum haben sich die Ökologen um die Stadt lange Zeit nicht gekümmert. Man glaubte, daß es in der Stadt keine richtige Natur zu untersuchen gibt, sondern nur zerstörte und verarmte, und vor allem, daß die Naturdinge hier keinen Zusammenhalt haben, der von eigenen, sozusagen ökosystemaren Gesetzen bestimmt wird. Vielmehr sei ihre Verteilung nur ein Resultat äußerer Zufälle, deren Gesetz man auf der Seite der menschlichen Gesellschaft vielleicht finden kann, die aber auf der Seite der Natur nur Chaos erzeugen. - Heute weiß man, daß die Städte wesentlich artenreicher sind als ihre Umgebung, und daß die Verteilung der Populationen der Organismen durchaus Regeln unterliegt; das heißt, daß es für die ökologische Wissenschaft etwas zu erforschen gibt.

So hat sich die Stadtökologie seit ca. 20 Jahren zu einem rasch expandierenden Fach entwickelt. Die Stadtökologie als empirisch-analytische, naturwissenschaftliche Disziplin, die sich um das Verständnis von Struktur und Funktionsweise urbaner Ökosysteme bemüht, ist eingebettet in ein multidisziplinäres, normatives, überwiegend planungswissenschaftlich bestimmtes Feld, das sich um die **praktische** Verbesserung der Lebensbedingungen in der Stadt bemüht und das sich verwirrenderweise meist auch Stadtökologie nennt, obwohl es sich ja um etwas vollkommen anderes handelt; es ist so, als ob man zwischen der Elektrophysik und der Gesamtheit der Kenntnisse, die man zur Erzeugung und Vermarktung elektrischer Geräte braucht, von der E-Technik bis zur Betriebswirtschaft und zur Werbepsychologie, terminologisch nicht unterscheiden würde. Jede der beiden Stadtökologien hat mit einem Hauptproblem zu kämpfen.

Das der ersten, der naturwissenschaftlichen Stadtökologie ist kurz gesagt dieses: Das Fach ist entstanden als Übertragung von Theorien und Methoden, zu denen man anhand naturnäherer Ökosysteme gelangt war, auf die Stadt. Diese Ökosysteme hat man lange Zeit nach einem bestimmten Grundmodell beschrieben: Es handelt sich um hochintegrierte Systeme oder "Ganzheiten". Ihre Elemente - die Einzelorganismen - kommen deshalb in bestimmten Gemeinschaften vor (und nicht in beliebigen Kombinationen), weil sie einander benötigen. Darum kann man auch nicht einfach einen Teil des Ökosystems entfernen, ohne andere oder das Ganze zu schädigen. Die Vernetzung führt dazu, daß jeder Eingriff Folgewirkungen auch an vielen anderen, nicht unmittelbar betroffenen Stellen hat und daß diese Folgen - als Abweichungen vom normalen, intakten Zustand - als Schädigungen und nicht einfach als Veränderungen betrachtet werden müssen. Die Interaktionsstrukturen mit ihrer Vielzahl von Rückkoppelungsschleifen sorgen dafür, daß sich das Ganze in einem Gleichgewichtszustand befindet bzw. nach Störungen wieder in einen solchen zurückkehrt.

Nun gibt es seit Jahrzehnten in der Ökologie eine heftige Auseinandersetzung darüber, ob dieses Bild richtig sei. Viele behaupten, daß es überhaupt nicht zutrifft (vgl. z.B. Chesson Case 1986, Trepl 1987). Zumindest aber neigt man zu der Meinung, daß es vielleicht einigermaßen auf manche naturnähere, kaum aber auf die urbanen Ökosystem anwendbar ist. Es scheint so zu sein, daß man in solchen meist hochdynamischen, starken Belastungen und Störungen unterliegenden Systemen mit dem Begriff des Gleichgewichts wenig anfangen kann, daß sie eher als ein permanentes Immigrations- und Extinktionsgeschehen, ein Driften der Elemente ohne Gleichgewichtszustände beschrieben werden müssen, weil es stabilisierende Interaktionsstrukturen kaum gibt. Das heißt, daß ein ganz anderer Typus von Theorien und Methoden anzuwenden wäre als der der "Gleichgewichtsökologie". Was das für die an praktischen Problemen orientierte, etwa auf einzelne Umweltmedien gerichtete Forschung bedeutet, weiß ich nicht. Da man aber letztlich nicht umhin kommt, jene Forschungen unter einer ökosystemaren Perspektive zu integrieren (sonst wäre es ja nicht Stadtökologie), kann man sicher sein, **daß** es Auswirkungen haben wird, und zwar vermutlich erhebliche.

Nun zum Hauptproblem für die andere, multidisziplinäre, normative "Stadtökologie". Damit komme ich zur politik- und kulturtheoretischen Diskussion zurück. Die Einlösung jenes "ökologischen" Versprechens bedeutet, das in der **Stadt** zu realisieren, was in der künstlichen (künstlerischen) Stadtnatur symbolisiert ist: das harmonische Leben in Einklang mit bzw. in Anpassung an die konkrete Natur des Lebensraumes. Das war aber nie für die Stadt gemeint gewesen. "Stadtökologie" läuft so darauf hinaus, ein Prinzip in der Stadt durchzusetzen, als **Befreiung** von welchem die Stadt entstanden war - Stadtluft macht ja frei von den Zwängen zur Anpassung an Natur und die "naturwüchsigen" Verhältnisse des ländlichen Lebens - und das offenbar im Rahmen von "Urbanität" nur als Kontrastfolie, als notwendiger, aber auch notwendig unerfüllbarer Traum eine Funktion haben kann. Das heißt, daß das Prizip Ökologie dem Prinzip Urbanität widerspricht.

Darum [2] kann für die Stadtgestaltung, jetzt primär als architektonische Aufgabe verstanden, der Umgang mit dem Begriffspaar Stadt-Ökologie nicht darin bestehen, die Mensch-Natur-Harmonie, für die Ökologie steht, ins Bild zu setzen, sondern es sind die Widersprüche sichtbar zu machen. Vielleicht gibt es - dies als meine letzte Bemerkung - dafür für den Landschaftsgestalter in der Stadt geeignetes Material.

Die Natur in der Stadt teilt sich ja in zwei Teile: in die Natur, die man hereingeholt hat - die englischen Gärten, die Gebirgstannen im Vorgarten, das Cotoneastergestrüpp im Betonkübel - damit sie symbolisch hinaus aufs Land verweist. Das ist aber nicht die Natur der Stadt, denn das wäre unter den spezifisch städtischen Umweltbedingungen nicht lebensfähig und muß darum, wie oben dargelegt, mit großem gärtnerischen Aufwand gegen die Natur der Stadt selbst, die sich immer wieder durchsetzt, verteidigt werden: gegen das Unkraut, die Spontanvegetation (vgl. Hard 1985). Da diese die Natur ist, die unter den Bedingungen der Stadt und nur unter ihnen existenzfähig ist, taugt sie nicht dazu, die harmonische ländliche Landschaft zu symbolisieren. Sie symbolisiert vielmehr in der Stadt als deren Natur die Stadt selbst, das heißt, die Anti- und Unnatur. Sie ist der perfekte Widerspruch. Der Planer, der, um den Widerspruch von Stadt-Ökologie darzustellen, sich

---

2) Das folgende ist ein Auszug aus Trepl, L. 1991: Ökologische Stadtgestaltung. In: Koenigs, T. (Hrsg.): Vision offener Grünräume - Grüngürtel Frankfurt. Frankfurt/M., S. 167-171.

ihrer bedient, gerät aber in einen neuen: als geplante ist sie keine spontane mehr. Sie existiert sozusagen definitionsgemäß nur in den Lücken, die der Plan läßt. Der Planer also, der sich ihrer bedienen will, muß aufhören zu planen.

## 6. Literatur

Amery, C. 1981: Die Wiederkehr Baals. In: Andritzky, M. u. K. Spitzer (Hg.): Grün in der Stadt. Reinbek, S. 128-133

Chesson, P.L. & Case, T.J. 1986: Overview: nonequilibrium community theories: chance, variability, history and coexistence. In: Diamond, J. & Case, T.J. (Hg.): Community ecology. New York, S. 333-343

Eisel, U. 1982: Die schöne Landschaft als kritische Utopie oder als konservatives Relikt. Soziale Welt 38 (2): 157-168

Hard, G. 1985: Städtische Rasen, hermeneutisch betrachtet - Ein Kapitel aus der Geschichte der Verleugnung der Stadt durch die Städter. Klagenfurter Geographische Schriften 6: 29-52

Hülbusch, K.H. 1981: Das wilde Grün der Städte. In: Andritzky, M. u. K. Spitzer (Hg.): Grün in der Stadt. Reinbek, S. 191-201

Piepmeier, R. 1980: Das Ende der ästhetischen Kategorie "Landschaft". Westfälische Forschungen 30: 8-48

Trepl, L. 1987: Geschichte der Ökologie. Vom 17. Jahrhundert bis zur Gegenwart. Zehn Vorlesungen. Frankfurt/M.

# Entwicklungstendenzen der staatlichen Instrumente und Strategien im Umweltschutz

J. Schmölling, Berlin

**Zusammenfassung**

Treibende Kraft für Maßnahmen zur Luftreinhaltung ist das Vorsorgegebot, das in der Vergangenheit in erster Linie mittels ordnungsrechtlicher Gebote und Verbote eine Emissionsminderung an den Quellen nach dem Stand der Technik erzwungen hat. Im Gebiet der "alten BRD" wurde mit entsprechenden Sanierungsprogrammen (GFAVO, TA Luft) deutliche Absenkungen der Massenemissionen und der Belastungsspitzen erzielt, entsprechende Verbesserungen für die "frühere DDR" werden erwartet.

Für die notwendige weitere Verbesserung der Luftqualität sowie die Lösung weiterer Probleme, wie Reststoffvermeidung, insbesondere auch globale Probleme, wie der zunehmende Treibhauseffekt, gewinnen die flexiblen ökonomischen Instrumente wie Steuern, Abgaben und Kompensationsmöglichkeiten an Bedeutung. Auf regionaler Ebene wird eine Verbesserung des Luftreinhaltemanagements erforderlich sein.

## 1. Einleitung

Das Thema "Entwicklungstendenzen der staatlichen Instrumente und Strategien im Umweltschutz" erfordert es, dem jeweiligen staatlichen Ziel-Mittel-System, mit dem Problemlösungen im Umweltschutz angestrebt werden sollen, die Problemanalyse der Umweltbelastung voranzustellen. Die Umweltpolitik muß sich dabei an Kriterien der Geeignetheit und Erforderlichkeit ebenso messen, wie an dem Kriterium der Verhältnismäßigkeit. Dies einerseits, weil es ein Prinzip für Verwaltungshandeln generell mit nahezu Verfassungsrang ist, andererseits, weil rationale Umweltpolitik in einer sozialen und ökologischen Ertrags- und Aufwandsbilanz insgesamt zu einem positiven Ergebnis führen soll.

Der Versuch, staatliche Entwicklungstendenzen und Strategien in diesem Kontext in einer halben Stunde darstellen zu wollen, macht holzschnittartige Beschränkungen auf wenige Beispiele erforderlich. Allerdings braucht man bei der Beschreibung der Umweltpolitik nicht allzuweit zurückzugehen - schließlich begann, was der Begriff Umweltpolitik zusammenfaßt, erst Ende der 60er Jahre.

## 2. Über die Entstehung der Umweltpolitik und ihre Prinzipien

Die Wirtschaft der Bundesrepublik Deutschland hatte sich bis in die 70er Jahre hinein (mit einem kleinen Bruch 1967) mit regelmäßigen realen Wachstumsraten von über 5% entwickelt. Diese für das Portemonaie vieler Menschen erfreulichen Entwicklung, wurde entsprechend als das sogenannte Wirtschaftswunder begrüßt. Das Ergebnis dieses wirtschaftlichen Wachstums war ein hochverdichteter Wirtschaftsraum ( die Bundesrepublik hat den größten, auf die Fläche bezogenen Industriebesatz unter allen Industriestaaten), der allerdings neben den ökonomischen Lichtseiten auch erhebliche Schattenseiten, insbesondere im ökologischen Bereich, zu verzeichnen hatte.

Industrielle Entwicklung und heute fast mehr noch die Entwicklung des Verkehrs, brachten erhebliche Umweltprobleme, deren Ausmaße bei der Luftverschmutzung am deutlichsten am Trend der wichtigsten Massenschadstoffe ablesbar ist. Mit der Umweltverschmutzung wuchs auch das Bewußtsein der Menschen über dieses Problem. Allerdings konnte Willi Brand mit dem Slogan "Blauer Himmel über der Ruhr" die Bundestagswahl 1961 noch nicht gewinnen - das Problem war jedoch auf der gesellschaftlichen und politischen Tagesordnung. Schließlich ist es damals auch gelungen, gestützt auf das begrenzte Instrumentarium der Gewerbeordnung (§ 16), das Umweltschutz im wesentlichen im Rahmen der Gefahrenabwehr ermöglichte, die Staubemissionen, vor allem aus Kraftwerken und Industrieanlagen, zwischen Mitte der 60er und 70er Jahre von ca. 1,8 Mio auf 0,8 Mio t zurückzuführen und den besagten blauen Himmel über der Ruhr wieder herzustellen. Heute liegt die Staubemission (der alten Bundesländer) bei 0,3 Mio t.

1969 gilt mit der Tatsache, daß Umweltschutz Gegenstand der Regierungserklärung der Sozialliberalen Koalition wurde, als das Geburtsjahr der deutschen Umweltpolitik. Die Begriffe Umweltpolitik und Umweltschutz existierten allerdings zu jener Zeit noch nicht - letzterer kam 1970 als Übersetzung von Environmental Protection in den Deutschen Wortschatz.

Es fehlt hier die Zeit, um auch nur ansatzweise die komplexen Vorgänge vorstellen zu können, die Anfang der 70er Jahre abliefen und dann unter dem zusammenfassenden Begriff Umweltpolitik Eingang in die deutsche Politiklandschaft fanden. Es wurden innerhalb kurzer Zeit gesellschaftliche Strukturen aufgebaut, die erforderlich sind, um die Umweltprobleme politisch, administrativ, wirtschaftlich und gesellschaftlich anzugehen. Gleichzeitig wurden programatische Grundlagen für die Umweltpolitik entwickelt und es wurde am 27.9.1971 vom Bundeskabinett das 1. Umweltprogramm beschlossen. Die darin enthaltenen grundsätzlichen Aussagen wurden zu Leitlinien, die auch heute noch Umweltpolitik vorwärts treiben und fortschrittliche Korrekturen unseres Wirtschaftens immer wieder herausfordern.

Umweltpolitik wurde in diesem Programm definiert als "die Gesamtheit aller Maßnahmen, die notwendig sind,

- um dem Menschen eine Umwelt zu sichern, wie er sie für seine Gesundheit und für ein menschenwürdiges Dasein braucht,
- um Boden, Luft, Wasser, Pflanzen- und Tierwelt vor nachteiligen Wirkungen menschlicher Eingriffe zu schützen und
- um Schäden oder Nachteile aus menschlichen Eingriffen zu beseitigen".

Leben und Gesundheit der Menschen, Erhaltung der Arten, Funktionsfähigkeit der Ökosysteme, Schutz der Umweltmedien und der Sachgüter, das sind heute noch die grundlegenden Schutzziele der Umweltpolitik, wie sie in den Leitlinien der Bundesregierung zur Umweltvorsorge dargelegt sind.

Neben einer fortschrittlichen Zielsetzung enthält das Umweltprogramm '71 mit dem Vorsorgeprinzip, dem Verursacherprinzip und dem Kooperationsprinzip bereits jene Elemente, die der Umweltpolitik Dynamik, Effizienz und Akzeptanz geben sollen, indem sie auf drei wesentlichen Ebenen Wirkungen entfalten:

Das <u>Kooperationsprinzip</u> ist ein politisches Verfahrensprinzip, das auf eine möglichst einvernehmliche Verwirklichung umweltpolitischer Ziele gerichtet ist - es fordert demokratische Beteiligung aller Betroffenen.

Das Kooperationsprinzip verlangt ein faires Zusammenwirken aller staatlichen und gesellschaftlichen Kräfte im Willensbildungs- und Entscheidungsprozeß sowie bei der Realisierung umweltpolitischer Zielsetzungen. Hierdurch werden die Informationslage der Beteiligten sowie die Akzeptanz und damit die Wirksamkeit umweltpolitischer Entscheidungen verbessert. Unnötige Konflikte, Verwaltungsaufwand und Kosten werden vermieden oder vermindert.

Kooperationspartner der staatlichen Umweltpolitik sind die Bürger, die Umweltorganisationen, die Gewerkschaften, Wissenschaft und Technik, die Wirtschaft und natürlich in besonderem Maße die Länder , sowohl bei der Rechtsetzung und beim Vollzug der Umweltvorschriften. Schließlich ist internationale und zwischenstaatliche Kooperation unabdingbar bei allen Umweltproblemen, die grenzüberschreitenden Charakter haben, wie z.B. der Saure Regen oder die globalen Probleme des Klimaschutzes und des Ozonlochs.

Wenn auch über die Verwirklichung dieses Prinzips am jeweiligen Einzelfall trefflich gestritten werden mag, so bleibt es für die Verwirklichung von effizienter Zielerreichung ein unverzichtbares anzustrebendes Prinzip.

Das <u>Verursacherprinzip</u> soll vor allem für ökonomische Effizienz sorgen. Nach dem Verursacherprinzip sollen die Kosten zur Vermeidung, zur Beseitigung oder zum Ausgleich von Umweltbelastungen den Verursachern zugerechnet werden. Diese Kostenzurechnung ist in den Leitlinien Umweltvorsorge der Bundesregierung 1986 wie folgt begründet worden:

"Das Verursacherprinzip entspricht dem Grundgedanken der sozialen Marktwirtschaft. Denn in einer marktwirtschaftlichen Ordnung sollen grundsätzlich alle betrieblichen und außerbetrieblichen Kosten den Produkten oder den Leistungen zugerechnet werden, die die einzelnen Kosten verursachen. Diese Kosten schlagen sich letztlich in den Preisen nieder. Eine volkswirtschaftlich effiziente und schonende Nutzung der Naturgüter wird am ehesten erreicht, wenn die Kosten zur Vermeidung, zur Beseitigung oder zum Ausgleich von Umweltbelastungen möglichst vollständig dem Verursacher zugerechnet werden."

Bei Nichtanwendung des Verursacherprinzips sind die Angebots- und Nachfragestrukturen verzerrt, weil umweltbelastende Produkte und Leistungen nicht zu ihren vollen sozialen Kosten angeboten werden müssen. Daraus resultieren falsche Wettbewerbsvorteile mit Kapitalfehlleitungen und volkswirtschaftliche Leistungsminderungen. Der entscheidende Grund, das Verursacherprinzip zum Konstruktionsprinzip von Umweltpolitik zu machen, liegt in der damit der Politik gegebenen Möglichkeit, Marktfehler tendenziell zu korrigieren und damit mehr ökonomische Effizienz für das gesamt Wirtschaftsgeschehen herzustellen. Deshalb genießt es auch bei der Auswahl und Gestaltung des umweltpolitischen Instrumentariums grundsätzlich den Vorrang vor dem Gemeinlastprinzip, d.h. der Finanzierung der Umweltschutzmaßnahmen durch öffentliche Hände.

Das die Umweltpolitik zu konkreten Handlungen vorwärtstreibende Element (ebenfalls bereits im Umweltprogramm '71 enthalten und in den Leitlinien der Bundesregierung zur Umweltvorsorge ausgebaut) ist das Vorsorgeprinzip. Es fordert die Entscheidungsträger zu Handlungen heraus, die über die Abwehr konkreter Umweltgefahren hinaus,
- bereits im Vorfeld der Gefahrenabwehr der Vermeidung oder Verminderung von Risiken für die Umwelt,
- und die vorausschauend der Gestaltung unserer zukünftigen Umwelt, insbesondere dem Schutz und der Entwicklung der natürlichen Lebensgrundlagen
dienen.

Die Operationalisierung dieser abstrakten Handlungsfelder geschieht zum Zwecke der Luftreinhaltung vor allem durch Begrenzung der Konzentrationen von Schadstoffen im Abgas (Emissionen) entsprechender Quellen auch dann, wenn die umgebende Luftqualität dies nicht erzwingt.

Diese vorsorgliche Reduzierung der Umweltrisiken erfolgt vor allem dadurch, daß von allen relevanten Emissionsquellen eine Emissionsminimierung gefordert wird, d.h. eine Minderung der Emissionen insbesondere nach dem Stand der Technik. Unter Stand der Technik ist dabei der Entwicklungsstand fortschrittlicher Verfahren, Einrichtungen oder Betriebsweisen zu verstehen, die die praktische Eignung einer Maßnahme zur Begrenzung von Emissionen gesichert erscheinen lassen. Damit soll das Vorsorgeprinzip Raum für künftige Entwicklungen bewahren und die Grenzen unseres Wissens über Schadstoffwirkungen nicht einseitig zu Lasten der Umwelt gereichen lassen.

Mit der Festlegung von Immissionswerten sollen auch in einer wachsenden Wirtschaft bestimmte Luftqualitäten erhalten bleiben, die geeignet sind, vor negativen gesundheitlichen Einwirkungen, Belästigung und erheblichen Nachteilen zu schützen. Dies geschieht, in dem verhindert wird, daß tolerierbare Werte der Immissionsbelastung durch Ansiedlung neuer oder durch die Erweiterung vorhandener emittierender Anlagen überschritten werden.

3. **Sanierung bestehender Emissionsquellen mit Ordnungsrecht und verfügbarer Technologie - der erste Schritt**

1974 wurde das erste umfassende Gesetz zur Luftreinhaltung und Lärmbekämpfung (Bundes-Immissionsschutzgesetz - BImSchG) in Kraft gesetzt. Es basiert auf den oben genannten Grundprinzipien und enthält neben unmittelbar anwendbaren Vorschriften Ermächtigungsgrundlagen für Verordnungen und Verwaltungsvorschriften. Es sieht anlagen-, produkt- und gebietsbezogene Maßnahmen vor, die über bloße Gefahrenabwehr hinausgehen und verlangt grundsätzlich entsprechend dem Vorsorgeprinzip eine Emissionsminderung nach dem Stand der Technik.

Trotz dieses fortschrittlichen Regelungsansatzes brachten die 70er Jahre bei den Massenschadstoffen lediglich bei Staub die gewünschten Verbesserungen. Bei $SO_2$ konnten durch höhere Schornsteine zwar Verbesserungen der Luftqualität in Ballungsgebieten erreicht werden, gleichzeitig traten aber Verschlechterungen in bis dahin wenig belasteten Gebieten auf - das Problem grenzüberschreitender Verlagerung der Luftschadstoffe durch hohe Schornsteine wurde bald als falscher Weg erkannt. Bei $NO_x$ und VOC verschlechterten sich sowohl die Emissions- als auch die Immissionssituation erheblich, weil neben der industriellen Entwicklung der stark anwachsende Autoverkehr für einen drastischen Anstieg dieser Luftschadstoffe sorgte.

Es offenbarte sich, daß Verbesserungen hinsichtlich der betrachteten Massenschadstoffe in akzeptierbarem Zeitraum nicht realisiert werden können, wenn Maßnahmen im wesentlichen nur bei Neuanlagen ansetzen, Altanlagen aber durch die Bedingung der wirtschaftlichen Vertretbarkeit gegen nachträgliche Umweltauflagen weitgehend geschützt sind.

Konsequenterweise wurde durch die Änderung des BImSchG 1985 die Eingriffsschwelle für nachträgliche Anordnungen bei Altanlagen abgesenkt. Anstelle einer Prüfung der wirtschaftlichen Vertretbarkeit im Einzelfall trat eine allgemeine Abwägung der Verhältnismäßigkeit, verbunden mit angemessenen Übergangsfristen. Der Abwägung, ob der durch ökologische Nachrüstung bestehender Anlagen verbundene Aufwand in Relation zum Erfolg verhältnismäßig ist, wurde dabei insbesondere von Art, Menge und Gefährlichkeit der von der Anlage ausgehenden Emissionen und der von ihr verursachten Immissionen sowie ihrer Nutzungsdauer und technischen Besonderheiten abhängig gemacht (§ 17 Abs. 2 BImSchG).

Mit der Großfeuerungsanlagen-Verordnung 1983 und der TA Luft 1986 sind nach dem vorgenannten Konzept der Abwägung der Verhältnismäßigkeit und der Gewährung angemessener Übergangsfristen, umfassende Sanierungsprogramme für alle bestehenden Kraftwerke und relevanten Industrieanlagen geschaffen worden. Die Umsetzung dieser Anforderungen richtet sich bei Großfeuerungsanlagen wegen der relativen Homogenität dieser Emittentengruppe direkt an die Betreiber der Anlagen, bei den übrigen industriellen Anlagen, die in der TA Luft geregelt sind, bedarf es einer Umsetzung durch die zuständigen Behörden.

Durch die flächendeckende Sanierung des Altanlagenbestandes - in den alten Bundesländern zum größten Teil bereits abgeschlossen ist - wurde eine erhebliche Verminderung der Emissionen und eine spürbare Verbesserung der Luftqualität erreicht. Als Beispiel für diesen positiven Trend sei hier erwähnt, daß die $SO_2$-, $NO_x$- und Staubemissionen der Großfeuerungsanlagen in den letzten 10 Jahren um etwa 80% zurückgegangen sind.

Mit dem Einigungsvertrag gilt das Bundes-Immissionsschutzgesetz und die darauf basierenden Regelungen auch für die 5 neuen Länder. Die in der Großfeuerungsanlagen-Verordnung und der TA Luft genannten Fristen für die Durchführung der Maßnahmen wurden für die neuen Bundesländer um ein Jahr verlängert und haben am 1. Juli 1990 begonnen. Die erwarteten Emissionsverminderungen liegen zum Teil höher als die oben genannten Prozentsätze.

## 4. Flexibilisierung des Ordnungsrechtes und ökonomische Instrumente

Den Sanierungsprogrammen, wie sie mit der Großfeuerungsanlagen-Verordnung und der TA Luft ins Werk gesetzt wurden, wird heute im allgemeinen die Notwendigkeit nicht mehr bestritten und es wird auch anerkannt, daß sie im Hinblick auf das Ziel "Reduzierung der Massenschadstoffe in kürzester Zeit" sehr erfolgreich waren.

Als mögliche Nachteile werden genannt:
- Sie seien (zu) teuer, weil individuell unterschiedliche Kostenstrukturen der einzelnen Anlagen bei Erfüllung der Emissionsminderungspflichten durch die einheitlichen Emissionsminderungsvorgaben nicht hinreichend berücksichtigt würden.
- Sie übten in der Regel keinen über den Sanierungszeitpunkt hinausgehenden Anreiz auf den Verursacher aus, Umweltbelastungen entsprechend der wissenschaftlichen Erkenntnisse und des technischen Fortschritts so gering wie möglich zu halten.
- Sie lenkten somit nicht grundsätzlich in eine langfristig auch ökologisch tragfähige Entwicklung.

An dieser Stelle kann keine umfassende Würdigung und Auseinandersetzung mit diesen Aspekten erfolgen. Grundsätzlich scheinen sie aber nicht unberechtigt zu sein. Dies hat, wenn auch zunächst nur zaghaft, zu Konsequenzen bei der Weiterentwicklung des umweltpolitischen Instrumentariums geführt.

Den Argumenten zur Effizienzsteigerung der Umweltpolitik sollte unter anderem durch die 1985 ins BImSchG aufgenommene Zulassung von Kompensationsmöglichkeiten Rechnung getragen werden. Die TA Luft 1986 hat hierauf gestützt die Möglichkeit zugelassen, daß in näher bestimmten Gebieten Altanlagen für einen bestimmten Zeitraum von den ordnungsrechtlichen Anforderungen abweichen dürfen, wenn an anderen in diesem Gebiet liegenden Anlagen weitergehende Maßnahmen ergriffen werden und so insgesamt ein Mehr an Immissionsschutz erreicht wird. Die Industrie hat jedoch bisher von dieser Flexibilisierung bei dem Vollzug der TA Luft so gut wie keinen Gebrauch gemacht. Mit der 1990 verabschiedeten Novelle des Bundes-Immissionsschutzgesetzes wurden daher die gesetzlichen Anforderungen an Kompensationen entsprechend den bisherigen Erfahrungen so verändert, daß unter Wahrung der Schutzziele des Gesetzes der Anwendungsbereich der Kompensationslösung erweitert worden ist.

Auch Umweltabgaben und -steuern können zu einer Effizienzsteigerung der Umweltpolitik beitragen und sind deshalb an vorderer Stelle in Überlegungen über die Gestaltung der umweltpolitischen Instrumente einzubeziehen. Allerdings ist zu bezweifeln, daß die oben genannten Sanierungsaufgaben in den angestrebten knappen Zeiträumen mit Abgaben/Steuern überhaupt bzw. kostengünstiger hätten erledigt werden können.

Für den Bereich Luftreinhaltung sind gegenwärtig die Umgestaltung der Kfz-Steuer und die Einführung einer Kohlendioxid-Abgabe von Bedeutung. Für die Erhebung einer $CO_2$-Abgabe bei großen Feuerungsanlagen hat die Bundesregierung einen Gesetzesentwurf vorbereitet. Von Seiten der EG-Kommission ist ein Modell einer EG-einheitlichen Energie- und $CO_2$-Abgabe vorgestellt worden. Das Modell sieht vor, die Abgabe zur Hälfte am Energieeinsatz und zur Hälfte am $CO_2$-Ausstoß zu orientieren. Die Bundesregierung sieht im Hinblick auf den einheitlichen Binnenmarkt Vorzüge in einer EG-einheitlichen Regelung.

Durch die Umgestaltung der Kfz-Steuer soll die steuerliche Belastung von Kraftfahrzeugen nicht mehr nach Hubraum, sondern in Abhängigkeit von Lärm- und Abgaswerten festgesetzt werden. Hierdurch wird ein Anreiz zum Kauf lärm-, schadstoff- und verbrauchsarmer Kraftwagen geschaffen mit dem Ziel, deren Anteil am Verkehr zu erhöhen. Diese Umverlagerung der Kfz-Steuer weist ohne Zweifel in die richtige Richtung. Ob der 5 l/100 km-Pkw damit schon erreicht wird, kann bezweifelt werden. Um aber beispielsweise Ziele durchzusetzen wie einen insgesamt vernünftigeren Gebrauch der Fahrzeuge (weniger und langsamer fahren), gibt diese Steueränderung keine Anreize. Hier könnte eine drastische Erhöhung der Mineralölsteuer (4 DM/l) Anreize zu einem vernünftigen Fahrzeuggebrauch geben. Probleme sozialer Art wären mit dem Sozialrecht, nicht mit dem Umweltrecht, zu lösen.

Für Entscheidungsträger auf regionaler Ebene - insbesondere die Kommunen - bieten sich zwei Instrumente an, die in den alten Bundesländern bereits einen wichtigen Stellenwert besitzen: Das Beschaffungswesen und das Einräumen von Benutzervorteilen für besonders umweltfreundliche Technologien. So können z.B. Ausnahmen von Fahrverboten (bei Smogsituationen oder in "Sperrgebieten" entsprechend § 40 (2) BImSchG oder in Kur- und sonstigen Schutzgebieten) für besonders schadstoffarme und lärmarme Kraftfahrzeuge sowohl lokale Entlastungen bringen als zur generellen Marktverbreitung dieser Fahrzeuge beitragen.

## 5. Schritte zum integrierten Umweltschutz

Im Bereich der Schnittstelle zwischen Ordnungsrecht und ökonomischen Instrumenten sind mit den Pflichten zur Vermeidung und Verwertung von Reststoffen und zur Wärmenutzung (BImSchG § 5 (1) Nrn. 3. und 4.) zwei weitere Probleme der Luftreinhaltung angesiedelt, die sich im Prozeß einer Regelung befinden.

Die derzeit in Vorbereitung befindliche Wärmenutzungs-Verordnung bezweckt, die bereits aus betriebswirtschaftlicher Sicht angebrachte rationelle Nutzung von Energie zu erweitern. Die heute realisierte Wärmenutzung bleibt deutlich hinter den technischen Möglichkeiten zurück. Die Wärmenutzungs-Verordnung soll, gemessen am Kriterium der Zumutbarkeit, fortschrittliche Verfahren, Einrichtungen und Betriebsweisen zur rationellen Wärmenutzung verlangen und durch Regelungen zur externen Wärmenutzung auch die Verknüpfung über den betrieblichen Rahmen hinaus anregen. Als zentrales Instrument sind betriebliche Wärmenutzungskonzepte vorgesehen. Diese ergänzen die in der Industrie bekannten betrieblichen Energiekonzepte und Emissionsbilanzen. Als Regelung für Altanlagen wäre auch eine bundesweite Kompensation denkbar, die anlagenbezogene $CO_2$-Emissionsbegrenzungen durch "Emissions Trading" flexibilisiert.

Um bei der Vermeidung und Verwertung von Reststoffen vorwärts zu kommen, werden derzeit anlagenbezogene und stoffbezogene Verwaltungsvorschriften nach BImSchG bzw. AbfG erarbeitet.

Beide Fälle - die Wärmenutzung und die Reststoffvermeidung/-verwertung - unterscheiden sich von der bei Luftschadstoffen klassischen Emissionsminderungsstrategie insofern, daß ein Stand der Technik kaum auf einen Parameter - wie bisher die Konzentrationsgrenzwerte - eingeengt werden kann, sondern vielmehr eine konzeptionelle Verknüpfung vieler, anlagen-, ja sogar betriebsübergreifender Maßnahmen verlangt. Insofern werden weniger ordnungsrechtlich fixierte Einzelkriterien vorzuschreiben sein, sondern vielmehr die zielführenden Maßnahmen, die Ergebnis einer ökonomischen Abwägung der Zumutbarkeit sind. Die betriebswirtschaftliche Entscheidung wird dabei durch entsprechende Vorgaben deutlich in Richtung energetischer und stofflicher Optimierung verschoben. Darüber hinaus wird in beiden Fällen eine integriertere Betrachtungsweise notwendig und es werden eher in den Produktionsprozeß integrierte Technologien zu Problemlösungen führen. Bei den bisherigen Sanierungsprogrammen wurden hingegen noch häufig die sogenannten "End of the Pipe Technologies" bevorzugt.

## 6. Luftreinhaltemanagement - Luftreinhaltepläne und Smogregelungen

Aufgabe eines erst in Ansätzen vorhandenen Luftreinhaltemanagements wird es immer mehr sein, neben der Sanierung in größerem Umfang als bisher Vorsorge zu treffen, um insbesondere in den städtischen Ballungsgebieten, d.h. in den Gebieten, in denen der weitaus größte Teil der Bevölkerung lebt, die Immissionsverhältnisse weiter zu verbessern.

Bisher vorliegende Luftreinhaltepläne gemäß § 47 BImSchG sind im wesentlichen Sanierungspläne, deren Hauptziel die Beseitigung oder Vermeidung schädlicher Umwelteinwirkungen durch Luftverunreinigungen war. Dabei haben Maßnahmen an genehmigungsbedürftigen Anlagen im Vordergrund gestanden. Durch die Großfeuerungsanlagen-Verordnung und die TA Luft sind diese Emittentengruppen inzwischen umfassend einer bundesweiten Sanierung zugeführt worden. Aufgabe zusätzlicher gebietsbezogener Maßnahmen bleibt es daher, entsprechende Verbesserungen bei nichtgenehmigungsbedürftigen Anlagen in den Bereichen Haushalte und Kleingewerbe sowie Verkehr zu bewirken.

Zukünftig werden sich die Schwerpunkte der Maßnahmen der Luftreinhaltepläne stärker in den Vorsorgebereich verlagern müssen. Dazu ist die Entwicklung bisher weitgehend fehlender planerischer Konzepte zur Emissionsminderung und eine Verbesserung der Verknüpfung von Verkehrs- und Bauleitplanung erforderlich.

Zur Verminderung schädlicher Umwelteinwirkungen bei austauscharmen (Smog-)Wetterlagen haben die Bundesländer gefährdete industrielle und städtische Ballungsgebiete gemäß § 40 (1) und § 49 (2) BImSchG mittels Rechtsverordnung als Smoggebiete ausgewiesen und Smogalarmpläne aufgestellt, die in Abhängigkeit von dem Ausmaß der

Luftverschmutzung kurzfristig wirkende Maßnahmen zur vorübergehenden Verminderung der Schadstoffemissionen aus industriellen Anlagen (§ 49 (2) ) und dem Kfz-Verkehr (§ 40 (1) ) in diesen Gebieten vorsehen.

Mit der Novelle des BImSchG von 1990 wurde § 40 BImSchG erweitert. In der alten Fassung war die Verminderung der Kfz-Emissionen durch Verkehrsbeschränkungen an das Vorhandensein einer austauscharmen Wetterlage gebunden und damit auf kurze Zeiträume begrenzt. In der erweiterten neuen Fassung (§ 40 (2) ) ist diese zeitliche Einschränkung nicht enthalten, so daß auch längerfristige verkehrsbeschränkende Maßnahmen vorgesehen werden können. Damit eröffnet sich die Möglichkeit, auch planerische Maßnahmen durchzusetzen.

Direkte Adressaten des neuen § 40 (2) sind neben den für Immissionsschutz zuständigen Behörden auch die Straßenverkehrsbehörden. Diese werden ermächtigt, bei der Überschreitung bestimmter Luftschadstoffkonzentrationen ($NO_x$, Benzol, Dieselruß) in bestimmten Straßen oder Gebieten den Kfz-Verkehr zu beschränken oder zu verbieten. Die Bundesregierung ist aufgefordert, in einer Verordnung die Konzentrationswerte sowie die anzuwendenden Meß- und Beurteilungsverfahren zu bestimmen.

Die hier zu lösende Aufgabe erfordert, ausgehend von der Höhe der Schadstoffbelastung und städtebaulichen Belangen, daß Verkehrsbedürfnisse der Bevölkerung sich neu orientieren müssen und daß zu vermeiden ist, daß der Verkehr in Regionen ausweicht, die - wie verkehrsberuhigte Bereiche in Wohngebieten - eines besonderen Schutzes bedürfen.

# Aufgaben und Organisation eines kommunalen Umweltamtes

**J. Hennerkes,** Frankfurt/M.

## 1. Einleitung

Auf den ersten Blick mag man Zweifel daran haben, ob ein Kurzvortrag zu den organisatorischen Fragen des kommunalen Umweltschutzes im Rahmen eines Kolloquiums der Kommission Reinhaltung der Luft sachgerecht ist. Ob diese Thematik zu Recht eine "Grundsatzfrage" darstellt, ist auch nur solange noch diskussionswürdig, wie Ihnen nicht der erste Satz in der Einladung zu diesem Kolloquium gegenwärtig ist:

> "Die Lebensqualität in Städten und in den Ballungsgebieten läßt sich nur dann erhalten und verbessern, wenn alle verfügbaren planerischen und <u>organisatorischen</u> (Unterstreichung durch den Verfasser) und technische Instrumentarien des Umweltschutzes wirksam eingesetzt werden."

Ich danke den Veranstaltern für die Einladung, hier stellvertretend für einen großen Kreis in Organisationsfragen erfahrener Kollegen sprechen zu dürfen.

Ich freue mich, diesen Vortrag hier in Dresden halten zu können. In einer Stadt, in der der Organisation der kommunalen Fachaufgabe Umweltschutz beim aktuellen Verwaltungsneuaufbau besonderes Augenmerk gewidmet wird. Unter den sehr schwierigen Bedingungen ist hier in kürzester Zeit ein kommunales Umweltamt errichtet worden, das vorbildlich nicht nur für die Städte in den neuen Bundesländern, sondern für das gesamte Bundesgebiet ist. Und ich hoffe, daß bei den anstehenden Entscheidungen für die Dezernatsverteilung in der Stadtverwaltung Dresden ein gestärktes Umweltdezernat herauskommt. Vielleicht konnten Sie schon bei einem kurzen Stadtbummel feststellen, daß es sich in dieser Stadt im besonderen Maße lohnt, für den Natur- und Umweltschutz einzutreten.

## 2. Kommunaler Umweltschutz heißt "global denken und lokal handeln"

Die Städte sind derjenige Ort, wo die meisten Quellen der Umweltbelastung konzentriert sind. Es ist auch der Ort, wo die Menschen am unmittelbarsten diese Belastungen erfahren. Gleichzeitig bleiben die von der Stadt ausgehenden Belastungen aber nicht auf diese beschränkt. Sie gehen über sie hinaus, in die Region. Ja, sie bekommen sogar globale Dimensionen. Denn, wenn z. B. die Schädigung der Ozonschicht oder das Abholzen der tropischen Regenwälder immer mehr in das Bewußtsein gelangt, stets zeigt sich die Notwendigkeit, daß wir Städter uns der Konsequenz unseres Handelns (Verkehr, Verbrennungsanlagen, Verbrauch chemischer Stoffe, Verwendung tropischer Bauhölzer, Fleischkonsum) bewußt werden. Die Kommunen, die Städte, die großen Ballungszentren, sind der Ort, wo die Probleme entstehen. Dort müssen auch die Problemlösungskapazitäten bereit gestellt werden.

Die Bedeutung des kommunalen Umweltschutzes kann deshalb auch in der globalen Dimension nicht groß genug herausgestellt werden. Gleichzeitig muß ich feststellen, daß in der über 20-jährigen Geschichte der Umweltgesetzgebung in der Bundesrepublik Deutschland fortlaufend Aufgaben für die Kommunen definiert wurden und werden, ohne auch nur in einem einzigen Fall vorher die bestehenden Vollzugsbedingungen zu analysieren. Es wurde in keinem einzigen Fall auch nur die Frage aufgeworfen, ob die Kommunen überhaupt in der Lage sind (personell, technisch, organisatorisch, finanziell) die Aufgaben zu vollziehen. Seit dem Umweltgutachten 1978 des Sachverständigen Rates für Umweltfragen der Bundesregierung ist das Wort "Vollzugsdefizit" im Umlauf. All die nachfolgend aufzuzeigenden Anstrengungen sind dabei gerade mal geeignet, dieses "Vollzugsdefizit" etwas kleiner zu machen. Daß es ganz beseitigt werden könnte, wagt zur Zeit niemand von uns zu behaupten.

## 3. Hauptziele und Handlungsfelder des kommunalen Umweltschutzes

Die Hauptziele des kommunalen Umweltschutzes sind

* Gefahrenabwehr
  - die Beseitigung eingetretener Umweltschäden
* Gefahrenschutz
  - die Ausschaltung bzw. Minderung aktueller Umweltgefährdungen
* Vorsorge
  - Prophylaxe, Vemeidung künftiger Umweltgefährdung durch Vorsorgemaßnahmen
    z. B. -durch eine kommunale Umweltleitplanung incl. Landschaftsplanung
    -durch den Einsatz der kommunalen Umweltverträglichkeitsprüfung
    -durch konsequente Anwendung des vorsorgenden Grund- und Oberflächenwasser-, Boden- und Immissionsschutzes
    -durch eine umfassende Umweltberatung und -information.
*Zukunftsvorsorge auch für kommende Generationen

Die zentralen Handlungsfelder des kommunalen Umweltschutzes sind deshalb

1. Umweltüberwachung

2. Umweltvorsorge

3. Umweltberatung und -information

4. Altlastenerfassung, -bewertung und -sanierung.

## 4. Umweltdezernate und Umweltämter sind Standard

Die Diskussion um die geeignete Aufbauorganisation für die Aufgaben des kommunalen Umweltschutzes kann als abgeschlossen gelten.

4.1 Die Kommunale Gemeinschaftsstelle für Verwaltungsvereinfachung (KGST) ist in der Bundesrepublik diejenige Stelle, die die Organisationsnormen für die Kommunalverwaltungen definiert. In zwei Gutachten (1973 und 1985) hat sie sich mit den Fragen der Organisation des kommunalen Umweltschutzes befaßt. Noch in ihrem Gutachten 1985 hat sie sich mit Nachdruck für die organisatorisch dezentrale Wahrnehmung der Umweltschutzaufgaben in den Stadtverwaltungen ausgesprochen. Entgegen diesen normativen Vorstellungen haben sich aber in dieser Zeit in der kommunalen Praxis drei eindeutige Lösungen durchgesetzt:

- der Umweltbeauftragter in kleinen Gemeinden
- das Umweltamt in größeren Gemeinden
- das Umweltdezernat mit einem Umweltamt in den Großstädten.

In einer Auswertung aktueller Organisationmaterialien über die "Organisation des kommunalen Umweltschutzes in den Städten über 50.000 Einwohner der alten Bundesländer" mit Stand von Oktober 1991 hat das Deutsche Institut für Urbanistik festgestellt:

26 % aller Städte (41 % der kreisfreien Städte), absolut 24 Städte, verfügen über ein <u>Umweltdezernat</u>

47 % (45 % der kreisfreien Städte), absolut 43 Städte, haben ein <u>Umweltamt</u>

8 % (2 % der kreisfreien Städte), absolut 7, haben den Umweltschutz anderen Ämtern zugeordnet

19 % (12 % der kreisfreien Städte), absolut 17 Städte, haben andere Formen wie z. B. Stab, Arbeitsgruppe Umweltbeauftragter, gewählt.

Der Trend zur Konzentration der kommunalen Umweltschutzaufgaben in einem der Fachpolitik Umweltschutz besonders verantwortlichen Dezernat, in dem auch die anderen Ämter mit besonders umweltrelevanten Aufgaben zusammengefaßt sind, und in einem Fachamt für den kommunalen Umweltschutz, dem Umweltamt, ist damit eindeutig. *(Bild 1)*

Ich hoffe, daß die zur Zeit arbeitende Arbeitsgruppe der KGST, deren Mitglied ich bin, aus dieser Praxis auch die Konsequenz für das zur Zeit erarbeitete Gutachten 1992 ziehen wird.

4.2 Gründe für die Konzentration der Aufgabenwahrnehmung sind meines Erachtens insbesondere

1. die hohe Problemkomplexität im kommunalen Umweltschutz mit der Notwendigkeit der Bereitstellung adäquater Problemlösungskapazitäten und
2. großer öffentlicher Druck auf die Kommunalpolitik, optisch vorzeigbare Lösungen zur Verbesserung der Effizienz des kommunalen Umweltschutz zu präsentieren.

4.3 Die drei oben schon angesprochenen tragenden Säulen des kommunalen Umweltschutzes sind *(Bild 2)*

- Umweltüberwachung
- Umweltvorsorge/Umweltplanung
- Umweltberatung und -aufklärung

mit den Funktionen *(Bild 3)*

- Genehmigungen
- Überwachung
- Bewertungen
- Beratung.

Diese Aufgabenbereiche und Funktionen sollten deshalb in der Organisation eines kommunalen Umweltamtes repräsentiert sein. Das Beispiel des Umweltamtes der Stadt Frankfurt am Main belegt dies. *(Bild 4)*

4.4 Als Grundprinzipien für den Aufbau eines Umweltamtes möchte ich nennen:

1. Ein kommunales Umweltamt darf nicht nur koordinierende Funktion haben, es muß den unmittelbaren Gesetzesvollzug in der Stadt wahrnehmen.

2. Ein kommunales Umweltamt muß auch organisatorisch alle drei Säulen des kommunalen Umweltschutzes abdecken.

3. Je nach Größe der Stadt müssen die Überwachungsfunktionen möglichst gebiets- oder stadtteilbezogen organisiert werden.

4. Die Landschaftsplanung und der Naturschutz gehören als tragende Säulen der kommunalen Umweltplanung ins kommunale Umweltamt (und nicht etwa zum Träger der Bauleitplanung, dem Stadtplanungsamt).

5. Die Mitarbeiter im kommunalen Umweltamt müssen Umweltfachleute aus allen Disziplinen der Planung, der Umwelttechnik, Meß- und Analystechnik etc. sein. Die eigentliche Fachausbildung steht dabei hinter der im Beruf erlangten Erfahrung im Umweltschutz zurück.

6. Ohne die Datenverarbeitung ist eine effiziente Arbeit vor dem Hintergrund großer Datenmengen und komplexer Bearbeitungskapazitäten nicht zu bewältigen. Das heißt, zu einem kommunalen Umweltamt bzw. einer schlagkräftigen Umweltverwaltung gehört ein Umweltinformationssystem.

4.5 Auch wenn die Frage der Aufbauorganisation damit meines Erachtens als abgeschlossen gelten kann, sind noch immer drei "Hausaufgaben" in diesem Bereich als unerledigt zu betrachten:

1. die Ressourcenausstattung:
Es steht die Beantwortung der Frage aus, welches ist die Mindestausstattung einer wirkungsvollen kommunalen Umweltverwaltung für die Wahrnehmung der gesetzlich übertragenen Aufgaben,

2. Querschnittsfunktion
Welches sind die geeigneten aufbauorganisatorischen Lösungen zur stadtverwaltungsinternen Zusammenarbeit (z. B. Arbeitsgruppe UVP, Koordinierungsgruppe Verkehr, Amtsleiterkonferenz),

3. Dialog, Vertrauensbildung:
Welches sind die geeigneten Formen der Zusammenarbeit zwischen der kommunalen Umweltverwaltung und Umweltschutzverbänden, Fraktionen im Stadtparlament, Gewerkschaften, Industrie- und Handelskammer etc.

## 5. Management der Aufgabenwahrnehmung ist jetzt gefragt

Die Optimierung des Vollzugs des kommunalen Umweltschutzes konzentriert sich jetzt auf die Fragen der Ablauforganisation, auf die Fragen des Managements der Aufgabenwahrnehmung.

Wie ich mit dem vorhergehenden Abschnitt zu belegen versucht habe, ist für mich die Frage nach der geeigneten Organisationsform beantwortet. Damit ist mit großen Anstrengungen ein erster Schritt getan, zu einer ersten ernstgemeinten Wahrnehmung der kommunalen Umweltschutzaufgaben. Aber es sind noch erhebliche Anstrengungen notwendig, um den Vollzug zu verbessern. Die einmal etablierte Aufgabenorganisation ist im Hinblick auf die weiteren Anforderungen wenig flexibel. Weitere notwendige Organisationsänderungen bergen das Risiko in sich, beim politischen Gerangel auf der Strecke zu bleiben oder sogar das bisher Erreichte in Frage zu stellen. Deshalb ist es notwendig, die Möglichkeiten der Ablauforganisation zu nutzen. Sie sind flexibler, problemspezifischer und reversibel einsetzbar.

Mit anderen Worten:
Es gilt, die Informationsgewinnung und Arbeitsprozesse neu zu organisieren. Kooperation muß gestaltet werden. Die Motivation der Partner, ob innerhalb der Stadtverwaltung, in der staatlichen Verwaltung oder beim privaten "Kunden", muß für eine gemeinsame Lösung stimuliert werden. Information muß aufbereitet und den anderen verständlich vermittelt werden.

Die neue Fachverwaltung Umweltschutz innerhalb der Kommunalverwaltung hat (noch nicht) die Macht, noch nicht die formale Führungskompetenz, zur Problemlösung. Im schlimmsten Fall zeigt sie die (ökologischen) Schwachstellen in der bisherigen Planungs- und Entscheidungsvorbereitung auf. Überzeugung und "Learning bei doing" ist angesagt. Jetzt gilt es, die Vorteile der konstruktiv-produktiven Zusammenarbeit mit dem neuen Umweltamt aufzuzeigen.

In aller Kürze möchte ich meinen Frankfurter Versuch zur Optimierung der Arbeitsabläufe am Beispiel der Beteiligung des Umweltamtes am Baugenehmigungsverfahren aufzeigen.

## 6. Beispiel: Umweltschutz im Baugenehmigungsverfahren

6.1 In der kommunalen Umweltvorsorge kommt dem Baugenehmigungsverfahren eine immer größere Bedeutung zu. Fragen der
- Bebaubarkeit von Grundstücken vor dem Hintergrund der Altlastenproblematik
- Landschaftsplanung als Teil der Bauleitplanung
- naturschutzrechtliche Eingriffsregelung
- wasserrechtliche Beurteilung (Oberflächen- und Grundwasserschutz, Abwasserbehandlung)
- immissionsschutzrechtliche Bewertung (Emissions- und Immissionsbetrachtung für die Bereiche Luft und Lärm)

gilt es umfassend zu beantworten. Gleichzeitig stehen wir vor der Notwendigkeit, die Fristen für die Erteilung von Baugenehmigungen erheblich zu beschleunigen.

6.2 Mit Ausnahme des Gesundheitsschutzes sind alle umweltrelevanten Fachbereiche im Umweltdezernat (auch Brandschutz und Entwässerungsamt) und insbesondere im Umweltamt konzentriert. Für die fachliche Koordination der Beiträge aus der
- Landschaftsplanung
- Untere Naturschutzbehörde
- Untere Wasserbehörde
- Immissionsschutz
- Altlasten
- Abwasserüberwachung

habe ich die neue "Stabsstelle" mit der Beizeichnung "Genehmigungen, Stellungnahmen, UVP" eingerichtet.

Mir war dabei wichtig, daß diese "Querschnittsaufgabe" nicht in der Linie organisiert ist. Ich habe sie deshalb bei der Einrichtung des neuen Umweltamtes eine "Stabsstelle" geschaffen, die in einer gedachten Matrixorganisation den Sternpunkt darstellt (siehe Schaubild Organigram Umweltamt Frankfurt). Diese "Stabsstelle" ist mir, dem Amtsleiter, direkt unterstellt und damit aus der Linienorganisation des Amtes herausgehoben. Sie ist mit hochqualifizierten und erfahrenen Fachleuten interdisziplinär besetzt und soll die inhaltliche wie verfahrensmäßige Koordination der umweltbezogenen Beiträge der Stadt sicherstellen. Sie soll die inhaltlichen Anforderungen an die Stellungnahmen formulieren, Zeitvorgaben machen, und ganz besonders wichtig: die fachliche Endkontrolle vor Verlassen des Umweltamtes wahrnehmen.

Meines Erachtens ist es dann nur noch ein relativ kleiner Schritt von dieser sektoralen (weil noch immer auf einzelne Genehmigungsverfahren bezogene) Stellungnahmen zu der methodisch und verfahrensmäßig festgelegten kommunalen Umweltverträglichkeitsprüfung, die auch in Frankfurt gewollt ist.

6.3 Zur Erarbeitung der umweltschutzbezogenen Stellungnahmen im Rahmen des Baugenehmigungsverfahrens durch das Umweltamt habe ich eine amtsinterne "Baurunde", den "runden Tisch Baugenehmigungsverfahren" eingeführt. Er wird von dieser Stabsstelle geführt. An der Baurunde nehmen Vertreter als Fachbereiche teil. sie haben den Auftrag, möglichst viele Anträge "am Tisch" abschließend zu bearbeiten. Der Aktenumlauf im Amt soll soweit es geht eingeschränkt werden. *(Bild 5)*

Wie ist nun der Ablauf?

1. Jeden Freitag erhalten wir vom Bauaufsichtsamt der Stadt zwischen 30 und 50 Bauanträge (190 im Monatsschnitt des letzten Jahres). Diese werden in der Stabsstelle erfaßt und für die Bearbeitung in der "Baurunde" vorbereitet (Vorprüfung, Lauf- bzw. Bearbeitungszettel).

2. Die Baurunde tagt im Umweltamt jeden Montag in einem dafür besonders vorbereiteten Sitzungsraum (Antragsunterlagen, Planwerke, Luftbilder etc.). Gut ein Drittel aller Fälle können schon in dieser Sitzung abschließend bearbeitet werden. Die verbliebenen Fälle werden dann

3. unter Fristsetzung innerhalb von 3 Wochen in den Sachgebieten abschließend bearbeitet. (Im statistischen Schnitt des letzten Jahres konnten tatsächlich 50 % aller Fälle innerhalb dieser Frist abschließend bearbeitet werden).

4. Ein Vertreter des Umweltamtes (Mitarbeiter der Stabsstelle) nimmt danach an der wöchentlichen "Dienstags-Baurunde" des Bauaufsichtsamtes teil und gibt die in den vergangenen 3 Wochen erarbeiteten Stellungnahmen des Umweltamtes ab.

5. Einzelne Bauanträge, die einer längeren Bearbeitung bedürfen (z. B. weil die fachliche Abstimmung mit dem Wasserwirtschaftsamt notwendig ist) werden dann einzeln in die Baurunde beim Bauaufsichtsamt nachgereicht.

Auf diese Weise ist es uns gelungen, im Jahre 1990 3.000 und 1991 mehr als 3.000 Bauanträge im Umweltamt zu bearbeiten. Besonders wichtig war mir dabei, daß durch dieses Verfahren sichergestellt ist, daß die umweltbezogene Stellungnahme konsistent, in sich abgestimmt und nur von einer Stelle veröffentlicht zur Bauaufsichtsbehörde gelangt.

7. Die kommunale Umweltverwaltung braucht dauerhafte politische Unterstützung

Ohne eine dauerhafte politische Unterstützung kann die kommunale Umweltverwaltung das bestehende Vollzugsdefizit nicht abbauen. Zugegebener Maßen lag es überwiegend am Willen der örtlich politischen Gremien, daß sich in den vergangenen Jahren in den Städten, Gemeinden und Landkreisen der alten Bundesländern die von mir skizzierte kommunale Umweltverwaltung herausgebildet hat. Das gleiche gilt natürlich inzwischen auch für die neuen Bundesländer.

Es wurden tatsächlich enorme finanzielle Anstrengungen unternommen, um diese neue Fachverwaltung aufzubauen. Leider kann kein Kommunalpolitiker mit dem Hinweis darauf, er habe endlich den Vollzug der Umweltgesetze in der Stadt sichergestellt, politisches Ansehen, ja Wählerstimmen gewinnen. Der Politiker will Ergebnisse, vorzeigbare "Produkte". Eine wirkungsvolle kommunale Umweltverwaltung ist objektiv zwar ein großer Fortschritt, jedoch politisch kaum wirkungsvoll darstellbar.
Kaum ist mit großen Anstrengungen also das Umweltdezernat, das Umweltamt eingerichtet, verblaßt das Interesse der Politik an dieser Organisation. In einer Zeit knapper Kassen ist es schon ein Erfolg, wenn dann das junge Pflänzchen Umweltdezernat/Umweltamt seinen Verwaltungshaushalt halten kann. Von zusätzlichen Stellen (z. B. für den Bereich der kommunalen Umweltverträglichkeitsprüfung, für die notwendige Landschaftsplanung oder die Altlastenerfassung) ganz zu schweigen. Auch das noch relativ junge Umweltamt der Stadt Frankfurt am Main (zwei Jahre alt) muß nun inzwischen mit einem Null-Stellen-Haushalt und mit Haushaltskürzungen leben, obwohl gegenteilige Entwicklungen eigentlich notwendig wären. Ohne dauerhafte politische Unterstützung wird das Ziel, einen sachgerechten Umweltschutz vor Ort nachhaltig sicherzustellen, nicht erreicht werden können. Dies die abschließende Bitte des Umweltamtsleiters an seine politisch gewählten Vorgesetzten. Und auch hier spreche ich im Namen meiner Kollegen.

## 8. Zusammenfassung

1. An der Herausbildung einer kommunalen Fachverwaltung für den Umweltschutz geht kein Weg vorbei. Umweltdezernat und kommunales Umweltamt mit der Konzentration der kommunalen Umweltschutzvollzugsaufgaben in den Bereichen
   - Umweltplanung
   - Umweltüberwachung
   sowie der selbstverordneten Pflichtaufgabe der
   - Umweltberatung
   gehören zum organisatorischen Standard.

2. Gleichwohl konnten die organisatorischen Konsequenzen bisher nur Teilerfolge zeitigen. Es ist deshalb notwendig, durch ein planvolles Management der Aufgabenwahrnehmung die Wirksamkeit des Vollzugs der kommunalen Umweltschutzaufgaben weiter zu steigern.

3. Kommunaler Umweltschutz heißt auch, sich einmischen in andere Fachaufgaben. Dies bedeutet, daß weiterhin politische Unterstützung für die kommunale Umweltverwaltung notwendig ist. Trotz großer Anstrengungen bisher erscheint es notwendig, weiter zusätzliches qualifiziertes Personal und weitere Haushaltsmittel zur Verfügung zu stellen, denn sonst blieben die bisher sehr großen Anstrengungen in den Ansätzen stecken.

**Dezernat VIII**
Umwelt, Energie
und Brandschutz

Stadtrat Tom Koenigs

## *Ämter:*

37 Feuerwehr

67 Gartenamt

68 Stadtentwässerungsamt

70 Amt für Abfallwirtschaft und Stadtreinigung

78 Palmengarten

79 Umweltamt

79E Energiereferat

82 Forstamt

Bild 1: Dezernatsverteilungsplan

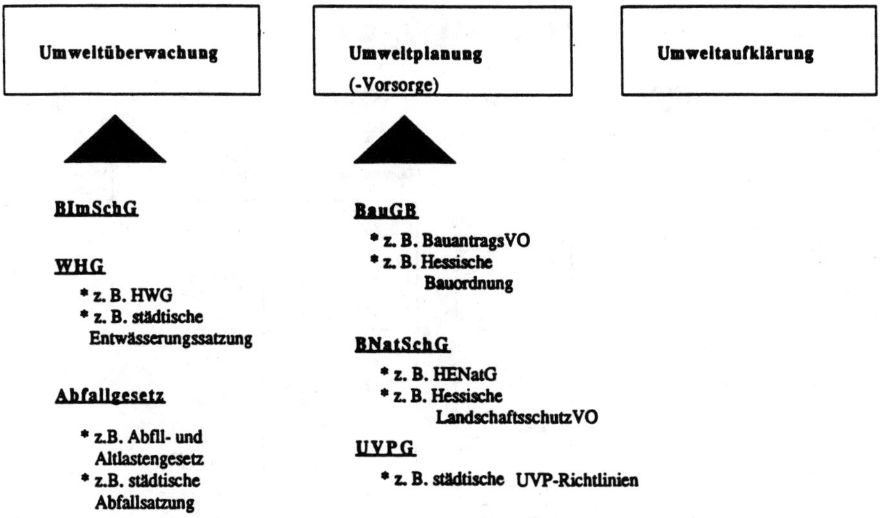

```
┌─────────────────────────┐   ┌─────────────────────────┐   ┌─────────────────────────┐
│    Umweltüberwachung    │   │     Umweltplanung       │   │    Umweltaufklärung     │
│                         │   │      (-Vorsorge)        │   │                         │
└─────────────────────────┘   └─────────────────────────┘   └─────────────────────────┘
             ▲                            ▲
```

**BImSchG**

**WHG**
* z. B. HWG
* z. B. städtische
  Entwässerungssatzung

**Abfallgesetz**
* z.B. Abfll- und
  Altlastengesetz
* z.B. städtische
  Abfallsatzung

**BauGB**
* z. B. BauantragsVO
* z. B. Hessische
  Bauordnung

**BNatSchG**
* z. B. HENatG
* z. B. Hessische
  LandschaftsschutzVO

**UVPG**
* z. B. städtische UVP-Richtlinien

Bild 2: Aufgaben des kommunalen Umweltschutzes

| Aufgaben<br>Funktionen | Umwelt-<br>überwachung | Umwelt-<br>planung | Umwelt-<br>aufklärung |
|---|---|---|---|
| Genehmigungen | X | (X) | |
| Überwachungen | X | | |
| Bewertungen | (X) | X | |
| Beratung | (X) | (X) | X |

Bild 3: Funktionen und Aufgaben des kommunalen Umweltschutzes

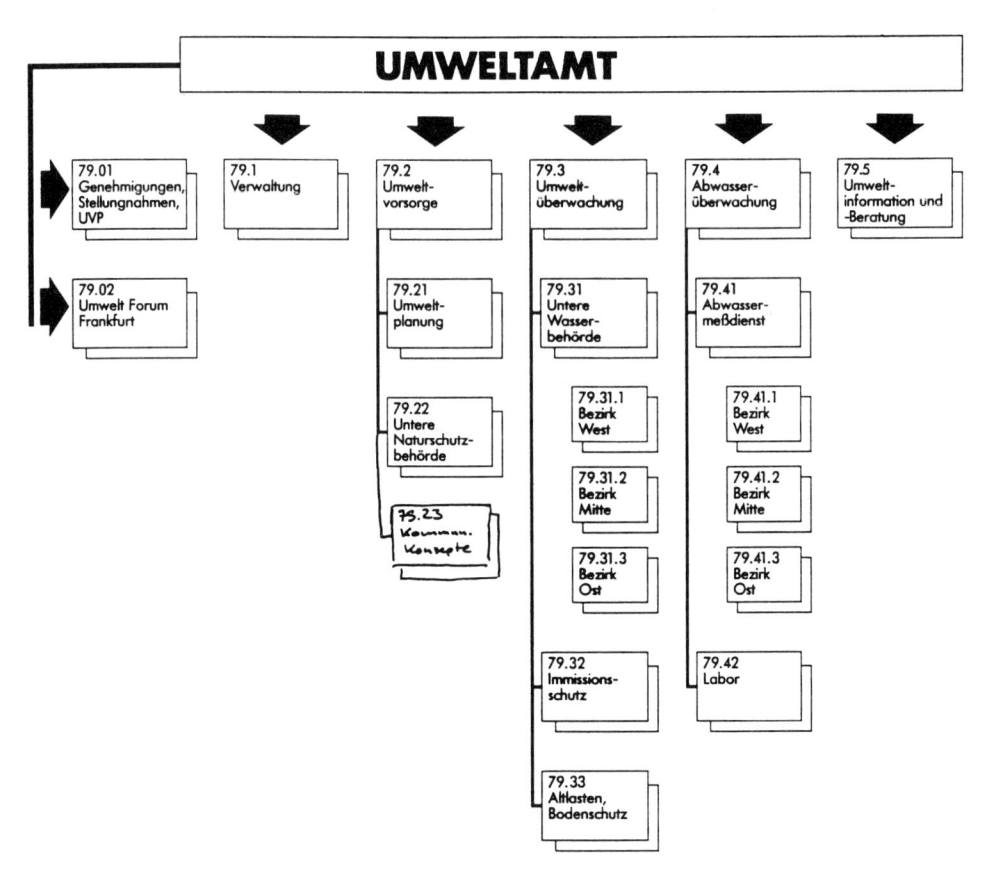

Bild 4: Aufgabenbereiche des Umweltamtes

## 79.31

**UWB**

- Grundwassereingriff, -haltung ?
- Lagerung wassergefährdender Stoffe ?
- Schutzgebiete ?
- Schadensfälle ?

## 79.22

**UNB**

- Eingriffs- Beurteilung
- Einvernehmungsregelung

## 79.32

- Vorbelastung Luft
  Lärm
- zusätzliche Emissionsquellen
  - Beheizungsart
- Beeinträchtigung Kleinklima

***BAURUNDE UMWELTAMT 79.01***

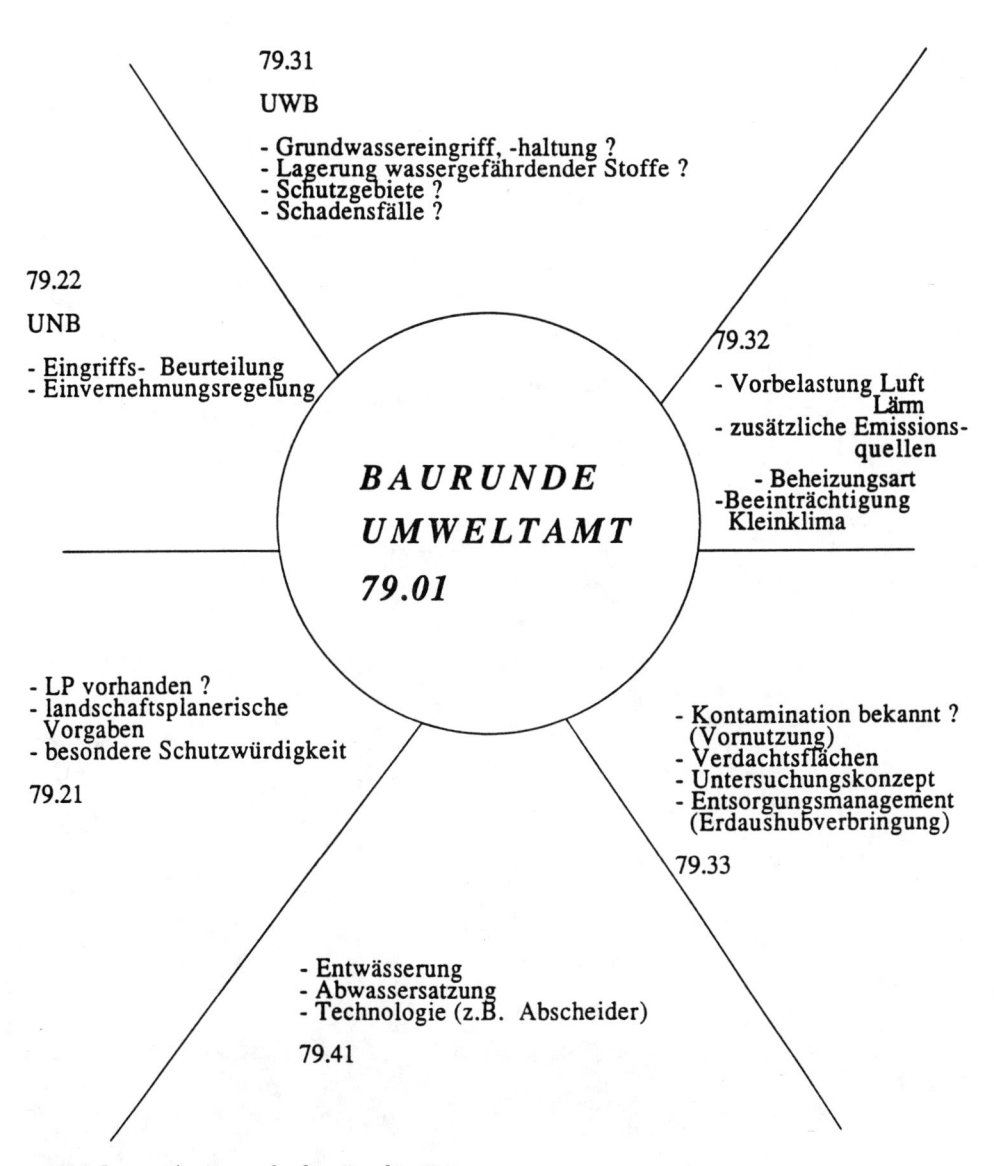

- LP vorhanden ?
- landschaftsplanerische Vorgaben
- besondere Schutzwürdigkeit

79.21

- Kontamination bekannt ? (Vornutzung)
- Verdachtsflächen
- Untersuchungskonzept
- Entsorgungsmanagement (Erdaushubverbringung)

79.33

- Entwässerung
- Abwassersatzung
- Technologie (z.B. Abscheider)

79.41

Bild 5: Die Baurunde des Umweltamtes

# Umweltepidemiologische Untersuchungen in Thüringen

**H. E. Wichmann,** Wuppertal,
**J. Heinrich,** Wuppertal,
**K. Schwinkowski,** Erfurt

Zusammenfassung

Die lufthygienische Situation in Thüringen ist durch hohe Immissionskonzentrationen in Talkessellagen gekennzeichnet. Die gesundheitlichen Auswirkungen dieser Belastungen werden derzeit schwerpunktmäßig in Erfurt und Weimar untersucht. Für die Analyse akuter Luftschadstoffwirkungen stehen Daten zur tagesspezifischen Sterblichkeit und $SO_2$-Meßwerte für die Jahre 1980-90 zur Verfügung. Ferner werden Atemwegssymptome, Lungenfunktionsparameter sowie Medikamentenverbrauch bei ca. 90 Patienten mit chronischen Atemwegserkrankungen über einen Zeitraum von fast 2 Jahren tageweise erhoben. Chronische Wirkungen von Luftschadstoffen werden in einer Studie zur Prävalenz von Allergien und Asthma in Erfurt untersucht. Schließlich wird im Süden von Thüringen und Sachsen eine Fall-Kontroll-Studie zur Bedeutung von Radon in Innenräumen bei der Entstehung von Lungenkrebs durchgeführt. Über erste Ergebnisse dieser Forschungsvorhaben, die mit Unterstützung des Bundesministeriums für Umwelt, Naturschutz und Reaktorsicherheit sowie des Forschungszentrums "Umwelt und Gesundheit" (GSF) durchgeführt werden, wird berichtet.

## 1. Akute Wirkungen von Luftschadstoffen auf die menschliche Gesundheit

### 1.1. Smog und Mortalität

Für die Analyse kurzfristiger gesundheitlicher Auswirkungen von Smogepisoden werden weltweit tagesspezifische Mortalitätsziffern benutzt /2/. Diese Daten haben den Vorteil, zuverlässig, vollständig und auch im Nachhinein auf Tagesebene erhältlich zu sein. Die Gesamtmortalität wird dabei als Indikator für verschiedene Morbiditätsparameter, wie z. B. die stationäre Aufnahme und ambulante Behandlungen interpretiert. Während der Smogepisode im Januar 1985 waren in Nordrhein-Westfalen höhere Morbiditäts- und Mortalitätsraten nachzuweisen. Im Belastungsgebiet lagen diese Effekte bei etwa 8 % im Vergleich zu einer 2 %igen Erhöhung im Kontrollgebiet. Der höchste an einer Station beobachtete Tagesmittelwert für $SO_2$ betrug 830 µg/m³.

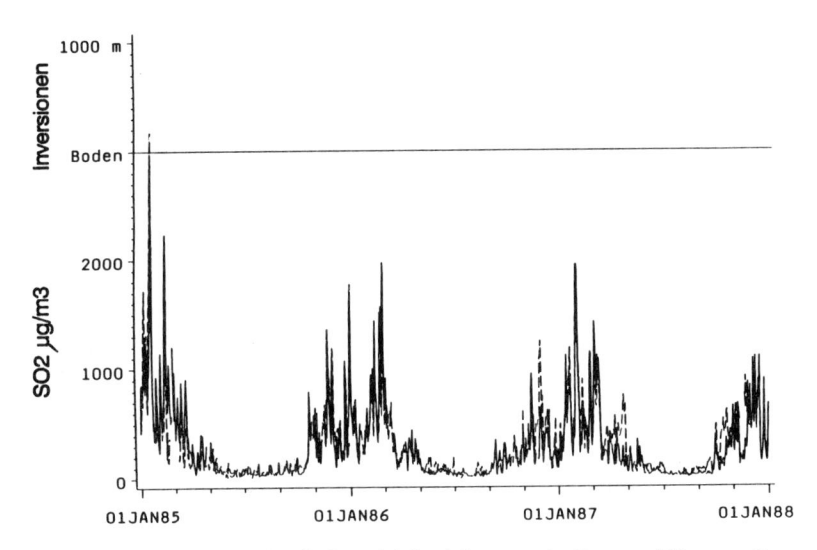

Abb. 1: Tagesmittel der Schwefeldioxidkonzentration und Tage mit Inversionen in Erfurt und Weimar in den Jahren 1985 - 1987 (Meßstation: Leipziger Platz, Hygiene Institut Erfurt)

Es war naheliegend, die Auswirkungen der Smogepisode des Januar 1985 auch in Thüringen zu untersuchen. Zur Verfügung standen $SO_2$-Tagesmittelwerte und tagesspezifische Sterblichkeitsziffern für die Städte Erfurt und Weimar. Die höchste $SO_2$-Konzentration lag bei 3200 µg/m³ (Abb.1) und war damit vier mal so hoch wie im Ruhrgebiet. Überraschenderweise stieg jedoch die Mortalität in dieser Zeit nicht an. Die weitere Analyse ergab, daß nur in den Herbstmonaten der drei beobachteten Jahre ein Zusammenhang zwischen der tagesspezifischen Mortalität und der Schadstoffbelastung erkennbar war. Dabei war auffällig, daß die singulären Immissionsspitzen im Oktober von einem Mortalitätsanstieg begleitet waren, während Immissionsspitzen im weiteren Verlauf des Winters vor dem Hintergrund einer hohen Basisbelastung deutlich schwächere Auswirkungen auf die Sterblichkeit zeigten (Spix et al., 1991).

Eine Poisson-Regressionsanalyse unter Berücksichtigung möglicher Confounder wie langwellige Periodizitäten und Trends, Grippeepidemien sowie meteorologische Einflüsse, ergab einen nachweisbaren in etwa logarithmischen Zusammenhang des Risikos mit der Belastung. Diese Zwischenergebnisse werden durch die Analyse eines größeren Datensatzes für den Zeitraum von 1980 bis 1990 bestätigt. Insgesamt zeigt sich ein kleinerer Effekt als aufgrund der Ergebnisse in Nordrhein-Westfalen zu erwarten war. Mögliche Ursachen werden derzeit durch spezielle luftchemische Analysen und die Messungen saurer Aerosole untersucht.

### 1.2. Luftschadstoffwirkung auf Lungenfunktion und Befindlichkeit bei vulnerablen Personen

An dieser Untersuchung, die ebenfalls in Erfurt und Weimar durchgeführt wird, sind 60 Kinder im Alter von 6 - 12 Jahren und 30 Erwachsene mit Asthma bronchiale oder chronischer Bronchitis beteiligt. Nach ärztlicher Untersuchung und ausführlicher standardisierter Befragung wurden die Patienten gebeten ein Tagebuch zu führen. In diesem werden der Medikamentenverbrauch, Atemwegssymptome und -beschwerden sowie die Ergebnisse wiederholter Atemstoßmessungen eingetragen. Eine Zeitreihe der Atemstoßmeßwerte zeigt Abb. 2.

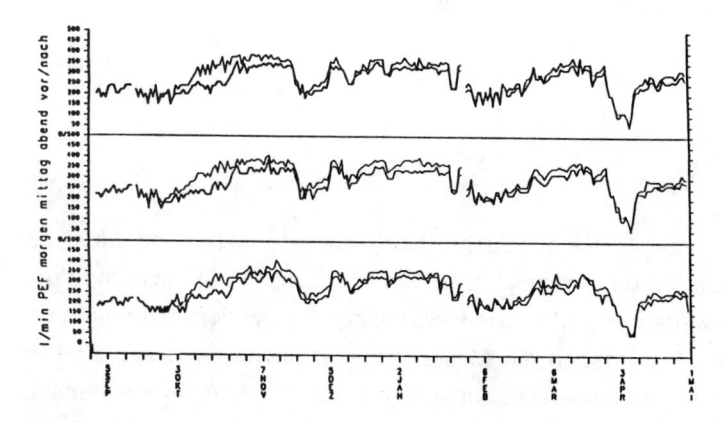

Abb 2: Beispiel für den zeitlichen Verlauf der Atemstoßwerte (PEF) bei einem Asthmatiker: morgens, mittags und abends vor und nach Spray

Die tagesspezifischen Befunde werden in Beziehung zu den täglichen Immissionskonzentrationen gesetzt. Neben den üblicherweise gemessenen Luftschadstoffen wie $SO_2$, Schwebstaub, $NO_2$, werden auch saure Aerosole bestimmt. Unter diesem Sammelbegriff faßt man $H_2SO_4$, $HNO_2$, $HNO_3$ und weitere Komponenten zusammen, die wegen ihrer sauren Eigenschaften und ihrer Fähigkeit, in die kleinen Bronchien und Bronchiolen gelangen zu können, für die Reizung der Atemwege besonders wichtig sind. Das meßmethodische Problem wurde gemeinsam mit der Harvard School of Public Health in Boston gelöst. Das Prinzip der Messung ist in Abb. 3 dargestellt.

Die statistische Analyse der Daten erfolgt sowohl episodenbezogen als auch auf der Basis von Regressionsmodellen. Es sind signifikante Schadstoffwirkungen auf die Beschwerden und den Atemstoßmeßwert nachweisbar.

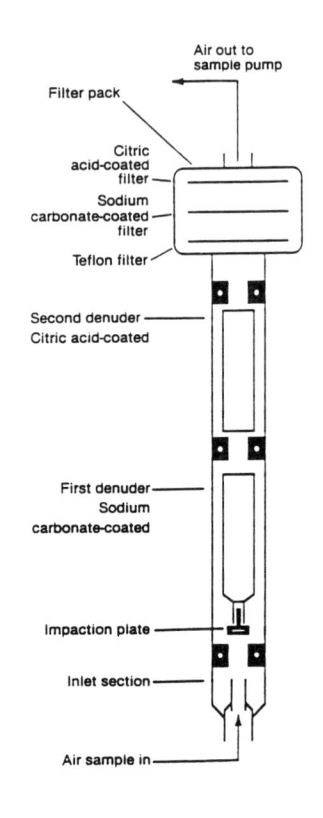

Abb. 3: Denuder-System zur Messung saurer Aerosole

Jedoch sind die Effekte auch hier kleiner als aufgrund der Schadstoffexposition und vergleichbarer Untersuchungen in Westeuropa und den USA zu erwarten war. Möglicherweise hängt das mit dem Säuregrad der Luft zusammen. So ergaben die Messungen der sauren Aerosole eine im Verhältnis zur hohen Schwefeldioxidbelastung niedrige Azidität der Atemluft. Mögliche Neutralisierungsvorgänge in der Luft werden derzeit analysiert.

2. Langzeitwirkungen von Luftschadstoffen auf die menschliche Gesundheit

Im Rahmen einer Europäischen Studie zur Asthmaprävalenz und seiner Risikofaktoren wird u. a. auch in der Stadt Erfurt als eine von 50 unterschiedlich belasteten Regionen in etwa 40 Ländern, die Häufigkeit von Asthma und allergischen Erkrankungen untersucht. Ziel ist es, mit streng standardisierten Untersuchungs- und Erhebungsmethoden die regionale Verbreitung chronischer Atemwegserkrankungen und Allergien und deren umweltbedingten Einflußfaktoren zu erfassen. In Erfurt wurden mittels eines Kurzfragebogens die Häufigkeiten von Atemwegserkrankungen und -beschwerden sowie von Allergien bei einer Zufallsstichprobe von 4500 Einwohnern ermittelt. Entsprechend dem Design werden darüber hinaus rund 750 Frauen und Männer im Alter von 20 - 44 Jahren ausführlich befragt auf Empfindlichkeit der Atemwege und eine allergische Reaktionsbereitschaft untersucht. Von diesen Probanden wird zur Bestimmung immunologischer Parameter Blut abgenommen.

3. Lungenkrebsrisiko durch Radon in Wohnräumen

Ausgehend von Untersuchungen an Bergarbeitern und den bisherigen Ergebnissen ausländischer bevölkerungsbezogener Studien muß angenommen werden, daß die Innenraumbelastung durch Radon und seine Zerfallsprodukte in vielen Ländern den wichtigsten umweltbedingten Risikofaktor bei der Entstehung des Lungenkrebses darstellt. Für die westliche Bundesrepublik schätzt die Strahlenschutzkommission, daß 4-12 % aller Lungenkrebserkrankungen durch Radon bedingt sein könnten. Radon gelangt überwiegend aus dem Gesteinsuntergrund über den Keller ins Haus. Dort reichert es sich an, wobei die Konzentration vom Zustrom aus dem Boden und vom Abstrom durch Ventilation abhängt. Dieser Zusammenhang ist schematisch in Abb. 4 dargestellt.

Basierend auf diesen Hintergründen wird seit Oktober 1989 eine überregionale, multizentrische Fall-Kontroll-Studie durchgeführt (WICHMANN et al., 1991).

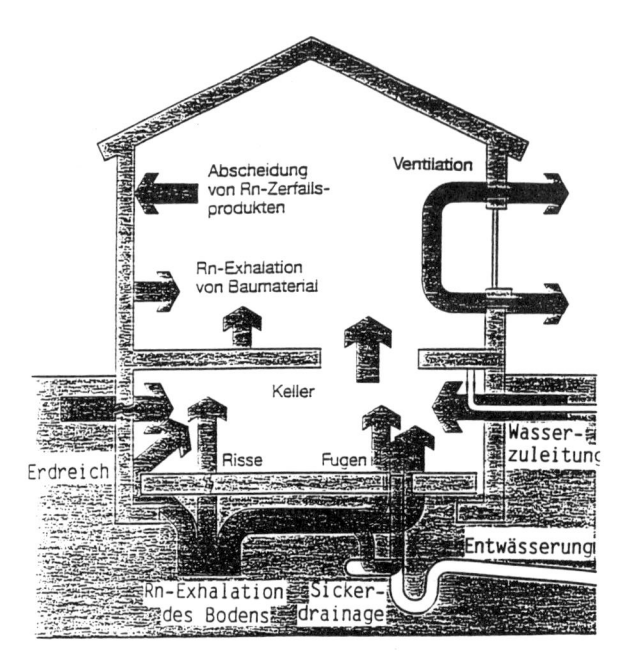

Abb. 4: Die größte Quelle der Strahlenbelastung der Bevölkerung sind Radon-Zerfallsprodukte in der Innenluft von Häusern. Die Radon-Konzentration in der Raumluft wird im Einzelfall bestimmt durch die Zufuhr aus der Bodenluft unter dem Haus, durch die Freisetzung aus Baumaterialien und durch die Belüftung der Räume (/5/)

Die Ziele dieser Studie bestehen im wesentlichen in der Beantwortung der folgenden Fragen:
1. Welchen Einfluß haben das Radon und seine Folgeprodukte in Innenräumen auf den Lungenkrebs bei Rauchern und Nichtrauchern?
2. Ergibt sich ein überadditives Risiko der Radonbelastung bei gleichzeitig vorhandener beruflicher Exposition gegenüber kanzerogenen Noxen am Arbeitsplatz?
3. Welchen Einfluß haben Lebensgewohnheiten, wie z.B. das Lüftungsverhalten und das Passivrauchen sowie bauliche Charakteristika der Wohnung auf das radonbedingte Lungenkrebsrisiko?

Studiendesign

Im Erhebungszeitraum von 4 Jahren werden über Kliniken in ausgewählten Studiengebieten mit differenter Radonbelastung (Thüringen und Sachsen,

Ostbayern, Saarland, Teile von Rheinland-Pfalz und Nordrhein-Westfalen) über 3000 Neuerkrankungen an Lungenkrebs erfaßt. Eine gleich große Anzahl Kontrollpersonen wird durch Zufallsstichproben aus der Bevölkerung über Einwohnermeldeämter und in den westlichen Bundesländern zusätzlich über ein Telefonauswahlverfahren ermittelt und den Lungenkrebspatienten nach Alter, Geschlecht und Region zugeordnet. Das Studiengebiet deckt sich weitgehend mit den Einzugsgebieten von 12 großen Kliniken für Lungenkrankheiten. In der thüringisch-sächsischen Studienregion handelt es sich um die Kliniken in Bad Berka, Zschadraß und Coswig. Patienten dieser Kliniken, die die Einschlußkriterien erfüllen, werden um Teilnahme an der Studie gebeten. Die Einschlußkriterien sind die histologisch oder zytologisch gesicherte Diagnose eines primären Lungentumors; die Erstdiagnose darf nicht länger als 3 Monate zurückliegen; die Patienten müssen jünger als 76 Jahre sein und die deutsche Staatsangehörigkeit haben. Um die Diagnosestellung zwischen den Kliniken vergleichbar zu machen, wird histologisches bzw. zytologisches Material an einen Referenzhistologen bzw. -zytologen zur Befundung gesandt. Somit kann von einer einheitlichen Falldefinition und Falldiagnose ausgegangen werden.

Die Exposition gegenüber Radon wird bestimmt durch eine dreitägige Messung mit Aktivkohledosimetern und eine einjährige Messung mit Kernspurdetektoren, aufgestellt in den Wohn- und Schlafräumen der jetzigen und der innerhalb der letzten 35 Jahre bewohnten Wohnungen der Probanden. In einem Interview werden mittels eines standardisierten Fragebogens eine Wohnbiographie zur Ermittlung radonspezifischer Informationen und der Nachmieteradressen, eine Rauch- und Berufsbiographie zur Ermittlung der lebenslangen Tabakrauch- und berufsbedingten Exposition erstellt, ergänzt durch Fragen nach der Passivrauchbelastung und weiteren Einflußfaktoren.

Erste Ergebnisse der Hauptphase

Die folgenden Zwischenergebnisse basieren auf Auswertungen der Fragebögen, Kurzzeitmessungen und Klinikfallisten aus dem Erhebungszeitraum Oktober 1990 bis Juni 1991.
Die Auswertung von insgesamt 561 Fragebögen, erhoben an 293 Fall- und 268 Kontrollpersonen, ergibt einen erwartungsgemäß hohen Anteil an (ehemaligen oder jetzigen) Rauchern von 93% unter den

Lungenkrebspatienten gegenüber einem Anteil von 67% unter den Bevölkerungskontrollen. Von praktischer Bedeutung für die Durchführung der Studie ist, daß die mittlere Wohndauer in der hauptsächlich vom Lungenkrebs betroffenen Altersgruppe etwas mehr als 10 Jahre beträgt. Das bedeutet, daß pro Person ca. 3 Wohnungen einbezogen werden müssen, um die vorgesehene Wohndauer von 35 Jahren zu erfassen. Die durchschnittliche Dauer des Fragebogeninterviews beträgt 78 Minuten.

Der postalische Versand funktioniert gut. Nur in ca. 10% der Wohnungen sind Wiederholungsmessungen erforderlich.

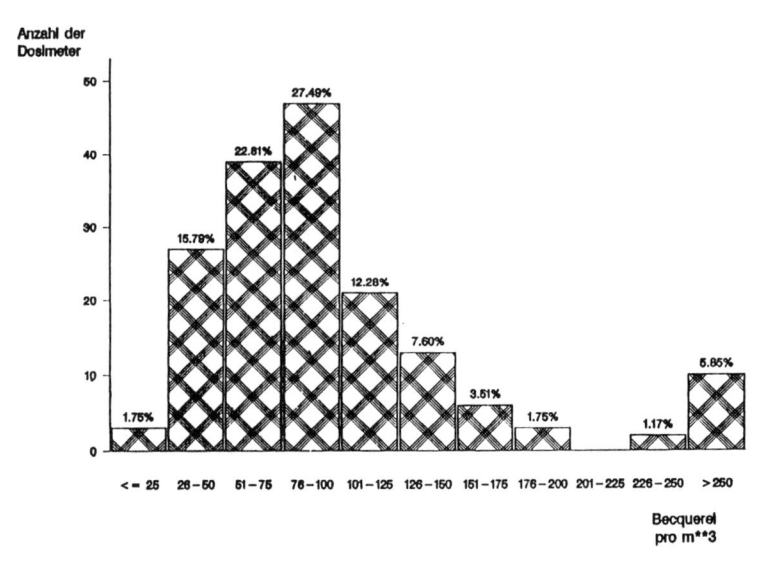

Abb. 5: Verteilung der Radonkonzentration (Aktivkohlemessungen) in den Wohnungen der Teilnehmer an der Lungenkrebsstudie in Thüringen und Sachsen (n = 171 Dosimeter)

Die Verteilung der gemessenen Radonkonzentrationen in Thüringen und Sachsen (Abb. 5) zeigt einen gegenüber der im westlichen Teil Deutschlands beobachteten Verteilung einen etwas höheren Anteil von Meßwerten über 250 Bq/m$^3$, begründbar durch die Lage der Studiengebiete in Regionen höherer Radonbelastung. Ergebnisse der Langzeitmessungen liegen aufgrund der einjährigen Meßdauer zur Zeit noch nicht vor.

Literatur

/1/ Schwartz, J., Marcus, A.:
Mortality and Air Pollution in London: A Time Series Analysis
Am. J. Epid. 131(1990), 185-194

/2/ Wichmann, H.E., Müller, W., Allhoff, P., Beckmann, M. Bocter, N., Csicsaky, M.J., Jung, M., Molik, B., Schöneberg, G.:
Health Effects during a Smog Episode in West Germany in 1985
Environ. Health. Persp. 79 (1989), 89-99

/3/ Wichmann, H.E., Kreienbrock, L., Kreuzer, M., Goetze, H.J., Heinrich, J., Gerken, M.:
Radon und Lungenkrebs - Kenntnisstand und erste Erfahrungen mit einer Studie in der Bundesrepublik Deutschland.
Erscheint in: Veröffentlichungen der Strahlenschutzkommission
G. Fischer Verlag, Stuttgart 1992

/4/ Spix, C., Heinrich, J., Wichmann, H.E., Schwinkowski, K.:
Smog und Mortalität in Nordrhein-Westfalen und Thüringen
Tagung "Gesundheit und Umwelt" der Deutschen Gesellschaft für Medizinische Dokumentation, Informatik und Statistik (GMDS)
München, 1991 (Abstractband)

/5/ GSF: Strahlung im Alltag. Mensch und Umwelt, 7. Ausgabe
GSF-Forschungszentrum, Umwelt und Gesundheit, Neuherberg (1991)

# Das kanzerogene Potential von Luftschadstoffen — Die Bedeutung von Kfz-Abgasen

U. Heinrich, Hannover

Zusammenfassung

Das Abgas aus Diesel- und Ottomotoren wird nach dem derzeitigen Kenntnisstand im wesentlichen von drei Abgaskomponenten bestimmt: von den polyzyklischen aromatischen Kohlenwasserstoffen (PAH), von den Rußpartikeln und vom Benzol.
Für das kanzerogene Potential des Dieselmotorabgases in der Lunge scheint nach neuesten Erkenntnissen das Rußpartikel bzw. der Kohlenstoffkern des Rußpartikels von überragender Bedeutung zu sein und nicht so sehr die nur in relativ geringer Menge im Abgas vorhandenen PAH. Beim Ottomotor liegen die Verhältnisse etwas anders, da die Partikelemissionen deutlich geringer sind als beim Diesel-PKW. Im Gegensatz zum Dieselruß scheint der Kohlenstoffkern des Ottomotorabgaspartikels nur einen Bruchteil der Gesamtmasse des Partikels auszumachen. Unter dieser Annahme, die allerdings einer dringenden analytischen Überprüfung bedarf, würde das kanzerogene Potential des Ottomotorabgases für die Lunge daher vorerst nicht wie beim Dieselmotorabgas insbesondere durch einen Partikeleffekt bestimmt werden, sondern eher durch die vorhandenen PAH.
Neben den PAH spielt bei dem kanzerogenen Potential des Ottomotorabgases auch noch das Benzol eine ganz wesentliche Rolle. Epidemiologische Untersuchungen haben die Wahrscheinlichkeit für die Ausbildung einer benzolbedingten Leukämie beim Menschen aufgezeigt. Hauptemittent für Benzol ist das Kraftfahrzeug und zwar besonders die ohne Katalysator betriebenen Ottomotorfahrzeuge. Auf der Basis der vorliegenden Abschätzungen des Krebsrisikos für Dieselruß, PAH und Benzol trägt das Dieselmotorabgas einen deutlich höheren Anteil an dem Kfz-bedingten Krebsrisiko als das Ottomotorabgas. Besonders in den neuen Bundesländern tragen aber in überwiegendem Maße die Abgase aus den Kohleheizungen und Kokereien zu dem kanzerogenen Potential von Luftschadstoffen bei.

## 1. Einleitung

Obwohl das Abgas aus Kraftfahrzeugen einige tausend verschiedene chemische Verbindungen enthält, so hat sich doch durch entsprechende tierexperimentelle Wirkungsuntersuchungen sowie teilweise auch durch epidemiologische Studien deutlich herauskristallisiert, daß das kanzerogene Wirkungspotential der Abgase von Diesel- und Ottomotoren nach dem derzeitigen Kenntnisstand im wesentlichen von drei Abgaskomponenten bestimmt wird: von den polyzyklischen aromatischen Kohlenwasserstoffen, die im internationalen Sprachgebrauch unter dem Kürzel PAH geführt werden, von den Rußpartikeln und vom Benzol.

Die PAH entstehen bei jeder unvollständigen Verbrennung von organischem Material, und die kanzerogene Wirkung von einigen dieser PAH ist schon seit mehr als 50 Jahren bekannt /1,2,3/. Für das kanzerogene Potential des Dieselmotorabgases in der Lunge scheint nach neuesten Erkenntnissen, auf die ich nachfolgend noch näher eingehen werde, das Rußpartikel bzw. der Kohlenstoffkern des Rußpartikels von überragender Bedeutung zu sein und nicht so sehr die nur in relativ geringer Menge in diesem Abgas vorhandenen PAH.

Beim Ottomotor liegen die Verhältnisse etwas anders, da die Partikelemissionen deutlich geringer sind als beim Diesel-PKW. Außerdem hat im Gegensatz zum Dieselruß der Kohlenstoffkern des Ottomotorabgaspartikels nur einen sehr kleinen Anteil an der Gesamtmasse des Partikels. Während Dieselruß einen Kohlenstoffanteil von 70 - 90% aufweist, finden sich für Partikeln des Ottomotorabgases in der Literatur auch Angaben, die bei nur 0,1% liegen /4,5,6/.

Das Ottomotorabgaspartikel, das bei der Verwendung von bleifreiem Benzin entsteht, scheint nach eigenen vorläufigen Untersuchungen neben einigen Metallen und Metalloxiden und einem minimalen Kohlenstoffkern im wesentlichen aus extrahierbaren organischen Stoffen zu bestehen. Ausgehend von diesem Kenntnisstand, der allerdings einer weiteren analytischen Bestätigung bedarf, ist anzunehmen, daß das kanzerogene Potential des Ottomotorabgases für die Lunge daher nicht wie beim Dieselmotorabgas in erster Linie durch einen Partikeleffekt bestimmt wird, sondern eher durch die vorhandenen kanzerogenen PAH. Hinsichtlich dieser Frage besteht aber noch erheblicher Forschungsbedarf.

Neben den PAH, die nach inhalativer Aufnahme ihre Wirkung in der Lunge entfalten, spielt für das kanzerogene Potential des Ottomotorabgases auch noch das Benzol eine ganz wesentliche Rolle. Epidemiologische Untersuchungen haben die Wahrscheinlichkeit für die Ausbildung einer benzolbedingten Leukämie beim Menschen aufgezeigt. Hauptemittent für Benzol ist das Kraftfahrzeug und zwar besonders die ohne Katalysator betriebenen Ottomotorfahrzeuge.

Bevor nachfolgend auf das kanzerogene Potential, die kanzerogene Potenz und das Krebsrisiko von Diesel- und Ottomotorabgas eingegangen wird, sollen diese drei Begriffe vorab kurz erläutert werden.

Das kanzerogene Potential beschreibt die prinzipiell bestehende Möglichkeit eines Stoffes, Krebs zu erzeugen, ohne etwas über die Höhe des Krebsrisikos anzugeben; die Frage nach dem kanzerogenen Potential wird mit "ja" oder "nein" beantwortet, wobei die gegebenenfalls notwendigen Einschränkungen hinzugefügt werden. Die krebserzeugende Potenz ist gleichbedeutend mit der krebserzeugenden Wirkungsstärke eines Stoffes; die Frage nach der kanzerogenen Potenz wird mit schwach, stark, sehr stark etc. beantwortet. Das Krebsrisiko beschreibt die Wahrscheinlichkeit, durch eine bestimmte Stoffdosis einen Krebs zu bekommen. Die Beantwortung der Frage nach dem Krebsrisiko sollte möglichst mit geschätzten Zahlen (z.B. 1 von 100.000 Exponierten) und nicht mit unbestimmten Begriffen wie "groß", "klein", "minimal", "vernachlässigbar" etc. erfolgen.

## 2. Dieselmotorabgas

Wie bei allen anderen Prozessen, die über die Verbrennung von fossilen Energieträgern wie Kohle und Erdöl bzw. den verschiedenen daraus gewonnenen Produkten zur Gewinnung von Energie eingesetzt werden, haben wir es auch bei der Verbrennung von Dieselöl in den Kraftfahrzeugmotoren nicht mit einer vollständigen Verbrennung zu tun, bei der nur noch Kohlendioxid und Wasserdampf entsteht. Neben den so offensichtlichen Rußpartikeln enthält das Abgas aus dieser unvollständigen Verbrennung daher u.a. die bekannten Stickoxide, Schwefeldioxid, Kohlenmonoxid sowie die verschiedensten aliphatischen und aromatischen Kohlenwasserstoffe. Auf die polyzyklischen aromatischen Kohlenwasserstoffe, die sogenannten PAH, muß besonders hingewiesen werden.

Diese Gruppe von organischen Verbindungen ist insofern von großer lufthygienischer Bedeutung, als bei einigen der im Abgas emittierten PAH eine kanzerogene Wirkung nachgewiesen worden ist. Diese kanzerogenen PAH sind vornehmlich an den äußerst feinen Rußpartikeln des Abgases angelagert und werden mit diesen nach Inhalation zu einem gewissen Prozentsatz in der Lunge abgelagert. Das Benzo(a)pyren (BaP) ist eines der bekanntesten Vertreter dieser kanzerogenen PAH.

Wegen der großen Zahl zugelassener Kraftfahrzeuge ist zwar das Kraftfahrzeug als eine bedeutende Quelle für die PAH-Emission anzusehen, der PAH-Gehalt pro Gramm emittiertem Ruß ist aber z.B. beim Dieselmotorabgas um ein Vielfaches geringer als beim Kokereiofen oder Kohleofenabgas. So kann man davon ausgehen, daß Dieselruß im allgemeinen nur wenige Mikrogramm BaP pro Gramm Ruß enthält.

Umsomehr war man erstaunt, als erstmals 1986 der wissenschaftlichen Fachwelt berichtet wurde, daß bei Ratten, die Dieselmotorabgase inhaliert hatten, Lungentumoren auftraten. Dieser Befund war deswegen so überraschend, weil die Menge an PAH, die von den Ratten in 2 - 2 1/2 Jahren Versuchszeit mit dem eingeatmeten Dieselruß in die Lunge gelangte, nur bei ca. 1 µg lag. Aus anderen Versuchsreihen, in denen die kanzerogene Wirkung von einzelnen PAH, PAH-Gemischen oder von Rußextrakten untersucht worden ist, wußte man, daß mit dieser geringen PAH-Menge in der Rattenlunge eigentlich keine erhöhte Tumorrate nachgewiesen werden kann. Diese ersten tierexperimentellen Ergebnisse über die tumorerzeugende Wirkung von inhaliertem Dieselmotorabgas wurden in verschiedenen Instituten in Japan, in den U.S.A. und in der Schweiz bestätigt /7,8,9,10,11/.

Basierend auf dem vielfach in der Toxikologie und besonders auch in der Onkologie bewährten qualitativen Analogieschluß von der Ratte auf den Menschen wurden Dieselmotoremissionen in Deutschland bereits 1987 als ein kanzerogener Arbeitsstoff eingestuft /12/. Auch wenn Hamster und Maus auf Dieselmotorabgase nicht so reagierten wie die Ratte, mußte die Ja/ Nein-Entscheidung, also die Frage, kanzerogen oder nichtkanzerogen nach dem Regelwerk der MAK-Kommission und der Gefahrstoffverordnung, aus präventivmedizinischen Gründen mit ja beantwortet werden.

Es liegen Untersuchungen von verschiedenen anderen Umweltchemikalien und Arbeitsstoffen vor, bei denen die Epidemiologie und der Rattenversuch eine kanzerogene Wirkung angezeigt haben, während der Hamster meist negativ war /13/. Diese Situation erfordert es, zumindest bis zum Beweis des Gegenteils, die Ergebnisse von mehrfach abgesicherten Kanzerogenitätsversuchen an Ratten aus vorsorglichem Gesundheitsschutz, qualitativ auf den Menschen zu übertragen. Gott sei Dank gibt es nicht viele Beispiele, wo eine stoffspezifische Tumorentwicklung sowohl beim Menschen, d.h. epidemiologisch, als auch bei der Ratte nachgewiesen wurde. Beim Vorliegen eines eindeutigen epidemiologischen Befundes ist es wegen der häufig sehr langen Latenzzeit bei der Tumorentwicklung für präventivmedizinische Maßnahmen meist 20 - 40 Jahre zu spät.

Während die Einstufungsbegründung für Dieselmotoremissionen am Arbeitsplatz in Deutschland im wesentlichen auf die Ergebnisse der Ratteninhalationsversuche abhob, wurde bei dem Einstufungsverfahren der International Agency for Research on Cancer (IARC) der WHO im Juni 1988 auch schon die von Garshik und Mitarbeitern in den USA retrospektiv an Arbeitern aus Werkstätten für Diesellokomotiven durchgeführte epidemiologische Studie berücksichtigt /4,14,15/. In dieser Studie konnte für die am längsten beschäftigten Arbeiter ein schwaches aber statistisch signifikant erhöhtes Lungenkrebsrisiko festgestellt werden. Wie die verschiedenen vorliegenden negativen epidemiologischen Studien muß aber auch diese positive Studie mit entsprechenden Vorbehalten bewertet werden, da z.B. die Angaben zur Dieselrußkonzentration am

Arbeitsplatz nur auf nachträglichen Abschätzungen beruhten und andere, das Lungenkrebsrisiko erhöhende Faktoren, wie z.B. Zigarettenrauchen und vorherige Asbestbelastung, möglicherweise nicht genügend berücksichtigt wurden.

Will man über die Ja/Nein-Entscheidung zur Frage der kanzerogenen Wirkung von Dieselmotorabgasen hinaus auch noch eine Abschätzung des möglichen Lungenkrebsrisikos für den Menschen durchführen, so kann das im Prinzip auf zwei verschiedenen Wegen erfolgen. Einmal kann man von den epidemiologischen Daten ausgehen, die ein signifikant erhöhtes Lungenkrebsrisiko am Arbeitsplatz anzeigen und extrapoliert linear von den dort abgeschätzten Rußbelastungsdaten und den vorliegenden Tumorinzidenzen auf das mögliche Lungenkrebsrisiko, das bei einer Belastung im Immissionskonzentrationsbereich zu erwarten ist. Oder man geht von den tierexperimentellen Ergebnissen aus und unterstellt, daß der Mensch auf die inhalative Aufnahme von Dieselruß genauso reagiert wie die Ratte und berechnet ebenfalls durch lineare Extrapolation ohne Schwellenwert das Tumorrisiko, das bei einer Dieselrußkonzentration zu erwarten ist, wie sie am Arbeitsplatz oder in der Stadtluft vorliegt. Die Möglichkeit, daß die Dieselrußwirkung doch einen Schwellenwert hat, läßt sich sicherlich nicht ausschließen. Aus präventivmedizinischen Gründen wird aber bei dem derzeitigen Kenntnisstand solch ein Schwellenwertmodell nicht berücksichtigt.

Wie bereits von McClellan und Mitarbeiter 1989 /16/ publiziert, kann man auf der Basis der eben erwähnten Studie an Arbeitern, die dem Abgas von Diesellokomotiven ausgesetzt waren, eine Abschätzung des sogenannten "*unit cancer risk*" durchführen. Das *unit cancer risk*, das seinerzeit von der amerikanischen Umweltschutzbehörde EPA eingeführt wurde, gibt an, wie hoch die Krebsmortalität bei 100.000 Menschen ist, die über die Lebenszeit von 70 Jahren kontinuierlich gegenüber 1 µg/m$^3$ eines Kanzerogens exponiert waren. Nimmt man bei der Dieselstudie Arbeitsplatzkonzentrationen von Dieselruß in Höhe von 125 - 500 µg/m$^3$ an, dann würde sich bei linearer Extrapolation ohne Schwellenwert ein *unit cancer risk* für Dieselruß von 30 - 120/100.000 Exponierter ergeben, d.h. von 100.000 Menschen, die über die Lebenszeit von 70 Jahren Dieselruß in einer Konzentration von 1 µg/m$^3$ inhalieren, würden nach dieser Abschätzung 30 - 120 Menschen an Lungenkrebs sterben. Bei einer mehr wahrscheinlichen mittleren Dieselrußkonzentration von 250 µg/m$^3$ würde sich ein *unit cancer risk* von 60/100.000 Exponierten pro µg/m$^3$ Dieselruß ergeben.

An verschiedenen kürzlich in Deutschland vermessenen Arbeitsplätzen fanden sich Dieselrußkonzentrationen im Bereich von 0,2 bis mehr als 1 mg/m$^3$ und für Straßenschluchten werden in der Literatur Werte von 10 - 25 µg/m$^3$ angegeben /17,18/.

Geht man bei der Abschätzung des Lungenkrebsrisikos vom Rattenexperiment aus und unterstellt, daß der Mensch genauso auf Dieselruß reagiert wie die Ratte, dann kommt man bei linearer Extrapolation, d.h. bei Annahme einer linearen Beziehung zwischen Expositionskonzentration und Tumorhäufigkeit im untersten Wirkungsbereich zu einem *unit cancer risk* von 6 - 8/100.000 pro µg/m$^3$ Dieselruß /19/. Die Risikoabschätzung auf der Basis der Rattenversuche ergibt also ein wesentlich kleineres Risiko als die Abschätzung auf der Basis der epidemiologischen Studie. Nach der Epidemiologie müßte der Mensch ungefähr 10 mal empfindlicher auf Dieselruß in der Lunge reagieren als die Ratte. Hier machen sich die großen Unsicherheiten in der Epidemiologie hinsichtlich zusätzlicher Belastung mit anderen Lungenkanzerogenen sowie die fehlende Information über die tatsächliche Belastung der Arbeiter mit Dieselruß bemerkbar. Die Abschätzung des Lungenkrebsrisikos auf der Basis der Rattenexperimente scheint daher z.Zt. realistischer zu sein, obwohl auch hier noch einmal betont werden muß, daß man eine rattenspezifische Wirkung und/oder eine Wirkungsschwelle nicht mit Sicherheit ausschließen kann.

Eine Risikoabschätzung für den Menschen auf der Basis von tierexperimentellen Ergebnissen unterstellt, daß der Wirkungsmechanismus, der bei der abgasbelasteten Ratte zur Tumorentstehung führt, in gleicher Weise auch beim Menschen zu finden ist. Um das beurteilen zu können, muß natürlich erst einmal bekannt sein, welcher Wirkungsmechanismus bei der Ratte vorliegt.
Obwohl die Ratte seit vielen Jahrzehnten mit Erfolg in der toxikologischen Prüfung für die Abschätzung des Gefährdungspotentials von Pharmaka und Umweltchemikalien für den Menschen eingesetzt wird, kann ohne eine möglichst umfassende Prüfung natürlich nicht ausgeschlossen werden, daß bestimmte, bei der Ratte gefundene Wirkungen beim Menschen nicht oder nur in abgeschwächter Form auftreten. Auch muß mit möglichst großer Sicherheit ausgeschlossen werden, daß durch die gewählten Versuchsbedingungen unphysiologische Belastungssituationen hergestellt worden sind, die ursächlich an der Ausbildung der expositionsbedingten Effekte beteiligt waren.
Auf der anderen Seite darf aber auch nicht ignoriert werden, daß, wenn die epidemiologischen Daten der Garshick-Studie stimmen, das Krebsrisiko für den Menschen deutlich höher liegt, als es auf der Basis der Rattenexperimente geschätzt wurde.

Schon ab 1987 wurde in entsprechenden Publikationen in Form von Arbeitshypothesen darauf hingewiesen, daß die an den Kohlenstoffkern des Dieselrußes angelagerten PAH wahrscheinlich nicht als ursächlicher Faktor für das Tumorgeschehen in der Rattenlunge anzusehen sind /20/. Die Menge an PAH, die von der Ratte in Inhalationsexperimenten mit Dieselmotorabgas aufgenommen werden konnten, war zu gering, als daß dadurch allein das Tumorgeschehen hätte erklärt werden können.

Verschiedene Reaktionen von Lungenzellen auf die Ablagerung eines Rußkerns, der weder durch Lösungsvorgänge noch durch Stoffwechselprozesse, sondern nur durch einen mechanischen Reinigungsprozeß aus der Lunge eliminiert werden kann, deuten darauf hin, daß dieser Rußkern selbst ursächlich an dem Tumorgeschehen in der Lunge beteiligt ist. Hier kann es sich einmal um eine unspezifische Reaktion des Lungengewebes auf eine überhöhte Ablagerung von solchen unlöslichen Partikeln handeln oder aber darum, daß die Partikeln selbst z.b. über ihre Größe und/oder die Reaktivität ihrer für eine biologische Wirkung zugänglichen spezifischen Oberfläche einen Effekt auf Zellwände und nach Inkorporation auch auf subzelluläre Strukturen ausüben. Eine massive Belastung der Lunge mit solchen unlöslichen Partikeln, wie sie besonders auch in der tierexperimentellen Untersuchung zu finden ist, geht mit einer Beeinträchtigung des Reinigungsmechanismus der Lunge für solche Partikel einher und führt zu einer verstärkten Ausbildung eines Partikeleffektes /21,22/.

In kürzlich abgeschlossenen Experimenten zur Frage der Tumorentstehung in der Rattenlunge allein durch Rußpartikeln konnte folgendes festgestellt werden: Rußpartikeln, die nahezu keine organischen Stoffe (u.a. PAH) auf ihrer Oberfläche angelagert hatten, waren genauso wie Dieselmotorabgas bzw. Dieselruß in der Lage, nach Inhalation in der Rattenlunge Tumoren zu induzieren. Dieses Ergebnis zeigt deutlich, daß tatsächlich der Rußkern des Dieselrußes und nicht so sehr die an dem Dieselruß angelagerten organischen Stoffe für die Tumorausbildung verantwortlich sind /23,24/.

Damit wird weiterhin deutlich, daß es sich bei dem Tumorgeschehen nach Dieselabgasinhalation nicht um einen dieselrußspezifischen Effekt, sondern um einen rußspezifischen oder sogar um einen allgemein partikelspezifischen Effekt handelt. Solch eine partikelspezifische Wirkung scheint an die Unlöslichkeit des untersuchten Partikels gebunden zu sein und die Wirkungsintensität scheint umso ausgeprägter zu sein je kleiner der Durchmesser ist. Titandioxid (Anatas) mit einer Primärpartikelgröße, wie man sie auch bei den hier untersuchten Rußen findet (10 - 30 nm), verursachte ebenfalls Lungentumoren bei der Ratte nach inhalativer Aufnahme; wurden $TiO_2$-Partikeln mit einem größeren Durchmesser verwendet, entstanden keine Tumoren.

Für die technischen Maßnahmen zur Reduzierung der Dieselrußemissionen leitet sich aus den gerade angeführten Erkenntnissen ganz klar ab, daß vor allen Dingen der Rußkern des Dieselpartikels aus dem Abgas entfernt werden muß und nicht so sehr die an dem Rußkern angelagerten organischen Stoffe, wenn man die kanzerogene Potenz des Abgases reduzieren will. Die Filtertechnik oder ein vergleichbares Verfahren, mit dem das vollständige Abgaspartikel erfaßt wird, und motorische Maßnahmen, mit denen die Entstehung der Rußpartikeln deutlich eingeschränkt wird, scheinen adäquate wirkungsorientierte Maßnahmen zu sein.

Nach den vorliegenden Erkenntnissen stellen die sehr kleinen Rußkerne, die bei allen unvollständigen Verbrennungsprozessen in mehr oder weniger hoher Konzentration emittiert werden, unabhängig von ihrem Gehalt an angelagerten organischen Stoffen ein kanzerogenes Potential dar. Bei Abgasen mit sehr niedriger PAH-Konzentration und hohem Rußgehalt wie z.B. Dieselmotorabgasen wird der kanzerogene Effekt entscheidend durch die Wirkung des Rußkerns bestimmt. Bei Abgasen mit hohem PAH-Gehalt wie z.B. Kohleofen- und Kokereiofenabgas sowie generell bei PAH-haltigen Abgasen mit einem sehr geringen Gehalt an in der Lunge unlöslichen Partikeln wird die kanzerogene Wirkung dagegen im wesentlichen durch die PAH-Konzentration vorgegeben. Diese reine PAH-Wirkung kann durch die Anwesenheit von PAH-Carrier-Partikeln aber noch ganz deutlich verstärkt werden; hier muß man nach unseren Ergebnissen von einer deutlichen überadditiven Wirkung ausgehen.

3. Ottomotorabgas

Wie schon eingangs erwähnt, liegen nur sehr spärliche und weit differierende Daten über die Zusammensetzung der Partikeln im Ottomotorabgas vor, besonders was den Anteil an anorganisch gebundenem Kohlenstoff angeht. Es besteht keine Unklarheit darüber, daß bei der Verwendung von verbleitem Kraftstoff der größte Anteil der Partikelmasse auf die verschiedenen Bleiverbindungen wie Bleioxid, -halogenid und -karbonat entfällt. Das in der Lunge deponierte Blei wird nahezu zu 100% resorbiert und steht damit nicht für eine Partikelwirkung zur Verfügung, wie sie z.B. bei den unlöslichen Kohlenstoffpartikeln beobachtet wurde. Auch die von Ottomotoren mit Katalysator generierten Partikeln scheinen nach ersten eigenen Untersuchungen einen Kohlenstoffkern zu haben, der im Vergleich zum Dieselruß nur einen Bruchteil der gesamten Partikelmasse ausmacht. Beim Dieselruß liegt der Kohlenstoffkern im Durchschnitt bei 70 - 80% der Partikelmasse.

Da die Partikelemission der Ottomotoren besonders auch mit Katalysator im Vergleich zu Dieselmotoren von PKW und Nutzfahrzeugen durchaus um den Faktor 50 - 100 niedriger liegen und der für eine Partikelwirkung zur Diskussion stehende Kohlenstoffkern des Ottomotorpartikels nur einen sehr geringen Anteil an der Partikelmasse hat, würde eine hypothetische partikelbedingte kanzerogene Wirkungsstärke des Ottomotorabgases auch wesentlich schwächer ausfallen als die partikelbedingte Wirkung des Dieselmotorabgases. Bei der Abschätzung des abgasbedingten Lungenkrebsrisikos auf der Basis einer Partikelwirkung sowohl beim Diesel- als auch beim Ottomotor würde aber die im Vergleich zu den Dieselfahrzeugen wesentlich größere Anzahl von zugelassenen Ottomotorfahrzeugen und die daraus resultierende Partikelbelastung der Atemluft zu berücksichtigen sein.

Da über die quantitative chemische Zusammensetzung des Ottomotorpartikels nur sehr unzureichende und vorläufige Erkenntnisse vorliegen, wird die Möglichkeit eines partikelbedingten kanzerogenen Wirkungspotentials wie es beim Dieselabgas tierexperimentell nachgewiesen wurde, für das Ottomotorabgas vorerst nicht in die Wirkungs- und Risikobetrachtungen mit einbezogen.
Damit würde die kanzerogene Wirkungsstärke des Ottomotorabgases in der Lunge im wesentlichen von den im Abgas enthaltenen kanzerogenen PAH bestimmt werden und das Lungenkrebsrisiko würde von der in der Umgebungsluft des Menschen vorherrschenden Konzentration an abgasbedingten PAH abhängen.
Die Abschätzung des Lungenkrebsrisikos für eine inhalative Belastung mit PAH ist auf der Grundlage epidemiologischer Studien an Kokereiarbeitern /25/ sowie auch auf der Grundlage tierexperimenteller Inhalationsstudien mit komplexen PAH-Gemischen möglich. Mit beiden Ansätzen kommt man in diesem Fall zu sehr ähnlichen Ergebnissen /24/. Stellvertretend für die gesamte Gruppe der PAH wird bei diesen Risikoabschätzungen auf das Benzo(a)pyren (BaP) abgehoben und ein *unit cancer risk* für BaP angegeben. Hierbei ist zu beachten, daß mit dieser Angabe nicht die alleinige BaP-Wirkung beurteilt wird, sondern die BaP-Wirkung, wie sie sich in dem komplexen Gemisch von zahlreichen anderen PAH darstellt. An dieser Stelle sei auch kurz erwähnt, daß der aus PAH-haltigen Abgasen extrahierbare organische Anteil in zahlreichen tierexperimentellen Studien auf kanzerogene Wirkung untersucht worden ist. In diesen Versuchen konnte eindeutig nachgewiesen werden, daß der weitaus größte Teil der kanzerogenen Wirkung dieses Extraktes derjenigen Extraktfraktion zuzuordnen ist, die die aus 4 - 7 Ringen bestehenden PAH enthält /26,27/.

Das *unit cancer risk* für PAH-haltige Abgase mit einem geringen Rußgehalt oder für die PAH-Gemische schlechthin, wie es auf der Grundlage einer umfangreichen epidemiologischen Studie an Kokereiarbeitern u.a. auch von der WHO berechnet wurde, liegt bei 7.000/100.000 exponierter Menschen; d.h., von 100.000 Menschen, die über die Lebenszeit von 70 Jahren 1 µg/m$^3$ BaP mit dem dazugehörigen komplexen PAH-Gemisch inhalieren, würden nach dieser Abschätzung 7.000 Menschen an Lungenkrebs sterben /28/. Zur Erinnerung und zum Vergleich: Das *unit cancer risk* für Dieselruß auf der Basis tierexperimenteller Daten wurde mit 6 - 8/100.000 angegeben. Die Wirkungsstärke der PAH liegt danach also ungefähr um den Faktor 1.000 über der Wirkungsstärke von Dieselruß, wobei die BaP-Konzentrationen in der Stadtluft der alten Bundesländer aber in einer 1000 - 5.000-fach geringeren Konzentration vorliegen als der Dieselruß. Vergleicht man die abgasbedingten Lungenkrebsrisiken, die durch die tatsächlich vorliegenden Dieselruß- und BaP- bzw. PAH-Konzentration vorgegeben werden, dann kommt man zu folgenden Zahlen:

Bei einer nicht unrealistischen Dieselrußkonzentration von 10 µg/m$^3$ in der Luft verkehrsreicher Straßen /29/ müßte auf der Basis der vorherigen Ausführungen ein Lungenkrebsrisiko von 60 - 80/100.000 exponierten Menschen angenommen werden. Weiterhin kann man davon ausgehen, daß in den alten Bundesländern von dem gesamten in der Luft verkehrsreicher Städte vorliegenden BaP ca. 1,6 ng/m$^3$ dem gesamten Kraftfahrzeugverkehr zuzuschreiben ist /30/. Bei dieser überschlägigen Rechnung wurde die PAH-Reduzierung durch den Dreiwege-Katalysator des Ottomotors noch nicht berücksichtigt. Bringt man nun noch den PAH-Anteil in Abzug, der von Dieselfahrzeugen herrührt, wobei nach vorliegenden Messungen eine mittlere BaP-Konzentration von 0,1 ng/10 µg Dieselruß angenommen werden kann /31/, dann müßte man von einer durch Ottomotorfahrzeuge bedingten BaP-Konzentration in der Stadtluft von ca. 1,5 ng/m$^3$ ausgehen. Das Lungenkrebsrisiko von Ottomotorabgas ohne katalytische Nachbehandlung würde nach diesen BaP-Werten bei ca. 10/100.000 Exponierten liegen. Diese Zahl würde sich noch weiter in dem Maße verringern, wie die Anzahl der Ottomotorfahrzeuge mit geregeltem Dreiwege-Katalysator zunimt, da der Katalysator bei optimaler Funktion die PAH im Abgas um ca. 90% vermindert. In Deutschland waren am 1.1.1991 bereits ca. 6,6 Mio. Kraftfahrzeuge mit einem Katalysator ausgerüstet.

Nach diesen Zahlen wäre das dieselrußbedingte Lungenkrebsrisiko bei der momentanen Abgasemissionssituation verkehrsreicher Städte in den alten Bundesländern deutlich höher einzuschätzen als das Lungenkrebsrisiko, was sich für das Ottomotorabgas errechnet, wenn man davon ausgeht, daß das kanzerogene Potential des Ottomotorabgases nur durch die PAH vorgegeben wird.
Dieser Unterschied zwischen Diesel- und Ottomotorabgas würde sich durch die kontinuierliche Zunahme von Ottomotoren mit geregeltem Katalysator in Zukunft noch weiter vergrößern, falls der Gehalt des Dieselmotorabgases an Kohlenstoffpartikeln nicht durch entsprechende Maßnahmen deutlich reduziert wird. Hier sind besonders auch die Nutzfahrzeuge angesprochen, die zumindest in Deutschland für 60 - 70% der jährlichen Dieselrußemissionen in Höhe von über 50.000 Tonnen verantwortlich sind. Für verkehrsreiche Städte kann man zur Zeit davon ausgehen, daß die Dieselrußbelastung ungefähr zu 50% den Diesel-Personenkraftwagen und zu 50% den Diesel-Lastkraftwagen zugeschrieben werden muß. Wegen der absehbaren Zunahme des Straßengüterferntransportes durch Lastkraftwagen wird sich die Dieselrußemission in Zukunft aber noch ganz deutlich erhöhen. Auch unter Berücksichtigung der EG-Abgasgesetzgebung, die erste vorsichtige Schritte zur Minderung von Dieselrußemissionen auch für die LKW vorsieht, wird sich eine zeitweilige weitere Zunahme der Dieselrußemissionen wahrscheinlich nicht verhindern lassen.

Abschließend soll noch auf das Benzol eingangen werden, das besonders für das Abgas des Ottomotors ohne geregelten Katalysator ein zusätzliches kanzerogenes Wirkungspotential darstellt. Ca. 90% der Benzolemissionen in den alten Bundesländern für das Jahr 1989 von ca. 46.000 Tonnen müssen dem Kraftfahrzeugbereich zugeschrieben werden, wobei ca. 33.000 Tonnen direkt mit dem Abgas emittiert werden. Ein bedeutender Faktor stellt auch die Benzolverdunstungsemission mit ca. 2.600 Tonnen dar. Auch die Dieselmotoren produzieren eine gewisse Menge an Benzol; im Vergleich zum Ottomotor ist dieser Anteil aber sehr gering und liegt bei ca. 1.300 t/Jahr /32/. Die zur Zeit im Jahresmittel in verkehrsreichen Großstädten im Kfz-Nahbereich gemessenen Benzolkonzentrationen liegen bei 10 - 25 $\mu g/m^3$, und in Kfz-Fahrgasträumen wurden zwischen 40 - 60 $\mu g/m^3$ gemessen. Der Benzolgehalt des Benzins ist zur Zeit EG-weit auf 5 Vol.% limitiert; ein Antrag auf Absenkung dieses Wertes auf 1 Vol.% ist von Deutschland bei der EG schon vor geraumer Zeit eingebracht worden. Nach entsprechenden Untersuchungen kann man davon ausgehen, daß der tatsächliche Benzolgehalt in den verschiedenen in Deutschland verkauften Ottomotorkraftstoffen z.Zt. zwischen 1,5 und 2,5 Vol.% liegt /33,34/.

Die kanzerogene Wirkung von Benzol ist im Tierexperiment nach oraler und auch inhalativer Applikation am Nagetier nachgewiesen worden. Tumoren traten in den verschiedensten Organsystemen auf und es ergaben sich auch deutliche speziesspezifische Unterschiede in der Tumorlokalisation. Diese Effekte waren allerdings erst bei relativ hohen Konzentrationen (350 mg/$m^3$) nachweisbar.
Die kanzerogene Wirkung von Benzol auf den Menschen wird durch mehrere epidemiologische Studien an Arbeitsplätzen belegt. Die Mehrzahl dieser Studien zeigte einen Zusammenhang von Benzolexposition und dem Auftreten von Leukämien. Die Ableitung quantitativer Dosis-Wirkungsbeziehungen für die kanzerogene Wirkung des Benzols beim Menschen aus den vorliegenden epidemiologischen Daten ist zwar möglich, aber mit einer Reihe von Unsicherheiten behaftet: Die Daten über die tatsächlich vorgelegenen Benzolexpositionskonzentrationen sind sehr unsicher; andere Benzolbelastungen als die inhalative am Arbeitsplatz wurden nicht miterfaßt, was zu einer Überschätzung des Risikos führen kann; eine Exposition gegenüber anderen Chemikalien als Benzol ist bei einigen Studien nicht sicher auszuschließen. Wegen dieser gewissen Unsicherheiten läßt sich eine Risikoabschätzung für die Arbeitsplatzbelastung mit Benzol nur mit entsprechenden Einschränkungen durchführen. Sie liegt bei einer 45-jährigen Expositionszeit gegenüber 1 ppm bzw. 3,2 mg/$m^3$ Benzol aufgrund der Daten der epidemiologischen Studie von Rinsky /35/ in Abhängigkeit von dem gewählten mathematischen Modell bei 0,5 - 33/ 1.000 exponierten Arbeitern.

Auf der Grundlage der Daten, die unter Arbeitsplatzbedingungen gewonnen worden sind, ist eine Extrapolation der Risikoabschätzung in den Benzolkonzentrationsbereich durchgeführt worden wie er in der Umwelt vorliegt. Auch hier kann in einem ersten Schritt das *unit cancer risk* angegeben werden. Es ist, wie schon eingangs erwähnt, definiert als die Wahrscheinlichkeit, nach lebenslanger Exposition gegenüber einer Benzolkonzentration von durchschnittlich 1 µg/m$^3$ an Krebs zu erkranken. Aufgrund der zusammenfassenden Analyse von mehreren epidemiologischen Studien ist man nach Becher und Wahrendorf /36/ zu einem *unit cancer risk* für Benzol von 9 - 10/1.000.000 exponierten Menschen gekommen.

Im Vergleich zu dem *unit cancer risk*, das für Dieselmotorabgase und PAH geschätzt wurde, liegt das *unit cancer risk* für Benzol deutlich niedriger; d.h. die kanzerogene Potenz oder Wirkungsstärke von Benzol ist deutlich geringer als die kanzerogene Wirkungsstärke von PAH oder von Dieselruß. Betrachtet man das Krebsrisiko, das bestimmt wird durch die in der Umgebungsluft vorherrschenden mittleren Benzolkonzentrationen, dann würde man bei einer Benzolkonzentration von 15 µg/m$^3$, wie sie in vielen verkehrsreichen Städten der alten Bundesländer zu finden ist, ein zusätzliches Krebsrisiko von 15/100.000 Exponierten bekommen. Das PAH-bedingte Krebsrisiko von Ottomotorabgas lag bei 10/100.000 Exponierten und das dieselrußbedingte Krebsrisiko lag bei 60 - 80/100.000 Exponierten, wobei eine durch Ottomotorabgase bedingte BaP-Konzentration in der Stadtluft von 1,5 ng/m$^3$ und eine Dieselrußkonzentration von 10 µg/m$^3$ zugrunde gelegt wurde. Mit zunehmenden Zulassungszahlen von Ottomotoren mit geregeltem Dreiwege-Katalysator und möglicherweise einer Absenkung des Benzolgehaltes von Ottomotorkraftstoff auf 1 Vol.%, wird sich das Krebsrisiko von Ottomotorabgas weiter deutlich verringern.

In Bezug auf die neuen Bundesländer ist davon auszugehen, daß zumindest z.Zt. noch, nicht die Kfz-Abgase, sondern in besonderem Maße die PAH, Ruß- und Benzolemissionen der Kohleofenheizungen und Kokereien den überwiegenden Anteil an dem kanzerogenen Potential dieser Luftschadstoffe ausmachen.

4. Schlußbemerkungen
--

Da die hier mit Maß und Zahl belegten Ausführungen möglicherweise den Eindruck erweckt haben, daß der beschriebene gesundheitliche Schaden für den abgasbelasteten Menschen mit großer Zuverlässigkeit und Genauigkeit angegeben werden kann, soll noch einmal kurz angemerkt werden, daß dies aus vielerlei Gründen natürlich nicht möglich ist. Neben klarer wissenschaftlicher Erkenntnis sind in die angegebenen Zahlen natürlich auch begründete Annahmen und Analogieschlüsse sowie mathematische Extrapolationsmodelle eingeflossen.

Die Einschränkungen, die generell bei epidemiologischen Erhebungen gemacht werden müssen, sind hinlänglich bekannt und teilweise von mir auch angeführt worden. Eindeutige Ursache-Wirkungsbeziehungen oder sogar Dosis-Wirkungsbeziehungen sind aus der Epidemiologie nur in seltenen Fällen ableitbar; meistens lassen sich nur mehr oder weniger deutliche Tendenzen erkennen, die einer experimentellen Bestätigung oder Widerlegung bedürfen. Daraus ergibt sich zwangsläufig eine größere Bedeutung für das Tierexperiment und in gewissen Grenzen auch für den in vitro Versuch. Die Unsicherheiten bei der Übertragbarkeit der experimentellen Erkenntnisse auf die Situation beim Menschen sind natürlich nur in gewissen Grenzen ausräumbar. Aus präventivmedizinischen Gründen und unter Beachtung des gesundheitlichen Vorsorgeprinzips sind die auf fundierten experimentellen Erkenntnissen und auf epidemiologischen Hinweisen basierenden Annahmen einer möglichen gesundheitlichen Schädigung des Menschen in Deutschland genügend Anlaß, um Maßnahmen zum Schutz der Gesundheit des Menschen zu ergreifen. Damit wird erreicht, daß wissenschaftliche Kenntnislücken nicht zu Lasten der Bevölkerung gehen, da Handlungsbedarf auch schon dann gesehen wird, wenn anerkannte Nachweise der Gesundheitsschädlichkeit noch nicht endgültig erbracht sind. Auf der anderen Seite muß aber auch der toxikologische Erkenntnisstand ständig überprüft werden, um die gesundheitlichen Präventivmaßnahmen den neuen Erfordernissen und Erkenntnissen anzupassen und um mögliche Fehleinschätzungen zu korrigieren.

## 5. Literatur

/1/ IARC (International Agency for Research on Cancer) (Ed.): IARC Monographs on the Evaluation of the Carcinogenic Risk of Chemicals to Humans, Vol. 32, Polynuclear Aromatic Compounds, Part 1, Chemical, Environmental and Experimental Data, International Agency for Research on Cancer, Lyon, 1983

/2/ IARC (International Agency for Research on Cancer) (Ed.): IARC Monographs on the Evaluation of the Carcinogenic Risk of Chemicals to Humans, Vol. 33, Polynuclear Aromatic Hydrocarbons. Part 2, Carbon Blacks, Mineral Oils (Lubricant Base Oils for Research on Cancer, Lyon), 1984a

/3/ IARC (Interantional Agency for Research on Cancer) (Ed.): IARC Monographs on the Evaluation of the Carcinogenic Risk of Chemicals to Humans, Vol. 34, Polynuclear Aromatic Compounds, Part 3, Industrial Exposures in Aluminium Production, Coal Casification, Coke Production, and Iron and Steel Founding. International Agency for Research on Cancer, Lyon, 1984b

/4/ IARC (International Agency for Research on Cancer) (Ed.): IARC Monographs on the Evaluation of the Carcinogenic Risk of Chemicals to Humans, Vol. 46, Engine Exhausts and Nitroarenes. International Agency for Research on Cancer, Lyon, 1989

/5/ Watson, A.Y., Bates, R.R., Kennedy, D.: Air Pollution, the Automobile, and Public Health, Washignton, D.C.: National Academy Press, 1988

/6/ FVV, Forschungsberichte Verbrennungskraftmaschinen, Heft 296-2, 1981

/7/ Brigthwell, J., Fouillet, X., Cassano-Zoppi, A.-L., Gatz, R. and Duchosal, F.: Neoplastic and Functional Changes in Rodents After Chronic Inhalation of Engine Exhaust Emissions. In: Ishinishi, N. et al. (eds.), Carcinogenic and Mutagenic Effects of Diesel Engine Exhaust (Developments in Toxicology and Environmental Science, Vol. 13), Amsterdam, New York, Oxford, Elsevier Sci. Publ. (Biomed. Div.), p. 471-485, 1986

/8/ Heinrich, U., Muhle, H., Takenaka, S., Ernst, H., Mohr, U., Pott, F. and Stöber, W.: Chronic Effects on the Respiratory Tract of Hamsters, Mice and Rats after Long-Term Inhalation of High Concentrations of Filtered and Unfiltered Diesel Engine Emissions. J. Appl. Tox., 6, p. 383-395, 1986

/9/ Heinrich, U., Pott, F., Mohr, U., Fuhst, R. and Donig, R.: Lung Tumours in Rats and Mice After Inhalation of PAH-Rich Emissions, Exp. Pathol., 29, p. 29-34, 1986

/10/ Ishinishi, N., Koizumi, A., McClellan, R.O. and Stöber, W. (Eds.): Carcinogenic and Mutagenic Effects of Diesel Engine Exhaust. Elsevier Science Publishers, B.V. (Biomedical Division) 1986

/11/ Mauderly, J.L., Jones, R.K., McClellan, R.O., Henderson, R.F. and Griffith, W.C.: Carcinogenicity of Diesel Exhaust Inhaled Chronically by Rats. In: Ishinishi, N. et al., (eds.). Carcinogenic and Mutagenic Effects of Diesel Engine Exhaust (Developments in Toxicology and Environmental Science, Vol. 13), Amsterdam, New York, Oxford, Elsevier Sci. Publ. (Biomed. Div.), pp. 397-409, 1986

/12/ Henschler, D. (Ed.): Gesundheitsschädliche Arbeitsstoffe. Toxikologisch-arbeitsmedizinische Begründung von MAK-Werten (Maximale Arbeitsplatz-Konzentrationen). Bearb. von den Arbeitsgruppen "Aufstellung von MAK-Werten" und "Festlegung von Grenzwerten für Stäube" der Kommission zur Prüfung gesundheitsschädlicher Arbeitsstoffe der Deutschen Forschungsgemeinschaft. Dieselmotor-Emissionen. Lfg. 13. - Weinheim, Verlag Chemie (Loseblattsammlung) 1987

/13/ Mohr, U. and Dungworth, D.L.: Relevance to Humans of Experimentally Induced Pulmonary Tumors in Rats and Hamsters. In: Mohr, U., Dungworth, D., Kimmerle, G., Lewkowski, J., McClellan, R.O., Stöber, W.: Inhalation Toxicology, the Design and Interpretation of Inhalation Studies and their Use in Risk Assessment, p. 209-232, 1988

/14/ Garshick, E., Schenker, M.B., Munoz, A., Segal, M., Smith, T.J., Woskie, S.R., Hammond, S.K. and Speizer, F.E.: A Case-Control Study of Lung Cancer and Diesel Exhaust Exposure in Railroad Workers. Am. Rev. Respir. Dis., 135, p. 1242-1248 , 1987

/15/ Garshick, E., Schenker, M.B., Munoz, A., Segal, M., Smith, T.J., Woskie, S.R., Hammond, S.K. and Speizer, F.E.: A Retrospective Cohort Study of Lung Cancer and Diesel Exhaust Exposure in Railroad Workers. Am. Rev. Respir. Dis., 137, p. 820-825, 1988

/16/ McClellan, R.O., Cuddihy, R.G., Griffith, W.C. and Mauderly, J.L.: Integrating Diverse Data Sets to Assess the Risk of Airborne Pollutants. In: Mohr, U. (ed.), Assessment of Inhalation Hazards: Integration and Extrapolation Using Diverse Data. (ILSI-Monographs), Berlin, Springer, p. 3-22, 1989

/17/ Lehmann, E., Rentel, K.H., Allescher, W., Hohmann, R.: Messung der beruflichen Exposition gegenüber Dieselabgas. Schriftenreihe der Bundesanstalt für Arbeitsschutz - Gefährliche Arbeitsstoffe (GA 33) 1989

/18/ Lehmann, E.: Dieselabgas am Arbeitsplatz. Technische Überwachung 31, p. 149-152, 1990

/19/ Pott, F., Heinrich, U.: Neue Erkenntnisse über die krebserzeugende Wirkung von Dieselmotorabgas. Zschr. Ges. Hyg., 34, 686-689, 1988

/20/ Pott, F., Heinrich, U.: Dieselmotorabgas und Lungenkrebs - Tierexperimentelle Daten und ihre Bewertung im Hinblick auf die Gefährdung des Menschen. In: Umwelthygiene, Bd. 19, Medizinisches Institut für Umwelthygiene, Jahresbericht 1986/1987. Hrsg. v.d. Ges. z. Förderung d. Lufthygiene und Silikoseforschung e.V., Düsseldorf, Stefan W. Albers, p. 130-167, 1987

/21/ Muhle, H., Ceutzenberg, O., Bellmann, B., Heinrich, U. and Mermelstein, R.: Dust Overloading of Lungs: Investigations of Various Materials, Species Differences, and Irreversibility of Effects. Journal of Aerosol Medicine, 3(1), p. 111-128, 1990

/22/ Creutzenberg, O., Bellmann, B., Heinrich, U., Fuhst, R., Koch, W. and Muhle, H.: Clearance and Retention of Inhaled Diesel Exhaust Particles, Carbon Black, and Titanium Dioxide in Rats at Lung Overload Conditions. J. Aerosol Sci. 21(1), p. 455-458, 1990

/23/ Heinrich, U., Dungworth, D.L., Pott, F., Schulte, A., Peters, L., Dasenbrock, C., Levsen, K., Koch, W., Creutzenberg, O.: The Carcinogenic Effects of Carbon Black Particles and Tar/Pitch Condensation Aerosol After Inhalation Exposure of Rats. Seventh Intern. Symposium on Inhaled Particles, Edinburgh, 16-20 Sept. 1991a

/24/ Heinrich, U., Pott, F., Roller, M.: Polyzyklische aromatische Kohlenwasserstoffe - Tierexperimentelle Ergebnisse und epidemiologische Befunde zur Risikoabschätzung. In: VDI Berichte 888, Krebserzeugende Stoffe in der Umwelt, VDI Verlag Düsseldorf, p. 71-92, 1991b

/25/ Pott, F.: Pyrolyseabgase, Profile von polyzyklischen aromatischen Kohlenwasserstoffen und Lungenkrebsrisiko - Daten und Bewertung. Staub Reinhalt. Luft 45: 369-379, 1985

/26/ Grimmer, G., Brune, H., Deutsch-Wenzel, R., Naujack, K.-W., Misfeld, J., Timm, J.: On the Contribution of Polycyclic Aromatic Hydrocarbons to the Carcinogenic Impact of Automobile Exhaust Condensate Evaluated by Local Application onto Mouse Skin. Cancer Letter 21, 105-113, 1983

/27/ Grimmer, G., Brune, H., Deutsch-Wenzel, R., Dettbarn, G., Misfeld, J.: Contribution of Polycyclic Aromatic Hydrocarbons to the Carcinogenic Impact of Gasoline Engine Exhaust Condensate Evaluated by Implantation into the Lungs of Rats. J. Natl. Cancer Inst. 72, p. 733-739, 1984

/28/ WHO (World Health Organization) (Ed.): Air Quality Guidelines for Europe (WHO Regional Publications. European Series; No. 23). WHO Regional Office for Europe, Copenhagen, 1987

/29/ Elbers, G. und Muratyan, S.: Problematik verkehrsbezogener Außenluftmessungen von Partikeln (Dieselruß) In: VDI Berichte, 888, Krebserzeugende Stoffe in der Umwelt, VDI Verlag Düsseldorf, p. 143-170, 1991

/30/ Israel, G., Freise, R. und Bauer, H.-W.: Verkehrsbeitrag zur Gesamtstaub- und PAH-Immission in deutschen Gross-Städten, Staub Reinhaltung der Luft, 45(7/8), 353-358, 1985

/31/ Pott, F.: Dieselmotorabgas - Tierexperimentelle Ergebnisse zur Risikoabschätzung. In: VDI Berichte 888, Krebserzeugende Stoffe in der Umwelt, VDI Verlag Düsseldorf, p. 211-244, 1991

/32/ Friedrich, A.: Minderung von Benzol-Emissionen. In: VDI Berichte 888, Krebserzeugende Stoffe in der Umwelt, VDI Verlag Düsseldorf, p. 631-644, 1991

/33/ UBA: Luftqualitätskriterien für Benzol. Berlin, Umweltbundesamt 1982

/34/ Kouros, B., Dehnen, W.: Benzol-Vorkommen, biologische Wirkung und Wirkungsmechanismus. In: Umwelthygiene, Bd. 22, Medizinisches Institut für Umwelthygiene, Jahresbericht 1989/1990. Hrsg. v.d. Ges. z. Förderung d. Lufthygiene und Silikoseforschung e.V., Düsseldorf, Stefan W. Albers, p. 110-155, 1990

/35/ Rinsky, R.A.: Benzene and Leukemia: An Epidemiologic Risk Assessment. Environ. Health Perspect. 82, p. 189-192, 1989

/36/ Becher, H. und Wahrendorf, J.: Quantitative Risikoabschätzungen für ausgewählte Umweltkarzinogene, Teilbericht für die Stoffgruppe: Benzol. Im Auftrag des Umweltbundesamtes, 1989

# Gesundheitliche Aspekte der Lärmbelastung in Städten im Vergleich zu anderen Gesundheitsrisiken

H. Ising, Berlin

Zusammenfassung

Die Belastung und Belästigung der Bevölkerung durch Lärm ist nach repräsentativen Befragungen mehr als doppelt so hoch wie die durch Luftverschmutzung verursachten Belastungen und Belästigungen. In den neuen Bundesländern ist starke Belästigung durch Straßenverkehrslärm knapp doppelt so häufig wie in den alten Bundesländern. Mit psychischen Reaktionen auf Lärm wie Anspannung, Ärger u.a. sind im allgemeinen physische Akutreaktionen verbunden, die bei chronischer Lärmbelastung zu chronischen Erhöhungen von Risikofaktoren für Herzinfarkt führen können. Mehrere epidemiologische Studien deuten übereinstimmend auf eine Erhöhung einiger Risikofaktoren und des relativen Risikos für Herzinfarkt in einer Größe etwa 20% bei Bevölkerungsgruppen mit einer Lärmbelastung von mehr als 70 dB(A) Dauerschallpegel außerhalb der Wohnung tagsüber hin. Aufgrund dieser Zahlen und der bekannten Lärmbelastung der Bevölkerung läßt sich die Erhöhung des Morbiditäts- und Mortalitätsrisikos für Herzinfarkt durch Verkehrslärm abschätzen. Dieses Risiko wird mit dem Krebsrisiko durch Asbest-Belastung in der Umwelt verglichen und dann anschließend gesetzliche und praktische Maßnahmen zur Lärmminderung diskutiert.

Einleitung

Lärm ist mit Abstand der stärkste Umweltbelästigungsfaktor. Im folgenden soll neben einem Vergleich der Belästigungen im Umweltbereich auch ein Versuch zur quantitativen Abschätzung des lärmbedingten Krankheitsrisikos unternommen werden. Eine solche Abschätzung wäre u.a. für Umweltpolitiker hilfreich, wenn damit ein Vergleich mit der Wirkung anderer Umweltbelastungen verbunden wird. Allerdings ist zu beachten, daß sich die Lärmgesetzgebung vorwiegend auf Untersuchungsergebnisse zur Lärmbelästigung gründet. Wenn nun darüber hinaus das lärmbedingte Krankheitsrisiko untersucht wird, soll diese Forschung keineswegs die psychologische Lärmwirkungsforschung ersetzen. Sie soll vielmehr als eine Art Notbremse dienen, um ein durch Lärm erhöhtes Krankheitsrisiko zu vermeiden.

Bei der Untersuchung des lärmbedingten Krankheitsrisikos gehen wir von einem Streßmodell in Anlehnung an Selye (1956) aus. Die psychisch erlebte Lärmbelästigung ist mit akuten und chronischen körperlichen Auswirkungen korreliert. Abb. 1 zeigt ein Wirkungsschema über den Zusammenhang von Umweltlärm, Streßreaktionen, Erhöhungen von Risikofaktoren bis hin zur Erhöhung der Morbiditätsrate für Herzinfarkt. Aus Zeitgründen kann dieses Schema jetzt nicht näher begründet werden. Statt dessen wird auf die Literatur verwiesen (Ising, 1983; Babisch u. Ising, 1985; Maschke et al., 1992).

Im folgenden werden
1) die Belastung und Belästigung der Bevölkerung durch Lärm mit der durch Luftverschmutzung verglichen.

2) Fragen nach einer Erhöhung des Herzinfarktrisikos durch Lärmbelastung erörtert.

3) Mortalitätsrisikoabschätzungen verglichen: Verkehrslärm gegenüber Asbest-Belastung in der Umwelt.

4) Gesetzliche und praktische Maßnahmen zur Lärmminderung diskutiert.

<u>1) Belastung und Belästigung durch Lärm und Luftverschmutzung</u>

Abb. 2 zeigt die Befragungsergebnisse über dauernde oder gelegentlich starke Belastung in der Wohngegend, die 1978 an einer 1%-Wohnungsstichprobe in der Bundesrepublik Deutschland erhoben wurden. Dabei wurde die Belastung durch Lärm etwa doppelt so hoch eingeschätz wie die Belastung durch Luftverschmutzung. Bei den verschiedenen Lärmarten überwog bei weitem der Straßenverkehrslärm. Eine repräsentative Befragung im Jahr 1985 zeigt eine ähnliche Tendenz, wobei allerdings Fluglärm deutlich an Bedeutung zugenommen hatte (Abb. 3).

Einer repräsentativen Stichprobe von Männern aus Berlin (West) wurde 1989 die offene Frage gestellt: "Was stört Sie an Ihrer Wohngegend am meisten?" Da hier die Störquellen spontan genannt wurden, sind die Antworten besonders valide. Abb. 4 zeigt die Ergebnisse; hier überwiegt die Störung durch Straßenverkehrslärm andere Lärmquellen sowie die Störung durch Luftverschmutzung bei weitem. Zum Abschluß dieses Kapitels soll die Lärmbelästigung in den alten und neuen Bundesländern verglichen werden. In den neuen Bundesländern ist die Belästigung durch Straßenverkehrslärm knapp doppelt so hoch wie in den alten Ländern (Abb. 5).

## 2) Erhöhung des Herzinfarktrisikos aufgrund von Verkehrslärmbelastung?

Abb. 6 zeigt das Risikofaktorprofil der Caerphilly- und Speedwell-Studien und zwar bei der 66 - 70 dB(A)-Gruppe gegenüber der 51 - 55 dB(A)-Gruppe. Aus diesem Risikofaktorprofil folgt ein relatives Risiko für Herzinfarkt von RR = 1,1 (vgl. Tab. Typ: Pred).

In der Tabelle werden Ergebnisse epidemiologischer Studien (Babisch u. Ising 1992; Babisch et al. 1992) zusammengestellt, aus denen ein tendenzielles Ansteigen des Risikos für Herzinfarkt oberhalb von Straßenverkehrslärmpegeln im Bereich von Leq = 65 - 70 dB(A) hervorgeht. Die Ergebnisse der Einzelstudien sind zwar nicht statistisch signifikant, deuten aber insgesamt auf eine geringfügige Erhöhung des relativen Risikos auf wahrscheinlich RR = 1,2 hin. Obwohl dieses Risiko zu klein ist, um mit statistischer Signifikanz gesichert zu werden, so kann es doch gesundheitspolitische Relevanz haben wegen des hohen Prozentsatzes der lärmexponierten Bevölkerung. Ungefähr 1/10 der Wohnungen in Deutschland hat tagsüber außen eine Verkehrslärmbelastung von Leq = 65 dB(A) und darüber. Diese Zahl führt unter der Annahme eines um 20 % erhöhten Herzinfarktrisikos für entsprechend belastete Personen (RR = 1,2) auf einen Anteil von etwa 2 % aller Herzinfarkte aufgrund von Verkehrslärm.

## 3) Vergleich von Mortalitätsrisikoabschätzungen: Verkehrslärm gegenüber Asbest

Wir wollen das durch Verkehrslärm bedingte Risiko mit dem Risiko aufgrund von Asbestbelastungen vergleichen. In dichtbevölkerten Gebieten ist das jährliche Mortalitätsrisiko der Gesamtbevölkerung durch Asbest $10^{-7}$ - $10^{-6}$ und durch Verkehrslärm $10^{-5}$ - $10^{-4}$. Aus diesen Zahlen folgt, daß das asbestbedingte Krebsrisiko (ausgehend von einer Faserkonzentration von 150 f/m$^3$) um zwei Größenordnungen kleiner ist als das lärmbedingte Gesundheitsrisiko. Auch bei 10-facher Faserkonzentration - ein Wert, der fast nie in belasteten Schulen u.ä. Gebäuden gemessen wurde - wäre das verkehrslärmbedingte Gesundheitsrisiko immer noch um einen Faktor 10 größer. Risiken dieser Größenordnung sind durch epidemiologische Studien nicht direkt mit statistischer Signifikanz nachweisbar. Trotzdem gilt das asbestbedingte Krebsrisiko auch für Konzentrationen in der Umwelt als so klar erwiesen, daß gesetzliche Maßnahmen im Baurecht festgeschrieben wurden, während ein Herzinfarktrisiko aufgrund Verkehrslärmbelastung immernoch kontrovers diskutiert wird. Wie ist diese Diskrepanz zu erklären?

Das asbestbedingte Krebsrisiko ist für hochbelastete Arbeitsplätze ohne jeden Zweifel nachgewiesen worden. Unter der Annahme einer linearen Dosis-Wirkungs-Beziehung wurde dieses Risiko auf Umweltkonzentrationen extrapoliert.

Diese Methode kann aber nicht auf extraaurale Lärmwirkungen angewand werden. Es ist ohne weiteres verständlich, daß eine chronische Lärmbelastung am Arbeitsplatz von Leq = 80 dB(A) weit geringere Gesundheitsschäden verursacht als dieselbe Lärmbelastung im Wohn- und Schlafraum. Solche Unterschiede existieren für die Wirkungen von Asbest-Expositionen nicht. Dosis-Wirkungs-Beziehungen für extraaurale Lärmwirkungen können deshalb jeweils nur für eine definierte Lärmart und für eine vom Lärm gestörte Aktivität untersucht werden. Da es im Wohnbereich keine vergleichbar hohe Lärmbelastung wie am Arbeitsplatz gibt, besteht keine Möglichkeit, von extrem hoher Lärmbelastung auf Umweltlärmbelastungen zu extrapolieren. Aus diesem Grunde sind epidemiologische Studien unter realen Expositionsbedingungen die einzige Möglichkeit, um das lärmbedingte Gesundheitsrisiko zu untersuchen. In den in den Tabellen aufgeführten Studien führte diese Methode zu dem Ergebnis, daß das relative Risiko nur tendenziell angestiegen war. Die Glaubwürdigkeit von statistisch nicht signifikanten Einzelergebnissen wird allerdings durch die Tatsache unterstützt, daß mehrere Studien übereinstimmende Tendenzen und eine vergleichbare Größe des Risikoanstieges zeigen.

### 4) Gesetzliche und praktische Maßnahmen zur Lärmminderung

Wegen der Unsicherheiten sowohl bei der Extrapolation des Asbestrisikos als auch der fehlenden statistischen Absicherung der gesundheitlichen Lärmeffekte ist die wissenschaftliche Basis für legislative Maßnahmen in beiden Fällen vergleichbar. Da in beiden Fällen ein hinreichend begründeter Verdacht für Gesundheitsgefährdung vorliegt, sind gesetzliche Maßnahmen nicht nur zur Asbestsanierung sondern auch zur Lärmsanierung an bestehenden Straßen zu fordern. Aus gesundheitlichen Gründen sollte die eingangs erwähnte "Notbremse" betätigt werden, wenn die Lärmpegel in einem Bereich von Leq = 65 - 75 dB(A) liegen.

In verschiedenen Bundesländern und an Bundesfernstraßen wird zur Zeit ab 70 dB(A) Lärmsanierung durchgeführt. Andere Bundesländer, insbesondere die neuen Bundesländer, haben keinerlei gesetzliche Grundlagen zur Lärmsanierung. Hier besteht dringender politischer Handlungsbedarf. Die notwendige Angleichung des Lärmrechts in allen Bundesländern ist also neben der Gesundheitsgefährdung ein zweites Argument für gesetzliche Maßnahmen zur Lärmminderung.

Last not least sollte aber der unerträglich hohe Anteil von Belästigten aufgrund von Straßenverkehrslärm das politische Handeln gerade in den neuen Bundesländern motivieren. Hier könnte durch Bau von Umgehungsstraßen die besonders hoch belasteten Orte bis 20 000 Einwohner erheblich entlastet werden. Durch Verbesserung der Straßenbeläge läßt sich das im Stadtverkehr bei PKWs dominierende Rollgeräusch bis zu 10 dB verrringern. Durch Optimierung der Verkehrsführung insbesondere für den Lastverkehr können Wohngebiete erheblich entlastet werden. Außerdem sind Initiativen zur Senkung der zulässigen Emissionspegel für KFZ bei der EG zu fördern. Wo dann noch sanierungsbedürftige Lärmschwerpunkte verbleiben, wird passiver Schallschutz beim Empfänger nicht zu umgehen sein.

Literatur

Babisch, W., Ising, H.: Gesundheitsgefährdung durch Lärmstreß. Forum Städte-Hygiene 36, 213 - 220 (1985)

Babisch, W., Ising, H.: Epidemiologische Studien zum Zusammenhang zwischen Verkehrslärm und Herzinfarkt. Bundesgesundheitsblatt 1, 3 - 11 (1992)

Babisch, W., Elwood, P.C., Ising, H.: Zur Rolle der Umweltepidemiologie in der Lärmwirkungsforschung. Verkehrslärm als Risikofaktor für Herzinfarkt. Bundesgesundheitsblatt 3 (1992)

.I POS, Lärmbelästigung: Umfrageergebnisse 1991, alte und neue Bundesländer, Umweltbundesamt, Berlin (1991)

Ising, H.: Streßreaktionen und Gesundheitsrisiko bei Verkehrslärmbelastung. WaBoLu Berichte 2/1983 Dietrich Reimer Verlag, Berlin (1983)

Krause, C. et al.: Umwelt und Gesundheit Abschlußbericht Umweltbundesamt (1992) in Vorbereitung

Kruppa, B. und Babisch W.: Ergebnisse einer repräsentativen Befragung in Berlin (West) in Vorbereitung (1992)

Selye, H.: The stress of life. Mc Graw-Hill, New York 1956

Umweltbundesamt: Lärmbekämpfung '81, Erich Schmidt Verlag Berlin (1981)

Tabelle: Relatives Risiko für ischämische Herzkrankheiten in Abhängigkeit vom Verkehrslärm.

| Studie | Typ | Verkehrslärm außen Leq (6-22 h) [dB(A)] | | | | |
|---|---|---|---|---|---|---|
| | | ≤ 60 | 61-65 | 66-70 | 71-75 | 76-80 |
| Amsterdam (MI)<br>Männer 35-64 yrs | Präv. | 1.0 | | 1.2 | | |
| Amsterdam (MI)<br>Frauen 35-64 ysr | Präv. | 1.0 | | 1.9 | | |
| Amsterdam (EKG)<br>Männer 35-64 yrs | Präv. | 1.0 | | 1.1 | | |
| Amsterdam (EKG)<br>Frauen 35-64 yrs | Präv. | 1.0 | | 1.2 | | |
| Doetinchem (EKG)<br>Frauen 40-49 yrs | Präv. | 1.0 | | 1.1 | | |
| Bonn (MI)<br>Männer + Frauen 20-51 yrs | Präv. | 1.0 | - | | 1.3 | |
| Caerphilly (MI)<br>Männer 45-59 yrs | Präv. | 1.0 | 0.9 | 1.2 | - | - |
| Speedwell (MI)<br>Männer 45-59 yrs | Präv. | 1.0 | 1.2 | 1.1 | - | - |
| Caerphilly (EKG)<br>Männer 45-63 yrs | Präv. | 1.0 | 1.1 | 1.2 | - | - |
| Speedwell (EKG)<br>Männer 45-63 yrs | Präv. | 1.0 | 1.0 | 1.4 | - | - |
| Berlin II (MI)<br>Männer 31-70 yrs | Präv. | 1.0 | 0.7 | 0.9 | 1.1 | 1.4 |
| Berlin I (MI)<br>Männer 41-70 yrs | Fall-K. | 1.0 | 1.5 | 1.2 | 1.3 | 1.8 |
| Berlin II (MI)<br>Männer 31-70 yrs | Fall-K. | 1.0 | 1.2 | 0.9 | 1.1 | 1.5 |
| Caerphilly (MI)<br>Männer 45-59 yrs | Pred. | 1.0 | 1.0 | 1.1 | - | - |
| Speedwell (MI)<br>Männer 45-63 yrs | Pred. | 1.0 | 1.0 | 1.1 | - | - |
| Caerphilly (MI)<br>Männer 45-59 yrs | Kohorte | 1.0 | 1.3 | 0.5 | - | - |
| Speedwell (MI)<br>Männer 45-63 yrs | Kohorte | 1.0 | 1.3 | 0.7 | - | - |

Präv. = Prävalenzstudie  
Fall-K. = Fall-Kontroll-Studie  
Pred. = Aus Risikofaktormodell vorhergesagt  
Kohorte = Kohortenstudie  
MI = Myokardinfarkt  
EKG = Ischämische Zeichen im EKG

| Stressor | Umweltlärm |
|---|---|

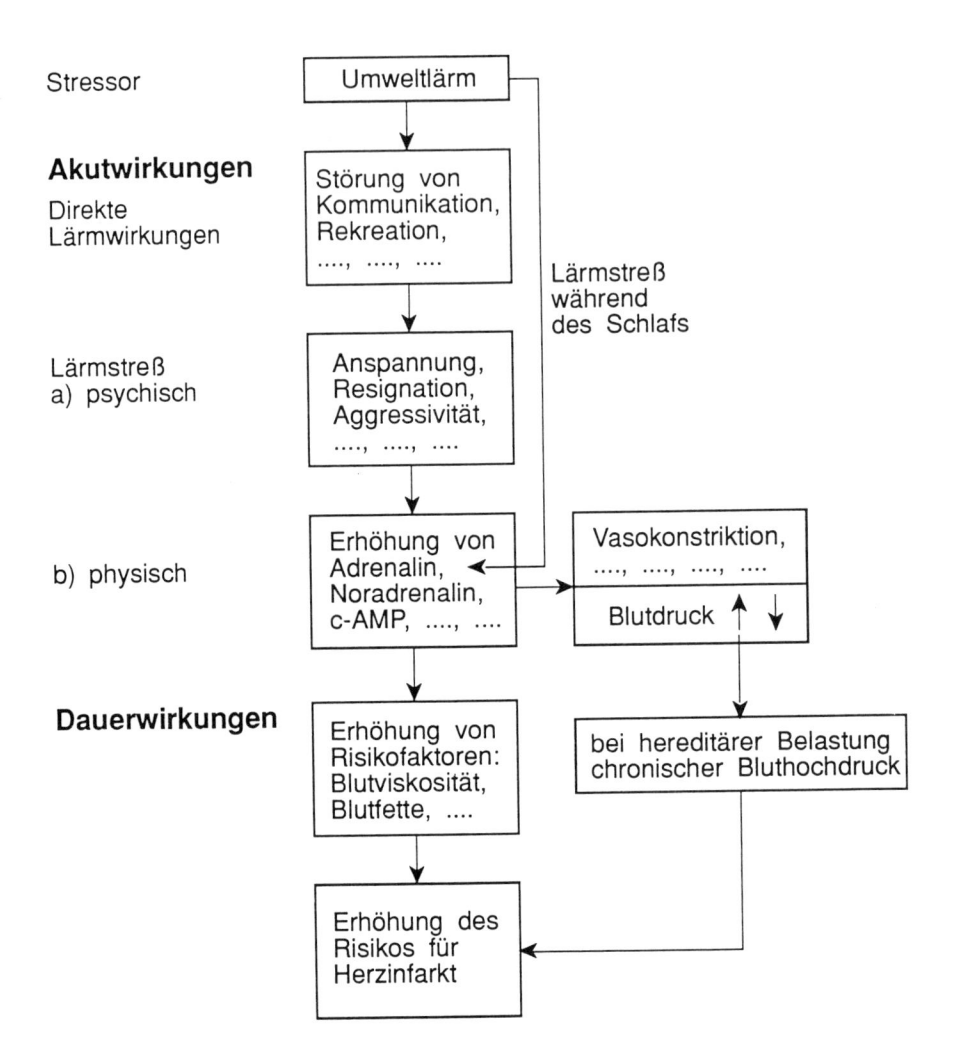

**Akutwirkungen**

Direkte Lärmwirkungen → Störung von Kommunikation, Rekreation, ...., ...., ....

Lärmstreß während des Schlafs

Lärmstreß
a) psychisch → Anspannung, Resignation, Aggressivität, ...., ...., ....

b) physisch → Erhöhung von Adrenalin, Noradrenalin, c-AMP, ...., .... ↔ Vasokonstriktion, ...., ...., ...., .... / Blutdruck ↑ ↓

**Dauerwirkungen** → Erhöhung von Risikofaktoren: Blutviskosität, Blutfette, .... | bei hereditärer Belastung chronischer Bluthochdruck

→ Erhöhung des Risikos für Herzinfarkt

Abb. 1   Lärmwirkungsschema

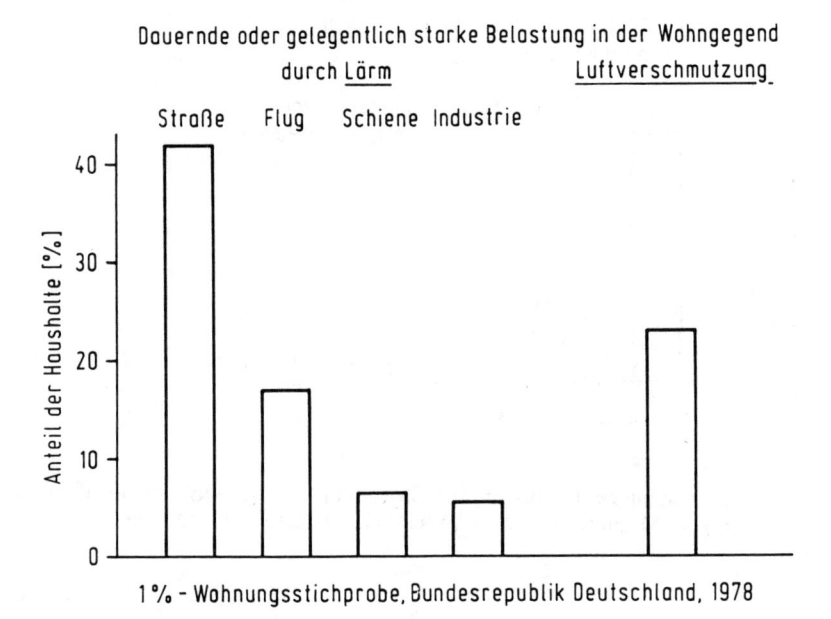

Dauernde oder gelegentlich starke Belastung in der Wohngegend
durch Lärm         Luftverschmutzung

Straße   Flug   Schiene  Industrie

Anteil der Haushalte [%]

1% - Wohnungsstichprobe, Bundesrepublik Deutschland, 1978

Abb. 2   Belastung der Wohngegend durch verschiedene Lärmarten und durch Luftverschmutzung im Jahr 1978 (Umweltbundesamt, 1981)

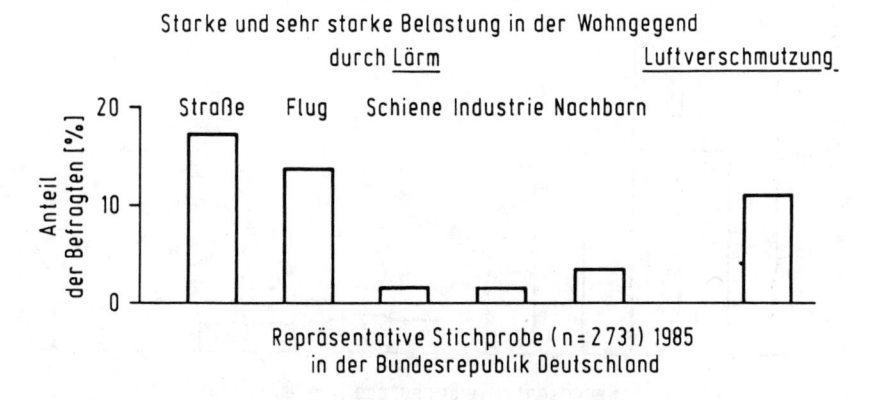

Starke und sehr starke Belastung in der Wohngegend
durch Lärm         Luftverschmutzung

Straße   Flug   Schiene  Industrie  Nachbarn

Anteil der Befragten [%]

Repräsentative Stichprobe (n = 2731) 1985
in der Bundesrepublik Deutschland

Abb. 3   Belastung der Wohngegend durch verschiedene Lärmarten und durch Luftverschmutzung im Jahr 1985 (Krause et al., 1992)

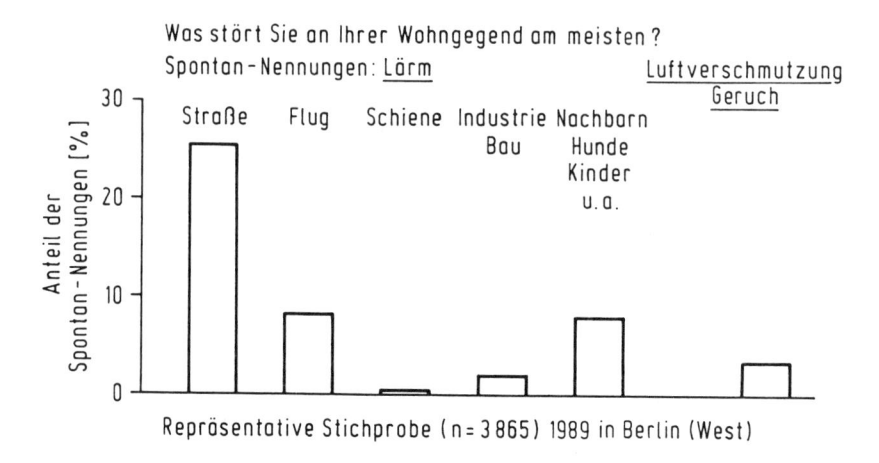

Abb. 4   Hauptsächliche Ursachen für Störungen in der Wohngegend im Jahr 1989 bei Männern in Berlin (West) (Kruppa u. Babisch, 1992)

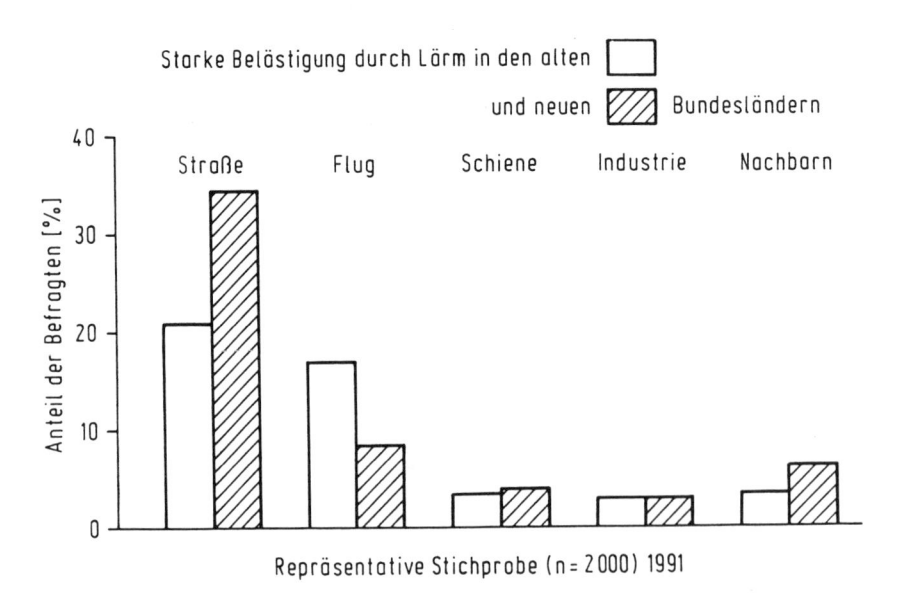

Abb. 5   Belästigung durch verschiedene Lärmarten in den alten und neuen Bundesländern im Jahr 1991 (IPOS, 1991)

Caerphilly+Speedwell - Teilkollektiv - 1. Phase
65-70 dB(A) vs 51-55 dB(A)

Odds Ratio (Prävalenz)

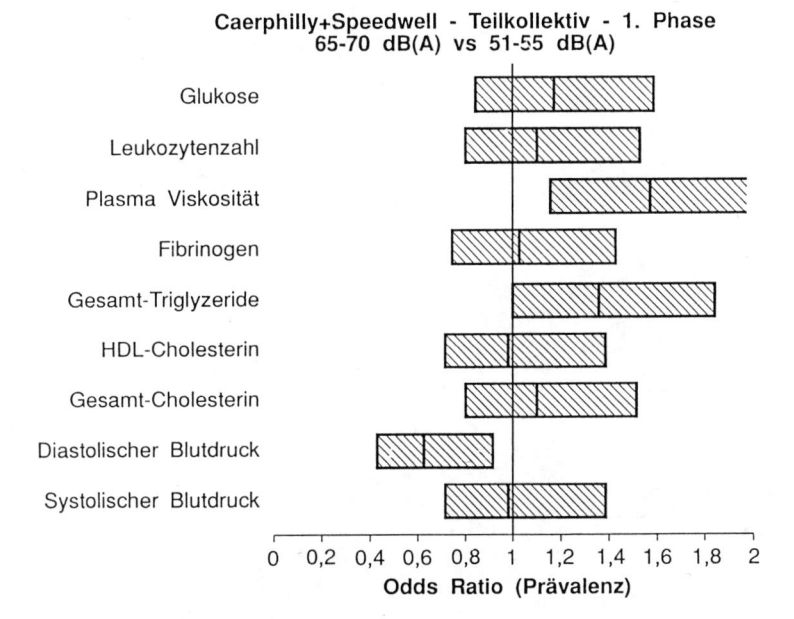

Abb. 6   Risikoprofile, Caerphilly + Speedwell Teilkollektive (n = 4860) (Prävalenz Odds Rations für das oberste Quintil der adjustierten Risikoverteilungen)

# Belästigungen durch Gerüche —
# Feststellung, Bewertung und Maßnahmen
# zu ihrer Beseitigung

W. **Werner,** Düsseldorf,
P. **Peklo,** Bitterfeld

## 1. Gerüche als Problem im Immissionsschutz

Die staatliche Rechtsnormsetzung mit Unterstützung durch die technische Regelsetzung und die Anstrengungen von Anlagenbauern und -betreibern haben - zumindest im westlichen Teil des Industriestaats Deutschland - in den letzten Jahrzehnten zu einer erheblichen Verbesserung der Immissionssituation hinsichtlich der "klassischen" Schadstoffe Staub und Schwefeldioxid geführt. Auch für andere Immissionskomponenten ist eine relativ gute Annäherung an die beiden ersten Schutzziele des Bundes-Immissionsschutzgesetzes, Gefahrenabwehr und Vorsorge, erreicht worden. Seitdem drangen zunehmend solche Umweltbelastungen in das allgemeine Bewußtsein, die unter das gemeinhin als eher nachrangig gewertete Ziel "Schutz vor erheblichen Belästigungen und Nachteilen" fallen. Es gibt allerdings ernstzunehmende Hinweise darauf, daß Belästigungen z.B. durch Gerüche über einen Angst/Streß-Mechanismus zu Symptomen körperlicher Erkrankung führen können ("Toxikopie" = Auftreten von Symptomen einer Toxikose, ohne daß die entsprechende toxische Substanz nachgewiesen werden kann; [1]). Insofern wird möglicherweise die weitere Aufklärung psycho-physiologischer Wechselwirkungen eine andere Bewertung von "Belästigungen" nach sich ziehen.

Obwohl uns eine umfassende Belästigungsstatistik nicht bekannt ist, kann man wohl unterstellen, daß die meisten Belästigungsbeschwerden, mit denen sich Ordnungs- und Überwachungsbehörden zu befassen haben, auf der Einwirkung von Geruchsstoffen beruhen, s.a. **Bild 1.** Aus diesem Tatbestand entstand der Bedarf nach Methoden sowohl für die Bewertung als auch für die Verminderung auch dieser Beeinträchtigung der Umwelt des Menschen.

Die Kommission Reinhaltung der Luft im VDI und DIN (KRdL) hat sich dieser Aufgaben seit längerem angenommen, zunächst im Rahmen von Kolloquien (zuerst 1967), dann zunehmend auch im Rahmen ihrer Richtlinienarbeit. Insbesondere zur Unterstützung der Standardisierung der Meßmethoden hat sie F & E - Vorhaben initiiert und Ringversuche durchgeführt. Eine Übersicht über die Richtlinien zur Geruchsbewertung gibt **Bild 2.** An dieser Stelle sei anerkennend angemerkt, daß mit ähnlicher Zielsetzung, aber unter ungleich schwierigeren Bedingungen, auch die Fachkollegen der früheren AG(Z) Reinhaltung der Luft der KDT ehrenamtliche Standardisierungsarbeit auf dem Gebiet Gerüche geleistet haben [2].

Die Normenorganisationen anderer Länder, z.B. der Niederlande, Frankreichs und der USA, haben ebenfalls eigene Meß- und Bewertungsmethoden erarbeitet. Seit kurzem hat das CEN/TC 264 "Air Quality", dessen Sekretariat die Kommission Reinhaltung der Luft führt, die Arbeit an einer Europäischen Norm zur Geruchsschwellenbestimmung aufgenommen; zugunsten dieses harmonisierenden Standards werden entgegenstehende nationale Normen zurückgezogen werden müssen.

Seitens des Staates gibt es ebenfalls Anstrengungen, das Problem Geruchsemissionen und -immissionen administrabel und justitiabel zu machen, z.B. Ziffer 3.1.9 TA Luft und die Geruchsimmissions-Richtlinie NRW (i. Vorb.). In den Niederlanden sind seit 1985/89 vorläufige Geruchsstandards versuchsweise in die Genehmigungspraxis eingeführt worden; ein Erfahrungsbericht liegt seit kurzem vor [3].

## 2. Methoden zur Geruchsmessung und -bewertung

### 2.1 Geruchsschwelle und Geruchsstoffkonzentration

Es hat nicht an Versuchen gefehlt, mit Hilfe physikalisch-chemischer Methoden, also mittels herkömmlicher Meßtechnik mit ihren fast immer gut reproduzierbaren Ergebnissen, Meßgrößen (Konzentration von Leitsubstanzen; C-, N- oder S-Summenkonzentration) zu suchen, die der Reizstärke der geruchsauslösenden Stoffe zumindest proportional sind. Außer für Einkomponentensysteme und für Gemische konstanter Zusammensetzung, die aber kaum von praktischem Interesse sind, waren solche Versuche von vornherein wenig aussichtsreich, da niemand weiß, welcher Algorithmus die resultierende Wirkung einer Komponentenpalette mit unterschiedlichen (und wechselnden!) Konzentrationen beschreiben könnte. Deshalb sind wirkungsbezogene Verfahren, die den menschlichen Geruchssinn als Detektor benutzen, prinzipiell die Methoden der Wahl, wenn auch in der Handhabung nicht unproblematisch (s. Abschn. 3).

Nach VDI 3881 wird die Geruchsschwelle bestimmt, indem in einer Verdünnungsapparatur (Olfaktometer) Ströme von Probenluft und Neutralluft definiert gemischt und am Geräteausgang einer Anzahl von Prüfpersonen zur Beurteilung angeboten werden. Bei derjenigen Verdünnungsstufe, bei der in 50 % der Darbietungen ein Geruch gerade wahrgenommen wird, liegt definitionsgemäß am Olfaktometerausgang die Geruchsstoff-Konzentration von 1 GE/m$^3$ vor bzw. die Konzentration an der Geruchsschwelle. Das eingestellte Verdünnungsverhältnis ist dann der Zahlenwert der Geruchsstoffkonzentration der untersuchten Probe.

Das Verfahren wird vornehmlich für die Prüfung des individuellen Riechvermögens (z.B. aus arbeitsmedizinischen Gründen) und für Emissionsmessungen eingesetzt. Für Immissionsmessungen ist es i.a. nicht geeignet, weil diese Konzentrationen häufig unterhalb der verfahrenseigenen Nachweisgrenze (um etwa 15 GE/m$^3$) liegt.

Zwischen der Empfindungsstärke (Geruchsintensität) und der Reizstärke (Geruchsstoffkonzentration) besteht ein logarithmischer bzw. exponentieller Zusammenhang, weswegen sich die Verwendung der auch in der Schallmeßtechnik üblichen dB-Skala anbietet, s.a. Abschn. 3.

## 2.2 Geruchsintensität

Mit VDI 3882 Bl. 1 wurde eine siebenteilige Intensitätsskala mit den Endpunkten 0 = "kein Geruch" und 6 = "extrem starker Geruch" eingeführt. Mit Hilfe von Olfaktometermessungen läßt sich feststellen, in welchem Maße die Geruchsintensität mit zunehmender Geruchsstoffkonzentration ansteigt, **Bild 3**. Die Steigung der Geraden ist in gewissen Grenzen stoffabhängig; insofern können sich unterschiedliche Intensitätseigenschaften von z.B. Roh- und Reingas ergeben. Für Abschätzungen der Immissionsintensität nach Verdünnung mit der Außenluft muß allerdings die idealisierende Annahme gemacht werden, daß beim Transport weder chemische Reaktionen noch Vermischungen mit anderen geruchsbeeinflussenden Stoffen stattfinden.

**Bild 3** veranschaulicht auch, wie wenig der aus dem (fiktiven) Beispiel ersichtliche technische Wirkungsgrad von etwa 99,6 % geeignet ist, die Intensitätsminderung auf der Empfindungsseite um nur etwa die Hälfte zu repräsentieren.

## 2.3 Hedonische Wirkung

Die hedonische Wirkung läßt sich mit Hilfe einer neunteiligen Skala beschreiben, die die Fixpunkte 1 = "äußerst angenehm", 5 = "weder angenehm noch unangenehm" und 9 = "äußerst unangenehm" hat (VDI 3882 Bl. 2). Auch die hedonische Wirkung ist reizstärke-, also konzentrationsabhängig und kann in Analogie zur Intensität am Olfaktometer untersucht werden. Für unterschiedliche Stoffe/Stoffgemische können, wie aus **Bild 4** ersichtlich, unterschiedliche Verläufe gemessen werden. Bemerkenswert ist, daß im Bereich der Geruchsschwellenkonzentration, in der die Geruchsart noch nicht identifiziert werden kann, die Bewertungsstufe 5 häufig ist.

## 2.4 Ausbreitungsmodellierung

Die für Immissionsprognosen verwendeten herkömmlichen Ausbreitungsmodelle, mit deren Hilfe z.B. Halbstundenmittelwerte bestimmter Immissionskonzentrationen ermittelt werden können, eignen sich nicht ohne weiteres für die Vorhersage der Dauer und Häufigkeit von Geruchsschwellenüberschreitungen (Ja/Nein-Entscheidungen). Für diese spezielle Fragestellung wurde von der zuständigen Arbeitsgruppe in VDI 3782 Bl. 4 eine "TA-Luft-konforme Modellierung" entwickelt, s.a. [4].

## 2.5 Erhebung der Geruchsstoffimmission (Begehungen)

Bei vorhandenen Geruchsbelastungen in der Außenluft kann man durch wiederholte Begehungen im Feld abschätzen, wie häufig im Beurteilungsgebiet Gerüche wahrzunehmen bzw. eindeutig zu erkennen sind.

Als besondere Schwierigkeit bei dieser Erhebung erweist sich die Tatsache, daß eine Echtzeiterhebung (Basis 1 h) aufgrund der Methodik nicht durchführbar ist. Sie wäre einerseits als Regeluntersuchung nicht nur wegen des hohen Personal- und Zeitaufwands zu teuer, sondern würde andererseits auch keine zuverlässigen Ergebnisse liefern, weil bei Meßzeiten von 1 h je Untersuchungsort die Konzentrationsfähigkeit der Probanden überstrapaziert wäre (Wind, Wetter, Langeweile) und das Meßergebnis verfälscht werden kann.

Die Dauer der Erhebung je Standort und Wiederholung sowie der maximal zulässige Anteil von (ggf. eindeutig erkennbaren) Geruchswahrnehmungen in dieser Zeit sind daher per Konvention so realitätsnah wie möglich festzulegen. Sie bilden die Grundlage zur Bestimmung der Immissionskenngröße einer Beurteilungsfläche. Die Richtlinie VDI 3940 empfiehlt in Anlehnung an die Vorschriften der TA Luft 26 Einzelmessungen pro Punkt und Jahr (Raster) von je 10 min Dauer. Die Messung wird positiv gezählt (Definition der Geruchsstunde), wenn in 5 % der Meßzeit von 10 min entsprechende Gerüche festgestellt werden. Während der Gründruck der VDI 3940 noch 5 % als Definitionsgrenze festgelegt hat, wird dieser Betrag nach den Einspruchsverhandlungen zum Richtlinienentwurf offen bleiben, um den Gegebenheiten des Einzelfalls Rechnung zu tragen (z.B. Gebietscharakter) und diese Art der Grenzwertsetzung der Verwaltung zu überlassen.

Die Richtlinie gibt Hinweise auf die Aussagesicherheit der Ergebnisse von Rasterbegehungen. Darüber hinaus werden Fahnenbegehungen zur Kalibrierung von Ausbreitungsmodellen beschrieben.

## 2.6 Geruchsbelästigungserhebung (Befragungen)

Die bisher genannten Methoden zur Feststellung und Beschreibung von Gerüchen beziehen sich ausschließlich auf die Belastung der Luft mit Geruchsstoffen. Die Belästigungsreaktionen, die durch Geruchseinwirkungen hervorgerufen werden k ö n n e n , gehen nicht allein auf den Geruch als auslösendes Moment zurück, sondern auf eine ganze Reihe anderer

Parameter, unter denen die Geruchsexposition jedoch eine wesentliche Rolle spielt. Es ist daher nicht möglich, Geruchsbelästigung mit neutralen Probanden im Labor oder im Feld zu ermitteln.

Unter diesem Aspekt ist es vorteilhaft, eine etwa vorhandene Belästigung durch Gerüche von den Betroffenen selbst zu erfragen. Erprobte Methoden hierzu liegen vor und sollen nach VDI 3883 Bl. 1 und 2 zu vergleichbaren Ergebnissen für die Meßgröße "Geruchsbelästigung" führen.

## 2.7 Korrelation Belastung - Belästigung

Obwohl mit der Belästigungserhebung ein für den konkreten Einzelfall optimales und authentisches Ergebnis über eine vorhandene Belästigung und ihr Ausmaß gefunden werden kann, bleibt der Wunsch nach einem möglichst objektiven Beurteilungsmaßstab für Belästigungen bestehen. Als Hilfsgrößen ließen sich eventuell die unter 2.1 und 2.5 genannten Parameter verwenden. Welche Kombination von Parametern jedoch für eine Belästigungsreaktion ausschlaggebend ist, ist bisher noch nicht ausreichend untersucht worden.

Einige Erfahrungen liegen für die Zusammenhänge zwischen Immissionshäufigkeit (Begehungen) und Belästigungen (Erhebung mit Fragebogen) vor. Ein Teil dieser Ergebnisse soll in die geplante VDI-"Verknüpfungsrichtlinie" für Gerüche einfließen. Solange kein verallgemeinerungsfähiger Nachweis für die Expositions-Wirkungs-Beziehung erbracht ist, sind Entscheidungen über Maßnahmen zur Vermeidung von Geruchsbelästigungen nach bestem Wissen und Gewissen zu treffen.

Auch die eingangs erwähnte niederländische Studie [3] unterstreicht die Bedeutung der Belastungs-Belästigungs-Beziehung für die Festlegung staatlicher Standards und empfiehlt, deren vorläufigen Charakter u.a. wegen des Erkenntnisdefizits in dieser Frage vorerst beizubehalten.

## 3. Einige kritische Anmerkungen zum Umgang mit Geruchsbewertungsgrößen

Während der Arbeit an den Richtlinien zur Geruchsbewertung, aber auch bei einem eigens der Defiziterkennung und Standortbestimmung auf dem Geruchssektor gewidmeten kommissionsinternen Workshop [5], und nicht zuletzt bei telefonischen Anfragen in der Geschäftsstelle der Kommission wurde klar, daß Kenntnisse über die Grundlagen der Geruchsbewertung noch wenig verbreitet sind und dementsprechend häufig ein unsachgemäßer Umgang mit ihren Methoden und vor allem Ergebnissen festgestellt werden muß. Dies betrifft zuerst Meßinstitute, die olfaktometrische Messungen anbieten, bei denen aber dank der z.Z. geübten Zulassungspraxis unklar bleibt, ob sie diese auch sachgerecht ausführen können. Es empfiehlt sich, nach Referenzen und externen (Ringversuche) und internen Qualitätssicherungsmaßnahmen (siehe VDI 3881 Bl. 4 E, Anhang 2, Pkt. 7.2) zu fragen.

Von wesentlichem Nachteil ist die auch bei Immissionsschutzbeauftragten noch nicht verschwundene Meinung, die olfaktometrische Bestimmung der Geruchsstoff-Konzentration sei kein seriöses Meßverfahren. Belegt wird dies oft mit der sog. NUKEM-Studie, in der Geruchsschwellenwerte, je nach referierten Autoren, um Faktoren bis zu $10^5$ differieren. In der Tat stammen die meisten dieser Werte aus Zeiten, in denen die Olfaktometrie noch weit entfernt von jeglicher Standardisierung war und die Meßbedingungen meist unklar geblieben sind.

Daß die Wiederhol- und Vergleichsstandardabweichungen, wie sie aus zahlreichen Ringversuchen hervorgehen, nicht denjenigen entsprechen, die (nicht immer!) mit physikalisch-chemischen Verfahren erzielt werden, liegt in der Natur des Verfahrens, das als Detektor mehrere menschliche Riechorgane benutzt. Hier liegt denn auch die bei einer weitergetriebenen Standardisierung, die nach unserer Überzeugung allerdings noch nicht ganz "ausgereizt" ist, nicht mehr unterschreitbare Grenze für "Verbesserungen". Macht man sich überdies klar, daß der Detektor - wie alle Sinnesorgane - nach einem logarithmischen Maßstab arbeitet, wir uns aber noch nicht abgewöhnt haben, in den zugehörigen Numeri zu denken, dann kann dies nicht dem Verfahren angelastet werden. **Bild 5** zeigt im Vergleich die Darstellung von realen Meßergebnissen einmal in $GE/m^3$ (linear) und andererseits in der bei Schallpegelmessungen üblichen dB-Skala (logarithmisch). Die Standardabweichung ist DIN 45635 Teil 1 zufolge denen vergleichbar, die bei Geräusch-Vergleichsmessungen mit Geräten der Klasse 3 (oder besser) erzielt werden. Im Lichte dieser Betrachtungen ist es natürlich wenig sinnvoll, etwa - wie geschehen - in einem Genehmigungsbescheid einen Emissionsgrenzwert von 75 $GE/m^3$ festzusetzen.

Die TA Luft von 1986 hat - aus diesem guten Grund - darauf verzichtet, Emissionsgrenzwerte in $GE/m^3$ einzuführen. Stattdessen regt Nr. 3.1.9 dazu an, Betrachtungen über den Wirkungsgrad einer Emissionsminderungsmaßnahme anzustellen. Hintergrund mag die durchaus richtige Überlegung gewesen sein, daß Roh- und Reingasmessungen in der Regel von ein und demselben Meßinstitut ausgeführt werden und sich systematische Abweichungen, um die sich die Ergebnisse dieses Instituts von denen anderer unterscheiden, in der Rechnung herauskürzen. Abgesehen davon, daß der technische Wirkungsgrad die Minderung auf der Empfindungsseite **nicht** repräsentiert, gerät der unkritische Anwender der Nr. 3.1.9 TA Luft in Gefahr, die Fehlerfortpflanzung zu unterschätzen. Aus **Bild 6** geht hervor, wie sich der Betrag des Faktors $a^2$, um den sich Ober- und Untergrenze der Standardabweichung (des Vertrauensbereichs,...) für die Geruchsstoffkonzentrationsmessungen unter Wiederholbedingungen (also für ein und dasselbe Meßinstitut) unterscheiden, auf die entsprechenden Grenzen des mittleren Wirkungsgrades auswirkt. Dabei ist zu beachten, daß hier nach den Ergebnissen des in [6] beschriebenen Ringversuchs etwas willkürlich $a^2 = 1,3$ mit "ausgesprochen gut", $a^2 = 4$ mit "mittelmäßig" und $a^2 = 10$ mit "schlecht" bewertet werden.

Als Konsequenzen aus diesen Betrachtungen folgen die Aufforderungen
- an die Regelsetzer (z.B. KRdL), die Standardisierung weiterzuführen, um das Meßverfahren "sicherer" zu machen,
- an den Staat, stringente Maßnahmen zur Qualitätssicherung verbindlich einzuführen,
- und, solange diese noch nicht greifen, an die von den Meßergebnissen Betroffenen, vom Meßinstitut einen Qualifikationsnachweis und im Meßbericht eine Fehlerbetrachtung zu verlangen,

schließlich
- an alle, die mit der Bewertung von Gerüchen im Immissionsschutz befaßt sind, in **sachgerechter** Weise mit den **geeigneten** Parametern umzugehen.

### 4. Maßnahmen zur Minderung der Geruchsbelastung

Geruchsstoffemissionen, die Ursachen für Belästigungsreaktionen, können von einer Vielzahl industrieller und gewerblicher Quellen ausgehen (Reihenfolge ohne Wertung): chemischen und petrochemischen Anlagen, Gießereien, Nahrungs- und Genußmittelbetrieben, Tierhaltungen, Einrichtungen zur Reststoffverwertung, Abwasserreinigungsanlagen, Lösemittelverwendern usw. Darunter sind - besonders in städtischer Umgebung - auch Handwerksbetriebe wie Großküchen, Bäckereien, Metzgereien mit Räucheranlagen, Möbelschreinereien und Druckereien zu verstehen, die mit vergleichsweise geringen Emissionsströmen Geruchsbeschwerden in der Nachbarschaft auslösen.

Für alle diese Fälle lassen sich nur individuell angepaßte Maßnahmen angeben, mit denen - jeweils unter Beachtung des Prinzips der Verhältnismäßigkeit der Mittel - die Geruchsstoffemission bzw. -immission gemindert und die Zahl der verursachten Belästigungsbeschwerden minimiert werden kann. Diese Maßnahmen können wie folgt zusammengefaßt werden:

- Emissionsminderung an der Quelle
    - organisatorische Maßnahmen (z.B. Sauberkeit in Betrieben, die pflanzliche und tierische Rohstoffe verarbeiten)
    - Eingriffe in das Herstellungsverfahren (z.B. Herabsetzung der Trommeleingangstemperatur in Schnitzeltrocknungsanlagen der Zuckerindustrie)
    - abgasseitige (sekundäre) Minderungsmaßnahmen (z.B. Abgaswäsche, Biofiltration)

- Einhaltung von Mindestbedingungen für die Ableitung der Abgase (Auslaßhöhe und -geschwindigkeit)

- planerische Maßnahmen
- Abstandsregelungen (z.B. nach VDI 3471, 3472, 2596).

Als ein Beispiel für die praxisnahe Anwendung der erwähnten Maßnahmen sollen hier die Richtlinien VDI 2596 "Emissionsminderung. Schlachthöfe" und VDI 3472 "Emissionsminderung. Tierhaltung. Hühner" (ähnlich: VDI 3471 " - . - . Schweine") genannt werden. Letztere bewerten organisatorische und technische Maßnahmen, ferner die Ableitbedingungen nach einem Punktesystem, das seinerseits zur Parametrisierung einer Abstandsregelung in Abhängigkeit von der Bestandsgröße benutzt wird **(Bilder 7 und 8)**. Leider werden die Tierbestände in den neuen Bundesländern, sofern ihre herkömmliche Größe beibehalten wird, von diesen Richtlinien nicht erfaßt; sie werden gesondert beurteilt werden müssen. Die neue VDI 2596 bedient sich darüber hinaus schon der Meß- und Bewertungsgrößen, die in den olfaktometrischen VDI-Richtlinien **(Bild 2)** standardisiert worden sind, **Bilder 9 und 10**.

## Literatur

[1] Kofler, W.: Toxicopies caused by odours. In: Proceedings of the 7th World Clean Air Congress (IUAPPA), vol. V, p. 215. Sydney 1986
s.a. Editorial, STAUB -Reinhalt. Luft, 46 (1986) Nr. 9, S. 1

[2] Ministerium für Gesundheitswesen, Staatliche Hygieneinspektion: Arbeitsmappe Lufthygiene
- Kap.-Nr. 3, Lfd. Nr. 6: Stoffkenngrößen und Begriffe. Gerüche. Begriffe und Schwellenwerte
- Kap.-Nr. 9, Lfd. Nr. 27: Immissionsmessung. Auswahl und Schulung für die Geruchsanalyse
- Kap.-Nr. 7, Lfd. Nr. 9: Kontrolle und Überwachung. Richtlinie zur Bestimmung und Bewertung von Gerüchen

[3] Ministerie van Volkshuisvesting, Ruimtelijke Ordening en Milieubeheer: EPOS - Evaluatie Project Ontwerp-Stankconcentratienormen. Publicatiereeks Lucht, No. 95. Leidschendam, Juni 1991
(Eine Zusammenfassung in deutscher Übersetzung ist bei der Geschäftsstelle der KRdL auf Anfrage erhältlich.)

[4] de La Riva, C., E. Ratzki u. W. Medrow: Zur Ausarbeitung von Geruchsstoffen in der Atmosphäre - Eine "TA-Luft-konforme" Modellierung. Schriftenreihe der Kommission Reinhaltung der Luft im VDI und DIN, Bd. 16. Düsseldorf, 1991

[5] Gerüche. Stand der Erkenntnisse zur Ermittlung von Belastung und Belästigung. Schriftenreihe der Kommission Reinhaltung der Luft im VDI und DIN, Bd. 12. Düsseldorf, 1990

[6] Dollnick, H.W.O., V. Thiele u. F. Drawert: Olfaktometrie von Schwefelwasserstoff, n-Butanol, Isoamylalkohol, Propionsäure und Dibutylamin. Auswertung eines Ringversuchs mit einheitlicher Dosierung der Geruchsstoffprobe. Staub-Reinhalt.Luft 48 (1988) Nr. 9, S. 325/331

Auslösende Ursachen für die Anrufe 1985-1990 in der NBZ-GA
(Nachrichtenbereitschaftszentrale der Gewerbeaufsicht NRW)

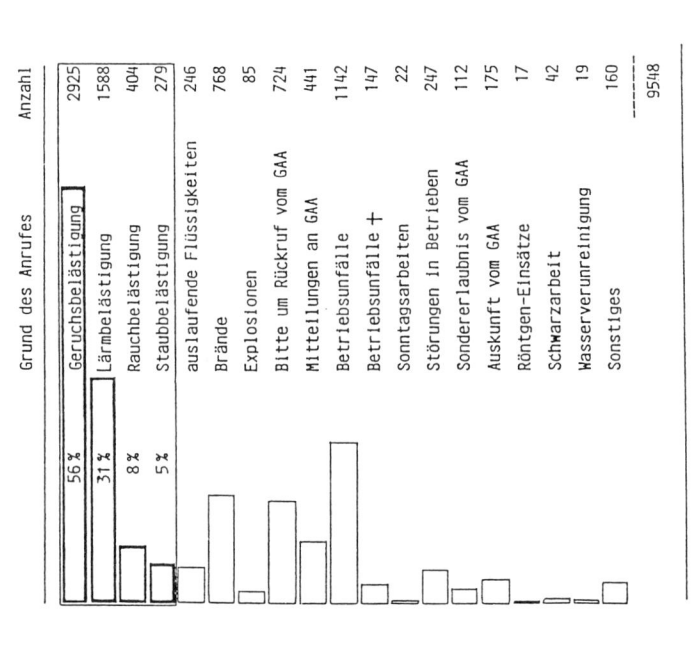

| Grund des Anrufes | Anzahl |
|---|---|
| Geruchsbelästigung | 2925 (56%) |
| Lärmbelästigung | 1588 (31%) |
| Rauchbelästigung | 404 (8%) |
| Staubbelästigung | 279 (5%) |
| auslaufende Flüssigkeiten | 246 |
| Brände | 768 |
| Explosionen | 85 |
| Bitte um Rückruf vom GAA | 724 |
| Mitteilungen an GAA | 441 |
| Betriebsunfälle | 1142 |
| Betriebsunfälle + | 147 |
| Sonntagsarbeiten | 22 |
| Störungen in Betrieben | 247 |
| Sondererlaubnis vom GAA | 112 |
| Auskunft vom GAA | 175 |
| Röntgen-Einsätze | 17 |
| Schwarzarbeit | 42 |
| Wasserverunreinigung | 19 |
| Sonstiges | 160 |
| | 9548 |

**Bild 1** Beschwerdestatistik; umrandet: Belästigungsbeschwerden (nach Angaben der Landesanstalt für Immissionsschutz NRW, Essen)

## VDI-RICHTLINIEN ZUR GERUCHSMESSUNG UND -BEWERTUNG

VDI 3881 Bl. 1 Olfaktometrie - Geruchsschwellenbestimmung - Grundlagen (dt./engl. 05/86)

Bl. 2 Olfaktometrie - Geruchsschwellenbestimmung - Probenahme (dt./engl., 01/87)

Bl. 3 Olfaktometrie - Geruchsschwellenbestimmung - Olfaktometer mit Verdünnung nach dem Gasstrahlprinzip (dt./engl., 11/86)

Bl. 4 Olfaktometrie - Geruchsschwellenbestimmung - Anwendungsvorschriften und Verfahrenskenngrößen (Entwurf, 12/89)

VDI 3882 Bl. 1 Olfaktometrie - Bestimmung der Geruchsintensität (Entwurf, 09/89)

Bl. 2 Olfaktometrie - Bestimmung der hedonischen Geruchswirkung (Entwurf, 02/92)

VDI 3883 Bl. 1 Wirkung und Bewertung von Gerüchen - Belästigungsmessung durch Befragung - Fragebogentechnik (in Vorbereitung)

Bl. 2 Wirkung und Bewertung von Gerüchen - Ermittlung von Belästigungsparametern durch Befragungen - Wiederholte Kurzbefragungen von ortsansässigen Probanden (Entwurf, 03/91)

VDI 3490 Bestimmung von Geruchsstoffimmissionen durch Begehungen (Entwurf, 05/91)

VDI 3782 Bl. 4 Umweltmeteorologie - Ausbreitung von Geruchsstoffen in der Atmosphäre (Entwurf, 05/91)

**Bild 2**

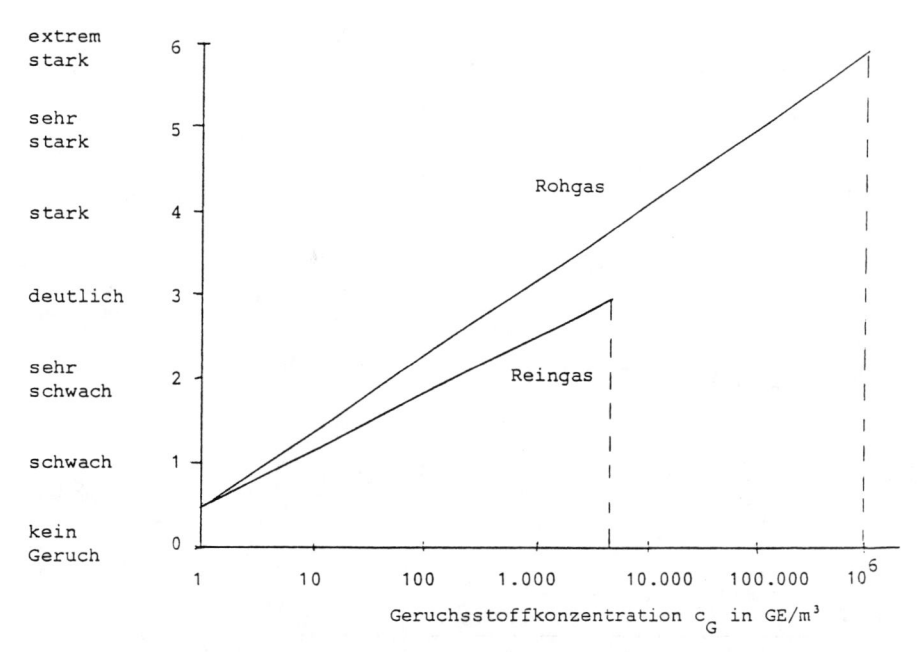

**Bild 3**     Schematische Darstellung des Geruchsintensitätsverlaufs; Abhängigkeit der Empfindungsstärke von der Reizstärke

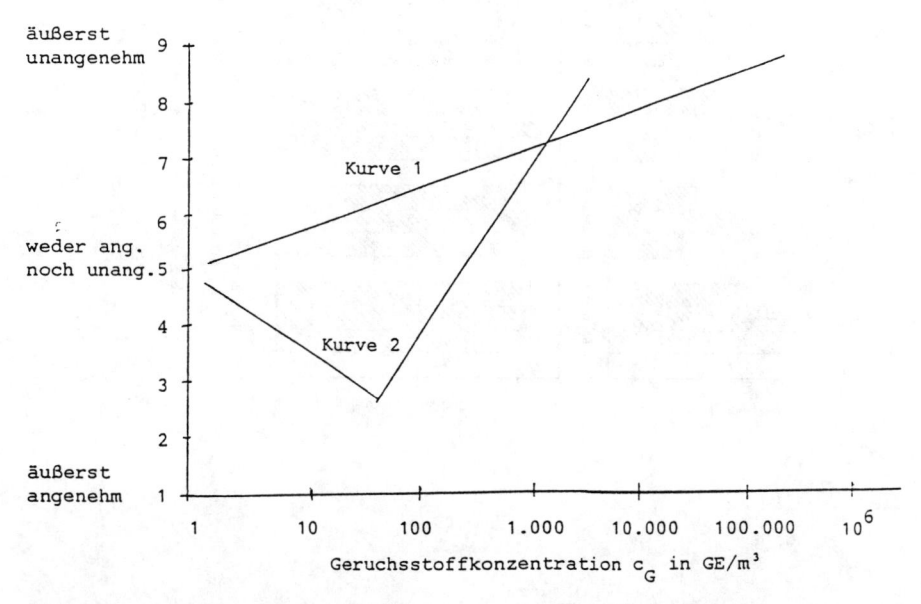

**Bild 4**     Schematische Darstellung des Verlaufs der hedonischen Geruchswirkung

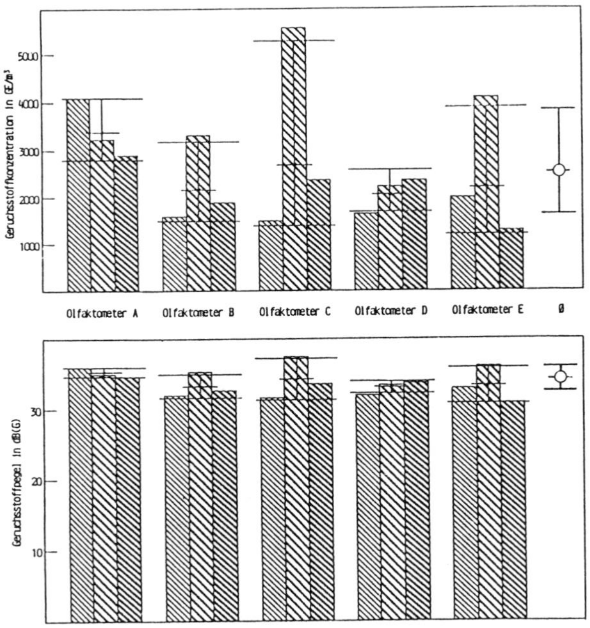

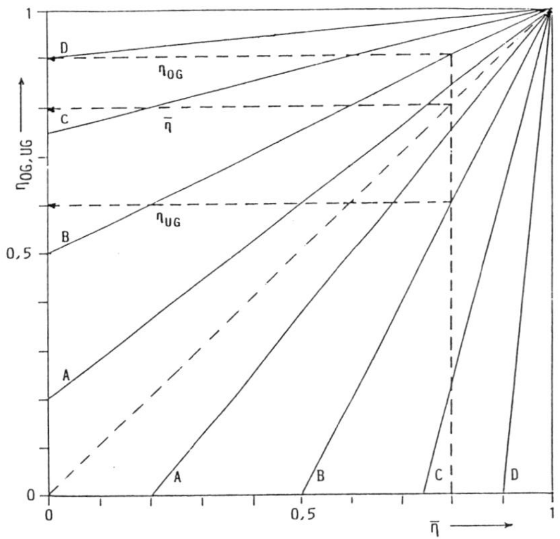

Fehlerfortpflanzung bei der Berechnung des Wirkungsgrades aus olfaktometrisch gemessenen Roh- und Reingaskonzentrationen (Annahme: "Fehlerfaktor" a gilt für Roh- und Reingasmessungen)

$c_{OG} = a\bar{c}$ ; $c_{UG} = \frac{1}{a}\bar{c}$ ; $\lg c_{OG, UG} = \lg \bar{c} \pm \lg a$ ; $a^2 = \frac{c_{OG}}{c_{UG}}$

$\eta_{OG} = 1 - \frac{1}{a^2}(1 - \bar{\eta})$   $\eta_{UG} = 1 - a^2(1 - \bar{\eta})$

| | A | B | C | D |
|---|---|---|---|---|
| $\lg a =$ | 0,05 | 0,15 | 0,3 | 0,5 |
| $a^2 =$ | 1,3 | 2 | 4 | 10 |

Bild 6

Bild 5  Gegenüberstellung von Geruchsstoffkonzentrationen (GE/m³) und Geruchspegeln (dB$_{od}$)

Olfaktometrische Bestimmung einer "natürlichen" Geruchsstoffprobe mit 5 Olfaktometern und 3 Riecherkollektiven

Kollektiv 1   Kollektiv 2   Kollektiv 3

**VDI** BERICHTE

*Anrechenbare Höchstpunktzahl: 100 Punkte*

| Kriterien | Punkte |
|---|---|
| **Kotverfahren und -lagerung** (vgl. Tabelle 3) | |
| Kot mit Einstreu und Fußbodenheizung/Trockenkot mit Belüftung im Kotkeller | 80 |
| Kot mit Einstreu/Trockenkot | 60 |
| angetrockneter Kot im Stall | 45 |
| Frischkot in Behältern mit fester Decke | 40 |
| angetrockneter Kot auf Transportfahrzeugen | 35 |
| abgelagerter Kot im Stall | 30 |
| Frischkot auf Transportfahrzeugen | 15 |
| *Flüssigkot* | |
| Behälter mit fester Decke | 30 |
| Behälter mit geschlossener Dauerschwimmdecke | 20 |
| Behälter mit Sonnen- und Regenschutz | 5 |
| offene Behälter/offene Lagerung im Stall | 0 |
| **Sommerluftrate nach DIN 18910** (vgl. Tabelle 2) | |
| $\Delta t'$ unter 1 K | 20 |
| $\Delta t'$ unter 1,5 K | 15 |
| $\Delta t'$ unter 2 K | 10 |
| $\Delta t'$ über/gleich 2 K | 0 |
| **Abluftaustritt** | |
| senkrecht über Dach, Höhe mehr als 1,5 m über höchstem Dachpunkt | 15 |
| senkrecht über Dach, Höhe kleiner oder gleich 1,5 m über höchstem Dachpunkt | 5 |
| Seitenwandentlüftung (nur bei Abständen ≧300 m) | 0 |
| **Austrittsgeschwindigkeit bei größter Luftrate und senkrecht über Dach** | |
| über/gleich 12 m/s | 20 |
| über/gleich 10 m/s | 15 |
| über/gleich 7 m/s | 5 |
| unter 7 m/s | 0 |
| **Standorteinflüsse** | ±20 |

Bild 7     Punktbewertung nach VDI 3472

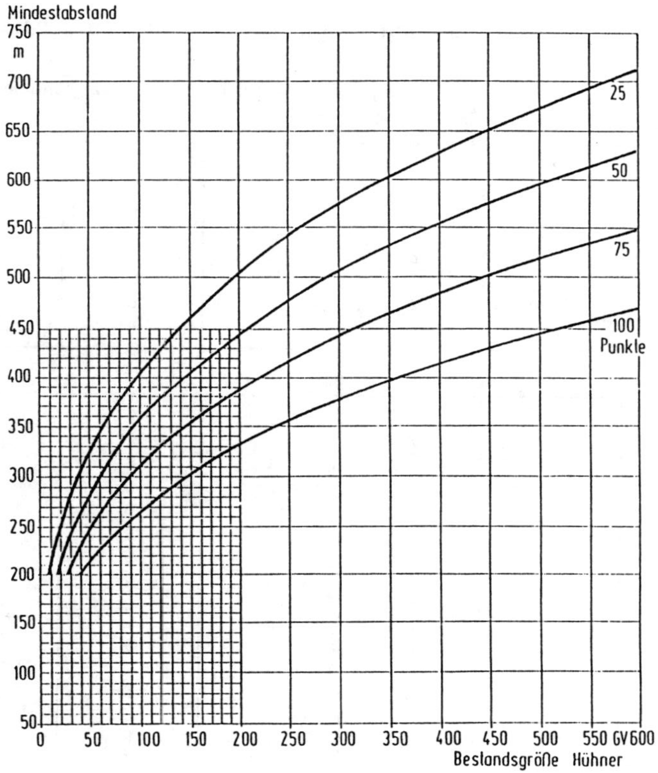

Bild 8     Abstandsregelung nach VDI 3472

| Emissionsquelle | Art der Quelle | Bewertung*) | Maßnahme/Bewertung**) | | |
|---|---|---|---|---|---|
| | | | A | B | C |
| **Rinder- und Schweineschlachthöfe** | | | | | |
| Rinderaufstallung | Lüftung | 2 | 1 | 2 | |
| Schweineaufstallung | Lüftung | 4 | 4 | 1 | 1 |
| Rinderschlachthalle | Lüftung | 2 | | 2 | |
| Schweineschlachthalle | Lüftung | 3 | | 2 | 1 |
| Brühenthaarung | Wrasenabzug | 3 | 4 | 2 | |
| Brennenthaarung | Abluftkamin | 4 | 3 | 2 | |
| Kuttelei | Zwangslüftung | 4 | 4 | 3 | 1 |
| Konfiskatlager | Undichtigkeiten | 5 | 3 | 2 | 1 |
| Konfiskateentsorgung | Fahrzeug | 5 | 3 | 2 | 1 |
| Borstenlager | Undichtigkeiten | 6 | | 4 | 1 |
| Blutlager | Tankentlüftung | 6 | | 4 | 1 |
| Blutentsorgung | Fahrzeug | 5 | 3 | 2 | |
| Knochenlager | Undichtigkeiten | 3 | 1 | | |
| Häutelager | Undichtigkeiten | 3 | 2 | 2 | |
| Dunglage | im Freien | 3 | 3 | 3 | |
| Abwasserreinigung | Undichtigkeiten, Entlüftung | 4 | | | 1 |
| **Geflügelschlachthöfe** | | | A | B | C |
| Tierannahme | Lüftung | 4 | | 2 | 1 |
| Rupfabteilung | Lüftung | 3 | | 2 | 1 |
| Brühkessel | Wrasenabzug | 3 | | 2 | |
| Rupfmaschine | Wrasenabzug | 2 | | 2 | |
| Schlachtabteilung | Lüftung | 5 | | 3 | 1 |
| Abfallstation | Lüftung | 6 | | 4 | 1 |
| Blutlagerung | Tankentlüftung | 4 | | 2 | |
| Abwasserreinigung | Undichtigkeiten, Entlüftung | | | | |

*) ohne emissionsmindernde Maßnahmen
**) durch organisatorische (A), verfahrenstechnische (B) bzw. abluftseitige Maßnahmen (C) erreichbare Bewertung

Bild 9  Bewertung der Emissionsquellen von Schlachthöfen nach Intensitätsstufen gem. VDI 3882 Bl. 1

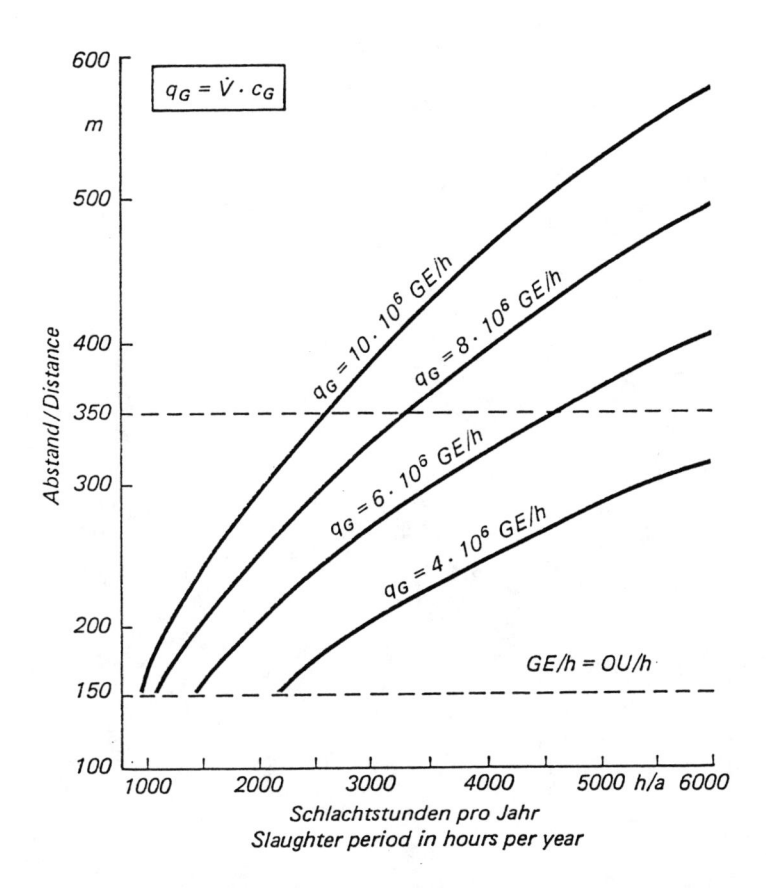

**Bild 10** Beispiel für eine Abstandsregelung unter bestimmten Bedingungen der Emission, Transmission und Immission; Parameter: Geruchsstoffstrom (nach VDI 2596)

# Wirkung von Luftschadstoffen auf Ökosysteme in Ballungszentren — Bewertungsmaßstäbe und Abhilfemaßnahmen

B. Prinz, Essen

## Zusammenfassung

Während früher die umittelbare Wirkung von Luftverunreinigungen auf einzelne Objekte in der unmittelbaren Nachbarschaft singulärer Emittenten im Vordergrund der Betrachtungen standen, sind heute die Verhältnisse weit komplizierter. Ursache hierfür sind sowohl veränderte Emissionsbedingungen als auch vor allem neue wissenschaftliche Erkenntnisse und Betrachtungsweisen. So werden zum Beispiel sekundär gebildete Luftverunreinigungen, wie den säurehaltigen Niederschlägen und Ozon inzwischen eine ausschlaggebende Bedeutung an der Entstehung der neuartigen Waldschäden zugewiesen. Eigenschaft dieser Luftverunreinigungen ist, daß aufgrund ihrer Bildung aus Vorläuferstoffen infolge chemischer Umsetzung in der Atmosphäre die höchsten Belastungen nicht in den Quellengebieten, sondern in den fernab gelegenen Gebieten, insbesondere in den höheren Gebirgslagen vorkommen.

Für die Ballungszentren ist jedoch eine weitere Quellengruppe wichtig, die ebenfalls erst in den letzten Jahren ins Blickfeld der Öffentlichkeit geraten ist, nämlich die Gruppe der persistenten Luftverunreinigungen. Diese zeichnen sich dadurch aus, daß sie sich aufgrund ihrer langen Lebenszeit in den verschiedensten Kompartimenten der Umwelt anreichern und nach vielfältigen Übergängen und Umlagerungen sich zum Schluß in der Futter- und Nahrungsmittelkette anreichern. Als konkrete Beispiele hierfür sind die Schwermetalle und die Gruppe der polychlorierten Dibenzodioxine und Dibenzofurane zu nennen.

In der Veröffentlichung werden für diese Komponentengruppen sowohl die Belastungsverhältnisse als auch die möglichen Bewertungsmaßstäbe und Abhilfemaßnahmen kurz dargestellt. Zu betonen ist, daß vor allem die Ableitung von Richt- und Grenzwerten in diesen Fällen weit komplizierter ist als bei den Luftverunreinigungen, die unmittelbar auf Pflanze,

Tier und Mensch einwirken. Die sogenannte intermediale Betrachtungsweise bzw. die Bezugnahme auf das urbane Ökosystem insgesamt ist daher ein wesentlicher Gesichtspunkt bei der Bewertung dieser Stoffe.

## 1. Einführung

Blickt man in der Geschichte des Immissionsschutzes in der Bundesrepublik seit Ende des 2. Weltkrieges zurück, so sind einige deutliche Änderungen und Entwicklungen im Verlaufe dieser Zeit zu erkennen. Zunächst ist festzustellen, daß sich das allgemeine Bewußtsein gewandelt hat, indem früher allein den Behörden die Legitimation zukam, richtig zu urteilen und richtig zu handeln, während heute fast jeder Bürger sich aufgerufen fühlt, bis in die tiefsten Geheimnisse naturwissenschaftlicher Zusammenhänge im Immissionsschutz vorzudringen und hieraus Maßstäbe des Handels abzuleiten. Aber auch die vorrangig zu behandelnden Probleme haben sich geändert, wobei nicht immer klar zu unterscheiden ist, ob sich die zugrunde liegenden Fakten wirklich geändert haben oder ob es nur neue Erkenntnisse und neue Bewertungen sind, die zu dieser Schwerpunktverlagerung geführt haben.

Nimmt man die Erste Technische Anleitung zur Reinhaltung der Luft aus dem Jahre 1964 und die Diskussionen, die zur Erstellung dieser Vorschrift geführt haben, so fällt vor allem auf, daß nur wenige Luftverunreinigungen, an erster Stelle Schwefeldioxid in dieser Vorschrift behandelt wurden und daß ferner fast ausschließlich das unmittelbare Nachbarschaftsverhältnisse zwischen Emittent und Akzeptor im Vordergrund standen. Eine außerordentlich wichtige Grundlage für die Ableitung des Immissionswertes für Schwefeldioxid, der damals noch Immissionsgrenzwert hieß, waren die systematischen Beobachtungen der Vegetationsschäden in der Umgebung einer Schwefeldioxidquelle in Biersdorf/Westerwald /1/. Abb. 1 zeigt, wie sich diese Quelle auf die unmittelbare Vegetation in Abstufung zur Entfernung von der Quelle ausgewirkt hat. Wenn es auch bereits um 1910 eine heftige Diskussion darüber gab, ob die durch die Emission von Schwefeldioxid verursachten Waldschäden, damals als sog. Rauchschäden bezeichnet, Folge der durch das atmosphärische Umwandlungsprodukt Schwefelsäure versauerten Waldböden sei und damit das Gesamtökosystem Wald betreffen /2/, spielte dieser Aspekt in Biersdorf fast überhaupt keine Rolle. Hier stand allein die Einwirkung des gasförmigen Schwefeldioxids auf den Assimilationsapparat der Bäume zur Diskussion.

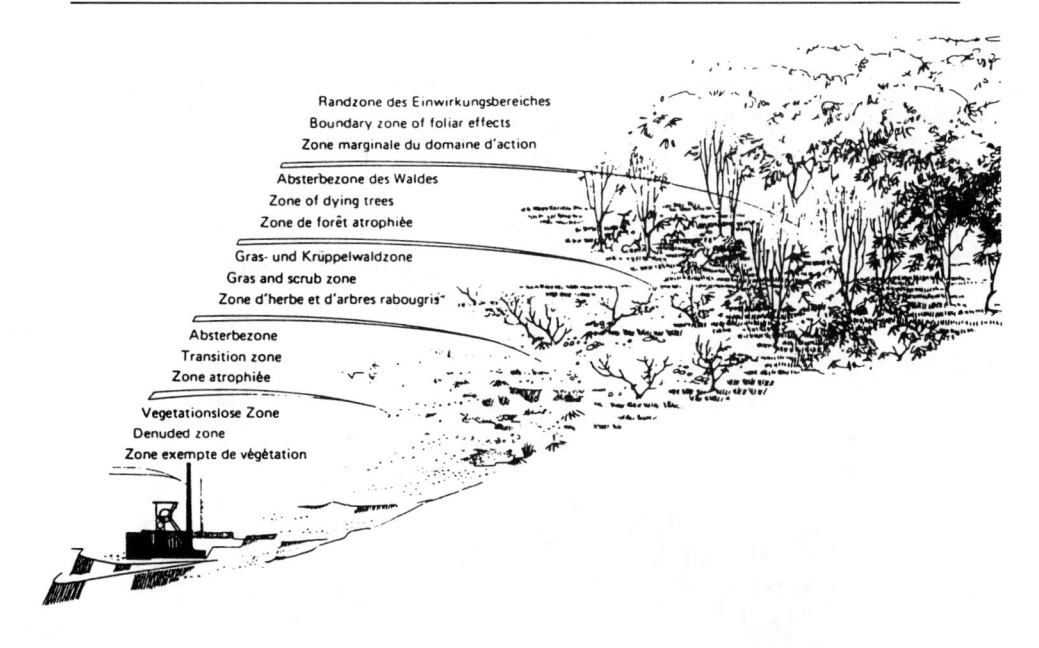

Randzone des Einwirkungsbereiches
Boundary zone of foliar effects
Zone marginale du domaine d'action

Absterbezone des Waldes
Zone of dying trees
Zone de forêt atrophiée

Gras- und Krüppelwaldzone
Gras and scrub zone
Zone d'herbe et d'arbres rabougris

Absterbezone
Transition zone
Zone atrophiée

Vegetationslose Zone
Denuded zone
Zone exempte de végétation

Abb. 1: Unterteilung der Schadzonen in der Umgebung eines isolierten Schwefeldioxid-Emittenten, dargestellt am Beispiel der Eisenerzröstanlage in Biersdorf/Westerwald (Abbildung aus /1/ entnommen)

Die Immissionsprobleme der Jetztzeit zeichnen sich hingegen dadurch aus, daß der früher besonders stark ausgeprägte Quellen-/Akzeptorbezug zunehmend verloren gegangen ist. Heute handelt es sich vorrangig um die Einwirkung einer Vielzahl von Komponenten, hervorgerufen von einer Vielzahl von Emittenten und mehr oder weniger kompliziert chemisch in der Atmosphäre umgewandelt, auf eine Vielzahl von Akzeptoren, die ihrerseits innerhalb eines vielfach verwobenen Wirkungsgefüges miteinander verbunden sind. Selbst für den Menschen, der zweifellos trotz des hohen Stellenwertes, die die Umwelt insgesamt inzwischen erhalten hat, immer noch im Mittelpunkt des Immissionsschutzes steht, gilt, daß ggf. die unmittelbare, d.h. inhalative Aufnahme von Luftschadstoffen in ihrer Bedeutung weit gegenüber der oralen Aufnahme zurücktritt. Orale Aufnahme bedeutet aber immer, daß die Schadstoffe vorher in den Boden eindringen und dann erst die Pflanzen belasten oder daß aber die Pflanzen zunächst aus der Luft die Schadstoffe aufnehmen und hierdurch dann eine Kontamination innerhalb der Futter- und Nahrungsmittelkette entsteht, die für den Menschen erst auf sekundärem Wege zu einem Gesundheitsrisiko infolge Immissionen führt.

Eine sehr plastische Darstellung dieser verschiedenen Aufnahmewege findet sich bei Hembrock-Heger und König /3/, entsprechend Abb. 2. Aus dieser Betrachtung wird zugleich

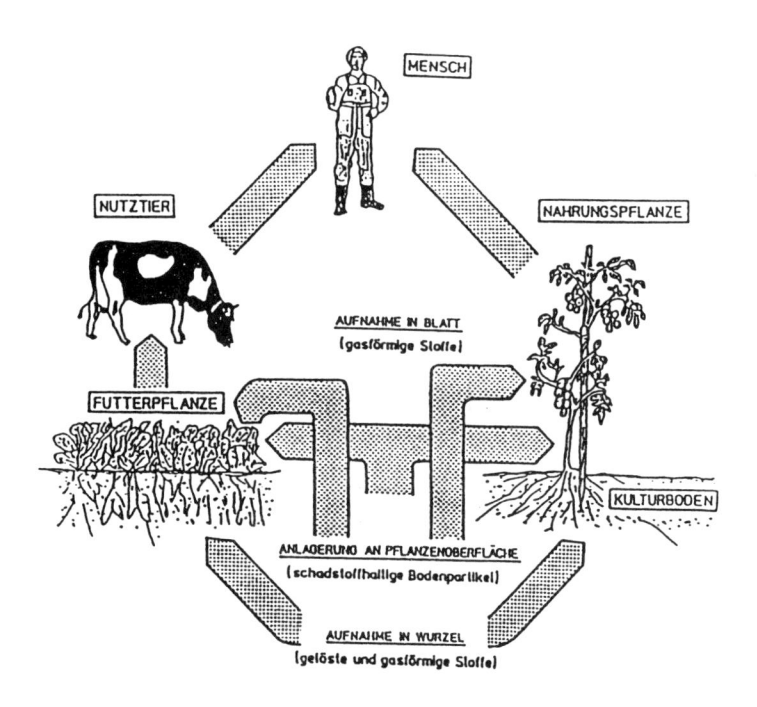

Abb. 2:   Schadstoff-Einwirkungspfad Boden ---> Nutzpflanze ---> Nutztier ---> Mensch (Abbildung aus /3/ entnommen)

sichtbar, daß zum Teil trotz gegenläufiger Vorgehensweise in der Praxis der Luftüberwachung die Erfassung der Niederschläge weit bedeutsamer ist als die Erfassung der Konzentration von Luftschadstoffen. Generell gilt, wie später im einzelnen noch auszuführen sein wird, daß systemisch wirkende Schadstoffe zum weitaus größeren Anteil über die Nahrung als über die Atemwege aufgenommen werden, womit es naturgemäß gleichzeitig umso schwieriger wird, eindeutige Bewertungsmaßstäbe zu finden. Der orale Aufnahmeweg hätte jedoch für den Immissionsschutz keine Bedeutung, wenn Nahrungsmittel ausschließlich in ländlichen, unbelasteten Gebieten gewonnen würden. Dies ist aber in erkennbarer Weise nicht der Fall, wenn man an die Vielzahl landwirtschaftlicher Betriebe innerhalb der Ballungszentren an z.b. Rhein und Ruhr denkt, und vor allem auch die Kleingärten mit in die Überlegung einbezieht, die zum Teil in ausgesprochener Industrienähe liegen.

Im nachfolgenden soll die Gruppe der Schwermetalle und der polychlorierten Dibenzodioxine und Dibenzofurane, in nicht ganz zulässiger Weise unter dem Sammelbegriff "Dioxine" zusammengefaßt, als Beispiele für die Wirkungen von Luftschadstoffen auf Ökosysteme in Ballungszentren dargestellt werden. Dabei werden jeweils kurz die Ausgangssituation, d.h. die Belastungsverhältnisse in den Ballungszentren, die hierbei anzuwendenden Bewertungsmaßstäbe sowie die Abhilfemaßnahmen, die neben Maßnahmen am Emittenten vor allem auch passive Immissionsschutzmaßnahmen beinhalten, behandelt.

## 2. Beispiel Schwermetalle

Es ist keine Frage, daß als allgemeine Folge des Fortschrittes im Immissionsschutz sowohl der Staubniederschlag insgesamt als auch die Niederschläge von Schwermetallen in den letzten Jahrzehnten deutlich abgenommen haben (siehe Abb. 3).

So gingen 1982 auf das Ruhrgebiet mit einer Bezugsfläche von ca. 1.855 $km^2$ noch jährlich 100 Tonnen Blei herunter, während es 1988 nur noch etwas mehr als 50 Tonnen waren. Der Cadmium-Niederschlag hat sich in derselben Zeit von rund 1,7 Tonnen auf rund 0,8 Tonnen verringert. Gleichwohl gibt es auch heute noch die selben Belastungsschwerpunkte, wie zu Beginn der Messungen, nämlich insbesondere das westliche Ruhrgebiet. So sind nach Stand 1988 innerhalb des Belastungsgebietes Ruhrgebiet West immer noch auf 5,0 % der Flächen der Immissionswert für Blei in Höhe von 0,25 mg $m^{-2}$ $d^{-1}$ als Jahresmittelwert sowie auf 1,82 % der Immissionswert für Cadmium in Höhe von 5 mg $m^{-2}$ $d^{-1}$, ebenfalls als Jahresmittelwert, überschritten.

Die Abb. 4 belegt eindrucksvoll, daß am Beispiel eines 4 km breiten Schnittes durch das Belastungsgebiet Ruhrgebiet Mitte die für das Jahr 1978 gemessenen Zinkniederschläge in der räumlichen Differenzierung sehr gut mit den Zinkgehalten im Boden korrelieren. Aus der Abbildung geht aber auch hervor, daß ein anderer wichtiger Eintragspfad für den Boden die Einträge aus der Luft überlagert, nämlich die Zinkzufuhr aus den Flußsedimenten. Dies ist bereits ein erster Hinweis darauf, daß bei der Ausweitung der Betrachtungen auf Ökosysteme der Immissionseinfluß u.U. nur sehr schwierig anteilig zu erfassen ist. Es ist auch

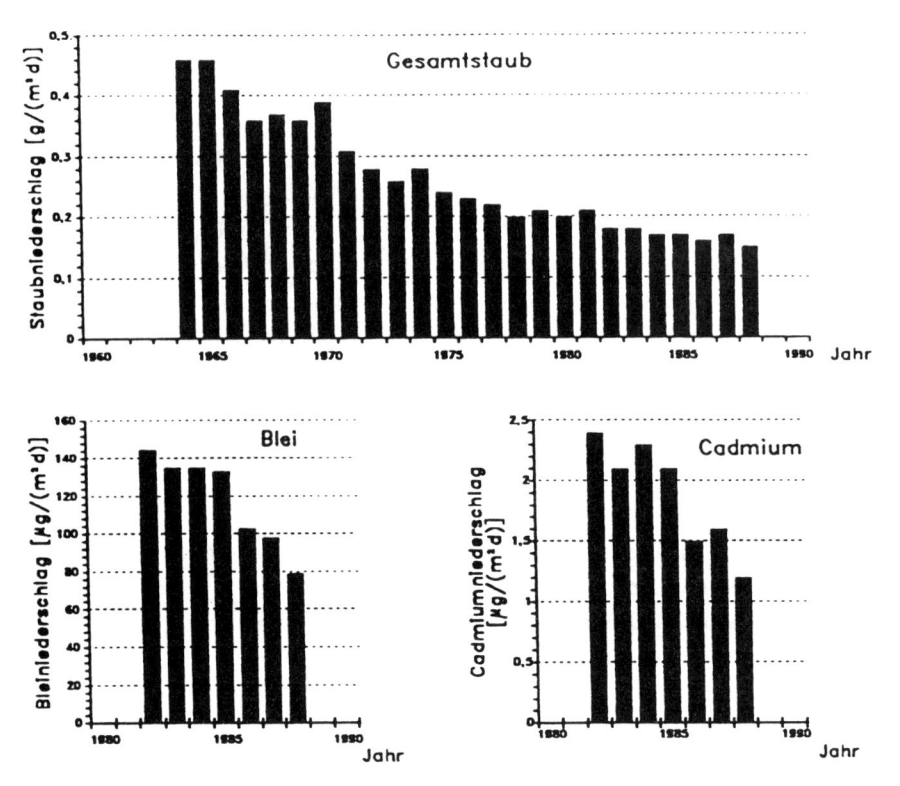

**Zeitliche Entwicklung des Staubniederschlags im Ruhrgebiet**

Abb. 3: Trend der Staub-, Blei- und Cadmiumniederschläge im Ruhrgebiet seit Beginn der Messungen

selbstverständlich, daß die hier ermittelten Bodengehalte nicht Folge des aktuellen Niederschlages, sondern Ergebnis einer über Jahrzehnte andauernden Anreicherung sind, wobei jedoch die Annahme gilt, daß in der räumlichen Differenzierung die 1978 gemessenen Niederschläge in etwa den über Jahrzehnte in diesen Raum eingewirkten Niederschlägen entsprechen.

In der Abb. 5 sind für das Belastungsgebiet Ruhrgebiet West die Bleigehalte und die Cadmiumgehalte im Boden nach den Untersuchungen zum Luftreinhalteplan 1977 dargestellt. Auch diese Karten belegen, daß die heutigen Schwerpunkte der Schwermetallniederschläge

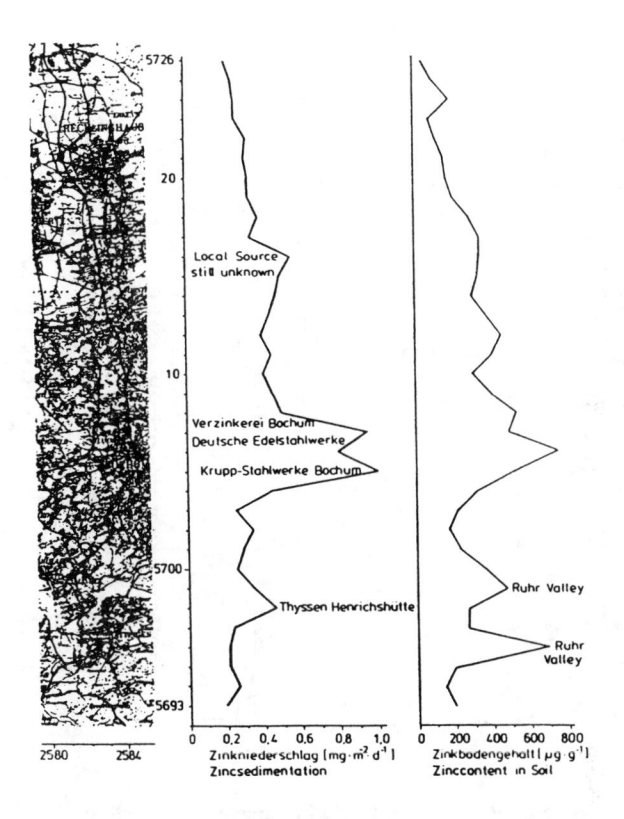

Abb. 4: Zusammenhang zwischen Zinkgehalt im Boden und Zinkniederschlag für das Meßjahr 1978. Die Ergebnisse stellen Mittelwerte für jeweils 5 Erhebungspunkte auf einem 4 km breiten Streifen durch das Belastungsgebiet Ruhrgebiet Mitte dar.

im Duisburger Raum offensichtlich zugleich die Belastungssituation der Vergangenheit widerspiegeln. Für die Bewertung der Schwermetallbelastungen ist wichtig zu wissen, daß die unterschiedlichen Schwermetalle in sehr unterschiedlichem Umfang von der Pflanze über die Wurzeln aus dem Boden aufgenommen werden und daß dies auch außerdem von der Bodenart und der Bodenreaktion sowie schließlich auch von der Bindungsart des jeweiligen Schwermetalles abhängt. Als Beispiel sei hier entsprechend Abb. 6 die enge Beziehung

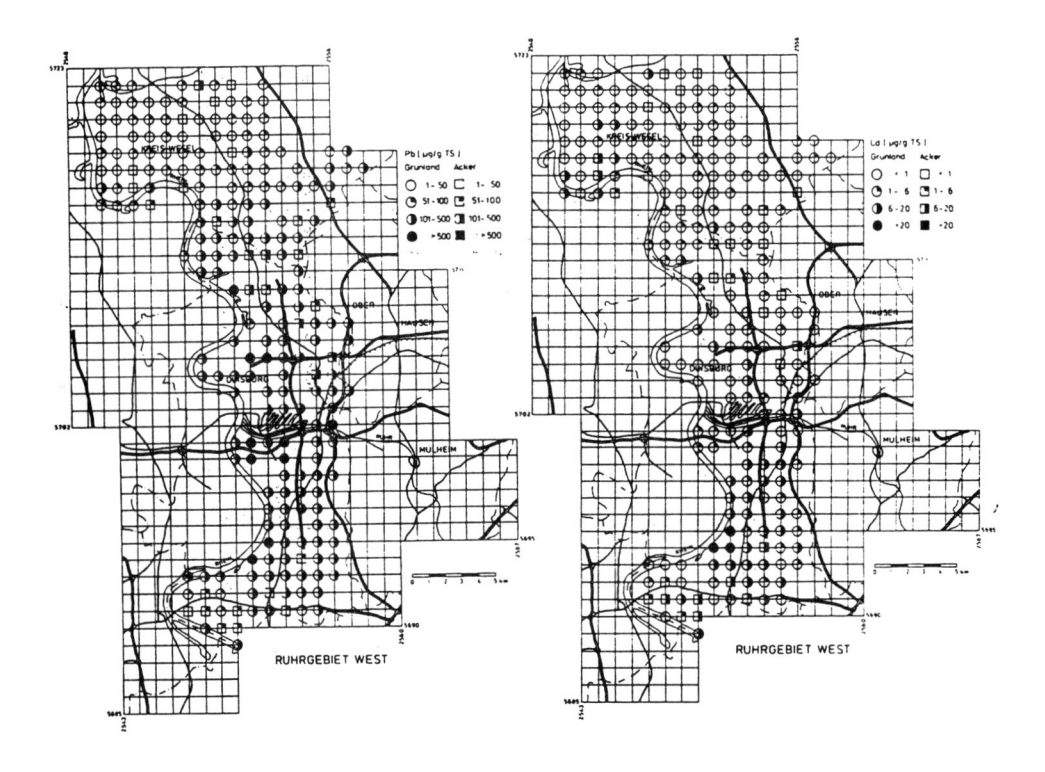

Abb. 5: Bleigehalte (links) und Cadmiumgehalte (rechts) in Böden des Belastungsgebietes Ruhrgebiet West nach den Untersuchungsergebnissen für den Luftreinhalteplan 1977

zwischen dem Cadmiumgehalt verschiedener Böden und dem Pflanzenaufwuchs auf diesen Böden dargestellt. Für Thallium hat sich gezeigt, daß entsprechend Abb. 7 zwar ein derartig enger Zusammenhang für verschiedene Lengericher Böden vorliegt, der Boden aus Wiesloch bei Heidelberg jedoch aus dem Rahmen fiel, da hier offensichtlich das Thallium geogen bedingt eine ganz andere Bindungsform aufwies als das über den Niederschlag als Sulfat zugeführte Thallium in Lengerich. Abb. 8 zeigt ferner, daß verschiedene Pflanzenarten ganz unterschiedlich auf den Thalliumgehalt im Boden reagieren, wobei bei

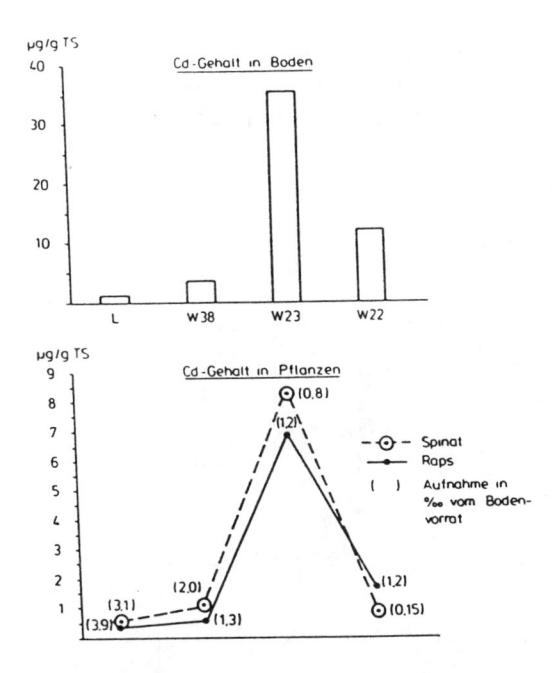

**Abb. 6:** Cadmium im Vegetationsgefäßversuch mit Böden aus Lengerich/NRW (L) und Wiesloch/BW (W)

sehr hohen Gehalten im Boden infolge phytotoxischer Effekte im Wurzelbereich die Aufnahme ggf. sogar gehindert werden kann.

Bei Untersuchungen zum Luftreinhalteplan Rheinschiene Mitte, 1. Fortschreibung, wurden in einem Kreuzversuch der Einfluß der Bodenbelastung und der Luftbelastung durch Cadmium auf den Cadmiumgehalt in der Endivie- und Grünkohlpflanze untersucht. Hierzu wurden Bodenproben von vier belasteten Standorten gewonnen und die Pflanzen in Gefäßversuchen auf diesen Bodenproben sowie auf Kontrollboden am unbelasteten Standort Essen-Kettwig angezogen. Umkehrt wurden dieselben Pflanzen auf Frühstorfer Einheitserde an den vier Standorten des Belastungsgebiets Rheinschiene Mitte exponiert. Die Ergebnisse des Kettwiger Versuches sind in der Abb. 9 dargestellt. Aus diesem Ergebnis geht zunächst hervor, daß die Endivie, verglichen mit dem Grünkohl, etwa die fünffache Menge an Cadmium anreichert. Diese Anreicherung erfolgt in beiden Fällen proportional zum Cadmiumgehalt im Boden. Der Versuch belegte aber auch, daß selbst an den belasteten Standorten die Aufnahme im wesentlichen aus dem Boden erfolgte, da die mittleren Cadmiumgehalte in der Endivie mit 0,22 mg/kg TS sowie in dem Grünkohl mit

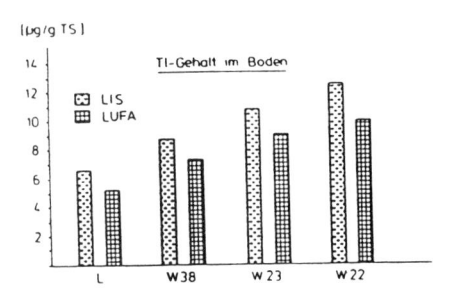

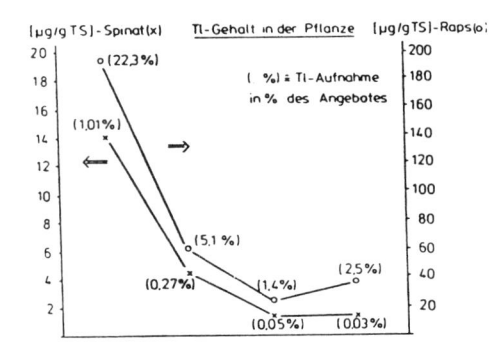

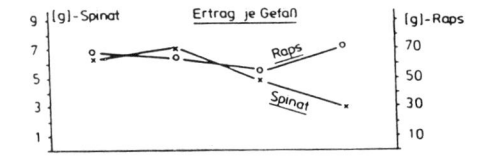

Abb. 7: Thalliumaufnahme im Vegetationsgefäßversuch mit Böden aus Lengerich/NRW (L) und Wiesloch/BW (W)

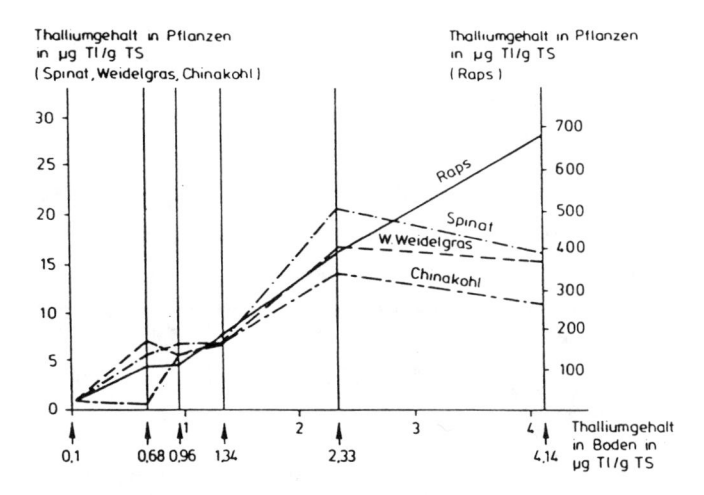

**Abb. 8:** Thalliumaufnahme in verschiedenen Pflanzen im Vegetationsgefäßversuch mit Böden unterschiedlicher Thalliumgehalte aus Lengerich/NRW.

0,07 mg/kg TS auf Kontrollböden dieser Standorte in etwa den Gehalten auf dem Kontrollboden in Kettwig entsprachen. Der Cadmiumgehalt im Kontrollboden betrug 0,2 mg (kg TS)$^{-1}$

In der Technischen Anleitung zur Reinhaltung der Luft aus dem Jahre 1974 wurden zum ersten Mal Immissionswerte zur Begrenzung der Blei-, Cadmium- und Thalliumniederschläge aufgeführt. Diese Begrenzungen sind von einer bestimmten, täglich tolerierbaren Aufnahmemenge für den Mensch ausgegangen, die z.B. entsprechend der Vorgaben der Weltgesundheitsorganisation für Cadmium bei 0,4 - 0,5 mg je Person und Woche und für Blei bei 3 mg je Person und Woche liegt. Ferner ist davon ausgegangen worden, daß im ungünstigsten Fall 250 g kontaminiertes Gemüse, bezogen auf Frischgewicht, täglich verzehrt werden und daß die Kontamination anteilig über den Boden, zumindest bei Cadmium und Thallium, in weit geringerem Maße jedoch bei Blei, und zum anderen Teil aus der Luft mit dem Niederschlag erfolgt. Hieraus wurden dann aufgrund der Bezüge zwischen Bodengehalt und Pflanzengehalt tolerierbare Gehalte im Boden abgeleitet und anschließend dann für Boden und Pflanze getrennt tolerierbare Niederschlagswerte ermittelt. Einzelheiten hierzu finden sich in /4/.

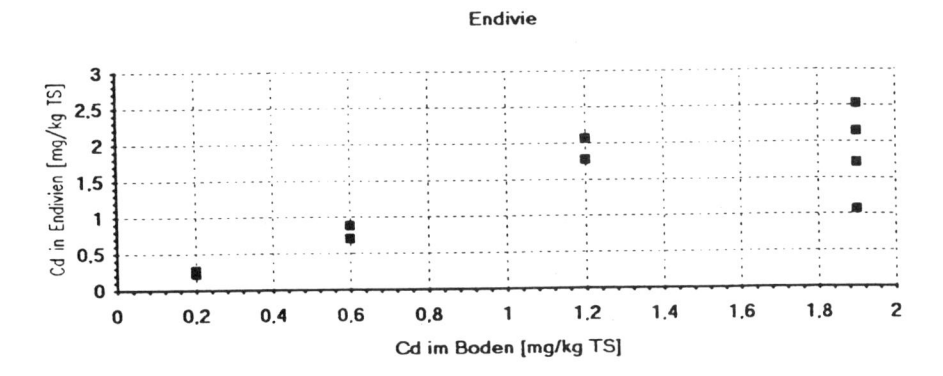

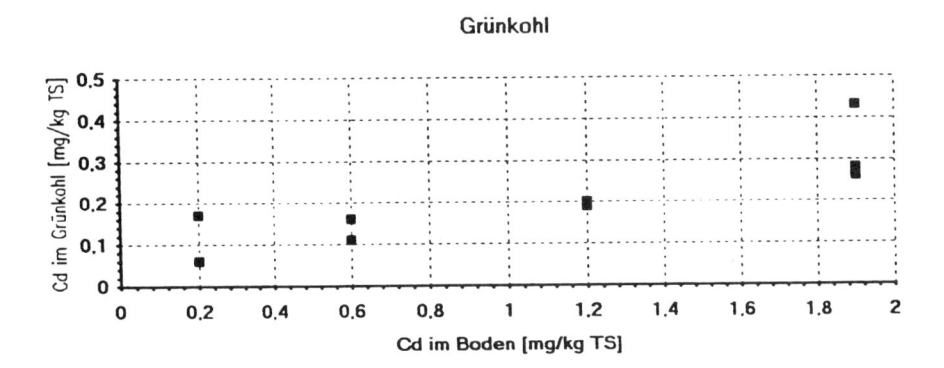

Abb. 9: Zusammenhang zwischen dem Cadmiumgehalt im Boden und in der Endivie (links) bzw. Grünkohl (rechts) im Rahmen eines Gefäßversuches in Essen-Kettwig mit weitgehend unbelasteter Luft.

Für die Bedeutung der Schwermetalle, zumindest in der zurückliegenden Zeit, spricht auch, daß in drei aufeinanderfolgenden Erhebungen 1974, 1975 und 1976 entsprechend Abb. 10 ein Zusammenhang zwischen der mittleren Bleistaubkonzentration regelmäßiger Untersuchungsgebiete von etwa 25 km$^2$ Größe und dem Blutbleispiegel neugeborener Kinder gefunden werden konnte. Blei ist dafür bekannt, daß es etwa im Gegensatz zu Cadmium über die Plazenta von dem mütterlichen in den fetalen Blutkreislauf übertritt. Von Bedeutung für die Belastung der Neugeborenen war auch die in Abb. 11 dargestellte Beziehung zwischen dem Bleigehalt der Muttermilch und ihrem Blutbleispiegel /5, 6/.

Die Maßnahmen zur Entlastung der Umwelt mit Schwermetallen müssen naturgemäß zunächst an den Quellen anzusetzen. Hier sind mit Bezug auf den industriellen Sektor in den letzten Jahren ohne Zweifel große Erfolge erzielt worden. So ist nach den Untersuchungen zur Luftreinhaltung in Nordrhein-Westfalen die Bleiemission im Belastungsgebiet Ruhrgebiet-West von 850 t a$^{-1}$ im Jahre 1976 auf 187 t a$^{-1}$ im Jahr 1987 zurückgegangen.

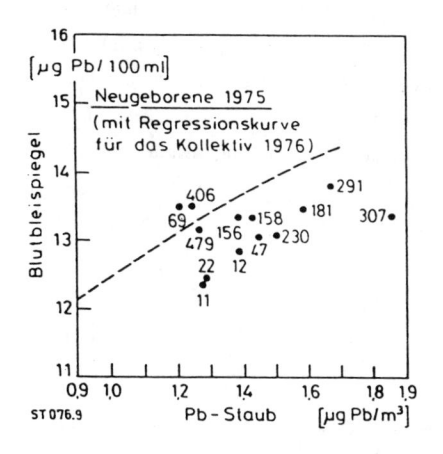

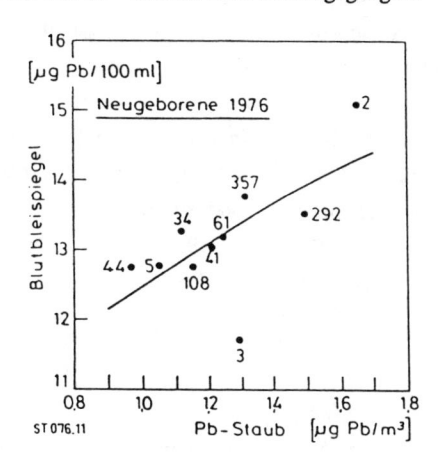

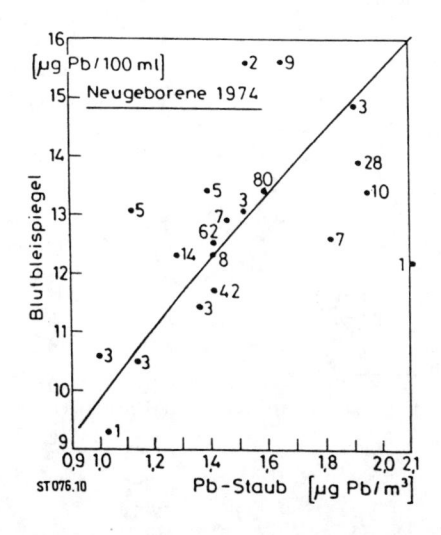

Abb. 10: Zusammenhang zwischen dem Blutbleispiegel von Neugeborenen aus verschiedenen Erhebungsjahren und dem Bleigehalt im Schwebstaub. Dargestellt sind die räumlichen Mittelwerte je Teilgebiete von 25 km$^2$ mit den zugehörigen Fallzahlen.

Die Cadmiumemission ging im selben Zeitraum von 6 t auf 1 t a$^{-1}$ zurück. Gerade bei Blei wurde auch ein wesentlicher Erfolg durch das Benzinblei-Gesetz aus dem Jahr 1971 sowie durch die steuerlichen Anreize zur Verwendung nichtverbleiter Kraftstoffe erzielt. Da nicht alle Maßnahmen schlagartig greifen und gegriffen haben, und zumindest punktuell nicht auszuschließen ist daß auch heute noch bedeutsame Schwermetalleinträge vorliegen, ferner die Kontamination von Nahrungs- und Futterpflanzen ggf. allein aus der Aufnahme von Schwermetallen aus langzeitig belasteten Böden erfolgen kann, haben passive Immissionsschutzmaßnahmen eine ebenfalls große Bedeutung. Dies bedeutet, daß von dem Verzehr von Lebensmitteln und insbesondere von Gemüse abzuraten ist, wenn bestimmte Gehalte an Schwermetallen überschritten werden. Hierzu liefern die sogenannten ZEBS-Werte des Bundesgesundheitsamtes wichtige Hinweise. So beträgt zum Beispiel der Richtwert für Cadmium in Blattgemüse 0,1 mg/kg Frischsubstanz. Dies entspricht in etwa 1 mg/kg Trockensubstanz (TS).

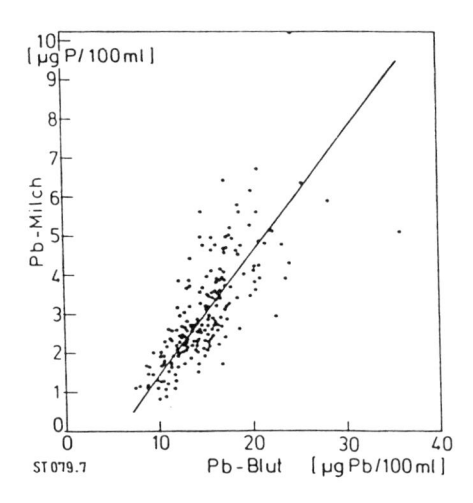

Abb. 11: Zusammenhang zwischen dem Bleigehalt in der Muttermilch und dem mütterlichen Blutbleispiegel während der Laktation

## 3. Beispiel Dioxine

Es bedarf hier nicht der Erwähnung, daß Dioxine im Zusammenhang mit dem "Seveso-Gift" 2,3,7,8-TCDD die Umweltdiskussion der unmittelbaren Vergangenheit maßgeblich mitbestimmt haben. Die Aufmerksamkeit richtete sich dabei vornehmlich auf Müllverbrennungsanlagen. So wurden in einer Veröffentlichung aus dem Jahre 1990 /7/ die PCDD/PCDF- Einträge durch Müllverbrennungsanlagen mit 270 g I-TE $a^{-1}$ in der Bundesrepublik angegeben (I-TE steht für Internationale Toxizitätsäquivalente). Dem standen die Klärschlammverbrennung mit 214,4 und die private Verbrennung fester Brennstoffe mit 210 g I-TE $a^{-1}$ gegenüber. Den Stahlwerken wurde hingegen ein verschwindend geringer Anteil mit 0,03 g I-TE $a^{-1}$ zugewiesen. Auch die anderen Emittengruppen, wie Kraftfahrzeugverkehr, fielen gegenüber den hier genannten drei Hauptquellengruppen weit in ihrer Bedeutung zurück. Heute wissen wir, daß durch die erhebliche Herabsetzung des Emissionsgrenzwertes auf 0,1 ng I-TE $m^{-3}$ durch die "Verordnung über Verbrennungsanlagen für Abfälle und ähnliche brennbare Stoffe - 17. BImSchv - vom 23. 11. 1990" die Prioritäten neu verteilt werden müssen.

Bereits 1989 wurde von Prinz et al. /8/ festgestellt, daß nicht nur die unmittelbare Umgebung einer Kabelabbrennanlage in Dortmund als die zunächst vermutete Hauptquelle, sondern der Dortmunder Norden insgesamt überdurchschnittlich mit Dioxinen belastet ist. Gleiches gilt für das westliche Ruhrgebiet, wobei der Stahlerzeugung offensichtlich eine besondere Rolle zukommt. Unabhängig von der Stahlerzeugung gilt aber generell, daß städtische Gebiete sich in der Dioxinbelastung deutlich von ländlichen Gebieten unterscheiden. Damit kann den Dioxinen inzwischen aus gutem Grund die Rolle einer ubiquitären Luftverunreinigung zugesprochen werden.

Neben diesem Emissionsaspekt ist bei der Dioxinproblematik ein zweiter Wandel in der Betrachtungsweise zu erkennen. Begründet durch zwei Gutachten des Bundesgesundheitsamtes (BGA) /9,10/ wurde die Dioxinbelastung des Bodens als wesentlichster Kontaminationspfad für Nahrungs- und Futterpflanzen herausgestellt. Schon mit ihren Untersuchungen im Dortmunder Raum wiesen aber Prinz et al. /8/ darauf hin, daß dem Eintrag aus der Luft eine weit größere Bedeutung zukommt als der Aufnahme aus dem Boden. Nicht zuletzt aus diesem Grunde wurden die ursprünglichen Bodenrichtwerte des BGA durch die Bund-Länder-Arbeitsgruppe "Dioxine" relativiert. Aber auch diese neu definierten Werte wurden als Beschlußvorschlag von der Umweltministerkonferenz vom 21. - 22. 11. 1991 abgelehnt. Statt dessen wurde die Bundesregierung aufgefordert, "umsetzbare und wissenschaftlich hinreichend gesicherte Richt- und Grenzwerte für Dioxine und Furane in den Umweltmedien Boden, Wasser und Luft sowie bei Lebens- und Futtermitteln" vorzulegen. Dabei sollte das Vorsorgeprinzip gelten.

Wenn sich zur Zeit auch zwei verschiedene Gremien mit der Ableitung der geforderten Richt- bzw. Grenzwerte befassen, nämlich der Länderausschuß für Immissionschutz für das Medium Luft und die Bund/Länder-Arbeitsgruppe "Dioxine" für die anderen Medien, besteht dennoch eine enge Verzahnung zwischen diesen verschiedenen Bereichen. Im nachfolgenden wird daher ein Konzept zur integrierten Behandlung des Grenzwertproblems bei den Dioxinen vorgestellt, das zum Teil auch bereits an anderer Stelle vorgetragen worden ist /11, 12/, das aber inzwischen wesentlich besser untermauert werden konnte.

Die Vorsorge betrifft den allgemeinen Umweltschutz. Ziel ist es, alle Eintrittspfade in bestmöglicher Weise zu minimieren. Ein Quellen-/Akzeptorbezug spielt hierbei keine Rolle, ebenso wenig Dosis-/Wirkungsbeziehungen.

Die Prävention betrifft den Immissionsschutz (TA Luft Nr. 2.5.1 und 2.5.2). Richt-/Grenzwerte in den verschiedenen Umweltmedien dienen lediglich der Ableitung der Maßstäbe für die Maßnahmen an der Quelle (Immissionswerte). Nach Ableitung der Immissionswerte spielen sie keine Rolle mehr, daher werden sie als virtuell bezeichnet.

Die Intervention betrifft den Verbraucherschutz. Erhebungen auf allen Stufen sind möglich und können zu Maßnahmen der unmittelbaren Gefahrenabwehr dienen. Es gilt die Regel, daß jedes Ergebnis auf nachgeschalteter Stufe innerhalb der gesamten Wirkungskette das Ergebnis der vorhergehenden Stufe aufhebt, da die Sicherheit der Beurteilung in Richtung der Pfeile zunimmt. Wegen ihrer unmittelbaren Anwendung werden diese Richt-/Grenzwerte als reell bezeichnet.

Die Gesamtheit aller Maßnahmen lassen sich entsprechend Abb. 12 in die drei Bereiche Vorsorge, Prävention und Intervention einteilen, die folgendermaßen zu umschreiben sind.

Über den Bereich "Vorsorge" ist trotz der Erwähnung durch die Umweltschutzministerkonferenz im Augenblick eigentlich kaum zu befinden. Im Immisionschutz stellt der bereits genannte Emissionsgrenzwert in Höhe von 0,1 ng I-TE $m^{-3}$ eine typische Vorsorgemaßnahme dar. Es wäre auch denkbar, daß Zielgrößen für den Dioxingehalt in den verschiedenen Umweltmedien unter Vorsorgegesichtspunkten festgelegt werden, die als Szenario für ein umfassendes mittelfristiges Sanierungskonzept zur Minimierung des Dioxineintrages in die Umwelt dienen können.

**Vorsorge**

**Generelle Minimierung ohne Quellen-/Akzeptorbezug**

**Prävention**
"Virtuelle" Richt-/Grenzwerte

Quelle ⇄ Akzeptor

"Reelle" Richt-/Grenzwerte
**Intervention**

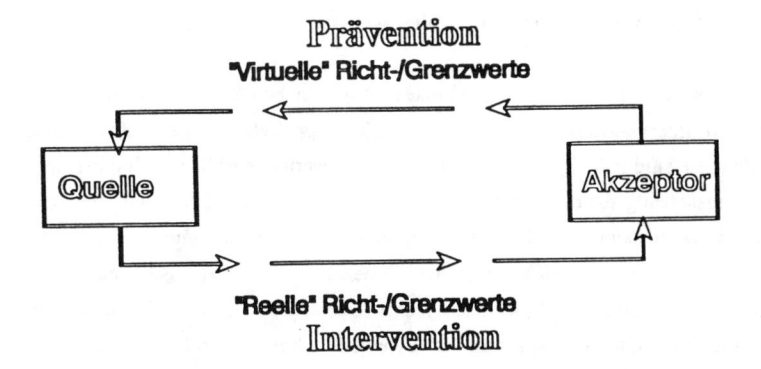

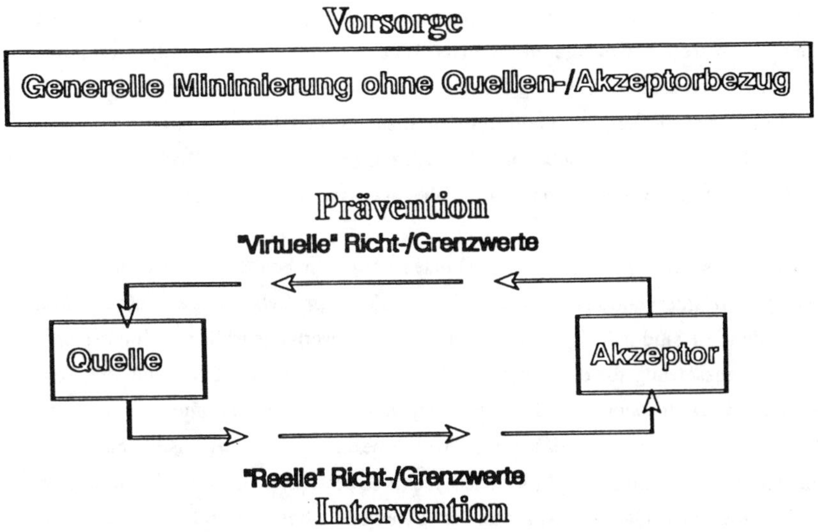

Abb. 12: Übersicht über generelle Maßnahmen des Umweltschutzes

Da es sinnvoll ist Probleme möglichst, polar anzugreifen, aber auch aus sachlichen Gründen empfiehlt es sich, daß der Immissionsschutz seine Bewertungsmaßstäbe möglichst nahe zur Quelle, aber mit einem Restbezug zum Akzeptor Mensch heranrückt. Dies bedeutet, daß als die wesentliche Maßnahme im Bereich der Prävention Immissionswerte zur Begrenzung der Dioxinkonzentration in der Außenluft bzw. zur Begrenzung der Dioxinniederschläge festgelegt werden. Die Interventionswerte als Bestandteil des Verbraucherschutzes sollten sich hingegen möglichst nahe zum Akzeptor hin orientieren, ohne den Bezug zur Eintragsquelle ganz zu verlieren. Als Methode der Wahl sind daher Höchstgehalte in den Lebensmitteln festzulegen, u. U. ergänzt durch Bewertungsgrößen für Untersuchungen am Menschen selbst, wie z. B. Richtwerte für den Dioxingehalt im Blutfett.

Im Falle der Immissionswerte im Sinne der Prävention ist zunächst eine Vorstellung über die gesamte tolerierbare Dosis an Dioxinen (sogen. TDI-Wert) sowie über die Aufteilung dieser Dosis auf die verschiedenen Teilbelastungs- oder Eintrittspfade erforderlich. Ferner muß bekannt sein, wie die quantitativen Beziehungen beim Übertritt von einem Kompartiment oder Medium zum anderen Kompartiment oder Medium sind. Es müssen daher entsprechende Transferraten existieren. Hieraus folgen dann als erste Schritte vorläufige Richtwerte zur Begrenzung des Dioxingehaltes in den verschiedenen Gliedern der gesamten Quelle-/Akzeptorkette, die anschließend mit den abzuleitenden Immissionswerten zu verknüpfen sind. Die voräufigen Richtwerte verlieren ihre Bedeutung, sobald die Immissionwerte feststehen. Sie werden in der Grafik daher auch als "virtuell" bezeichnet.

Unter dem Gesichtspunkt des Verbraucherschutzes können neben den Höchstgehalten in den Lebensmitteln Interventionswerte auf der Vorstufe der Lebensmittelkontamination festgelegt werden. Sie sind jedoch im Gegensatz zu den Bewertungsgrößen im Immissionsschutz nicht Voraussetzung für die Ableitung der Höchstwerte in den Lebensmitteln, sondern ihre Folge. Obwohl damit sämtliche Höchstgehalte im Sinne der Interventionswerte dauerhaften Bestand haben und daher als "reell" bezeichnet werden, ist dennoch zu bedenken, daß in der Grafik von links nach rechts Überschreitungen in den einzelnen Gliedern der gesamten Quellen-/Akzeptor-Kette jeweils Hinweise auf problematische Situationen geben, die durch Erhebung auf der jeweilig nächsten Stufe anschließend zu verifizieren oder zu falsifizieren sind. Daher sind auch die Pfeile in der Grafik von Abb. 12 in der anderen Richtung als bei der Prävention angegeben. Wenn mit anderen Worten die Immissions- oder Bodenbelastung besonders hoch ist, stellt dies noch keinen ausreichenden Grund dar, die in diesem Gebiet gewonnene Milch aus dem Verkehr zu ziehen. Gleichwohl sollte dies aber Anlaß sein, die Futtermittel und vor allem die Milch selbst auf ihren Dioxingehalt hin zu untersuchen. Die letzte Sicherheit in der Beurteilung eines gesundheitlichen Risikos besteht natürlich dann, wenn beim Menschen selbst die interne Exposition bestimmt wird, zum Beispiel durch die bereits erwähnte Bestimmung des Dioxingehaltes im Blutfett.

Obwohl die Diskussion über die Immissionswerte für Dioxine noch sehr im Fluß ist, kann doch von folgenden wesentlichen Beziehungen ausgegangen werden. Entsprechend Abb. 13 lassen sich im wesentlichen drei Aufnahmepfade für den Menschen unterscheiden. Dabei ist der Aufnahmepfad Luft ---> Mensch über die Atemwege zu vernachlässigen, wenn man bedenkt, daß bei 150 fg TE $m^{-3}$ als ein zur Zeit diskutierter Immissionswert lediglich 150 fg TE $\cdot$ 20 $m^{-3}$ $d^{-1}$ / 2 / 75 kg Körpergewicht= 20 fg TE (kg Körpergewicht)$^{-1}$ $d^{-1}$ aufgenommen werden. Der Divisor "2" steht für 50-prozentige Resorptionsrate, der Wert "20" entspricht der Ventilationsrate je Tag und der Wert "75" dem angenommenen durchschnittlichen Körpergewicht. Dem stehen nach neuesten Berechnungen von Fürst et al. /15/ 1 bis 3 pg (kg Körpergewicht)$^{-1}$ als tägliche orale Dioxinaufnahme gegenüber.

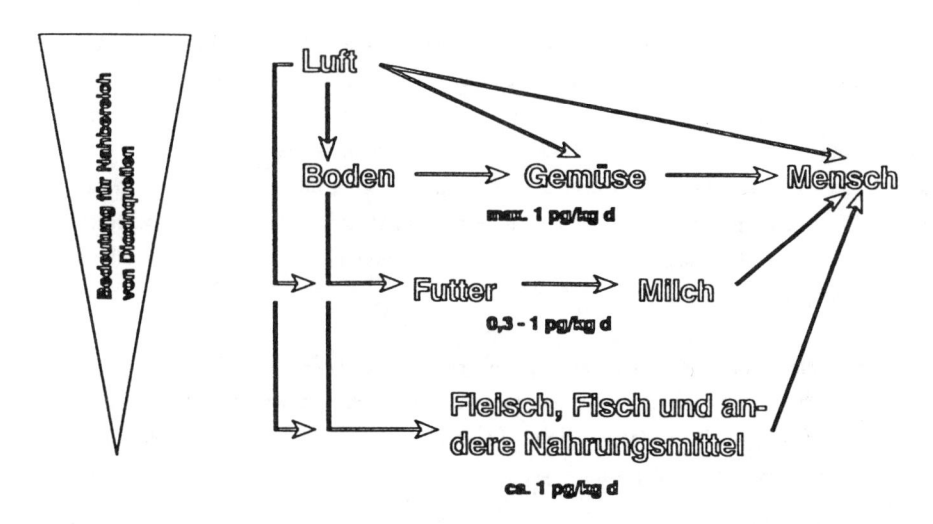

Abb. 13: Darstellung der Teilaufnahmepfade der Dioxine in den Menschen

Diese allgegenwärtige Gesamtaufnahme, die zumindest für den mittleren Wert von 2 pg (kg Körpergewicht)$^{-1}$ d$^{-1}$ auch für ländliche, unbelastete Gebiete gilt, zeigt bereits die Schwierigkeit, als Ausgangspunkt der Grenzwertableitung einen TDI-Wert von 1 pg kg$^{-1}$ d$^{-1}$ festzulegen, der in der Bundesrepublik zur Zeit als wünschenswerte Zielgröße diskutiert wird /13/ und der der unteren Grenze eines derzeitigen Vorschlages der Weltgesundheitsorganisation, Regionalbüro Europa, entspricht /12/, nach dem die Dioxinaufnahme grundsätzlich auf 1 bis 10 pg 2,3,7,8-TCDD (kg Körpergewicht)$^{-1}$ d$^{-1}$ begrenzt werden sollte. Diese Grenzen können nach Angaben der Weltgesundheitsorganisation auch auf Toxizitätsäquivalente bezogen werden.

Der Autor ist persönlich der Ansicht, daß dieser Schwellenbereich so zu interpretieren ist, daß die unterste Grenze des von der Weltgesundheitsorganisation angegebenen Bereiches dem Vorsorgeprinzip entspricht und daher für das bereits erwähnte Szenario umfassender mittel- und langfristiger Maßnahmen heranzuziehen ist. Die den Immissionwerten zugrunde zu legende tolerierbare tägliche Dosis sollte sich jedoch zu dieser unteren Grenze hin orientieren, ohne unbedingt zunächst mit ihr identisch zu sein. Die tägliche tolerierbare Aufnahme zur Festlegung von Interventionswerten könnte sich schließlich zu der oberen Grenze hin orientieren, ohne jedoch wiederum zwingend mit ihr identisch zu sein. Der Unterschied in der Schärfe der Anforderungen bezüglich der tolerierbaren täglichen Dosen bei der Ableitung der Immisionwerte und der Höchstgehalte der Lebensmittel als Präventiv- bzw. Interventionswert ist damit zu begründen, daß unter dem Gesichtspunkt der Gefahrenabwehr die Kenntnis des Dioxingehaltes im Lebensmittel eine ungleich sicherere Beurteilungsgröße darstellt als die bloße Kenntnis der Immissionsbelastung. Diese kann sich in der unterschiedlichsten Weise am Ende einer langen, dem Zufall unterworfenen Kette auf den Dioxingehalt im Lebensmittel auswirken. Daher ist die Prognose bezüglich der tatsächlichen Belastung des Menschen auf der alleinigen Grundlage der Immissionsmessung vergleichsweise unsicher.

Wenn auch die Diskussion über die Festlegung eines Immissionwertes für den Niederschlag bei weitem noch nicht abgeschlossen ist, scheint sich dennoch zumindest abzuzeichnen, daß der bereits in /12/ geäußerte Vorschlag von 15 pg TE $m^{-2}$ $d^{-1}$ vermutlich zumindest in der Größenordnung Bestand haben wird.

Es ist hier nicht der Platz, die Frage der Transferraten im Detail zu diskutieren. Dennoch kann anhand von Untersuchungen im westlichen Ruhrgebiet davon ausgegangen werden, daß z.B. der Dioxinniederschlag sehr eng mit dem Dioxingehalt in der standardisierten Graskultur sowie dem Dioxingehalt in Nahrungspflanzen korreliert ist. Dies weist in der Tat auf den überwiegenden Einfluß des luftbürtigem Pfades für die Pflanzenkontamination hin. Dieser Einfluß wird besonders deutlich in der Abb. 14, in der der Zusammenhang zwischen dem Dioxingehalt in der standardisierten Graskultur und den Dioxinniederschlägen an jeweils denselben Meßpunkten dargestellt ist. Bei der standardisierten Graskultur wird als Bodensubstrat Fruhstorfer Einheitserde mit äußerst geringem Dioxingehalt verwendet.

Die Untersuchungen im westlichen Ruhrgebiet (Veröffentlichung in Vorbereitung) belegen, daß eine Dioxinbelastung auch bereits früher und offensichtlich über längere Zeiten in der nahezu gleichen räumlichen Struktur wie heute eingewirkt hat.

Ähnlich wie bei den Schwermetallen kann bei den Dioxinen die Abhilfe langfristig nur darin bestehen, sämtliche Einträge in die Umwelt nachhaltig zu reduzieren. Wenn auch erste Maßnahmen hierzu bereits eingeleitet sind, muß in konkreten Fällen geprüft werden, ob nicht zusätzliche passive Immissionsschutzmaßnahmen erforderlich sind, indem Verzehrempfehlungen, im schlimmsten Fall auch Vermarktungsverbote für dioxinhaltige Lebensmittel ausgesprochen werden. Zur Bewertung dieser Frage besteht aber trotz intensiver Diskussionen in der Bund-/Länder-Arbeitsgruppe zur Zeit noch eine große Unsicherheit. Die Landesanstalt für Immissionsschutz ist bei ihren damaligen Untersuchungen im Dortmunder Raum davon ausgegangen /8,14/, daß ein kritischer Bereich der Gemüsekontamination je nach Ausgangsbasis des TDI-Wertes bei 3 bis 30 ng TE (kg TS)$^{-1}$ liegt. In einer späteren

Veröffentlichung /12/ wurden sowohl für Futter- als auch Nahrungspflanzen als Interventionswert 10 ng TE (kg TS)$^{-1}$ genannt. Für die Milch wurden ebenfalls 10 ng TE (kg Milchfett)$^{-1}$ als Höchstgehalt vorgeschlagen, bei dessen Überschreitung über weitere Maßnahmen nachzudenken ist. Auch diese Werte dürften nicht allzuweit von den Werten entfernt sein, die vermutlich als endgültige Bewertungsgrößen früher oder später von offizieller Seite festgelegt werden. Bei der Milch und anderen tierischen Produkten ist noch darauf hinzuweisen, daß hier eine besonders große Diskrepanz zwischen den BGA- und den Internationalen Toxizitätsäquivalenten besteht. Da letzten Endes sich aber alle Bewertungsgrößen in ihrem Ausgangspunkt auf 2,3,8,7-TCDD als toxikologische Modellsubstanz beziehen, ist im Zweifelsfall immer der neueste Erkenntnisstand bezüglich der relativen Toxizität heranzuziehen. Die bedeutet konkret, daß derzeit die Internationalen Toxizitätsäquivalente den Vorzug besitzen.

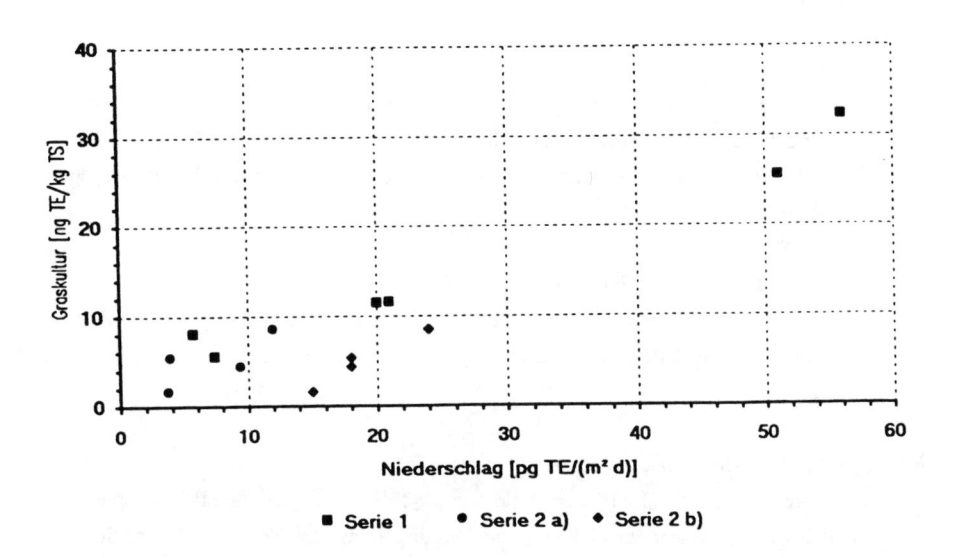

Abb. 14: Zusammenhang zwischen dem Dioxingehalt in der standardisierten Graskultur und den Dioxinniederschlägen an jeweils denselben Meßpunkten im westlichen Ruhrgebiet (Serie 1) sowie an weiteren vier Meßstellen (Serie 2). a) Analysenwerte unterhalb der Nachweisgrenze gleich Null, b) gleich 1/2 Nachweisgrenze gesetzt.

## Schrifttum

/1/ Van Haut, H. und H. Stratmann:
Farbtafelatlas über Schwefeldioxid-Wirkungen an Pflanzen. Verlag W. Girardet, Essen 1970

/2/ Wislicenus, H. (Hrsg.):
Sammlungen von Abhandlungen über Abgase und Rauchschäden unter Mitwirkung von Fachleuten in: "Waldsterben im 19. Jahrhundert", Reprintausgabe der VDI-Kommission Reinhaltung der Luft. VDI-Verlag Düsseldorf 1985.

/3/ Hembrock-Heger, A und W. König:
Vorkommen und Transfer von polycyclischen aromatischen Kohlenwasserstoffen in Böden und Pflanzen. VDI-Berichte Nr. 837, 1990, S. 815 - 830.

/4/ Prinz, B.:
Wirkungen von Luftverunreinigungen in Pflanzen und Möglichkeiten zum verbesserten Schutz der Vegetation in der Bundesrepublik Deutschland, in: "Materialien zu Energie und Umwelt." Hrsg. vom Rat von Sachverständigen für Umweltfragen Kohlhammer-Verlag Stuttgart/Mainz 1982.

/5/ Prinz, B., J. Hower und E. Gono:
Untersuchungen zur immissionsbedingten Bleibelastung bei Kleinkindern im Rahmen des Wirkungskatasters des Landes NRW. Staub - Reinh. Luft 36 (1976), S. 117 - 122.

/6/ Prinz, B., J. Hower und E. Gono:
Erhebungen über den Einfluß der Beleiimmissionsbelastung auf den Blutbleispiegel und die neurologische Entwicklung von Säuglingen im westlichen Ruhrgebiet. Staub - Reinh. Luft 38 (1978), S. 87 - 94

/7/ Kaune, A., H. Fiedler und O. Hutzinger:
Dioxine und Furane - Quellen, Einträge in die Umwelt und Aufnahme durch den Menschen (Literaturstudie) Mai 1990. Im Auftrag der Freien und Hansestadt Hamburg, Umweltbehörde, Amt für Umweltschutz.

/8/ Prinz, B., G. H. M. Krause unnd L. Radermacher:
Polychlorierte Dibenzodioxine und Dibenzofurane - Untersuchungen zur Belastung von Gartenböden und Nahrungspflanzen. Staub - Reinhaltung der Luft 50 (1990), S. 377 - 381.

/9/ Bundesgesundheitsamt (BGA):
Dioxinbelastung in Brixlegg. Gutachterliche Stellungnahme des Bundesgesundheitsamtes vom 21.03.1988 für die Landesforstdirektion Tirol.

/10/ Bundesgesundheitsamt (BGA):
Dioxinfall Crailsheim-Maulach. Gutachterliche Stellungnahme des Bundesgesundheitsamtes vom 12.05.1989 für das Regierungspräsidium Stuttgart.

/11/ Prinz, B., G. H. M. Krause und L. Radermacher:
Criteria for the evaluation of dioxins in the environment. Chemosphere 23 (1991), S. 1743 - 1761.

/12/ Prinz, B., G. H. M. Krause, L. Radermacher und C. Wappenschmidt:
Belastungspfade halogenierter organischer Verbindungen über die Nahrung. VDI-Berichte Nr. 888 "Krebserzeugende Stoffe in der Umwelt" (1991), S. 693 - 718.

/13/ Umweltpolitik - Bericht der Bund/Länder-Arbeitsgruppe "Dioxine". Bundesumweltministerium (BMU). Bonn 1992.

/14/ Prinz, B., G.H.M. Krause und L. Radermacher:
Untersuchungen der Landesanstalt für Immissionschutz zur Belastung von Gartenböden und Nahrungspflanzen durch polychlorierte Dibenzodioxine und Dibenzofurane. Aus der Tätigkeit der LIS 1989, Essen 1990, S. 69 - 80.

/15/ Fürst, P., Ch. Fürst und K. Wilmers:
Blody burden with PCDD and PCDF from food. Banbury Report 35: Biological Basis for Risk Assessment of Dioxins and Related Compounds. Cold Spring Harbor Laboratory Press, 1991

/16/ WHO Regional Office for Europe:
Consultation on Tolerable Intake from Food of PCDDs and PCDFs, Bilthoven, Netherlands, 4-7 December 1990. Unedited draft.

# Atmosphärische Korrosion und Bausubstanz — Konservierung und Sanierung

T. Broniewski, Krakau,
S. Karczmarczyk, Krakau

## 1. Einführung

Die Korrosion durch die verschmutzte städtisch-industrielle Atmosphäre und ihre Mechanismen sind in den Spezialistenkreisen, die sich mit Bautenschutz und besonders Baudenkmalschutz befassen, gut bekannt. Um die hiermit verbundenen Probleme auch den bei dieser Tagung anwesenden Ökologie- und Umweltschutzexperten nahezubringen, ist es das Ziel dieses Referates, die Auswirkungen der Umweltverschmutzung an historischen Krakauer Gebäuden an Beispielen zu zeigen. Es werden folgende Probleme angesprochen:

- der Einfluß chemischer Luftverschmutzung auf die Korrosion poröser Materialien, die wegen ihrer chemischen Zusammensetzung und Porenstruktur besonders gefährdet sind,

- chemisch und chemisch-physikalische Einwirkungen der agressiven Atmosphäre,

- die Folgen der atmosphärischen Korrosion, bezogen auf Materialien, Bauelemente, Baukonstruktionen und die Formen der potentiell möglichen und wirklichen Schäden,

- Bauschäden und mögliche Sicherungs- und Sanierungsmaßnahmen.

Die genannten Probleme werden anhand von Beispielen der historischen Bausubstanz Krakaus analysiert. Die Verfasser beschäftigen sich beruflich mit der Denkmalspflege in dieser sehr ungünstigen städtisch-industriellen Umwelt.

Das Krakauer Ballungsgebiet umfaßt 1,0 % der Gesamtfläche Polens, und im Jahre 1989 schätzte man, daß von den gesamten Emissionen des Landes auf dieses Gebiet 16,0 % der Industrieabgase und 8,0 % des Staubes entfallen.

In Krakau befinden sich die meisten Baudenkmäler des Landes. Deswegen wurde die Krakauer Altstadt von der UNESCO als Weltkulturerbe anerkannt und als eine der ersten auf die UNESCO-Liste gesetzt. In der Stadt befinden sich sehr viele Baudenkmäler der Klasse "Null".

Bezeichnend ist, daß Krakau in den letzten 45 Jahren die Folgen einer sinnlosen Industrialisierung erleiden mußte. Die Industrie und besonders Zweige der Schwerindustrie unterlagen keinen Umweltauflagen. Die Probleme des Baudenkmalschutzes wurden zwar oft von offizieller Seite angeprangert und Abhilfe angekündigt, doch die Wirklichkeit stand im krassen Widerspruch zu den Deklarationen. Infolgedessen sind an vielen Baudenkmälern unumkehrbare Schäden vorhanden. Gleichzeitig sind die überalterten Industrieanlagen, die ungünstige Industriestruktur und die nicht zeitgemäßen Heizungssysteme in den Wohnhäusern eine Gefährdung für die Zukunft.

In diesem Referat wird vor allem die Gefährdung der gegen Korrosion unbeständigen Baustoffe wie Putze, Mörtel, Ziegelsteine und Natursteine berücksichtigt. Hier ist zu bemerken, daß die konservatorischen Bestimmungen keine fremden Schutzanstriche erlauben. Die Gesetze beschränken auch die Möglichkeit, die beschädigten Bauteile auszuwechseln oder mit neuen Teilen zu ergänzen, d.h., die Auflagen verursachen zusätzliche technische Probleme und schränken den Umfang der technisch möglichen Lösungen bei der Sicherung historischer Bauten ein.

## 2. Der Vorgang der atmosphärischen Sulfatkorrosion

Als atmosphärische Sulfatkorrosion an porösen Baustoffen und Bauelementen bezeichnet man die Zerfallsprozesse, die durch die chemisch aggresiven Bestandteile der Atsmosphäre hervorgerufen werden. Diese Prozesse werden zusätzlich noch durch weitere klimatische und chemische Einwirkungen unterstützt, z.B. durch zyklische Temperaturänderungen, Anfeuchtung und Austrocknung und Frost. Von den chemischen Stoffen sind für die historische Bausubstanz das Schwefeldioxid und seine Oxidationsprodukte am meisten schädlich.

Stickstoffoxid verursacht keine besondere Korrosion an Bauwerken. Eine Ausnahme sind Objekte, die sich direkt in der Nähe von chemischen Fabriken befinden, z.B. Kühltürme aus Stahlbeton. Der Anteil an $NO_2$ beschleunigt jedoch wesentlich die Sulfatkorrosion [2,4]. Diese synergischen Effekte des Zusammenwirkens von $SO_2$ und $NO_2$ sind allgemein bekannt. Genaue Untersuchungen quantitativer Folgen solcher Einwirkungen wurden von Johansson-Lindqvist und Manio durchgeführt [2]. Die Ergebnisse dieser Untersuchungen sind in Bild 1 festgehalten.

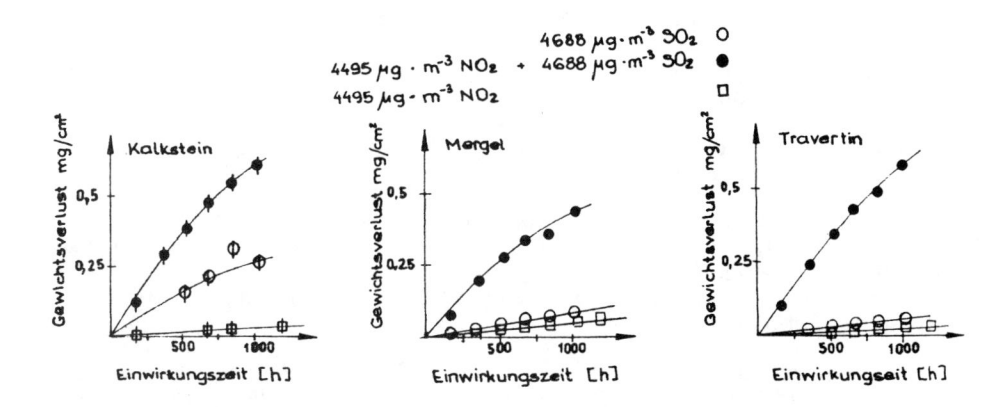

Bild 1:  Gewichtsverlust von Gesteinsproben als Funktion getrennter und gemeinsamer $SO_2$- und $NO_2$-Einwirkung bei 22 °C und 90 % relativer Feuchte

Die Diagramme zeigen getrennt die Korrosionseinflüsse von $SO_2$ und $NO_2$ und zum Vergleich die Korrosionsbildung unter gemeinsamer Einwirkung.

Die Untersuchungen umfaßten drei Steinarten: Kalkstein, Mergel und Kalktuff. Für alle drei ist Karbonat als Bindemittel charakteristisch. Die synergische Wirkung von $SO_2$ und $NO_2$ ist am stärksten an Kalktuffproben zu beobachten. Bei dieser Gesteinsart ist der Korrosionsverlust etwa 20mal größer als die Summe der getrennten Einwirkungen.

In der städtischen Atmosphäre kommt auch Fluorwasserstoff (HF) vor. Dieser Stoff verursacht Korrosionen nur an Bauwerken, die sich in der Nähe der Emissionsquelle befinden (Phosphatdüngerherstellung, elektrolytische Aluminiumproduktion usw.). In Krakau wurden keine wesentlichen Schäden festgestellt, die durch Fluorwasserstoff verursacht waren, z.B. durch eine Aluminiumhütte 12 km westlich der Stadt, die Anfang der 80er Jahre nach 30 Jahren Laufzeit stillgelegt wurde.

Eine wesentliche Umweltverschmutzung wird durch Staub und seine Zusammensetzung verursacht. Einerseits katalysiert Staub die Oxidation von $SO_2$ zu $SO_3$, gleichzeitig neutralisiert er als Verunreinigung mit seinem überwiegend alkalischen Charakter die Säure. Auf einer Gebäudeaußenfläche abgelagert, bildet er mit aggressiven Stoffen eine okludierende Schicht, die Korrosionsprozesse beschleunigen kann. Aus diesen Gründen werden die Untersuchungen nur auf die $SO_2$-Einwirkung beschränkt.

Schwefeldioxid ist als Anhydrit der relativ schwachen schwefeligen Säure nicht stark aggressiv. Seine Auswirkungen auf die Bausubstanz in Form von Salzverbindungen verursachen keine Zersetzung der Materialien. Die wirkliche Korrosionsgefährdung geht jedoch von den $SO_2$-Umwandlungsprodukten aus. Eines dieser Produkte ist das $SO_4^{-2}$-Ion und dessen Verbindungen zu Schwefelsäure und Sulfaten.

Schwefeldioxid gelangt in die Umwelt vorwiegend bei Verbrennungsprozessen durch die Oxidation anorganischer Schwefelverbindungen, enthalten vorwiegend in festen Brennstoffen, und organischer Schwefelverbindungen in festen und flüssigen Brennstoffen.

Interessant ist die Analyse der Umwandlung von $SO_2$ in $SO_3$ und weiter zu $SO_4^{-2}$. Es ist bekannt, daß dieser Vorgang in der industriellen Schwefelsäureherstellung viele theroretische und technische Schwierigkeiten mit sich bringt. Das Problem ist durch zwei gegensätzliche Phänomene gekennzeichnet:

a) Die Oxidationsgeschwindigkeit nimmt mit dem Temperatur- und Konzentrationsanstieg zu. Bei normaler Temperatur und hohem $SO_2$-Verdünnungsgrad in der Luft ist die Oxidationsgeschwindigkeit sehr niedrig.

b) Wegen der exothermen Reaktion nimmt die Reaktionsgeschwindigkeit des Prozesses mit steigender Temperatur ab, und bei Umgebungstemperatur ist sie relativ hoch, und zwar viel höher als unter industriellen Herstellungsbedingungen. Außerdem wird bei einem Überschuß an Luftsauerstoff die Lage des chemischen Gleichgewichts in Richtung $SO_3$ verschoben.

Man kann also folgern, daß aufgrund der chemischen Gleichgewichtsgesetze der Vorgang in Richtung einer $SO_3$-Bildung verschoben wird. Hingegen erzeugt die Staubbelastung, die Stickoxidmitwirkung und die Anwesenheit von Ozon $O_3$ [6,7] einen gegenläufigen Effekt. Eine wichtige Rolle spielt auch die Feuchtigkeit in Aerosolform oder als Kondensat auf einer Festkörperoberfläche.

Die Mechanismen und der Verlauf der $SO_2$-Oxidation bis zur Sulfatbildung als finales Korrosionsprodukt oder bis zu hydratisierten Oxiden im Falle der Metallkorrosion können unterschiedlich sein.:

$SO_2$ → $SO_3$ → $H_2SO_4$ → Sulfate

$SO_2$ → $H_2SO_3$ → $H_2SO_4$ → Sulfate

$SO_2$ → $H_2SO_3$ → Sulfite → Sulfate

Man kann also zu den $SO_2$ ↔ $SO_3$ Umwandlungsprozessen, die durch $SO_4^{-2}$-Ionen zur Korrosion führen, verallgemeinernd aussagen, daß die Verschiebung des Reaktionsgleichgewichts in die Richtung der Korrosionsprodukte durch niedrige Temperaturen und den Überschuß an Oxid verursacht wird [6,7].

Zusätzlich spielen die thermodynamischen Vorgänge (Entropie und Enthalpie) eine Rolle. Die Geschwindigkeit dieses Prozesses spielt eine sekundäre Rolle. Die Zeit, in der das $SO_2 \leftrightarrow SO_3$ Gleichgewicht erreicht wird, ist praktisch ohne Bedeutung; die Natur hat genug Zeit.

Die $SO_2$-Konzentration ist also ein Maß für die Gefährdung von Bauwerken. Deswegen ist es in der Regel üblich, die $SO_2$-Konzentration der Luft zu bestimmen. Der Verlauf der Sulfatkorrosion ist allgemein bekannt [6,7]. Schwefelsäure in starker Konzentration verdrängt andere Säuren aus ihren Salzen, vor allem aus Kalziumkarbonat, das im Kalkmörtel, in Kalksandsteinen und Karbonatfelsen vorkommt. Anstelle gesteinsbildender Mineralien bildet sich Gips ($CaSO_4 \cdot 2H_2O$) mit wesentlich geringer Festigkeit, der empfindlich auf Feuchte reagiert (sehr hoher Mazerationskoeffizient von 0,3, Wasserlöslichkeit fünf Zehnerpotenzen höher im Vergleich zu Kalkspat: $4,8 \cdot 10^{-9}$ und $6,3 \cdot 10^{-5}$ $mol^2/(dcm^3)^2$).

Die Zersetzung der kalkhaltigen Stoffe infolge der Einwirkung des Sulfats wird auch durch Quellung verursacht. Die Umwandlung des Calcits in Gips ist mit einer 20 %igen Volumenzunahme verbunden. Wenn im Kalkmörtel oder im Putz Zementbindemittel vorhanden sind (dies kommt häufig vor in Bauwerken, die in der zweiten Hälfte des 19. Jahrhunderts saniert wurden), kann das sich bildende Sulfat ein noch höheres Quellen verursachen. Dies geschieht mit dem Übergang des Aluminats ($3CaO \cdot Al_2O_3$) in hydratisiertes Kalkaluminiumsulfat (Ettringit $3CaO \cdot Al_2O_3 \cdot 3CaSO_4 \cdot 32H_2O$), der mit einer achtfachen Volumenausdehnung verbunden ist.

Wenn man berücksichtigt, daß Aluminat nur ein Bestandteil der Zemenentzusammensetzung ist und Zement wiederum ein Bestandteil des Mörtels, dann muß trotzdem mit einer 1,2-fachen Volumenausdehnung gerechnet werden. Einer der wichtigsten Einflußfaktoren hierbei ist das Vorhandensein von Feuchte [1], Temperaturunterschieden, Frost, Feuchtigkeitswanderung und Auflösung des Bindesmittels [3]. All diese Einflüsse vernichten die Struktur des Baustoffes und machen ihn unbeständig gegen chemische Angriffe, die letztlich zur schnellen Zerstörung des Stoffes führen.

Bei Bauwerken sind auch die Folgen des sauren Regens auf Kupfer und andere Metallarten nicht zu vernachlässigen. Im sauren Medium wird kein Edelrost gebildet, und alte Patinaschichten werden zerstört. Diese Probleme treten z.B. bei Erneuerungen an Dächern und Entwässerungssystemen auf.

In Tabelle 1 sind Untersuchungsergebnisse von Mörtelproben des Königsschloßes Wawel in Krakau und der Burg in Niedzica (Wojewodschaft Nowy Sacz) wiedergegeben (Bild 2). Alle Untersuchten Mörtelproben stammen aus dem 16. Jahrhundert.

Tabelle 1.

| Entnahmestelle der Probe | Art der Probe | SO$_3$ (%) | Gipsgehalt Gewichts-% |
|---|---|---|---|
| Senatorenturm Wawel-Krakau | Außenputz | 6,3 | 11.42 *) |
| Einfassungsmauer der Burg Niedzica Woj. Nowy Sacz | Fugenmörtel an der Außenfläche | 0,77 | 1,40 **) |
| | Fugenmörtel, entnommen aus 5 cm Tiefe | 0,29 | 0,53 **) |
| | Fugenmörtel, entnommen aus 50 cm Tiefe | 0,08 | 0,15 **) |

*) Mittelwert aus 6 Proben
**) Mittelwert aus 3 Proben

Andere Mörtelproben, die aus Mauerwerksfugen entnommen und untersucht wurden (über 200 Mörtelprüfkörper in Wawel-Gebäuden), wiesen keinen Gipsgehalt auf. Es ist daher auszuschließen, daß Gips im Kalkmörtel ursprünglich enthalten war. Dies kommt auch oft in historischem Mauerwerk in Norddeutschland vor [5].

Bild 2.

Westfassade des Senatorenturms, von dem Mörtelproben entnommen wurden.

Infolge des sauren Regens und durch das Eindringen chemischer Stoffe in den Baugrund werden Fundamentwände und andere Teile der Umfassungsmauer geschädigt. Die mit Regenwasser eindringenden chemischen Substanzen werden mit der Feuchtigkeit ins Mauerwerk transportiert. Tabelle 2 zeigt Untersuchungsergebnisse von Mauerwerksproben aus historischen Gebäuden der Krakauer Altstadt bezüglich ihres $SO_3$-Gehaltes.

Die Proben stammen aus Kellerräumen des 14. bis 16. Jahrhunderts. Das Vorkommen von Sulfaten in Form löslicher Salze ist durch die Umweltverschmutzung zu erklären.

Tabelle 2.

| Objekt | Probe Nr. | Art des Prüfkörpers | $SO_3$-Gehalt Gewichts-% |
|---|---|---|---|
| Hotel "Saski" Slawkowska-Str. 3 | 8 | Verputz im Keller mit Ausblühungen | 0,43 |
| | 11 | Ziegelunterlage unter "8" | 0,87 |
| | 15 | Verputz im Keller | 0,33 |
| | 16 | Verputz im Keller | 0,69 |
| | 12 | Verputz im Keller | 4,54 |
| | 19 | Verputz im Keller | 5,26 |
| | 20 | Verputz im Keller | 1,30 |
| Bürgerhaus Florianska-str. 37 | 10 | Verputz im Keller mit Ausblühungen | 0,38 |
| | 12 | "          " | 0,34 |
| | 13 | Ziegelunterlage unter "12" | 0,54 |
| | 11 | Verputz mit Ausblühungen | 0,21 |
| Bürgerhaus Tomaszastr. 37 | 6 | Verputz mit Ausblühungen | 2,13 |
| | 9 | Ziegelunterlage unter "6" | 3,19 |
| | 7 | Verputz mit Ausblühungen | 2,78 |
| | 3 | Steinunterlage unter "7" | 0,67 |
| | 4 | Steinunterlage unter "7" | 0,44 |

## 3. Die Charakteristik der atmosphärischen Umwelt in Krakau

Die $SO_2$-Emissionsdichte wird in $\mu g \cdot m^{-3}$ oder in Tonnen pro $km^2$ und Jahr angegeben. Sie dient auch der Ursachenfindung und der Entscheidung über Maßnahmen zur Emissionsminderung an den Quellen.

Tabelle 3 zeigt die Verteilung der Emissionsquellen im Krakauer Ballungsgebiet im Jahre 1976.

Tabelle 3.

| Quelle | Emission $t/(km^2 \cdot a)$ |
|---|---|
| Gesamtemission | 372,2 |
| Niederquellen ( < 20 m) | 25,5 |
| Mittelquellen ( 20 - 100 m) | 70,2 |
| Hochquellen ( > 100 m) | 276,6 |

Zum Vergleich betrug die gesamte Emission in der Wojewodschaft Nowa Sacz (ein typisches Erholungsgebiet) in derselben Zeit $0,4 \, mg \cdot km^{-2} \cdot a^{-1}$.

Die Konzentration der Emission in Krakau ist sehr ungünstig für das historische Stadtzentrum. In den Jahren 1970 bis 1979 betrug die Emission $60 \, t \cdot km^{-2} \cdot a^{-1}$ im Ballungsgebiet und $400 \, t \cdot km^{-2} \cdot a^{-1}$ im Stadtgebiet. Gleichzeitig wurde folgende Verteilung der Emissionsquellen festgestellt:

| | |
|---|---|
| Kommunale Quellen | 60 % |
| Chemische Industrie | 20 % |
| Hüttenindustrie | 14 % |
| Andere Quellen | 5 % |

In den 80er Jahren hat sich die Emissionsstruktur weitgehend geändert. In dieser Zeit wurden viele Wohnhäuser an die Fernheizung angeschlossen und gleichzeitig viele kleinere Kesselhäuser stillgelegt.

Seit Juli 1991 arbeiten in Krakau automatische Meßstationen. Jetzt werden die Meßergebnisse in anderer Form zusammengestellt und analysiert. Der Jahresmittelwert für 1990 betrug:

| | | |
|---|---|---|
| Altstadt | 85,0 | $\mu g \cdot m^{-3}$ |
| Stadtteil Podgórze | 58,10 | $\mu g \cdot m^{-3}$ |

Die Gesamt-$SO_2$-Emission im Jahre 1990 betrug im Krakauer Ballungsgebiet 94,3 · $10^3$ t. Dieser Wert vernachlässigt die Emission von Haus- und Siedlungskesseln. Die im Jahre 1991 durchgeführten Messungen und Analysen zeigten, daß bei Westwind in Richtung auf den Krakauer Hauptmarkt 50 % der Verunreinigungen von dem äußeren Ballungsgebiet und vom Land herangetragen werden. Von der sogenannten Niederemission stammen 34 %, von der mittleren (Siedlungskesselhäuser) 8,0 %, und der Rest mit 8,0 % kommt vom Hüttenwerk und dem Heizkraftwerk (beide Werke liegen an der Ostseite der Stadt).

Der chemische Angriff auf die Bauwerke ist durch die dauerhafte hohe Anreicherung der Luft mit schädlichen Stoffen verursacht. In der Vergangenheit wurden in den Tageszeitungen sog. Tageskonzentrationen für $SO_2$ veröffentlicht. Nach diesen Zeitungsberichten hat die $SO_2$-Konzentration nie die Grenzwerte überschritten. Die Daten wurden immer mit der Tagesnorm verglichen. Der Vergleich des Jahresmittelwertes mit der zulässigen $SO_2$-Immissionskonzentration wurde nicht vorgenommen. Für die Korrosion der Bauwerke ist aber die dauerhafte $SO_2$-Konzentration maßgebend. Nach polnischen Vorschriften sind folgende $SO_2$-Immissionskonzentrationen als zulässig festgelegt:

| Maximale Immissions-Konzentrationen | Bis 1990 $\mu g \cdot m^{-3}$ | Seit 1991 $\mu g \cdot m^{-3}$ | Spezielles Schutzgebiet $\mu g \cdot m^{-3}$ |
|---|---|---|---|
| Vorübergehende Konzentration (bis 30 min) | 900 | 600 | 250 |
| Mittlere Tageskonzentration | 350 | 200 | 75 |
| Mittlere Jahreskonzentration | 64 | 32 | 11 |

Bild 3.

Sicherung von Steinelementen durch Imprägnierung auf dem Krakauer Friedhof.
Oben nach Behandlung, unten ohne Behandlung

Ein Vergleich der Meßergebnisse mit den zulässigen Werten beweist, daß im alten Stadtteil Krakaus die mittlere Jahreskonzentration ständig überschritten wird. In den Jahren 1976 bis 1979 betrug die mittlere Jahresemission 136 µg · m$^{-3}$.

## 4. Zusammenfassung und Schlußfolgerungen

Aufgrund der vorgestellten Meß- und Untersuchungsergebnisse lassen sich folgende Schlußfolgerungen formulieren: Der $SO_2$-Gehalt ist in der Krakauer Umwelt sehr hoch, was zu einer hohen Gefährdung der historischen Bausubstanz führt. Bemerkenswert und maßgebend ist ein sehr hoher $SO_2$-Jahresmittelwert.

Die Untersuchungen an historischen Bauwerken bestätigen einen sehr starken Korrosionsangriff auf poröse Baustoffe. Es gibt eine Korrelation zwischen $SO_2$-Gehalt und Korrosionsgefährdung der Bauwerke. Die Korrosionsstoffe dringen in die Bauwerksstruktur direkt aus der Luft oder aus dem Baugrund ein. Beide Formen gefährden die wichtigsten Bestandteile der historischen Bausubstanz.

In der nächsten Zukunft gibt es keine Möglichkeit, die $SO_2$-Emission deutlich zu vermindern. Deshalb ist es notwendig, möglichst Sanierputze und verschiedene Imprägniermittel zu verwenden. Besonders günstig wirken die Sanierputze als Speicher von schädlichen Substanzen; sie schützen damit die historischen Tragstrukturen gegen Korrosion.

## Literatur

[1] Hempel, R.: Untersuchungen über Treiberscheinungen beim Injizieren von Zementmörtel in historisches Gipsmauerwerk und über die Tragfähigkeit kurz verankerter Stahlnadeln. Dissertation TU Braunschweig 1986

[2] Johansson, L.; Lindqvist, G.; Mangio, R.E.: Corrosion of Calcareous Stones in Humid Air Containing $SO_2$ and $NO_2$. University of Göteborg

[3] Kraus, K.: Verwitterung von Natursteinen. B + B Nr. 5, 1988

[4] Moser, B.; Goretzki, L., Bock, E.: Hohe Stickstoffdeposition an Gebäudeoberflächen in Wittenberg. B + B Nr. 6, 1990

[5] Pieper, K.: Sicherung historischer Bauten. Verlag von Wilhelm Ernst & Sohn, Berlin-München 1983

[6] Broniewski, T.; Fiertak, M.: Podstawy fizykochemiczne procesow korozyjnych w budwnictwie. Politechnika Krakowska 1991

[7] Broniewski, T.; Szaraniec, H.: Zagrozenie budynkow przez agresywna atmosfere miejsko-przemyslowa i mozliwocz ich ochrony. Czesc II. Praca Inst. Mat. i. Konstr. Bud. 1984

# Auswirkungen von Emissionsminderungsmaßnahmen in den neuen Bundesländern auf die Verteilung und Deposition von luftgetragenen Schadstoffen

W. **Seiler,** Garmisch-Partenkirchen,
G. **Haase,** Leipzig,
D. **Möller,** Berlin

Kurzfassung

Um die Auswirkungen von Emissionsminderungsmaßnahmen in den neuen Bundesländern auf die Verteilung und Deposition von Luftschadstoffen zu untersuchen, wurde das "Wissenschaftliche Begleitprogramm zur Sanierung der Atmosphäre über den Neuen Bundesländern" (SANA) im Jahre 1990 geschaffen.

SANA ist ein Verbundforschungsprojekt, das durch den Bundesminister für Forschung und Technologie (BMFT) finanziert und in enger Kooperation mit dem Umweltbundesamt (UBA) sowie verschiedenen Ministerien und Behörden aus den neuen Bundesländern durchgeführt wird.

In diesem wissenschaftlichen Forschungsvorhaben haben sich Institute und Forschergruppen aus dem westlichen und östlichen Teil Deutschlands zusammengeschlossen, um in einem aufeinander abgestimmten Meß- und Untersuchungsprogramm die Auswirkungen der in der ehemaligen DDR angelaufenen Emissionsminderungsmaßnahmen auf die Luftqualität in besonders verschmutzten Gebieten zu verfolgen. Mit diesem Vorhaben wird zum ersten Mal der Versuch unternommen, die komplexe Wirkungskette zwischen der Emission von Schadstoffen, ihrer chemischen Umsetzung und Transport in der Atmosphäre sowie schließlich den Eintrag der primär emittierten und sekundär gebildeten Schadstoffe in naturnahen und bewirtschafteten

Ökosystemen und die daraus resultierenden Folgen in einem fächerübergreifenden Ansatz zu untersuchen.

Aufgrund einer verfehlten Wirtschaftspolitik, verbunden mit einem extrem hohen spezifischen Energieverbrauch und dem Einsatz veralteter Techniken gehört die ehemalige DDR zu den Ländern mit dem höchsten Schadstoff-Ausstoß in Europa. So lag die auf die Einwohnerzahl bezogene Emission von $SO_2$ im Jahre 1989 in der ehemaligen DDR mit einem Wert von 295 kg um mehr als den Faktor 10 über dem in den alten Bundesländern ermittelten Wert von 25 kg. Im Falle der Staubemission werden noch höhere Differenzen (Faktor 50) angetroffen. Entsprechend war die Lage in der ehemaligen DDR durch eine extrem hohe Umweltbelastung mit Schadstoffen gekennzeichnet, die sich insbesondere in den Gebieten um Leipzig, Dresden und Cottbus bemerkbar gemacht und dort zu erheblichen Schädigungen der Ökosysteme und zu ökonomischen Verlusten in der Landwirtschaft geführt haben.

Durch die Umstrukturierung der Wirtschaft, die Modernisierung der Kraftwerksanlagen sowie die Übernahme des Bundesimmissionsschutzgesetzes werden sich die Emissionen von $SO_2$ und Staub in den neuen Bundesländern dramatisch reduzieren. Dieser positiven Entwicklung steht eine Zunahme der Emission von Stickoxiden und flüchtigen organischen Verbindungen aufgrund des ansteigenden Automobilverkehrs gegenüber. Als Folge wird eine starke Veränderung der chemischen Zusammensetzung der verschmutzten Luftmassen und ihrer Chemie über dem südlichen Teil der ehemaligen DDR erwartet.

In diesen Gebieten wird sich innerhalb weniger Jahre eine Entwicklung wiederholen, die sich im westlichen Europa mit dem Wechsel vom "London-Smog" (mit hoher $SO_2$-Belastung) zum "Los Angeles-Smog" (mit hoher Photooxidantien-Konzentration) über einen Zeitraum von etwa 30 Jahren erstreckte. Die jetzt über den neuen Bundesländern stattfindende Entwicklung ist einem großen Feldexperiment vergleichbar, das nicht wiederholbar ist und die einmalige Möglichkeit bietet, die zur Minderung der Emissionen ergriffenen Maßnahmen im Hinblick auf die sich ändernde Immissionssituation und den daraus resultierenden Folgen zu bewerten. Die dabei gewonnenen Erkenntnisse können bei zukünftigen Sanierungsprogrammen zur Verbesserung der Luftqualität in anderen Gebieten der Welt (u.a. in Osteuropa und in einigen Schwellenländern) Anwendung finden.

Um das in SANA gesteckte Ziel zu erreichen, wird ein umfangreiches Beobachtungs- und Meßprogramm durchgeführt, das durch Laboruntersuchungen und durch Simulationsrechnungen mit Hilfe numerischer Modelle ergänzt wird. Zur Bestimmung der trockenen und nassen Depositionen von primär emittierten und senkundär gebildeten Schadstoffen wurde ein Meßnetz installiert, das die gesamte ehemalige DDR überzieht.

Weiterhin werden Intensivmeßprogramme an den Feldmeßstationen in Melpitz und auf dem Brocken sowie Flugzeugmessungen durchgeführt. Die ökosystemaren Untersuchungen konzentrieren sich derzeit auf Kieferbestände, die zu den besonders sensiblen Ökosystemen gehören und die wegen des in der Vergangenheit erfolgten starken Schadstoffeintrags zum Teil dramatische Vitalitätsverluste aufweisen. Zusätzlich werden umfangreiche Untersuchungen über die chemische Umwandlung von Schadstoffen in der Atmosphäre durchgeführt, die sowohl Feldexperimente als auch Laboruntersuchungen beinhalten. Die komplexen Vorgänge in der Atmosphäre und die Wechselwirkung der Schadstoffe mit der Biosphäre sind in ihrer Gesamtheit nur durch den Einsatz von numerischen Modellen zu verstehen, die in SANA entwickelt und angewendet werden.

# Langjährige Entwicklung der Luftqualität in urbanen Gebieten am Beispiel des Ballungsraumes Rhein-Ruhr

P. Bruckmann, Düsseldorf,
H.-U. Pfeffer, Essen

Zusammenfassung

Für den Ballungsraum Rhein-Ruhr sind ab 1964 für wichtige Luftverunreinigungen (Schwefeldioxid, Schwebstaub, Staubniederschlag, Schwermetalle) langjährige Meßreihen der gebietsbezogenen Jahresmittelwerte verfügbar, die dargestellt und am Beispiel des Schwefeldioxid auf wichtige Einflußfaktoren hin interpretiert werden. Alle langjährigen Zeitreihen zeigen deutliche Rückgänge der Immissionen, die für Schwefeldioxid mit einem Rückgang auf 14 % des Ausgangswertes besonders ausgeprägt sind. Seit Beginn der achtziger Jahre gibt es fortlaufende Meßreihen (Gebietsmittel) weiterer Luftverunreinigungen, die ebenfalls dargestellt werden. Insgesamt dokumentieren die Zeitreihen eindrucksvoll die erreichten Erfolge in der Luftreinhaltung, weisen aber für einige Komponenten (Ozon, Stickoxide) auch auf weiteren Handlungsbedarf hin.

1. Einleitung

Nordrhein-Westfalen verfügt mit dem Rhein-Ruhrgebiet über einen Ballungsraum, in dem ca. 6,6 Mio. Menschen auf einer Fläche von rd. 3.500 km$^2$ wohnen und der zudem stark industrialisiert ist. 50 % aller Großfeuerungsanlagen in den alten Bundesländern sind dort konzentriert. Es verwundert deshalb nicht, daß bereits zu Beginn der sechziger Jahre mit dem Aufbau systematischer Meßprogramme zur Überwachung der Luftqualität begonnen wurde, etwa zeitgleich zu anderen großen Ballungsräumen Deutschlands wie Berlin oder Hamburg. Für wichtige ubiquitäre Luftverunreinigungen wie Schwefeldioxid, Schwebstaub mit einigen Inhaltsstoffen und Staubniederschlag liegen im Rhein-Ruhrgebiet deshalb langjährige Zeitreihen der Immissionsbelastung vor, die diesen Raum als Beispiel für die Entwicklung der urbanen Luftqualität in den alten Bundesländern besonders geeignet machen /1/.

Den Fortschritten der Meßtechnik folgend, sind nach und nach weitere wichtige Luftschadstoffe wie $NO_x$, Ozon, PAH oder cancerogene Schwermetalle in die Überwachung der Luftqualität einbezogen worden, für die kürzere Zeitreihen existieren. Auch diese sollen, neben den o.g. langjährigen Trends, im Folgenden dargestellt werden.

## 2. Langjährige Zeitreihen für Schwefeldioxid, Schwebstaub, Staubniederschlag sowie von Inhaltsstoffen

Bei dem Versuch, aus dem vorhandenen Datenmaterial langjährige Zeitreihen zu gewinnen, begegnet man sofort der Schwierigkeit, daß Anzahl und Lage der Meßstationen sowie die Größe der Meßgebiete mehrfachen Veränderungen unterworfen waren. Die Meßplanung erfolgte seinerzeit ja nicht mit dem Ziel der Gewinnung homogener Zeitreihen, sondern war an den jeweils aktuellen Fragestellungen und Meßmöglichkeiten ausgerichtet. Der Idealfall, daß über ca. 3 Jahrzehnte an denselben Standorten mit denselben Meßmethoden gemessen wurde, ist damit nicht gegeben.

Im Folgenden wird deshalb ein anderer Ansatz gewählt. Im gesamten Meßzeitraum war es immer Zielsetzung der jeweiligen Meßplanungen, für die Fläche des Rhein-Ruhrgebietes (ca. 3.500 $km^2$) repräsentative Aussagen über die Luftqualität zu gewinnen. Dieses Gebiet umfaßt die Räume an der Rheinschiene von Köln bis Duisburg und das eigentliche Ruhrgebiet von Duisburg im Westen bis zum Raum Dortmund im Osten. Es war in den einzelnen Meßjahren mehr oder weniger identisch mit der Gestalt der heutigen 5 Untersuchungsgebiete /2,3/. Für dieses Areal wurden in jedem

Meßjahr Gebietsmittelwerte gebildet, die sich in Zeitreihen darstellen lassen. Streng genommen handelt es sich dabei nicht um homogene Meßkollektive. Andererseits hat der gebietsbezogene Ansatz gegenüber der Betrachtung homogener Kollektive einzelner Stationen den Vorteil, daß sich lokale Besonderheiten in einzelnen Meßjahren "herausmitteln" und die Mittelwerte insgesamt ziemlich robust sind.

Die Zeitreihen für Schwefeldioxid und Staubniederschlag lassen sich für das Rhein-Ruhrgebiet ab 1964 angeben, sie sind im Bild 1 und 2 dargestellt (gebietsbezogene Mittelwerte in µg/m$^3$ bzw. g pro m$^2$ und Tag). Bei der Zeitreihe des Staubniederschlags besteht die Besonderheit, daß das ursprüngliche Meßgebiet von etwa 6.100 km$^2$ mehrfach verändert wurde, ebenso wie die Anzahl der Flächen, die im 1 km$^2$ Raster bzw. 2 km$^2$ Raster ausgemessen wurden. Zeitweilig enthielt das Meßgebiet neben dem eigentlichen Rhein-Ruhrgebiet auch das rheinische Braunkohlengebiet und Standorte der Zementindustrie in Nordrhein-Westfalen. Das Meßgebiet umfaßt derzeit 3.500 km$^2$; die im Bild 2 angegebenen Kenngrößen beziehen sich auf die jeweiligen Meßgebiete in den einzelnen Jahren /4/.

Die Zeitreihe für $SO_2$ setzt sich aus den Zeiträumen 1964 bis 1980 (altes Smog-Warndienstmeßnetz mit 13 Stationen /5/ sowie 1981 bis 1991 zusammen, in dem das kontinuierliche, ortsfeste TEMES-Meßnetz von zunächst 37 Meßstationen auf nunmehr 64 Stationen im Rhein-Ruhrgebiet (ohne Verkehrsmeßstationen) ausgebaut wurde. Die beiden Meßzeiträume überlappten sich im westlichen Ruhrgebiet von Mai 1979 bis März 1981. Durch Analyse der Meßreihen konnte gezeigt werden /6/, daß die durch den Anschluß der beiden Zeitreihen entstehende Ungenauigkeit von ca. 6 µg/m$^3$ im Vergleich zum gesamten Konzentrationsbereich von 200 µg/m$^3$ nur wenige Prozent beträgt.

Auch die Zeitreihen für Schwebstaub (ab 1968) und seine Inhaltsstoffe Blei und Cadmium (ab 1974, Bild 3 und 4) sowie weiterer cancerogener Metalle und Metalloide (ab 1982, Bild 4c) sind nicht homogen. Während ab 1974 zunächst mit 71 ortsfesten Meßstationen (LIB-Filtergerät) /7/ in einem eigenen Meßnetz begonnen worden war, wurde dieses Meßnetz zu Beginn der achtziger Jahre sukzessiv umstrukturiert und an die Standorte der TEMES-Stationen verlagert. Zur Zeit werden Schwebstaub und seine Inhaltsstoffe an 47 LIB-Stationen gemessen, wobei 44 Standorte mit Standorten des TEMES-Meßnetzes übereinstimmen /3/.

Die verwendeten Meßverfahren sind in den betrachteten Zeiträumen entweder identisch geblieben (Schwebstaub, Staubniederschlag, Staubinhaltsstoffe außer Blei), oder beziehen sich, wie im Fall des $SO_2$, auf dasselbe Referenzverfahren (TCM-Verfahren). Eine Ausnahme stellen nur die Bleigehalte im Schwebstaub dar, die bis 1980 mit Hilfe der Röntgenfluoreszenz analysiert wurden, ab 1981, wie zuvor bereits Cadmium, mit der Atomabsorptionsspektrometrie. Bezüglich weiterer Einzelheiten wird auf die Originalliteratur /8,9/ verwiesen.

Alle Zeitreihen in den Bildern 1 bis 4 zeigen deutliche Rückgänge der Immissionen, die jedoch unterschiedlich stark ausgeprägt sind.

Die $SO_2$-Belastung ging beispielsweise von 206 $\mu g/m^3$ im Jahr 1964 auf 28 $\mu g/m^2$ im Meßjahr 1991 zurück, d.h. auf 14 % des Ausgangswertes. Der Rückgang beim Schwebstaub (von 200 $\mu g/m^3$, 1968, auf 60 $\mu g/m^3$, 1990, entsprechend 30 % des Ausgangswertes) war geringer, ebenso beim Staubniederschlag (41 % des Ausgangswertes). Interessant ist, daß die Schwermetallimmissionen, bezogen auf das gleiche Meßjahr 1974, mit 11 % des Ausgangswertes (Blei) bzw. 23 % (Cadmium) wesentlich stärker abgenommen haben als die Schwebstaubkonzentration (60 % des Ausgangswertes). So ist beispielsweise der Bleigehalt im Schwebstaub um 82 % zurückgegangen. Die Schwebstäube sind damit in Bezug auf ihre Schwermetallgehalte weniger toxisch geworden - ein Effekt, der eindeutig auf Maßnahmen an den Quellen

(Industrie, Benzin-Bleigesetz) zurückzuführen ist. Dieser Effekt ist erfreulicherweise auch für die cancerogenen Metalle bzw. Metalloide Nickel, Chrom (ab 1982), Arsen und Beryllium (ab 1985, vgl. Bild 4c) zu beobachten.
Eine Analyse der Ursachen für die ausgeprägten Belastungsrückgänge würden den Rahmen dieses Beitrags sprengen. Prinzipiell kommen dafür sowohl meteorologische Einflüsse (Veränderungen der Austauschbedingungen in den einzelnen Meßjahren), Verbesserungen der Ableitbedingungen (Ersatz niedriger durch höhere Quellen) als auch echte Verminderungen der Emissionen in Frage. In den Zeitreihen der Bilder 1 bis 4 lassen sich für alle drei Haupteinflüsse Belege finden. Dies sei beispielhaft anhand der $SO_2$-Zeitreihe (Bild 1) näher erläutert. Man erkennt, daß einem deutlichen Rückgang der $SO_2$ Immissionen von 1964 bis 1967 eine Phase der Stagnation auf immer noch hohem Niveau (120 - 140 $\mu g/m^3$) folgte. Von etwa 1976 bis 1983 schloß sich eine zweite Phase des Konzentrationsrückgangs an, unterbrochen von einem zeitweiligen Wiederanstieg 1979. Erneut erfolgten eine Phase der Stagnation bzw. des zeitweiligen Wiederanstiegs (1985) sowie ein nochmaliger erheblicher Konzentrationsrückgang auf das derzeitig niedrige Niveau mit Gebietsjahresmitteln zwischen 25 und 30 $\mu g/m^3$.
Den unterschiedlichen Abschnitten der Zeitreihe lassen sich verschiedene Phasen der Luftreinhaltepolitik zuordnen. Am Anfang standen im Rhein-Ruhrgebiet branchenbezogene Verbesserungsprogramme z.B. an Thomas-Stahl-Konvertern, Dampfkraftwerken und Kokereien, die zusammen mit einer allmählichen Umstellung von Brennstoffen auch im Hausbrandbereich für eine deutliche Verbesserung der Luftqualität sorgten. Die Frage, ob diese Umstrukturierung bereits mit einem Rückgang der $SO_2$-Emissionen im Rhein-Ruhrgebiet verbunden war, kann aufgrund der vorhandenen lückenhaften Daten nicht beantwortet werden; für das Gebiet der alten Bundesrepublik werden von 1966 bis

1970 noch leicht steigende $SO_2$-Emissionen von 3,4 auf 3,7 Mio. Jahrestonnen ausgewiesen /10/. Der sich daran anschließenden Stagnationsphase der Immissionen entspricht für das Gebiet der alten Bundesrepublik auch eine Periode nahezu gleichbleibender $SO_2$-Emissionen (bis 1978) /10/. Ab Mitte der siebziger Jahre wurden die bedeutenden $SO_2$-Emittenten zur Verbesserung der Ableitbedingungen zunehmend mit hohen Schornsteinen ausgerüstet. Im Belastungsgebiet Rhein-Ruhr führte dies zu einer Senkung der Immissionen, die wesentlich ausgeprägter war als die nur leichte Abnahme der Emissionen in der alten Bundesrepublik (von 3,4 Mio. t/a 1978 auf 2,9 Mio. t/a 1982) /10/. Im gleichen Zeitraum stagnierten die $SO_2$-Immissionen an den emittentenfernen Meßstationen des Umweltbundesamtes (süddeutsche Bergstationen) oder stiegen sogar deutlich an (Deuselbach, Langenbrügge), durchaus im Einklang mit der Erwartung /11/. Erst der verbreitete Einsatz von Rauchgasentschwefelungsanlagen in Großfeuerungsanlagen führte ab 1983 sowohl zu einem weiteren Rückgang der Immissionen, nunmehr auch an den emittentenfernen Stationen /2/ als auch zu einem deutlichen Rückgang der Emissionen. Allein die $SO_2$-Emissionen aller Großfeuerungsanlagen in Nordrhein-Westfalen gingen von gut 1 Mio. Jahrestonnen in 1983 um 85 % auf unter 0,2 Mio. Jahrestonnen in 1990 zurück /12/. Der fallende Trend des $SO_2$-Pegels wurde insbesondere 1985 durch einen Anstieg des $SO_2$-Jahresmittels unterbrochen. Hier wird vor allem der Einfluß ungünstiger meteorologischer Bedingungen auf die Luftqualität deutlich, waren Januar und Februar 1985 doch durch längere Perioden austauscharmer Wetterlagen geprägt, die in der bundesweiten Smogperiode im Januar 1985 gipfelten /13/. Auch die Winter 1986 und 1987 waren überdurchschnittlich kalt (Smogperiode im Januar 1987), so daß der starke Belastungsabfall zwischen 1987 und 1988, einem Jahr mit überdurchschnittlich gutem Luftaustausch, etwa zur Hälfte meteorologisch bedingt ist /14/.

Ein weiteres Beispiel für meteorologische Einflüsse stellt der zwischenzeitliche Wiederanstieg der $SO_2$-Belastung im Jahr 1979 dar (Smogperiode im Januar 1979). Ähnliche Betrachtungen lassen sich für die Staub-Zeitreihen aufstellen; dem Rückgang der Immissionen seit 1970 auf ca. 1/3 (Schwebstaub) bzw. 44 % (Staubniederschlag) entspricht ein nahezu gleich großer Rückgang der Emissionen in der alten Bundesrepublik von 1,3 Mio. Jahrestonnen (1970) auf 0,55 Mio. Jahrestonnen (1986, = 42 %) /10/. Auch in der Schwebstaub-Zeitreihe sind beispielsweise die ungünstigen meteorologischen Verhältnisse im Winter 1985 durch einen zwischenzeitlichen Konzentrationsanstieg erkennbar.

### 3. Kürzere Zeitreihen für $NO_x$, $O_3$, und aromatische Kohlenwasserstoffe

Mit dem Ausbau der systematischen Luftqualitätsüberwachung zu Beginn der achtziger Jahre /15/ insbesondere durch die Inbetriebnahme des stationären TEMES-Meßnetzes werden kürzere Zeitreihen auch für weitere Luftschadstoffe verfügbar, deren Gebietsmittelwerte in den Bildern 5 (NO und $NO_2$), 6 (Ozon), 7 (ausgewählte Aromaten) und 8 (ausgewählte PAH) dargestellt sind. Bezüglich der mangelnden Homogenität der Meßkollektive gilt das in Kapitel 2 Gesagte. Wegen der relativ kurzen Meßzeiträume und der erheblichen Variation durch meteorologische Parameter von Jahr zu Jahr sind Trendaussagen hier wesentlich schwieriger als bei den Langzeit-Meßreihen, insbesondere dann, wenn die Fluktuationen aufgrund der Meteorologie größer sind als eventuell in den Zeitreihen verborgene Trends.

Dies trifft besonders ausgeprägt auf die Zeitreihe für Ozon zu, in der neben dem wegen des "natürlichen" Grundpegels wenig aussagekräftigen Jahresmitteln auch die 98 %-Werte enthalten sind (Bild 6). Die Zeitreihe wird derartig von meteorologischen Einflüssen dominiert (sonnenscheinreiche Sommer in den Jahren 1982 und 1989 bis 1991, relativ kühle Sommer 1984 bis 1988), daß Trendaussagen nicht möglich sind.

Im Zusammenhang mit der Ozon-Problematik sind insbesondere die Trends der Vorläuferstoffe $NO_x$ und Kohlenwasserstoffe, hier vertreten durch die Aromaten Benzol, Toluol und meta/para-Xylol, von Interesse (Bilder 5 u. 7). Bundesweite Erhebungen und Prognosen des Umweltbundesamtes /10, 16/ lassen nach einer langen Stagnationsphase der Kohlenwasserstoffemissionen bzw. einem Emissionsgipfel für $NO_x$ Mitte der achtziger Jahre einen deutlichen Rückgang der Emissionen ab Ende der achtziger Jahre erwarten, der sowohl durch Reduktionen im industriellen Bereich (zunehmende Entstickung der Rauchgase ab ca. 1986) als auch durch den Einsatz des Katalysators im Kfz-Bereich begründet ist. In NRW ist der Rückgang der $NO_x$-Emissionen sämtlicher Großfeuerungsanlagen von 0,6 Mio. Jahrestonnen (1983) auf 0,2 Mio. Jahrestonnen (1990) belegt /12/.

Bei aller gebotenen Vorsicht wegen der Kürze der Zeiträume und der großen meteorologisch bedingten Variabilität von Jahr zu Jahr scheinen sich erste Anzeichen dieser Belastungsrückgänge auch in den Zeitreihen der Stickoxidimmissionen (Bild 5) und der BTX-Aromaten (Bild 7) anzudeuten. Die Messungen der nächsten Jahre müssen zeigen, ob sich die ab Ende der achtziger Jahre sich abzeichnenden Trends stabilisieren.

Deutlich erkennbar sind im Vergleich dazu die Konzentrationsabnahmen bei einem weiteren problematischen aromatischen Kohlenwasserstoff, dem cancerogenen Benzo[a]pyren (Bild 8). Interessant ist hier die unterschiedliche Entwicklung der Pegel von Benzo[a]pyren und Coronen. Während Coronen in erheblichen, wenn nicht überwiegenden Mengen vom Kfz-Verkehr emittiert wird und sich der Pegel kaum verändert hat, sind die Benzo[a]pyren-Konzentrationen, die zumindest im Ruhrgebiet durch die Emissionen der

Kokereien mit verursacht werden, deutlich von 4,1 ng/m$^3$ (1985) auf nunmehr 1,7 ng/m$^3$ (1990) zurückgegangen. Eine vergleichende Analyse der Trends im Ruhrgebiet mit Kokereiemissionen und der Rheinschiene (keine Kokereistandorte) hat gezeigt, daß die Konzentrationsabnahme im Ruhrgebiet wesentlich ausgeprägter verlaufen ist als in der Rheinschiene /3/.

Anhand der Meßreihen für $NO_x$ und aromatische Kohlenwasserstoffe läßt sich im übrigen nochmals der gravierende Einfluß meteorologischer Randbedingungen auf die Immissionen deutlich machen. Wie aus den Bildern 5, 7 und 8 zu ersehen ist, wurden im Jahr 1989 erhöhte Jahresmittelwerte registriert. Eine detaillierte Analyse zeigte, daß 1989 in den Monaten Januar, Februar, September, November und Dezember eine besondere Häufung von Inversionswetterlagen aufgetreten ist. Dies führte zu Konzentrationsanstiegen vor allem solcher Stoffe, die überwiegend aus bodennahen Quellen, z.B. dem Kfz-Verkehr emittiert werden /2/.

Insgesamt unterstreichen die vorgestellten Zeitreihen, daß Immissionsmessungen wichtige, wenn nicht sogar die aussagekräftigsten Maßstäbe zur Beurteilung von Sanierungen der Luftqualität in urbanen Gebieten sind.

Bild 1: Schwefeldioxid-Immissionen im Rhein-Ruhr-Gebiet ($\mu g/m^3$), Jahresmittelwert 1964–1991.

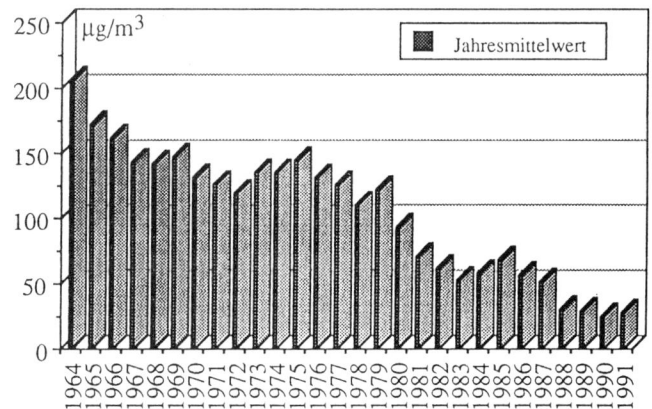

Bild 2: Staubniederschlag im Rhein-Ruhr-Gebiet ($g\,m^{-2}d^{-1}$), Jahresmittelwert 1964–1990.

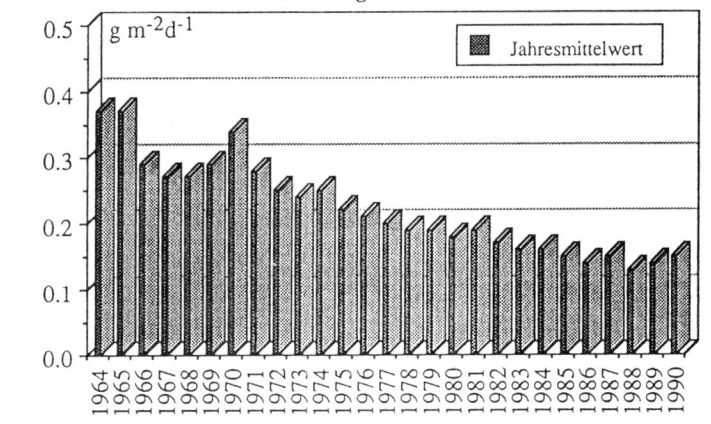

Bild 3: Schwebstaub-Immissionen im Rhein-Ruhr-Gebiet ($\mu g/m^3$), Jahresmittelwert 1968–1990.

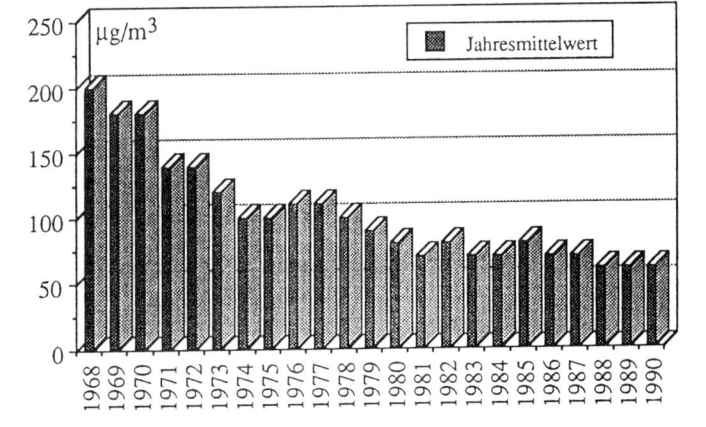

Bild 4a): **Blei-Immissionen im Rhein-Ruhr-Gebiet**

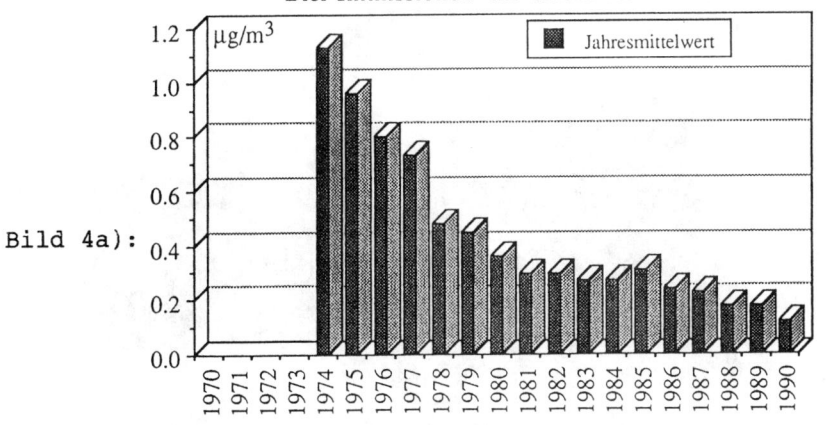

Bild 4b): **Cadmium-Immissionen im Rhein-Ruhr-Gebiet**

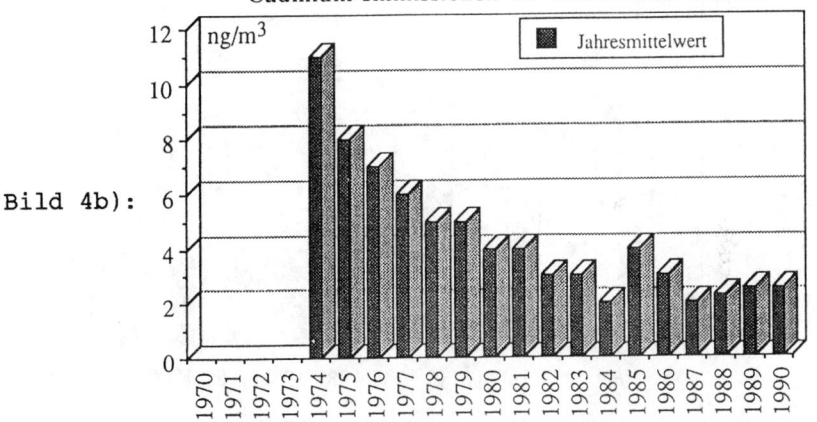

Bild 4c): **Metall-Immissionen im Rhein-Ruhr-Gebiet**

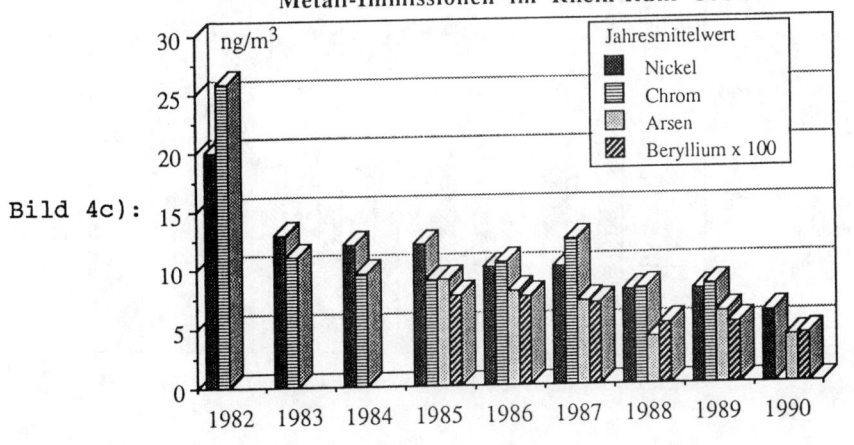

Bild 5a): Stickstoffmonoxid-Immissionen im Rhein-Ruhr-Gebiet (µg/m³, Jahresmittelwert, 1981–1991)

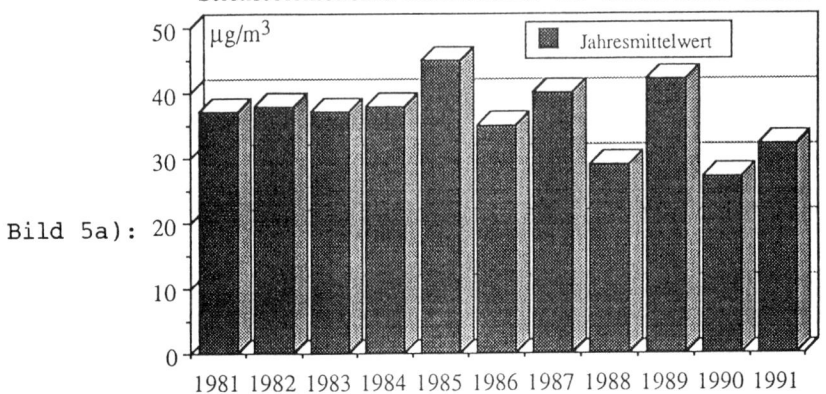

Bild 5b): Stickstoffdioxid-Immissionen im Rhein-Ruhr-Gebiet (µg/m³, Jahresmittelwert, 98%-Wert, 1981–1991)

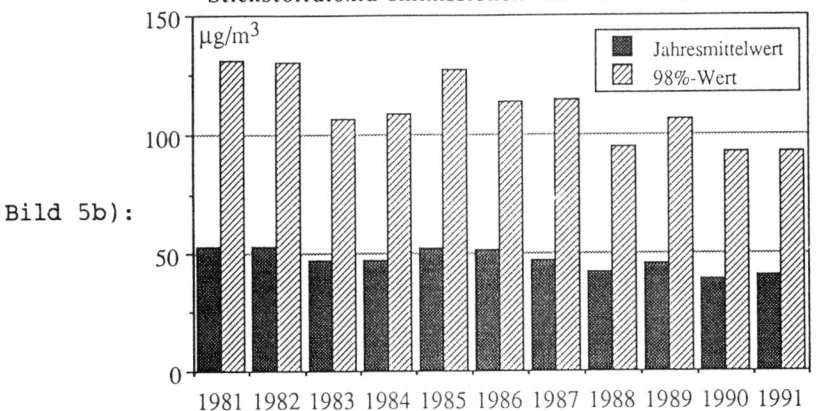

Bild 6: Ozon-Immissionen im Rhein-Ruhr-Gebiet (µg/m³, Jahresmittelwert, 98%-Wert, 1981–1991)

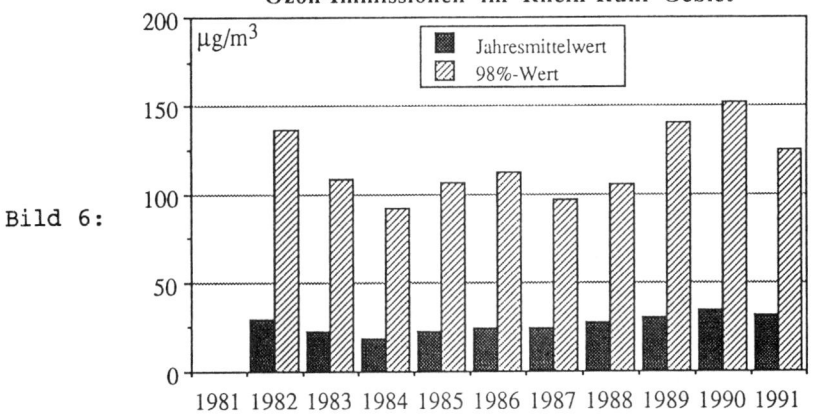

Bild 7: Kohlenwasserstoff-Immissionen im Rhein-Ruhr-Gebiet

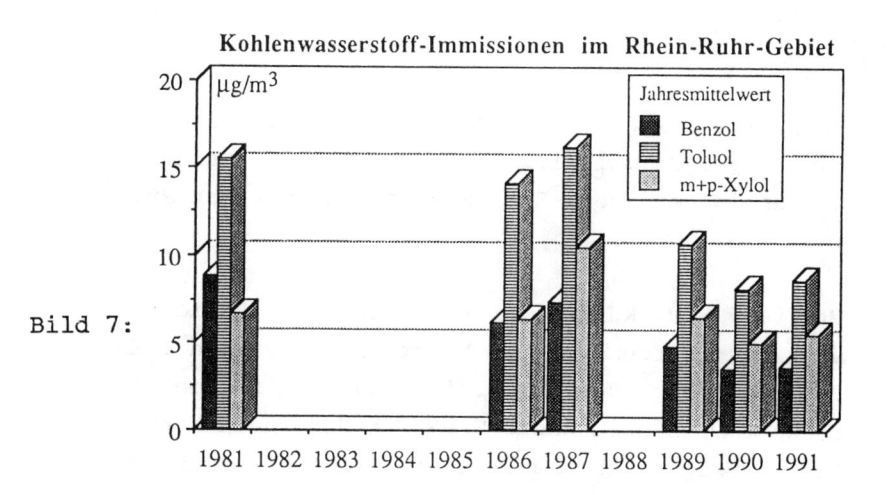

Bild 8: PAH-Immissionen im Rhein-Ruhr-Gebiet

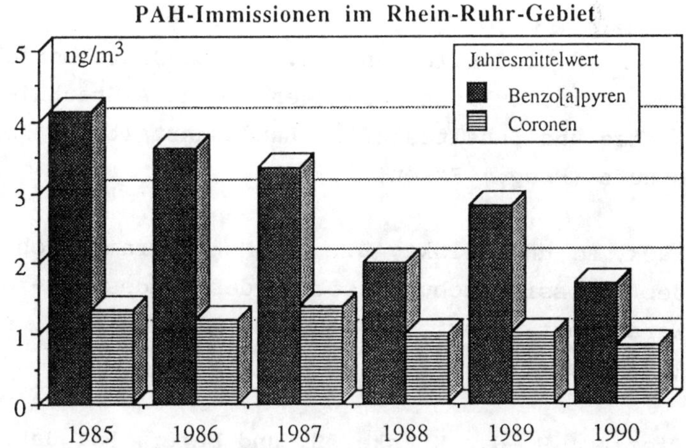

Schrifttum

/1/ Buck, M., Ixfeld, H. und Ellermann, K.: Die Entwicklung der Immissionsbelastung in den letzten 15 Jahren in der Rhein-Ruhr-Region. LIS-Bericht Nr. 18 (1982).

/2/ Pfeffer, H.U. Külske, S. und Beier, R.: Berichte über die Luftqualität in Nordrhein-Westfalen TEMES Jahresbericht 1989. Ergebnisse aus dem telemetrischen Immissionsmeßnetz TEMES in Nordrhein-Westfalen. Hrsg.: Landesanstalt für Immissionsschutz Nordrhein-Westfalen, Essen 1990, 246 Seiten.

/3/ Pfeffer, H.-U. und Ellermann, K.: LIMES-Jahresbericht 1989. Diskontinuierliche Messungen. Reihe B-Schwebstaub und Inhaltsstoffe, Kohlenwasserstoffe. Landesanstalt für Immissionsschutz (Hrsg.) Essen, 1991.

/4/ Manns, H. und Ellermann, K.: LIMES-Jahresbericht 1989 Diskontinuierliche Messungen. Reihe A-Staubniederschlag und Inhaltsstoffe. Landesanstalt für Immissionsschutz (Hrsg.) Essen, 1991.

/5/ Buck, M. und Külske, S.: II. Meßprogramm nach § 7 des Immissionsschutzgesetzes des Landes NW - Smog-Warndienst. Schriftenreihe der LIB, Heft 36, Essen, 1975, Seite 44-53.

/6/ Pfeffer, H.-U., Külske, S. und Beier, R.: Jahresbericht 1981 über die Luftqualität an Rhein und Ruhr. LIS-Bericht Nr. 43 (1984).

/7/ Buck, M.: Zwischenbericht über die Ergebnisse des III. Meßprogramms nach § 7 ImschG des Landes NW und des IV. Meßprogramms des Landes NW für das Meßjahr 1973/74 bzw. 1974. Schriftenreihe der Landesanstalt für Immissionsschutz, Heft 36, Essen 1975.

/8/ Buck, M., Ellermann, K. und Ixfeld, H.: Bericht über die Ergebnisse der diskontinuierlichen Schwefeldioxid- und Mehrkomponentenmessungen im Rhein-Ruhrgebiet für die Zeit vom 1.1. bis 31.12.1987. Schriftenreihe der Landesanstalt für Immissionsschutz, Heft 66, Essen 1988.

/9/ Bruckmann, P. und Pfeffer, H.-U.: Immissionen von Metall- und Metalloid-Verbindungen, Meßverfahren und Außenluftkonzentrationen. VDI-Bericht 888 (1991), S. 377-396.

/10/ Vierter Immissionsschutzbericht der Bundesregierung. Deutscher Bundestag, Drucksache 11/2714 vom 28.7.1988.

/11/ Großräumige Luftverunreinigung in der Bundesrepublik Deutschland. Umweltbundesamt (Hrsg.), Texte 33/82.

/12/ Bilanz und Erfolg des Emissionsminderungsplanes für Großfeuerungsanlagen der öffentlichen Energieversorgung in NRW (EMP). Abschlußbericht. Ministerium für Umwelt, Raumordnung und Landwirtschaft (Hrsg.), Düsseldorf, 1992.

/13/ Bruckmann, P., Borchert, H., Külske, S., Lacombe, R., Lenschow, P., Müller, W.J., und Vitze, W.: Die Smog-Periode im Januar 1985. Staubreinhalt. Luft 46 (1986), 334-342.

/14/ Pfeffer, H.-U., Külske, S. und Beier, R.: Berichte über die Luftqualität in Nordrhein-Westfalen. TEMES-Jahresbericht 1988. Ergebnisse aus dem telemetrischen Immissionsmeßnetz TEMES in Nordrhein-Westfalen. Hrsg.: Landesanstalt für Immissionsschutz NW, Essen 1990, 253 Seiten.

/15/ Buck, M. und H.-U. Pfeffer: Air Quality Surveillance in the State North Rhine-Westphalia of the Federal Republic of Germany. LIS-Berichte der Landesanstalt für Immissionsschutz Nordrhein-Westfalen, Heft 70 (1987), 21 Seiten.

/16/ Emissionsszenarien für den PKW- und Nutzfahrzeugverkehr in Deutschland 1988 bis 2005. Beilage zu Texte 40/91. Umweltbundesamt (Hrsg. ) Berlin, 1991.

# Die Asbestexposition in den neuen Bundesländern — Situation und notwendige Maßnahmen am Beispiel Sachsen-Anhalt

J. **Krause,** Magdeburg,
A. **Hellwig,** Magdeburg

Zusammenfassung

Umfang und Art des Asbesteinsatzes in der ehemaligen DDR werden am Beispiel des Landes Sachsen-Anhalt beschrieben, in dessen Regierungsbezirk Magdeburg der überwiegende Teil des importierten Rohasbestes verarbeitet wurde. Die vorgestellten Meßergebnisse der Außenluftuntersuchungen und erste Arbeitsergebnisse einer interministeriellen Arbeitsgruppe sind Grundlage für die Festlegung von Sanierungsschwerpunkten.

1. Asbesteinsatz in der ehemaligen DDR

Von der ehemaligen DDR wurden im Zeitraum von 1960 bis 1989 ca. 1,41 Mio. Tonnen Rohasbest importiert. Dabei stieg die Einfuhr von 7.800 t im Jahr 1960 auf 74.400 t im Jahr 1980. Seit Mitte der 80er Jahre lag sie bei durchschnittlich 55.000 t /1/.
Die Zahlenangaben des Statistischen Jahrbuches /1/ müssen angezweifelt werden. Laut Aussagen der Asbestzementindustrie betrug deren Import 1989 38.300 t; der übrige Import wurde vom zuständigen Handelsbetrieb für 1989 mit knapp 5.000 t angegeben. Mit großer Wahrscheinlichkeit sind die Angaben des Statistischen Jahrbuches als Bilanzgrößen anzusehen, die mit dem tatsächlichen Import nicht übereinstimmen (1989: 55.000t gegenüber real 43.300t). Der überwiegende Teil des Rohasbestes stammte aus der ehemaligen UdSSR, hinzu kamen geringe Mengen langfaserige Qualitäten aus Kanada.
Die aus Asbest hergestellten Produkte umfaßten das übliche Sortiment, d.h. asbesthaltige Baumaterialien, Asbesttextilien, Asbestplatten und -papiere, Dichtungen, Packungen, Filtermaterialien, Kitte, Spachtel- und Vergußmassen, Kunststoffe und Reibmaterialien sowie asbesthaltiges Talkum. Einzelheiten zu Erzeugnissen und Herstellern können dem "Asbestkatalog" /2,16/ entnommen werden.
Seit Mitte der 80er Jahre führten erste Substitutionsmaßnahmen zur Verringerung des Asbesteinsatzes. Das betraf allerdings nicht die Produktgruppen Asbestzementbaustoffe und Reibbeläge. Die im Rahmen einer 1980 vom Ministerium für Gesundheitswesen der

DDR durchgeführten Erhebung "Luftverunreinigung durch Asbest" in den 15 Bezirken /3/ ermittelten Rohasbestverbräuche sowie deren Ende 1990 vorgenommene Aktualisierung /4/ sind Grundlage für die in Abbildung 1 dargestellte Übersicht für Sachsen-Anhalt.

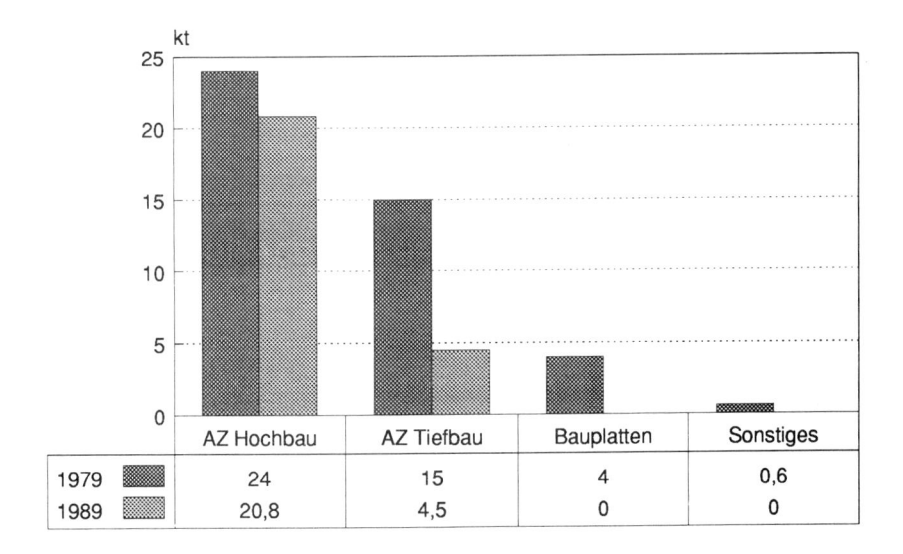

| kt | AZ Hochbau | AZ Tiefbau | Bauplatten | Sonstiges |
|---|---|---|---|---|
| 1979 | 24 | 15 | 4 | 0,6 |
| 1989 | 20,8 | 4,5 | 0 | 0 |

Abbildung 1: Rohasbesteinsatz in Sachsen-Anhalt

2. Untersuchungsergebnisse

2.1. Faserverarbeitende Industrie

In unmittelbarer Nähe eines Herstellers von Asbestzementrohren (AZW 1) erfolgten Messungen in Abhängigkeit von der Windrichtung bei trockenem Wetter jeweils am Rand des Betriebsgeländes, um die maximale Faserbelastung zu erfassen. Die Meßstelle in einer ca. 4 km nordöstlich des Asbestzementwerkes liegenden Gemeinde (AZW 2) sollte bei entsprechender Windrichtung Aufschluß geben über eine mögliche Beeinflussung durch diesen Betrieb.

Da faserförmigen Partikeln unter bestimmten Bedingungen grundsätzlich eine kanzerogene Wirkung zugesprochen wird /5/, dienten die Messungen auf dem Gelände eines Mineralwollewerkes (MIWO) hauptsächlich der Erfassung der momentanen Belastungssituation. Die nachfolgende Abbildung 2 faßt die Meßergebnisse zusammen.

Die nahe der Industrieemittenten nachgewiesenen hohen Faserkonzentrationen haben ihre Ursachen in der ungenügenden Wartung der Staubabscheider sowie im unsachgemäßen Umgang mit Rohstoffen und Endprodukten, leider kein Einzelfall in der ehemaligen DDR

/12/. Verunreinigte Betriebsflächen müssen als ständige Emissionsquellen angesehen werden. Bemerkenswert ist der Einfluß des Asbestzementwerkes auf die in 4 km Entfernung liegende Gemeinde. Die nur bei südwestlichen Windrichtungen durchgeführten Messungen ergaben mit durchschnittlich 230 F/m³ die höchste Immissionskonzentration.

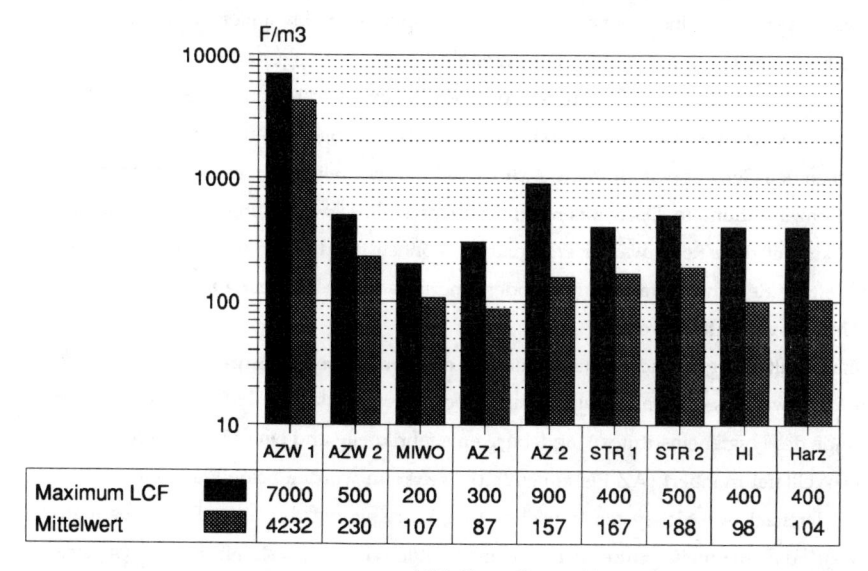

|  | AZW 1 | AZW 2 | MIWO | AZ 1 | AZ 2 | STR 1 | STR 2 | HI | Harz |
|---|---|---|---|---|---|---|---|---|---|
| Maximum LCF | 7000 | 500 | 200 | 300 | 900 | 400 | 500 | 400 | 400 |
| Mittelwert | 4232 | 230 | 107 | 87 | 157 | 167 | 188 | 98 | 104 |

LCF: Chrysotilfasern, Länge > 5um

Abbildung 2: Meßergebnisse der Außenluftuntersuchungen

## 2.2. Ungeschützte Asbestzementoberflächen

Unter Annahme eines Anteils der Asbestzementindustrie am Gesamtasbestverbrauch von 70%, einem Anteil der Hochbauprodukte von 85% sowie eines Exportanteils von 10% muß die Fläche der von 1960 bis 1989 in der ehemaligen DDR fast ausschließlich ungeschützt produzierten Asbestzementplatten mit 500 Mio. m² geschätzt werden.

Die durch Verwitterungsprozesse von ungeschüzten AZ-Flächen verursachte Immission wurde an einem 12 Jahre alten, ungeschützten Dach einer landwirtschaftlichen Lagerhalle mit einer Fläche von 3.850 m² untersucht (AZ 1). Die Probenahme konnte bei geeigneten Windrichtungen in 10 cm Höhe über der Dachoberfläche in einem Meter Abstand vom Dachrand vorgenommen werden. Die Besonderheit der Meßstelle AZ 2, eines Kindergartens mit ca. 1.160 m² ungeschützter Dachfläche, bestand im Vorhandensein eines völlig von AZ-Dächern umgebenen Innenhofes. Unabhängig von der Windrichtung erfolgte die Probenahme in 1 m Höhe über Rasen- und Betonflächen.

Wider Erwarten ließen sich in der Nähe verwitternder Asbestzement-Oberflächen nicht ständig erhöhte Faserkonzentrationen nachweisen. Für die 3.850 m$^2$ große Dachfläche wurden Ergebnisse ermittelt, die unter denen der Vergleichsmeßstelle im Harz lagen. Ein anderes Bild ergab der umbaute Innenhof mit einem häufigeren Nachweis langer Chrysotilfasern und einem hohen Spitzenwert. Mögliche Ursachen hierfür wurden in einer Verunreinigung des Innenhofes mit sekundärer Faseremission vermutet. Die hierauf vorgenommene Untersuchung von Materialproben ergab Konzentrationen langer Chrysotilfasern in der Trockensubstanz von 35.000 F/g für eine sandige Spielfläche und die Fugen zwischen den Gehwegplatten sowie 2 Mio. F/g im Dachrinnensediment. Während die hohe Faserkonzentration im Dachrinnensediment durch Abschwemmung der Verwitterungsprodukte mit dem Regenwasser erklärbar ist, können für die Verunreinigung des Bodens nur defekte Regenwasserableitungen oder eine unsachgemäße Reinigung der Dachrinnen als Ursache vermutet werden.

Deshalb sollten ergänzende Untersuchungen des von Asbestzement-Welltafeln abfließenden Regenwassers dessen Belastung mit Asbestfasern erfassen. Hierfür wurden auf dem Gelände des Hygieneinstitutes Magdeburg eine fabrikneue und eine 15 Jahre alte Asbestzement-Welltafel montiert (AZ-Platte neu/alt). Weiterhin wurden beide Platten teilweise mit einem Dreifach-Anstrichsystem versehen (die Vorreinigung der alten Platte beschränkte sich auf das manuelle Entfernen des anhaftenden Bewuchses). Nach ca. einjähriger Bewitterung erfolgten Untersuchungen des von diesen Platten ablaufenden Regenwassers.

Zur Dokumentation des Oberflächenzustandes wurden die eingesetzten AZ-Welltafeln vor und nach der Beschichtung sowie nach einjähriger Bewitterung im Rasterelektronenmikroskop untersucht. Dabei zeigten die unbeschichteten Platten nach einbis sechzehnjähriger Bewitterung ein relativ einheitliches Bild der Freisetzung eines Faservlieses auf der Oberfläche. Hinzu kommt bei der älteren Platte ein Bewuchs.

Unmittelbar nach der Beschichtung konnte eine teilweise sehr glatte Oberfläche mit guter Fasereinbindung festgestellt werden, die aber vereinzelt von nahezu kreisrunden, unbeschichteten Stellen unterbrochen wird. Hierbei könnte es sich um ehemalige Luftbläschen handeln, die beim Pinselanstrich erzeugt worden sind. Deren Vermeidung durch andere Farbauftragsverfahren, z.B. Airless-Spritzverfahren, wurde nicht untersucht.

Veränderungen nach einjähriger Bewitterungszeit sind eine natürliche Verschmutzung durch Sedimentationsstaub sowie eine Strukturierung der Anstrichschicht durch Freilegung der Farbpartikel. Eine Rißbildung im Farbüberzug konnte im Gegensatz zu früheren Untersuchungen /14/ an nachträglich beschichteten Platten zumindest nach einjähriger Bewitterungszeit nicht beobachtet werden.

Die durchschnittliche Asbestfaserbelastung des Regenwassers ist in der folgenden Abbildung 3 dargestellt.

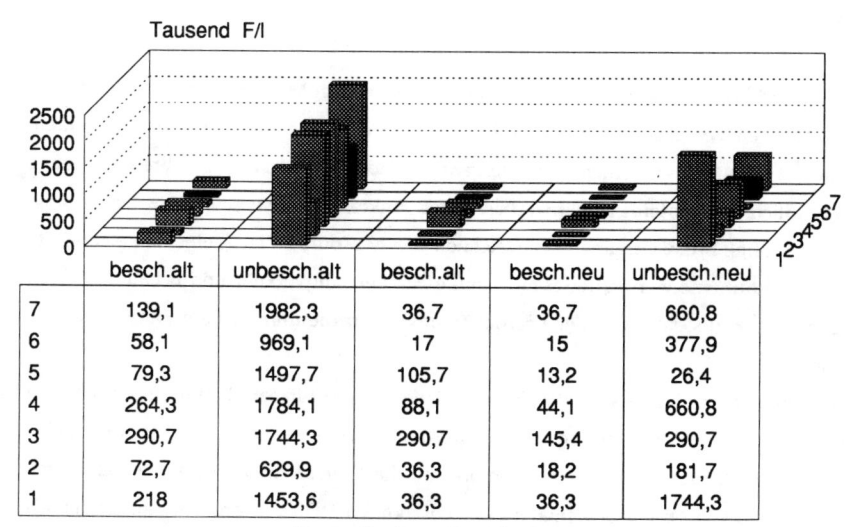

| | besch.alt | unbesch.alt | besch.alt | besch.neu | unbesch.neu |
|---|---|---|---|---|---|
| 7 | 139,1 | 1982,3 | 36,7 | 36,7 | 660,8 |
| 6 | 58,1 | 969,1 | 17 | 15 | 377,9 |
| 5 | 79,3 | 1497,7 | 105,7 | 13,2 | 26,4 |
| 4 | 264,3 | 1784,1 | 88,1 | 44,1 | 660,8 |
| 3 | 290,7 | 1744,3 | 290,7 | 145,4 | 290,7 |
| 2 | 72,7 | 629,9 | 36,3 | 18,2 | 181,7 |
| 1 | 218 | 1453,6 | 36,3 | 36,3 | 1744,3 |

Chrysotilasbest, Faserlänge > 5um

Abbildung 3: Asbestfaserkonzentration im ablaufenden Regenwasser

Die ermittelten Faserkonzentrationen lassen folgendes erkennen: Der Faserabtrag von der älteren Platte liegt über dem der neuen; ein Schutzanstrich führt zu einer deutlichen Verminderung der Faserfreisetzung. Dieser erwartete Effekt senkt die Faserabgabe an das Regenwasser um zwei Größenordnungen beim Vergleich alt, unbeschichtet - neu, beschichtet. Ein Nachweis der völligen Vermeidung des Faserabtrages war bei der gewählten Versuchsanordnung nicht möglich. Ein
Vergleich der Durchmesser-Längen-Verteilung von Asbestfasern aus dem Regenwasser und aus Schwebstaubproben zeigt, daß der Anteil sehr dünner und langer Fasern, denen eine besonders hohe kanzerogene Potenz zugesprochen wird, in den Wasserproben deutlich erhöht ist. Weitere Einzelheiten zu Fragen der Präparation, Nachweisgrenze usw. können /15/ entnommen werden.

Schließlich wurden Bodenuntersuchungen nach der Sanierung einer Asbestzementdachfläche durchgeführt. Als Sanierungsverfahren kam eine Heißwasserreinigung mit anschließender Grundierung und Beschichtung zur Anwendung. Unzureichende Schutzmaßnahmen führten zu einer Verunreinigung der Gebäudeumgebung durch nicht in die Dachrinnen gelangendes Reinigungswasser. Die Bodenproben enthielten ca. 200.000 lange Chrysotilfasern je Gramm Trockensubstanz, Pflanzenblätter waren mit 45 Mio. F/g verunreinigt. Inzwischen werden derartige Verfahren abgelehnt /10,11/.

## 2.3. Straßenverkehr

Der Verkehrsknotenpunkt STR 1 im südlichen Stadtzentrum Magdeburgs wurde stündlich in Spitzenzeiten von mehr als 2.000 Kraftfahrzeugen und 40 Straßenbahnzügen befahren. Da hier 4 Straßen in einen Kreisverkehr münden, sind häufige Bremsvorgänge unvermeidlich. Ein weiteres Merkmal dieses Meßpunktes ist eine geschlossene Umbauung. Ebenfalls häufige Bremsvorgänge kennzeichnen den Meßpunkt STR 2, eine ampelgeregelte Einmündung auf eine vierspurige Schnellstraße. Straßenbahnverkehr und Bebauung fehlen dagegen, so daß ausschließlich der Kraftfahrzeugverkehr die unmittelbare Emissionsquelle darstellt.

An den Straßenverkehrsmeßpunkten konnten lange Chrysotilfasern häufig und mit hohen mittleren Konzentrationen nachgewiesen werden. Das gegenüber anderen Meßstellen erhöhte Auftreten von Fasern mit amphibolähnlichem Elementspektrum ließ sich durch Untersuchung von Bremsbelagmaterial nicht klären. Dieses enthielt ausschließlich Chrysotilasbest.

## 2.4. Vergleichsmeßstellen ohne unmittelbaren Emittenteneinfluß

Die zentrale Lage des Hygieneinstitutes Magdeburg (HI) in Verbindung mit einer vergleichsweise hohen Probenzahl ließen diese Meßstelle geeignet erscheinen, repräsentative Aussagen zur Asbest-Immissionssituation im innerstädtischen Bereich zu erhalten.

Die Wahl eines Skigeländes in der Nähe von Drei-Annen-Hohne im Harz ist als Kompromiß zwischen angestrebter Industrieferne und organisatorischem Aufwand zu verstehen. Die Meßstelle befand sich 6,5 km südwestlich von Wernigerode in 700 m Höhe ü.N.N..

Die Vergleichsmeßstellen im Harz und im Stadtzentrum unterscheiden sich nicht in der Chrysotilfaserkonzentration, sondern in der Häufigkeit der Messungen mit Nachweis langer Chrysotilfasern. Die Eignung der Harzmeßstelle zur Bestimmung einer Hintergrundkonzentration wird noch fragwürdiger bei Berücksichtigung weiterer 4 Messungen mit Windrichtung aus der benachbarten Kreisstadt Wernigerode. In diesem Fall verdoppelt sich die Nachweishäufigkeit auf 28 Prozent.

## 2.5. Innenraum

Bei Vorhandensein asbesthaltiger Baustoffe in Innenräumen können Asbestfasern an die Raumluft abgegeben werden. Folgende Materialien sind zu nennen:

ebene **Asbestzementplatten**, u.a. zur Verkleidung durchfeuchteter Bauwerksteile,zur Abdeckung von Versorgungsschächten in verschiedenen Typen von Neubauten sowie zur Rekonstruktion von Altbauten,

**asbesthaltige Bauplatten** mit feuerhemmenden Eigenschaften, hauptsächlich "Sokalit", "baufatherm 77", eventuell auch "Neptunit" /2,16/, überwiegend in sogenannten MLK-Bauten,

**Spritzasbest** zum thermischen Schutz von Stahlkonstruktionen bzw. zur Wärmedämmung.

**sonstige Bau- und Hilfsstoffe**, so z.B. bis Mitte der 80er Jahre der Kitt zum Abdichten der Fugen im Außenbereich von Plattenbauten. Da auch andere Klempner- und Elektrokittmassen zur Verminderung der Fließfähigkeit Asbest enthielten, kann eine Innenraumanwendung nicht ausgeschlossen werden.

In Asbestzementplatten liegt eine feste Bindung zwischen Faser und Zementmatrix vor. Sind im Innenraum eingesetzte Platten dauerhaft geschützt (Tapete, Farbanstrich, Fliesen), können Fasern nur durch mechanische Einwirkung freigesetzt werden. Das betrifft sowohl die Bearbeitung als auch mögliche Bewegungen von Bauwerksteilen, verbunden mit einer Faseremission aus vorhandenen Fugen.

Asbesthaltige Bauplatten wurden u.a. in ein- und mehrgeschossigen Gebäuden des Typs MLK eingesetzt. In dieser Bauweise wurden keine Wohnungen errichtet, sondern Industrie- und Gesellschaftsbauten. Dazu gehören leider auch Polikliniken, Bettenhäuser und Kindereinrichtungen. Bauschäden, besonders durch Regenwasser hervorgerufen, können zur Zerstörung der Bauplatten führen.

Der Einsatz von Spritzasbest wurde in der DDR bereits 1969 verboten /8/. Trotzdem kam das Verfahren beim Bau des Palastes der Republik in Ostberlin zum Einsatz. Weitere Anwendungsfälle sind bisher noch nicht bekannt geworden.

Obwohl der Einsatz asbesthaltiger Baustoffe auf dem Gebiet der neuen Bundesländer als umfangreich einzuschätzen ist, kann die Verbreitung schwach gebundener Asbestprodukte im Innenraum (im Sinne der Asbestrichtlinien /9/) mit einer Rohdichte $< 1000$ kg/m$^3$ als relativ gering bezeichnet werden.

Meßergebnisse aus Kindereinrichtungen im Raum Zwickau, deren asbesthaltige Bauplatten unterschiedlich starke Schäden aufwiesen, und aus dem Palast der Republik in Ostberlin belegen mit maximalen Faserkonzentrationen beider Längenklassen von 2.900 bzw. 93.000 F/m$^3$ den Einfluß der Baustoffe auf die Raumluft.

Für den Regierungsbezirk Magdeburg sind bisher 60 MLK-Gebäude bekannt, wobei diese Erfassung mit Sicherheit unvollständig ist, da keine Objekte der ehemaligen Bereiche NVA und Staatssicherheit enthalten sind.

## 3. Notwendige Maßnahmen

Wie bereits einleitend im Vortrag erwähnt, wurde Asbest in der ehemaligen DDR in großem Umfang in vielen Branchen, hauptsächlich aber im Bauwesen, eingesetzt. Über 50 % der Rohasbestimporte wurden im Norden von Sachsen-Anhalt, im ehemaligen Bezirk Magdeburg, verarbeitet, die Verwendung erfolgte jedoch flächendeckend über alle neuen Bundesländer.

Mit der Vereinigung Deutschlands sind auch in den neuen Bundesländern bundesdeutsche Rechtsvorschriften in Kraft getreten, die den Umgang mit Asbest und asbesthaltigen Materialien regeln. Genannt sei hier vor allem die Dritte Verordnung zur Änderung der Gefahrstoffverordnung vom 5. Juni 1991, die u.a. die Anwendung großformatiger Platten und Wellplatten aus Asbestzement für den Hochbau verbietet.

Prinzipiell ist der Ausstieg der Bundesrepublik Deutschland aus der Asbestwirtschaft als erster Staat der Welt bis 1994 vorgesehen.

Es soll an dieser Stelle bemerkt werden, daß sich die ehemalige DDR hinsichtlich staatlicher Regelungen beim Umgang mit Asbest keineswegs in einem rechtsfreiem Raum befand. Ministerratsbeschlüsse, die allerdings vertraulich waren, Vorschriften und Richtlinien, die den Arbeitsschutz sowie die Asbestanwendung im kommunalen Bereich betrafen, sollten die gesundheitlichen Gefahren eindämmen helfen. Wirtschaftliche Zwänge und damit zusammenhängende politische Restriktionen führten jedoch zu ihrer Aufweichung, zu Ausnahmeregelungen und damit letztendlich zu fehlender Effizienz im Gesundheits- und Arbeitsschutz.

Das Land Sachsen-Anhalt hat, gerade auch wegen der Verarbeitung der Hauptmenge des Rohasbestes auf seinem Territorium, ein schweres Erbe übernommen. Auch wenn die drei größten asbestverarbeitenden Betriebe ihre Produktion umgestellt heben bzw. stillgelegt wurden, so hat der umfangreiche Einsatz der Asbestmaterialien über 30 Jahre in der Industrie, im Wohnungs-, Gesellschafts- und Landwirtschaftsbau sowie im privaten Sektor zu einer flächendeckenden Verbreitung dieses Gefahrstoffes geführt. Eine Übersicht Umfang, Art und Standorte des Asbesteinsatzes, die den zuständigen Landesbehörden den Beginn der Sanierungsmaßnahmen erleichtern würde, existiert nur in unvollkommenem Maße.

Nach dem Bekanntwerden des Einsatzes von schwach gebundenen Asbestmaterialien in vermutlich größerem Umfang im Wohnungsbau, aber auch in Schulen und Kindergärten Ende des Jahres 1991, hat das Kabinett des Landes schnell reagiert. Mit Wirkung vom 6.11.1991 wurde eine interministerielle Arbeitsgruppe unter Leitung des Ministeriums für Raumordnung, Städtebau und Wohnungswesen gebildet, der auch Vertreter des Sozial-, des Umwelt- und des Kultusministeriums angehören

Es ist das Ziel dieser Arbeitsgruppe, eine Übersicht über das Ausmaß des Asbesteinsatzes im Lande zu erhalten, auf der Basis einer Sachstandserörterung Kommunen und die Bevölkerung zu informieren sowie die Durchsetzung der Asbestrichtlinien durch die zuständigen Behörden zu beschleunigen.

In einem ersten Arbeitsschritt wurden Wohnungstypen, in denen asbesthaltige Materialien in den 70er und 80er Jahren verarbeitet wurden und deren Standorte in Sachsen-Anhalt waren, erfaßt. Immerhin handelt es sich um 8 verschiedene Typen, von denen die Serien P2, WBS 70/M 86 besonders breite Anwendung fanden. Nach derzeitigem Erkenntnisstand muß man davon ausgehen, daß auch schwach gebundenes Asbest in Form der sog. Sokalitplatten durch das ehemalige Metalleichtbaukombinat (MLK) besonders in Verwaltungsgebäuden verbaut wurde. Die Oberflächen waren jedoch meist beschichtet.

Besondere Aufmerksamkeit wird dem Bereich der Schulen, Kinderkrippen und Kindergärten gewidmet, um hier das gesundheitliche Risiko zu minimieren oder zu vermeiden. Wenn auch die Asbestverwendung in diesen Gebäuden projektseitig nicht vorgesehen war, so kann sie doch nicht gänzlich ausgeschlossen werden, wie Recherchen ergeben haben. In diesem Falle hat sofort eine Sanierung zu erfolgen.

Für Innenräume sollte nach den Forderungen des Bundesgesundheitsamtes jede durch das Bauwerk hervorgerufene Asbestbelastung nach Möglichkeit verhindert werden. Beim Einsatz von schwachgebundenen asbesthaltigen Bauprodukten ist eine Sanierung entsprechend den baurechtlichen Forderungen erforderlich. Die Dringlichkeit dieser Sanierung richtet sich nicht nach bestimmten Werten der Faserkonzentration, sondern nach dem Kriterienkatalog der Asbestrichtlinie.

Für festgebundene asbesthaltige Bauprodukte gilt diese Richtlinie nicht. Hier kann von einem gewissen Risiko nur dann gesprochen werden, wenn diese Produkte einer mechanischen Bearbeitung unterliegen.

Aus diesem Grunde sollten nur solche fest gebundenen Asbestbauteile (Asbestzementtafeln) in Innenräumen entfernt werden, bei denen die Wahrscheinlichkeit einer unkontrollierten Faserfreisetzung durch Abrieb oder ungesicherte Bearbeitung hoch ist. In allen anderen Fällen muß das bedeutende Risiko der mit der Sanierung befaßten Arbeitnehmer gegen das auch ohne Sanierung sehr kleine Risiko der Nutzer der Räume abgewogen werden.

Da neben Bauprodukten auch noch zahlreiche andere Quellen der Asbestexposition im häuslichen Bereich existieren, wurde begonnen, diese durch die Gewerbeaufsichtsämter im Land Sachsen-Anhalt zu erfassen. Dabei handelt es sich hauptsächlich um Elektroheizgeräte, um Dichtungen und Packungen für Ventile sowie um Dauerbrandöfen, deren Substitution schrittweise durchgeführt werden muß.

Als wichtigste zukünftige Umweltaufgabe außerhalb des Arbeitsplatzes ergibt sich für das Land die Beseitigung der Altlasten, die vor allem aus den rohasbestverarbeitenden Betrieben resultieren, die Sanierung von Gebäuden mit schwach gebundenem Asbest sowie die ordnungsgemäße Deponie der asbesthaltigen Produkte. Gerade bei der Deponie haben die Kommunen als entsorgungspflichtige Körperschaften eine hohe Verantwortung.

Das Land unterstützt alle Maßnahmen der Asbestsanierung durch Aktivitäten seiner Behörden im Arbeits- und Umweltschutz durch eine transparente Politik gegenüber der Bevölkerung und schließlich durch die Vergabe von Fördermitteln.

4. Literatur

/1/ Statistische Jahrbücher der DDR, Staatsverlag, Berlin

/2/ Asbestkatalog Asbesthaltige Produkte und Substitutionsmöglichkeiten
2. überarbeitete Auflage, Schwerin, 1981
1. Ergänzung zur 2. überarbeiteten Auflage, 1984

/3/ Berichterstattung der Bezirks-Hygieneinstitute (BHI), 1980

/4/ Persönliche Mitteilungen von Fachkollegen ehem. BHI, 1990

/5/ Pott, F.: Die Faser als krebserzeugendes Agens
Zbl.Bakt.Hyg.B 184, 1 - 23 (1987)

/6/ VDI 3492 Blatt 1, Entwurf April 1989, Messen anorganischer faserförmiger Partikeln in der Außenluft, Rasterelektronenmikroskopisches Verfahren
Verein Deutscher Ingenieure, Düsseldorf, 1989

/7/ LIS-Berichte Nr.91: Asbest - Immissionsbeiastung durch Abwitterung,
Landesanstalt für Immissionsschutz Nordrhein-Westfalen, Essen, 1989

/8/ Arbeitsschutzanordnung 622/2, Verhütung von Erkrankungen der Atmungsorgane durch nichttoxische Stäube v.13.5.1969, Staatsverlag der DDR, 1969

/9/ Richtlinien für die Bewertung und Sanierung schwach gebundener Asbestprodukte in Gebäuden (Asbestrichtlinien) Fassung Mai 1989,
Mitt. Institut für Bautechnik 6/1989

/10/ Empfehlungen zur Reinigung und Neubeschichtung von Asbestzement,
Umweltbundesamt, Berlin, Januar 1986

/11/ Reinigen von Asbestzement belastet die Umwelt
Presse-Information Nr.17/1990 des Umweltbundesamtes

/12/ Asbesteinsatz in der DDR und daraus resultierende Gesundheitsgefahren und Umweltbelastungen im Raum Magdeburg, Berichte 1/1991 des Landeshygieneinstitutes Magdeburg

/13/ Festlegung eines vorläufigen TIB-Wertes für Asbestfasern, Schreiben des Leiters der Staatlichen Hygieneinspektion des Ministeriums für Gesundheitswesen der DDR vom 02.Januar 1990

/14/ Krause,J.,Sobottka,A.
Morphologische Untersuchungen an Asbestzement-Oberflächen
Z.gesamte Hyg.35(1989)Nr.6,323-325

/15/ Asbestfaserabtrag von Asbestzementoberflächen durch Regenwasser
Berichte 2/1991 des Landeshygieneinstitutes Magdeburg

/16/ Asbesteinsatz in der DDR, Berichte 35/91, Umweltbundesamt, Berlin, 1990

# Messungen und Überwachung von Emissionen aus nicht genehmigungspflichtigen Kleinfeuerungsanlagen im Hausbrand und Kleingewerbe

T. Gaux, Langenhagen

Überblick über die Feuerungsanlagen, die in den Anwendungsbereich der 1.BImSchV fallen.

Tabelle 1:

| Feuerungsanlagen für den Einsatz von: | Feuerungs-wärme-leistung in MW |
|---|---|
| **festen Brennstoffen** | |
| Steinkohlen, nicht pechgebundenen Steinkohlenbriketts, Steinkohlenkoks, Braunkohlen, Braunkohlenbriketts, Braunkohlenkoks, Torfbriketts, Brenntorf, naturbelassenem Holz sowie von | < 1 |
| a) gestrichenem, lackiertem oder beschichtetem Holz sowie daraus anfallenden Resten, soweit keine Holzschutzmittel aufgetragen oder enthalten sind und Beschichtungen nicht aus halogenorganischen Verbindungen bestehen oder von | |
| b) Sperrholz, Spanplatten, Faserplatten oder sonst verleimtem Holz sowie daraus anfallenden Resten soweit keine Holzschutzmittel aufgetragen oder enthalten sind und Beschichtungen nicht aus halogenorganischen Verbindungen bestehen | |
| Stroh oder ähnliche pflanzliche Stoffe | < 0,1 |
| **flüssige Brennstoffe** | |
| <u>Methanol, Äthanol</u> | < 1 |
| Heizöl EL nach DIN 51 603 Teil 1 Ausg. Dez.81 | < 5 |
| **gasförmigen Brennstoffen** | < 10 |
| a) Gasen der öffentlichen Gasversorgung, <u>naturbelassenes Erdgas\*) oder Erdölgas\*) mit vergleichbaren Schwefelgehalten</u>, Flüssiggas oder <u>Wasserstoff</u>, | |
| b) <u>Klärgas mit einem Volumengehalt an Schwefelverbindungen bis zu 1 vom Tausend, angegeben als Schwefel, oder Biogas aus der Landwirtschaft</u>, | |
| c) Koksofengas, <u>Grubengas</u>, Stahlgas, <u>Hochofengas</u>, <u>Raffineriegas</u> und Synthesegas mit einem Volumengehalt an Schwefelverbindungen bis zu 1 vom Tausend, angegeben als Schwefel | |

Feuerungsanlagen, in denen die unterstrichenen Gasarten verbrannt werden, unterliegen nicht der Überwachung

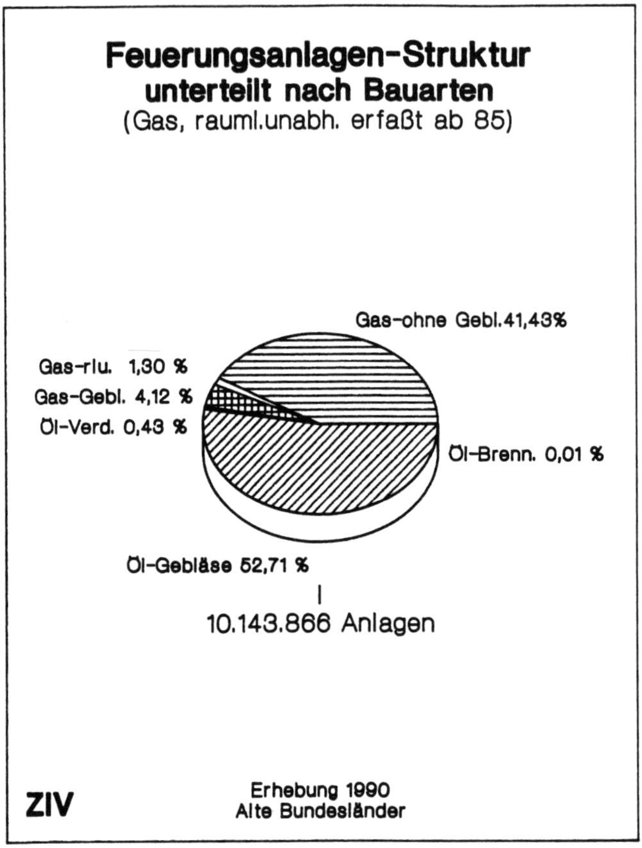

**Feuerungsanlagen-Struktur
unterteilt nach Bauarten**
(Gas, rauml.unabh. erfaßt ab 85)

Gas-ohne Gebl. 41,43%
Gas-r!u. 1,30 %
Gas-Gebl. 4,12 %
Öl-Verd. 0,43 %
Öl-Brenn. 0,01 %
Öl-Gebläse 52,71 %
|
10.143.866 Anlagen

**ZIV**   Erhebung 1990
Alte Bundesländer

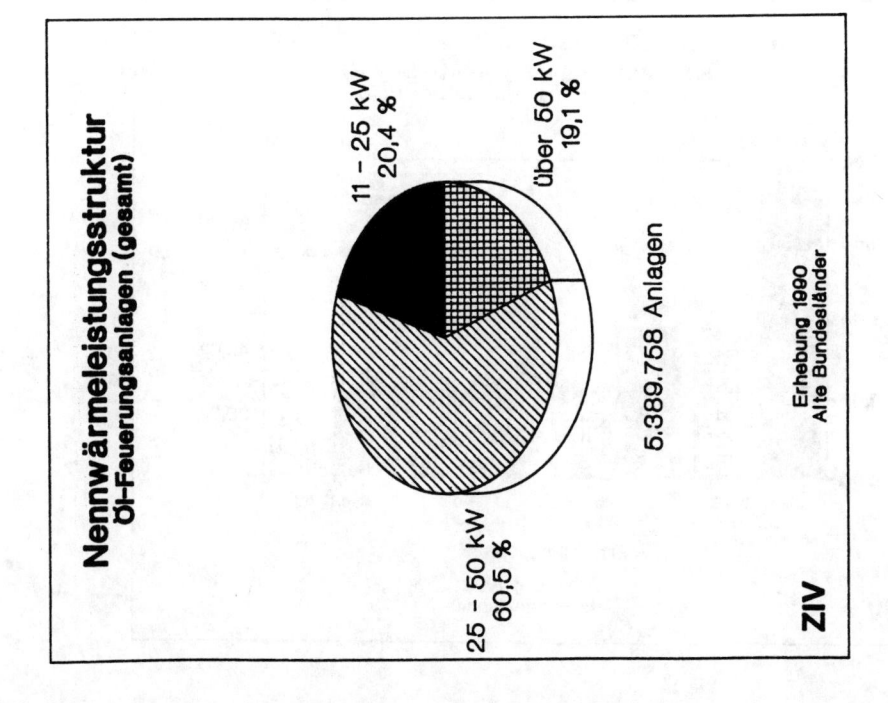

**Nennwärmeleistungsstruktur
Öl-Feuerungsanlagen (gesamt)**

11 – 25 kW
20,4 %

Über 50 kW
19,1 %

25 – 50 kW
60,5 %

5.389.758 Anlagen

ZIV

Erhebung 1990
Alte Bundesländer

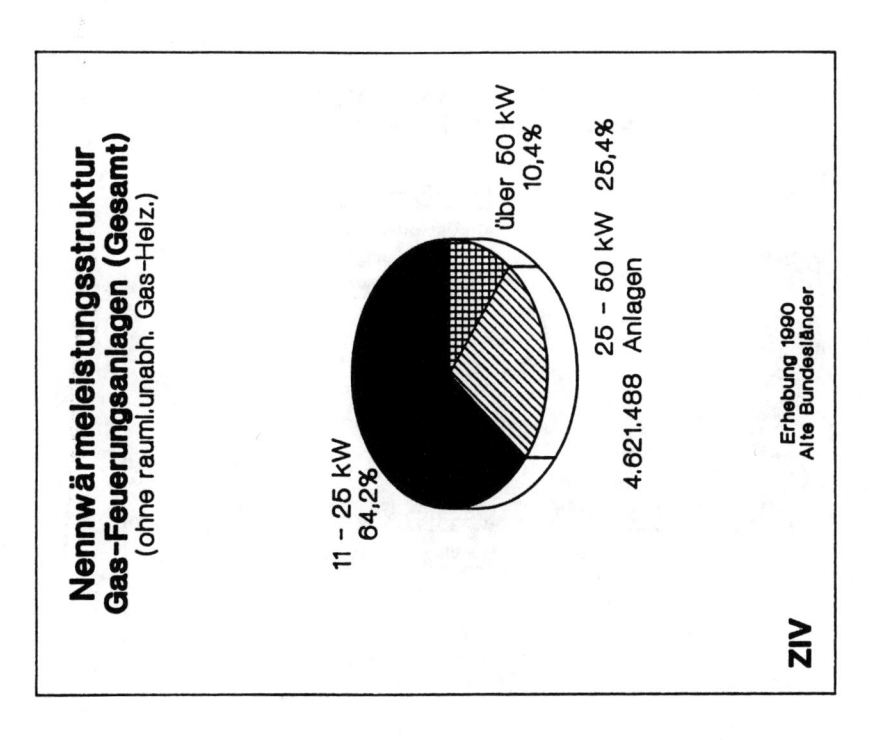

**Nennwärmeleistungsstruktur
Gas-Feuerungsanlagen (Gesamt)**
(ohne rauml.unabh. Gas-Heiz.)

Über 50 kW
10,4 %

25 – 50 kW  25,4 %

11 – 25 kW
64,2 %

4.621.488 Anlagen

ZIV

Erhebung 1990
Alte Bundesländer

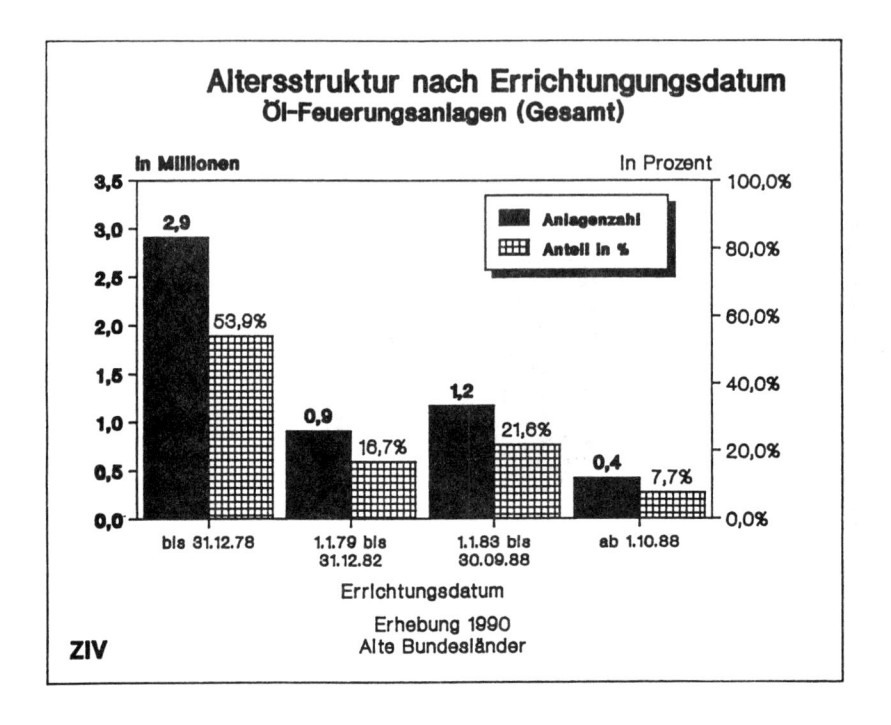

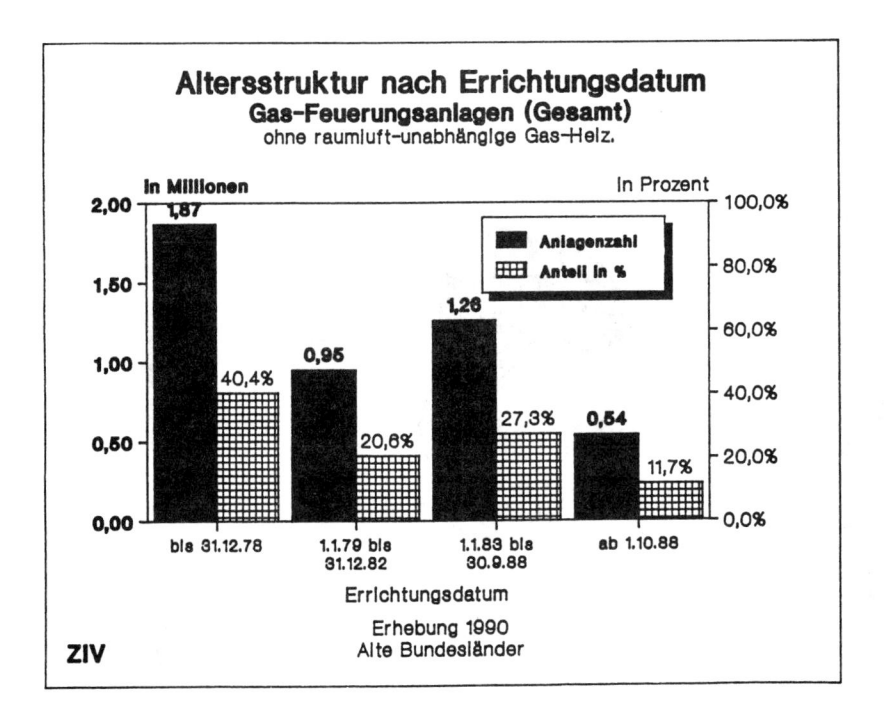

## Altersstruktur nach Errichtungungsdatum
### Öl-Feuerungsanlagen (Gesamt)

| Errichtungsdatum | Anlagenzahl (Millionen) | Anteil in % |
|---|---|---|
| bis 31.12.78 | 2,9 | 53,9% |
| 1.1.79 bis 31.12.82 | 0,9 | 16,7% |
| 1.1.83 bis 30.09.88 | 1,2 | 21,6% |
| ab 1.10.88 | 0,4 | 7,7% |

Erhebung 1990
Alte Bundesländer

ZIV

## Altersstruktur nach Errichtungsdatum
### Gas-Feuerungsanlagen (Gesamt)
ohne raumluft-unabhängige Gas-Heiz.

| Errichtungsdatum | Anlagenzahl (Millionen) | Anteil in % |
|---|---|---|
| bis 31.12.78 | 1,87 | 40,4% |
| 1.1.79 bis 31.12.82 | 0,95 | 20,6% |
| 1.1.83 bis 30.9.88 | 1,26 | 27,3% |
| ab 1.10.88 | 0,54 | 11,7% |

Erhebung 1990
Alte Bundesländer

ZIV

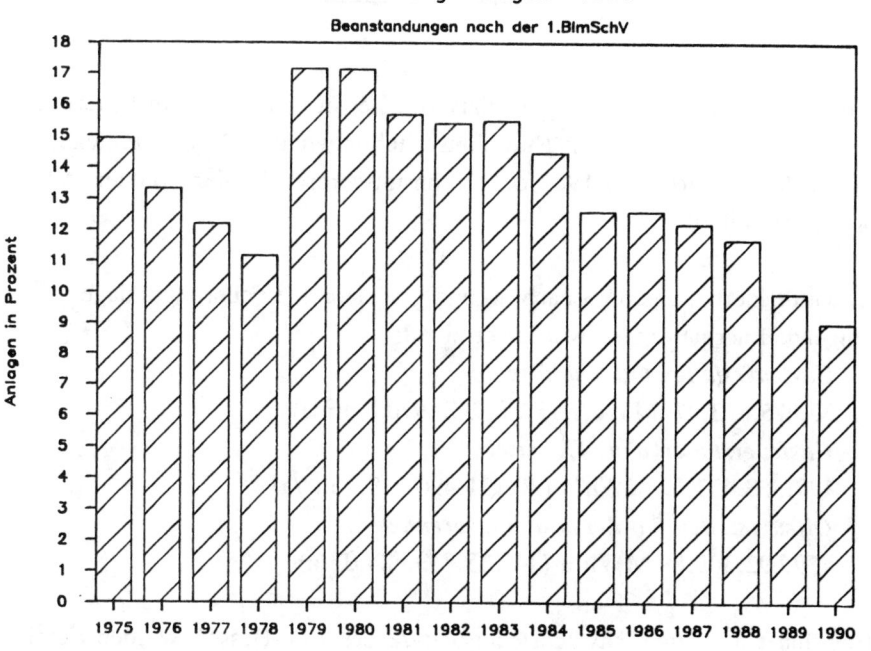

## Ölfeuerungsanlagen 1990
### Beanstandungen nach der 1.BImSchV

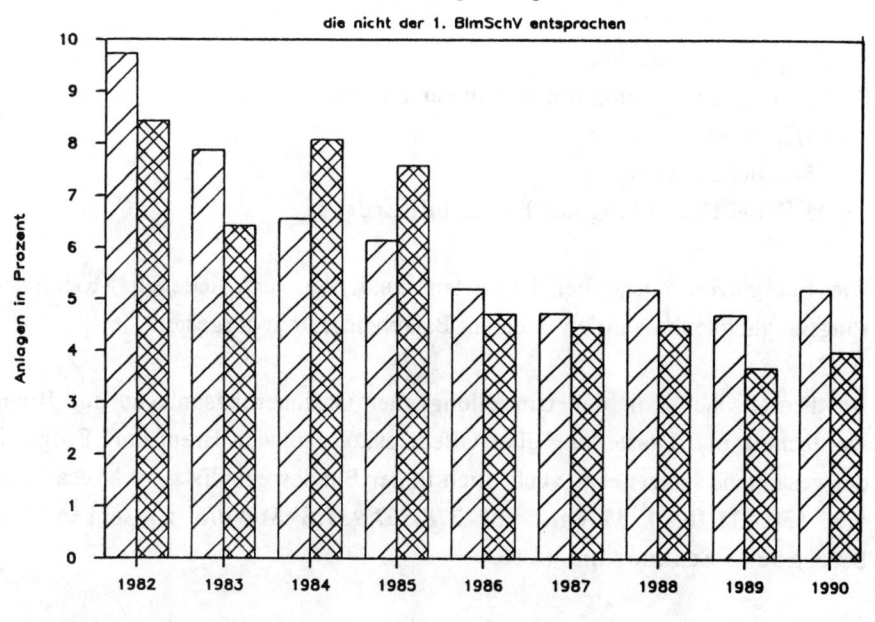

## Gasfeuerungsanlagen 1990,
### die nicht der 1. BImSchV entsprachen

Brenn. ohne Gebläse    Brenn. mit Gebläse

## Energieverbrauch

Zur Feststellung des Einsparpotentials von Heizöl und Erdgas in Feuerungsanlagen wurde auf Basis der **Emissionserhebungen** des Schornsteinfegerhandwerks für die BRD von **1987** der Brennstoffverbrauch aller erfaßten Anlagen pro Jahr ermittelt.

Es wurde hierbei unterteilt nach öl- und gasbefeuerten Feuerungsanlagen.
Folgende Energiemengen wurden ermittelt:
- *Gasfeuerstätten mit Gebläse:*
  33.075.673,47 MWh/a (3.754.332.970,8 m$^3$/a)
- *Gasfeuerstätten ohne Gebläse:*
  177.358.433,22 MWh/a (20.131.490.718,0 m$^3$/a)
- *Ölfeuerstätten mit Zerstäubungsbrenner:*
  439.592.305,89 MWh/a (44.135.773.684,0 l/a)

Gegründet auf eine Schwachstellenanalyse des LIV-Hessen wurden vereinfachen folgende Annahmen hinsichtlich des **Energieeinsparungspotentials** getroffen:
- *Gasfeuerstätten:*
  25 % bei Erneuerung
  35 % bei Umstellung auf Brennwerttechnik
- *Ölfeuerstätten:*
  25 % bei Erneuerung
  45 % bei Umstellung auf Brennstoff Erdgas

Die Energieverbräuche bei Ist-Zustand und den verschiedenen Modernisierungsmöglichkeiten wurden in einem Balkendiagramm dargestellt.

Im theoretischen Fall der Umstellung aller Gasfeuerungsanlagen auf Brennwerttechnik und Umstellung aller Ölfeuerstätten auf den Brennstoff Erdgas ist der gesamtene **Heizenergieverbrauch** in der Bundesrepublik vom Niveau 1987 **von 650.434.106,7 MWh/a auf 378.557.937,6 MWh/a** zu senken. Dies bedeutet eine **Senkung um 42 %**.

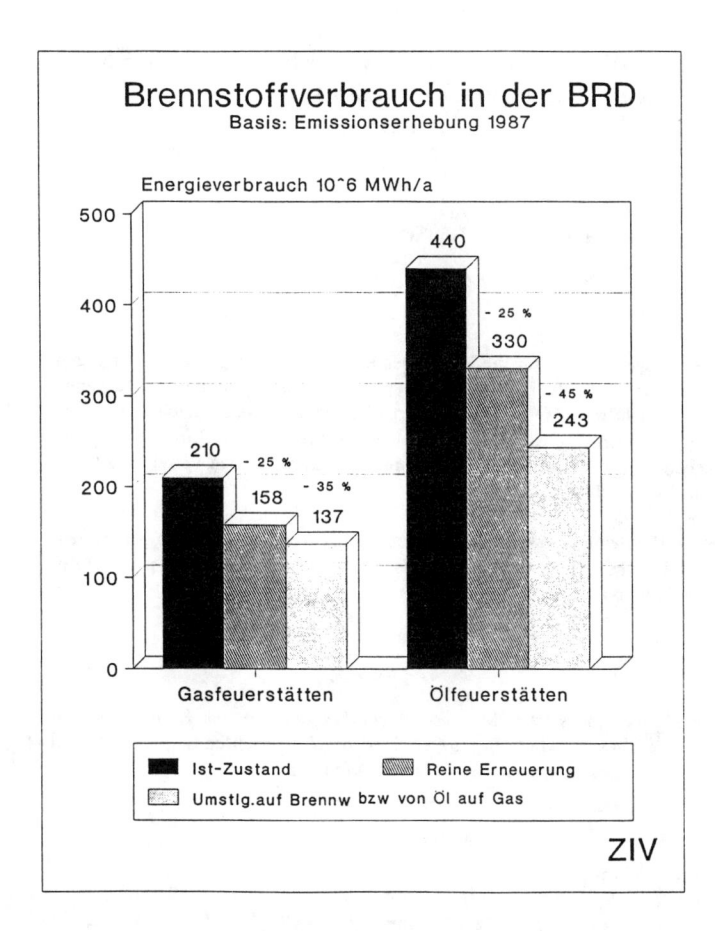

## Brennstoffverbrauch in der BRD
Basis: Emissionserhebung 1987

Energieverbrauch 10^6 MWh/a

- Gasfeuerstätten: 210 (Ist-Zustand), 158 (-25%, Reine Erneuerung), 137 (-35%, Umstlg. auf Brennw)
- Ölfeuerstätten: 440 (Ist-Zustand), 330 (-25%, Reine Erneuerung), 243 (-45%, Umstlg. von Öl auf Gas)

■ Ist-Zustand  ▨ Reine Erneuerung
▨ Umstlg. auf Brennw bzw von Öl auf Gas

ZIV

# BUNDESVERBAND DES SCHORNSTEINFEGERHANDWERKS
## Zentralinnungsverband (ZIV)
### - Technische Abteilung -

Meßgeräte für die Emissionsmessungen nach der 1. BImSchV

### Grundsätzliches

Die von den Bezirksschornsteinfegermeistern für die Messungen eingesetzten Meßgeräte sind eignungsgeprüfte Geräte nach den "Richtlinien für die Bauausführung und die Eignungsprüfung der Meßgeräte" vom 15. September 1988. Die Richtlinien werden auf der Grundlage einer bundeseinheitlichen Praxis bei der Überwachung der Emissionen aus Kleinfeuerungsanlagen gemäß der 1. BImSchV im Bundesgesetzblatt bekannt gegeben. Die zur Zeit geprüften und mit einem Prüfzeichen versehenen Geräte sind der Tabelle 3 im Anhang zu entnehmen.

Die Meßgeräte werden halbjährlich einmal in einer technischen Prüfstelle der zuständigen Schornsteinfegerinnung überprüft. Die Prüfstellen selber werden ebenfalls überprüft, und zwar durch neutrale Prüfinstitute, wie Eichämter und Technische Überwachungsvereine.

### Meßprinzipien

Den im Schornsteinfegerhandwerk eingesetzten Meßgeräten zur Bestimmung des Kohlenmonoxid-, Kohlendioxid- oder Sauerstoffgehaltes im Abgas liegen verschiedene Meßverfahren zugrunde. Im folgenden sind Kurzbeschreibungen der verbreitesten Meßverfahren aufgeführt.

### Chemisch-physikalisches Meßverfahren

Die auf dem Orsat-Prinzip basierenden Meßgeräte zur Bestimmung des $CO_2$-Gehaltes in Abgasen bestehen aus dem Indikator (Meßgerät) sowie den dazugehörigen Schlauchleitungen und Pumpen. Der Indikator ist aus einem oberen und einem unteren Behälterteil mit rohrförmiger Verbindung aufgebaut. Der Boden des unteren Behälters ist durch eine Membrane abgedichtet und über eine perforierte Metallplatte abgeschlossen, so daß eine Verbindung zum Umgebungsluftdruck besteht. Der obere Behälterteil ist mit einem doppelt wirkenden Absperrventil ausgerüstet.

Das zu messende Gas wird in den oberen Behälterteil eingepumpt, wobei durch Niederdrücken des Doppelabsperrventils der untere Teil des Indikators und die Verbindungsröhre abgesperrt wird. Nach Entlasten des Ventils wird der Einlaß verschlossen und das Gas kann in den unteren Bereich einströmen. Durch drehen des Indikators wird die Kalilauge mit dem Gas vermengt. Die Kalilauge absorbiert das Kohlendioxid nach folgender Reaktion:

$$KOH + CO_2 \rightarrow K_2CO_3 + H_2O$$

Bei dieser Absorption entsteht eine Volumenverminderung, die proportional dem Volumen des absorbierten Gases ist. Dem bei der Volumenverminderung entstehende Unterdruck wirkt der auf die Membrane wirkenden Umgebungsdruck entgegen und kann an der Skala direkt in Vol.% gelesen werden.

Die Absorptionsflüssigkeit erschöpft sich und verschmutzt mit der Zeit und muß ausgewechselt werden. Das Verfahren ist recht träge. Nennenswerte Querempfindlichkeiten sind nicht bekannt.

## Aufbau und Funktion von IR-Absorptionsmeßverfahren

Kurzbeschreibung:

Das vorliegende Bild zeigt einen Einstrahl-Doppelkammer-Analysator mit pneumatischem Strahlungsdetektor dar.

Infrarotaktive Gase (heteroatome Gase) absorbieren Wärmestrahlung bei gasspezifischen Wellenlänge. Der aus dieser Strahlung abgeleitete Meßeffekt ist ein Maß für die zu messende Konzentration des zu prüfenden Gases. Die erforderliche Strahlungsintensität wird durch eine auf ca. 600° C erwärmte Strahlerwendel erzeugt. Die Strahlung durchläuft je zur Hälfte die Meßküvette bzw. die Vergleichsküvette. Unter der Filterküvette, die durch ihre entsprechende Gasfüllung störende Strahlungsbereiche aus dem Strahlungsspektrum herausfiltern soll, läuft das speziell geformte Blendenrad. Durch die verschieden angebrachten Bohrungen wird nacheinander die Strahlung, die über die Vergleichsküvette, die Strahlung, die über die Meßküvette oder die Strahlung, die über beide Küvetten laufen auf den Detektor geleitet. Durch die Strahlungsintensität wird das Detektorgas ausgedehnt und strömt über einen Kanal in eine Ausgleichskammer. Diese Strömung wird von einem Strömungsmesser registriert. Durch die modulierende Strahlung entsteht eine sich laufend umkehrende Strömung. Diese intensitätsproportionale Spannung ist ein Maß über die Konzentration des zu messenden Gases. Findet in der Meßküvette keine Strahlungsabsorption statt, so wird der Detektor ununterbrochen mit gleicher Strahlungsintensität beleuchtet. Im Verbindungskanal des Detektors ergibt sich keine Gasströmung und somit keine Detektorspannung.

Veränderung der Strahlungsleistung, Verschmutzung der Meßkammer und Alterung der Bauelemente haben so lange einen nachlässigbaren Einfluß auf die Messung $U_0$ (Grundsignal mit 0 Gas in der Meßküvette) in einem bestimmten Toleranzbereich bleibt. Durch einen Nullpunktabgleich mit 0 Gas kann das Meßverhalten überprüft und
korrigiert werden. Spannungsverlauf: $U = U_0 \cdot E^{-K} \cdot C$
C = Konzentration der Meßkomponente)

## Aufbau und Funktion elektrochemischer Meßzellen

Kurzbeschreibung:

EC-Gassensoren nutzen die katalytische Wirkung von Metallelementen in flüssiger Phase aus. Die katalytisch aktive Meßelektrode ist mit einer Diffusionsbarriere vom Meßgas getrennt. An der Oberfläche findet die Oxidation des Gases als Anodenreaktion statt. Die Meßelektrode muß eine große Oberfläche besitzen. Die Diffusionsbarriere muß gegenüber dem flüssigen Elektrolyten dicht sein. An der Kathode werden die anodisch frei werdenden $H^+$ - Ionen und Elektronen unter Bildung von Wasser verbraucht.

Zweielektroden-MZ: Messung des Stromes, der bei schneller Anodenreaktion durch die Diffusion des nachzuweisenden den Gas (Partialdruck der Meßkomponente) bestimmt wird.

Dreielektroden-MZ: Über Potentiostaten wird eine bestimmte Spannung zwischen Anode und Bezugselektrode fest eingestellt. Diese Spannung ist charakteristisch für die Anodenreaktion eines bestimmten Gases. Der bei dieser Spannung gemessene Strom ist im wesentlichen auf die Reaktion mit einem bestimmten Gas zurückzuführen.

Als Kathode wird gesintertes Platin verwendet. Das Anodenmaterial (Polykristallin) hänge von der zu messenden Komponente ab (z. B. CO-Platin bei 1100 mV).

Die Meßzellen verbrauchen sich nicht. Fehlmessungen oder Versagen der Meßzelle tritt auf, wenn das flüssige Elektrolyt durch Elterungsprozesse oder Beschädigungen der Zelle austritt.

Der Aufbau einer Sauerstoff-Meßzelle weicht von dem o. a. beschriebenen Aufbau ab. Die Anode besteht hierbei aus Blei. Die Gesamtreaktion der Zelle ist:

$2 Pb + O_2 -> 2 PbO$

An dieser Reaktion erkennt man, daß der Sauerstoff zum Verbrauch der Bleianode und zu einer Alterung udn Nachlassen der Signalspannung führt. Die Kennlinie des Sauerstoffsensors ist daher im Gegensatz zu den Dreielektrodenmeßzellen nicht linear; daher ist es auch vor jeder Messung wichtig, die Geräte mit dem Sauerstoff der Luft zu kalibrieren.

### Wärmeleitfähigkeit

Diese Methode basiert darauf, daß sich die Wärmeleitfähigkeit des Gases mit der Konzentration ändert. Die meßtechnische Kenngröße ist in diesem Fall der Wärmeleitfaktor in mV/Vol.%, der für die verschiedenen Gasarten spezifisch ist.

Das Gas-Luftgemisch gelangt durch Diffusion oder mit Hilfe einer Meßgaspumpe in eine Meßkammer, worin beheizte Platindrähte als Meß- und Vergleichssensoren dienen (Wheatstonesche Brückenschaltung).

Nachteilig bei dieser Methode ist, daß sich die Komponente eiens Gasgemisches mit ihren unterschiedlichen Wärmeleitfaktoren meßtechnisch stark behindern können. Die Querempfindlichkeit ist besonders stark ausgeprägt.

## Schadstoffmessungen an Verkehrsschwerpunkten

E. A. Drösemeier, Köln

Zusammenfassung

Köln liegt im Bereich des Belastungsgebietes "Rheinschiene Süd" des Landes Nordrhein-Westfalen. Die gesamte Fläche der Stadt ist in die Smog-Verordnung des Landes einbezogen. Köln betreibt 10 ortsfeste Schadstoffmeßstationen und ein mobiles Meßfahrzeug. Die Stationen sind im Bereich von Immissionsschwerpunkten errichtet. Sie messen also aktuell vorhandene Luftbelastungen. Im Gegensatz dazu messen vier Landesmeßstationen in Köln die vorhandenen Belastungen integral abseits existierender Belastungspfade. Die Meßparameter der Kölner Stationen sind unterschiedlich auf die jeweilige Situation bezogen. Zahlreiche Untersuchungen in Köln haben bewiesen, daß die verkehrsinduzierten Luftbelastungen an Hauptverkehrsstraßen sich weitgehend identisch darstellen. Das Umleiten von Verkehrsströmen würde das Problem der Schadstoffbelastung allenfalls verlagern, keineswegs jedoch lösen.

## 1. Verkehrsbedingte Emissionen

### 1.1 Geplanter TA Verkehr

#### 1.1.1 Meßprogramme in Köln

Die verkehrsbedingten Emissionen sind heute unzweifelbar der Hauptbelastungspfad für Luftschadstoffe. Die Stadt Köln verfügt über eines der best ausgebauten Luftmeßnetze der bundesrepublikanischen Städte und darüber hinaus über kontinuierliche Messungen seit 1963. Die Meßstationen sind so angelegt, daß spezifische Aufgaben meßtechnisch erfüllt werden können (siehe Abb. 1), so auch die Messung verkehrsinduzierter Luftverunreinigungen. Dieser Aufgabe dient speziell die Meßstation "Neumarkt", an der neben meteorologischen Parametern Stickoxide und Kohlenmonoxid gemessen werden. Die Messungen erfolgen mit zwei parallel zueinander arbeitenden Gaschromatographen, die mit Ansaugstutzen einmal über der Fahrbahn (Höhe ca. 3 m) und über dem Bürgersteig (Höhe ca. 2,50 m) verbunden sind. Von der Messung von Schwefeldioxid wurde inzwischen abgesehen, da der Rückgang der $SO_2$-Belastung von 1963 bis heute nahezu 75 % beträgt. Ebenso ist die Reduzierung der CO-Konzentration von 1976 bis heute von über 6 $mg/m^3$ auf 2 $mg/m^3$ im Jahresmittelwert signifikant.

Anders ist die Situation bezüglich der Stickoxid-Konzentrationen. Erst 1990 ist es am Neumarkt gelungen, die Grenzwerte der TA-Luft zu unterschreiten, ebenso auch den EG-Grenzwert von 155 $\mu g/m^3$. Meßprogramme am Chlodwigplatz, dessen Verkehrsaufkommen dem des Neumarkts vergleichbar ist, zeigen diese positive Entwicklung erst für 1991 auf. Die Entwicklung im laufenden Jahr bleibt abzuwarten. Mit diesen Ergebnissen korrespondieren die NO-Konzentrationen, die am Neumarkt ebenfalls gemessen werden.

Zahlreiche Meßprogramme, die mit dem mobilen Meßfahrzeug am Neumarkt und an anderen verkehrsreichen Plätzen und Straßen durchgeführt wurden, bestätigen die Aufzeichnungen der festen Meßstationen eindrucksvoll (Abb. 2, 3 und 4). Die Aussage, daß verkehrsreiche Situationen vergleichbare Schadstoffbelastungen aufweisen, erscheint durch diese Meßreihen belegt zu sein. Diese Aussage bezieht sich allerdings nicht auf gut belüftete Straßenzüge, wie z.B. die Rheinuferstraße in Köln. Bei gleich hohem Verkehrsaufkommen wie am Neumarkt, sind die Belastungen durch die hervorragende Ventilation des Rheintales wesentlich geringer.

### 1.1.2 Gesetzgeberische Maßnahmen

Die von der Bundesregierung geplante Ergänzung des Bundesimmissionsschutzgesetzes um den Absatz 2 zum § 40, verbunden mit dem Entwurf einer entsprechenden Verordnung, haben in der Öffentlichkeit und auch bei den politischen Entscheidungsträgern der Kommunen zu erheblicher Verunsicherung geführt. "City dicht" für den Autoverkehr wäre angesichts der hohen Schadstoffbelastungen des vergangenen heißen Sommers und der damit verbundenen hohen Ozon-Belastungen keine Seltenheit. Der nunmehr vorliegende VO-Entwurf scheint diese Aufregung nicht zu unterstützen. Zwar ist es zukünftig Aufgabe der Kommunen "Maßnahmen zur Vermeidung oder Verminderung schädlicher Umwelteinwirkungen" durch den Verkehr zu prüfen, verpflichtet aber nicht zu übereilten Schritten. Das Land NW hat inzwischen als sicher mitgeteilt, Ozon nicht als Parameter des sog. Sommersmogs zu benennen und damit die Situation wesentlich entschärft. Da luftchemische Vorgänge bei verkehrsinduzierten Schadstoffen im übrigen nicht für den Aufbau, sondern auch für den bescheunigten Abbau von Ozon in verkehrszentralen Gebieten sorgen, sind verkehrsbeschränkende Maßnahmen auch durchaus nicht nur positiv zu bewerten. Wie Messungen in Köln zeigen, werden gesundheitsbeeinträchtigende Ozonkonzentrationen auch an sehr heißen Sommertagen mit hoher UV-Einstrahlung nur selten erreicht.

## 1.1.3 Problembereiche

Ernstzunehmende Belastungen durch den Automobilverkehr sind insbesondere durch Benzol und Blei gegeben. Vergleichende Untersuchungen durch das Land NW haben signifikante Unterschiede der Blutbelastungen mit Blei und Benzol bei Schulanfängern in Köln und Borken ergeben. Die Benzolbelastungen bei Kölner Kindern ist z.T. um 75 % höher als bei Kindern der Landgemeinde Borken. Wenn man auch von erheblich sinkenden Bleibelastungen durch den Autoverkehr infolge von Katalysatorkraftstoff ausgehen kann, so ist doch die Benzolbelastung ein ernstzunehmendes Problem. Abhilfe wird auch hier nicht durch verkehrslenkende oder beschränkende Maßnahmen zu finden sein, sondern allein durch eine Senkung des Benzolgehalts im Benzin. Daß dies möglich ist, zeigt der Kraftstoff "Super-Plus", der statt der üblichen 3 % nur noch 1 % Benzol enthält.

## 1.1.4 Aussichten

Aus der Sicht der Luftreinhaltung machen verkehrslenkende Maßnahmen wegen der lediglichen Verlagerung der Probleme wenig Sinn. Abhilfe von Belastungen kann nur durch einen intensiven Ausbau des öffentlichen Personennahverkehrs und einer Attraktivierung dessen Angebots erreichts erreicht werden. Daneben sollte den individuellen Autoverkehrsbedürfnissen durch eine weitere, offensive Verbreitung des geregelten 3-Wege-Katalysators ebenso wie durch Schadstoffentfrachtung der Kraftstoffe Rechnung getragen werden. Die Meßprogramme in Köln zeigen deutlich, daß lediglich eine Verringerung des Verkehrs, insgesamt verbunden mit einer Schadstoffreduzierung von Diesel und Benzin, zu einer signifikanten Reduzierung verkehrsbedingter Luftbelastungen führen wird.

Anzahl und Ausrüstung der Meßstationen im Luftmeßnetz der Stadt Köln

Stand: 21.01.1991

| Nr. | Station | | | | | | | | | | | |
|---|---|---|---|---|---|---|---|---|---|---|---|---|
| 1 | Worringen, An den Kaulen 62, Köln 71 | SO2 | NO/NO2 | WR/WG | O3 | - | - | - | T/F | Str | - | - | - |
| 2 | Merkenich, Spörkelhof 7, Köln 71 | SO2 | - | WR/WG | - | - | VC | KW | T/F | - | - | - | - |
| 3 | Buchforst, Kopernikusstr. 40, Köln 80 | SO2 | - | - | - | - | - | - | - | - | - | - | - |
| 4 | Ehrenfeld, Lindenbornstr. 15, Köln 30 | SO2 | - | - | - | - | - | - | - | - | - | - | - |
| 5 | Eifelwall, Eifelwall 7, Köln 1 | SO2 | NO/NO2 | WR/WG | O3 | - | CO2 | - | T/F | - | Sk | - | P |
| 6 | Neumarkt, Gesundheitsamt, Köln 1 | - | NO/NO2 | - | - | CO | - | - | T/F | - | SI | - | - |
| 7 | Godorf, Godorfer Hauptstr. 73, Köln 50 | SO2 | NO/NO2 | WR/WG | O3 | - | - | KW | T/F | Str | - | - | - |
| 8 | Funkturm, Innere Kanalstr., Köln 1 | SO2 | NO/NO2 | WR/WG | O3 | - | - | - | T/F | - | - | - | - |
| 9 | Gremberghoven, Neuenhofstr., Köln 90, seit Dez. 1987 | SO2 | NO/NO2 | WR/WG | O3 | CO | - | KW | T/F | - | Sk | Re | - |
| 10 | Meßwagen, Eifelwall 7, Köln 1, ab Mitte 1988 | SO2 | NO/NO2 | WR/WG | O3 | CO | - | KW | T/F | - | Sk | - | - |
| 11 | Chlodwigplatz, Köln 1, ab Mitte 1990 | - | NO/NO2 | - | - | - | - | - | - | - | - | - | - |

| | | | | | | |
|---|---|---|---|---|---|---|
| SO2 | = | Schwefeldioxid | O3 | = | Ozon | |
| NO | = | Stickstoffmonoxid | CO | = | Kohlenmonoxid | |
| NO2 | = | Stickstoffdioxid | CO2 | = | Kohlendioxid | |
| WR | = | Windrichtung | KW | = | Kohlenwasserstoffe | |
| WG | = | Windgeschwindigkeit | VC | = | Vinylchlorid | |
| P | = | Luftdruck | SI | = | Schwebstaubinhaltsstoffe | |
| T | = | Temperatur | | | | |
| F | = | Feuchte | | | | |
| Str | = | Sonnenstrahlung | | | | |
| Sk | = | Staubkonzentration | | | | |
| Re | = | Regenmessung | | | | |

**Abbildung 1**

Tagesgang Vergleichsmessung NO2 Neumarkt vom 13.7.- 6.8.90

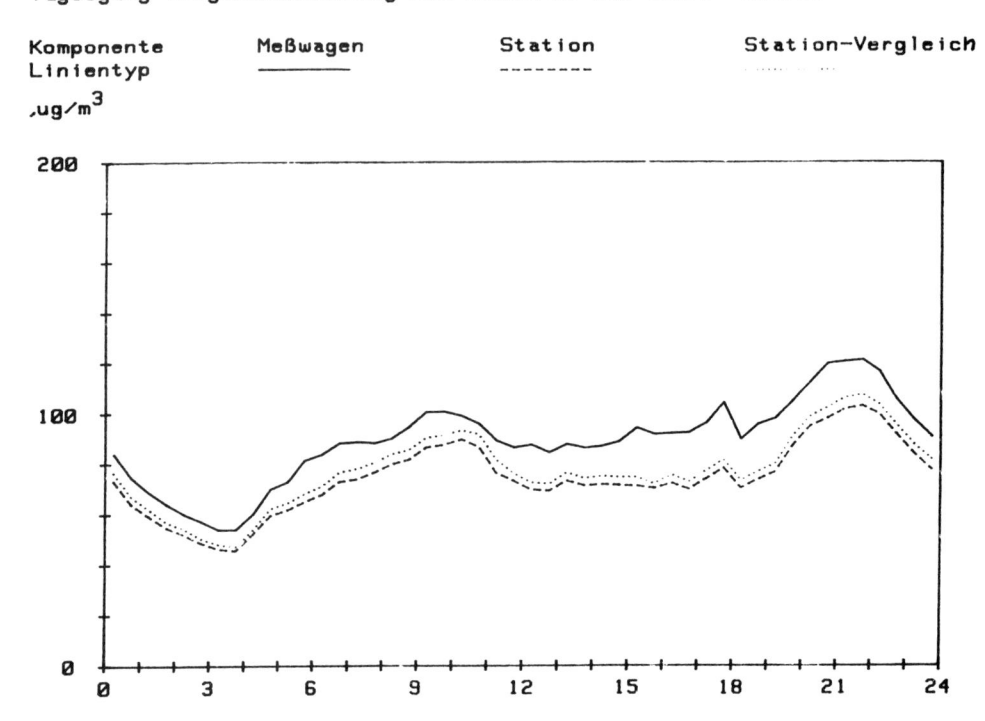

| Komponente | Meßwagen | Station | Station-Vergleich |
|---|---|---|---|
| Linientyp | ——— | -------- | ......... |

µg/m³

Abbildung 2

Tagesgang Vergleichsmessung NO2 Neumarkt vom 15.8.- 29.8.90

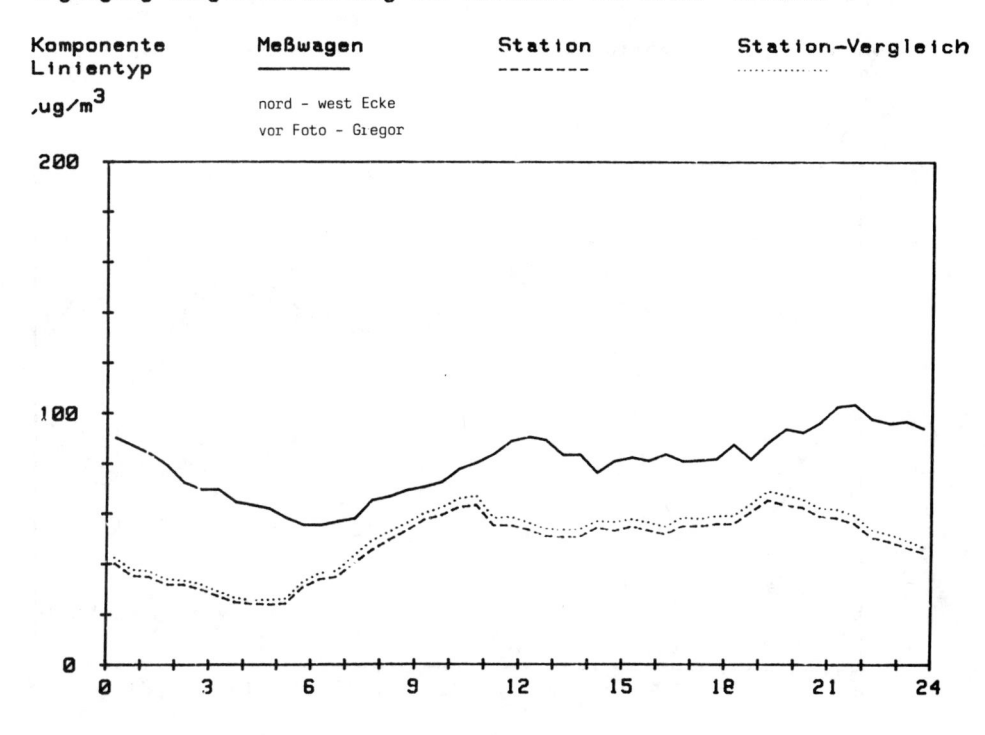

| Komponente | Meßwagen | Station | Station-Vergleich |
|---|---|---|---|
| Linientyp | ——— | -------- | ............ |
| µg/m$^3$ | nord - west Ecke | | |
| | vor Foto - Gregor | | |

Abbildung 3

Tagesgang NO  10.07.1990 - 31.12.1990

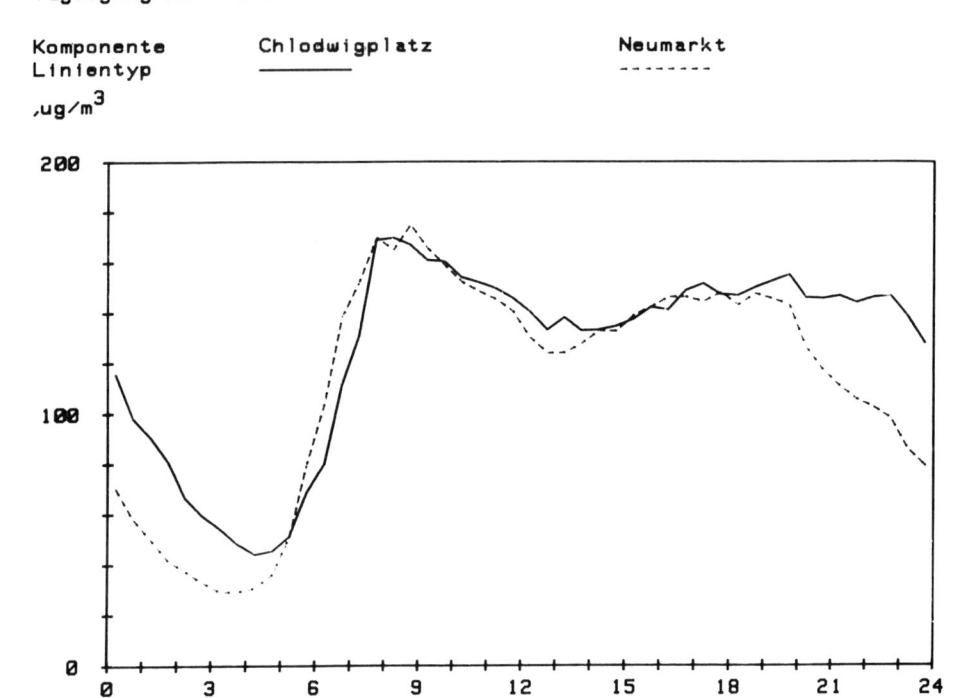

| Komponente | Chlodwigplatz | Neumarkt |
|---|---|---|
| Linientyp | ———— | -------- |

,ug/m³

Abbildung 4

# Entwicklungen der Kfz-Schadstoffemissionen — Erfordernisse und Möglichkeiten zur Minderung

N. Gorißen, Berlin

### Zusammenfassung

Der vorliegende Beitrag befaßt sich mit den bislang durch fahrzeugtechnische Maßnahmen erreichten Minderungen der Schadstoffemissionen des Verkehrs. Ausgehend von der Verkehrsentwicklung von der Vergangenheit bis heute, werden die vorliegenden Verkehrsprognosen kritisch bewertet. Die derzeitige Belastung der Luft mit Luftschadstoffemissionen des Verkehrs, insbesondere auch durch kanzerogene Stoffe, ist Inhalt des nächsten Abschnitt. Dann wird die Entwicklung der durchschnittlichen Abgasemissionen aus Pkw und daraus abgeleitet die Entwicklung der Schadstoffemissionen des Verkehrs in den alten und neuen Bundesländern dargestellt. Es zeigt sich, daß allein mit den derzeit eingeleiteten am Fahrzeug ansetzenden Maßnahmen die verschiedenen beschlossenen Minderungsziele, insbesondere für $NO_x$ und $CO_2$, nicht erreicht werden können. Es sind zusätzlich verkehrsbeeinflußende und verkehrsvermindernde Maßnahmen notwendig. Die Umweltministerkonferenz hat bereits ein konkretes Handlungskonzept zu ergreifender Maßnahmen beschloßen. Es ist jedoch abzusehen, daß eine ausreichende menschen-, umwelt- und stadtverträgliche Verkehrsabwicklung künftig nur durch eine verstärkte Verkehrsvermeidung erreicht werden kann.

### 1. Entwicklung des Verkehrs (Vergangenheit und Prognosen)

Der Verkehr verzeichnete in den vergangenen Jahren, unterbrochen allein von den zwei Ölkrisen 1973/74 und 1980/81, stetige Zuwachsraten. Grenzen dieses ungebremsten Wachstums scheinen derzeit nicht erkennbar. So waren in den alten Bundesländern am 1.1.1992 31,3 Mio Pkw zugelassen, in den neuen Bundesländer kommen nochmals mehr als 5 Mio Pkw hinzu (genaue Angaben über den Pkw-Bestand in den neuen Bundesländern sind bis auf weiteres wegen der erst im Aufbau befindlichen Registrierung durch das KBA derzeit leider nicht möglich).

Im Güterverkehr wird praktische das gesamte Wachstum durch den Straßengüterverkehr realisiert, während der Güterverkehr auf der Schiene, der Wasserstraße und sogar in den Rohrleitungen stagniert oder abnimmt. Durch die deutsche Einheit wird diese Tendenz noch verstärkt, da der hohe modal split des Schienengüterverkehrs in der DDR geplant, d.h. erzwungen war. Hinzu kommt in Ost und West die weiterhin abnehmende Bedeutung der Massengüter (Braunkohle!) bei einer starken Zunahme des Transports von Kaufmannsgütern, die sich besonders für den Transport auf der Straße eignen.

Ist die Situation in der Vergangenheit aufgrund der vorhandenen Daten relativ eindeutig beschreibbar (auch wenn verläßliche Daten über den wichtigen Bereich des Straßengüternahverkehrs fehlen und die vom DIW berechneten Daten der Fahrleistungen

zu überprüfen wären), so herrscht große Unsicherheit was die mögliche zukünftige Entwicklung angeht. Von besonderer Bedeutung für das künftige Verkehrsgeschehen dürften folgende Aspekte sein:
- die wirtschaftliche Entwicklung,
- die künftige Entwicklung der Bevölkerungszahlen,
- die verfügbare Verkehrsinfrastruktur sowie die Angebotsqualitäten der verschiedenen Verkehrsträger,
- mögliche verkehrsbeschränkende staatlich Maßnahmen (z.B. in Städten),
- die Entwicklung der Kraftstoffpreise und anderer Verkehrsabgaben,
- die Liberalisierung und Harmonisierung des EG-weiten Güterverkehrsmarktes,
- die zunehmende internationale Arbeitsteilung,
- die Entwicklung des Europäischen Wirtschaftsraumes (EWR) - EG-Staaten und EFTA-Staaten,
- die wirtschaftliche Integration der osteuropäischen Staaten in den EWR,
- das künftige Freizeit- und Urlaubsverhalten der Haushalte.

In den Abbildungen 1 und 2 ist die vergangene und für die Zukunft prognostizierte Verkehrsentwicklung dargestellt. Dabei ist zu beachten, daß im Umweltbereich die zugrundezulegenden Verkehrsprognosen möglichst von einem ungestörten Wirtschaftswachstum ausgehen sollten (Trend), da die aus diesen Verkehrsprognosen resultierenden Emissionsprognosen dann das Ausmaß für erforderliche Maßnahmen (u.U. auch verkehrsvermindernde!) aufzeigen sollen.

Abbildung 1 stellt die Entwicklung des Pkw-Bestandes in der Bundesrepublik Deutschland (nur alte Bundesländer) seit 1950 dar. Zusätzlich eingetragen sind eine große Anzahl von Pkw-Bestands-Prognosen (viele erstellt von der Firma Shell) /1/. Es fällt auf, daß *alle* Prognosen die reale Entwicklung deutlich unterschätzt haben, da sie alle von einer in wenigen Jahren zu erreichenden Sättigung der Motorisierung (sog. "Vollmotorisierung") ausgingen. In den 50er Jahren wurde so beispielsweise angenommen, daß bei ca. 200 Pkw je 1000 Einwohner diese Sättigung erreicht sei, d.h. bei der heutigen Bevölkerungszahl in den alten Bundesländern ca. 13 Mio Pkw. Über die Ursache dieser ständigen Unterschätzung des künftigen Pkw-Bestandes kann spekuliert werden, es fällt jedoch auf, daß es sich hierbei um die umgekehrte Tendenz wie bei den Energieprognosen handelt, da dort der künftige Energieverbrauch immer überschätzt wurde. Als Konsequenz hat das Umweltbundesamt den konventionellen Bestandsprognosen eine eigene - höhere - Bestandsprognose gegenübergestellt, die einer gedämpften Trendextrapolation fplgt und die mögliche Sättigung erst in ferner Zukunft sieht.

Für den Güterfernverkehr zeigt Abbildung 2 die Entwicklung der Transportleistungen (ausgedrückt in Tonnenkilometern tkm) des Straßengüterfernverkehrs und des Eisenbahngüterverkehs. Auch hier sind verschiedene Prognosen renommierter Verkehrsforschungsinstitute zum Vergleich eingetragen /2/. Im Güterverkehr wurde die real eintretende Entwicklung des Straßengüterfernverkehrs *immer* unterschätzt. Im Gegenzug wurden dem Eisenbahngüterverkehr ein starkes Wachstum in der Zukunft vorrausgesagt, was bis heute jedoch nicht erkennbar ist. Auch die aktuellste Prognose der Firma Kessel und Partner /3/ (in Abb. 2 eingetragen der Bezugsfall H), erstellt im Auftrag des Bundesministers für Verkehr im Rahmen der derzeit laufenden Bundesverkehrswegeplanung zeichnet sich durch nach Ansicht des Umweltbundesamt unrealistidch hohe Zuwachsraten beim Eisenbahngüterverkehr aus. Zwar wurde die Entwicklung des Straßengüterfernverkehrs gegenüber der letzten Prognose von Prognos und BVU für den Bundesverkehrswegeplan 1985 /4/ nun deutlich höher gesehen, jedoch bleiben auch diesmal wieder Zweifel, wie die Bahn die angenommenen hohen Zuwächse erreichen soll angesichts der sich abzeichnenden Entwicklung sinkender Transportpreise auf der Straße, verursacht durch und angestrebtes Ziel des EG-Binnenmarktes.

Aus Umweltsicht eigentlich relevant wären jedoch nicht die künftige Entwicklung des Pkw-Bestandes bzw. der Transportleistungen, sondern der gefahrenen Kilometer (Fahrleistungen). Hierzu liegt jedoch wesentlich weniger Datenmaterial vor. Insbesondere bei Nutzfahrzeugen ist die Datenlage auch für die Vergangenheit schlecht. Prognosen der Fahrleistungsentwicklung werden nur vereinzelt und wenn meist für den Pkw-Verkehr angefertigt. Die vorliegenden Fahrleistungsprognosen beruhen zudem immer auf Motorisierungs- bzw. Verkehrsleistungsprognosen. Dennoch wären eigene Fahrleistungsprognosen insbesondere für den Straßengüterverkehr notwendig, da dann auch Aussagen über die Entwicklung der Auslastung getroffen werden müßten. Die künftige Entwicklung der Auslastung und damit der Zusammenhang zwischen Fahrleistung und Transportleistung wird von einigen Faktoren beeinflußt, wie:
- künftige Logistikkonzepte (just-in-time, GVZ, Ladebörsen, etc.),
- künftige Bedeutung des Werkverkehrs,
- Entwicklung der Güterstruktur (weniger schwere Massengüter, aber mehr leichte, hochwertige, voluminöse Konsumgüter),
- Konzentrationsprozesse und Wettbewerbssituation im Straßengüterfernverkehrsgewerbe.

Aufgrund der vielen offenen Fragen und der nicht immer plausiblen Güterverkehrsprognosen hat das Umweltbundesamt auch hier eigene Überlegungen zum Ausgangspunkt seiner Emissionsprognosen gemacht. Wir haben zum einen die aktuelle Prognose von Kessel und Partner /3/ in der Form modifiziert, daß wir nun die von Prognos 1989 /4/ vorrausgesagte Schienengüterverkehrsleistung übernommen haben und die Differenz zur aktuell von Kessel und Partner in ihrem Bezugsfall H berechneten Transportleistung auf der Schiene dem Straßengüterfernverkehr zugeschlagen, da wir nicht ohne weiteres von den hohen Zuwächsen bei der Schiene, wie bei Kessel und Partner prognostiziert, ausgehen. Damit ergibt sich auch eine wesentlich höhere Transportleistung des Straßengüterverkehrs, was nach unserer Meinung die absehbare künftige Entwicklung (ohne nennenswerte Eingriffe des Staates in das Verkehrsgeschehen) aufgrund des EG-Binnenmarktes und des EWR (zusätzliche Transitströme von Skandinavien nach Südeuropa) besser beschreibt (siehe Abbildung2). Das Deutsche Institut für Wirtschaftsforschung (DIW) erarbeitet derzeit im Auftrag des Umweltbundesamtes eine modifizierte Güterverkehrsprognose, die vorraussichtlich Mitte 1992 vorliegen wird.

Bezüglich der Fahrleistungen des Straßengüterfernverkehrs sind wir in einer einfachen Annahme von eher konstanter künftiger Auslastung ausgegangen und haben angenommen, daß die Nutzfahrzeug-Fahrleistungen auf Autobahnen direkt proportional mit der Transportleistung des Straßengüterfernverkehrs ansteigen, obwohl dies aufgrund der sich ändernden Güterstruktur wenig wahrscheinlich ist. Auch hierzu werden vom DIW differenziertere Daten erarbeitet.

## 2. Immissionsbelastung in Städten

Der Straßenverkehr stellt heute die mit Abstand größte Quelle der Luftverschmutzung in Deutschland dar, besonders stark ist der Anteil in den Städten.

Die Anteile des Verkehrs an den Gesamtemissionen betrugen 1989 in den alten Bundesländern:
- bei Kohlenmonoxid (CO)         73 %
- bei Stickstoffoxide ($NO_x$)   69 %
- bei Kohlenwasserstoffen (HC)   52 %
- beiKohlendioxid ($CO_2$)       21 %
- bei Schwefeldioxid ($SO_2$)     6 %

- bei Rußpartikeln (PM)     32 % (wobei hierbei die Rußpartikelemissionen stationärer Anlagen und die aus Dieselmotoren addiert wurden, was wirkungsseitig nicht unbedingt gerechtfertigt ist).

Im unmittelbaren Straßenbereich (Fahrbahn, Bürgersteig, angrenzende Häuserfront) verursachen diese Emissionen überproportional hohe Immissionsanteile, da der Abstand Emittent-Rezeptor z. T. nur wenige Meter beträgt. Bislang werden nur wenige, dauernd betriebene Meßstellen zur repräsentativen Erfassung der Kfz-Immissionen in der Bundesrepublik Deutschland unterhalten. Größenbereiche von Immissionsmessungen in stark belasteten Straßen sind in der Tabelle 1 zusammengestellt /5/.

|  | Jahresmittel | 98-Perzentil | 30 Min Maxima |
|---|---|---|---|
| Ruß(Black Smoke) | 20 - 40 $\mu g/m^3$ | 70 - 140 $\mu g/m^3$ |  |
| Benzol | 15 - 35 $\mu g/m^3$ | 46 $\mu g/m^3$ | 110 $\mu g/m^3$** |
| Toluol | 25 - 50 $\mu g/m^3$ | 70 $\mu g/m^3$ | 260 $\mu g/m^3$** |
| Dioxin | 0,08 - 0,12 pg/$m^3$ (T.E.) Elbtunnel 0,54 pg/$m^3$ |  |  |
| $NO_2$ | 0,05 - 0,1 mg/$m^3$ | 0,12 - 0,26 mg/$^3$ | 0,2 - 0,7 mg/$m^3$ |
| NO | 0,08 - 0,2 mg/$m^3$ | 0,35 - 0,8 mg/$m^3$ | 0,8 - 1,4 mg/$m^3$ |
| CO | 3 - 5 mg/$m^3$ | 5 - 15 mg/$m^3$ | 20 - 40 mg/$m^3$ |
| NMHC* | 0,09 - 1,2 mg/$m^3$ | 0,4 - 3,7 mg/$m^3$ | bis 10 mg/$m^3$ |
| Blei | 0,4 - 1 $\mu g/m^3$ |  |  |
| Formaldehyd | 5 - 10 $\mu g/m^3$ |  |  |
| Ozon | 10 - 30 $\mu g/m^3$ | 40 - 120 $\mu g/m^3$ | ca. 150 $\mu g/m^3$ |

\* Meßwerte aus Bayern, Hessen, Rheinland-Pfalz, Baden-Württemberg

\*\* Werte gemessen an der Station Frankfurt City 1

**Tabelle 1:** Größenbereiche der Kennwerte von Kfz-Immissionen in stark belasteten Straßen

Von besonderer Bedeutung sind dabei die kanzerogenen Stoffe Benzol, Dieselrußpartikel und die Polyzyklischen Aromatischen Kohlenwasserstoffe (PAH), die einen wirkungsseitig herausragenden Anteil an den Kohlenwasserstoffemissionen (in Tabelle 1 angegeben als NMHC - Non-Methan-Hydrocarbons) einnehmen. Der Länderausschuß Immissionsschutz (LAI) hat in seinen "Beurteilungskriterien für kanzerogene Stoffe" kürzlich festgestellt, daß ca. 80 % des immisionsbedingten kanzerogenen Potentials von den vom Kfz-Verkehr verursachten Emissionen dieser drei Stoffe ausgeht (dabei allein 63 % verursacht durch Dieselmotoremissionen) und dies der 37. Umweltministerkonferenz (UMK) am 21./22.11.1991 in Leipzig berichtet /6/. Daher sind an die Minderung dieser Emissionen hohe Ansprüche zu richten - es gilt das Minimierungsgebot! Ausgehend von den Empfehlungen des LAI bereitet der Bundesminister für Umwelt, Naturschutz und Reaktorsicherheit (BMU) derzeit eine Verordnung zum § 40 Absatz 2 des Bundes-Immissionsschutzgesetz (BImSchG) vor, die für Benzol eine höchstzulässige Konzentration von 8 $\mu g/m^3$ (Jahresmittelwert) und für Dieselruß von 10 $\mu g/m^3$ (Jahresmittelwert) vorsieht /7/. Diese Werte werden wie die obige Tabelle zeigt in den meisten Belastungsgebieten der alten Bundesländer in Straßennähe überschritten. Eine kürzlich im Auftrag der Berliner Senatsverwaltung für Stadtentwicklung und Umweltschutz (SenStadtUm) durchgeführte Untersuchung errechnete für Ostberliner Hauptverkehrsstraßen besonders hohe Benzol-Konzentrationen, die vor allem durch den dort noch sehr hohen Anteil Zweittakt-Pkw verursacht werden /8/.

Europaweit muß im Bereich stark befahrener Stadtstraßen mit deutlichen Überschreitungen des EG-Grenzwertes für $NO_2$ (200 $\mu g/m^3$ 98-Perzentil der 1-h-Mittelwerte) gerechnet werden. Messungen in Berlin, Frankfurt, Stuttgart belegen dies und mit dem Erlaß der bereits angesprochenen Verordnung zum BImmSchG ist mit weiteren Meßwerten aus deutschen Innenstädten zu rechnen. Damit ist die Bundesregierung aufgefordert nach der EG-Richtlinie 85/203/EWG über diese Überschreitungen, sowie die beabsichtigten Maßnahmen dagegen zu berichten.

Die höchsten Ozon-Konzentrationen, die ebenfalls maßgeblich vom Kfz-Verkehr verursacht sind (Vorläufersubstanzen HC und $NO_x$), werden aufgrund des komplizierten Bildungsmechanismusses im Sommer in ländlichen Flachlandgebieten (bis 383 $\mu g/m^3$ 1-h-Mittelwert) und in Ballungsgebieten außerhalb des direkten Straßenbereiches (bis 300 $\mu g/m^3$) gemessen. Im Sommer 1990 wurde an 32 von insgesamt 168 Meßstellen in Deutschland eine Überschreitung des Konzentrationswertes von 300 $\mu g/m^3$ festgestellt /9/. Damit sind auch bei Ozon - im wesentlichen verkehrsbedingte - Überschreitungen der WHO-Richtwerte von 150 - 200 $\mu g/m^3$ (1-h-Mittelwert) zum Schutz der menschlichen Gesundheit zu verzeichnen (die WHO-Richtwerte zum Schutz der Vegetation liegen noch niedriger). Die UMK hat sich mittlerweile auf einheitliche Warnwerte bei "Sommersmog" in Höhe von 180 $\mu g/m^3$ geeinigt. Der Umweltministerrat der Europäischen Gemeinschaften hat im Sommer 1991 einen Richtlinienvorschlag verabschiedet, der einen Warnwert von 175 $\mu g/m^3$ (1-h-Mittel) vorsieht.

### 3. Pkw-Emissionsfaktoren

Der Pkw-Verkehr ist derzeit noch die weitaus größte Quelle der Schadstoffemissionen des Verkehrs. Jedoch sind in den letzten Jahren erhebliche Anstrengungen zur Minderungen dieser Emissionen am Fahrzeug - durch die mittlerweile europaweite Einführung des geregelten Katalysators der durch die Grenzwerte der EG-Richtlinie 91/441/EWG erzwungen wird - unternommen worden. In der Bundesrepublik werden seit dem 1. Juli 1985 "schadstoffarme" Pkw steuerlich gefördert, v.a. solche mit geregeltem Katalysator, so daß ihr Anteil am Pkw-Bestand mittlerweile bei 30 % liegt (Stand 1.1.1992 in den alten Bundesländern). Der Anteil der Pkw mit geregeltem Katalysator an den neu zugelassenen Otto-Pkw liegt mittlerweile bei 95 % (im Mittel des Jahres 1991 in den alten Bundesländern). Seit Ende 1989 läßt das Umweltbundesamt die tatsächlichen Emissionen von Katalysator-Pkw in der Praxis untersuchen. Im Mai 1991 wurde der Öffentlichkeit ein erster Zwischenbericht vorgestellt /10/. Damit können die Berechnung der Emissionen des Pkw-Verkehrs auf eine neue besser abgesicherte Grundlage gestellt werden.

Für den Nutzfahrzeugverkehr liegen noch keine neuen Daten vor. Das Umweltbundesamt hat jedoch auch hier ein umfangreiches Forschungsvorhaben zur meßtechnischen Erfassung der Schadstoffemissionen von Nutzfahrzeugen in Auftrag gegeben. In einem Arbeitskreis aus Vertretern von Behörden, Wissenschaft und der Fahrzeugindustrie wird derzeit begleitend ein neues Berechnungsverfahren zur Ermittlung der Nutzfahrzeugemissionen erarbeitet, um damit auch die Diskussionen der Vergangenheit über vermeintlich "falsche" Berechnungen des Umweltbundesamtes zu beenden /11/. Nach unserer Überzeugung ist jedoch derzeit die Anwendung der bislang verwendeteten Emissionsfaktoren nach wie vor mit Einschränkungen berechtigt, da erst seit dem 1.10.1990 für alle neu in den Verkehr kommenden Nutzfahrzeuge verbindlich Abgasemissionsgrenzwerte gelten (EG-Richtlinie 88/77/EWG), die nur in wenigen Fällen überhaupt eine Emissionsminderung bewirken. Dies wird sich jedoch mit dem Inkrafttreten der neuen EG-Richtlinie 91/542/EWG, die in zwei Stufen 1992/93 und 1995/96 deutlich verschärfte Grenzwerte vorsieht, ändern. Im folgenden soll daher zunächst nur auf die Entwicklung der Pkw-Emissionsfaktoren eingegangen werden.

Der vom Umweltbundesamt veröffentliche Zwischenbericht des TÜV Rheinland /10/ enthält die mittleren Abgasemissionen von
- 93 Pkw mit geregeltem Katalysator nach Anlage XXIII und XXV StVZO der Baujahre 1985 bis 1990,
- 18 Pkw mit ungeregeltem Katalysator nach Anlage XXV und XXIV Stufe C StVZO der Baujahre 1985 bis 1989,
- 43 konventionellen Otto-Pkw ohne Katalysator nach Anlage XIV und XXIV StVZO der Baujahre 1984 bis 1989,
- 18 Diesel-Pkw nach Anlage XXIII und XXV der Baujahre 1986 bis 1990.

Mit diesen Daten von Fahrzeugen aus dem Verkehr war es näherungsweise auch möglich neue Emissionsfaktoren für diese Fahrzeugkonzepte für die Straßenarten *innerorts*, *außerorts* und *Autobahnen* zu berechnen. Das Ergebnis dieser Berechnungen ist den Abbildungen 3 bis 6 zu entnehmen. Es sei an dieser Stelle nochmals betont, daß diese Emissionsfaktoren, wenngleich sie den Fahrverhaltenseinfluß nur grob berücksichtigen, alle in jüngster Zeit diskutierten Mängel von Pkw mit geregeltem Katalysator beinhalten (schlechte Wartung, fehlerhafte Lambdasonden, Vollastanreicherung, etc.). Dargestellt wurden jeweils die Emissionsfaktoren für konventionelle Otto-Pkw der Baujahre 1984 bis 1989 ("neue Otto-Pkw"), Pkw mit ungeregeltem Katalysator ("Ungereg. Kat"), Pkw mit geregeltem Katalysator ("Gereg. Kat"), Diesel-Pkw, konventionelle Otto-Pkw der Baujahre bis 1985 sowie DDR-Zweitakter (Emissionsfaktoren aus wenigen vorliegenden praxisnahen Messungen geschätzt).

In Abbildung 3 sind die CO-Emissionsfaktoren dargestellt. Durch die Einführung des geregelten Katalysators konnten die durchschnittlichen CO-Emissionen von Otto-Pkw um rund 70 % innerorts und auf Autobahnen sowie um über 90 % auf außerörtlichen Straßen gemindert werden (beim Vergleich alter Otto-Pkw / Otto-Pkw mit geregeltem Katalysator). Die nur knapp 70 % ige Minderung auf Autobahnen ist vor allem auf die dann verstärkt wirksame Vollastanreicherung zurückzuführen. Auf innerörtlichen Straßen ist der hohe Kaltstartanteil der begrenzende Faktor. Diesel-Pkw weisen meist noch niedrigere CO-Emissionen auf als Pkw mit geregeltem Katalysator. Die CO-Emissionen von DDR-Zweitaktern liegt bis zu 2mal höher als die von alten Otto-Pkw.

In Abbildung 4 sind die Verhältnisse für die HC-Abgasemissionen dargestellt. Zusätzlich zu berücksichtigen wären noch die direkt dem Pkw-Verkehr zuzuordnenden HC-Verdampfungsemissionen beim Betanken der Fahrzeuge sowie durch Tankatmung,

Abstellen des warmen Motors und während der Fahrt, die nochmals ungefähr 30 % der Abgasemissionen zusätzlich ausmachen, auf die hier jedoch nicht weiter eingegangen werden kann. Auffällig sind in Abbildung 4 zunächst die sehr hohen HC-Emissionen der DDR-Zweitaktfahrzeuge, die in den neuen Bundesländern (noch) das Belastungsniveau durch Kohlenwasserstoffe bestimmen. Demgegenüber liegen die HC-Emissionen der Pkw mit geregeltem Katalysator und Diesel-Pkw nur bei ca. 1 % bis 5 % der Emissionen von Zweitakt-Pkw. Gegenüber den alten Otto-Pkw konnte durch die Einführung des geregelten Katalysators eine Emissionsminderung um 70 % (auf innerörtlichen Straßen vor allem durch den Kaltstart beeinflußt) und 95 % auf außerörtlichen Straßen verzeichnet werden. Diesel-Pkw haben im Mittel etwas niedrigere HC-Emissionen als Pkw mit geregeltem Katalysator und emittieren zudem keine HC durch Verdunstung. Otto-Pkw mit geregeltem Katalysator nach Anlage XXIII sind mit einem Aktivkohlefilter ausgerüstet, der die Verdampfungsemissionen um ca. 90 % mindert.

In Abbildung 5 sind die Pkw-Emissionsfaktoren für $NO_x$ dargestellt. Bei den Pkw mit geregeltem Katalysator zeigte sich hier eine auch in der Praxis sehr hohe Minderungsrate (70 % innerorts bedingt durch Kaltstart, übrige Straßen 85 % bis 90 %). Die DDR-Zweitaktfahrzeuge haben $NO_x$-Emissionen in der gleichen Größenordnung wie Pkw mit geregeltem Katalysator (was jedoch angesichts der überhohen HC-Emissionen nicht zu einer abgasseitigen Fehleinschätzung führen darf). Diesel-Pkw weisen bis zu zweifach höhere $NO_x$-Emissionen auf als Pkw mit geregeltem Katalysator. Deutlich erkennbar ist in Abbildung 5 auch der Einfluß der Fahrgeschwindigkeit, die zu den höchsten Emissionen auf Autobahnen führt (auch beim geregelten Katalysator).

In Abbildung 6 sind die Partikel-Emissionsfaktoren für DDR-Zweitakter (Ölpartikel) und zwei verschiedene Diesel-Pkw-Generationen (Dieselpartikel) aufgetragen. Die Angaben für DDR-Zweitakter sind Schätzwerte aus der Literatur. Die Ölpartikel sind auch wirkungsseitig nicht mit den erwiesenermaßen kancerogenen Dieselpartikeln vergleichbar. Die Messungen an den Diesel-Pkw der letzten Jahre zeigen jedoch den deutlichen technischen Fortschritt - allerdings überlagert vom Trend zum Kleinwagen mit Dieselmotor. So liegen die Partikelemissionen der neuen modernen Diesel-Pkw um ca. 70 % niedriger als die der Diesel-Pkw bis Mitte der 80er Jahre.

## 4. Entwicklung der Schadstoffemissionen

### 4.1 Situation in den alten Bundesländern

Aufgrund der eingeführten technischen Schadstoffminderungsmaßnahmen ist mit einer deutlichen Minderung der Abgasemissionen zu rechnen. Das Umweltbundesamt hat im letzten Jahr hierzu eine neue Prognose fürt die alten Bundesländer vorgelegt /12/, die
- bereits beschriebene Verkehrsentwicklung einerseits (siehe Abschnitt 1)
- sowie andererseits die tatsächlich erreichte Emissionsminderung durch fahrzeugtechnische Maßnahmen (siehe Abschnitt 3) berücksichtigt.

In den Abbildungen 7 bis 11 ist die erwartete Entwicklung der Schadstoffemissionen des Verkehrs in den alten Bundesländern für CO, HC, $NO_x$, Dieselpartikel und $CO_2$ dargestellt. Dargestellt wurden jeweils die Werte für die Jahre 1985 bis 1990 sowie für die Prognosejahre 1998 und 2005. Diese Prognosejahre wurden deshalb dargestellt, weil
- 1998 als Zieljahr für eine 30 %ige Minderung der $NO_x$-Emissionen in einer Zusatzdeklaration zum ECE-$NO_x$-Protokoll festgelegt wurde und

- 2005 als Zieljahr für eine 25 % bis 30 %ige $CO_2$-Minderung in mehreren Kabinettsbeschlüssen der Bundesregierung festgelegt wurde.

Abbildung 7 stellt die Entwicklung der CO-Emissionen des Verkehrs dar, die im wesentlichen vom Pkw-Verkehr beeinflußt werden. Bis zum Jahr 2005 ist von einer gut 60 %igen Minderung, vor allem durch die Durchsetzung des geregelten Katalysators bei Pkw auszugehen.

Eine ähnliche Entwicklung zeigen in Abbildung 8 die HC-Emissione des Verkehrs (hier einschließlich der Betankungs- und Verdampfungsemissionen). Bis zum Jahr 2005 ist in den alten Bundesländern von einer mehr als 70 %igen Minderung durch die Einführung des geregelten Katalysators und des Aktivkohlefilters trotz der oben skizzierten Verkehrszunahme zu rechnen.

Bei den $NO_x$-Emissionen des Verkehrs ist nach Abbildung 9 nur eine ca. 40 %igen Minderung zu erwarten. Hier haben die Emissionen der Nutzfahrzeuge schon in der Vergangenheit einen größeren Anteil, der künftig noch stark zunehmen wird. 1989 betrug der Anteil der Nutzfahrzeuge an den gesamten $NO_x$-Emissionen des Verkehrs ca. 30 %. Durch die starke Emissionsminderung beim Pkw-Verkehr, verursacht durch den geregelten Katalysator, wird dieser Anteil in Zukunft deutlich zunehmen. Der Nutzfahrzeugverkehr wird bis zur Jahrtausendwende aufgrund seines starken Verkehrswachstums und der nicht so durchschlagenden technischen Emissionsminderung noch steigende $NO_x$-Emissionen zu verzeichnen haben. Erst danach ergibt sich eine geringe Reduktion der $NO_x$-Emissionen des Nutzfahrzeugverkehrs.

Aufgrund des stark wachsenden Nutzfahrzeugverkehrs ist, trotz der erstmaligen Einführung von Grenzwerten für die Partikelemissionen aus schweren Nutzfahrzeugmotoren mit der EG-Richtlinie 91/542/EWG ab 1.10.1993 sowie einer weiteren Verschärfung ab 1.10.1996 (jeweils für alle neu zugelassenen Fahrzeuge), nur von einer ca. 30 %igen Minderung der Partikelemissionen des Verkehrs auszugehen - siehe Abbildung 10. Der Pkw-Verkehr trägt nur zu etwa 15 % zu den gesamten Dieselpartikelemissionen des Verkehrs bei, hat jedoch innerorts einen wesentlich größeren Anteil, der zudem durch das starke Inverkehrbringen von Diesel-Pkw in den letzten 10 Jahren zu einer deutlichen Erhöhung der absoluten Dieselpartikelemissionen beigetragen hat.

Hinsichtlich der $CO_2$-Emissionen ist, trotz einer künftig zu erwartenden Abnahme des durchschnittlichen Kraftstoffverbrauchs von Pkw, wie in Abbildung 11 dargestellt, von einem weiteren Anstieg auszugehen. Ursache dafür ist das starke Verkehrswachstum. Die $CO_2$-Emissionen von Kraftfahrzeugen lassen sich nicht durch nachgeschaltete fahrzeugtechnische Maßnahmen reduzieren, dies ist allein durch eine Senkung des direkt proportional zum $CO_2$ verlaufenden Kraftstoffverbrauchs möglich - bzw. durch eine Reduzierung der gefahrenen Kilometer. Gleichwohl ist für die künftige Entwicklung des Kraftstoffverbrauchs angenommen worden, daß der Pkw-Bestand des Jahres 2005 16 % weniger Kraftstoff je gefahrenem Kilometer verbraucht, als der des Jahres 1987 (übernommen aus /13/). Diese Annahme geht damit von einer *wirksamen* ordnungsrechtlichen Begrenzung der $CO_2$-Emissionen neu zugelassener Pkw aus, wie sie etwa dem Vorschlag des Bundesumweltministers bei den EG-Verhandlungen hierüber entspricht. Derzeit ist ein Trend zu sparsameren Pkw noch nicht erkennbar, eher im Gegenteil erfreuen sich Fahrzeuge mit hohem Verbrauch großer Beliebtheit bei den Autokäufern (Pkw mit großer Zylinderzahl, hohen Höchstgeschwindigkeiten, Geländefahrzeuge, Campingmobile etc.). Nach unserer Berechnungen ist ein ca. 20 %igen Zuwachs der $CO_2$-Emissionen des Verkehrs zwischen 1987 und 2005 in den alten Bundesländern zu erwarten, wozu künftig auch die Nutzfahrzeuge verstärkt beitragen werden.

## 4.2 Situation in den neuen Bundesländern

Das Umweltbundesamt beauftragte 1990 das Institut für Energie- und Umweltforschung (IFEU), Heidelberg mit der Ermittlung der Schadstoffemissionen des Verkehrs in der ehemaligen DDR im Jahr 1988 sowie der künftig zu erwartenden Situation im Jahr 2000 und 2005 /14/. Der komplette Abschlußbericht dieses Forschungsvorhabens wird in kürze vorliegen. Im folgenden sollen lediglich die zusammengefaßten Berechnungsergebnisse für Deutschland insgesamt dargestellt werden.

In den Abbildungen 12 bis 15 sind die CO-, HC-, $NO_x$- und $CO_2$-Emissionen des Verkehrs für die Jahre 1988 und 2005 in den neuen und alten Bundesländern jeweils im Vergleich dargestellt. Für den Zeitraum zwischen diesen beiden Jahren liegen derzeit nur geschätzte bzw. interpolierte Emissionsdaten vor, da die Datenlage nach der Wende in den neuen Bundesländern sehr lückenhaft ist und somit eine Vielzahl von Annahmen getroffen werden müßten.

Bezüglich der verkehrlichen Entwicklung wurde in diesem Zeitraum von einer weitgehenden Anpassung der "modal-split"-Werte je Einwohner in West- und Ostdeutschland ausgegangen. Das heißt, im Personenverkehr gewinnt der Pkw-Verkehr Anteile des öffentlichen Verkehrs und verdoppelt sich darüberhinaus je Einwohner absolut bis zum Jahr 2005. Die Transportleistung je Einwohner verändert sich in den neuen Bundesländern fast nicht, jedoch verzeichnet die Eisenbahn einen dramatischen Einbruch (vor allem bei Massengütern) und der Straßengüterverkehr einen starken Zuwachs (bei Konsumgütern). Emissionsseitig ist daher von abnehmenden HC-Emissionen (ausgelöst vor allem durch den Ersatz der sehr stark emittierenden Zweitakter), annähernd gleichbleibenden CO-Emissionen und zunehmenden $NO_x$- und $CO_2$-Emissionen des Verkehrs in den neuen Bundesländern auszugehen.

## 5. Minderungsziele und Minderungserfordernisse

Tabelle 2 gibt einen Überblick über wichtige Minderungsziel-Vereinbarungen, die wenn sie nicht für den Verkehrsbereich ausgesprochen sind, so doch für diesen eine besondere Bedeutung haben, da der Verkehrsbereich wie oben dargelegt bei den meisten Schadstoffen die wichtigste Quelle ist. Zu beachten ist dabei, daß diese Ziele für Deutschland insgesamt gelten, auch wenn die zugrundeliegenden Beschlüsse oder Vereinbarungen z.T. schon vor dem 3.10.1990 nur für die alten Bundesländer getroffen wurden.

1. ECE-Protokolle (völkerrechtlich verbindliche Vereinbarungen)

$NO_x$: Zusatzdeklaration zum Protokoll von Sofia 1988
-30% von 1985 bis 1998 (alle Quellen);

VOC: Protokoll von November 1991
-30% von 1989 bis 1999 (alle Quellen);
der Bundesumweltminister strebt 50% Reduktion an;

2. Klimaschutz

$CO_2$: a) Beschlüsse der Bundesregierung vom 13.6. und 7.11.1990 sowie 11.12.1991:
-25% bis -30% von 1987 bis 2005 (orientierende Werte für alle Quellen)

b) Beschluß des EG-Energie- und Umweltministerrates vom 29.10.1990: "stand still" von 1990 bis 2000;

c) Beschluß der Verkehrsministerkonferenz vom Oktober 1991:
-10% von 1987 bis 2005 (allein im Verkehr);

d) Empfehlungen der Enquete-Kommission "Vorsorge zum Schutz der Erdatmosphäre" des 11. Deutschen Bundestages in ihrem 3. Bericht vom Oktober 1990:
jeweils bezogen auf die Zeitspanne 1987 bis 2005 mit "substantiellem" Beitrag des Verkehrsbereiches
$CO_2$: -30%
$CH_4$: -30 %
$NO_x$: -50 %
CO: -60 %
NMVOC: -80 %

3. Beschlüsse der 35. Umweltministerkonferenz (Bund und Länder) November 1990

Minderungsziele für den Verkehrsbereich jeweils bezogen auf 1987:

| | bis 1998: | bis 2005: |
|---|---|---|
| $NO_x$: | -30% | -60% |
| HC: | -50% | -70% |
| $CO_2$: | -5% | -10% |

4. "Umwelt und Verkehr" Maßnahmen des Bundesumweltministers (November 1991)

wie UMK (November 1990), außer $CO_2$ bis 1998
Minimierungsgebot für kanzerogene Stoffe (Benzol und Dieselpartikel)

Lärmbelastungen unter 65 dB(A) (Mittelungspegel tagsüber)

**Tabelle 2:** Minderungsziele für den Verkehrsbereich

Die Minderungsziele der Umweltministerkonferenz begründen sich bei HC und $NO_x$ vor allem dadurch, daß durch Modellrechnungen nachgewiesen wurde, daß mindestens 70 % bis 80 %ige Minderungen der HC- und 60 %ige Minderungen der $NO_x$-Emissionen notwendig sind, um die heutigen Ozonkonzentrationen auf das Niveau der Luftqualitätswerte (z.B. der WHO) zu senken. Die vorgegebenen $CO_2$-Minderungsraten ergeben sich aus dem notwendigen Anteil, den der Verkehrsbereich zur Minderung der geplanten $CO_2$-Emissionen insgesamt beitragen muß /15/.

Vergleicht man die mit den fahrzeugtechnischen Maßnahmen (Grenzwertverschärfung) erreichbaren Minderungen mit den von der 35. Umweltministerkonferenz beschlossenen Zielen, so wird deutlich, daß weitergehende Maßnahmen zur Reduzierung der verkehrsbedingten Emissionen notwendig sind (vergleiche Tabelle 3 - dort angeben für Gesamtdeutschland bezogen auf das Ausgangsjahr 1988, da für die DDR 1987 keine Daten vorliegen).

|  |  | $NO_x$ | HC | $CO_2$ |
|---|---|---|---|---|
| Minderungsziele der 35.UMK | bis 1998 | - 30 % | - 50 % | - 5 % |
|  | bis 2005 | - 60 % | - 70 % | - 10 % |
| erreichbare Minderungen | bis 1998 | - 23 % | - 53 % | + 22 % |
|  | bis 2005 | - 34 % | - 74 % | + 40 % |
| zusätzlich erforderliche Minderung | bis 1998 | - 7 % | ./. | - 27 % |
|  | bis 2005 | - 26 % | ./. | - 50 % |

<u>Tabelle 3:</u> Minderungserfordernisse im Verkehrsbereich (für Gesamtdeutschland)

Es wird deutlich, daß allein mit den fahrzeugtechnischen Maßnahmen die Ziele der Umweltministerkonferenz nicht erreichbar sind. Aufgrund des großen Beitrages, den der Verkehrsbereich an den Schadstoffemissionen aller Quellen hat, sind auch die übrigen in Tabelle 2 dargelegten Emissionsminderungsziele aufgrund des großen Verkehrswachstums nicht sicher erreichbar. Dies gilt ganz besonders für die $CO_2$-Emissionen, die durch den Anstieg des motorisierten Verkehrs in den neuen Bundesländern einen weiteren Zuwachs erfahren. Bei den HC-Emissionen ist der starke Rückgang der Emissionen verstärkt durch das erwartete Absterben der DDR-Zweitakter.

### 6. Verkehrsvermeidende, verkehrsvermindernde, verkehrsverlagernde Maßnahmen

Neben den bereits getroffenen bzw. eingeleiteten fahrzeugtechnischen Maßnahmen zur Reduzierung der Schadstoffemissionen des Verkehrs sind weitere Maßnahmen zu ergreifen /16/, um eine zufriedenstellenden Minderung der verkehrlichen Schadstoffemissionen zu erreichen. Diese Maßnahmen sollen vor allem darauf abzielen

- Verkehr zu vermeiden,
- Verkehr auf umweltschonendere Verkehrsträger zu verlagern,
- Verkehr so umweltschonend wie möglich abzuwickeln.

Die Maßnahmen lassen sich hinsichtlich ihrer Politikbereiche wie folgt einteilen:

*Ordnungsrechtliche Instrumente*
- Verkehrsregelnde Maßnahmen nach Wegerecht, Straßenverkehrsrecht und BImSchG (Straßenwidmung, Geschwindigkeits- und Zufahrtsbeschränkungen, Benutzervorteile, Verkehrsüberwachung, etc.),
- Fortschreibung und Überwachung bestehender Emissions- und Immissionsgrenzwerte sowie Verbesserung der Kraftstoffqualitäten;

*Ökonomische Instrumente*
- Orientierung der Bemessungsgrundlagen staatlicher Abgaben im Verkehr am Grad der Umweltbelastung (verursachergerechtere Kostenanlastung bei den verschiedenen Verkehrsträgern),
- Finanzierung der umweltschonenderen Verkehrssysteme,
- ökonomische Anreize für umweltschonendere Verkehrsabwicklung;

*Infrastrukturpolitische Instrumente*
- vorrangiger Ausbau umweltschonender Verkehrssysteme einschließlich der Schnittstellen (KLV-Terminals, P+R- sowie P+B-Anlagen, etc.),
- Koordination bei Planung und Ausbau der Verkehrsträger (Bundesverkehrswegeplanung, Verkehrsplanung der Länder und Kommunen),
- verkehrsreduzierende Stadt- und Regionalplanung,
- möglichst umweltschonende Gestaltung der Verkehrsinfrastruktur und Verkehrssysteme,
- Umweltverträglichkeitsprüfungen;

*Organisatorische Instrumente*
- Strukturreform der Bahn unter Berücksichtigung der aus Umweltsicht notwendigen Verlagerung des Straßenverkehrs,
- Erhöhung der Kundenfreundlichkeit und Attraktivität der öffentlichen Verkehrsträger,
- Einbindung der Arbeitgeber sowie des Handels und der Freizeitstätten bei der umweltfreundlicheren Abwicklung des durch sie verursachten Verkehrs;

*Instrumente der Information und Erziehung*
- Information und Aufklärung über umweltschonendes Verkehrsverhalten,
- Umweltorientierte Fahrausbildung und Verkehrserziehung.

Die 37. Umweltministerkonferenz am 21./22.11.1991 in Leipzig /6/ hat in der weiteren Konkretisierung ihrer Minderungsbeschlüsse für den Verkehrsbereich ein Handlungskonzept beschlossen, das ausgewählte Maßnahmen aus diesen Bereichen enthält. Tabelle 4 enthält eine Übersicht der beschlossenen Maßnahmen. Die UMK empfiehlt nun die vorrangige Ergreifung dieser Maßnahmen und erwartet damit das Erreichen der von ihr selbst gesetzten Emissionsminderungsziele sowie auch eine möglich weitgehende Reduktion der immissionsseitigen Belastung durch kanzerogene Stoffe aus dem Verkehrsbereich. Darüberhinaus werden eine Vielzahl weiterer Maßnahmen diskutiert. Es sei hier beispielsweise auf den umfangreichen Maßnahmenkatalog des Deutschen Instituts für Wirtschaftsforschung, erstellt für die Bundestags-Enquete-Komission "Vorsorge zum Schutz der Erdatmosphäre", hingewiesen.

| Verbesserte Technik durch ordnungs- und marktwirtschaftliche Instrumente | Verkehrsverlagerung durch investive Maßnahmen | Verursachergerechte Kostenanlastung (Wege- und Umweltkosten) | Verkehrsvermeidung/ Verkehrsverlagerung durch planerische und ordnungsrechtliche Maßnahmen |
|---|---|---|---|
| Ausschöpfung des Standes der Technik zur Emissionsminderung bei Kfz (incl. einer wirksamen Überwachung) | Zusätzliche Investitionen für die notwendige Verlagerung auf die Schiene und den ÖPNV insb. aus einer zweckgebundenen Mineralölsteuererhöhung | Stufenweise Mineralölsteuererhöhung zur Reduzierung des MIV und zur zweckgebundenen Verwendung für den öffentlichen Verkehr | Senkung der Zahl notwendiger Stellplätze im innerstädtischen Bereich durch Änderung der Landesbauordnungen |
| Kraftstoffverbrauchsbegrenzung zur Minderung der $CO_2$-Emissionen | Priorität für den öffentlichen Verkehr im ersten gesamtdeutschen Verkehrswegeplan | Übernahme der Wegekosten der Bahn durch die öffentliche Hand | Priorisierung des ÖPNV im Straßenverkehrsrecht und Förderung des Fahrradverkehrs |
| Antriebskonzepte mit "sauberen" Kraftstoffen für Nutzfahrzeuge im Innerortsverkehr | Kurzfristige Kapazitätssteigerung (ca. 30 %) der Bahn durch Investitionen insb. in eine verbesserte Signaltechnik | Erhebung einer nutzungsintensitätsabhängigen Schwerverkehrsabgabe für den Lkw-Verkehr | Weiterreichende Geschwindigkeitsbegrenzungen in einem EG-einheitlichen Rahmen sowie strenge Überwachung |
| | Erhalt und Ausbau der Kapazitäten des öffentlichen Verkehrs in den neuen Bundesländern | Aufhebung der Mineralölsteuerbefreiung für den gewerblichen Luftverkehr und Umsetzung des entsprechenden Beschlusses der Bundesregierung vom 10.7.1991 | |
| | Stärkere Kundenorientierung des ÖPNV durch Taktverdichtung, Fahrzeitverkürzung, Tarifvereinfachungen u.a.m. | Prüfung der Einführung eines Erschließungsbeitrags von Bauherrn für Anschluß an das öffentliche Verkehrsnetz | |
| | | Aufhebung der Mittelplafondierung des GVFG und Erhöhung des Anteils zugunsten des ÖPNV | |

**Tabelle 4:** Handlungskonzept der Umweltministerkonferenz zur Reduzierung der Umweltbelastung durch den Verkehr - zusammenfassende Darstellung -

Die mit derartigen Maßnahmen erreichbaren Emissionsminderungen wurden bereits in einigen Studien untersucht:
- die Enquete-Kommission des Deutschen Bundestags "Vorsorge zum Schutz der Erdatmosphäre" hat in ihrem Studienprogramm ein umfangreiches Maßnahmenbündel als "Reduktionsszenario" für den Verkehrsbereich untersuchen lassen /17/,
- das Ministerium für Stadtentwicklung, Wohnen und Verkehr des Landes Nordrhein-Westfalen hat die Effekte ähnlicher Maßnahmenbündel in einem "Ökologieszenario" für den Gesamtverkehrsplan NRW berechnen lassen /18/,
- der Bundesminister für Verkehr ließ sich die Wirkungen von 22 überwiegend verkehrsbeeinflussenden Maßnahmen (einzeln und zusammengefaßt in 3 Szenarien) für seine $CO_2$-Minderungsstrategie analysieren /19/.

Wenngleich diese Untersuchungen schon deutliche Hinweise darauf geben, daß mit verkehrsbeeinflussenden Maßnahmen deutliche Emissionsminderungen erreichbar sind und damit auch die Ziele der Umweltministerkonferenz erreichbar erscheinen, so ist die Quantifizierung solcher in den Verkehr eingreifenden Maßnahmen noch nicht als ausreichend abgesichert zu werten.

Zum einen mußte die Berechnung der quantitativen Wirkungen vieler Einzelmaßnahmen aufgrund plausibler *Annahmen* durchgeführt werden (beispielsweise ist die Preiselastizität der Kraftstoffpreise im Hinblick auf eine Fahrleistungsreduktion umstritten, oder die Frage nach den vorhandenen Kapazitätsreserven der deutschen Eisenbahnen im Güterfernverkehr offen).

Zum zweiten sind die Wirkungen der Einzelmaßnahmen so stark von anderen ergriffenen Maßnahmen abhängig, daß nur eine Szenarienbetrachtung für ein Maßnahmen bündel zielführend ist.

Zum dritten räumt sich die Politik nur begrenzte Handlungsspielräume ein, wegen parteipolitischer Festlegungen, durch den Zwang zur Wiederwahl (beispielsweise bei unpopulären Maßnahmen wie einer Mineralölsteuererhöhung), durch die Einbindung in die EG (beispielsweise bei der einseitigen Verschärfung von Abgasgrenzwerten) u.s.w., so daß die vorliegenden Ergebnisse (noch) nicht in die Praxis umgesetzt werden.

Die bereits dargelegten hohen verkehrsbedingten Immissionsbelastungen in Städten werden voraussichtlich recht bald schon dazu führen, daß entsprechend dem neu geschaffenen §40 Absatz 2 BImSchG aus Gründen des Gesundheitsschutzes verkehrsbeschränkende Maßnahmen erlassen werden.

Zur Quantifizierung der Maßnahmen des UMK-Handlungskonzeptes (vergleiche Tabelle 4) hat das Umweltbundesamt ein Gutachten in Auftrag gegeben, das zunächst auf der Basis des vorhandenen Wissens (insbesondere die o.a. angeführten Studien) das durch dieses Handlungskonzept erreichbare Emissionsminderungspotential aufzeigen soll. Das Ergebnis mit Empfehlungen für den weiteren Untersuchungsbedarf wird in der zweiten Jahreshälfte 1992 vorliegen.

Für den Güterfernverkehr läßt das Umweltbundesamt derzeit bereits weitere Handlungspotentiale zur Emissionsminderung untersuchen. Dabei soll zunächst eine realistischere Verkehrsprognose für den Trendfall, eine bessere Absicherung der Wirkungen der Maßnahmen, die Realisierbarkeit der Maßnahmen (insbesondere Kapazitätssteigerung bei der Eisenbahn) sowie die Emissionsminderung in einem "Verminderungsszenario" ermittelt werden.

Das Umweltbundesamt plant für die nächste Zukunft weitere Untersuchungen in diesem Bereich, um damit die mögliche Umsetzung solcher notwendiger Maßnahmen zu fördern. In erster Linie geht es dabei um Untersuchungen, die

- die Effekte neuer Kommunikationstechnologien im Verkehrsbereich ("intelligente" Straße) im Bezug auf ihre Auswirkungen auf Umwelt und Verkehr,
- eine verusachergerechtere Kostenanlastung im Verkehr,
- neue Wege zu einer umweltorientierten Gesamtverkehrsplanung,
- die stärkere Berücksichtigung von Umweltbelangen bei den verschiedenen Gesetzen, Verordnungen und Richtlinien im Verkehrsbereich

zum Ziel haben.

## 7. Ausblick

Die Minderung der Umweltbelastungen durch den Verkehr stellt für die Umweltpolitik derzeit eine der wichtigsten Aufgaben dar. Auch wenn durch die Einführung des geregelten Katalysators künftig deutliche Reduktionen der Abgasemissionen des Pkw-Verkehrs - trotz weiterem ungebremsten Wachstum - erreicht werden können, ist dies *nicht* ausreichend.

Für die schweren Dieselmotoren in Nutzfahrzeugen wird auf absehbare Zeit keine auch nur annährernd ebenso wirksame Technik zur Minderung der Abgasemissionen zur Verfügung stehen, wie es der geregelte Katalysator für die Ottomotoren des Pkw-Verkehrs ist. Daher ist es wahrscheinlich, daß es ausgelöst durch das starke zu erwartende Verkehrswachstum des EG-Binnenmarktes, des Europäischen Wirtschaftsraum (EWR) und der wirtschaftlichen Integration Osteuropas zu einem weiteren Anstieg der Schadstoffemissionen - trotz beschlossener deutlicher Grenzwertverschärfungen - kommt.

Ein Rückgang der $CO_2$-Emissionen des Verkehrs ist derzeit nicht erkennbar und kann mit den derzeit in Angriff genommenen politischen Instrumenten nicht erwartet werden.

Die Immissionsbelastungen durch Dieselpartikel in den Städten wird, trotz der zu erwartenden Minderungen der Dieselpartikelemissionen, vor dem Hintergrund des für kanzerogene Stoffe geltenden *Minimierungsgebotes* nicht ausreichend zurückgehen.

Auch wenn sich der vorliegende Beitrag nur auf die Auswirkungen des Verkehrs auf die Luftbelastung konzentriert, sollen die weiteren Belastungen des Verkehrs nicht unerwähnt bleiben:
- Der Verkehr ist die bedeutendste Lärmquelle in Deutschland und mehr als 70 % der Bevölkerung fühlt sich durch Verkehrslärm stark belästigt. Nur mit optimistischen Annahmen wird hier eine Entlastung in der Zukunft prognostiziert.
- Die Verkehrsinfrastruktur versiegelt immer größere Flächenanteile und zerschneidet zusammenhängende Natur- und Siedlungsgebiete.
- Der Straßenverkehr in den Städten beeinträchtigt in immer größerem Ausmaß die Lebensqualität in den Städten (insbesondere für Kinder und alte Menschen) und stellt sich als städtebaulich nicht mehr angemessen beherrschbar dar.
- Last but not least, ist der Verkehr für nicht akzeptable Unfallzahlen und damit verbundenem menschlichen Leid verantwortlich.

Die Tatsache, daß auch die umweltschonenderen Verkehrsträger Kapazitätsgrenzen zeigen (IC-Verkehr am Freitagnachmittag, ÖPNV in Ballungsgebieten im Berufsverkehr, kombinierter Güterverkehr, u.s.w.), deutet darauf hin, daß eine einseitige Förderung/Ausbau des öffentlichen Verkehrs nicht zu den gewünschten Entlastungen auf der Straße führt. Zielführend kann nur eine Strategie des "push and pull" sein, das heißt die Bevorzugung des umweltschonenderen öffentlichen Verkehrs muß mit der Beschränkung des umweltbelastenderen motorisierten Individualverkehrs einhergehen, sonst wachsen der Straßenverkehr und der öffentliche Verkehr.

Es ist angesichts der heutigen Situation offensichtlich: die Grenzen des Verkehrswachstums sind erreicht, daher muß der Zuwachs des Verkehrs in Deutschland als solches in Frage gestellt werden. Allein eine möglichst umweltschonende Abwicklung des zusätzlichen Verkehrswachstums und die fahrzeugtechnische Minderung der Emissionen des vorhandenen Verkehrs ist nicht ausreichend um zu einem umwelt-, und stadtverträglichen Verkehrsgeschehen zu kommen. Daher muß das Verkehrswachstum angehalten, der Verkehr reduziert und weiterer Verkehr vermieden werden. Die Umweltpolitik muß die Verkehrspolitik zwingen, die Umweltziele auch zu ihren eigenen zu machen und nicht bloß auf die hemmungslos steigende Verkehrsnachfrage zu reagieren. Dies kann gesehen werden als Teil des "sustainable development", der dauerhaften Entwicklung, die für den Erhalt der Lebensbedingungen auf der Erde notwendig sind.

## 8. Literatur

/1/ **Schühle U.:** Verkehrsprognosen im prospektiven Test - Grundlagen und Ergebnisse einer Untersuchung der Genauigkeit von Langfristprognosen verkehrswissenschaftlicher Leitvariablen, Dissertation TU Berlin, 1986 sowie mehrere neuere Pkw-Bestandsprognosen des DIW, der Firma Shell, ITP/IVT und des UBA

/2/ **Cerwenka P., Rommerskirchen S. (prognos):** Aufbereitung globaler Verkehrsprognosen für die Fortschreibung des Bundesverkehrswegeplanung, im Auftrag des Bundesministers für Verkehr, Basel 1983

/3/ **Röhling W., Kessel P. et al. (Kessel + Partner):** Güterverkehrsprognose 2010 für Deutschland, im Auftrag des Bundesministers für Verkehr, Freiburg 1991

/4/ **Rommerskirchen S., Kessel P. et al.(prognos/BVU):** Güterverkehrsprognosen 2000/2010 für die Bundesverkehrswegeplanung, im Auftrag des Bundesministers für Verkehr, Basel/Freiburg 1989

/5/ **Ahrens G.-A., Becker E.C. et al. (Umweltbundesamt):** Verkehrsbedingte Luft- und Lärmbelastungen - Emissionen, Immissionen, Wirkungen -, Texte 40/91 des Umweltbundesamtes, Berlin 1991

/6/ **N.N. (Umweltministerkonferenz):** Beschlüsse der 37. Umweltministerkonferenz am 21./22.11.1991 in Leipzig

/7/ **N.N. (Bundesminister für Umwelt, Naturschutz und Reaktorsicherheit):** Entwurf einer Verordnung zur Durchführung des Bundes-Immissionsschutzgesetzes (Verordnung über die Festlegung von Konzentrationswerten - ... BImSchV), Bonn 1992

/8/ **Garben M., Giehler R. (IVU):** Studie zur ökologischen und stadtverträglichen Belstbarkeit der Berliner Innenstadt durch den Kfz-Verkehr - Luft und Lärmbelastungen -, im Auftrag der Senatsverwaltung für Stadtentwicklung und Umweltschutz Berlin, Berlin 1991

/9/ **N.N. (Bundesminister für Umwelt, Naturschutz und Reaktorsicherheit):** Zusammenfassender Bericht über das Ozon-Symposium in München 2.-4.7.1991, Bonn 1992

/10/ **Hassel D., Weber F.-J., Gorißen N. (TÜV Rheinland/Umweltbundesamt):** Ermittlung des Abgas-Emissionsverhaltens von Pkw in der Bundesrepublik Deutschland im Bezugsjahr 1988, Zwischenbericht, Texte 21/91 des Umweltbundesamtes, Berlin 1991

/11/ **Waldeyer H., Hassel D., Brosthaus J. (TÜV Rheinland):** Abgas- und Geräuschemissionen von Nutzfahrzeugen, 2. Fachtagung Nutzfahrzeuge 11./12.4.1991 in Karlsruhe, in VDI-Bericht 885, Düsseldorf 1991

/12/ **N.N. (Umweltbundesamt):** Emissionsszenarien für den Pkw- und Nutzfahrzeugverkehr in Deutschland 1988 - 2005, Beilage zu Texte 40/91 des Umweltbundesamtes, Berlin 1991

/13/ **Höpfner U., Waldeyer H. et al. (IFEU/TÜV Rheinland):** Emissionsminderung durch rationelle Energienutzung und emissionsmindernde Maßnahmen im Verkehrssektor (Studienschwerpunkt A.1.4), im Auftrag der Enquete-Kommission "Vorsorge zum Schutz der Erdatmoshäre" des 11. Deutschen Bundestages, Heidelberg/Köln 1989

/14/ **Höpfner U., Knörr W. et al. (IFEU):** Energieverbrauch und Luftschadstoffemissionen des motorisierten Verkehrs in der DDR, Berlin (Ost) und der Bundesrepublik Deutschland im Jahr 1988 und in Deutschland im Jahr 2000, im Auftag des Umweltbundesamtes, Entwurf des Endberichtes, Heidelberg 1991

/15/ **N.N. (Umweltministerkonferenz):** Beschlüsse der 35. Umweltministerkonferenz am 22./23.11.1991 in Berlin

/16/ **Ahrens G.-A.:** Minderung von Schadstoffemissionen im Straßenverkehr durch verkehrsbeeinflußende Maßnahmen, in: Informationen zur Raumentwicklung Heft 1/2.1991 "Emissionsminderung im Straßenverkehr", herausgegeben von der Bundesforschungsanstalt für Landeskunde und Raumordnung, Bonn 1991

/17/ **Hopf R., Kloas J. et al. (DIW):** Entwicklung der Verkehrsnachfrage im Personen- und Güterverkehr und ihre Beeinflußung durch verkehrspolitische Maßnahmen (Trend-Szenario und Reduktionszenario) (Studienschwerpunkt A.6.1), im Auftrag der Enquete-Kommission "Vorsorge zum Schutz der Erdatmossphäre" des 11. Deutschen Bundestages, Berlin 1990

/18/ **Hopf R., Bachmann K. et al. (DIW/DFVLR/IVV/Metron/prognos/BVU):** Gesamtverkehrsplan Nordrhein-Westfalen - Ergebnisse der Untersuchungen zur künftigen Verkehrsentwicklung, im Auftrag des Ministeriums für Stadtentwicklung, Wohnen und Verkehr des Landes Nordrhein-Westfalen, Berlin 1989

/19/ **Rommerskirchen S., Becker U. et al. (prognos):** Wirksamkeit verschiedener Maßnahmen zur Reduktion der verkehrlichen $CO_2$-Emissionen bis zum Jahr 2005, im Auftrag des Bundesministers für Verkehr, Basel 1991

**Prognosen des Pkw - Bestandes in der Bundesrepublik Deutschland**
(nur alte Bundesländer)

Pkw - Bestand (Mio)

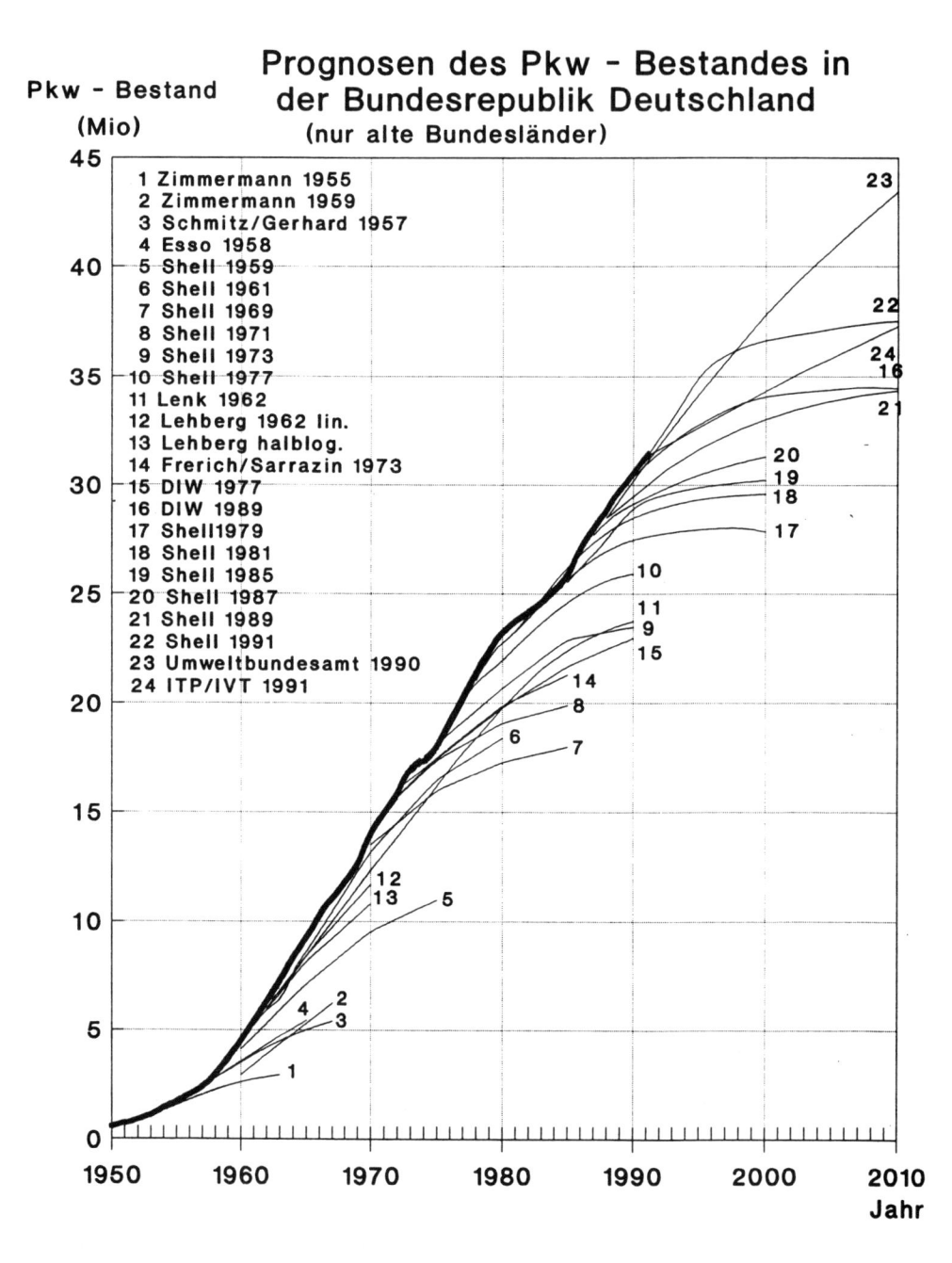

1 Zimmermann 1955
2 Zimmermann 1959
3 Schmitz/Gerhard 1957
4 Esso 1958
5 Shell 1959
6 Shell 1961
7 Shell 1969
8 Shell 1971
9 Shell 1973
10 Shell 1977
11 Lenk 1962
12 Lehberg 1962 lin.
13 Lehberg halblog.
14 Frerich/Sarrazin 1973
15 DIW 1977
16 DIW 1989
17 Shell 1979
18 Shell 1981
19 Shell 1985
20 Shell 1987
21 Shell 1989
22 Shell 1991
23 Umweltbundesamt 1990
24 ITP/IVT 1991

Jahr

**Abbildung1:** Prognosen des Pkw-Bestandes in Deutschland (alte Bundesländer)

# Güterverkehrsleistung mit Szenarien
## Mrd tkm

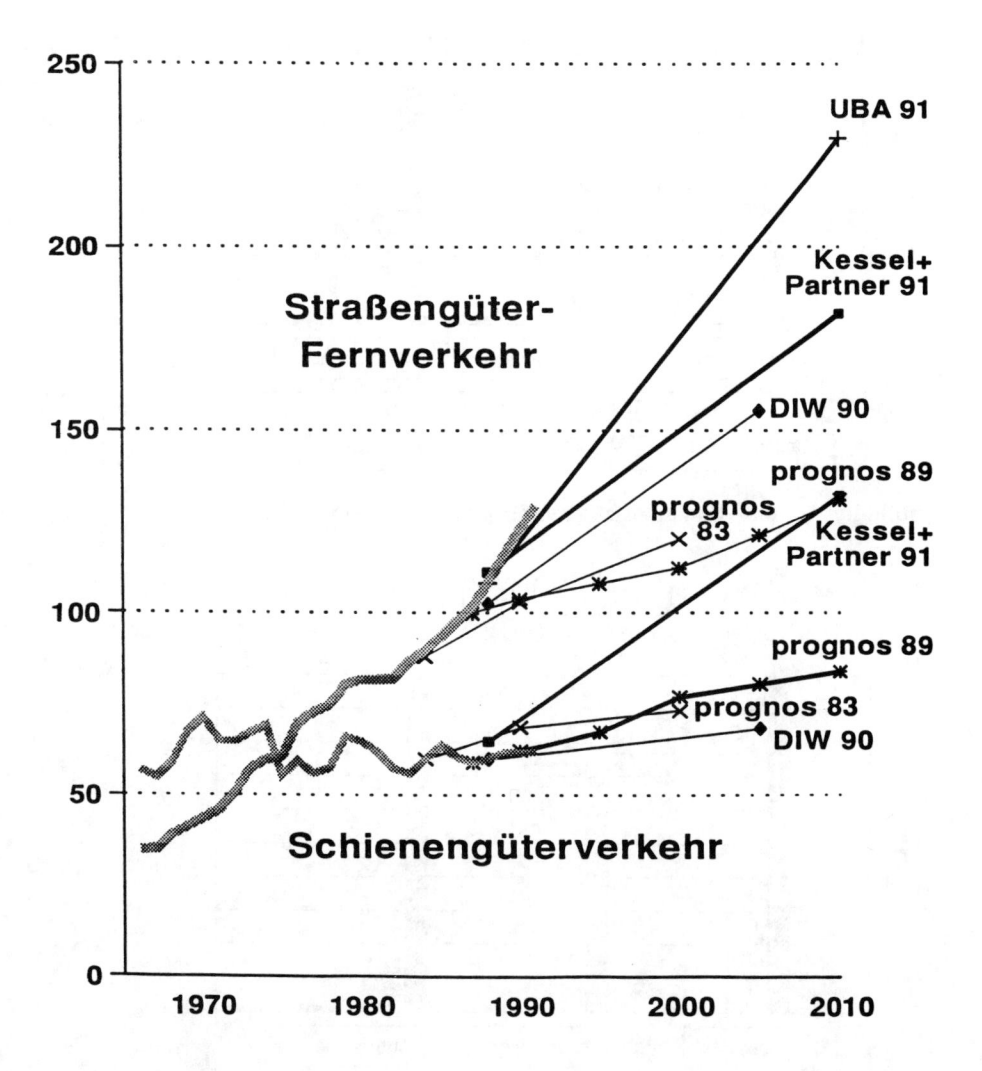

**Abbildung 2:** Entwicklung der Transportleistung des Schienen- und Straßengüterfernverkehrs

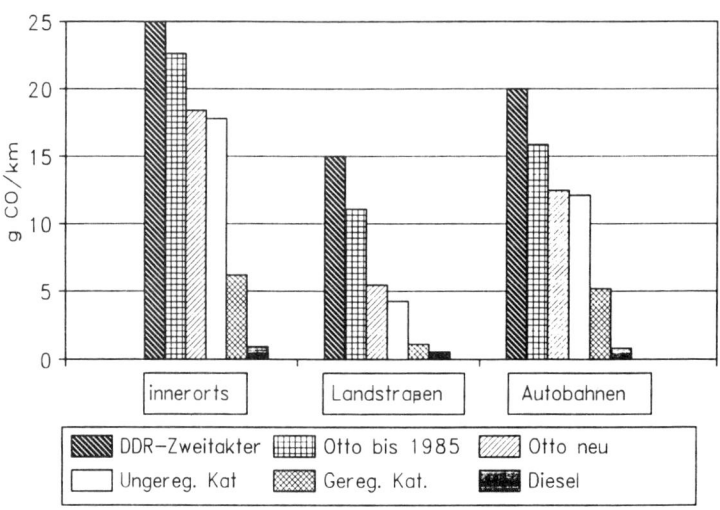

**Abbildung 3:** Pkw-Emissionsfaktoren für Kohlenmonoxid

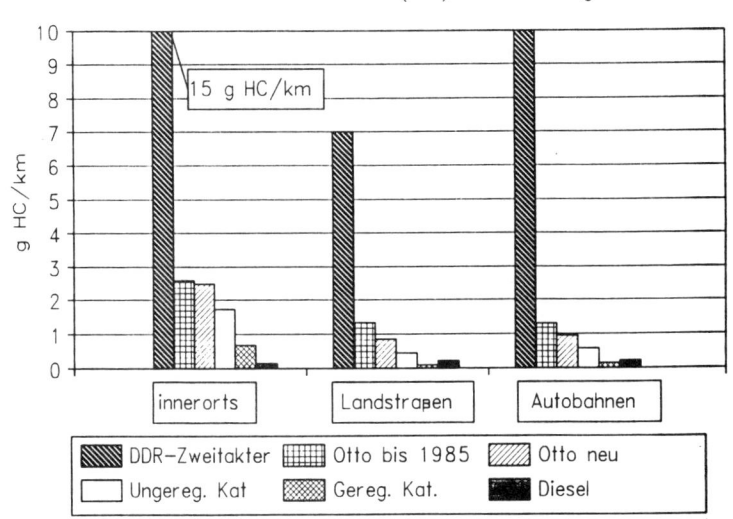

**Abbildung 4:** Pkw-Emissionsfaktoren für die Kohlenwasserstoff-Abgasemissionen

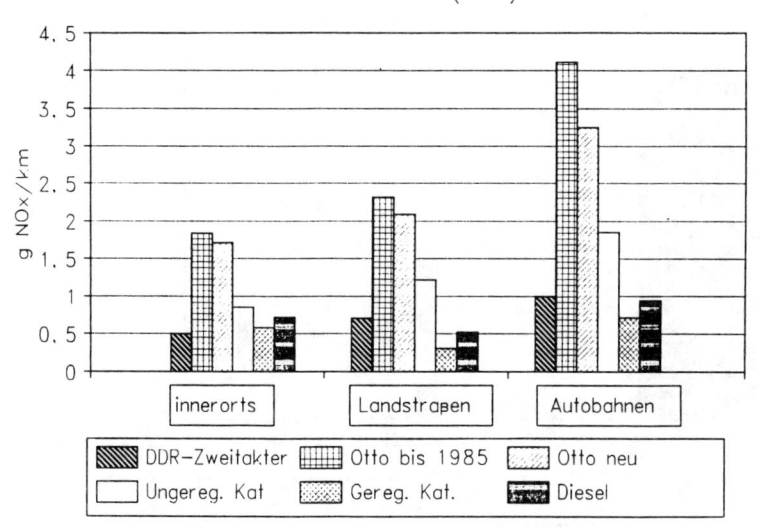

**Abbildung 5:** Pkw-Emissionsfaktoren für Stickstoffoxide

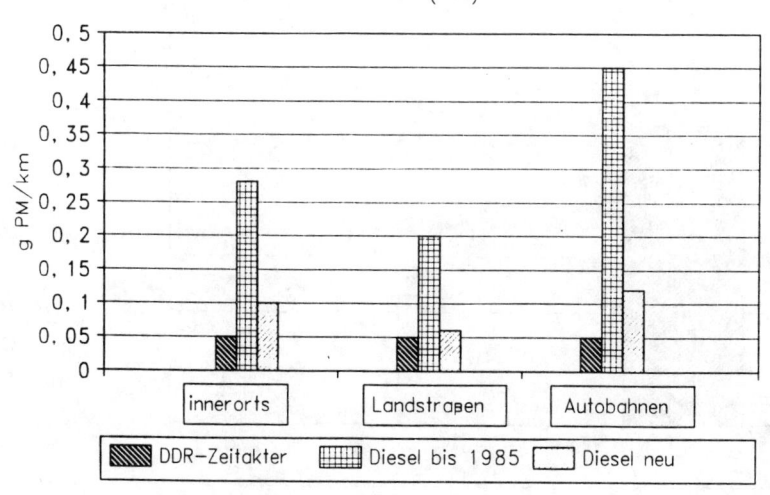

**Abbildung 6:** Pkw-Emissionsfaktoren für Partikel

## Schadstoffemissionen des Verkehrs
### Kohlenmonoxid (CO)

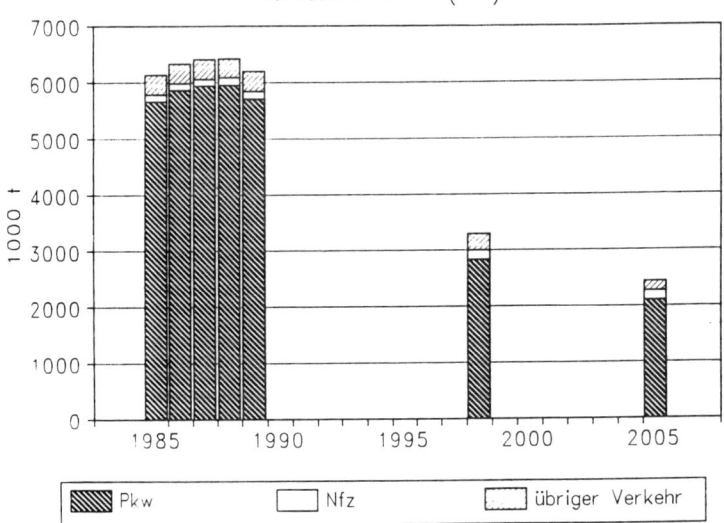

**Abbildung 7:** Entwicklung der Kohlenmonoxidemissionen des Verkehrs in den alten Bundesländern 1985 bis 2005

## Schadstoffemissionen des Verkehrs
### Kohlenwasserstoffe (HC)

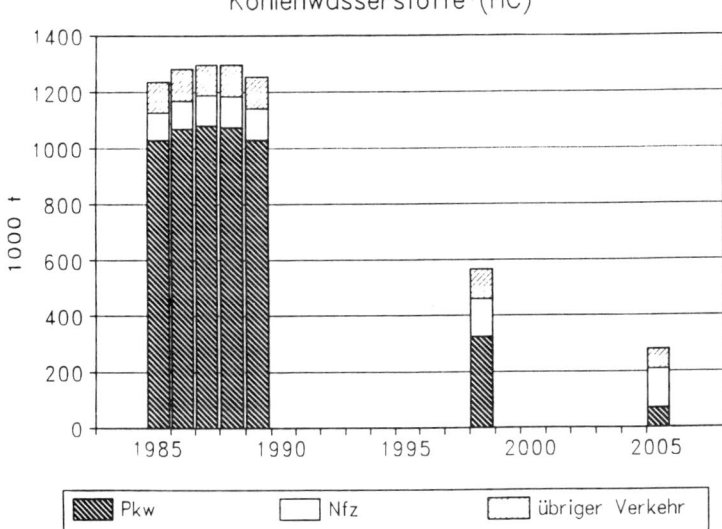

**Abbildung 8:** Entwicklung der Kohlenwasserstoffemissionen des Verkehrs in den alten Bundesländern 1985 bis 2005

## Schadstoffemissionen des Verkehrs
### Stickstoffoxide (NOx)

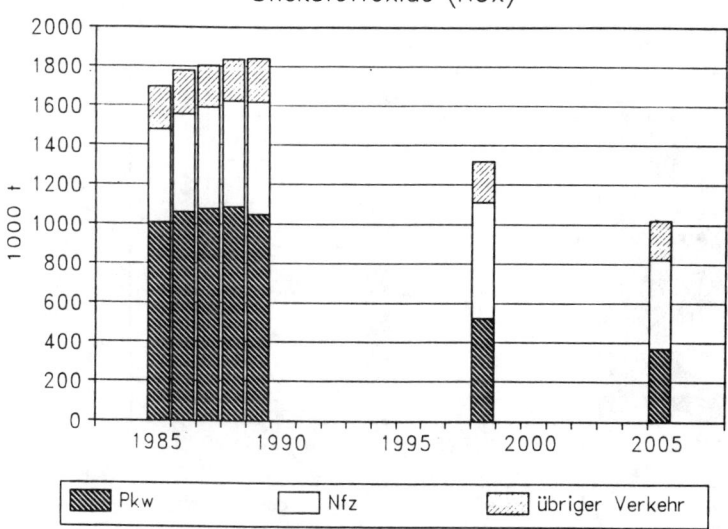

**Abbildung 9:** Entwicklung der Stickstoffoxidemissionen des Verkehrs in den alten Bundesländern 1985 bis 2005

## Schadstoffemissionen des Verkehrs
### Dieselpartikel (PM)

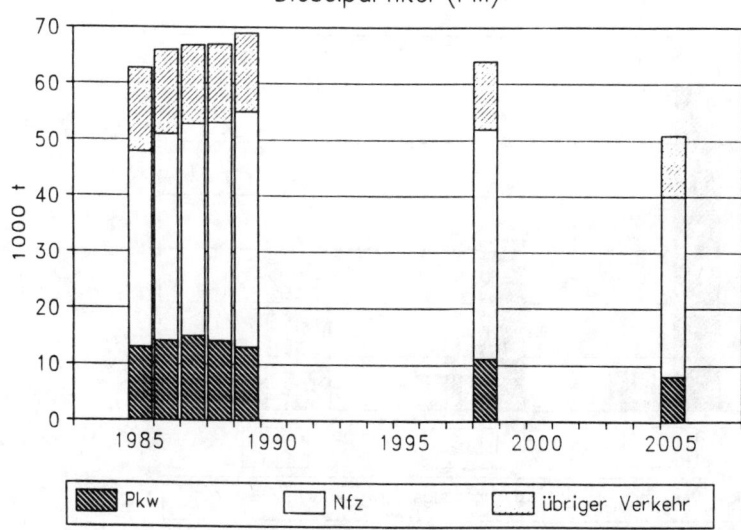

**Abbildung 10:** Entwicklung der Dieselpartikelemissionen des Verkehrs in den alten Bundesländern 1985 bis 2005

## Schadstoffemissionen des Verkehrs
### Kohlendioxid

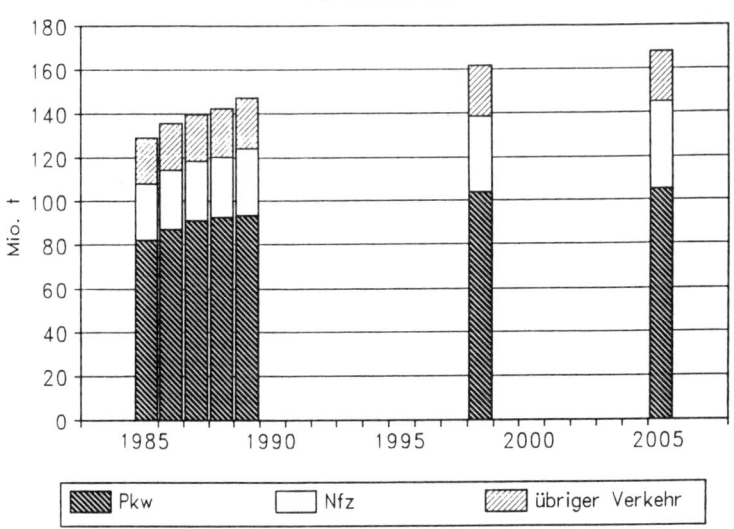

**Abbildung 11:** Entwicklung der Kohlendioxidemissionen des Verkehrs in den alten Bundesländern 1985 bis 2005

## CO-Emissionen des Verkehrs
### links: West-, rechts: Ostdeutschland

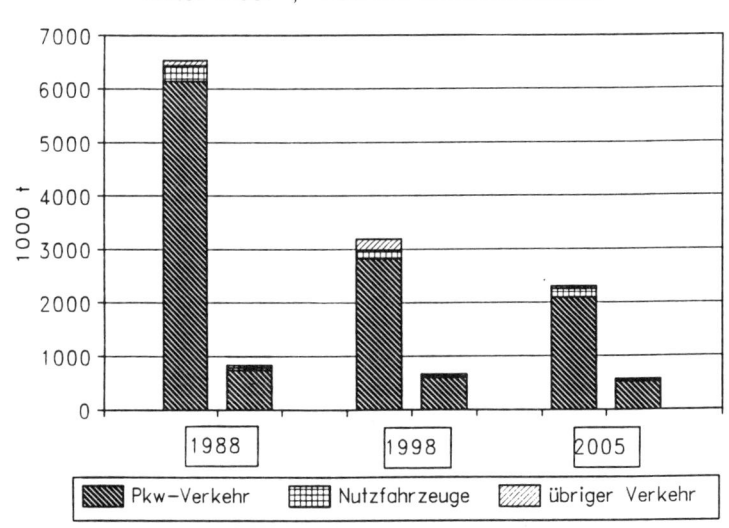

**Abbildung 12:** Kohlenmonoxidemissionen des Verkehrs in Deutschland 1988, 1998 und 2005

## HC-Emissionen des Verkehrs
links: West-, rechts: Ostdeutschland

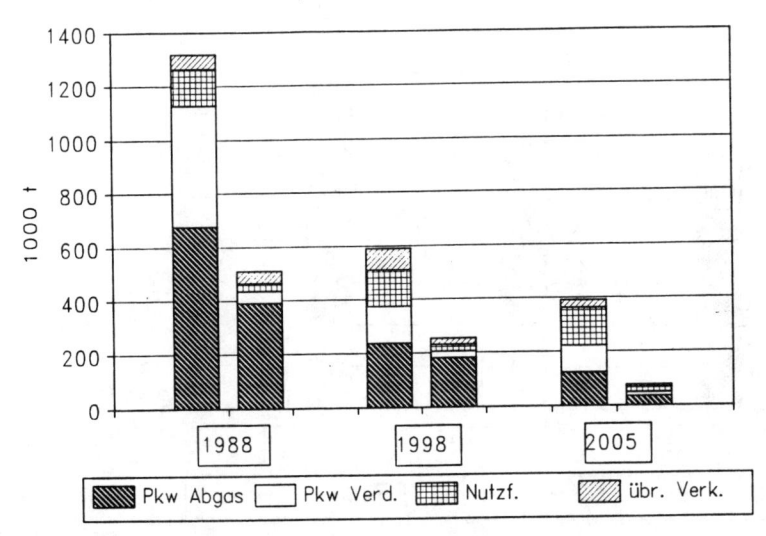

**Abbildung 13:** Kohlenwasserstoffemissionen des Verkehrs in Deutschland 1998 und 2005

## NOx-Emissionen des Verkehrs
links: West-, rechts: Ostdeutschland

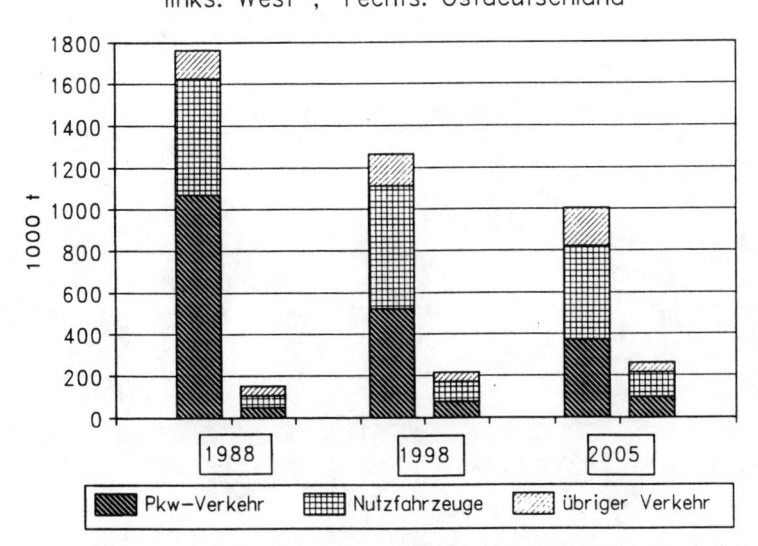

**Abbildung 14:** Stickstoffoxidemissionen des Verkehrs in Deutschland 1988, 1998 und 2005

## CO2-Emissionen des Verkehrs
### links: West-, rechts: Ostdeutschland

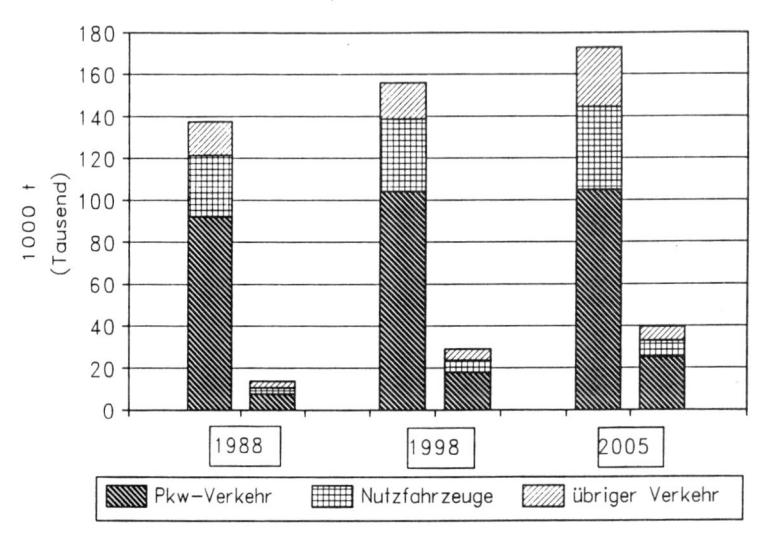

**Abbildung 15:** Kohlendioxidemissionen des Verkehrs in Deutschland 1988, 1998 und 2005

# Verkehrslärm in Städten und Lärmminderungspläne — Erfahrungen aus Modellvorhaben des Umweltbundesamtes

G. Penn-Bressel, Berlin

## Zusammenfassung

Flächenhafte Verkehrsberuhigung und Tempo-30-Zonen haben in den letzten Jahren entscheidend dazu beigetragen, Wohnumfeldverbesserungen und Lärmminderung in innerstädtischen Nebenstraßen zu erreichen. Für das Netz der innerstädtischen Hauptverkehrsstraßen besteht jedoch angesichts der hohen Belastungen weiterhin großer Handlungsbedarf. Da Schallschutzwände nur in Ausnahmefällen angewendet werden können und Schallschutzfenster lediglich als Notlösung zu betrachten sind, können hier erste Verbesserungen nur durch verkehrslenkende und verkehrsbeeinflussende Maßnahmen sowie Baumaßnahmen zur städtebaulichen Integration von Hauptverkehrsstraßen erzielt werden. Darüberhinaus ist es dringend erforderlich, Maßnahmen zur Stärkung umweltschonender Verkehrsträger zu ergreifen und mithilfe einer gezielten Stadtentwicklungsplanung einem weiteren Anwachsen des Verkehrsbedarfs entgegenzuwirken. Lärmminderungspläne können - sofern sie entsprechend umfassend angelegt werden - diese Ziele unterstützen indem sie die Belange des Lärmschutzes für die Bauleitplanung und die Verkehrsentwicklungsplanung konkretisieren und Anstoß zu einer verbesserten Koordination zwischen Straßenbaulastträgern, Straßenverkehrsbehörden, Verkehrsbetrieben, städtischen Planungsämtern und Umweltämtern geben.

## Einleitung

Straßenverkehrslärm ist in Deutschland nach wie vor die dominierende Lärmquelle. In den alten Bundesländern sind 69% der Bevölkerung hierdurch gestört (21% stark). In den neuen Bundesländern fühlen sich sogar 85% gestört (35% stark). Aus diesem Grunde besteht großer Handlungsbedarf für Lärmminderungsmaßnahmen. Lärm ist jedoch nicht die einzige negative Auswirkung des Straßenverkehrs: Luftverschmutzung, Verkehrsgefährdung, Flächenverbrauch, Stadtbildzerstörung wirken sich mindestens ebenso gravierend aus.

Aus diesem Grunde sind isolierte Lärmminderungsmaßnahmen nicht geeignet, Verkehrsprobleme in den Städten zu lösen, sondern es sind umfassende Problemlösungsstrategien erforderlich, die neben dem Lärm auch die übrigen negativen Folgen des Straßenverkehrs mildern.

Hierfür ist symptomatisch, daß Schallschutzwände an innerstädtischen Hauptverkehrsstraßen selbst da, wo sie wirksam sein könnten und genügend Fläche zum Aufstellen vorhanden ist, in der Bevölkerung auf wenig Gegenliebe stoßen. Zum Teil rufen sie in der Bevölkerung sogar wegen ihrer Trennwirkung massiven Widerstand hervor (P.G. Jansen et.al., 1989). Sie sind deshalb allenfalls in städtebaulichen Sondersituationen an autobahnähnlichen Trassen, die ja sowieso keine Querungsmöglichkeiten bieten, vorstellbar.

Schallschutzfenster werden hingegen von der Bevölkerung als Notlösung akzeptiert. Die subjektive Einschätzung der Wohnsituation und des Wohnumfeldes können sie jedoch nur marginal verbessern, weil die Lärmbelästigung sich weitgehend an der Wohnsituation bei geöffnetem Fenster orientiert. Können in einer Wohnung im Sommer die Fenster wegen Lärm nicht geöffnet werden, so wird dies als massive Beeinträchtigung der Lebensqualität empfunden (P.G. Jansen et. al., 1989).

Ebenso ungeschützt bleiben Freiräume wie Balkone und Gärten aber auch der Bürgersteig vor dem Haus. Geschlossene Bauweise und lärmgeschützte Wohnungsgrundrisse können den Bewohnern lärmbelasteter Gebiete zumindest Inseln der Ruhe verschaffen, was sich in Befragungsergebnissen auch positiv niederschlägt (Holzmann, Pohlmann und Schluchter, 1982).

Um über diese eng begrenzten Bereiche hinaus auch Verbesserungen im Wohnumfeld zu erzielen, hat das Umweltbundesamt in den letzten zehn Jahren eine ganze Reihe von Forschungs- und Modellvorhaben finanziert, über die im Folgenden berichtet werden soll.

### Flächenhafte Verkehrsberuhigung und Tempo 30

Gemeinsam mit der Bundesforschungsanstalt für Landeskunde und Raumordnung und der Bundesanstalt für Straßenwesen hat das Umweltbundesamt in sechs Modellstädten Maßnahmen zur Flächenhaften Verkehrsberuhigung sowie zur Einführung von Tempo-30-Zonen erprobt. Wenngleich Lärmminderung in diesen Vorhaben nur ein Anliegen unter mehreren war und Kompromisse somit erforderlich waren, so konnten doch in einigen Gebieten teils durch Verdrängung von Durchgangsverkehr und teils durch eine verlangsamte und verstetigte Fahrweise sowohl im Mittelungspegel als auch beim Vorbeifahrtpegel Lärmminderungen um bis zu 6 dB(A) erzielt werden.

Befragungen (Kastka, 1980) deuten überdies darauf hin, daß die subjektive Wirksamkeit von Lärmminderung durch Verkehrsberuhigung größer ist, als die Schallpegelabnahme vermuten läßt (der Verkehr wird als weniger bedrohlich erlebt und ist deshalb weniger störend), so daß u.U. bereits eine Schallpegelabnahme um 1 dB(A) als deutliche Verbesserung empfunden wird.

Die Ergebnisse dieses Modellvorhabens waren so überzeugend, daß inzwischen kaum noch eine Kommune in Deutschland existiert, die nicht auf Wunsch der Bürger zumindest kleine Tempo-30-Zonen eingerichtet hat. In einer repräsentativen Umfrage in Berlin 1991 sprachen sich 63% der Interviewten für eine Beibehaltung der bestehenden Tempo-30-Zonen und für die Einrichtung weiterer aus.

### Hauptproblem Hauptverkehrsstraßen

Es ist gegen die Verkehrsberuhigung oft eingewendet worden, sie entlaste Bevölkerungsteile, die ohnehin nicht stark belastet sind und verschärfe die Probleme in den Straßenzügen, wo schon vorher unerträgliche Belastungen herrschten. Dies ist so nicht zutreffend. Natürlich wird Durchgangsverkehr auf die Hauptverkehrsstraßen verdrängt, wobei sich allerdings das Verkehrsaufkommen dort meist um weniger als 10 % erhöht.
Andererseits ist es auch ein Ziel dieser Maßnahme, daß die Bewohner verkehrsberuhigter Zonen im Laufe der Zeit, ihre Gewohnheiten verändern und häufiger das Fahrrad nutzen oder zu Fuß gehen, so daß das Verkehrsaufkommen in diesen Gebieten langsamer wächst als es dem Trend entspricht, was sich mittelfristig auch auf den umliegenden Hauptverkehrsstraßen positiv auswirken sollte. In einigen verkehrsberuhigten Zonen deuten sich derartige Verhaltensänderungen bereits an.
Darüberhinaus war es jedoch von vornherein erklärtes Ziel des Modellvorhabens "Flächenhafte Verkehrsberuhigung", auch Verbesserungen an den gebietsbegrenzenden Hauptverkehrsstraßen zu erreichen, indem auch dort Maßnahmen zur Sicherstellung stadt- und umweltverträglicherer Fahrzeuggeschwindigkeiten (z.B. Tempo 50) und einer stetigen Fahrweise vorgeschlagen wurden. Baumaßnahmen zur Fahrbahnverengung sollen mehr Platz für Fußgänger und Fahrradfahrer oder Straßengrün schaffen und die sichere Überquerung der Hauptverkehrsstraßen an möglichst vielen Stellen erleichtern. Hauptverkehrsstrassen sind auch Hauptwohnstraßen und oft auch Hauptgeschäftsstraßen. Auch öffentliche Verkehrsmittel werden bevorzugt über diese Straßen geführt. Da hier viele verschiedene Interessen aufeinanderprallen, ist bei derartigen Maßnahmen eine **intensive Bürgerbeteiligung** unerläßlich.

Der Gedanke, der Straßenverkehrsordnung auch auf Hauptverkehrsstraßen Geltung zu verschaffen, war jedoch zu diesem Zeitpunkt noch so neuartig, daß nur in der Modellstadt Buxtehude auch eine Hauptverkehrsstraße in die Maßnahmendurchführung einbezogen werden konnte. In den übrigen Modellstädten lösten diese Vorschläge zunächst heftige Kontroversen aus. In einigen Städten ist jedoch nun der Bann gebrochen und auch an Hauptverkehrsstraßen werden Maßnahmen zur Verkehrsberuhigung durchgeführt (wenn auch nicht gerade an den Straßen, die durch diese Diskussion vorbelastet sind), wobei die bauliche Umgestaltung natürlich sehr behutsam und unter Berücksichtigung der örtlichen Gegebenheiten erfolgen muß und die Leistungfähigkeit der Straßen nur in begründeten Fällen reduziert werden darf.

Unabhängig von diesem Modellvorhaben wurden inzwischen in vielen Städten auch Hauptverkehrsstraßen baulich umgestaltet und in das Stadtbild integriert. Vorher-Nachher-Messungen an derartigen Straßen im Auftrag des Umweltbundesamtes (FIGE/Richter-Richard 1989) zeigten, daß bei unveränderter Verkehrsmenge durch **Geschwindigkeitsreduzierung** und **Verstetigung** der **Fahrweise** Minderungen des Mittelungspegels um 1 bis 3 dB(A) erzielbar sind, während die Vorbeifahrtpegel um 2 bis 5 dB(A) gemindert werden können.
Bei gleichmäßiger Fahrweise verringern sich Benzinverbrauch und Schadstoffausstoß. Bei niedrigerer Geschwindigkeit verringert sich auch die Emission von Stickoxiden. Andere Schadstoffe (CO) werden hingegen etwas stärker emitiert.
In einem weiteren Modellvorhaben des Umweltbundesamtes, das gerade begonnen wurde, sollen Planungsvorschläge für Ortsdurchfahrten vor allem in kleineren Gemeinden unterbreitet werden und die Umweltauswirkungen der realisierten Lösungen mit den Prognosen verglichen werden.

<u>**Lärmminderungspläne- Systematische Optimierung im Hauptverkehrsstraßennetz**</u>

Straßenverkehrslärm an Hauptverkehrsstraßen war auch der Schwerpunkt der Untersuchungen im Rahmen eines weiteren Modellvorhabens des Umweltbundesamtes "Lärmminderungspläne Niedersachsen", das zur Zeit kurz vor dem Abschluß steht. Ausgangspunkt für dieses Modellvorhaben waren die Schallimmissionspläne des Landes Niedersachsen - **flächendeckende**, farbige Lärmkarten - die das Land seinen Kommunen kostenlos als Planungshilfe zur Verfügung stellt.

Frühere Versuche zur Aufstellung von Lärmminderungsplänen beschränkten sich auf eng begrenzte Gebiete mit hoher Verkehrsbelastung. Ihr eingeschränkter Untersuchungsansatz erlaubte keine grundlegenden Vorschläge zu Veränderungen der Verkehrsführung im Hauptstraßennetz. Perspektiven für eine veränderte Verkehrsmittelwahl oder gar für eine verkehrsvermeidende Stadtplanung konnten hiermit nicht aufgezeigt werden. Die flächendeckenden niedersächsischen Schallimmissionspläne bieten jedoch diese Möglichkeiten.

Lärmminderungspläne sind durch den neu eingeführten §47a BImschG, inzwischen zur Pflichtaufgabe der Kommunen geworden.

Im Modellvorhaben "Lärmminderungspläne Niedersachsen" wurde in zwei ausgewählten Modellstädten (Lingen (Ems) und Nienburg/Weser) im ersten Schritt die Verkehrsführung im Hauptverkehrsstraßennetz dahingehend überprüft, ob Verkehrsverlagerungen und -bündelungen im **bestehenden Netz** (ggf. mit geringfügigen Netzergänzungen) sinnvoll und durchführbar sind. Besonderer Wert wurde dabei auf die Führung des LKW-Verkehrs sowie ein Parkleitsystem für die Innenstadt gelegt.
Hierzu ist eine intensive Diskussion mit den Straßenbaulastträgern, der Straßenverkehrsbehörde, Handel und Gewerbe sowie sonstigen Betroffenen erforderlich, wie sie im kleinerem Rahmen auch jeder Verkehrsberuhigung vorausgehen sollte, sowie eine umfassende verkehrliche und städtebauliche Bestandsaufnahme im Umfeld der Hauptverkehrsstraßen.
Im zweiten Schritt wurde für das Netz der Hauptverkehrsstraßen ein Konzept erarbeitet, das für die jeweiligen Straßenabschnitte Fahrzeuggeschwindigkeiten definiert, die unter Berücksichtigung der städtebaulichen und verkehrlichen Situation eine möglichst lärmarme Fahrweise erwarten lassen. Die empfohlenen Geschwindigkeiten liegen in der Regel zwischen 40 und 50 Km/h, in begründeten Einzelfällen (z.B. belebte Geschäftsstraße, Schulweg) bei 30 km/h, an anbaufreien Strecken u.U. auch bei 60-70 km/h. Des weiteren wurden Vorschläge für die bauliche Umgestaltung besonders problematischer Straßenabschnitte unterbreitet, die gleichzeitig auch die Verkehrsbedingungen für nichtmotorisierte Verkehrsteilnehmer verbessern sollen.

Die bauliche Umgestaltung kann in den weniger aufwendigen Fällen nach und nach im Rahmen der normalen Straßenunterhaltung durchgeführt werden. Dies gilt auch für die Ortsdurchfahrten von Bundesstraßen. In einem juristischen Gutachten wurden darüberhinaus die finanziellen Fördermöglichkeiten für aufwendigere bauliche Maßnahmen zusammengetragen.

Das juristische Gutachten (Institut für Umweltrecht Bremen, 1990) stellt auch die Möglichkeiten und Grenzen verkehrslenkender, verkehrsbeschränkender und verkehrsregelnder Maßnahmen auf der Grundlage des §45 StVO zum Schutz der Wohnbevölkerung vor Lärm und Abgasen dar. Sofern der Nachweis geführt wird, daß diese Anordnungen auf einem durchdachten Konzept und nicht auf dem "Sankt-Florians-Prinzip" basieren, hat die Straßenverkehrsbehörde mit dem §45 StVO eine gute Handhabe, um Lärmbelastungen auch an Hauptverkehrsstraßen zu verringern.

Der Lärmminderungsplan kann einen wesentlichen Beitrag dazu leisten, derartige Entscheidungen vorzubereiten, sofern eine entsprechend gründliche Bestandsaufnahme aller relevanten Umstände erfolgt.

Im dritten Schritt wurden nochmals Maßnahmen zur Verbesserung der Verkehrsbedingungen für Fußgänger und Fahrradfahrer systematisch zusammengestellt. Lingen und Nienburg bieten für eine verstärkte Förderung dieser Verkehrsarten wegen ihrer geringen flächenmäßigen Ausdehnung und ihrer topographischen Lage gute Voraussetzungen. In beiden Städten ist jedoch der ÖPNV nur noch rudimentär vorhanden. Dies ist typisch für kleinere westdeutsche Städte. Zumindest in Nienburg könnte jedoch der ÖPNV in Zukunft wieder etwas an Bedeutung gewinnen, weil die Stadt eine bessere Bahnverbindung nach Hannover erhalten soll. Es wurden organisatorische Maßnahmen vorgeschlagen, wie die Fahrgastinformation und die Bedienungsqualität verbessert werden können.

**Es für die Zukunft wichtig, einen allmählichen Wechsel des "Verkehrsklimas" herbeizuführen. Dazu gehört auch die Aufrechterhaltung einer Grundversorgung mit öffentlichen Verkehrsmitteln auch in kleineren Städten.**

In Großstädten sind hingegen die Probleme um Umwelt und Verkehr prinzipiell nur dann lösbar, wenn öffentliche Verkehrsmittel massiv gefördert werden.
Busspuren können in Straßenzügen, die sich dafür eignen, zur Lärmminderung sogar dreifach beitragen:

> Ein Teil des Verkehrs wird auf die Busse verlagert, wodurch pro beförderter Person weniger Lärm emittiert wird, als wenn der Betreffende mit dem Auto gefahren wäre.

> Der Abstand zwischen der ersten Fahrspur und dem Bürgersteig wird vergrößert.

> Der verbleibende Verkehr drängt sich dichter auf

weniger Fahrspuren; Überholvorgänge werden seltener, der Verkehrsfluß wird langsamer, stetiger und leiser.

**Auch in diesem Bereich gilt es, abgestimmte, gesamtstädtische Konzepte zu entwickeln.**

Ergänzend wurden in den Modellstädten die Handlungsspielräume der Städte in der Bauleitplanung bei der Nutzung noch vorhandener verlärmter Freiflächen untersucht, wobei es vor allem um die Frage ging, ob und ggf. mit welchen Auflagen hier überhaupt noch Wohnungen und Schulen gebaut oder Gewerbebetriebe angesiedelt werden können.

## Ausblick

Ein letzter, aber nicht unwesentlicher Punkt ließ sich im Rahmen dieses Vorhabens nicht mehr vertieft untersuchen: nämlich welche Strategien die Modellstädte langfristig ergreifen müßten, um den Zwang zur Mobilität zu verringern. Die "Stadt der kurzen Wege" läßt sich angesichts der historisch gewachsenen Strukturen und der heute vorherrschenden Funktionstrennung in Gebiete für Wohnen, Arbeiten, Einkaufen und Freizeit nicht von heute auf morgen realisieren. In Ostdeutschland, wo der Strukturwandel sich inzwischen in rasendem Tempo vollzieht, kommt diesem Aspekt jedoch auch kurzfristig eine große praktische Bedeutung zu.

Sowohl die Bundesforschungsanstalt für Landeskunde und Raumordnung als auch das Umweltbundesamt bemühen sich zur Zeit, sich diesem Thema im Rahmen weiterer Forschungs- und Modellvorhaben aus der Sicht des Städtebaus und der Sicht der Umwelt zu nähern.

# Technische Maßnahmen zur Emissionsminderung (Luft/Lärm) an Kraftfahrzeugen

**H. Klingenberg,** Wolfsburg

## ZUSAMMENFASSUNG

Die Abgas- und Lärmemission von Kraftfahrzeugen ist gesetzlich begrenzt. Die Grenzwerte werden fortlaufend herabgesetzt; in bezug auf die Abgasemission kommen neue emissionsbegrenzte Komponenten hinzu. Zur Reduzierung der Abgasemission bei Ottofahrzeugen hat sich der "geregelte" Dreiwegkatalaysator bewährt, dessen Wirksamkeit durch Weiterentwicklung, z.B. Beheizung, noch erhöht wird. Bei Dieselfahrzeugen, die schon vom Prinzip her eine sehr niedrige Emission gasförmiger Schadstoffkomponenten aufweisen, wurde in neuerer Zeit der "Umweltdiesel" eingeführt, bei dem durch "sanfte" Auflading des Motors und durch einen nachgeschalteten Oxydationskatalysator neben der weiteren Senkung der gasförmigen Schadstoffemissionen auch die Partikelemission vermindert wird. Alternativ angetriebene Fahrzeuge, wie Elektro- und Hybridfahrzeuge laufen schon in Großversuchen. Zur Verringerung der Lärmemission bieten sich im wesentlichen die Reduzierung der innermotorischen Schwingungen, die Optimierung der schalldämpfenden Eigenschaften der Auspuffanlage und des Luftfilters und, als passive Maßnahme, die Motorkapselung an. Die Abgas- und Lärmemission hängt auch wesentlich davon ab, wie das Fahrzeug betrieben wird.

## 1. EINLEITUNG

Das in der Bevölkerung allgemein gestiegene Interesse an Umweltfragen hat den Gesetzgeber schon vor längerer Zeit veranlaßt, Vorschriften über die Begrenzung der Abgas- und Lärmemission von Kraftfahrzeugen herauszugeben. Die Anforderungen wurden vom Gesetzgeber im Laufe der Jahre fortlaufend verschärft. Die Automobilindustrie war immer in der Lage, den Anforderungen zu genügen, also die Grenzwerte sicher zu erfüllen. Jedoch gibt es natürliche Grenzen: Ein Verbrennungsmotor wird nicht abgasfrei zu betreiben sein und bewegte Teile, sei es das Triebwerk oder der Reifen auf der Straße, sind immer die Ursache für die Abstrahlung von Schall. Auch ein Elektromotor ist nicht "abgasfrei", wenn man annimmt, daß der zur Aufladung der Batterien benötigte Strom aus mit fossilen Energieträgern betriebenen Kraftwerken stammt. Nur mit Wasser- oder Windkraft, Sonnen- oder Kernenergie kann Strom praktisch emissionsfrei erzeugt werden. Von diesen Quellen wäre zur Zeit nur die Kernenergie in der Lage, die für einen in größerem Ausmaße elektrifizierten Fahrzeugverkehr nötigen Strommengen zu liefern. Die Automobilindustrie hat hohe Summen und ein großes Ingenieurpotential investiert, um die Umweltbelastung durch Abgase und Lärm nach dem Stand der technischen Möglichkeiten zu mindern. Aus wirtschaftlicher Sicht darf jedoch auch eine, natürlich wissenschaftlich fundierte, Kosten/Nutzen-Analyse nicht tabuisiert werden.

## 2. ABGASMINDERUNG

Wenn ein aus Kohlenwasserstoffen zusammengesetzter Kraftstoff mit der zur Verbrennung notwendigen Mindestmenge von Luft (stöchiometrisches Verhältnis) oder mit einer Überschußmenge von Luft vermischt wird, kann theoretisch eine vollständige Verbrennung erreicht werden. Vollständige Verbrennung bedeutet, daß als Verbrennungsprodukte nur Wasser und Kohlendioxid entstehen. In der Praxis läßt sich die ideale chemische Umsetzung der Kohlenwasserstoffe zu Wasser und Kohlendioxid nicht erreichen, die Verbrennung ist unvollständig. Neben Wasser und Kohlendioxid tritt bei der unvollständigen Verbrennung noch eine Fülle anderer Komponenten auf, wie z.B. Kohlenmonoxid und die große Anzahl unverbrannter bzw. im Verbrennungsprozeß neu gebildeter Kohlenwasserstoffe und Kohlenwasserstoffderivate. Unter den Verhältnissen im Brennraum bilden sich außerdem Stickstoffoxide aus dem Sauerstoff und dem Stickstoff der Luft. Der Anteil dieser Komponenten, denen ein umweltschädigendes Potential zugeschrieben wird, ist allerdings sehr gering; er liegt bei Ottomotoren unter 2 Vol.%, bei Dieselmotoren unter 0,1 Vol.% des Gesamtabgases. Um diese ein Zehntel bis zwei Prozent geht es, wenn von technischen Maßnahmen zur Abgasemissionsminderung unmittelbar an der Quelle, also am Kraftfahrzeug, die Rede ist. Primäre Maßnahmen greifen dabei in den Verbrennungsprozeß, d.h. am Motor selbst, ein, sekundäre Maßnahmen werden im Rohabgas, d.h. im Abgasstrang, wirksam. Einen eigenen Stellenwert als Abgaskomponente hat das Kohlendioxid, das nicht zu den möglicherweise toxischen Stoffen zählt, jedoch wegen seines Beitrages zu der Verstärkung des "Treibhauseffektes" zunehmende Beachtung erlangt. Kohlendioxid wird sowohl bei der theoretischen vollständigen wie auch bei der realen unvollständigen Verbrennung in fast gleicher Menge erzeugt. Minderung kann hier nur die Reduzierung des Verbrauches an fossilem Kraftstoff bringen.

Derzeit ist die Emission von Kohlenmonoxid, der Summe der Kohlenwasserstoffe und von Stickstoffoxiden gesetzlich begrenzt. Unmittelbar bevorstehende bzw. in den USA schon eingeführte Änderungen der Abgasgesetzgebung betreffen die Hinzunahme von Methanol und Formaldehyd und die Einbeziehung der Kohlenwasserstoffderivate, insbesondere der teiloxydierten Kohlenwasserstoffe in die Summe der Kohlenwasserstoffe. Man hat, da das Methan weitgehend inert ist, für die verbleibende Gesamtheit der reinen und teiloxydierten Kohlenwasserstoffe die Bezeichnung "Non-Methane Organic Gases", abgekürzt NMOG, eingeführt. Im Rahmen eines in Kalifornien ab Modelljahr 1994 geltenden "Low-Emission Vehicle"-Programms werden die emittierten Kohlenwasserstoffe und Kohlenwasserstoffderivate im Hinblick auf ihr ozonbildendes Potential bewertet, womit erstmals die Festlegung von Grenzwerten von der auf eine bestimmte Reaktion bezogenen chemischen Reaktivität der emittierten Substanzen abhängig gemacht wird. Neben der Erhöhung der Anzahl der gesetzlich limitierten Abgasinhaltsstoffe werden die Grenzwerte, in der Folge der US-amerikanischen Luftqualitätsgesetzgebung, in absehbarer Zeit zum Teil drastisch verschärft. Die heute üblichen technischen Maßnahmen zur Emissionsminderung an Kraftfahrzeugen werden dann unter Umständen nicht mehr ausreichen. Die Automobilindustrie arbeitet aber daran, auch diesen äußerst hohen Anforderungen nachkommen zu können.

Die technischen Maßnahmen zur Abgasminderung, sowohl die motorischen als auch die Maßnahmen zur Abgasnachbehandlung, sind bei Ottomotoren und bei Dieselmotoren insofern verschieden, als man beim Dieselmotor zwar von einer a priori wesentlich geringeren Schadstoffemission als beim Ottomotor ausgehen kann, zusätzlich aber das Problem der Partikelemission auftritt.

## 2.1 Abgasminderung bei Ottomotoren

### 2.1.1 Motorische Maßnahmen

Die Fülle der Parameter, die einen Einfluß auf die Abgaszusammensetzung eines Ottomotors haben, wird in Bild 1 veranschaulicht.

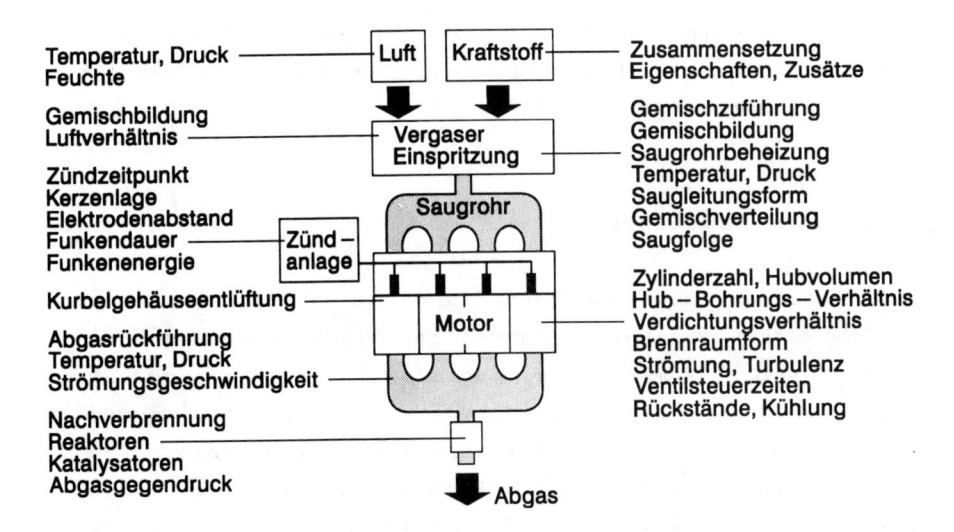

```
Temperatur, Druck ────── [Luft] [Kraftstoff] ────── Zusammensetzung
Feuchte                                              Eigenschaften, Zusätze

Gemischbildung                   Vergaser            Gemischzuführung
Luftverhältnis ──────           Einspritzung         Gemischbildung
                                                     Saugrohrbeheizung
Zündzeitpunkt                                        Temperatur, Druck
Kerzenlage                       Saugrohr            Saugleitungsform
Elektrodenabstand                                    Gemischverteilung
Funkendauer      ── Zünd-                            Saugfolge
Funkenenergie       anlage
                                                     Zylinderzahl, Hubvolumen
Kurbelgehäuseentlüftung                              Hub-Bohrungs-Verhältnis
                                 Motor               Verdichtungsverhältnis
Abgasrückführung                                     Brennraumform
Temperatur, Druck                                    Strömung, Turbulenz
Strömungsgeschwindigkeit ──────                      Ventilsteuerzeiten
                                                     Rückstände, Kühlung
Nachverbrennung
Reaktoren       ──────
Katalysatoren
Abgasgegendruck                  ▼ Abgas
```

Bild 1. Zusammenstellung der die Abgaszusammensetzung beeinflussenden Parameter

An der Verbesserung der Motoreigenschaften, nicht nur in bezug auf die Abgasemission, sondern auch in bezug auf z.B. Kraftstoffverbrauch und Laufruhe wird laufend gearbeitet. Allerdings ist ein Zielkonflikt nicht immer zu vermeiden. Auf alle Details kann hier nicht eingegangen werden. Die Gemischbildung bzw. das Luft/Kraftstoffverhältnis, die Abgasrückführung und der Katalysator werden im Zusammenhang mit den Maßnahmen zur Abgasnachbehandlung noch erörtert. Von den übrigen Parametern sollen diejenigen herausgegriffen werden, auf die während des Betriebs des Fahrzeuges Einfluß genommen werden kann. Allgemein gilt das für den Zündzeitpunkt, der nach dem heutigen Stand der Technik über einen Minicomputer, der auch noch andere Steuerfunktionen wahrnimmt, motorkennfeldabhängig gesteuert wird. Weitere Verstellmöglichkeiten sind noch im Forschungs- bzw. Entwicklungsstadium. Zum Beispiel wird an verstellbaren Ventilsteuerzeiten, an veränderbarem Hubraum, an variablen Saugrohren und an der Abschaltung von Zylindern bei geringerem Leistungsbedarf gearbeitet. Wesentlichen Einfluß auf die Schadstoffemission haben z.B. auch die Brennraumgestaltung und die Warmlaufeigenschaften des Motors. Generell kann die optimale Funktion des Motors nur durch regelmäßige Wartung sichergestellt werden.

### 2.1.2 Abgasnachbehandlung

Als Technik zur Abgasnachbehandlung hat sich der "geregelte" Dreiwegkatalysator durchgesetzt. Die Bezeichnung "Dreiwegkatalysator" kommt daher, daß drei Bestandteile des Abgases, und zwar Kohlenmonoxid, die Kohlenwasserstoffe und Stickoxid unter der katalytischen Wirkung von Edelmetallen in Kohlendioxid, Wasser und Stickstoff umgewandelt werden. Eigentlich gibt es nur zwei "Wege" zur chemischen Umwandlung von Abgasbestandteilen: Die Oxydation und die Reduktion. Beispiele der Umsetzungsmechanismen zeigt Bild 2. Wie man sieht, fungieren das im Abgas enthaltene Kohlenmonoxid als Reduktionsmittel zur Reduzierung von Stickoxid zu Stickstoff und der Restsauerstoff als Oxydationsmittel zur Oxydation von Kohlenmonoxid zu Kohlendioxid und von Kohlenwasserstoffen zu Kohlendioxid und Wasser.

Reduktion von NO zu Stickstoff:

$$2\,NO + 2\,CO \Longrightarrow N_2 + 2\,CO_2$$

Oxidation von CO und $C_m H_n$ zu $CO_2$:

$$2\,CO + O_2 \Longrightarrow 2\,CO_2$$
$$C_m H_n + (m + n/4)\,O_2 \Longrightarrow m\,CO_2 + n/2\,H_2O$$

Bild 2. Beispiele für durch den Dreiwegkatalysator eingeleitete bzw. beschleunigte chemische Umsetzungen

Die Schwierigkeit besteht darin, praktisch gleichzeitig reduzierende und oxydierende Bedingungen im Abgas zu schaffen. Beides gleichzeitig funktioniert nur, wenn ein stöchi-

ometrisches Luft/Kraftstoffgemisch vorliegt, was durch die
Luftzahl Lambda = 1 gekennzeichnet wird. Mit Hilfe der sog.
Lambda-Sonde, deren Signal zur Regelung des Luft/Kraft-
stoffgemisches eingesetzt wird, kann diese Bedingung innerhalb gewisser Grenzen eingehalten werden. Die Regelschwan-
kungen bilden das "Lambda-Fenster" das sehr eng um den
Punkt Lambda = 1 liegt. Bild 3 zeigt die mit einem Dreiwegkatalysator erzielbaren Konvertierungsgrade für Kohlenmonoxid (CO), bzw. Kohlenwasserstoffe (HC), bzw. Stickoxid
(NO) in Prozenten des Idealzustandes (100% = völlige Umwandlung) als Funktion der Luftzahl Lambda. Stickstoffdioxid ($NO_2$) spielt bei den Umsetzungsreaktionen am Katalysator keine Rolle, da es im Abgas vor dem Katalysator nur in
sehr geringer Menge vorhanden ist und sich erst an der Luft
durch Oxydation aus NO bildet.

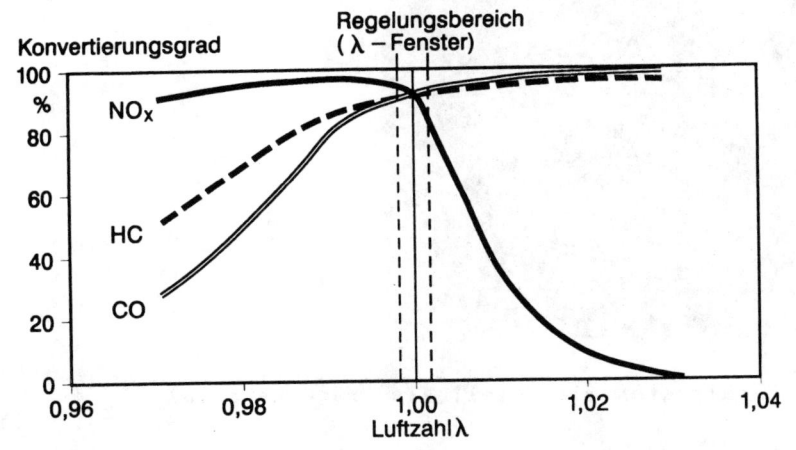

Bild 3. Katalysatorkonvertierungsgrad als Funktion der
Luftzahl

Die Wirkung sowohl der Lambdasonde als auch des Katalysators tritt erst bei einer Temperatur von mehr als etwa
300°C ein. Die Betriebstemperatur sollte zur Minderung der
Kaltstartemissionen so früh wie möglich erreicht werden.
Heute werden vorzugsweise beheizte Lambdasonden eingesetzt.
Das Erreichen der Betriebstemperatur des Katalysators hängt
auch von dessen Plazierung im Abgasstrang ab. Natürlich

wäre auch die Beheizung des Katalysators in der Kaltlaufphase vorteilhaft. Nachteilig ist hierbei der hohe Energiebedarf, der aber bei neueren Entwicklungen mit Metall als Katalysatorträgermaterial wegen dessen höherem Wärmeleitvermögen und der damit verbundenen schnelleren Erwärmung nur relativ kurze Zeit benötigt wird. Allerdings muß auch Sorge getragen werden (z.B. durch entsprechende Ummantelung), daß der Katalysator nicht zu schnell im Leerlaufbetrieb oder in kurzen Betriebspausen des Fahrzeuges abkühlt. Bild 4 zeigt den Aufbau eines Katalysators mit Metallträger im Querschnitt.

Bild 4. Katalysator mit Metall als Trägermaterial


## 2.2 Abgasminderung bei Dieselmotoren

Der Dieselmotor emittiert aufgrund seines Arbeitsprinzips wesentlich geringere Schadstoffmengen als der Ottomotor. Wie Bild 5 beispielhaft anhand von typischen Werten verdeutlicht, liegt die Kohlenwasserstoffemission auf etwa demselben Niveau wie die entsprechende Emission eines Ottomotors mit Dreiwegkatalysator, die Kohlenmonoxidemission liegt niedriger. Die Stickoxidemission liegt höher als die eines Ottomotors mit Katalysator, aber immer noch wesentlich niedriger als die eines Ottomotors ohne Abgasnachbehandlung.

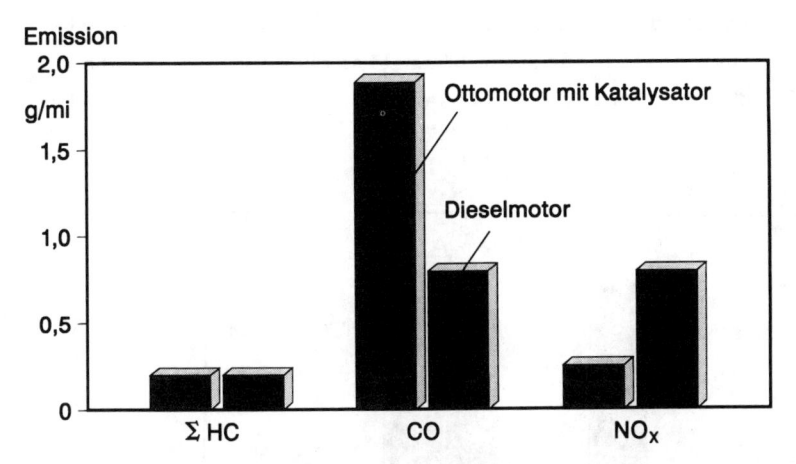

Bild 5. Typische Emissionswerte von ΣHC, CO, und NOx aus Ottomotoren mit Katalysator und aus Dieselmotoren im US-Abgastest

Die Stickoxidemission, das gilt auch für den Ottomotor, kann durch die sog. Abgasrückführung reduziert werden. Dabei wird eine definierte Teilmenge des Abgases aus dem Auspuffsystem in die Brennräume zurückgeführt. Praktisch bedeutet dies die Zumischung eines Inertgases zum Luft/Kraftstoffgemisch, womit die Verbrennungstemperatur und damit die Stickoxidproduktion herabgesetzt werden.

Ein Problem beim Dieselmotor ist die Partikelemission. Versuche mit Partikelfiltern haben bisher noch nicht zu einem in der Praxis dauerhaft einsetzbaren Filter geführt. In neuerer Zeit werden sog. Umweltdiesel serienmäßig eingebaut, wobei die Partikelbildung durch eine "sanfte" Aufladung vermindert wird. Sanfte Aufladung bedeutet, daß, bei gleicher Kraftstoffzufuhr, mehr Luft in die Brennräume gefördert wird. Zusätzlich wird ein Oxydationskatalysator eingebaut, der einen Teil des Kohlenmonoxides und einen

Teil der im heißen Abgas gasförmig vorliegenden Kohlenwasserstoffe nachverbrennt, auch die, die sich später - bei Abkühlung nach Austritt aus dem Auspuff - an den Partikeln anlagern könnten. Bild 6 zeigt die Gesamtkohlenwasserstoff- die Kohlenmonoxid-, die Stickstoffoxid- und die Partikelemission eines und desselben Dieselfahrzeuges (VW Jetta 1,9 l; 55 kW) mit und ohne Einsatz eines Oxydationskatalysators.

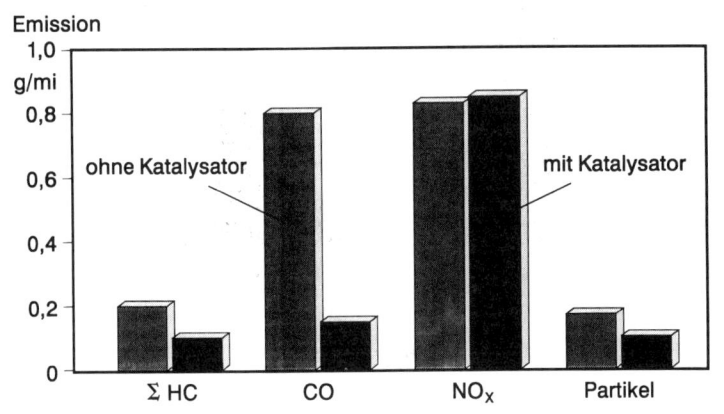

Bild 6. Emissionen eines Dieselmotors mit und ohne Oxydationskatalysator

## 2.3 Hybridantrieb

Unter der Prämisse, daß Emissionen aus Kraftfahrzeugmotoren besonders in Städten eine hohe Umweltbelastung darstellen, bietet sich der Elektroantrieb für Stadtfahrten an. Auf den reinen Elektroantrieb und die damit verbundenen technischen Probleme wird im nächsten Abschnitt eingegangen. Hier soll ein Konzept behandelt werden, dessen Alltagstauglichkeit schon jetzt im Großversuch getestet wird: Der Hybridantrieb. Unter Hybridantrieb versteht man in diesem Falle, daß in das Fahrzeug zwei Motoren, ein Verbrennungsmotor und ein Elektromotor eingebaut sind. Entweder automatisch oder auf Fahrereingriff übernimmt der eine oder der andere Motor den Antrieb. Das Konzept des Hybridantriebes zeigt Bild 7.

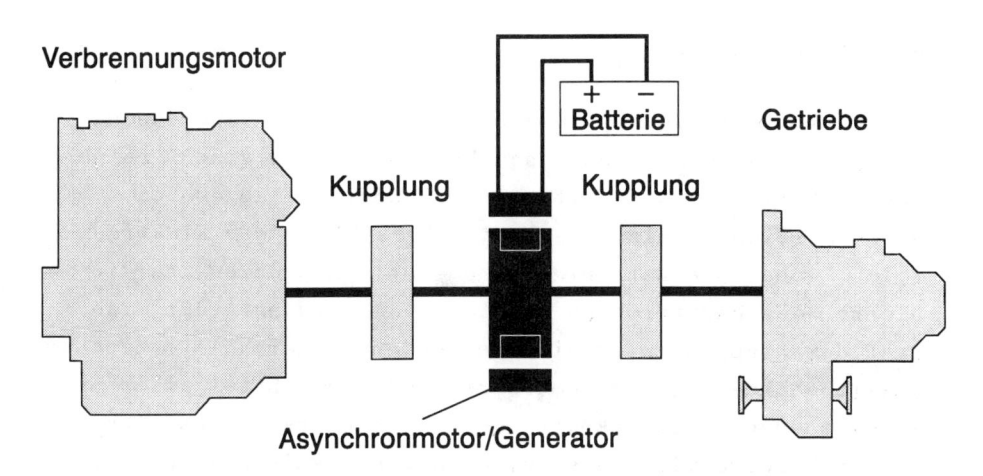

Bild 7. Hybridantrieb

Der Elektromotor, der anstelle der Schwungscheibe in den Antriebsstrang eingesetzt ist, dient zum Fahrzeugantrieb bei Stadtfahrten. Als Antriebsquelle für längere, im wesentlichen außerstädtische Fahrten dient ein Dieselmotor. Die Ergebnisse von Emissionsmessungen mit einem HYBRID-GOLF im europäischen (ECE) Abgastest, zusammen mit den Kraftstoffverbrauchswerten, zeigt Bild 8. Während des Testlaufes wird automatisch, abhängig von der Last, auf Elektro- oder auf Dieselantrieb umgeschaltet.

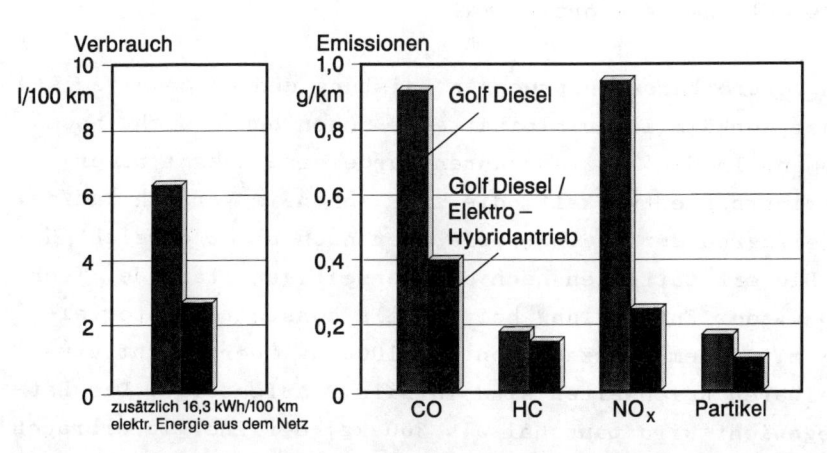

Bild 8. Abgasemissionen und Verbrauch eines Hybrid-Golf im Vergleich zu einem serienmäßigen Dieselgolf

## 2.4 Elektroantrieb

"Abgas-Nullemissionen" lassen sich mit einem Verbrennungsmotor, vom Einsatz exotischer Kraftstoffe, wie z.B. reiner Wasserstoff vermischt mit reinem Sauerstoff abgesehen, nicht erreichen. Als Alternative bleibt nur der Elektroantrieb, wobei die Batterie, im wesentlichen deren Energiedichte, das Hauptproblem darstellt. Allerdings läßt sich nach dem Stand der Technik die Forderung der kalifornischen Umweltbehörde, daß ab dem Jahre 2003 ein Zehntel aller neu zugelassenen Personenkraftwagen "Zero Emission Vehicles", also Fahrzeuge mit Abgas-Nullemissionen sein müssen, nur mit dem Elektroantrieb erfüllen. Allerdings werden von der kalifornischen Behörde, wie im folgenden aufgezeigt wird, recht hohe Anforderungen gestellt:

- Reichweite >100 Meilen
- Geschwindigkeit (max) >65 mph
- Steigungen mit 6% mit 65 mph befahrbar
- Beschleunigung 0-60 mph = 8 s
- Nachladezeit <6 h bei Normalladezeit
- Klimaanlage
- Heizung bis 4°C ohne Benzin
- alle üblichen Komfortmerkmale.

Einem vertretbaren Anspruch an Leistung und Reichweite ist mit der herkömmlichen Bleibatterie schon heute nicht nachzukommen. In den letzten Jahren wurde eine Anzahl neuer Batterietypen entwickelt, die zwar schon im Versuch laufen, den Reifegrad der Bleibatterie aber noch nicht erreicht haben. Die mit Batterien nach dem derzeitigen Stand der Technik bzw. der Entwicklung bei jeweils konstanter Motorleistung mit einem Fahrzeug von ca. 1000 kg Leergewicht etwa erzielbaren Reichweiten sind in Bild 9 aufgezeigt. Das Batteriegewicht wird pauschal als 300 kg, der Energieverbrauch zu 140 Wh/km angenommen.

## Reichweite bei konstanter Leistung pro Entladung

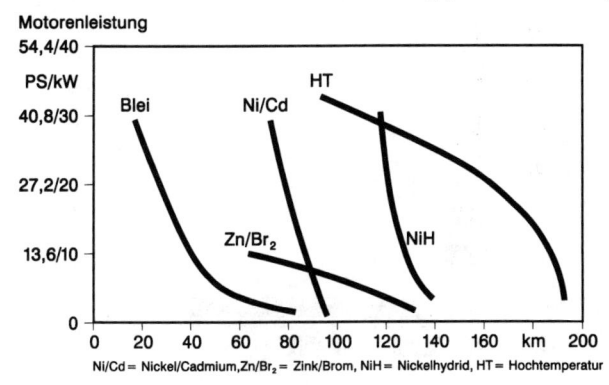

Motorenleistung

[Diagramm: x-Achse km (0–200), y-Achse PS/kW (0; 13,6/10; 27,2/20; 40,8/30; 54,4/40); Kurven: Blei, Ni/Cd, Zn/Br$_2$, NiH, HT]

Ni/Cd = Nickel/Cadmium, Zn/Br$_2$ = Zink/Brom, NiH = Nickelhydrid, HT = Hochtemperatur

Bild 9. Mit verschiedenen Batterietypen erzielbare Reichweite bei konstanter Motorleistung

Die höchste Energiedichte weisen Batterien auf Natrium/Schwefel-Basis oder auf Natrium/Nickelchlorid-Basis auf. Diese Batterien müssen aber, da sie mit flüssigem Natrium als "Elektrolyt" arbeiten, auf einer Betriebstemperatur von rund 300°C gehalten werden. Die mit HT bezeichnete Kurve in Bild 9 stellt einen mittleren Wert aus den Daten von Batterien auf Natrium/Schwefel- und auf Natrium/Nickelchloridbasis dar. Die Kosten für eine HT-Batterie sind, bezogen auf eine serienmäßige Herstellung, noch nicht abschätzbar. Zudem ist die Unfallsicherheit umstritten.

Zum Vergleich der masse- und volumenbezogenen Energiedichten von fossilen Kraftstoffen (flüssigen Kohlenwasserstoffen), von Wasserstoff und von Elektrizität als Energieträger in Kraftfahrzeugen dient die graphische Darstellung in Bild 10. Selbst die Hochleistungsbatterien weisen, bei demselben Energieinhalt, immer noch eine um mehr als den Faktor 30 höhere Masse auf als eine Tankfüllung.

Entwicklungswege, die die Energiedichte elektrischer Energieträger zumindest in die Nähe der Energiedichte von flüssigen Kohlenwasserstoffen bringen, sind noch nicht abzusehen.

|  | Masse in kg | Raumbedarf in l |
|---|---|---|
| Benzin | 47 | 67 |
| Diesel | 32 | 46 |
| Alkohole | 67 | 86 |
| – Ethanol | | |
| – Methanol | 75 | 97 |
| Wasserstoff | 124 | 250 |
| – flüssig | | |
| – Hydrid | 1048 | 264 |
| Elektrizität | 5300 | 2040 |
| – Bleibatterie | | |
| – Na/S – Batterie | 1550 | 1430 |

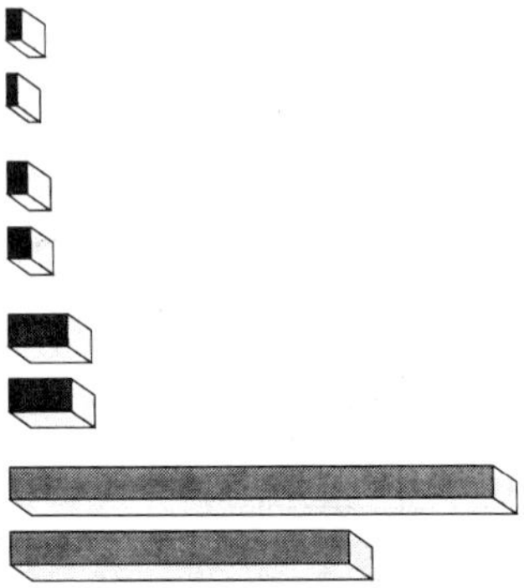

Bild 10. Energiedichten verschiedener in Fahrzeugen nutzbarer Energieträger

Als Beispiel für die Leistungsfähigkeit eines Elektrofahrzeuges sind nachstehend die technischen Daten eines bereits seit einiger Zeit im Großversuch laufenden Fahrzeuges mit Natrium/Schwefel-Batterie wiedergegeben. Mit diesem Fahrzeug lassen sich die Forderungen der kalifornischen Umweltbehörde noch nicht erfüllen.

- Reichweite                120 km
- Höchstgeschwindigkeit     105 km/h
- Beschleunigung
  von 0-50 km/h             12 s
- Motorleistung             12/22 kW
- Batterie
  Spannung                  120 V
  Gewicht                   276 kg
- Leergewicht               1200 kg
- Zuladung                  330 kg

## 3. LÄRMMINDERUNG

Das Kraftfahrzeugaußengeräusch setzt sich im wesentlichen aus folgenden Anteilen zusammen:

- Geräusch der Antriebsaggregate (Motor, Getriebe, Lüfter usw.)
- Geräusch der Abgasanlage,
- Geräusch des Ansaugsystems,
- Rollgeräusch,
- Windgeräusch.

Windgeräusche spielen im Stadtverkehr praktisch keine Rolle, da sie sich erst ab Geschwindigkeiten von ca. 100 km/h bemerkbar machen.

Die wichtigsten schallabstrahlenden Teile am Beispiel eines frontgetriebenen Fahrzeuges zeigt Bild 11.

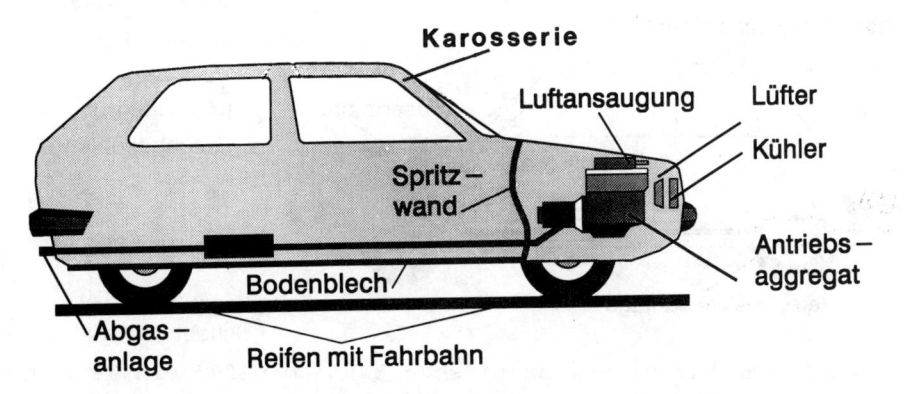

Bild 11. Schallabstrahlende Teile eines Fahrzeuges

Das Aggregategeräusch geht in erster Linie auf das Verbrennungsgeräusch und auf die von den oszillierenden Massenkräften im Motor erzeugten Geräusche zurück. Die Dämmung des Verbrennungsgeräusches wird von der Auslegung der Abgasanlage und des Luftfilters beeinflußt. Die Luftfilter sind in heutigen Kraftfahrzeugen auch in bezug auf ihre geräuschdämmende Funktion optimiert. Die Geräuschentwicklung durch die Massenkräfte, die durch die Bewegung von Kolben, Pleuel und Kurbelwelle entstehen, sind konstruktionsbedingt. Im allgemeinen läuft z.B. ein Sechszylindermotor leiser als ein Vierzylindermotor. Generell ist natürlich die Geräuschemission von der Motordrehzahl abhängig; der meiste Lärm wird beim Beschleunigen verursacht.

Eine Maßnahme zur Reduzierung des vom Motor erzeugten Aussengeräusches ist die Kapselung, wobei man zwischen der Motorkapselung direkt um den Motor und der motorfernen Karosseriekapselung unterscheidet. Bei beiden Kapselarten muß durch geeignete konstruktive Maßnahmen sichergestellt werden, daß sich die Motortemperaturen nicht unzulässig erhöhen. Die wichtigsten thermischen und akustischen Maßnahmen für ein Fahrzeug mit Karosseriekapselung sind in Bild 12 zusammengestellt.

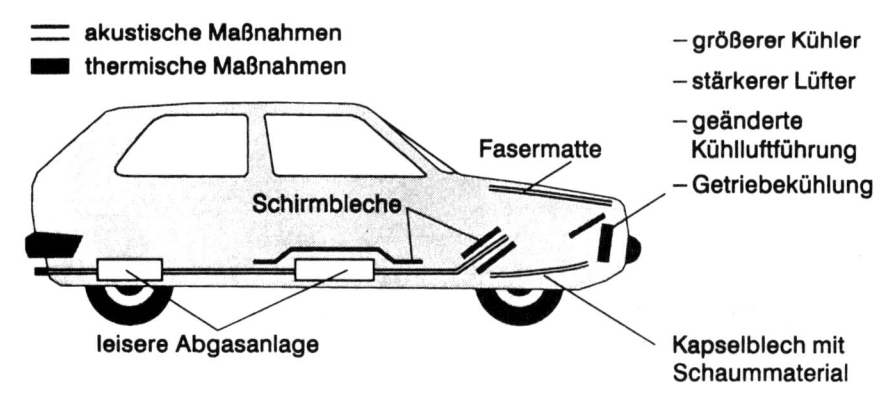

Bild 12. Thermische und akustische Maßnahmen für ein Fahrzeug mit Karosseriekapselung

Die mit der Karosseriekapselung erreichbare Absenkung des Außengeräuschpegels zeigt Bild 13. In dem Bild ist auf der linken Skala der Schalldruckpegel, auf der rechten Skala die Vorbeifahrgeschwindigkeit an der Meßstelle und auf der Abszisse die Entfernung von der Schallmeßstelle jeweils für die linke und rechte Fahrzeugseite (gespiegeltes Bild) dargestellt. Man sieht zum Beispiel, daß durch die Kapselung der Maximalpegel des Außengeräusches von ca. 80 dB(A) auf ca. 73 dB(A), d.h. um 7 dB(A), abgesenkt wird.

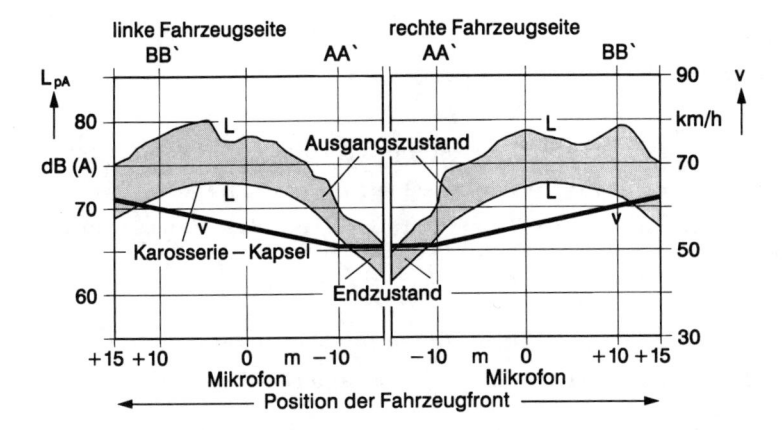

Bild 13. Außengeräuschpegel für ein Fahrzeug mit und ohne Karosseriekapsel

Das Rollgeräusch trägt im allgemeinen mehr zum Außengeräusch eines Personenkraftwagens bei als das Motorgeräusch. Bild 14 zeigt den Gesamtschallpegel und die Schallpegel von Roll- und Motorgeräusch in Abhängigkeit von der Geschwindigkeit jeweils als Pegelmittelwert einer größeren Anzahl von Fahrzeugen, gemessen bei Konstantfahrt.

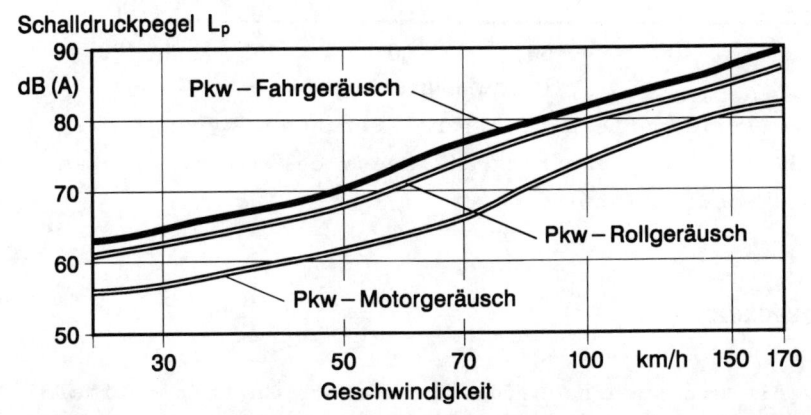

Bild 14. Schallpegel des Außengeräusches eines Personenkraftwagens zusammengesetzt aus Roll- und Motorgeräusch

Das Rollgeräusch eines Fahrzeuges ist abhängig

- von den Reifen
- von der Fahrgeschwindigkeit
- vom Straßenbelag und
- von der Fahrbahnbeschaffenheit.

Das Rollgeräusch ist also vorwiegend vom Reifenhersteller und nur bedingt vom Fahrzeughersteller beeinflußbar. Die Hauptanforderung an die Reifen ist überdies die Fahrsicherheit.

Den Einfluß des Straßenbelages auf das Rollgeräusch eines Personenkraftwagens, der sich mit abgeschaltetem Motor bewegt, zeigt Bild 15.

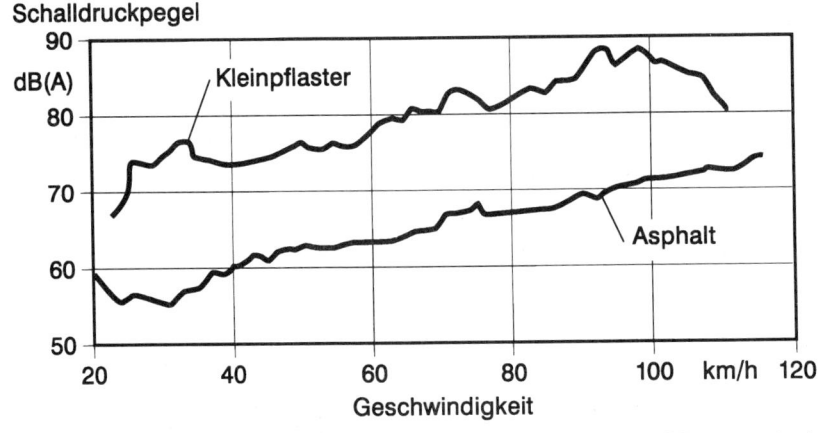

Bild 15. Einfluß unterschiedlicher Straßenbeläge auf das Rollgeräusch eines Personenkraftwagens bei abgeschaltetem Motor und Konstantfahrt

## 4. FOLGERUNGEN

Die derzeit und auch noch für die nächste Zukunft optimale Maßnahme zur Reduzierung umweltbelastender Abgasemissionen ist beim Ottomotor der "geregelte", in Zukunft beheizte

Dreiwegkatalysator. Das gilt auch für den Betrieb des Fahrzeuges mit einem alternativen Kraftstoff, wozu z.B. Methanol und verflüssigte Gase zählen. Durch Verbesserungen am Katalysator, insbesondere durch die Beheizung in der Startphase, könnten die Kaltstartemissionen drastisch verringert werden. Beim Dieselmotor bietet sich zur weiteren Senkung der Abgasemissionen das im "Umweltdiesel" angewendete Verfahren mit "sanfter" Aufladung und nachgeschaltetem Oxydationskatalysator an. Partikelfilter gleich welchen Prinzips erfordern bis zur Serienreife noch einige Entwicklungsarbeit.

Der Elektroantrieb wird, trotz der noch vorhandenen Nachteile wie Reichweite, Batterielebensdauer usw., im Stadtverkehr zunehmende Bedeutung erlangen. In bezug auf die Reichweite und wegen verminderter Ansprüche an die Batterie und das Vorhandensein von Ladestationen bietet das Hybridantriebskonzept Vorteile. Die Weiterentwicklung der reinen Elektrofahrzeuge wird nicht zuletzt durch die Forderung der kalifornischen Umweltbehörde nach einem Anteil von "Nullemissionsfahrzeugen" an der Fahrzeugflotte jedes Herstellers einen Auftrieb erhalten. Das Außengeräusch ist praktisch nur noch durch das Rollgeräusch bestimmt.

In bezug auf die Lärmemission von Fahrzeugen mit Verbrennungsmotor sind die Reduzierung der durch die im Motor wirkenden Massen- und Gaskräfte verursachten Schwingungsamplituden, eine Verbesserung der Schalldämmung an Auspuffanlage und Luftfilter und sekundäre Maßnahmen, wie z.B. die Motorkapselung wirksam. Die in näherer Zukunft möglichen abgeschätzten Absenkungen des Außengeräuschpegels sind in Tabelle 1 zusammengestellt. Eine Addition der einzelnen Werte ist natürlich nicht möglich.

| Bauteil bzw. Maßnahme | Mögliche Absenkung in dB(A) |
|---|---|
| Antrieb mit Ansaug- und Abgasanlage | ca. 2 |
| Reifen | ca. 1 |
| Fahrbahn | ca. 3 |
| Kapselung | ca. 6 |

Tabelle 1. Mögliche Maßnahmen zur Außengeräuschminderung und ihre Wirkung

Von beträchtlichem Einfluß auf die Abgas- und Lärmemission ist natürlich auch die Fahrweise, wofür neben dem Fahrer selbst auch verkehrslenkende Maßnahmen verantwortlich sind. Bei verkehrslenkenden Maßnahmen unterscheidet man passive Systeme, die sich nur auf den verfügbaren Verkehrsraum beziehen und aktive Systeme, die durch Kommunikation mit dem Fahrer den Verkehrsraum besser ausnutzen. Volkswagen hat schon vor einigen Jahren ein aktives Verkehrsleitsystem vorgestellt, das durch Vorgaben an den Fahrer für einen besseren Verkehrsfluß sorgt. Die Strecke wurde in zahlreichen Versuchsfahrten abwechselnd mit und ohne Beachtung der Verkehrsflußinformationen durchfahren. Die dabei erzielten Abgasemissions- und Verbrauchsminderungen sind, als Prozentwerte, in Bild 16 zusammengestellt. Entsprechend sinkt der Außengeräuschpegel.

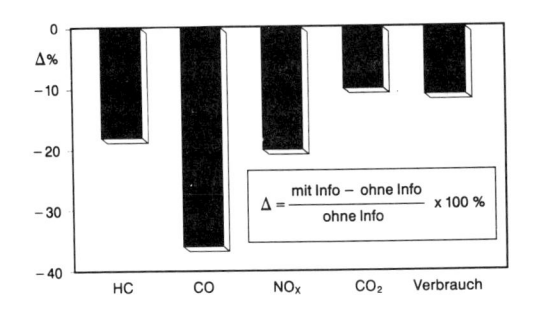

$$\Delta = \frac{\text{mit Info} - \text{ohne Info}}{\text{ohne Info}} \times 100\,\%$$

Bild 16. Beispiel für Verbrauchs- und Emissionsminderungen durch ein Verkehrsleitsystem

Abschließend seien die möglichen Maßnahmen zur Abgas- und Lärmemissionsminderung an Personenkraftwagen noch einmal zusammengefaßt dargestellt (Bild 17).

## Emissionsminderung

**Abgas**
- Aggregatemanagement
- Katalysator
- Umweltdiesel
- Elektroantrieb
- Hybridantrieb

**Lärm**
- Schwingungsminderung
- Kapselung

**Verkehrslenkung**
- aktiv
- passiv

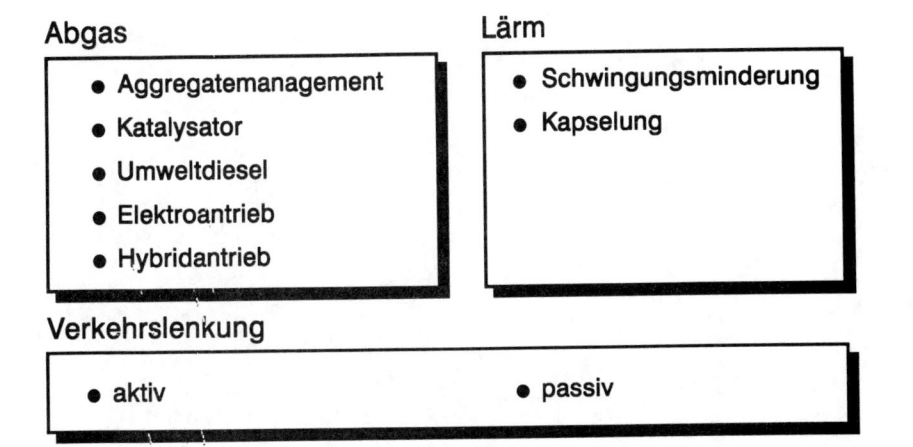

Bild 17. Zusammenfassung von Maßnahmen zur Abgas- und Lärmemissionsminderung an Personenkraftwagen

**LITERATUR**

- U. Seiffert und P. Walzer: Automobiltechnik der Zukunft. VDI-Verlag, Düsseldorf (1988).
- H. Klingenberg, D. Schürmann und K.-H. Lies: Nicht limitierte Automobilabgaskomponenten. Volkswagen AG, Wolfsburg (1988).
- H. Klingenberg: Automobil-Meßtechnik, Band A: Akustik. Springer-Verlag, Berlin, New York (1988).
- J. Staab et al.: Meßverfahren zur Abgasmessung bei Straßenfahrten. VDI-Berichte Nr. 741 (1989), S.121-134.

# Abschätzung verkehrsbedingter Luftbelastungen durch Modelluntersuchungen und anhand praktischer Beispiele

P. Leisen, Köln

## Zusammenfassung

Durch die Aufnahme des neuen Abs. 2 des § 40 in das Bundesimmissionsschutzgesetz sind die Kommunen dazu angehalten, Verkehrsmaßnahmen zur Verminderung zu hoher Schadstoffbelastungen zu treffen. Dies betrifft die besonders dem Verkehr zuzuschreibenden Schadstoffe Stickstoffdioxid ($NO_2$), Benzol und Dieselruß. Als Methoden zur Feststellung und zur Prognose der Immissionsbelastungen können Immissionsmessungen, Ausbreitungsrechnungen und Windkanalversuche eingesetzt werden. Es werden einige prinzipiellen Abhängigkeiten der Verkehrsimmissionen dargestellt und die daraus zu ziehenden Folgerungen diskutiert. Insbesondere werden die reaktiven Vorgänge bei der $NO_2$-Entstehung im Straßennahbereich dargestellt. Die dadurch hervorgerufene schlechte Korrelation der $NO_2$-Belastungen mit der NOx-Emission ist die Ursache für eine geringe Effektivität von NOx-Minderungs-Maßnahmen zur $NO_2$-Reduzierung.

## 1 Bedeutung des Verkehrs als Schadstoffquelle

Die Verkehrsemissionen stellen heute für viele der Hauptschadstoffe wie:

- Kohlenmonoxid (CO)
- Stickstoffoxide (NOx)
- Summe der Kohlenwasserstoffe
- Benzol
- Dieselruß

die bedeutsamste Quellgruppe dar. Durch die Minderungserfolge bei anderen Quellgruppen (Industrie, Hausbrand) ist der relative Anteil des Verkehrs an den Emissionen dieser Hauptschadstoffe in den letzten Jahren noch angestiegen. Dies obwohl durch eine stetig verschärfte Abgasgesetzgebung eine ständige, schrittweise Emissionsminderung bei den neu zugelassenen Fahrzeugen erfolgte. Insbesondere seit Einführung des geregelten 3-Wege-Katalysators und durch die Zunahme der so ausgestatteten Fahrzeuge am Fahrzeugbestand ist eine drastische Emissions-Abnahme bei den Einzelfahrzeugen zu verzeichnen. Allerdings werden diese Minderungserfolge auf der Fahrzeugseite durch die Zunahme des Pkw-Bestandes mit einer parallel einhergehenden Zunahme der Jahresfahrleistungen und vor allem das extreme Anwachsen des Nutzfahrzeugverkehrs weitestgehend kompensiert.

Bei **Kohlenmonoxid** hat es allerdings deutliche Erfolge gegeben. Gegenüber etwa vor 10 bis 20 Jahren, als Kohlenmonoxid noch als **die** Leitkomponente des Kfz-Verkehrs angesehen wurde, sind die Emissionen und die dadurch verursachten CO-Immissionen so sehr zurückgegangen, daß verkehrsbedingte CO-Immissionen praktisch keine Rolle mehr spielen (Ausnahme Garagen, Tunnel).

Anders ist die Situation bei den **Stickstoffoxiden**. Deren Emissionen erhöhten sich durch die CO-Emissionsminderungs-Maßnahmen lange Jahre ungewollt und unwissentlich, so daß sie seit ca. 10 Jahren als eine der wichtigsten verkehrsbedingten Schadstoffkomponenten anzusehen sind. Zusammen mit den **Kohlenwasserstoffen** sind sie als Vorläufersubstanzen für die photochemische Ozonbildung verantwortlich. Dieses starke Reizgas Ozon hat in den letzten Jahren in Verbindung mit den Schönwettersommern zu hohen Belastungen geführt.

**Benzol** und **Dieselruß** sind überwiegend dem Verkehr zuzuschreiben. Beide stehen im Verdacht stark krebserregend zu sein. Dies macht aus Sicht der Wirkungen diese beiden Abgas-Komponenten so wichtig. Beide weisen die höchsten Konzentrationen im Nahbereich von Straßen auf. Dabei wird Benzol nicht nur über den Auspuff emittiert. Erhebliche Mengen werden beim Betanken der Fahrzeuge sowie über Verdampfungsverluste im Fahrbetrieb und beim Fahrzeugstillstand freigesetzt.

## 2. Gesetzlicher Handlungsrahmen

Mit der Novellierung des Bundes-Immissions-Schutz-Gesetzes (BImSchG) im Jahr 1990 wurde der § 40, der in seinem Absatz 1 Verkehrsmaßnahmen im akuten Smog-Fall regelt, um einen Absatz 2 erweitert /1/. Darin wird den Kommunen die Pflicht auferlegt, im Bedarfsfall Verkehrsbeschränkungsmaßnahmen durchzuführen, um schädliche Umwelteinwirkungen des Kraftfahrzeugverkehrs zu vermindern oder deren Entstehung zu vermeiden. Die Bundesregierung muß dazu durch Rechtsverordnung die Schadstoffkomponenten, die Konzentrationsgrenzwerte sowie die Meß- und Beurteilungsverfahren festlegen. Im Gegensatz zum Abs. 1, der verkehrsbeschränkende Maßnahmen an das Vorliegen einer austauscharmen Wetterlage knüpft, enthält der Abs. 2 diese Einschränkung nicht und fördert somit längerfristige, planerische Maßnahmen zur Verbesserung der Luftqualität in räumlich engbegrenzten Gebieten.

Nach dem Entwurfsstand von März 1992 werden als zu beurteilende Schadstoffe Stickstoffdioxid, Dieselruß und Benzol vorgeschlagen. Dazu werden Schwellwerte angegeben, bei deren Überschreitung Maßnahmen zur Immissionsverminderung zu prüfen sind. Der Verordnungsentwurf und die Grenzwerte sind noch in der Diskussion, zeigen aber einen künftigen erheblichen Handlungsbedarf bei den Kommunen auf, die Bereiche mit möglichen Grenzwertüberschreitungen festzustellen und die vorhandenen Belastungen zu quantifizieren. Danach sind im Bedarfsfall geeignete Maßnahmen zu ergreifen, um die erforderlichen Immissionsverbesserungen zu erreichen.

Die aus dem § 40 (2) BImSchG auf die Kommunen zukommenden Aufgaben sind sehr anspruchsvoller Natur, da keine einfachen normierten Berechnungs-Richtlinien und Handlungskonzepte existieren. Dies gilt insbesondere für Methoden und Verfahren zur Berechnung der Schadstoffausbreitung zur Beantwortung der Frage: welche Schadstoffbelastung wird durch den Verkehr in der näheren Umgebung einer Straße verursacht? Das Fehlen normierter Standard-Verfahren verlangt von den Handelnden besondere Erfahrung und Qualifikation, um realistische, und auch Kritik und Einsprüchen standhaltende Aussagen zu machen. Dies gilt umsomehr, als gerade im Bereich des Individualverkehrs Einsicht und Akzeptanz gegenüber den, für den einzelnen meist unbequemen, Verkehrsbeschränkungen gering sind.

## 3. Möglichkeiten zur Abschätzung der Immissionsbelastungen

### 3.1 Immissionsmessungen

Zur Abschätzung der verkehrsbedingten Immissionen im Straßennahbereich sind prinzipiell verschiedene Möglichkeiten denkbar. Bild 1 enthält eine Übersicht der möglichen Methoden mit den wichtigsten Vor- und Nachteilen. Zur Feststellung einer vorhandenen Belastung bietet sich konsequenterweise die direkte meßtechnische Bestimmung in Form einer Immissionsmessung an. Diese Methode ist sicher sehr zeit- und kostenaufwendig. Dabei ist es auch mit hohem Aufwand nur möglich, einen oder wenige Punkte zu untersuchen. Die Festlegung von zu untersuchendem Aufpunkt und geeignetem Meßzeitraum ist äußerst kritisch und kann erhebliche Auswirkungen auf das Meßergebnis haben. Häufig vorgenommene Messungen von einigen Tagen oder gar Stunden haben bestenfalls grob orientierenden Charakter und sind für konkrete Aussagen wertlos.

In Bild 2 ist an einer Meßzeitreihe in 1 m Meßhöhe und 10 m Entfernung von der Autobahn A3 gezeigt, inwieweit sich die einzelnen Wochenmittelwerte in einem Jahr (1988) voneinander und vom Jahresmittelwert unterscheiden. Dabei wurden nur die 47 Wochen in die Untersuchung aufgenommen, an denen mindestens 75% der Halbstundenwerte vorhanden waren (40 Wochen >95 % der Werte). In der Abbildung ist die absolute Häufigkeit der Wochenmittelwerte (Ordinate) in den einzelnen Konzentrations-Klassen (Abszisse) dargestellt.

| | Vorteile: | Nachteile: |
|---|---|---|
| a. | Messung | |
| b. | Ausbreitungsmodelle | |
| c. | Windkanaluntersuchungen | |
| a. | Direkte Erfassung der Immissionen ohne zwischengeschaltete Modellannahmen. | Zeitaufwendig/teuer. Ungeeignet für Planungen. Repräsentativität (Meßort, Meßzeit)? |
| b. | Preiswert/schnell. Geeignet für Planungen. | Inputdaten erforderlich. Genauigkeit/Anwendungsgrenzen? Bebauung/Geometrie? |
| c. | Gute Nachbildung von:<br>- Geometrie<br>- Wind-/Turbulenzprofile<br>Modellvariationen einfach.<br>Überzeugung durch Anschaulichkeit. | Inputdaten erforderlich. Übertragbarkeit. Teurer als Ausbreitungsrechnung. |

Bild 1: Übersicht der möglichen Methoden zur Ermittlung der Immissionskonzentrationen im Straßennahbereich /2/

Das Bild für die Summe der Stickstoffoxide NOx (oben, als Beispiel für einen inerten Schadstoff) zeigt, daß der minimale Wochenmittelwert zwischen 55 und 65 ppb (Klassenmittelwert 60) beträgt, während der maximale Wochenmittelwert bei 270 ppb liegt. Dies ergibt einen Faktor zwischen Minimal- und Maximalwert von ca. 4,5. Der wahre Mittelwert beträgt 145 ppb. Die Balkenhöhe gibt jeweils an, wie viele Wochenmittelwerte in dieser Klasse lagen. Die analoge Darstellung für die primär emittierte Schadstoffkomponente NO, die zusätzlich noch durch Reaktionen abgebaut wird, zeigt mit Wochenmittelwerten (Klassenmittelwerte) von 40 bis 230 ppb eine noch größere Spannweite von ca. 5,8. Bei $NO_2$, einer Komponente die zusätzlich durch reaktive Umwandlungen erhöht wird und ein vergleichsweise hohes Grundbelastungsniveau aufweist, liegt die Spannweite bei Werten zwischen 16 und 37 ppb dagegen nur bei ca. 2,3. Ozon weist im Straßennahbereich gegenüber der Vorbelastung deutlich verminderte Werte auf und erreicht bei Werten von 2 bis 32 eine Spannweite von 16. Die Bilder zeigen, daß eine willkürlich herausgegriffene Meßwoche zu einem rein zufälligen Ergebnis führen würde. Die Abweichung vom wahren Mittelwert kann erheblich sein. Dabei ist die emissionsseitige Variation wesentlich geringer, so daß die Unterschiede vor allem durch unterschiedliche Windrichtungen und Windgeschwindigkeiten hervorgerufen werden.

Die einzelnen Wochenmittelwerte weisen praktisch keinen Jahresgang auf (Bild 3), so daß über eine entsprechende Vorauswahl des Meßzeitraumes kein repräsentativer Meßzeitraum festgelegt werden kann. Die starken Fluktuationen von Woche zu Woche zeigen den vorherrschenden Einfluß der Meteorologie. Diese Darstellungen zur Repräsentativität von Kurzzeitmessungen (hier: Woche) sind sicher auch einzelfallabhängig. An einer anderen Meßstation werden sicher andere Relationen auftreten. Das Beispiel zeigt aber eindeutig, daß die Aussage aus einer derartigen Kurzzeitmessung völlig wertlos ist.

Die Bandbreite und damit der Zufallscharakter der Ergebnisse ist natürlich bei Eintagesmessungen noch wesentlich größer. Ein oft als untere Grenze angesehener Meßzeitraum von einem Monat ergibt sicher bereits ein realistischeres Bild. Für einen Vergleich mit Grenzwerten, die auf Jahresmittelwerten oder Perzentilen der Jahresverteilung basieren, bleibt aber auch dann die problematische Hochrechnung auf das gesamte Jahr. Dies gilt insbesondere für Straßen mit starken saisonalen Verkehrsschwankungen. Zusätzlich sind die jahreszeitlich bedingten meteorologischen Unterschiede in ihrer Auswirkung auf die Immissionen kaum zu quantifizieren. Dies gilt insbesondere für Schadstoffe (z. B. $NO_2$), die zusätzlich zur direkten Emission auch noch sekundär über Reaktionen aus anderen Schadstoffen (NO und Ozon) erzeugt werden.

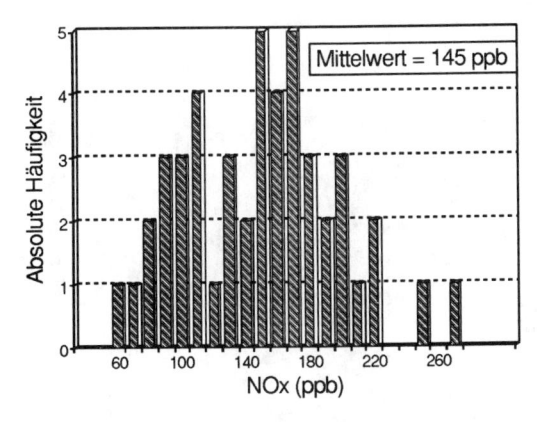

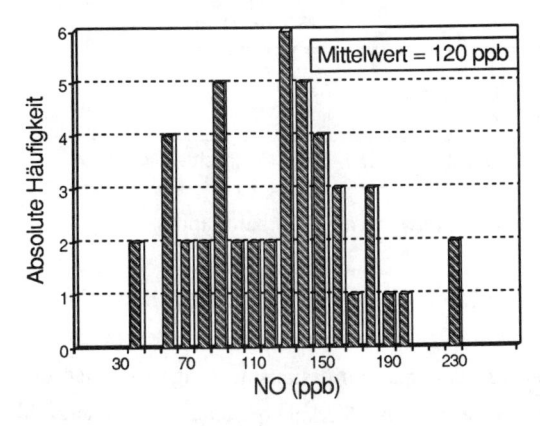

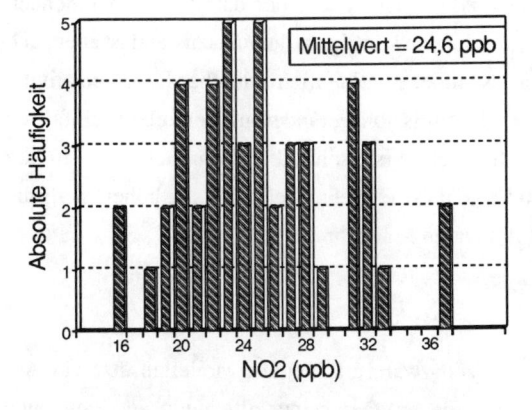

Bild 2: Häufigkeitsverteilungen der Wochenmittelwerte eines Jahres (1988) am Autobahnrand für verschiedene Schadstoffkomponenten.

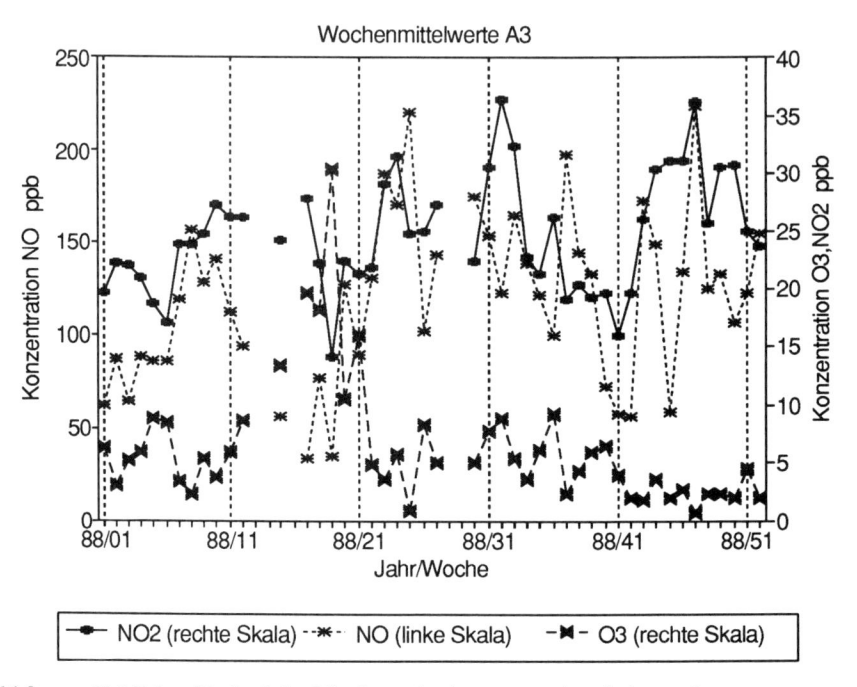

Bild 3: Zeitlicher Verlauf der Wochenmittelwerte am Autobahnrand

Für die Beurteilung von Neuplanungen oder Maßnahmen mit Eingriffen in die Struktur der Straßenrandbebauung versagt die Immissionsmessung vollständig. Eine Beurteilung von reinen Verkehrsplanungsmaßnahmen erfordert zur Immissionsmessung zusätzlich eine detaillierte Bestimmung der Quelle mit Messungen der Verkehrsparameter (Fahrzeugzahl, Verkehrszusammensetzung, Fahrgeschwindigkeiten) und einer damit vorzunehmenden Emissionsberechnung. Zur Hochrechnung auf den künftigen Planungszustand ist aber auch für diese Immissionsmessung das zuvor geschilderte Problem der zeitlichen Repräsentativität ungelöst. Dabei bewegt sich die mögliche Emissionsveränderung der relativ einfachen Verkehrs-Maßnahmen (ohne drastische Verkehrsbeschränkungen) meist nur in der Größenordnung von deutlich unter 20 %, so daß die Meßunsicherheit i.a. höher ist als die Immissionsveränderungen der zu beurteilenden Maßnahmen.

## 3.2 Ausbreitungsmodelle

Für den Straßennahbereich existieren derzeit zwar verschiedene Modellansätze zur Abschätzung der Schadstoffausbreitung, von denen aber keiner allgemein anerkannt und verifiziert ist. Der halbwegs verläßliche Einsatz dieser noch recht unvollkommenen Hilfsmittel und das Erkennen der Anwendungsgrenzen solcher Modelle erfordert ein hohes Maß an Erfahrung, Sachverstand, kritischer Zurückhaltung und intensiver Abwägung der

Randbedingungen durch den Anwender und die Möglichkeit der Überprüfung an vorhandenen Daten. Im einzelnen stellt sich die Situation folgendermaßen dar:

- Zur Ausbreitungsberechnungen im Bereich von Autobahnen ohne oder mit lockerer Randbebauung existieren Modelle. Dazu zählt als einziges verkehrsbezogenes Ausbreitungsmodell für Straßenplanungen mit Richtliniencharakter das Merkblatt über Luftverunreinigungen an Straßen (MLuS /3/). Weiterhin existieren Linienquellenmodelle, die in USA von der EPA akzeptiert sind (u.a. HIWAY2, CALINE4).

- In Straßenschluchten treten durch die Vielfalt der Bebauungskonfigurationen komplexere Ausbreitungsverhältnisse auf. Durch die zusätzlich extrem geringen Quellentfernungen (Quellentfernung < Störkörperhöhe (Gebäude)) ist der Einfluß von Bebauungsdetails dominierend. Daher ist die Anwendung von Ausbreitungsrechnungen sehr unsicher und umstritten. Es existieren einige Modelle, die aber ohne Ausnahme nicht ausreichend an Daten verifiziert sind. Hier besteht noch erheblicher Untersuchungsbedarf. Als Lösungsmöglichkeit können vielleicht für einfachere Bebauungen Ausbreitungsrechnungen mit parallelen Immissions-Kalibriermessungen empfohlen werden. Der dafür notwendige zeitliche Meßumfang kann sicher vergleichsweise gering sein. Es müssen aber alle Windrichtungsbereiche ausreichend in der Stichprobe vertreten sein und alle Input-Größen zur Berechnung der Quellstärke und der Grundbelastung müssen mitgemessen werden.

- Über die rein physikalische Ausbreitung für inerte Komponenten hinaus muß im Falle chemisch reaktiver Komponenten (z.B. $NO_2$) auch die reaktive Umsetzung berücksichtigt werden. Diese Umwandlung trägt vor allem zu den hohen $NO_2$-Spitzenbelastungen bei. Da sie im wesentlichen von der Ozonvorbelastung abhängt, muß die lokale Ozonvorbelastung bekannt sein (siehe Abschnitt 2.5). Dieser Schritt ist bei allen Nahbereichsmodellen noch nicht befriedigend gelöst.

Generell erfordert der Einsatz von Ausbreitungsmodellen die Verfügbarkeit einer Reihe von Input-Daten. Neben der möglichst genauen Beschreibung der Verkehrsemissionen werden für den jeweiligen Standort charakteristische Meteorologiedaten (Windrichtung, Windgeschwindigkeit) benötigt. Diese sind vor allem in kleineren Städten und Gemeinden meist nicht vorhanden und in Gegenden mit ausgeprägter Topographie ist die Übertragung von Daten aus entfernten Meßstationen auf den lokalen Standort sehr fraglich. Zur Berechnung der Gesamtbelastung muß über die Berechnung der Quellstärke in der zu untersuchenden Einzelstraße hinaus die Vorbelastung entweder aus Meßprogrammen bekannt sein oder sie muß mit einem großräumigen Ausbreitungsmodell berechnet werden, wozu als Basis neben einem Großraum-Modell ein detailliertes Emissionskataster vorhanden sein muß.

## 3.3 Windkanaluntersuchungen

Für komplexe Bebauungs-Fälle bieten sich Windkanaluntersuchungen an. Diese erlauben in sehr einfacher und genauer Weise die Nachbildung auch komplexer Geometrien. Gerade zur Immissionsabschätzung im Bereich komplexer Bebauungen oder zur vergleichenden Bewertung verschiedener Bebauungskonfigurationen sind sie besonders geeignet und aussagefähig. Zur Atmosphäre ähnliche Wind- und Turbulenzfelder können erzeugt werden. Dies ist für den Fall einer neutralen atmosphärischen Schichtung relativ einfach. Dieser Strömungsfall herrscht allerdings in der bodennahen Grenzschicht auch vor, die in bebauten Gebieten durch mechanisch erzeugte Strömungen und Turbulenzen von Gebäuden und den fahrenden Fahrzeugen im Straßenraum geprägt ist. Die Emissionen des Kfz-Verkehrs werden durch dosierte Freisetzung eines Tracergases simuliert, die Verdünnungseffekte durch die fahrenden Fahreuge können ebenfalls nachgebildet werden. An den interessierenden Aufpunkten werden die Konzentrationen gemessen. Bei Einhaltung der Ähnlichkeitsbedingungen sind die Ergebnisse auf die Realität übertragbar. Dazu werden dimensionslose Konzentrationskennwerte gebildet, die mit Quellstärke, Windgeschwindigkeit und einem geometrischen Faktor normiert sind. Durch Zugabe von Rauch können die Strömungsverhältnisse sichtbar gemacht und gefilmt werden. Dies ermöglicht eine anschauliche und überzeugende Übermittlung der Ergebnisse auch an den Nichtfachmann.

Die Windkanaluntersuchungen ersetzen dabei nur das Ausbreitungsmodell, man kann sie als analoges Ausbreitungsmodell ansehen. Das bedeutet, daß die Problematik der Inputgrößen (Windrichtung, Windgeschwindigkeit, Quellstärke, Grundbelastung und chemische Umwandlungen) vergleichbar ist. Der Vorteil gegenüber den rechnerischen Ausbreitungsmodellen liegt vor allem in der besseren und einfacheren Nachbildung der Bebauung und der dadurch verursachten besonderen Strömungs- und Ausbreitungsverhältnisse. Windkanaluntersuchungen erfordern neben dem nicht unwesentlichen Aufwand zum Bau der Modelle auch einen hohen Versuchsaufwand und sind daher im allgemeinen kostenintensiv. Reaktive Vorgänge (z. B. $NO/NO_2$-Umwandlung) können nicht nachgebildet werden.

Im Bild 4 ist als Beispiel ein Ergebnis einer Immissionsprognose für das Tunnelportal des geplanten Rheinufertunnels in Düsseldorf dargestellt /4,5/. Im Windkanal wurden für verschiedene Verhältnisse der Windgeschwindigkeit zur Tunnelaustrittsgeschwindigkeit die normierten Konzentrationskennwerte an einer Vielzahl von Aufpunkten bestimmt. Die chemische Umwandlung von NO in $NO_2$ wurde anhand empirischer Zusammenhänge (siehe Abschnitt 2.5) berechnet. Die dargestellten Isolinien stellen die auf die realen Emissionen und meteorologischen Verhältnisse am Standort rückgerechneten $NO_2$-Konzentrationen (Jahresmittelwerte) im Bereich des Tunnelportals dar.

Bild 4: Isolinienverlauf der verkehrsbedingten Zusatzbelastung (Jahresmittelwert) an einem Tunnelportal (Windkanaluntersuchung). /5/

## 2 Abhängigkeiten der verkehrsbedingten Immissionen

Die Emissionen des Kraftfahrzeugverkehrs werden durch Ausbreitungsvorgänge verdünnt und erreichen als Immissionen vor allem im Nahbereich von Straßen hohe Werte, also auf der Straße selbst, auf Bügersteigen und in den anliegenden Häusern. Es werden nachfolgend anhand einiger Beispiele einige der wichtigsten Abhängigkeiten der Immisionen von den verschiedenen Einflußparametern gezeigt. Diese Zusammenhänge sind wichtig, um zu erkennen, wo unter welchen Randbedingungen kritische Konzentrationen auftreten können. Dieses Wissen ist eine wesentliche Basis zu einer realistischen Erfassung der vorhandenen Belastungen und zur Abwägung von verkehrsseitigen Schadstoff-Minderungsmaßnahmen.

## 2.1 Ganglinien

Verkehrsimmissionen weisen, stärker als sie meisten übrigen Immissionen, deutliche Tages-, Wochen- und teilweise auch Jahresverläufe auf. Art und Stärke dieser Ganglinien hängen vom Straßentyp, Art der Nutzung und den meteorologischen Einflußgrößen ab. Dies erfordert bei der Meßplanung besondere Sorgfalt hinsichtlich zeitlicher Repräsentativität und Meßdauer. Dies gilt insbesondere für Stichprobenmeßverfahren, die eine adäquate Schichtung der Stichprobe erfordern.

## 2.2 Verkehr/Emissionen

Für chemisch inerte, primär emittierte Schadstoffkomponenten besteht eine gute Korrelation mit Proportionalität zwischen Emission und Immission. Dabei sind die Verkehrsemissionen abhängig von der Zusammensetzung der Fahrzeuge (Lkw, Pkw, etc.), der Fahrgeschwindigkeit sowie von Streckenparametern (z.B. Steigung). Je nach Schadstoffkomponente ist die Auswirkungen dieser Parameter auf die Emissionen und somit die Immissionen unterschiedlich.

## 2.3 Geometrische Verhältnisse (Bebauung, Aufpunkt)

Verkehrsbedingte Emissionen werden meist im unmittelbaren Aufenthaltsbereich der Menschen freigesetzt. Durch diese kurzen Entfernungen von der Quelle zu den kritischen Einwirkorten (Aufpunkten) ist die Verdünnung noch in vollem Gange, so daß auch in räumlich kurzen Entfernungen erhebliche Konzentrationsunterschiede auftreten können. Dies hat entscheidende Auswirkungen auf die Festlegung von Meßpunkten, die Interpretation von Meßergebnissen oder den Vergleich verschiedener Messungen

Im folgenden Bild 5 ist am Beispiel einer Windkanalmessung an einem Modell der Bonner Straße in Köln der Verlauf der Konzentrationslinien für den Fall der Queranströmung dargestellt (links). Die Windrichtung über Dach ist von links nach rechts. Die dargestellten Verläufe stellen Isolinien (Linien gleicher Konzentration) einer normierten Konzentration dar. Die Konzentrationsverläufe zeigen niedrige Konzentrationen auf der stromabwärtsliegenden Straßenseite (Luv). Dort gelangt durch eine abwärtsgerichtete Strömung Luft entsprechend der Vorbelastung über Dach in die Straße hinein. Im Bodenbereich verläuft die Strömung dann entgegen der Hauptwindrichtung über Dach und bringt die Abgase der Quelle zur stromaufwärtsliegenden Häuserseite (Lee). Hier treten hohe Konzentrationen mit starken Konzentrationsgradienten auf. Die Walzenströmung verläuft dann auf dieser Straßenseite nach oben. Auf diesem Weg verdünnen sich die Abgase wieder und die Konzentrationen nehmen ab. Im Bereich der Dachkante teilt sich die Strömung. Ein Teil der schadstoffbelasteten Luft wird nach oben in die Überdachströmung eingemischt und abtransportiert. Ein zweiter Teil wird durch die Walzenströmung wieder in die Straße hineingebracht und beginnt einen weiteren Umlauf. Diese Strömung führt insgesamt zu großen Konzentrationsunterschieden zwischen beiden Straßenseiten und zu einer starken Vertikalabnahme auf der Lee-Seite.

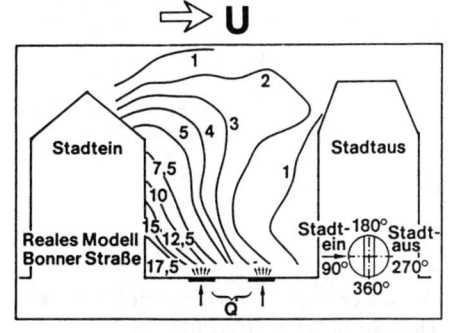

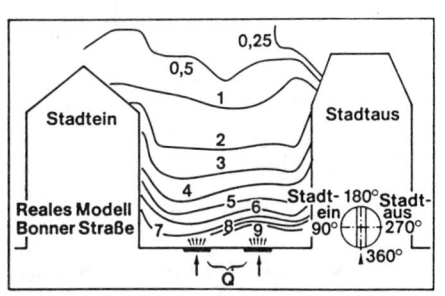

Bild 5: Isolinienverläufe in einer Straßenschlucht bei Queranströmung (links) und Parallelanströmung (rechts) aus Windkanalversuchen. /6/

Die Walzenströmung wird im allgemeinen von einer Strömungskomponente in Strassenrichtung überlagert, die mit zunehmendem Einschwenken der Überdachströmung in die Straßenrichtung zunimmt. Die Strömung entspricht also einer Spirale mit zunehmender Steigung bei straßenparallelen Winden. Bei annähernd straßenparallelen Überdach-Winden wird die Spiralströmung durch eine straßenparallele Strömung ersetzt, die dann etwa symmetrische Schadstoffverläufe auf beiden Straßenseiten hervorruft (Bild 5: rechts).

Im folgenden Bild 6 ist der Konzentrationsverlauf einer mit Windgeschwindigkeit und Verkehrsemission normierten Konzentration in Abhängigkeit der Windrichtung am Beispiel der Venloer Straße in Köln dargestellt. Die normierte Konzentration $C^*$ ist dabei praktisch von Windgeschwindigkeit und Quellstärke unabhängig. Die spiegelbildlichen Verläufe auf beiden Straßenseiten belegen die zuvor dargestellen Strömungsverhältnisse. Der Fall der parallelen Strömung (Windrichtungen um 180° bzw. 0°/360°) weist etwa symmetrische Konzentrationsverhältnisse auf. Das Niveau liegt etwa in der Mitte der beiden Extremfälle für Lee- und Luv-Fall (siehe auch Bild 5). Insgesamt ergibt sich in etwa ein sinusförmiger Konzentrationsverlauf.

Die Strömung in einer Straßenschlucht ist stark abhängig von den geometrischen Abmessungen der Umgebungsbebauung. Kreuzungen, Einmündungen, Baulücken, unterschiedliche Gebäudehöhen und Dachformen, etc. verändern diese Strömung und damit auch die Konzentrationsverhältnisse. Betrachtet man sich die Vielfalt der Straßen-Randbebauungen in den Städten, kann man die Schwierigkeiten zur rechnerischen Beschreibung der Strömung und

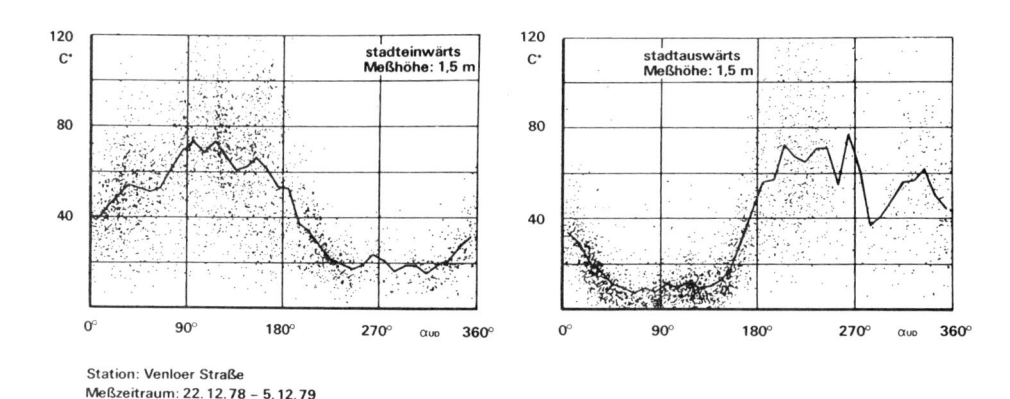

Bild 6: Normierte CO-Konzentration als Funktion der Windrichtung. Station Venloer Straße in Köln, Meßpunkte in 1,5 m Höhe auf beiden Straßenseiten. /7/

damit der Schadstoffausbreitung erahnen. Diese Vielfalt mit ihren unbekannten Auswirkungen auf Strömungs- und Konzentrations-Feld macht es auch sehr zweifelhaft wenn nicht gänzlich unmöglich, Meßergebnisse von einem Standort auf einen anderen zu übertragen.

Die starken Konzentrationsgradienten im Lee-Bereich in einem Straßenquerschnitt (Bild 5) sowie die ebenfalls vor allem aus Windkanalversuchen bekannten starken Konzentrationsunterschiede parallel zur Straßenachse durch den Einfluß benachbarter Öffnungen in den Bebauungsfronten (Kreuzungen, Baulücken, etc.) zeigen die Bedeutung der räumlichen Repräsentativität des zu betrachtenden Aufpunktes. Dabei ist die Emissionsstärke im Straßenverlauf je nach Schadstoffkomponente unterschiedlich. Das kann bedeuten, daß die Bereiche der höchsten Konzentrationen für unterschiedliche Schadstoffkomponenten räumlich voneinander abweichen. Da bisher Immissionsmessungen in Straßen ohne Standardisierungen hinsichtlich Meßort, Meßhöhe und Meßdauer durchgeführt wurden, sind sie im allgemeinen auch nicht vergleichbar.

Als Fazit kann festgestellt werden: Die Verkehrsemissionen unterscheiden sich gegenüber allen anderen Schadstoffquellen durch ihre niedrige Quellhöhe. Zudem ist bei bebauten Stadtstraßen der Abtransport durch die umgebende Randbebauung behindert. Durch die extreme Quellnähe in Relation zu den Abmessungen der Gebäude stellt die Bebauung für die Ausbreitung und damit auch für die Höhe der Schadstoffniveaus den wohl wichtigsten und in seiner Auswirkung am schwersten zu erfassenden Parameter dar. Daher sind Messungen von einem Standort, auch bei verhältnismäßig ähnlichen Bebauungen, nur mit erheblichen Unsicherheiten auf einen anderen Standort übertragbar. Bei stark unterschiedlichen Bebauungen muß in jedem Einzelfall eine detaillierte Einzelfallbetrachtung unternommen werden.

## 2.4 Meteorologie

Meteorologische Parametern spielen bei allen atmosphärischen Schadstoffausbreitungen eine entscheidende Rolle. Dies gilt insbesondere auch für Verkehrsemissionen. Vor allem durch die Beschränkungen auf geringe Quellentfernungen ist der Einfluß der starken Einzelquelle (Straße) an der Gesamtimmission dominant. Daher schlagen die meteorologischen Parameter besonders auf das Ergebnis durch. In den Abbildungen des vorherigen Abschnitts (Bilder 5 und 6) ist der Einfluß der Windrichtung dargestellt und beschrieben.

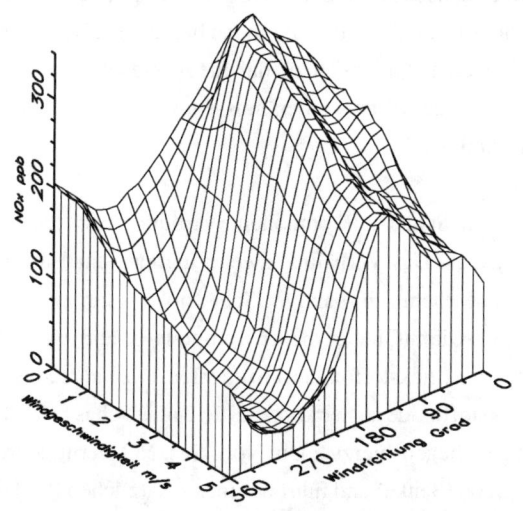

Bild 7: 3-D-Darstellung der mittleren NOx-Konzentration als Funktion von Windrichtung und Windgeschwindigkeit in 1m Höhe und 10m Entfernung von einer Autobahn. /9/

In Bild 7 ist in einer 3-dimensionalen Darstellung die Abhängigkeit der NOx-Konzentration von der Windrichtung (90°=Lee, 270°=Luv) und der Windgeschwindigkeit in 1 m Höhe und 10 m Entfernung neben einer Autobahn abgebildet. Die Darstellung gibt die Mittelwertskurve aus einer kontinuierlichen Meßreihe über ein Jahr wieder. Der Konzentrationsverlauf über der Windrichtung entspricht auch hier einer Sinusfunktion mit zunehmenden Konzentrationen bei abnehmender Windgeschwindigkeit. Dabei nehmen im Lee-Fall bei Windgeschwindigkeiten unter 1 m/s die Konzentrationen praktisch nicht mehr weiter zu. Dieser Effekt wurde auch in Straßenschluchten beobachtet. Offensichtlich existiert im Straßennahbereich ein durch mechanische Einflüsse (Bebauung, Fahrzeugbewegung) hervorgerufener Austauschmechanismus, der auch bei Windstille wirksam ist.

## 2.5 Reaktionen

Bei verkehrsbedingten Schadstoff-Immissionen haben die Stickstoffoxide eine besondere Bedeutung. Wirkungsseitig ist NO in den auftretenden Konzentrationsbereichen unkritisch. Daher ist beispielsweise in der bundesdeutschen TA-Luft kein NO-Grenzwert mehr enthalten /10/. Kritische Konzentrationen in Relation zu den Grenzwerten treten aber bei $NO_2$ auf. Durch den Erlaß der EG-Luftqualitätskriterien für $NO_2$ /11/ und den neuen § 40, Abs 2, BImSchG sind hier verbindliche Rechtsnormen erlassen, zu deren Einhaltung derzeit vielerorts Überlegungen zur $NO_2$-Reduzierung bei kritischen Wetterlagen angestellt werden.

Die Berechnung von Verkehrsimmissionen im Nahbereich von Straßen ist prinzipiell noch nicht befriedigend gelöst. Die Emission der Abgase erfolgt in einem strömungstechnisch schwer erfaßbaren Umfeld, das durch die fahrenden Fahrzeuge, Häuser, Bewuchs, etc. stark beeinflußt wird. Erschwerend kommt hinzu, daß die Aussagen zu den Konzentrationen im unmittelbaren Nahbereich getroffen werden müssen, wo die Einflüsse dieser Strömungsstörungen besonders stark sind.

Bei einer chemisch inerten Schadstoffkomponente verdünnen sich die Schadstoffe während des Ausbreitungsvorgangs. Das Verhältnis zweier inerter Schadstoffe zueinander bleibt dabei konstant. Im Falle chemisch reaktiver Schadstoffe kann zusätzlich ein Verbrauch (Senke) oder eine Produktion (Quelle) dieser Komponente auftreten. Derartige reaktiven Umsetzungen sind bei den Stickstoffoxiden anzutreffen. Die Fahrzeuge emittieren mehr als 95% der Gesamt-Stickstoffoxide als wirkungsseitig unkritisches Stickstoffmonoxid (NO). Detaillierte Messungen liegen hierzu nicht vor. Das NO vermindert sich (Senke) bei Vorhandensein von Ozon (Senke) und führt zu einer zusätzlichen Produktion (Quelle) von wirkungsseitig kritischerem Stickstoffdioxid ($NO_2$). Diese Reaktion läuft im Bereich von Sekunden ab und kann bei genügendem NO-Überschuß zu einem vollständigen Abbau von Ozon im Straßenraum führen. Im folgenden wird kurz die Problematik dieser sekundären $NO_2$-Bildung geschildert und die daraus folgenden Konsequenzen aufgezeigt.

### 2.5.1 Relationen $NO_2$ zu NOx

Ohne chemische Reaktionen wäre das Verhältnis $NO_2$ zu NOx auf dem Ausbreitungsweg konstant. Je stärker die Erzeugung durch chemische Reaktion desto größere Unlinearitäten sind zu erwarten. Im folgenden Bild 8 sind $NO_2$-Konzentrationen als Funktion der Summe der Stickstoffoxide (NOx) am Autobahnrand dargestellt. Die abgebildeten Werte stellen die reine Zusatzbelastung von der Autobahn dar, sie sind also um die mit der Luft herangebrachte Vorbelastung vermindert. Im folgenden werden jeweils immer nur die Immissionsveränderungen betrachtet, die durch den Verkehr auf der Autobahn verursacht sind.

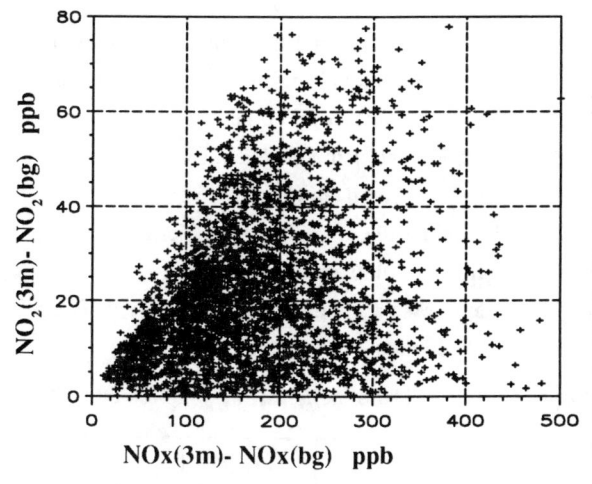

Bild 8: Verkehrsbedingte NO$_2$-Zusatzbelastung als Funktion der NOx-Zusatzbelastung in 3m Höhe und 10m Entfernung von einer Autobahn.

In der folgenden Tabelle 1 ist das Ergebnis einer Korrelationsanalyse zwischen den verkehrsbedingten Zusatzbelastungen von NO$_2$ (DNO$_2$) und NOx (DNOx) sowie dem Ozonverbrauch (DO$_3$) dargestellt. Es wird der Meßpunkt in 3m Höhe in einer Entfernung von 10 m neben der Autobahn betrachtet. Dabei sind nur Zeiten mit Winden von der Autobahn zur Meßstelle ausgewertet (Lee-Fall: +/- 60° um die direkte Queranströmung). Im ausgewählten Zeitraum traten vergleichsweise hohe Ozonkonzentrationen auf, so daß der Ozon-Effekt deutlich gezeigt werden kann. In der Tabelle ist der Korrelationskoeffizient R$^2$ für verschiedene Ansätze angegeben.

Dargestellt sind die Korrelationen der NO$_2$-Zusatzbelastung (DNO$_2$) mit:

a. der NOx-Zusatzbelastung   R$^2$(NOx)
b. dem Ozonverbrauch         R$^2$(O$_3$)
c. Multiple Regression mit a. und b.   R$^2$

Für den multiplen Ansatz (c.) sind Intercept (Achsenabschnitt der Regressionsgeraden) und die beiden Regressionskoeffizienten MNOx und MO$_3$ aufgeführt. Die Daten wurden nach verschiedenen Ozonvorbelastungen klassiert, um den Ozon-Einfluß zu zeigen.

Tabelle 1: Regressionskoeffizienten DNO$_2$ = f(DO$_3$,DNOx)
Auswertezeitraum: 1. Mai 1989 bis 30. September 1989, Leefall

| Ozonvorbelastung | N | R$^2$(DNOx) | R$^2$(DO$_3$) | R$^2$ | Inter | MDO$_3$ | MNOx |
|---|---|---|---|---|---|---|---|
| < 10 ppb | 709 | 0,11 | 0,34 | 0,40 | -0,3 | -0,97 | 0,015 |
| 10 bis 30 ppb | 1183 | 0,32 | 0,79 | 0,81 | -0,9 | -1,05 | 0,013 |
| 30 bis 50 ppb | 734 | 0,62 | 0,87 | 0,88 | -2,7 | -1,02 | 0,020 |
| > 50 ppb | 390 | 0,46 | 0,85 | 0,85 | -0,8 | -0,98 | 0,021 |

| | |
|---|---|
| N | Anzahl Halbstundenwerte |
| R$^2$(DNOx) | Korrelationskoeffizient (R$^2$): DNO$_2$ = f(DNOx) |
| R$^2$(DO$_3$) | Korrelationskoeffizient (R$^2$): DNO$_2$ = f(DO$_3$) |
| R$^2$ | multipler Korrelationskoeffizient (R$^2$) |
| Inter | Achsenabschnitt (Intercept) |
| MDO$_3$ | multipler Regressionskoeffizient |
| MNOx | multipler Regressionskoeffizient |

Die Korrelation der $NO_2$-Zusatzbelastung mit dem Ozonverbrauch ist immer besser als mit der NOx-Zusatzbelastung. Dabei ist die multiple Korrelation meist nur wenig besser als die Korrelation allein mit dem Ozonverbrauch. Für eine zuverlässige Vorhersage von verkehrsbedingtem $NO_2$ ist es also erforderlich, den Ozonverbrauch zu kennen. Ein Regressionskoeffizient $MO_3=1$ bedeutet, daß je erzeugtem $NO_2$-Anteil ein $O_3$-Anteil verbraucht wird. Die dargestellten Regressionskoeffizienten bestätigen dies im Rahmen der Meßgenauigkeit sehr gut. Der Regressionskoeffizient MNOx gibt den Anteil der Stickstoffoxid-Emissionen an, der direkt als $NO_2$ emittiert wird. Durch den Verkehr auf dieser Autobahn werden also im Mittel knapp 2% der Gesamtstickstoffoxide direkt als $NO_2$ emittiert.

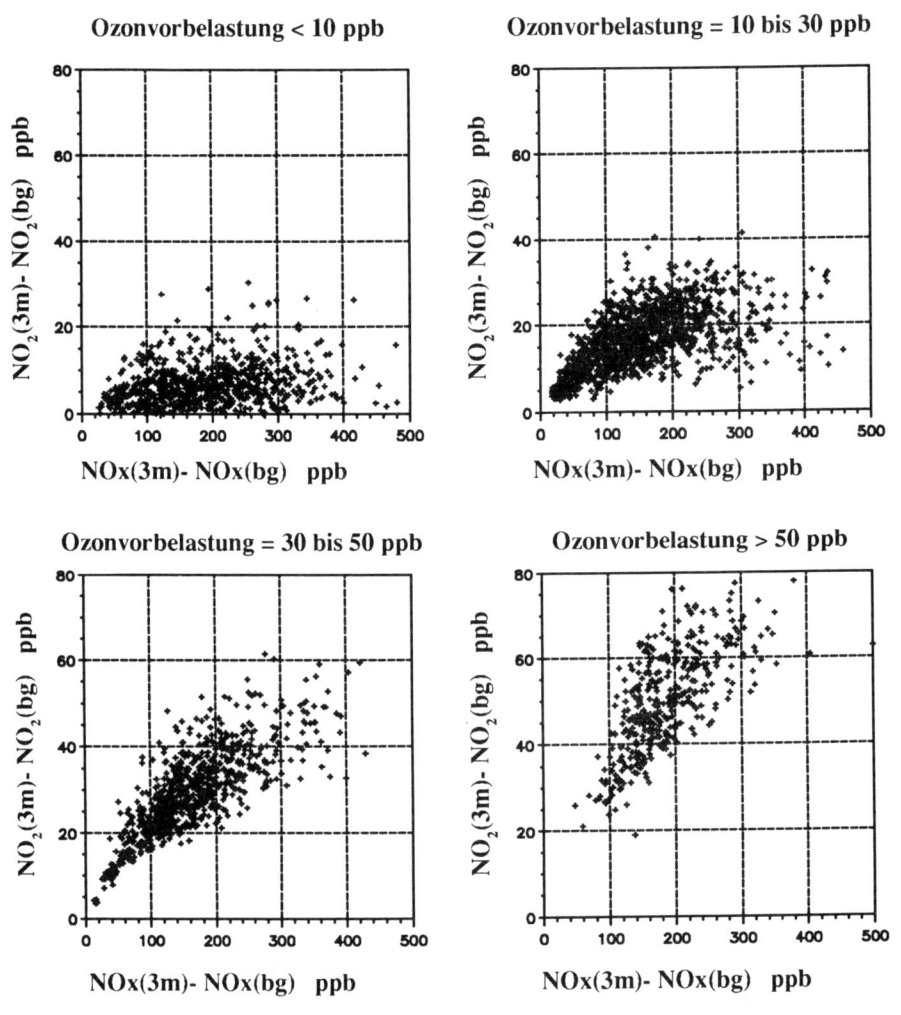

Bild 9: Verkehrsbedingte $NO_2$-Zusatzbelastung als Funktion der NOx-Zusatzbelastung in 3m Höhe und 10m Entfernung von einer Autobahn für verschiedene Ozonvorbelastungswerte.

Diese tabellarischen Zusammenhänge sind anhand einiger Abbildungen verdeutlicht. In Bild 9 ist jeweils für die obigen Ozonvorbelastungsklassen die $NO_2$-Zusatzbelastung als Funktion der NOx-Zusatzbelastung dargestellt. Bei Ozonvorbelastungen kleiner 10 ppb treten nur geringe $NO_2$-Zusatzbelastungen auf. In diesem Bereich wird $NO_2$ vor allem durch die Direktemission und geringe chemische Produktion verursacht. Mit zunehmender Ozonvorbelastung steigt auch die $NO_2$-Zusatzbelastung an. Die Korrelation wird besser, obwohl eine beträchtliche Streubreite bleibt. Hohe $NO_2$-Konzentrationen treten nur bei hoher $O_3$-Vorbelastung auf.

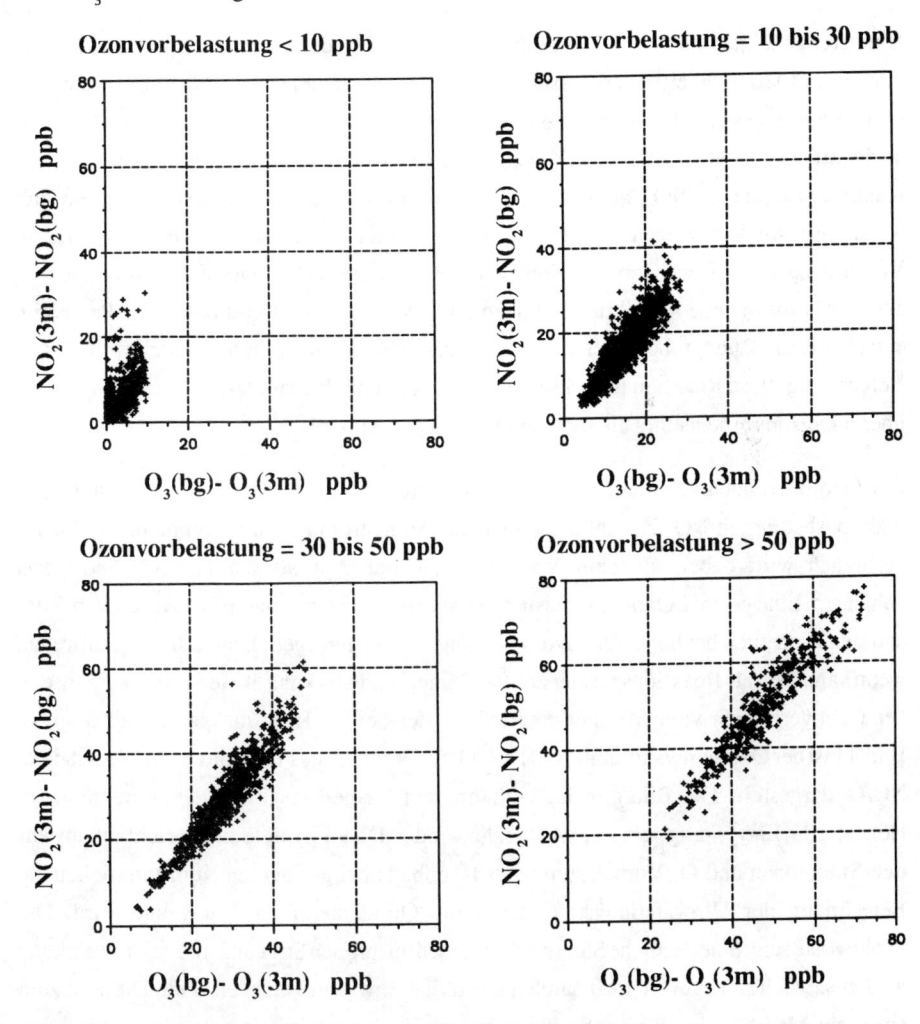

Bild 10: Verkehrsbedingte $NO_2$-Zusatzbelastung als Funktion der $O_3$-Abnahme in 3m Höhe und 10m Entfernung von einer Autobahn für verschiedene Ozonvorbelastungswerte

In Bild 10 ist die $NO_2$-Zusatzbelastung als Funktion des Ozonverbrauchs, ebenfalls für die vorherigen Ozonklassen dargestellt. Bei Ozonvorbelastungen < 10 ppb erkennt man wieder die geringen $NO_2$-Zusatzbelastungen, die praktisch unter 20 ppb bleiben. Mit zunehmender Ozonvorbelastung steigen auch die $NO_2$-Zusatzbelastungen an. Die Punktwolken erhalten klare Konturen. Es besteht hier eine gute lineare Beziehung zwischen der $NO_2$-Zusatzbelastung und dem Ozonverbrauch.

### 2.5.2 Auswirkungen auf die Wirksamkeit von Maßnahmen zur NOx-Minderung

Die zuvor gezeigten Zusammenhänge haben erhebliche Bedeutung hinsichtlich der Auswirkungen und Möglichkeiten verkehrsbeeinflußender Maßnahmen zur $NO_2$-Reduzierung. Es besteht nur eine schlechte Korrelation zwischen der $NO_2$-Konzentration und den Gesamtstickstoffoxiden NOx. Die $NO_2$-Konzentrationen enthalten einen wesentlichen Anteil reaktiv entstandenen $NO_2$, der durch NOx-Emissionsänderungen nicht direkt beeinflußt wird. Insbesondere zeigen die Bilder, daß vor allem hohe $NO_2$-Immissionen nur in Verbindung mit hohem Ozonreaktionspotential auftreten. Die reaktive Umwandlung ist also der bestimmende Anteil für die hohen $NO_2$-Werte und ist somit für die 98-Perzentile entscheidend. Zudem bedeutet dies, daß brauchbare Ausbreitungsmodelle zur $NO_2$-Berechnung diese Reaktion berücksichtigen müssen und daß zusätzlich realistische Daten über die Ozonvorbelastung als Inputdaten vorliegen müssen.

Der Ozonverbrauch korreliert sehr gut mit der $NO_2$-Zunahme. Für eine Berechnung der reaktionsbedingten $NO_2$-Zunahme ist also der Ozonverbrauch zu bestimmen. Der Ozonverbrauch wird dabei von dem Vorhandensein der Reaktionspartner NO und Ozon abhängen. Eine geringe Ozonvorbelastung erlaubt nur einen geringen Ozonverbrauch. Zum anderen kann auch bei hoher Ozonvorbelastung nur ein geringer Ozonverbrauch auftreten, wenn kaum NO als Reaktionspartner zur Verfügung steht. Es kann also erwartet werden, daß der Ozonverbrauch vom Mischungsverhältnis der beiden Reaktionspartner abhängt. In Bild 11 ist der Ozonumwandlungsgrad $DO_3/O_3$ (in Prozent) als Funktion des NO-Überschuß $NO/O_3$ dargestellt. Das Bild gibt die Verhältnisse für einen ausgewählten Zeitraum in 1m Höhe in 10m Entfernung neben der Autobahn wieder. Dabei erfolgte eine Beschränkung auf Lee-Situationen und $O_3$-Vorbelastungen > 10 ppb, da bei geringeren Konzentrationen die Berechnung der Umwandlungsrate durch die Quotientenbildung ungenau wird. Die Punktwolke zeigt eine deutliche Struktur, wenn auch mit großen Streuungen. Die Umwandlung wird zusätzlich sicher auch noch durch die Windgeschwindigkeit beeinflußt. Diese ist zum einen ein Maß für die bis zum Straßenrand zur Verfügung stehende Reaktionszeit, zum anderen beeinflußt die Windgeschwindigkeit das Konzentrationsniveau und die Abgasfahnenhöhe, die wiederum ein Maß für die Dicke der vertikalen Durchmischungsschicht darstellt.

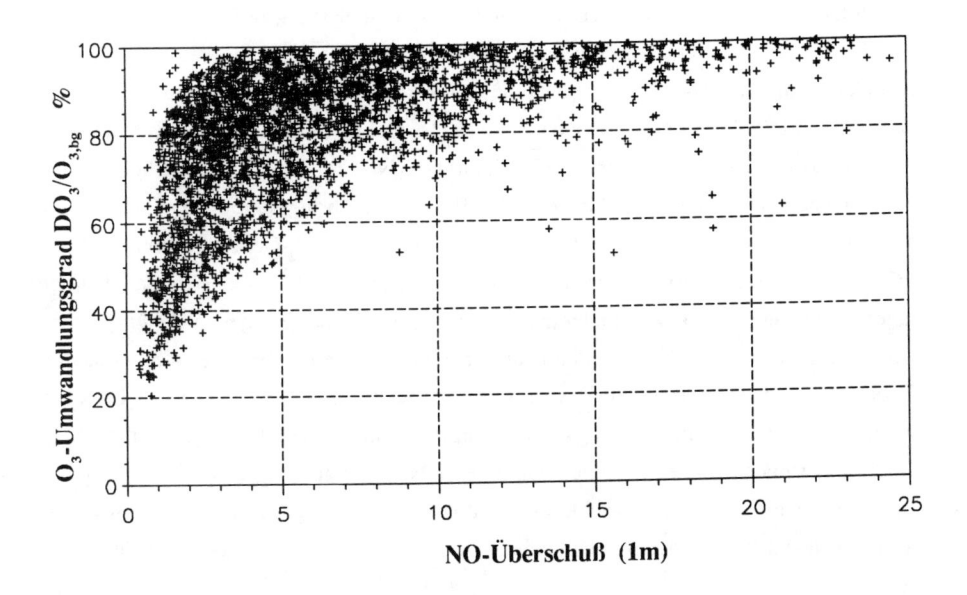

Bild 11: Ozon-Umwandlungsgrad ($DO_3/O_{3,bg}$) als Funktion des NO-Überschuß (NO/$O_{3,bg}$) in 1m Höhe und 10m Entfernung von einer Autobahn (Werte nur für Ozonvorbelastungen über 10 ppb und Lee-Fall, 1.3.1989 - 30.9.1989).

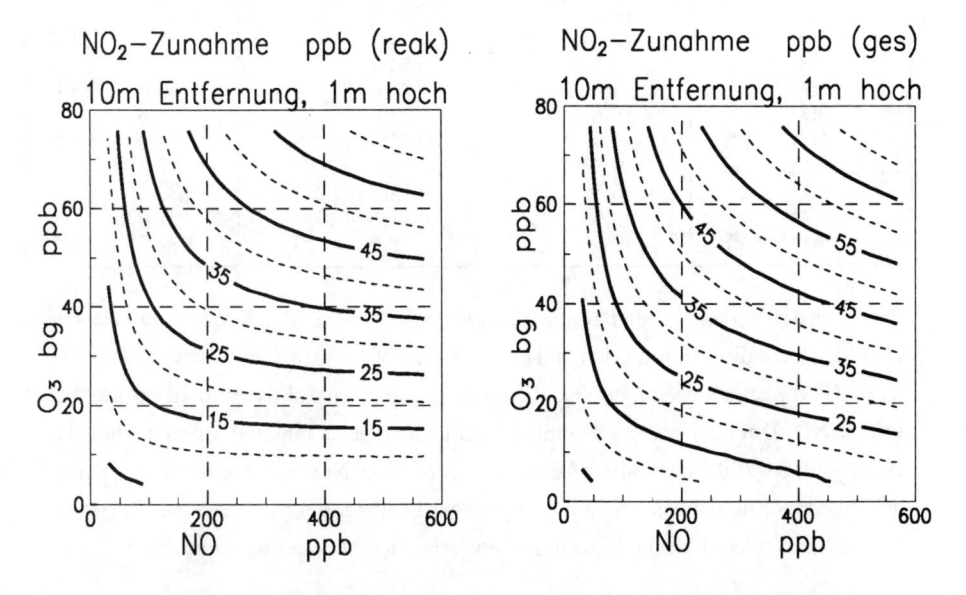

Bild 12: Reaktiver $NO_2$-Anteil (links) und verkehrsbedingte $NO_2$-Zusatzbelastung (rechts) als Funktion der NO-Konzentration am Straßenrand und der Ozonvorbelastung.

Mit Hilfe dieses Zusammenhangs (Bild 11) und der $O_3$-Vorbelastung als Inputinformation lassen sich realistische $NO_2$-Konzentrationen am Rand der Autobahn abschätzen. In Bild 12 ist links die reaktive $NO_2$-Zusatzbelastung als Funktion der NO-Konzentration am Autobahnrand und der $O_3$-Vorbelastung dargestellt. Das rechte Teilbild gibt die gesamte $NO_2$-Zusatzbelastung wieder bei einer $NO_2$-Direktemission von 2 %. Die Abbildung bestätigt die zuvorgemachten Aussagen. Bei hohen NOx-Belastungen bringt eine NOx-Verringerung nur eine geringe reaktive $NO_2$-Verminderung (links). Die $NO_2$-Gesamtverminderung ist infolge der emissionsproportionalen $NO_2$-Direktemission stärker, aber dennoch deutlich unterproportional. Diese Verminderung ist zum einen auf eine geringere $NO_2$-Direktemission zurückzuführen und zum anderen auf einen verringerten NO-Überschuß, so daß der Ozonumwandlungsgrad verringert wird (siehe voriges Bild). Bei höherem NO-Überschuß verändert sich die $O_3$-Umwandlung kaum, so daß der reaktionsbedingte Einfluß auf die $NO_2$-Bildung geringer ist. Dies bedeutet, daß eine NOx-Verringerung gerade bei sehr hohen Belastungen nur eine abgeschwächte $NO_2$-Reduzierung zur Folge hat. Dies verdeutlicht die nachfolgende Tabelle einer Berechnung nach den zuvor gezeigten Zusammenhängen.

Tabelle 2:  Beispiele zur Auswirkung von NOx-Minderungen auf die $NO_2$-Reduzierung

| $O_3$ ppb | NO ppb | Red. % | $NO_2$Reak ppb | Red. % | $NO_2$Zus ppb | Red. % | $NO_2$ges ppb | Red. % |
|---|---|---|---|---|---|---|---|---|
| 20 | 800 |    | 19,9 |     | 35,9 |      | 55,9 |      |
| 20 | 600 | 25 | 19,7 | 0,8 | 31,7 | 11,6 | 51,7 | 7,4  |
| 40 | 800 |    | 38,5 |     | 54,5 |      | 74,5 |      |
| 40 | 600 | 25 | 37,6 | 2,5 | 49,6 | 9,1  | 69,6 | 6,7  |
| 60 | 800 |    | 55,6 |     | 71,6 |      | 91,6 |      |
| 60 | 600 | 25 | 53,4 | 3,9 | 65,4 | 8,6  | 85,4 | 6,8  |
| 60 | 400 |    | 49,5 |     | 57,5 |      | 77,5 |      |
| 60 | 300 | 25 | 46,3 | 6,6 | 52,3 | 9,1  | 72,3 | 6,8  |
| 60 | 800 |    | 55,6 |     | 71,6 |      | 91,6 |      |
| 60 | 400 | 50 | 49,5 | 11,0| 57,5 | 19,7 | 77,5 | 15,4 |

Die durch den Verkehr in einer Straße verursachte zusätzliche $NO_2$-Konzentration setzt sich also aus einem direkt emittierten und einem chemisch verursachten Anteil zusammen. In Bild 13 ist die verkehrsbedingte $NO_2$-Zusatzbelastung in den reaktiven Anteil und den Anteil infolge $NO_2$-Direktemission aufgeteilt. Im Mittel beträgt der reaktive Anteil (heller, oberer Balkenteil) etwa 70% der von der Autobahn verursachten $NO_2$-Konzentrationserhöhung. In den Wintermonaten ist dieser Anteil etwas geringer. Die dargestellten Werte sind Monatsmittel. Der reaktive Anteil kann an Einzeltagen noch deutlich höhere Werte erreichen.

Messungen und Korrelationsanalysen zeigen, daß in hochbelasteten Straßen der chemisch verursachte $NO_2$-Anteil praktisch ausschließlich durch das Vorhandensein von Ozon als Reaktionspartner bestimmt wird. Zudem ist dieser Anteil meist höher als der direkt emit-

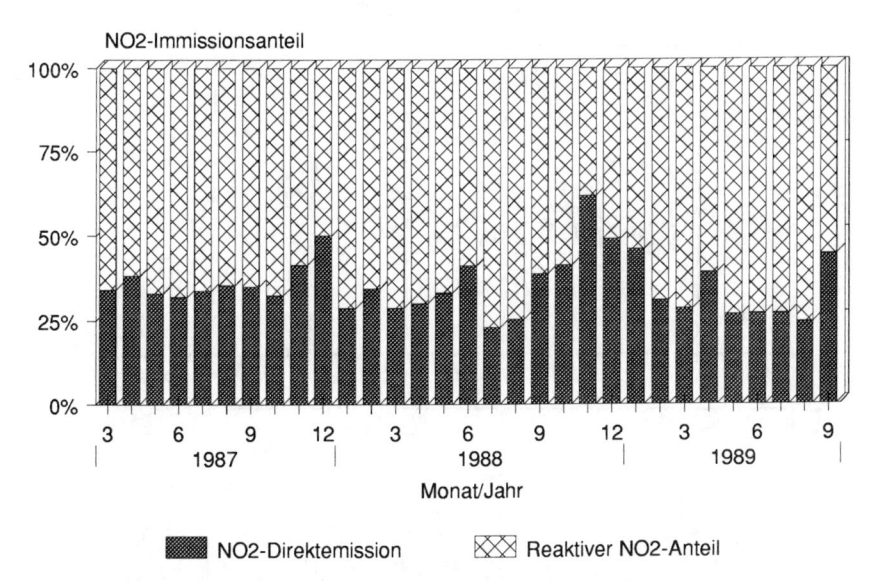

**Bild 13:** Aufsplittung der $NO_2$-Zusatzbelastung (Monatsmittelwerte) an einer Autobahn (A3) in reaktiven Anteil (heller, oberer Balkenanteil) und $NO_2$-Direktemission.

tierte Anteil und zusätzlich vor allem für die $NO_2$-Spitzenwerte verantwortlich. Dies hat eine fatale Konsequenz für die Wirksamkeit von NOx-Minderungsmaßnahmen zur Verringerung von $NO_2$-Belastungen zur Folge. Eine Verminderung von NOx führt nur zu einer prozentual deutlich geringeren Abnahme von $NO_2$. Geschwindigkeitsreduzierungen beispielsweise vermindern im Stadtverkehrsbereich die Stickstoffoxid-Emissionen (NOx) nur wenig und haben somit praktisch keine Auswirkungen auf die $NO_2$-Konzentrationen.

Als positiver Aspekt bleibt hier allerdings anzumerken, daß in dem Maße wie $NO_2$ über die NO-Verbrauchsreaktion im Straßennahbereich erzeugt wird, das noch wirkungskritischere Ozon abgebaut wird. Hier wäre zu empfehlen, für den Straßenverkehr im Nahbereich von Straßen einen Summengrenzwert $Ox=NO_2+O_3$ in Erwägung zu ziehen. Die Summe dieser beiden Schadstoffe wird durch den Straßenverkehr nur geringfügig um den $NO_2$-Direktanteil erhöht. Und nur diese geringe $NO_2$-Zunahme ist wirkungsrelevant, da die restliche $NO_2$-Erhöhung mit einer zahlenmäßig gleichen $O_3$-Verringerung einhergeht.

Dieser Zusammenhang ist an den mittleren Wochengängen für $NO_2$, $O_3$ und Ox in Bild 14 gezeigt. In den einzelnen Teilbildern ist jeweils der mittlere Wochengang der Konzentration in 26,5m Höhe nebem der Autobahn (Grundbelastung) und in 3 m Höhe abgebildet. Bei $NO_2$ ist erwartungsgemäß die Konzentration in 3m Höhe gegenüber der Grundbelastung erhöht, wogegen bei Ozon eine entsprechnede Abnahme in 3m Höhe gegenüber der Grundbelastung vorhanden ist. Die Werte für die Summe beider Schadstoffe Ox ist hingegen in 3 m Höhe am Autobahnrand nur unwesentlich höher als die Grundbelastung.

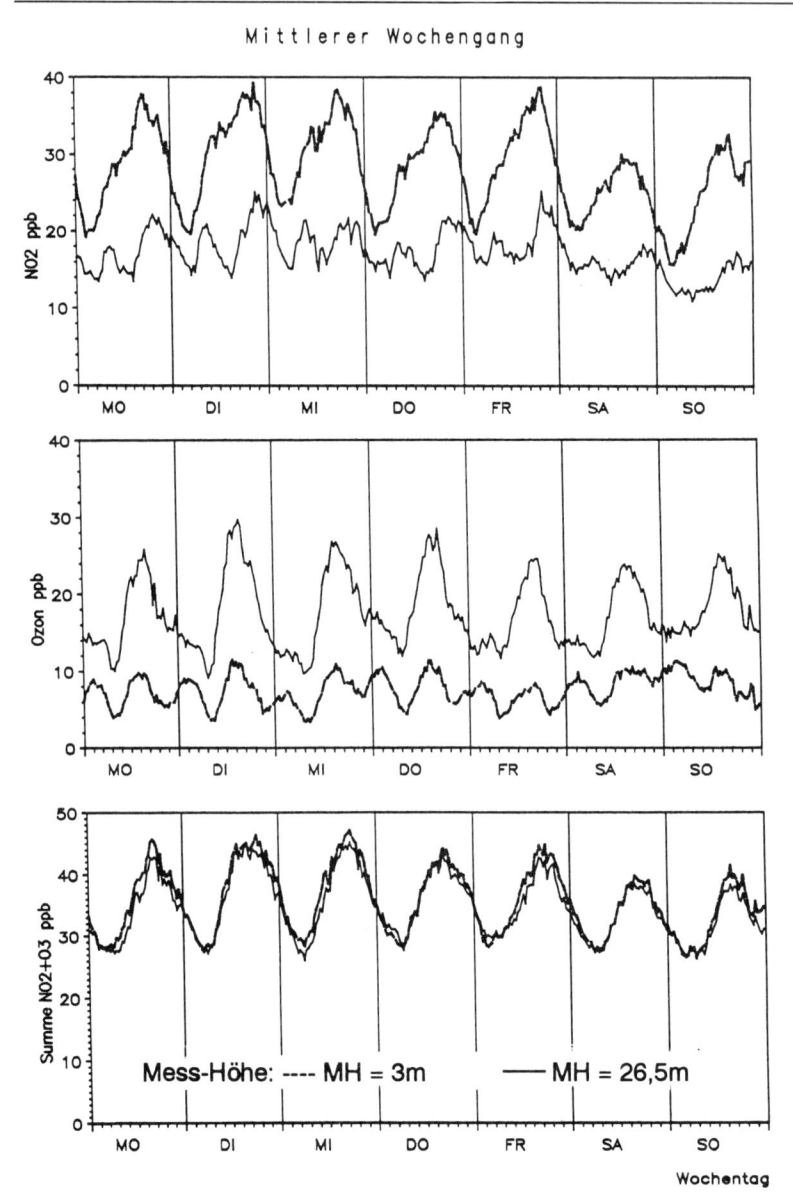

Bild 14: Mittlere Wochengänge der Grundbelastung (26,5m Meßhöhe) und der Konzentration in 3m Höhe am Autobahnrand für $NO_2$, $O_3$ und $Ox=NO_2+O_3$.

Die Ox-Vorbelastung könnte über Vorbelastungsmessungen bestimmt werden. Die NOx-proportionale Ox-Zusatzbelastung wäre über Modellberechnungen (Ausbreitungsmodell oder Windkanal) einfach zu bestimmen. Schwierigkeiten liegen sicher in der Festlegung eines Grenzwertes. Auch würde ein solcher Grenzwert nur für den Straßennahbereich Sinn machen, da der zugrunde liegenden Umwandlungsmechanismus nur für kurze Ausbreitungsentfernungen gilt.

## 3 Schrifttumhinweise

/1/ Gesetz zum Schutz vor schädlichen Umwelteinwirkungen durch Luftverunreinigungen, Geräusche, Erschütterungen und ähnliche Vorgänge (Bundes-Immissionsschutzgesetz-BImSchG) vom 14.05.1990, BGBl I, S. 881/901

/2/ Leisen, P.:
Verkehrsnahe Immissionsmessungen.
Verkehrsbedingte Immissionen in Städten. Erfassung, Bewertung, Entwicklung.
IMIS-Seminar Nr. S-72-104-091-1 (1991).

/3/ Merkblatt über Luftverunreinigung an Straßen, Teil: Straßen ohne oder mit lockerer Randbebauung.
MLuS-92. Forschungsgesellschaft für Straßen- und Verkehrswesen.

/4/ Jost, P.; Leisen, P.; Sonnborn, K. S.; Romberg, E.; Romberg, A.; Niemann:
Abschätzung der Schadstoffbelastungen im Bereich der Portale des Rheinufertunnel in der Landeshauptstadt Düsseldorf.
Gutachten im Auftrag der Stadt Düsseldorf, Juli 1989

/5/ Tieflegung Rheinuferstraße. - Umweltdokumentation -
Landeshauptstadt Düsseldorf. Straßen-, Brücken und Tunnelbauamt/Umweltamt,

/6/ Leisen P.:
Windkanaluntersuchungen zur Simulation von Immissionssituationen in verkehrsreichen Straßenschluchten.
in Kolloquiumsbericht: Abgasimmissionsbelastungen durch den Kraftfahrzeugverkehr, S.223/249, Verlag TÜV Rheinland GmbH, Köln 1978

/7/ Leisen. P.; Jost, P. und Sonnborn, K.S.:
Modellierung der Schadstoffausbreitung in Straßenschluchten. Vergleich von Außenmessungen mit rechnerischer und Windkanalsimulation.
in Kolloquiumsbericht: Abgasbelastungen durch den Kraftfahrzeugverkehr, S.207/234, Verlag TÜV Rheinland GmbH, Köln 1982

/8/ Waldeyer H.; Leisen, P. und Müller, W.R.:
Die Abhängigkeit der Immissionsbelastung in Straßenschluchten von meteorologischen und verkehrsbedingten Einflußgrößen.
in Kolloquiumsbericht: Abgasbelastungen durch den Kraftfahrzeugverkehr, S.85/113, Verlag TÜV Rheinland GmbH, Köln 1982

/9/ Leisen, P; Müller, W.R.; Heich, H.-J.; Hasselbach, W.; Müller, J.:
Entwicklung der Abgasbelastung an Autobahnen.
Schlußbericht zum FE-Vorhaben 90-102 02 585 des Umweltbundesamtes, März 1992

/10/ Erste Allgemeine Verwaltungsvorschrift zum Bundesimmissionsschutzgesetz v. 27.02.1986 (TA-Luft)

/11/ Richtlinie des Rates vom 7. März 1985 (85/203/EWG) über Luftqualitätsnormen für Stickstoffdioxid. Amtsblatt der Europäischen Gemeinschaft (1985), L 87/1

# Vermeidung und Entsorgung von Hausmüll

W. Knobloch, Gelsenkirchen

Zusammenfassung

Die Siedlungsabfallmengen in der Bundesrepublik Deutschland steigen trotz aller Vermeidungsbemühungen immer noch weiter an. In vielen Kommunen ist der Entsorgungsnotstand eingetreten, bzw. droht in den nächsten Jahren, weil die vorhandenen Entsorgungskapazitäten erschöpft sein werden bevor neue geschaffen worden sind. Die konsequente Umsetzung der aufgestellten Abfallwirtschaftskonzepte, die die Vermeidung, Verwertung, Behandlung und Ablagerung der Abfälle vorsehen, muß das Ziel der Entsorgungsverantwortlichen sein.

Für die entsorgungspflichtigen Körperschaften besteht dringender Handlungsbedarf, damit die Umsetzung der Abfallwirtschaftskonzepte erfolgreich sein wird. Hohe Investitionen, verbunden mit großem technischen Aufwand müssen getätigt werden. Das Beschreiten neuer Wege in der Zusammenarbeit der entsorgungspflichtigen Körperschaften und der privaten Entsorgungswirtschaft ist daher dringend erforderlich. Im vorliegenden Beitrag werden Wege aufgezeigt, wie Kommunen und Entsorgungswirtschaft erfolgreich zusammenarbeiten können.

1. Einleitung

Der Schutz der natürlichen Umwelt ist eine der dringendsten Aufgaben unserer Zeit. Entsprechend dieser Zielsetzung sind in den letzten beiden Jahrzehnten vom Gesetzgeber zahlreiche Umweltgesetze verabschiedet worden.

Eckpfeiler der Abfallwirtschaft sind das 1986 novellierte Gesetz über die Vermeidung und Entsorgung von Abfällen (Abfallgesetz AbfG), sowie die 17. Verordnung zur Durchführung des Bundesimmissionsschutzgesetzes (17. BImSchV).
Von besonderer Bedeutung wird die derzeit im Entwurf vorliegende 6. Allgemeine Verwaltungsvorschrift zum Abfallgesetz (TA Siedlungsabfall) sein, die eine Vorbehandlung nicht verwertbarer Abfälle vor der Deponierung vorsieht. Ob die darüberhinaus vorgesehenen Rechts- und Verwaltungsvorschriften das Abfallgesetz leichter vollziehbar machen, um damit dem steten Wachstum des Abfallaufkommens entgegenzuwirken, wird erst die nahe Zukunft zeigen.

Im folgenden wird näher auf die Stellung der Entsorgungsverantwortlichen sowie auf die Aufstellung und Umsetzung von integrierten Abfallwirtschaftskonzepten eingegangen. Als Konsequenz der immer umfangreicheren Entsorgungsaufgaben wird die Einbindung privater Entsorgungsunternehmen in die im Abfallgesetz definierte kommunale Entsorgungspflicht gesehen.

## 2. Abfallentsorgung als Aufgabe kommunaler Gebietskörperschaften

Abfälle im Sinne des § 1 Abs. 1 des im Jahr 1986 novellierten Abfallgesetzes sind bewegliche Sachen, deren sich der Besitzer entledigen will oder deren geordnete Entsorgung zur Wahrung des Wohls der Allgemeinheit, insbesondere des Schutzes der Umwelt geboten ist. /1/

Die Abfallentsorgung stellt genau wie die Versorgung mit Strom, Gas und Wasser in der Bundesrepublik Deutschland eine Aufgabe im Rahmen der Daseinsvorsorge dar, da der einzelne kaum in der Lage sein dürfte, eine umweltgerechte Eigenentsorgung seiner Abfälle durchzuführen. Im § 3 Abs. 2 des AbfG wird daher die Entsorgungspflicht der zuständigen Körperschaften des öffentlichen Rechts festgeschrieben. Die Landesgesetzgeber haben die Entsorgungspflicht den Landkreisen sowie den kreisfreien Städten übertragen.

Die Kommunen verfügen bei der Erfüllung der Entsorgungspflicht über die Organisationshoheit, d.h. sie können sich eigener Betriebe in den öffentlichrechtlichen Organisationsformen des Regiebetriebs, Eigenbetriebs oder Zweckverbandes bedienen. Zunehmend werden auch Umwandlungen in Gesellschaften mit beschränkter Haftung bekannt, bei denen private Entsorgungsunternehmen angemessen berücksichtigt werden. Derzeit werden ca. 50 % des Hausmülls und ca. 70 % der hausmüllähnlichen Gewerbeabfälle von privaten Betrieben eingesammelt und abgefahren. /2/

Die Kommunen schreiben durch Satzungen für Grundstücke und Haushalte den Anschluß an die Einrichtungen der öffentlichen Müllentsorgung und ihre Benutzung fest. Der Anschluß und Benutzungszwang der kommunalen Abfallentsorgung geht über die Bestimmung des § 3 Abs. 1 AbfG hinaus, wonach der Besitzer seine Abfälle der entsorgungspflichtigen Körperschaft andienen muß. Diese Zuteilungspolitik dient der Sicherstellung der Finanzierung der Müllentsorgung, denn eine Gebührenpflicht besteht bereits mit dem Anschluß an die Entsorgungseinrichtung. /2/

Die entsorgungspflichtigen Körperschaften und auch insbesondere der Bundesgesetzgeber sind im Gegenzug dazu verpflichtet, das Wohl der Allgemeinheit durch Entsorgungsaktivitäten nicht zu beeinträchtigen. Zur Sicherstellung dieser Verpflichtung sind im AbfG folgende Grundsätze festgelegt /1/:

- Abfälle möglichst nicht entstehen lassen
- Abfallverwertung hat Vorrang vor der Entsorgung, sofern die entstehenden Mehrkosten zumutbar sind und für die gewonnenen Stoffe oder erzeugten Energien ein Markt existiert
- Abfälle dürfen nur in den dafür zugelassenen Anlagen oder Einrichtungen behandelt, gelagert und abgelagert werden

Diese Grundsätze wurden im Entwurf der TA Siedlungsabfall aufgegriffen. Im Rahmen dieser Verordnung sollen bundeseinheitliche Regelungen für die Vermeidung, Verwertung und Entsorgung kommunaler Abfälle definiert werden. Des weiteren sollen bundesweit einheitliche Forderungen hinsichtlich Planung, Errichtung und Betrieb von Behandlungsanlagen, Abfallverwertungsanlagen und Deponien aufgestellt werden.

## 3. Abfallwirtschaftskonzepte

Die Kommunen als Träger der öffentlichen Entsorgung werden durch die von ihnen aufzustellenden Abfallwirtschaftskonzepte gehalten, für <u>alle</u> anfallenden Abfallarten Entsorgungswege aufzuzeigen und umzusetzen. Die Wahrung des Vorrangs der Vermeidung vor der Verwertung sowie des Vorrangs der Verwertung vor der Entsorgung wird durch integrierte Abfallwirtschaftskonzepte festgeschrieben. In Abb. 1 sind die wesentlichen Komponenten eines modernen Abfallwirtschaftskonzeptes dargestellt, wobei der Vermeidung als wesentliches Element künftig verstärkt Rechnung getragen werden muß.

Die möglichst umfassende Bestandsaufnahme der regionalen Entsorgungs- und Verwertungsstruktur ist Grundlage jedes intergrierten Abfallwirtschaftskonzeptes. Dazu sind neben Erhebungen über anfallende Abfallarten, -mengen und -zusammensetzungen auch Erhebungen über Art und Menge bereits erfaßter Wertstoffe oder schadstoffhaltiger Produkte notwendig.

Auf dieser Grundlage werden für Abfälle oder Abfallfraktionen unter Berücksichtigung bestehender Abfallentsorgungspläne nach § 6 AbfG sowie der Maßnahmen nach § 14 AbfG Vermeidungsmöglichkeiten aufgezeigt. Die erforderlichen Verwertungspotentiale sind zu erkunden und vertraglich zu sichern. Von besonderes schwieriger Natur ist die Festlegung der notwendigen Abfallbehandlungskapazitäten. Hier wird häufig mit Blick auf die vorherrschende Ansicht die Kapazität zu klein gewählt.

Integrierte Abfallwirtschaftskonzepte sind für folgende Abfallarten aufzustellen:

- Hausmüll
- Sperrmüll

- hausmüllähnliche Gewerbeabfälle
- Baustellenabfälle
- Bauschutt
- Bodenaushub
- Straßenaufbruch
- Marktabfälle
- Garten und Parkabfälle
- Klärschlämme
- Rückstände aus der Kanalisation
- Fäkalien
- Fäkalienschlamm
- Wasserreinigungsschlämme
- produktionsspezifische Abfälle (soweit sie gemeinsam mit Siedlungsabfällen entsorgt werden)

Für alle diese Abfälle ist hinsichtlich Sammlung, Transport, Verwertung, Behandlung und Ablagerung die auf die jeweiligen örtlichen Bedingungen optimal zugeschnittene Entsorgungsvariante zu erarbeiten und festzulegen. Dabei ist der zu wählenden Organisationsform besondere Aufmerksamkeit zu schenken.

Integrierte Abfallwirtschaftskonzepte sind für einen 10jährigen Zeitraum aufzustellen, regelmäßig auf Aktualität zu überprüfen und ggf. fortzuschreiben. Ebenso muß die Fortschreibung der Abfallentsorgungsanlagen beachtet werden unter Berücksichtigung der Weiterentwicklung der Technik hinsichtlich Abfallverwertung, -behandlung, -sammlung und -transport sowie bei entscheidender Änderung der Abfallmenge und -zusammensetzung. Eine umfassende Öffentlichkeitsinformation bei Datenerhebung, Planung und Entscheidung sowie über den Stand der Umsetzung des Abfallwirtschaftskonzeptes ist heute durchaus hilfreich und empfehlenswert.

## 4. Abfallvermeidung

Die Abfallvermeidung ist ein zentraler Baustein von Abfallwirtschaftskonzepten und bedarf daher einer genaueren Betrachtung.

Abfallvermeidung wird durch Handlungsweisen erreicht, die ein Anfallen von Abfällen beim Abfallproduzenten verhindern oder reduzieren. Somit ist Abfallvermeidung Umweltvorsorge, um negative Auswirkungen auf die Umwelt aufgrund der Abfallentsorgung zu begrenzen.

Die konsequente Ausschöpfung des Vermeidungspotentials setzt die Überprüfung des eigenen Kauf-, Verbrauchs- und Sammelverhaltens voraus, mit dem Ziel, das Konsum- und Kaufverhalten zu ändern. Die Motivation und Einstellung der Konsumenten ist dabei der wichtigste Einflußfaktor für die Art und Menge der Haushaltsabfälle. /3/ Zur Veränderung des eigenen Verhaltens und damit zur Bildung eines neuen Abfallbewußtseins ist die Bereitstellung von Informationen und eine entsprechende Beratung notwendig.

Dazu muß auf dem Markt ein entsprechendes Angebot vorhanden sein, welches eine Reduzierung der Entsorgungsmengen erlaubt. Umweltgerechtere Produkte sollten sich z.B. durch längere Nutzungszeiten, Reparaturfähigkeit, ersetzbare Verschleißteile, Zerlegbarkeit von Mehrkomponentenartikeln sowie durch geringeren Stoffeinsatz auszeichnen. /3/

Ein nicht zu unterschätzender Beitrag kann hier von jedem einzelnen geleistet werden, wenn die mögliche Eigenkompostierung häuslicher Bioabfälle stärker aufgegriffen wird.

Die Abkehr von der Strategie der "Einmalverwendung" wird heute bei Beschaffungen und Ausschreibungen der Städte und Kreise, der Länder und des Bundes sowie bei öffentlichen Veranstaltungen zunehmend berücksichtigt. Dieses führt häufig zu erheblichen Schwierigkeiten und höheren Kosten. Vermeidung ist und bleibt ein Hoffnungsträger der zukünftig noch stärker gelebt werden wird.

## 5. Umsetzung von Abfallwirtschaftskonzepten

Wie groß auch immer das Vermeidungspotential eingeschätzt wird, es verbleibt eine nicht unerhebliche Abfallmenge, die entsorgt werden muß. Betreffend stofflich verwertbarer Abfälle muß direkt beim Abfallerzeuger mit einer Getrenntsammlung begonnen werden.

An diesem Punkt setzt die im Juni 1991 verabschiedete Verpackungsverordnung (VerpackV) an. Von den 1989 in den alten Bundesländern anfallenden 32 Mio. t Hausmüll und hausmüllähnlicher Gewerbeabfall sind ca. 7 Mio. t Verpackungsabfälle. /5/ Die VerpackV hat das Ziel, den genannten Abfällen alle Verpackungen zu entziehen und somit den Hausmüll weitgehend von Glas, Verbundverpackungen, Weißblech, Aluminium, Papier, Pappe und Kunststoffen zu befreien. Die Verpackungsindustrie hat zur Bewältigung dieser Aufgabe das Duale System Deutschland (DSD) gegründet. Verpackungsindustrie, Handel, Abfüller und Konsumgüterhersteller garantieren die Erfassung, Sortierung und Aufbereitung der Verpackungen. Zur Finanzierung des Dualen Systems vergibt die DSD Lizenzen, die das Recht zum Aufdruck des "Grünen Punktes" auf Verpackungen enthalten.

Die verbleibende erhebliche Restmenge von 50 - 60 %, die trotz aller Vermeidungs- und Verwertungsbemühungen anfällt, muß behandelt und abgelagert werden. Es ist eine Illusion anzunehmen, man könne ausschließlich im geschlossenen Kreislauf produzieren und konsumieren.

Abfälle sollen zukünftig nur noch auf zwei Deponietypen abgelagert werden dürfen. Der Deponietyp der Klasse I gilt als Inertstoffdeponie, auf der nur inerte Massenabfälle wie unbelasteter Bauschutt oder Bodenaushub abgelagert werden dürfen. Auf dem Deponietyp der Klasse II dürfen unbehandelte Siedlungsabfälle in der Regel auch nicht mehr abgelagert werden, da der vorgesehene Grenzwert für den Restgehalt von maximal 5 % biologisch abbaubarer organischer Bestandteile im abzulagernden Müll sowie strenge Eluatkriterien dies verhindert. Eine derartige Vorbehandlung des Restmülls wäre daher nur noch thermisch möglich, weil mit biologischen Verfahren eine derart weitgehende Inertisierung heute nicht erreichbar ist. Die Hauptaufgabe der thermischen Behandlung ist darin zu sehen, organische Schadstoffe im Abfall zu zerstören sowie aufzukonzentrieren und möglichst verwertbare Rückstände zu erzeugen. Daher stellt die thermische Behandlung derzeit einen unverzichtbaren Bestandteil eines integrierten Abfallkonzeptes dar. /4/

Die Darstellung der vielfältigen Aufgaben, die die Umsetzung der Abfallwirtschaftskonzepte mit sich bringt, läßt erkennen, daß auf die entsorgungspflichtigen Körperschaften zukünftig ein enormes Investitionsvolumen zukommt. Genau so wie die Versorgung der Bevölkerung von der Industrie weitgehend gewährleistet wird, ist dies nunmehr bei der Entsorgung geboten.

In den folgenden Abbildungen 2 - 4 sind Möglichkeiten der Kooperation der entsorgungspflichtigen Körperschaften mit privaten Entsorgungsunternehmen aufgezeigt.

In Abb. 2 ist die Organisationsstruktur einer gemischtwirtschaftlichen Gesellschaft zwischen einer entsorgungspflichtigen Körperschaft und einem Entsorgungsunternehmen dargestellt. Der Zweck dieser Gesellschaft ist die gemeinsame Abwicklung von Aufträgen zur Durchführung des Dualen Systems außerhalb des hoheitlichen Satzungsrechts der beseitigungspflichtigen Körperschaft.

Die entsorgungpflichtige Körperschaft hat mit mind. 51 % die Mehrheit in der Trägergesellschaft und kann somit bei der Steuerung und Koordination der Aufgaben aufgrund der VerpackV ihren Pflichten in vollem Umfang nachkommen. Über die Projektgesellschaft, in der das Entsorgungsunternehmen die Mehrheit hat und deren Aufgaben in der Beratung über Vermeidungsmaßnahmen sowie in der Erfassung, Sammlung, Logistik, Aufbereitung und Vermarktung von Wertstoffen liegen, ist die Bereitstellung großer Investitionssummen privatwirtschaftlich möglich. Durch vertragliche Regelungen sind die Ansprüche der entsorgungpflichtigen Körperschaft sowie die Verfügungsbefugnis des Kreises sicherstellbar. Gleichzeitig kann dabei, ohne Einschränkung der Einflußnahme, die Eigenkapitalquote des Kreises gesenkt werden.

In Abbildung 3 ist die operative Entsorgungsaufgabe auf ein Entsorgungsunternehmen übertragen. In der Trägergesellschaft mit kommunaler Mehrheit liegt die Steuerung und Koordination der von der Kommune gewünschten Aufgabenerledigung. Durch die Vertragsgestaltung haben beide Partner einen gerechten Interessenausgleich herbeigeführt. Die Kommune kann sich durch die Nichteinbeziehung ins operative Betriebsgeschehen weitgehend als Kontrollorgan betätigen. Dieser Organisation der Aufgabenerledigung kommt künftig immer größere Bedeutung zu.

In Abb. 4 ist die Organisationsstruktur einer gemischtwirtschaftlichen Gesellschaft, bei der die Mehrheit an der gemeinsamen Entsorgungsgesellschaft bei der Körperschaft liegt, dargestellt. Die Zusammenarbeit zwischen beiden Partnern umfaßt bei diesem Modell sämtliche Bereiche der Abfallwirtschaft, wobei die entsorgungspflichtige Körperschaft die Mehrheit der gemeinsamen Entsorgungsgesellschaft hält. Die Körperschaft hat in dieser Organisationsform einen hohen Kapitaleinsatz zu erbringen, die große Flexibilität der Privatwirtschaft hinsichtlich Personalpolitik und Rationalisierung geht verloren. Die Mehrheitsbeteiligung der Kommune löst erhebliche öffentliche Prüf- und Kontrollpflichten sowie hoheitlichen Zwang zur Aufstellung von Wirtschaftsplänen, fünfjährige Finanzplanung, Prüfung von Buchführung, Jahresabschluß und Jahresbericht durch das Rechnungsprüfungsamt aus.

S c h r i f t t u m

/1/ Gesetz über Vermeidung und Entsorgung von Abfällen (Abfallgesetz AbfG) vom 23. September 1990

/2/ Müllvermeidung, Martin Runge, München 1989, S. 86

/3/ Auf dem Weg zur umweltverträglichen Abfallwirtschaft, Georg Fülgraff, Abfallwirtschaftsjournal 3 (1991), Nr. 12, S. 789 ff.

/4/ TA Siedlungsabfall Ziele und Inhalt, Dipl.Chem. B. Uhlmann, Dr. rer. nat. Joachim Wuttke, EntsorgungsPraxis 9/91, S. 444 ff.

/5/ Realisierte und geplante Maßnahmen zum § 14 Abfallgesetz, Joachim Wuttke, AbfallwirtschaftsJournal 3 (1991), Nr. 12, S. 811 ff.

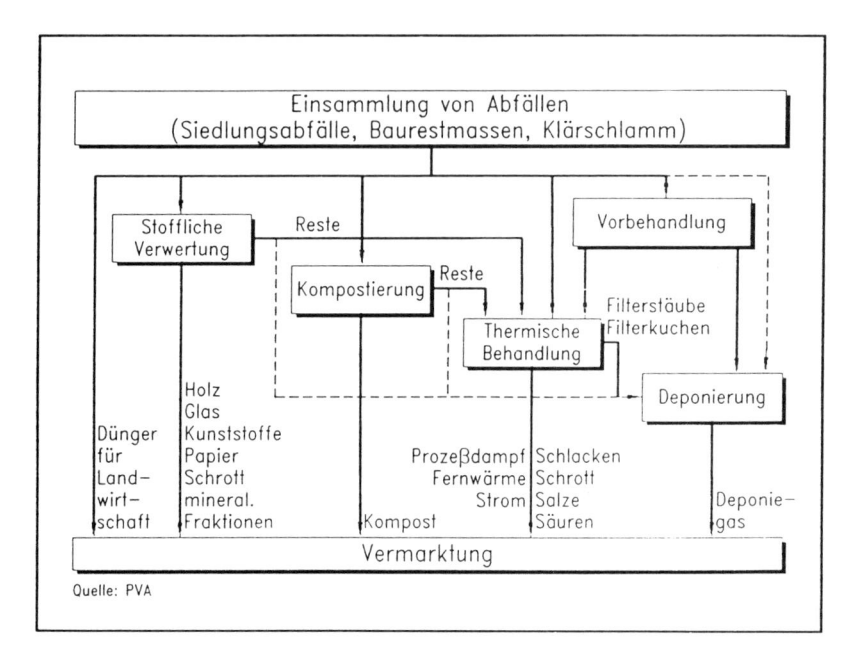

```
┌─────────────────────────────────────────────────────────────────┐
│          Einsammlung von Abfällen                               │
│    (Siedlungsabfälle, Baurestmassen, Klärschlamm)               │
└─────────────────────────────────────────────────────────────────┘
```

Abb. 1: Komponenten eines modernen Abfallwirtschaftskonzeptes

```
┌─────────────────┐      ┌──────────────────────┐
│ Entsorgungs-    │      │ Entsorgungspflichtige│
│ unternehmen     │      │ Körperschaft         │
└─────────────────┘      └──────────────────────┘
           │                      │
           │        ┌─────────────────────┐
┌──────────┴──┐     │ Trägergesellschaft  │
│ Entsorgungs-│     │  49 % Entsorger     │
│ unternehmen │     │  51 % Kommune       │
└─────────────┘     └─────────────────────┘
```

**Betriebs-Gesellschaft**

51 % Entsorger    49 % Trägergesellschaft

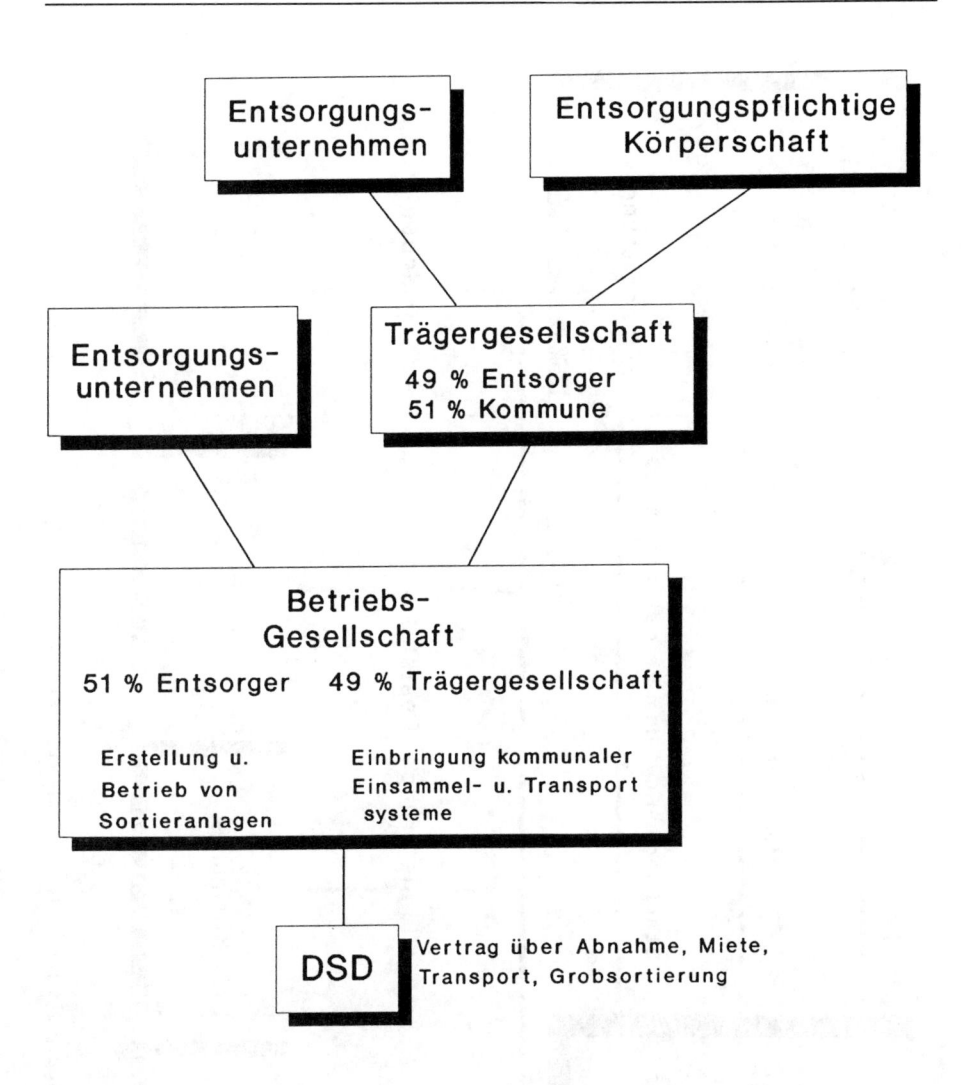

Erstellung u.           Einbringung kommunaler
Betrieb von             Einsammel- u. Transport
Sortieranlagen          systeme

**DSD** — Vertrag über Abnahme, Miete, Transport, Grobsortierung

Abb. 2: Gemischtwirtschaftliche Gesellschaft mit Beteiligung der entsorgungspflichtigen Körperschaft am Duale System

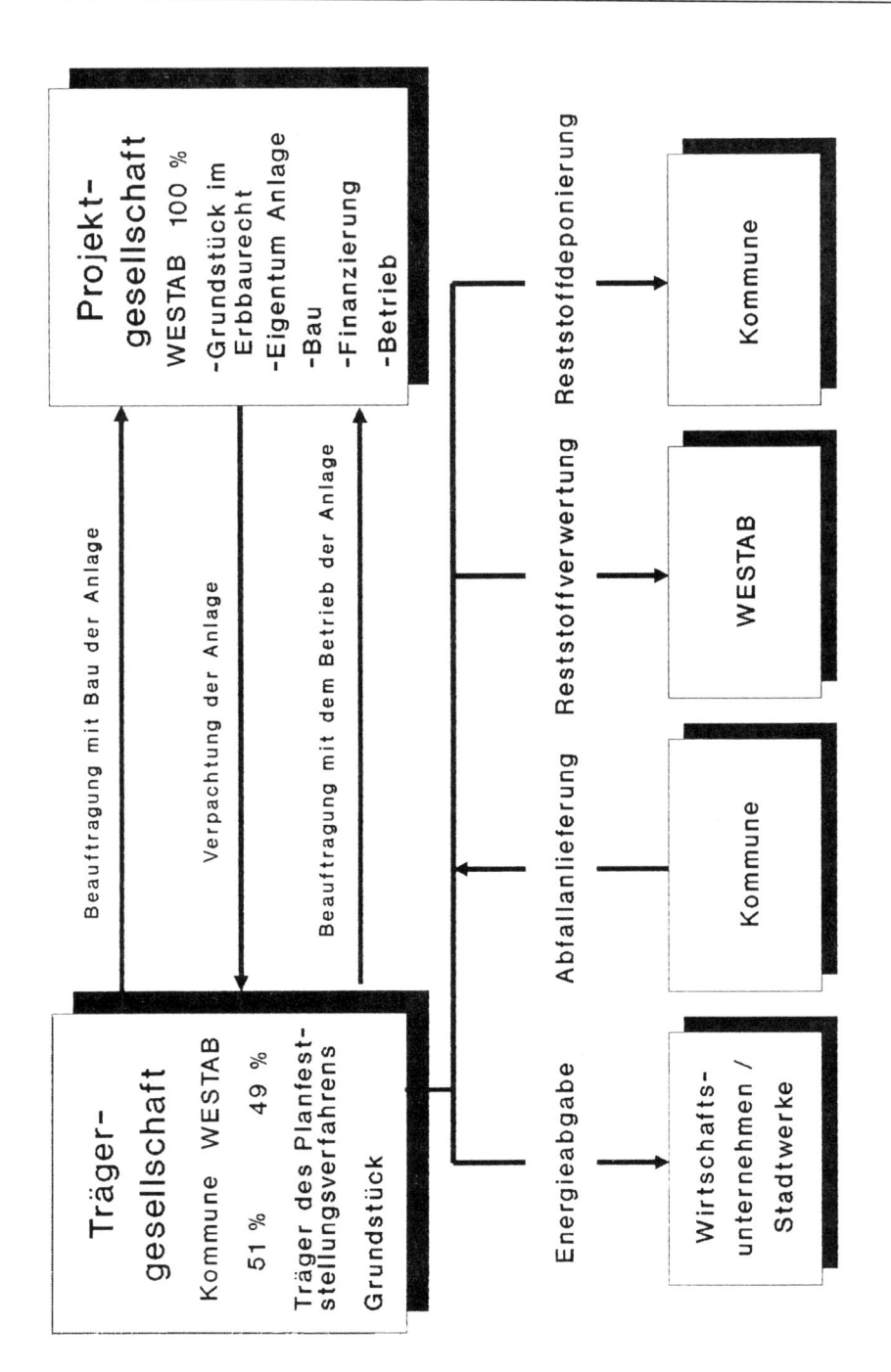

Abb.3: Gemeinsame Trägergesellschaft mit Projektgesellschaft

```
┌─────────────────────────┐   Gesellschafts-   ┌─────────────────────┐
│ Entsorgungspflichtige   │──── vertrag ───────│    Entsorgungs-     │
│      Körperschaft       │                    │     unternehmen     │
└─────────────────────────┘                    └─────────────────────┘
         │                                              │
         │  Fuhrpark                         Know How   │
         │  ggfs. Personalüber-              ggfs. Gesellschafter-
         │     leitungsvertrag                  darlehen
         │                                   ggfs. Personalüber-
         │                                      leitungsvertrag
         │                                              │
         │          ┌──────────────────────────┐        │
         │          │      Entsorgungs-        │        │
         │          │       gesellschaft       │        │
         │          │           z.B.           │        │
         │          │  60 % öffentliche  40 % Entsorgungs- │
         │          │     Körperschaft     unternehmen │
         │          └──────────────────────────┘
   Entsorgungs-
      vertrag
```

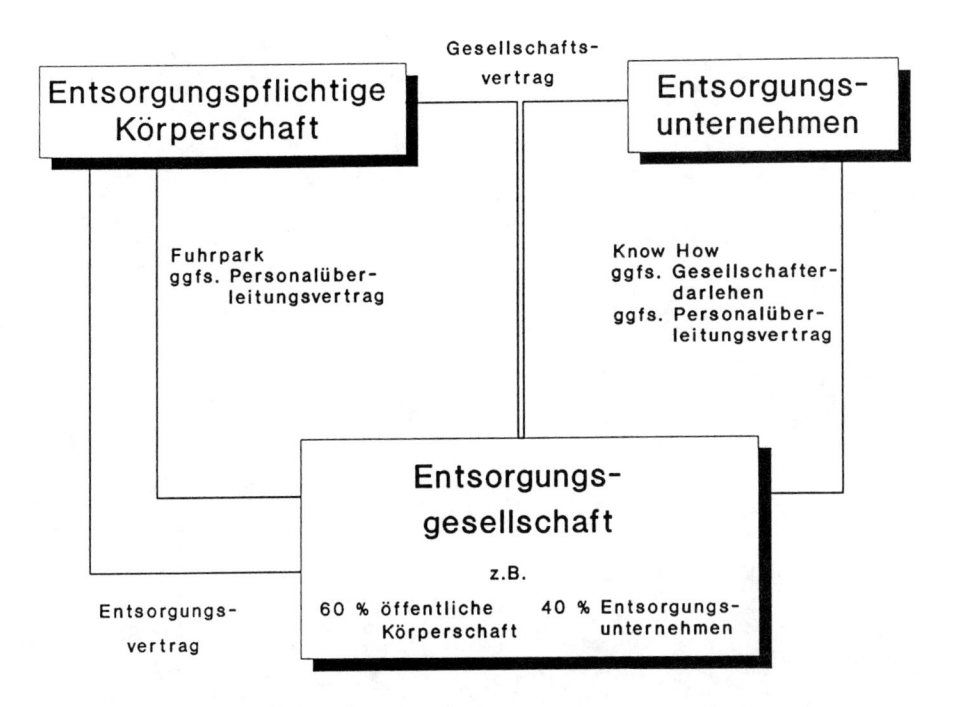

Abb. 4: Gemischtwirtschaftliche Gesellschaft zur Kooperation zwischen entsorgungspflichtiger Körperschaft und privatem Entsorgungsunternehmen

# Umweltverträgliche Abfallverbrennung

A. Schumacher, Düsseldorf

Zusammenfassung

Ausgehend von der technischen Entwicklung von Abfallverbrennungsanlagen und den Vorschriften zur Emissionsbegrenzung wird die Umweltverträglichkeit von Abfallverbrennungsanlagen am Beispiel der Begrenzung der Dioxin-Emission und der Reststoffbehandlung in Form eines Überblicks dargestellt. Abschließend wird die Abfallverbrennung als Bestandteil des Gesamtsystems der Abfallwirtschaft erläutert.

## 1. Einleitung

Die Abfallverbrennung ist wesentlicher Bestandteil des Umweltschutzes in Städten. Dabei ist zu unterscheiden zwischen Industrie- und Siedlungsabfällen (Haus- und Gewerbeabfälle). Hier wird auf die Verbrennung von Siedlungsabfall eingegangen.

Geltende Rechtsvorschrift ist die am 1. Dezember 1990 inkraft getretene "Verordnung über Verbrennungsanlagen für Abfälle und ähnliche brennbare Stoffe" (17. BImSchV) [1]. Sie stellt hohe Anforderungen an die Abfallverwertung durch Verbrennung. Abfallverbrennungsanlagen, die nach dieser Verordnung errichtet, nachgerüstet und betrieben werden, leisten einen bedeutenden Beitrag zur Luftreinhaltung sowie zum Schutz von Boden und Wasser.

## 2. Zusammensetzung des Siedlungsabfalls

Siedlungsabfall enthält eine Vielzahl schädlicher und giftiger Bestandteile, die bei der Verbrennung in naturverträgliche Verbindungen umgewandelt oder in mehrstufigen Reinigungsanlagen - bis auf tolerable Reste - abgeschieden werden.

Ein weiteres Merkmal des Abfalls ist dessen Inhomogenität. Kennzeichnend dafür sind die Schwankungen des Abfalls in der stofflichen Zusammensetzung, der Stückgröße und dem Aggregatzustand. Darauf beruhen auch die Schwankungen im Heizwert, im Asche- und Wassergehalt, in der Zündwilligkeit, im

Schmelzverhalten der Asche, also in allen physikalischen und chemischen Eigenschaften des Abfalls.

Diesen Gegebenheiten und Anforderungen müssen Abfallverbrennungsanlagen Rechnung tragen.

## 3. Technische Entwicklung der Abfallverbrennung

Die technische Entwicklung der Abfallverbrennung wird hier anhand eines vereinfachten Schemas (Bild 1) veranschaulicht. Bei der modernen Abfallverbrennung werden Energie und verwertbare Stoffe gewonnen (kombinierte thermische und stoffliche Abfallverwertung).

Die technische Entwicklung hat auch ihren Niederschlag in den Vorschriften zur Luftreinhaltung gefunden, die in der Bundesrepublik Deutschland von 1974 an schrittweise verschärft worden sind (Bild 2).

Die Verfahren zur Begrenzung der Emissionen von Staub, Schwefeldioxid und Stickoxid sind bei Abfallverbrennungsanlagen im Prinzip die gleichen wie bei anderen Feuerungsanlagen, z.B. in kohlebefeuerten Kraftwerken. Deshalb wird darauf an dieser Stelle nicht eingegangen. Vielmehr beschränkt sich dieser Beitrag auf zwei Problemkreise, die in der öffentlichen Diskussion eine herausragende Rolle spielen: die Begrenzung der Dioxin-Emission und die Behandlung der Reststoffe aus der Verbrennung. Die Reststoffe sind die Rostschlacke, die Kessel- und Filterstäube sowie die Reaktionsprodukte aus der Rauchgasreinigung.

## 4. Begrenzung der Dioxin-Emission

Mit "Dioxin" werden alle Dibenzodioxine (PCDD) und Dibenzofurane (PCDF) bezeichnet. Zahlenwerte sind als Toxizitätsäquivalente (TE) angegeben.

Ein Kilogramm Siedlungsabfall enthält im Mittel mehr als 50 ng TE Dioxin [2]. Nach der 17. BImSchV dürfen maximal 0,1 ng TE/$m^3$ Dioxin im Abgas enthalten sein, das sind etwa 0,5 ng TE/kg Abfall. Es werden also mindestens 99 % des im Siedlungsabfall enthaltenen Dioxins in der Verbrennungsanlage zerstört oder zurückgehalten.

Weil gegenüber den Grenzwerten einer Vorschrift im praktischen Betrieb immer Sicherheitsabstände eingehalten werden, liegt der tatsächliche Zerstörungsgrad bzw. Abscheidegrad bei fast 100 %.

Nachfolgend werden technische Maßnahmen zur Begrenzung der Dioxin-Emission erläutert.

## 4.1 Feuerungstechnische Maßnahmen

Für die Verbrennung von Siedlungsabfall hat die Industrie verschiedene Arten leistungsfähiger Feuerungssysteme bereitgestellt. In der Prinzipskizze, Bild 3, sind einige kennzeichnende Merkmale dargestellt.

Grundsätzlich sind bei der Abfallverbrennung zwei Zonen zu unterscheiden:

        Zone 1  -  Verbrennung auf dem Rost,
        Zone 2  -  Verbrennung oberhalb des Rostes.

Beide Zonen müssen aufeinander abgestimmt sein und bilden so eine feuerungstechnische Einheit, das Feuerungssystem.

Die gröbsten Schwankungen in den Brenneigenschaften des Abfalls werden vor allem durch die erhebliche Speichermasse des Abfalls auf dem Rost gemildert (Zone 1). Ohne das Speichervermögen der Rostfeuerung wären die großen Schwankungen der Abfallzusammensetzung regeltechnisch nicht zu beherrschen. Im übrigen werden die Möglichkeiten der modernen Meß- und Regeltechnik ausgeschöpft.

Entscheidend für den Dioxin-Abbau ist die im Feuerungssystem erreichte Ausbrandgüte. Zu diesem Zweck sind für den Verbrennungsvorgang im Feuerraum (Zone 2) folgende Bedingungen zu erfüllen:

- Feuerraumtemperatur $\geq 850°$ C;

- Verweilzeit der Rauchgase im Temperaturbereich $\geq 850°$ C mindestens 2 Sekunden;

- gleichmäßige Verteilung der Verbrennungsluft im Feuerraum, d.h., Zonen mit reduzierender Atmosphäre müssen ebenso vermieden werden wie Zonen mit zu hohem Luftüberschuß.

## 4.2 Vermeidung der Dioxinbildung

Unter bestimmten Voraussetzungen kommt es zur Dioxinbildung in Abfallverbrennungsanlagen, zur sog. "De-novo-Synthese". Dies ist eine chemische Reaktion von elementarem, gasförmigem Chlor mit Sauerstoff und mit unverbranntem organischen Kohlenstoff, die durch die Katalysatorwirkung von Aschebestandteilen (z.B. Kupferchlorid $CuCl_2$) ausgelöst wird. Diese Dioxinbildung erfolgt im Rauchgas-Temperaturbereich zwischen 700 bis 250° C.

Aus der Kenntnis dieser Reaktionsbedingungen ergeben sich folgende Maßnahmen zur Minimierung der De-novo-Synthese:

- niedriger Gehalt an organischem Kohlenstoff im Rauchgas;
- niedriger Staubgehalt in den Rauchgasen und auf den Heizflächen;
- niedriger Gehalt an unverbranntem Kohlenstoff in der Flugasche;
- kurze Verweilzeit der Rauchgase im Temperaturbereich zwischen 700 bis 250° C.

Abfallverbrennungsanlagen, die diese Kriterien erfüllen, erreichen bereits Dioxinkonzentrationen am Kesselaustritt von weniger als 1,0 ng/m$^3$. Zur Einhaltung des Emissionsgrenzwertes von 0,1 ng/m$^3$ müssen dem Kessel noch leistungsfähige Reinigungseinrichtungen nachgeschaltet werden.

### 4.3 Reinigungseinrichtungen

Je niedriger die Ausgangs-Schadstoffkonzentration ist, um so höher ist der technische Aufwand zur weiteren Verminderung der Schadstoffkonzentration. Dies gilt auch für den Aufwand zur weiteren Verminderung der Dioxinemission unter den vorgeschriebenen Grenzwert von 0,1 ng/m$^3$.

(1) Entstaubung

Der überwiegende Teil des Dioxins ist in fester Form im Rauchgas enthalten und kann im Entstauber abgeschieden werden. Dazu sind hohe Abscheidegrade - besonders im Bereich des Feinkorns - erforderlich. Hierfür werden zunehmend Gewebefilter eingesetzt.

Aber selbst bei wirksamer Entstaubung bis zu Staubgehalten unterhalb von 10 mg/m$^3$ läßt sich der Emissionsgrenzwert für Dioxin von 0,1 ng/m$^3$ nicht mit Sicherheit einhalten. Daher ist eine weitere Reinigungsstufe erforderlich, die entweder aus einer Adsorption an Aktivkohle oder einer katalytischen Oxidation besteht oder gar aus einer Kombination beider Verfahren.

(2) Adsorption an Aktivkohle (Bild 4.1)

Dioxin adsorbiert an Aktivkohle, und zwar entweder im Festbett oder im Flugstrom.

Bei der Festbettadsorption durchströmt das Rauchgas mit niedriger Geschwindigkeit einen mit Aktivkohle gefüllten Reaktor.

Bei der Flugstromadsorption wird feinkörnige Aktivkohle - ggf. gemischt mit alkalischem Material (z. B. Calciumhydroxid) - in das Rauchgas eingedüst und in einem nachgeschalteten Gewebefilter abgeschieden.

(3) Katalytische Oxidation (Bild 4.2)

Beim katalytischen Verfahren wird das Dioxin im Temperaturbereich von 300° C zu $CO_2$, $H_2O$ und HCL oxidiert. Der Katalysator ist aus dem gleichen Material wie für die $NO_x$-Reduktion. Deshalb kann das gleiche Bauteil sowohl für die $NO_x$ - als auch für die Dioxin-Minimierung genutzt werden.

Die hier dargestellten Verfahren zur Dioxinabscheidung und -minimierung sind nur zwei von mehreren möglichen Verfahren. Welche Variante im Einzelfall gewählt wird, hängt zudem auch davon ab, ob es sich um den Neubau oder um die Nachrüstung einer bestehenden Anlage handelt. Zur Zeit überwiegen die Nachrüstungen, weil Genehmigungen von Neuanlagen nach wie vor auf große Behinderungen stoßen. Bis zum 01.12.1996 müssen alle Abfallverbrennungsanlagen die Auflagen der 17. BImSchV erfüllen.

## 5. Reststoffe

Der Mangel an Deponieraum zwingt zunehmend zur Verwertung der Reststoffe. Sie ist zudem die logische Konsequenz, die sich aus dem Übergang von der Abfallbeseitigung zur Abfallwirtschaft ergibt, d. h., zu einer Wirtschaft, die auf geschlossenen Stoffkreisläufen beruht.

Um dieses Ziel zu erreichen, hat der Gesetzgeber in der 17. BImSchV folgende Anweisung für die Behandlung von Reststoffen aus Abfallverbrennungsanlagen erteilt:

"Schlacken, Filter- und Kesselstäube sowie Reaktionsprodukte und sonstige Reststoffe der Abgasbehandlung sind zu vermeiden oder ordnungsgemäß und schadlos zu verwerten. Soweit die Vermeidung oder Verwertung technisch nicht möglich oder unzumutbar ist, sind sie als Abfälle ohne Beeinträchtigung des Wohls der Allgemeinheit zu beseitigen."

Bei der Verbrennung von Siedlungsabfällen lassen sich Reststoffe nicht vermeiden, allenfalls minimieren. Deshalb muß die Erfüllung der zweiten Forderung, die Verwertung, angestrebt werden.

In Bild 5 ist eine Reihe von Reststoffen aufgeführt, die bei der Verbrennung von Siedlungsabfall anfällt. Es handelt sich hierbei um Richtwerte, die wegen der Inhomogenität des Siedlungsabfalls schwanken.

Bild 1 zeigt im vereinfachten Schema, welche verwertbaren Produkte aus den Reststoffen gewonnen werden können.

Gegenwärtig werden verschiedene Verfahren angeboten, erprobt oder entwickelt, die das ehrgeizige Ziel verfolgen, die Reststoffe möglichst vollständig in verwertbare Produkte umzuwandeln.
Für eine Verwertung genügen aber nicht nur erprobte Verfahren. Die gewonnenen Produkte müssen auch vom Markt angenommen werden. Dies stößt auf folgende Hindernisse:

- aus Abfall gewonnene Produkte werden mit Skepsis betrachtet;

- mit aufwendigen Verfahren gewonnene Produkte sind nicht konkurrenzfähig. Inwieweit steigende Deponiekosten oder das Fehlen von Deponieraum hier Veränderungen bringen, bleibt abzuwarten.

## 5.1 Verwertung der Rostschlacke

Die Hauptmenge der Reststoffe - etwa 90 % - ist Rostschlacke. Nach Abscheidung des Eisenschrotts und übergroßer Stücke kann sie zur Befestigung des Untergrundes beim Straßenbau und für ähnliche Baumaßnahmen außerhalb von Wasserschutzgebieten verwendet werden.

Die Verwertung wird jedoch begrenzt durch auslaugbare Bestandteile - insbesondere Schwermetalle -, die das Grundwasser gefährden können. Deshalb wird in der Zukunft eine Schlackebehandlung zur Verminderung der auslaugbaren Bestandteile notwendig sein, um die Verwertung zu sichern.

## 5.2 Verwertung des Flugstaubs

Der in den Kesselzügen und im Entstauber abgeschiedene Flugstaub ist mit Schwermetallen angereichert und enthält erhebliche Mengen an organischen Schadstoffen, insbesondere Dioxin. Um aus diesem Reststoff, der als Sonderabfall eingestuft wird, ein verwertbares Produkt zu gewinnen, kommen zur Zeit zwei Verfahren in Betracht:

- Auslaugung der Schwermetalle mit der Säure, die in der ersten Stufe der Rauchgaswäsche anfällt, mit anschließender thermischer Behandlung zur Zerstörung des Dioxins;

- Einschmelzung und Verglasung.

Bei der Auslaugung werden die Schwermetalle aus dem Filterstaub weitgehend herausgelöst und können dann entweder durch Ausfällung in einem hochkonzentrierten Schlamm als kleiner Rest unter Tage abgelagert oder als Metalle zurückgewonnen werden, z. B. durch Ionenaustausch.

Die so behandelte Filterasche ist vollständig mineralisiert und nicht mehr auslaugbar. Sie kann daher nach der anschließenden thermischen Behandlung zum Dioxinabbau in der Baustoffindustrie verwendet werden.

Das 2. Verfahren ist eine Einschmelzung der Filterasche entweder im Elektroschmelzofen oder in einer öl- oder gasbeheizten Schmelzkammer. Es entsteht ein glasartiges Granulat, das beständig gegen Auslaugung ist und als Zuschlagstoff in der Baustoffindustrie verwendet werden kann. Die beim Einschmelzen freiwerdenden Gase werden in die Verbrennunganlage geleitet.

### 5.3 Verwertung der Reaktionsprodukte aus der Rauchgaswäsche (Naßwäsche)

In der zweistufigen Rauchgaswäsche fallen folgende Reaktionsprodukte an:

1. Stufe - saures Abwasser, aus dem nach Zusatz von Natronlauge und Verdampfung des Wassers Kochsalz gewonnen werden kann, das sich industriell verwenden läßt. Dieses Verfahren wird in Großanlagen angewandt.

    Alternativ kann durch Rektifikation 25 bis 30 %ige Salzsäure gewonnen werden. Dieses Verfahren befindet sich zur Zeit in der Erprobung.

2. Stufe - basisches Abwasser, das Gips enthält, der aus dem Wasser abgeschieden und durch mehrmaliges Waschen zu einem verwendbaren Produkt gebracht werden kann.

    Die Gipserzeugung aus dem Abwasser der 2. Stufe ist ein in Wärmekraftwerken der Bundesrepublik Deutschland seit Jahren erprobtes Verfahren.

## 6. Abfallverbrennung als Bestandteil des Gesamtsystems der Abfallwirtschaft

### 6.1 Forderungen an die Abfallwirtschaft

Die Forderungen an die Abfallwirtschaft sind - nach Prioritäten geordnet:

(1) Vermeidung

Oberstes Ziel ist die Abfallvermeidung, aus der sich das Gebot der Abfallminimierung ableitet. Die Umsetzung des Minimierungsgebotes ist ein wichtiger Faktor bei der Gestaltung von Produktionsprozessen.

(2) Verwertung:

Bei der Abfallverwertung sind prinzipiell drei Verfahren zu unterscheiden: Kompostierung, stoffliche Verwertung (Recycling), kombinierte thermische und stoffliche Verwertung (Abfallverbrennung).

(3) Ablagerung:

Die umweltverträgliche Ablagerung setzt voraus, daß der Abfall zuvor in umweltverträgliche Stoffe umgewandelt ist. Sofern dies aus wirtschaftlichen Gründen nicht zu vertreten ist, sind die Abfälle gefahrlos abzulagern, z.B. durch Verbringung in tiefgelegene Abbaugebiete des Steinkohlebergbaus.

Zur Zeit wird die Technische Anleitung Siedlungsabfall (TA Siedlungsabfall) vorbereitet. Ob sie ausreichende Anforderungen an die Umweltverträglichkeit der Ablagerung von Abfällen enthalten wird, bleibt abzuwarten.

Von der Ablagerung ist die Deponie von unbehandelten Siedlungsabfällen zu unterscheiden. Sie ist zwar noch sehr verbreitet, muß aber in der Zukunft unter dem Gesichtspunkt der Umweltverträglichkeit vermieden werden.

In Bild 6 sind die drei Verwertungsverfahren (2) sowie die Deponie nach dem Maßstab der Verminderung des Schadstoffpotentials bewertend gegenübergestellt.

### 6.2. Abfallverbrennung - kombinierte thermische und stoffliche Verwertung des Rest-Siedlungsabfalls

In der Bundesrepublik Deutschland fallen derzeit jährlich rd. 40 Mio. t Siedlungsabfall an, davon etwa 31 Mio. t in den alten Bundesländern und schätzungsweise 9 Mio. t in den neuen Bundesländern. Bei optimistischer Einschätzung der Verwertungsraten durch Kompostierung und Recycling (Papier, Verpackungsmaterial, Glas, Metall, Kunststoff) verbleiben langfristig 17 Mio.t Restabfall pro Jahr, die der Abfallverbrennung zuzuführen sind [3] [4].

Die Verwertungsrate der Abfallverbrennung liegt bei 95 % und mehr. Zudem wird bei der Verbrennung elektrischer Strom und Fernwärme erzeugt. Diese Energie-Gewinnung schont unsere Energiereserven. Eine einzige Verbrennungsanlage für den jährlichen Abfall einer Stadt mit 1 Mio. Einwohnern kann so viel Energie liefern wie 50.000 t (importiertes) Heizöl.

Vor diesem Hintergrund erscheint es paradox, daß z.Z. eine Novelle des Abfallgesetzes vorbereitet wird, die die Abfallverbrennung nicht mehr als Verwertung, sondern lediglich als eine "sonstige Entsorgung" einstuft. Eine solche Bestimmung ignoriert die technischen Möglichkeiten der Umweltentlastung durch die moderne Abfallverbrennung.

## 7.. Schlußfolgerung

Die 17. BImSchV "Verordnung über Abfallverbrennungsanlagen" hat eine sprunghafte Fortentwicklung der Abfallverbrennungs-Technik erzwungen. Vor allem der Grenzwert für die Dioxin-Emission im Abgas von 0,1 ng/m$^3$
(1 ng = 1 Nanogramm = 1 Milliardstel Gramm = 1/1.000.000.000 g)
erfordert eine Anlagentechnik die nicht nur den Dioxinabbau bewirkt, sondern ebenso auch dem Abbau anderer Schadstoffe zugute kommt, z.B. der Verminderung von $NO_x$, $SO_2$ und Schwermetallen. Gleichzeitig werden Bakterien und Viren abgetötet.

Der Abfall, einschließlich der Schadstoffe, wird in verwertbare Stoffe umgewandelt. Gleichzeitig läßt sich aus dem Siedlungsabfall einer Stadt so viel Energie gewinnen, daß etwa jeder 10. Haushalt durch Abfallverbrennung mit Strom und Wärme versorgt werden kann.

Mit der Abfallverbrennung verfügt die Industrie über eine Technik zur umweltverträglichen Abfallentsorgung, die der vielfach geforderten Null-Emission bereits sehr nahe kommt. Keine andere Abfall-Entsorgungsmaßnahme vermag dies zu leisten.

## Schrifttum

[1] Siebzehnte Verordnung zur Durchführung des Bundes-Immissionsschutzgesetzes (Verordnung über Verbrennungsanlagen für Abfälle und ähnliche brennbare Stoffe, 17. BImSchV) vom 25. November 1990, BGBl I, S. 2545 ff.

[2] Reimann, D.O.: Dioxinemissionen - Mögliche Techniken zur Einhaltung des zukünftigen Grenzwertes von 0,1 ng TE/m$^3$ (Stand 1990/91), Seminar des VDI-Bildungswerkes über "Dioxin- und $NO_x$-Minimierungstechniken für Großfeuerungsanlagen" am 20./ 21.09.1990 in München, BW 43-59-02

[3] Der Bundesminister für Umwelt, Naturschutz und Reaktorsicherheit: Umwelt '90, Abfallvermeidung Abfallentsorgung

[4] Der Bundesminister für Umwelt, Naturschutz und Reaktorsicherheit: Stellenwert der Hausmüllverbrennung in der Abfallentsorgung. Bericht des Umweltbundesamtes

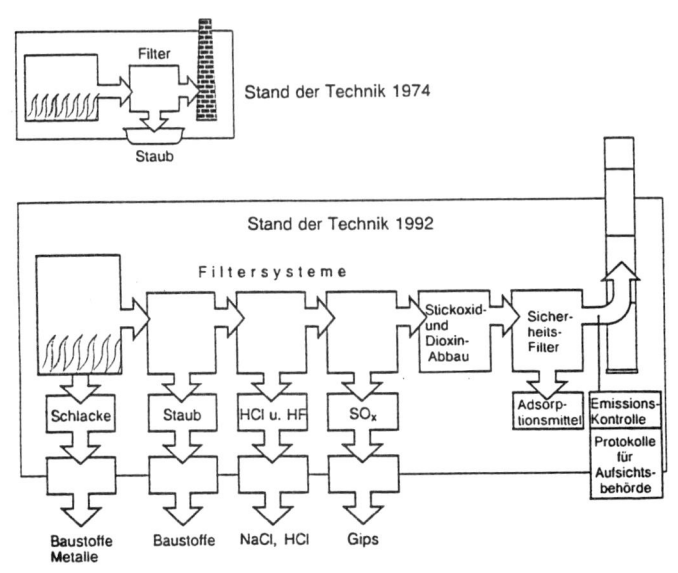

**Bild 1** Stand der Technik der Abgasreinigung von kommunalen Abfallverbrennungsanlagen 1974 und 1992

| | Bundesrepublik Deutschland | | | Europäische Gemeinschaft |
|---|---|---|---|---|
| | 1974 [1] | 1986 [1] | 1990 [2] | 1989 [3] |
| | mg/m³ [4] | mg/m³ [4] | mg/m³ [4] | mg/m³ |
| Staub | 100 | 30 | 10 | 39 [4] |
| C org. | -- | 20 | 10 | 20 [5] |
| HCL | 100 | 50 | 10 | 65 [4] |
| HF | 5 | 2 | 1 | 2 [5] |
| $SO_x$ | -- | 100 | 50 | 300 [6] |
| $NO_x$ | -- | 500 | 200 | -- |
| CO | 1 000 | 100 | 50 | 100 [6] |
| Schwermetalle | 20<br>Pb, Cd, Cr, Ni, Hg, Se, Tl, V, Te | 0,2<br>Hg, Tl, Cd | 0,005<br>Cd, Tl<br>0,05<br>Hg | 0,2<br>Cd + Hg |
| Klasse | 50<br>Sb, Zn | 1,0<br>As, Co, Ni, Se, Te | 0,5<br>Sb, As, Pb, Cr, Co, Cu, Mn, Ni, V, Sn | 1,0<br>Ni, As |
| Klasse | 75<br>B, Cu | 5,0<br>Sb, Pb, Cr, Cu, Mn, Pt, Rd, Rn, Sn | | 5,0<br>Pb, Cu, Cr, Mn |
| | | | ng/m³ | |
| PCDD/PCDF | -- | -- | 0,1 [5]<br>TE | -- |

1) Technische Anleitung zur Reinhaltung der Luft - TA Luft 1986
2) Verordnung über Verbrennungsanlagen für Abfälle und ähnliche brennbare Stoffe - 17. BImSchV 1990
3) Richtlinie des Rates vom 1. Juni 1989 über die Verhütung der Luftverunreinigung durch neue Verbrennungsanlagen für Siedlungsmüll
4) Tagesmittelwert, kontinuierliche Messung
5) Einzelmessung
6) Halbstundenmittel
TE Toxizitätsäquivalent

**Bild 2** Emissionsgrenzwerte bei Abfallverbrennungsanlagen

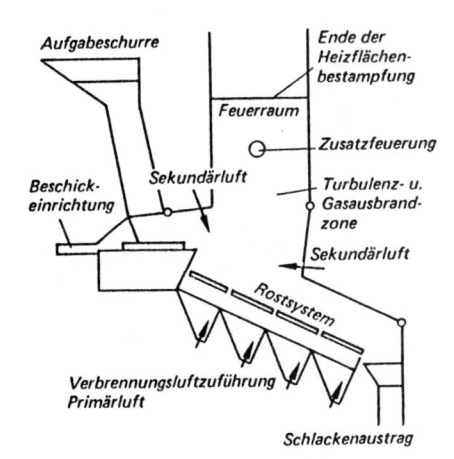

**Bild 3** Schema des Feuerungssystems von Müllverbrennungsanlagen

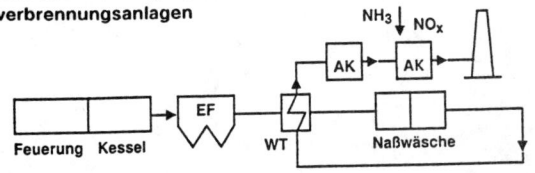

| Art des Reststoffs | Reststoffmenge in kg je t Siedlungabfall | |
|---|---|---|
| | Bandbreite | Mittelwert |
| Rostschlacke | 250 - 350 | 300 |
| Kesselstaub | 5 - 10 | 7 |
| Filterstaub | 10 - 30 | 15 |
| Reaktionsprodukte aus der Rauchgaswäsche; | | |
| Naßwäsche | 5 - 12 | 8 |
| Quasi-Trockenreinigung | 15 - 35 | 25 |
| Trockenreinigung | 20 - 50 | 35 |

**Bild 5** Reststoffe der Verbrennung von Siedlungsabfall

4.1 Adsorption im Aktivkohle-Festbett-Reaktor

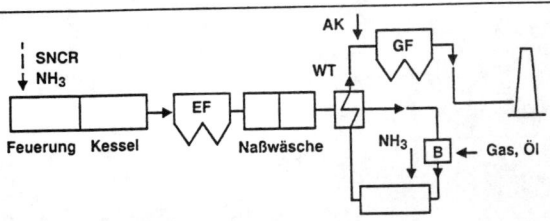

EF = Elektro-Filter
WT = Wärmeaustauscher
AK = Aktivkohle
GF = Gewebe-Filter
B = Brennkammer

4.2 Katalytische Oxidation und Flugstrom-Adsorption als nachgeschaltetes Sicherheitsfilter

SCR-Reaktor ($NO_x$-, Dioxinabbau)

**Bild 4** Minderung der Dioxinemission (Beispiele)

| Verfahren \ Schadstoff | Dioxin und andere organische Schadstoffe | Schwermetalle | Krankheitserreger, Viren, Bakterien |
|---|---|---|---|
| Deponie | 0 | 0 | 0 |
| Kompostierung | 0 | 0 | -- |
| stoffliche Verwertung | ? | ? | ? |
| Verbrennung, thermische Verwertung | + | + | + |

+ Abbau hoch ( > 90%)    0 Abbau null
-- Abbau mittel    ? Abbau unbekannt

**Bild 6** Verminderung des Schadstoffpotentials im Siedlungsabfall bei verschiedenen Verfahren der Abfallbehandlung

# Moderne Deponietechnik

L. Müller, Herford,

### Zusammenfassung

Die moderne Deponietechnik zeichnet sich aus durch die Einrichtung wirksamer Barrieren gegen die Entstehung und Ausbreitung von Emissionen. Für das Ingenieurbauwerk Deponie werden die wichtigsten Anforderungen an den Standort, die Abfallvorbehandlung, die Abdichtung, die Kontrolle und den Betrieb zusammengefaßt und technische Lösungsmöglichkeiten vorgestellt.

### 1. Einleitung

Für Städte und Kreise ist die Entsorgung der anfallenden Abfälle eine ständige Herausforderung. Neben der Entsorgungssicherheit gilt es dem Umweltschutz in der erforderlichen Weise Rechnung zu tragen. Erreichbar ist dies nur in einer integrierten Abfallwirtschaft, in die Deponien, die nach dem Stand der Technik gebaut werden, eingebunden sind.

Die neuen Vorschriften auf dem Gebiet der Ablagerung von Abfällen werden zu einem deutlichen Anstieg des technischen Standards von Deponien führen. Mit der seit dem 01.04.1991 geltenden Zweiten Allgemeinen Verwaltungsvorschrift zum Abfallgesetz, der Technischen Anleitung für besonders überwachungsbedürftige Abfälle (TA Sonderabfall) /1/ werden erhöhte Anforderungen an Deponien festgelegt. Wesentlich verschärfte Anforderungen gelten künftig auch für Siedlungsabfalldeponien, wie die im Entwurf vorliegende TA Siedlungsabfall zeigt.

## 2. Multibarrierensystem

Die Ablagerung von Abfällen entsprechend den neuen Richtlinien stellt erhöhte Anforderungen an die Deponiekonzeption. Folgende Anforderungen sind an moderne Deponieplanungen zu stellen:

- Minimierung des Emissionspotentials
- Langzeitsicherheit gegenüber der Umwelt
- Kontrollierbarkeit und Reparierbarkeit des Deponiebauwerks

Voraussetzung für die Erfüllung dieser Ziele ist die konsequente Anwendung des Multibarrierenkonzeptes für Planung, Bau, Betrieb und Nachsorge von Deponien /2/, /3/. Dabei soll jede Einzelkomponente des Deponiebauwerkes vom gewählten Standort über die Aufstandsfläche, die Basisabdichtung, die Vorbehandlung der Abfälle, die Oberflächenabdichtung, die Kontrolle und Nachsorge usw. in sich bereits eine Barriere gegen die Entstehung und Ausbreitung eventueller Emissionen darstellen (s. Abb. 1). Das Zusammenwirken von unabhängig voneinander wirkenden Barrieren gewährleistet ein Höchstmaß an Sicherheit für die Deponie.

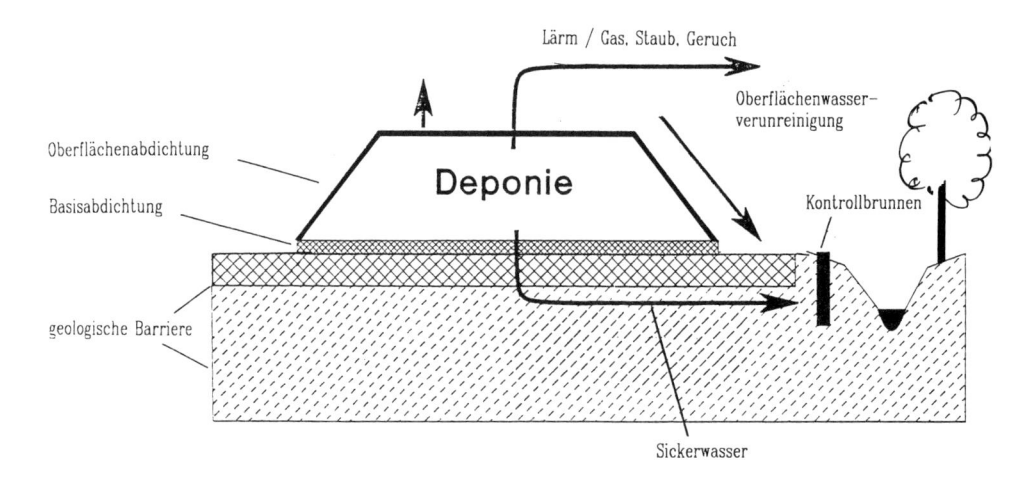

Abb. 1: Multibarrierensystem gegen mögliche Emissionen

## 3. Deponiestandort

Ein geeigneter Deponiestandort muß zahlreiche Kriterien und Voraussetzungen erfüllen. Ausgeschlossen sind Standorte in Karstgebieten, Trinkwasser- und Heilquellenschutzgebieten und Überschwemmungsgebieten.

Besonders zu berücksichtigen sind ferner folgende Kriterien:

- geologische, hydrogeologische und geotechnische Verhältnisse am Deponiestandort,
- Lage zu vorhandenem oder ausgewiesenem Siedlungsgebiet (Schutzabstand von mindestens 300 m ist anzustreben),
- erdbebengefährdete Gebiete und tektonische Störungszonen,
- Einwirkungsbereiche des untertägigen Bergbaus.

Als geologisch-hydrogeologische Voraussetzungen für das Deponieauflager ist ein gering durchlässiger Untergrund erforderlich, der eine Mindestmächtigkeit von 3 m und ein hohes Adsorptionsvermögen aufweist. Dies gilt gemäß dem Entwurf der TA Siedlungsabfall als erfüllt, wenn bei tonmineralhaltigem Untergrund von 3 m Mächtigkeit der Gebirgsdurchlässigkeitsbeiwert $k \leq 1 \times 10^{-7}$ m/s beträgt. Hinsichtlich des Abstands zum Grundwasser muß die Deponieaufstandsfläche mindestens 1 m über der höchsten zu erwartenden Grundwasseroberfläche bzw. Grundwasserdruckfläche liegen.

## 4. Abfallvorbehandlung

Wenn die vorgesehenen Vermeidungs- und Verwertungsmaßnahmen greifen, entfällt zukünftig die bekannte Hausmülldeponie. An ihre Stelle tritt die Reststoffdeponie (Deponie der Klasse 4 in der NRW-Richtlinie /4/), auf der schwerpunktmäßig folgende Abfälle zu deponieren sein werden:

- Rückstände aus der Müllverbrennung,
- kontaminierter Boden und Bauschutt aus der Sanierung von In-

dustriestandorten (vorwiegend Flächenrecycling),
- Industrieschlämme mit produktionsspezifischen Beimengungen (Kalk-, Gips- und sonstige Schlämme),
- Galvanik- und Hydroxidschlämme,
- Abfälle aus Kanalreinigung, Gewässerreinigung, Abwasserbehandlung und Straßenunterhaltung
- Aschen, Stäube und Gießereiabfälle, Kern- und Strahlsande,
- sonstige nicht brennbare Gewerbeabfälle.

In der bisher anfallenden Form und Konsistenz erfüllen diese Abfälle nicht oder nur eingeschränkt die Anforderungen an den Deponiekörper als Barriere im Sinne des Multibarrierenkonzepts. Zur Reduzierung der Schadstoffeluierbarkeit und zur Erhöhung der Standsicherheit sind daher Abfallvorbehandlungsmaßnahmen erforderlich.

Die Abfallbehandlung kann mit folgenden Anlagen erfolgen, die entweder beim Abfallerzeuger oder auf der Deponie eingerichtet werden:

- Rotteaggregate,
- mechanische Schlammpressen,
- thermische Trocknungsanlagen,
- Befeuchtungseinrichtungen,
- Mischaggregate,
- Verfestigungsaggregate,
- Dickstoffpumpen,
- chemische und biologische Behandlungsanlagen.

## 5. Deponieabdichtungssysteme

Die Abdichtungen an der Deponiebasis und der Deponieoberfläche sind als technische Barrieren weitere wichtige Komponenten des Multibarrierenkonzeptes. Sie müssen langfristig funktionsfähig sein und die entsprechenden Anforderungen durch eine Eignungsprüfung nachgewiesen werden. Stand der Technik sind heute Kombinationsdichtungen aus mineralischer Dichtungsschicht und Konststoffdichtungsbahnen.

Die Abb. 2 und 3 zeigen den schematischen Aufbau der nach der neuen TA-Abfall vorzusehenen Abdichtungssysteme.

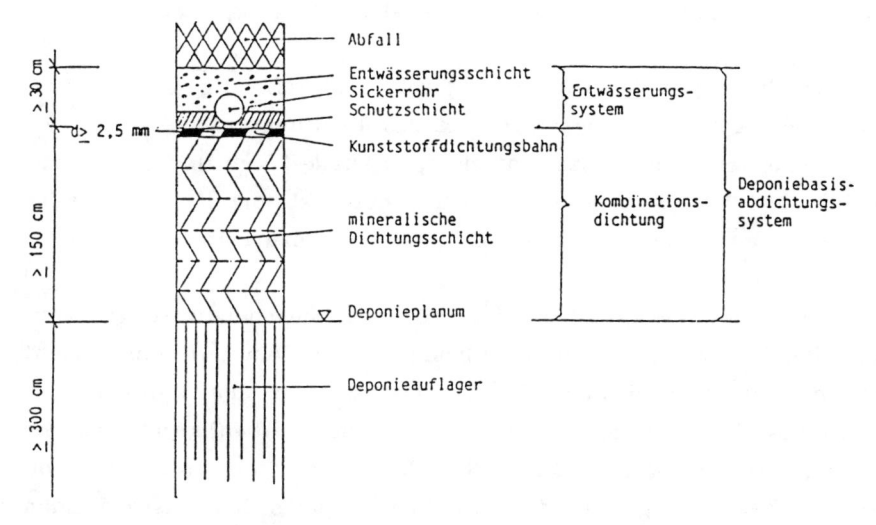

Abb. 2: Deponiebasisabdichtungssystem

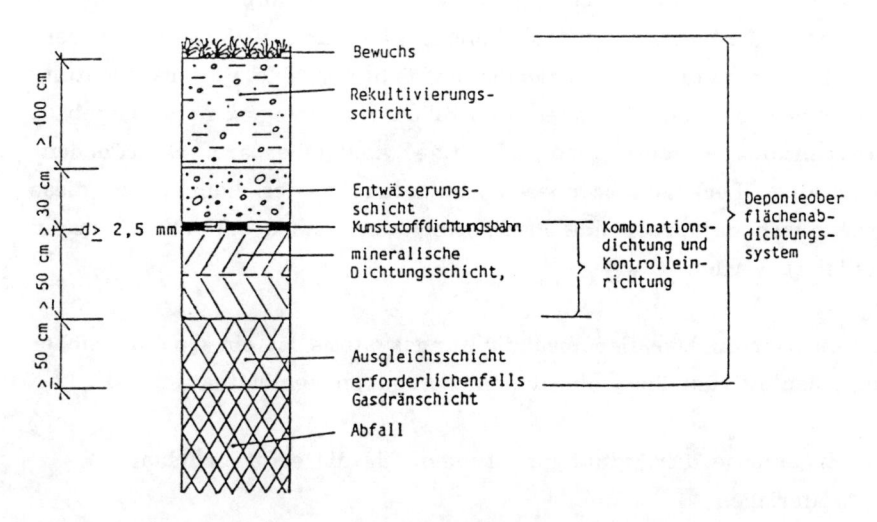

Abb. 3 Deponieoberflächenabdichtungssystem

Für die mineralische Dichtungsschicht wird ein Durchlässigkeitsbeiwert von k $\leq$ 5 x $10^{-10}$ m/s gefordert. Die Kunststoffdichtungsbahn muß eine Dicke von $\geq$ 2,5 mm aufweisen. Sie ist durch geeignete Maßnahmen, z. B. durch Geotextilien auf der Kunststoffdichtungsbahn vor auflastbedingten Beschädigungen zu schützen.

Die Oberfläche der Basisabdichtung soll dachprofilartig geformt werden. Nach Abklingen der Setzungen des Dichtungsauflagers muß die Oberfläche der Dichtungsschicht ein Quergefälle $\geq$ 3 % und ein Längsgefälle $\geq$ 1 % gewährleisten. Oberhalb der Dichtung ist ein Entwässerungssystem in einer Stärke von $\geq$ 0,3 m einzurichten.

Auf der Entwässerungsschicht ist beim Oberflächenabdichtungssystem eine Rekultivierungsschicht aufzubringen. Die Rekultivierungsschicht muß aus einer mindestens 1 m dicken Schicht aus kulturfähigem Boden bestehen, die mit geeignetem Bewuchs zu bepflanzen ist. Sie ist so auszuführen, daß die Dichtung vor Wurzel- und Frosteinwirkungen geschützt wird. Der Bewuchs hat ausreichenden Schutz gegen Wind- und Wassererosion zu bieten.

Das Deponieoberflächenabdichtungssystem ist so auszuführen, daß Undichtigeiten in der Nachsorgephase nach Abschluß der Deponie lokalisiert und repariert werden können. Dies kann z. B. erreicht werden, in dem unter einer Kombinationsdichtung eine weitere Dichtung mit einer dazwischenliegenden Kontrollentwässerungsschicht eingebaut wird. Abb. 4 zeigt eine derartige kontrollierbare Oberflächenabdichtung. Leckagen im oberen Abdichtungssystem können auf diese Weise durch entsprechende Profilierung der Fläche auf 400 m² genau lokalisiert werden.

Vor Ausführung der Deponieabdichtungssysteme ist ein Qualitätssicherungsplan aufzustellen, der folgende Angaben beinhaltet:

- Ergebnisse der Eignungsprüfungen für die erforderlichen Materialien,
- Maßnahmen zur Qualitätslenkung

(Geräteeinsatz, Herstellungsverfahren),
- Maßnahmen zur Qualitätsüberwachung während der Bauausführung,
- Dokumentation der Ausführung (Bestandspläne, Erläuterungsbericht).

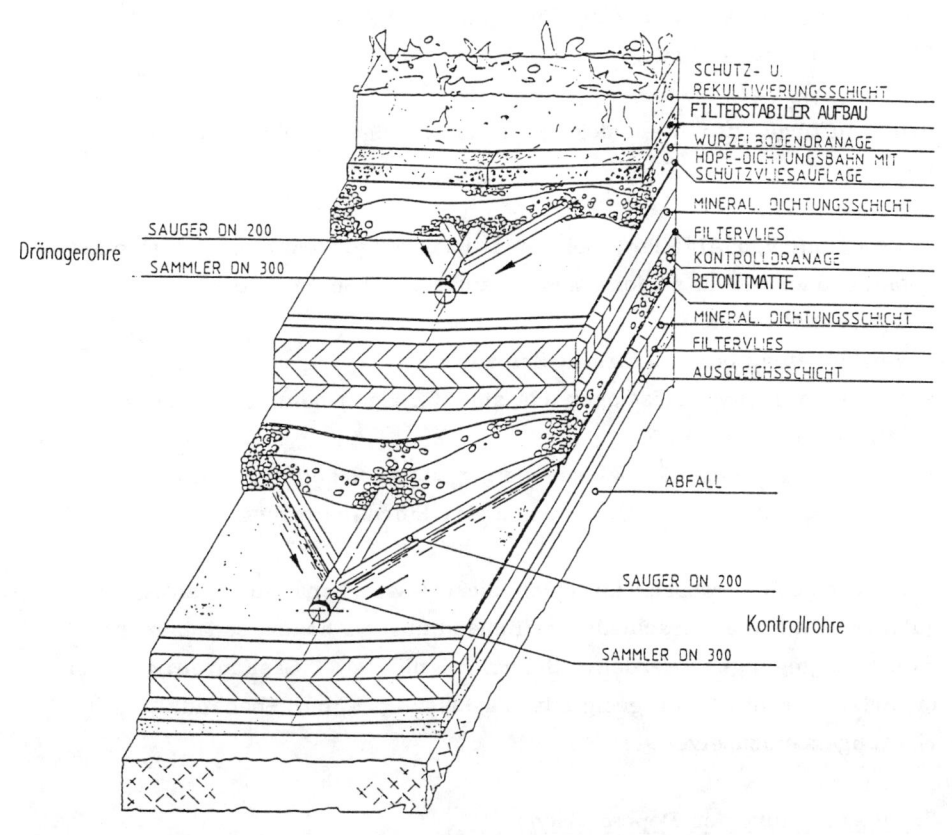

Abb. 4: Kontrollierbares Oberflächenabdichtungssystem (aus /5/)

## 6. Eingangskontrolle und Deponiebetrieb

An die Eingangskontrolle und den Deponiebetrieb sind künftig im Vergleich zur bisherigen Praxis ebenfalls wesentlich höhere Anforderungen zu stellen, um einen sicheren und geordneten Deponiebetrieb zu gewährleisten.

Der Aufbau des Deponiekörpers, die Fassung und Ableitung von Gas, Sickerwasser und Abwasser sowie Art und Umfang der Eigenkontrollen etc. sind in einem Betriebsplan zu regeln.

Zur lückenlosen Erfassung und Dokumentation sämtlicher Abfalldaten ist ein Abfallkataster zu führen, das Angaben über die Abfallarten und -mengen, Ort und Zeit der Ablagerung und Detailangaben zum Einbauverfahren enthält.

Beim Aufbbau des Deponiekörpers sind folgende Vorkehrungen zu treffen:

- Trennung von Abfällen, bei denen nachteilige Reaktionen untereinander oder mit dem Sickerwasser auftreten können (getrennte Ablagerungsbereiche),
- verdichteter, hohlraumarmer Einbau,
- Reduzierung von Emissionen bei staubförmigen oder geruchsintensiven Abfällen,
- Minimierung der Sickerwasserbildung durch arbeitstägliches Abdecken oder durch Überdachen des Einbaubereiches.

Das Deponiesickerwasser ist einer Sickerwasserbehandlungsanlage zuzuleiten. Auf die verschiedenen Behandlungsmethoden soll hier nicht näher eingegangen werden. Sofern signifikante Gaskonzentrationen erwartet werden, sind geeignete Gasfassungs- und -behandlungseinrichtungen einzusetzen.

## 7. Überdachung der Deponiefläche

Die TA Sonderabfall wie auch der Entwurf der TA Siedlungsabfall fordern, daß beim Aufbau des Deponiekörpers die Sickerwasserbildung minimiert werden soll, um die Mobilisierung von Schadstoffen in den abgelagerten Abfällen einzuschränken und den Aufwand für eine ggf. erforderliche Sickerwasserbehandlung zu vermindern. Wie dies technisch realisiert wird, bleibt freigestellt. Infrage kommen grundsätzlich Zwischenabdeckungen oder die Überdachung der Deponie.

Das in Nordrhein-Westfalen gültige Rahmenkonzept zur Planung von Sonderabfallentsorgungsanlagen, das Anforderungen für Deponien der Klassen 4, 5 und 6 festlegt, macht hierzu folgende Ausführungen /6/: "Durch eine Überdachung sollte während der Betriebsphase eines Schüttabschnitts das Einsickern von Niederschlagswasser in den Abfallkörper verhindert werden (trocken betriebene Deponie)."

Die wesentlichen Vorteile einer Deponieüberdachung lassen sich wie folgt zusammenfassen.

- Vermeidung von Sickerwasser, Einsparung einer aufwendigen Sickerwasseraufbereitung,
- Einkapselung der Emissionen Staub, Geruch und Lärm,
- vollkommener Witterungsschutz bei der Herstellung der sensiblen Dichtungselemente für die Basis- und Oberflächenabdichtung,
- Erhöhung der Langzeitsicherheit der Basisabdichtung, da ein Angriff durch aggressive Sickerwässer minimiert wird,
- Langzeitbeibehaltung der durch Abfallvorbehandlungsmaßnahmen geschaffenen Barriere Deponiekörper.

Einhergehend mit den sich verschärfenden Anforderungen an die Reinigungsleistung von Sickerwasseraufbereitungsanlagen werden die Kosten für die Sickerwasseraufbereitung künftig stark ansteigen. Die Vermeidung von Deponiesickerwasser führt daher zu erheblichen Kosteneinsparungen im Budget des Betreibers. Darüber hinaus stellt Deponiesickerwasser ein generelles Gefährdungspotential für die Umwelt dar.

Ein weiteres hervorzuhebendes Problem, das durch die Überdachung der Deponiefläche gelöst werden kann, ist die Einhaltung der an die Abdichtung gestellten Qualitätsmerkmale. Die Neueinrichtung oder Erweiterung von Deponieflächen erfolgt oft unter erheblichem Termindruck, so daß der Einbau auch bei schlechten Witterungsbedingungen vorgenommen werden muß. Eine präzise, gewissenhafte und störungsfreie Herstellung der Abdichtung ist daher oft nicht gewährleistet.

Nicht selten muß eine unter widrigen Witterungsbedingungen hergestellte Dichtung auf Anweisung einer verantwortlichen Fremdüberwachung großflächig wieder ausgebaut und neu hergestellt werden. Bei Überdachung der Deponiefläche kann der Einbau der sensiblen Dichtungselemente demgegenüber witterungsunabhängig, praktisch unter Laborbedingungen, erfolgen.

Zur Überdachung von Deponien gibt es verschiedene technische Lösungsmöglichkeiten. Die Abb. 5 und 6 zeigen 2 bereits vor einigen Jahren ausgeführte Beispiele zur Überdachung relativ kleiner Deponieflächen. Die Abb. 7 und 8 zeigen großflächige Überdachungsmöglichkeiten, die sich zur Zeit in der konkreten Planung befinden.

Optimal geeignet sind stützenfreie Konstruktionen, die keine Restriktion für den Deponiebetrieb oder Sicherheitseinschränkungen für die Deponiebasis verursachen. Zusätzliche Vorteile bieten Überdachungssysteme, die in Anpassung an den Deponiegrundriß und die Auffüllhöhe errichtet werden können und eine maximale Ausnutzung der Deponiefläche ermöglichen.

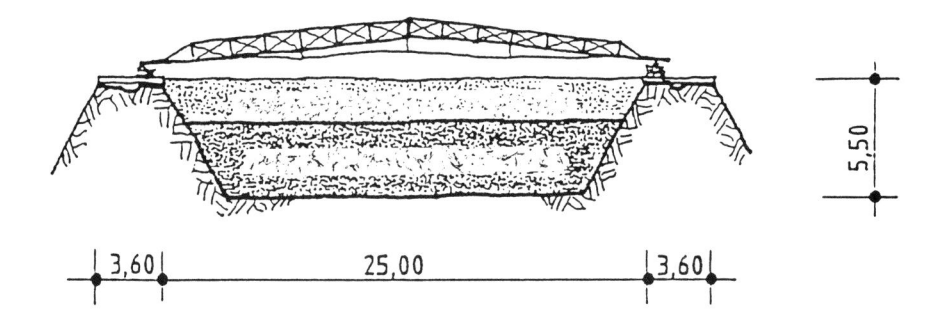

Abb. 5: Verfahrbares Überdachungssystem aus Stahlfachwerk und Planen (Breite: 25 m, Länge 30 m)

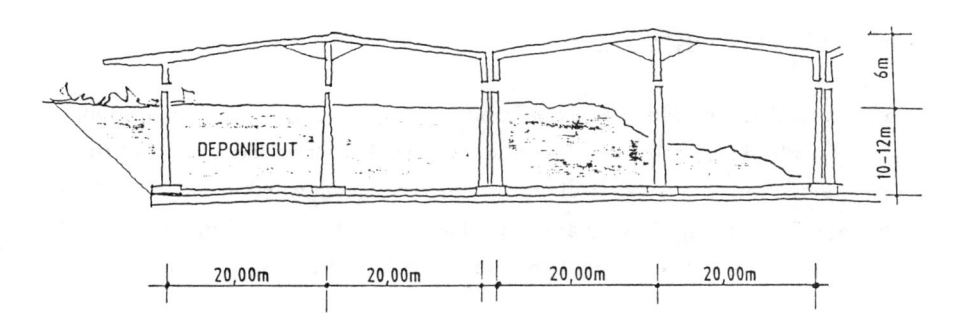

Abb. 6: Starres Überdachungssystem auf Stützen

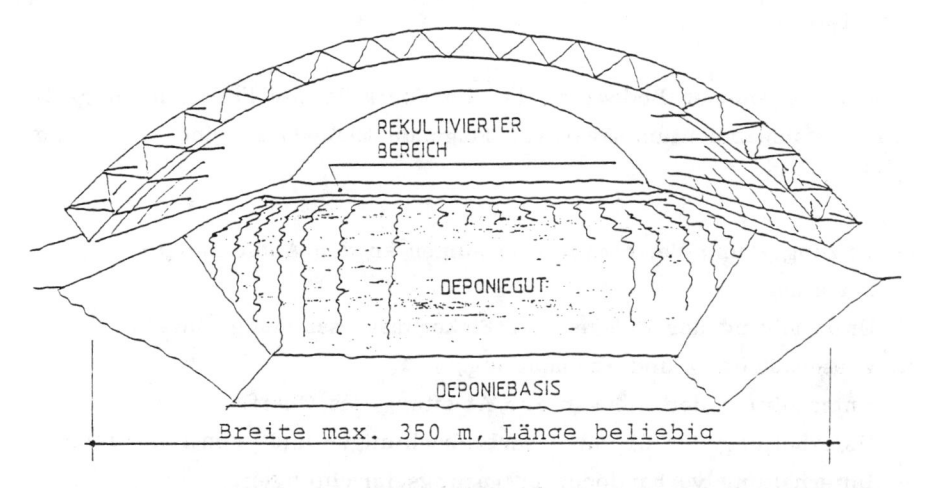

Abb. 7: Großflächiges Bogendach als Stahl- oder Stahlbetonkonstruktion

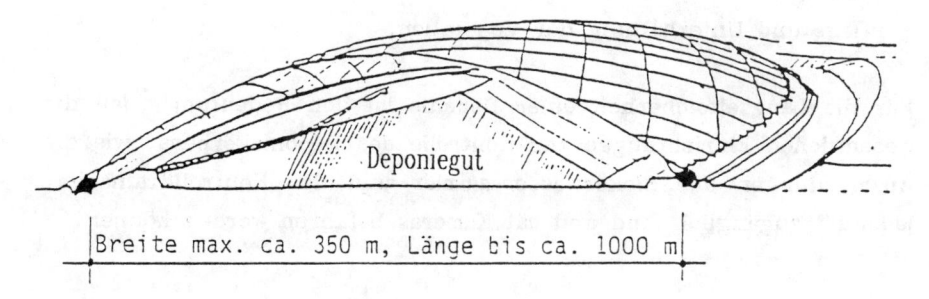

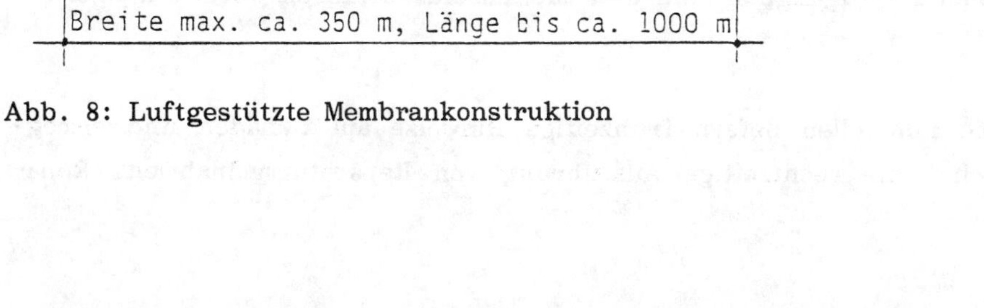

Abb. 8: Luftgestützte Membrankonstruktion

## 8. Kontrolle und Nachsorge

Deponien bedürfen der Kontrolle und Nachsorge. Die Nachsorgephase beginnt nach Abschluß der Deponie, wenn die Oberflächenabdichtung aufgebracht und die Rekultivierung vorgenommen worden ist. Die regelmäßige Erfassung der relevanten Betriebsdaten der Deponie ist in der Betriebs- und Nachbetriebsphase erforderlich.

In der TA-Abfall wird ein Meß- und Kontrollprogramm für die Durchführung von Kontrollen bei oberirdischen Deponien festgelegt (s. Tab. 1).

Von entscheidener Bedeutung ist die Kontrolle der Funktionsfähigkeit der Deponieabdichtungssysteme. Folgende Maßnahmen sind langfristig erforderlich:

- Setzungs- und Verformungsmessungen an den Abdichtungssystemen,
- Unterhaltung der Anlagen zur Sickerwassersammlung, Sickerwasserableitung und -behandlung,
- Unterhaltung der Anlagen zur Ableitung des Oberflächenwassers,
- Unterhaltung der Grundwasserbeobachtungs- und -kontrollbrunnen,
- Unterhaltung vorhandener Entgasungseinrichtungen,
- Bilanzierung des Wasserhaushaltes des Oberflächenabdichtungssystems,
- Pflege und Unterhaltung der Vegetation.

Für die Langzeitsicherheit einer Deponie ist von Bedeutung, daß die wesentlichen Einrichtungen zur Kontrolle des Deponiekörpers, wie die Ausmündungen der Sickerwassersammler und der Kontrolldrainagen, jederzeit zugänglich sind und mit Kameras befahren werden können.

Die Kontrollen liefern frühzeitige Hinweise auf Schäden und ermöglichen die rechtzeitige Ausführung von Reparaturmaßnahmen. Reparaturen in der Nachsorgephase können in erster Linie an der Oberflächenabdichtung vorgenommen werden.

Tab. 1: Datenerfassung bei oberirdischen Deponien während der Betriebs- und Nachsorgephase nach /1/

| Parameter | Häufigkeit | |
| --- | --- | --- |
| | Betriebsphase | Nachsorgephase |
| ★ Meteorologische Daten | | |
| o Niederschlagsmenge | täglich | regelmäßig |
| o Niederschlagsintensität | täglich | regelmäßig |
| o Temperatur (Min., Max., 14.00 Uhr MEZ) | täglich | regelmäßig |
| o Windrichtung und -stärke | täglich | |
| o Verdunstung direkt mit Lysimeter oder durch | täglich | regelmäßig |
| o Bestimmung der Luftfeuchtigkeit (14.00 Uhr MEZ) und rechnerische Ermittlung der Verdunstung nach Haude | | |
| ★ Emissionsdaten | | |
| o Sickerwassermenge | täglich | regelmäßig |
| o Sickerwasserzusammensetzung | regelmäßig | alle 6 Monate |
| o Oberflächenwassermengen von den überdachten oder abgedeckten bzw. endabgedichteten Flächen | täglich | regelmäßig |
| o Oberflächenwasserzusammensetzung | regelmäßig | |
| o Gasemissionen | regelmäßig | |
| o Geruchsemission | regelmäßig | ggf. ist die Funktionstüchtigkeit der Gasdrainschicht regelmäßig zu kontrollieren. |
| ★ Daten zum Deponiekörper | | |
| o Aufbau und Zusammensetzung des Deponiekörpers | täglich | |
| o Setzung des Deponiekörpers | jährlich | jährlich |
| ★ Grundwasserdaten | | |
| o Grundwasserstände | monatlich | alle 6 Monate |
| o Grundwasserbeschaffenheit | mind. alle 6 Monate | alle 6 Monate |

## 9. Schlußfolgerung

Der bisherige Standard von "Müllabladeplätzen" hat vielfach bereits zu Altlasten geführt, die die Umwelt belasten und deren Sanierung enorme Aufwendungen erfordert. Damit Deponien von heute nicht die Altlasten von morgen werden, sind an die baulichen und technischen Einrichtungen von Deponien sowie an den Deponiebetrieb hohe Anforderungen zu stellen. Dabei dürfen künftige Deponieplanungen nicht allein auf die Erfüllung der zur Genehmigung erforderlichen "Mindestvoraussetzungen" ausgerichtet sein. Vielmehr müssen Deponien als Ingenieurbauwerke verstanden werden, die nach dem Stand der Technik zu bauen sind. Dies wird zwangsläufig zu einem Anstieg der Deponiekosten führen.

## Literaturverzeichnis

/1/ Bundesministerium für Umwelt (1991): Gesamtfassung der Zweiten allgemeinen Verwaltungsvorschrift z. Abfallgesetz (TA-Abfall).

/2/ Stief, K. (1986): Das Multibarrierenkonzept als Grundlage von Planung, Bau, Betrieb und Nachsorge von Deponien. - Müll + Abfall, H. 1, S. 15 - 20.

/3/ Thome-Kozmiensky, K.-J. (1987): Multibarrieren für die Deponie. - Entsorgungs-Praxis, H. 6.

/4/ Landesamt für Wasser und Abfall NW (1987): Untersuchung und Beurteilung von Abfällen, Teil 2, Richtlinienentwurf, 30 Seiten. Düsseldorf.

/5/ Müller, L. et. al. (1990): Neue Deponiekonzepte: Das Beispiel Verbunddeponie Bielefeld-Herford. - Stutt. Ber. z. Abfallwirtsch. Bd. 38, S. 65 - 92, E. Schmidt, Bielefeld.

/6/ MURL, NW (1989): Rahmenkonzept zur Planung von Sonderabfallentsorgungsanlagen. 95 Seiten und Anlagen.

# Städtebauliche Ansätze zur Verbesserung der Umwelt
P. Gelfort, Berlin

### Kurzfassung

Ausgehend von einem Überblick über städtebauliche Handlungsfelder im Bereich Stadtökologie und umweltgerechtes Bauen werden die Ziele des Forschungsfeldes Stadtökologie und umweltgerechtes Bauen benannt. Das Forschungsfeld gehört zum besonderen Ressortforschungsprogramm Experimenteller Wohnungs- und Städtebau des Bundesministers für Raumordnung, Bauwesen und Städtebau. Darauf aufbauend werden die Maßnahmen realisierter Modellvorhaben des umweltgerechten Bauens vorgestellt, um die Ergebnisse der Summe der Modellvorhaben als Ergebnisse des Forschungsfeldes vorzustellen. Schließlich wird ein Ausblick gegeben.

## 0. Vorbemerkung

In der hier vorliegenden Kurzfassung konzentriere ich mich wegen der in nur geringem Umfang zur Verfügung stehenden "Druckseiten" auf die Darlegung der konkreten Ergebnisse und verzichte dafür auf die Ausführung der eher allgemeineren Teile.

1. Städtebauliche Handlungsfelder im Bereich Stadtökologie und umweltgerechtes Bauen

(Ausführung während des Vortrags)

a) Bodenschutz,
b) Stadtklima,
c) Wasserhaushalt,
d) Luftreinhaltung,
e) Schallschutz,
f) Wohnumfeldverbesserung,
g) Naturhaushalt und Artenschutz,
h) Abfallwirtschaft.


2. Ziele des Forschungsfeldes Stadtökologie und umweltgerechtes Bauen im Rahmen des experimentellen Wohnungs- und Städtebaus

(Ausführung während des Vortrags)


3. Maßnahmen des umweltgerechten Bauens

(Ausführung während des Vortrages)


4. Ergebnisse des Forschungsfeldes

a) Ökologische Ziele und Wirkungen

Nahezu alle Modellvorhaben - sie beziehen sich auf einzelne Gebäude, Hausgruppen oder auch mal einen Häuserblock - verfolgen die Verknüpfung von Maßnahmen der verschiedenen Handlungsfelder. Dabei wurden sowohl technisch erprobte wie auch neu entwickelte Lösungsansätze miteinander gekoppelt. Die Erfahrungen in den Modellvorhaben belegen, daß beim zukünftigen ökologischen Planen und Bauen nach Möglichkeit solche integrierten Konzepte verfolgt werden sollten.

Obgleich es angesichts unterschiedlicher Ausgangsbedingungen nicht "das" ökologische Konzept gibt, können Elemente einer **ökologischen Grundausstattung** benannt werden. Hierzu zählt

- eine Kombination aus Wärmebewahrung und rationeller Energieverwendung sowie schadstoffarmer und dezentraler Energieerzeugung,
- die konsequente Verwendung wassersparender Sanitärtechnik und die Verwendung von Regenwasser vor Ort,
- die getrennte Abfallerfassung und die grundstücksbezogene Kompostierung,
- die hochwertige Ausnutzung der Grünpotentiale sowie
- eine an Umweltkriterien orientierte Baustoffauswahl.

Bezogen auf die einzelnen ökologischen Handlungsfelder ergeben sich folgende Resultate:

Im Handlungsfeld **Energie** können durch geeignete Maßnahmekombinationen 20 bis 50% des Primärenergiebedarfes eingespart werden. Wesentliche Effekte lassen sich bereits durch konzeptionelle und gestalterische Maßnahmen (Gebäudeorientierung, Grundrißgestaltung, Wärmeschutz) erreichen. Im Mittelpunkt jedoch stehen die Heizsysteme. Brennwerttechnik und Fernwärmeanschluß stellen allgemein anerkannte Maßnahmen dar. Aber auch der Einsatz dezentraler Blockheizkraftwerke mit ihrer gekoppelten Erzeugung von Wärme und Energie bei gleichzeitig minimalen Verteilungsverlusten kann bereits als günstige Maßnahme eingeschätzt werden. Insgesamt zielten die Maßnahmen auch darauf, Energie dezentral und umweltverträglich zu erzeugen. Sonnenkollektoren zur Warmwasserbereitung sind immer dann sinnvoll einzusetzen, wenn ausreichende Flächen in exponierter Lage vorhanden sind. Photovoltaikanlagen befinden sich noch im Entwicklungsstadium.

Im Handlungsfeld **Wasser** können erhebliche Trinkwassereinsparungen in einer Größenordnung von 30% allein durch die Installation wassersparender Sanitärtechnik (6 l-WC-Kombination mit Spülstromunterbrecher, Durchflußmengenbegrenzer) erreicht werden. Eine sinnvolle Vervollkommnung ist mit dem wohnungsweisen Wasserzähler gegeben, der die verbrauchsabhängige Abrechnung ermöglicht.

Die Kanalisation und mithin die Kläranlagen können durch eine weitreichende grundstücksbezogene Rückhaltung des Regenwassers entlastet werden. Dabei kann unter Berücksichtigung der örtlichen Verhältnisse das Regenwasser für die Freiflächenbewässerung, die WC-Spülung oder aber auch zur Grundwasseranreicherung genutzt werden. Die Anlagen zur dezentralen Grauwasseraufbereitung - in den Modellvorhaben wurden sowohl wohnungs-, haus- und hausgruppenbezogene Anlagen realisiert - befinden sich noch im Versuchs- und Erprobungsstadium. Allerdings ist derzeit weder die Wiederverwendung für die WC-Spülung noch die Einleitung in den Vorfluter oder aber die Grundwasseranreicherung unbedenklich möglich. da die geforderten Qualitätsmaßstäbe in den überwachten Anlagen noch nicht erreicht worden sind.

Im Handlungsfeld **Abfall** kann das Haushaltsabfallaufkommen bei konsequenter Kompostierung - damit können schon allein 30 Gewichtsprozent zurückgehalten werden - und gleichzeitiger Wertstofftrennung und Sammlung von Glas, Papier, Pappe und Problemstoffen und Rückführung in die Verwertungskreisläufe auf 40 bis 50% reduziert werden. Die in den Modell vorhaben gewonnenen Erkenntnisse belegen zudem, daß dezentrale Kompostierung auch in hochverdichteten Stadtgebieten zu realisieren ist.

In Abhängigkeit von den einzelnen Baugebietstypen sind in bezug auf die Schaffung von **Grün- und Freiflächen** Potentiale in einer Größenordnung bis zu maximal 80% der Grundstücksfläche ökologisch wirksam zu bepflanzen. In verdichteten Stadtgebieten bilden Fassaden und Dächer die wesentlichen Begrünungspotentiale. Die Schaffung solcher Flächen dient nicht nur dem Bodenschutz und der Grundwasserneubildung, sondern auch und vor allem der stadtklimatischen Verbesserung und der Steigerung der Wohnumfeldqualität. Erhaltungs- und Entwicklungspotentiale sind vorrangig in der Entsiegelung von Bodenflächen zu sehen.

Im Handlungsfeld **Baustoffe** zielten die Bestrebungen in der Hauptsache auf die Verwendung gesundheitlich unbedenklicher Baustoffe. In weitergehenden Konzepten wurde beabsichtigt, nur solche Materialien zu verwenden, die von der Produktion bis zur Wiederverwendung umweltverträglich sind. Nicht zuletzt aufgrund einer fehlenden bzw. eher zufälligen Auszeichnung der Baustoffe stellt sich derzeit die Identifizierung und Beschaffung solcher Baustoffe und Bauteile als sehr schwierig dar. Ein Beitrag ist in jedem Falle dann auszumachen, wenn solche Baustoffe und -teile bevorzugt werden, die in Herstellung und Transport als energiearm und in Produktion und Betrieb als schadstoffarm bezeichnet werden können. Das in einem der Modellvorhaben erprobte Baustoff- und Bauteilerecycling konnte erfolgreich praktiziert werden.

b) **Kosten und Wirtschaftlichkeit**

Indem die Modellvorhaben darauf gerichtet waren, umfängliche ökologische Maßnahmen zu realisieren, führten sie zu größeren Investitionen als herkömmliche Bauvorhaben. Die große Mehrzahl der Maßnahmen ist mit höheren Baukosten verbunden, zudem führt ein erhöhter Planungs- und Abstimmungsbedarf in vielen Fällen zu einem größeren Anteil der Baunebenkosten. Das beschrittene Neuland und die Unterschätzung von Abstimmungs- und Koordinationserfordernissen führten bei der Mehrzahl der Modellvorhaben zu Zeitverzug, der sich wiederum in Kostenüberschreitungen niederschlug. Dieses Problem dürfte allerdings dann an Bedeutung verlieren, wenn es gelingt, die ökologischen Maßnahmen zum Standard für Bauvorhaben zu entwickeln.

Die Durchsetzungschancen für das ökologische Planen und Bauen steigen in dem Maße, in dem sich die mit ihm verbundenen Investitionen als wirtschaftlich vorteilhaft erweisen. Bei gegenüber herkömmlichen Bauvorhaben in der Regel erhöhten Baukosten kann das nur dann der Fall sein, wenn Einsparungen bei den Betriebskosten erreicht werden. Investitionsrechnungen führen zu einer differenzierten Bewertung der Wirtschaftlichkeit ökologischen Bauens:

- Von den Maßnahmen des Handlungsfeldes Energie überschreiten bereits unter den aktuellen Rahmenbedingungen moderne Heizsysteme und die Wärmedämmung die Schwelle der Wirtschaftlichkeit, während Wärmepumpen, Wärmerückgewinnung und Solarkollektoren in der Regel noch unter dieser Schwelle liegen. Blockheizkraftwerke erweisen sich im Einzelfall bereits heute als wirtschaftlich. Demgegenüber muß die Photovoltaik auf absehbare Zeit als besonders teure und deshalb unwirtschaftliche Form der Energieerzeugung gelten.

- Wassersparende Sanitärtechnik ist bereits heute auch wirtschaftlich interessant. Regenwasseranlagen amortisieren sich dagegen in der Regel erst in längeren Zeiträumen. Die dezentrale Grauwasseranlage muß als unwirtschaftlich gelten.

- Das Abfallaufkommen kann mit verhältnismäßig geringen Investitionskosten reduziert werden. Dies schlägt sich allerdings nur dann während der Betriebsphase in relevanten Einsparungen nieder, wenn das Tarifsystem des jeweiligen Entsorgers eine solche Reduktion auch honoriert.

- Investitionen, die in den Bereich Grün- und Freiflächen fließen, stehen keine bzw. nur geringe Rückflüsse gegenüber. Sie sind daher als unwirtschaftlich zu beurteilen.

- Auch im Handlungsfeld Baustoffe entstehen regelmäßig höhere Kosten in der Bauphase, denen keine Einsparungen in der Nutzungsphase gegenüberstehen. Günstiger kann das Recycling eingeschätzt werden. Hier kann es im Ausbau durch die Wiederverwendung von Bauteilen zu Einsparungen kommen.

Ökologische Effekte auf der einen und ökonomische Bewertung auf der anderen Seite sind die Fixpunkte, an denen sich die zukünftige Strategie zur Verbreitung des ökologischen Bauens zu orientieren hat:

- Ökologische sinnvolle Maßnahmen, die auch heute schon wirtschaftlich attraktiv sind (z. B. moderne Heiztechnik, wassersparende Sanitärtechnik), bedürfen keiner (zusätzlichen) finanziellen Förderung durch die öffentliche Hand. Sie sind zugleich am ehesten den Bauherren als Pflicht aufzuerlegen.

- Um Maßnahmen zu befördern, die noch nicht wirtschaftlich sind, sich aber in der Nähe dieser Schwelle befinden (z. B. Solarkollektoren, BHKW, Regenwassernutzung), braucht nicht allein auf staatliche Förderprogramme gesetzt zu werden. Die Durchsetzungschancen dieser Maßnahmen wachsen auch mit höheren Preisen bzw. Tarifen für die entsprechenden Ver- und Entsorgungsleistungen.

- Maßnahmen, die nicht nur heute, sondern auch in absehbarer Zukunft unwirtschaftlich sind, erfordern eine differenzierte Einschätzung. So ist die Photovoltaik mit öffentlicher Unterstützung zur Serienreife zu entwickeln. Hohe Kosten und verhältnismäßig geringe Vorteile gegenüber der herkömmlichen Abwasseraufbereitung führen dazu, daß die Zukunftsperspektive der dezentralen Grauwasseraufbereitung wohl nur in nicht an die Kanalisation angeschlossenen Gebieten zu sehen ist. Die Maßnahmen des Handlungsfeldes Grün stehen schließlich für einen Bereich, dessen Durchsetzung in wünschenswertem Umfang ohne finanzielle Förderung durch die öffentliche Hand kaum gelingen wird.

c) **Recht und seine Anwendung durch öffentliche Akteure**
Entsprechend der Anlage und Zielrichtung der Modellvorhaben ergaben sich keine neuen Erkenntnisse in bezug auf Festsetzungsmöglichkeiten nach § 9 BauGB. Vielmehr war mit der Beurteilung der innovativen Bauteile, Baustoffe und ungewöhnlichen Anlagen das Bauordnungsrecht angesprochen. Bei der Bearbeitung der erstmaligen Genehmigungsanträge waren Unsicherheiten festzustellen. Die beteiligten Fachbehörden folgten dabei ihren eigenen Regelungslogiken und Handlungsroutinen und beurteilten dementsprechend ökologisch motivierte Innovationen eher skeptisch, teilweise auch ablehnend.

Insgesamt zeigt sich allerdings auch bei der Analyse der Bauordnungsrechte, daß weniger tatsächliche Regelungsdefizite als vielmehr die nur zögerliche Ausschöpfung von Auslegungsmöglichkeiten für die ablehnende Haltung ursächlich war. Relativ häufig wurde - gerade bei noch nicht erprobten Maßnahmen wie der dezentralen Grauwasseraufbereitung - auf den Forschungsbetrieb bezug genommen und von der Möglichkeit Gebrauch gemacht, Genehmigungen befristet und jederzeit widerrufbar auszusprechen.

Einige der für das umweltgerechte Bauen typischen Maßnahmen (einzelne Baustoffe, Wärmedämmung, Dachaufbauten für Dachbegrünung oder die Installation von Solarkollektoren) wurden regelmäßig mit Auflagen und Bedingungen aus den Bereichen Denkmalschutz und Brandschutz belegt.

Eine besondere Problematik ist mit den Maßnahmen angesprochen, die neben den bauordnungsrechtlichen Belangen andere Rechtsbereiche ansprechen. Beim BHKW ist dies das Energiewirtschaftsgesetz, bei einzelnen Wassermaßnahmen örtliche Anschluß- und Benutzungssatzungen oder das jeweilige Landes-Wassergesetz. Die dabei auftretenden Verhandlungs- und Abstimmungsnotwendigkeiten haben in einigen Fällen dazu geführt, die vorgesehenen Maßnahmen nicht zu realisieren. Nach Auskunft der Projektträger haben sich die Energieversorgungsunternehmen als die schwierigsten Verhandlungspartner erwiesen.

### d) Private Akteure - Handlungsbereitschaft und Handlungshemmnisse

Im Gegensatz zu den früheren solitären "Ökohäusern" sind die Modellvorhaben weder im Alleingang noch als frei stehende Einfamilienhäuser realisiert worden. Die Initiative ging dabei häufig gerade nicht von den Eigetümern aus, sondern eher von engagierten Fachplanern, Architekten oder auch kommunalen Verwaltungen. Private Wohnungsbaugesellschaften verhalten sich in dem Bereich noch sehr zurückhaltend. Dies mag nicht zuletzt daran liegen, daß die Risiken in bezug auf Technik, Betrieb und Wartung einzelner Anlagen noch nicht hinreichend kalkulierbar sind, und zudem die Wirtschaftlichkeit des Objekts noch gefährdet scheint.

Die "Ökologisierung" der Modellvorhaben-Konzeption wurde sowohl mit der Vergabe von Einzelgutachten als auch mit in den Bauablauf integrierten Gutachten hergestellt. Obgleich es die Analyse der Modellvorhaben nicht erlaubt, die eine oder andere Variante zu bevorzugen, bleibt doch festzuhalten, daß in jedem Falle bei der Wiederentwicklung des Projekts die Beteiligung der Fachgutachter gesichert werden sollte. Dabei ist darauf hinzuweisen, daß die Planung und Konzeptionierung der anspruchsvollen Projekte die Zusammenarbeit unterschiedlicher Fachplaner erfordert. Fachplaner, die bereits Erfahrungen mit dem ökologischen Planen und Bauen gesammelt haben, sind allerdings immer noch rar. Die Auswahl möglichst erfahrener Fachplaner und deren Einbindung in den Bauablauf ist gerade deswegen besonders empfehlenswert, da Architekt und Bauherr beispielsweise bei der Bauüberwachung auf das Spezialwissen noch viel stärker angewiesen sind als bei routinierten Bauaufgaben.

Auch bei den Bauausführenden gibt es noch Engpässe, da sich eine noch nicht ausreichend große Anzahl von Betrieben in das neue Betätigungsfeld eingearbeitet haben. Zumal bei der eigentlichen Bauausführung eine besonders sorgfältige Arbeit erforderlich ist; genannt seien die Wärmedämmung bei Niedrig-Energiehäusern, Wärmetauscher, getrennte Rohrleitungssysteme.

Als die wichtigste Gruppe für die "Betriebsphase" der Gebäude sind die Bewohner anzusprechen. Sie sind möglichst frühzeitig zu beteiligen; Information und Wissensvermittlung sind unabdingbare Voraussetzung. Bei den Mietern in den Modellvorhaben-Projekten war eine so nicht erwartet hohe Mitwirkungsbereitschaft anzutreffen. Zu hohe Erwartungen an die Nutzer, etwa durch nicht hinreichend praktikable und plausible Systeme, sind allerdings geeignet, die zunächst vielfach positive Haltung der Mieter zu schwächen.

Schließlich ist angesichts der Vielzahl der Akteure der Punkt Koordination und Management anzusprechen. Ohne eine vertrauensvolle Zusammenführung der verschiedensten Akteure, eine detaillierte Projektablaufplanung, eine eindeutige Arbeitsteilung samt einer nachvollziehbaren Regelung der Entscheidungskompetenz gelingt es kaum, die komplex angelegten Vorhaben zu steuern.

5. **Ausblick: Perspektiven der Stadtökologie und des umweltgerechten Bauens**

(Ausführung während des Vortrags)

Weiterführende Hinweise:

Die hier ausschnittweise vorgestellten Ergebnisse der Begleitforschung sind ausführlich dargelegt in:

Wollmann, Hellmut; Gelfort, Petra; Jaedicke, Wolfgang; Winkler, Bärbel: Stadtökologie und umweltgerechtes Bauen, Themenschwerpunkt Ökologie im Bestand im Rahmen des Besonderen BMBau-Ressortforschungsprogrammes Experimenteller Wohnungs- und Städtebau. Teil I: Querauswertung, Teil II: Vorhabenportraits, Teil III: Maßnahmebögen. Forschungsbericht, Juli 1991. Die Veröffentlichung in der BMBau-Schriftenreihe ist für das Jahr 1992 vorgesehen.

Eine ausführlichere Darstellung des Aspektes Kosten und Wirtschaftlichkeit ökologischen Bauens findet sich zum einen in der oben schon erwähnten in Vorbereitung befindlichen Veröffentlichung der Ergebnisse der Begleitforschung, zum anderen - allerdings in stark verkürzter Form - in der Nummer 6 des INFO Stadtökologie und umweltgerechtes Bauen.

Eine ausführliche Darstellung aller 14 Modellvorhaben findet sich zum einen in der oben schon näher bezeichneten in Vorbereitung befindlichen Veröffentlichung der Ergebnisse der Begleitforschung, zum anderen - allerdings in stark verkürzter Form in der Nummer 7 des INFO Stadtökologie und umweltgerechtes Bauen.

# Ansätze für den stadtgerechten Verkehr: Vermeiden — Verlagern — Beruhigen

R. Petersen, Wuppertal

## 1. Einführung: Warum einen anderen Stadtverkehr?

Das Thema "Stadtverkehr und Umwelt" beschäftigt betroffene Bürger, Politiker und Experten seit Jahrzehnten. Bereits 1962 konstatierte der Deutsche Arbeitsring für Lärmbekämpfung (DAL), daß der Verkehrslärm "ein unerträgliches Ausmaß" angenommen habe, was auf den überaus großen Anstieg der Fahrzeug-zahlen zurückzuführen sei. In den seither vergangenen 3 Jahrzehnten ist der PKW-Bestand in den westlichen Ländern der Bundesrepublik auf das Fünffache der damaligen Werte gesteigert worden (siehe Abb.1, eingetragen sind ferner die Irrtümer professioneller Prognostiker), und wenn auch die innerstädtischen Fahrleistungen nicht ganz um diesen Faktor zugenommen haben, so muß man doch die vom Kraftfahrzeugverkehr verursachten Belastungen als vielfach höher gegenüber dem damaligen Stand bezeichnen.

Zusätzlich zu dem Verkehrslärm, der durchgängig für die Betroffenen die höchste Bedeutung hat, sind als direkte Belastungsfaktoren zu nennen:

- Verkehrsunsicherheit, Verletzungs- und Tötungsgefahren (nur 5 % der Eltern schulpflichtiger Kinder sind nach jüngeren Erhebungen angstfrei hinsichtlich der Verkehrsrisiken[1]),

- Flächenversiegelung, Entwertung der Aufenthaltsqualität im öffentlichen und privaten Raum,

- Schadstoffimmissionen durch den Kraftfahrzeugverkehr.

Indirekte Folgen der Entwicklung des Autobestandes bzw. der Ausrichtung staatlicher, wirtschaftlicher und privater Strukturen auf den PKW - Besitz sind u.a.

- Rückzug der Verkehrsangebote des ÖV, damit Mobilitätsbeeinträchtigungen für alle Nichtautofahrer (viele Frauen, Alte, Kinder, sozial Schwächere),

- Ausrichtung der Siedlungsentwicklung, der Einkaufsstätten und Dienstleistungsinfrastrukturen auf das Auto, Zentralisierung sowie Abbau siedlungsnaher Funktionen,

- Erosion urbaner Strukturen und Funktionen infolge der gesunkenen Aufenthaltsqualität in den Stadtzentren und der verstärkten Funktionstrennungen, Ausprägung autofixierter Mobilitätsbilder.

Populär wurde 1965 der Titel von Alexander Mitscherlichs Pamphlet (lt. eigener Bezeichnung des Autors) "Die Unwirtlichkeit unserer Städte"[2]. Zwar thematisiert nur ein kleiner Teil des Essays den Verkehr, doch es sind aus heutiger Sicht bereits all die Aspekte der Stadtentwicklung und des städtischen Lebens beschrieben, die in der üblicherweise auf technische Bewältigung ausgerichteten Diskussion ausklammert werden. Als Beispiel sei auf die Übung der letzten Jahre verwiesen, Kraftfahrzeuglärm durch Lärmschutzfenster und -wände zu bekämpfen, sowie auf die laufenden Überlegungen zur Immissionsminderung in verkehrsreichen Städten infolge der Verordnung zu § 40,2 BImSchG. Auch hier wird häufig in rein verkehrstechnischen Ansätzen gedacht.

Die mit dem Autoverkehrs-Wachstum einhergehenden Probleme erschienen zunächst durch technische Modifikationen am Produkt und durch mehr Straßenbau lösbar. Aus umwelttechnischer Sicht konzentrierte man sich vom Beginn der 70-er Jahre an auf die Kohlenmonoxidemissionen der Ottomotorfahrzeuge. Kritischer Verkehrszustand war Stop-and-Go in den Innenstädten, entsprechend wurden der Europafahrzyklus und die Grenzwerte ausgelegt. Parallel galt damit jede Straßenbaumaßnahme, die Stauungen zu beseitigen versprach, als umweltfördernd. Erst Ende der 70-er Jahre wurde erkannt, daß den bis dato nicht begrenzten Stickoxiden lufthygienisch besondere Bedeutung zukommt. Der Stickoxidausstoß steigt jedoch mit zunehmender Fahrgeschwindigkeit an; ein Faktum, das dem vorangegangenen Leitbild der Straßenbauer entgegenstand, und das daher kaum von diesen rezipiert wurde.

Der unzureichende Regelungszugriff der EG bei ihren Abgasrichtlinien, der Umstand, daß die Belastungen infolge der allgemeine Verkehrsentwicklung durch die bei diesem Schadstoff noch gestiegenen spezifischen Emissionen weiter verschärft wurden, und die mehrfache Beteiligung dieses Schadstoffes an den Umweltbelastungen (Wirkung von $NO/NO_2$ auf Menschen, Versäuerung der Niederschläge, Beteiligung an der Ozonbildung (Sommersmog), Überdüngung von Böden) waren dafür maßgeblich, daß $NO_x$ durch die 80-er Jahre hindurch im Vordergrund der Abgasdiskussionen stand. Notwendige und mögliche Sofortmaßnahmen zur Emissionsminderung, insbesondere Geschwindigkeitsrestriktionen, wurden nicht realisiert, weil sie dem alten Leitbild vom "freien Verkehr" zuwiderliefen. Letztlich haben sich die vermeintlichen Rationalitäten der Verkehrsentwicklung als irrational herausgestellt. Hier hat bei der Mehrheit der Bürger sowie in der Politik ein Meinungswandel stattgefunden.

Verknüpft mit den spezifischen Stadtverkehrsproblemen führten allgemeine ökologische Bewußtseinsfragen in jüngster Zeit zu einer kritischeren Haltung gegenüber dem Auto: der Beitrag des motorisierten Verkehrs zu der Verschwendung endlicher Ressourcen, die zunehmende Dynamik der Klimaproblematik und die Beteiligung des Verkehrs daran bestimmen seit 2 Jahren die Diskussion. Es sind dies grundlegende Aspekte, die technischen Lösungsansätzen am Produkt Auto nicht zugänglich sind und damit Gründe, die für eine Verkehrswende in den Städten und Ballungsgebieten sprechen.

Schließlich hat sich infolge der Entwicklung der Fahrzeugmengen das Auto"mobil" selbst ad absurdum geführt: Das Fahrzeug ist zum Stehzeug geworden, und es gibt bei den Bevölkerungsdichten in unserem Land, der Begrenztheit der Flächen, bei den bestehenden und zu erhaltenen Stadtstrukturen und übrigens auch aus Kostengründen keine verantwortbare Perspektive für eine weiterhin auf das Auto fixierte Verkehrszukunft.

Der notwendige und sinnvolle Autoverkehr benötigt ein "anderes" Auto: kleiner, sparsamer, schadstoffärmer, leiser, weniger auf hohe Motorleistungen und hohe Endgeschwindigkeiten ausgelegt. Dies führt zu dem Stichwort der technischen und planerischen Verkehrsberuhigung.

## 2. Strukturen des heutigen Stadtverkehrs

In den vergangenen Jahren sind eine große Zahl empirischer Untersuchungen zum Stadtverkehr durchgeführt worden, welche die Verkehrsrealität, aber auch die unterschiedliche Problemwahrnehmung verschiedener Teile der Bevölkerung und der professionellen Akteure zum Gegenstand hatten.

Im folgenden sollen am Beispiel der Städte des Ruhrgebiets und seiner Randbereiche einige Erkenntnisse [3,4] dargestellt werden, die für die Aufgabe der zukünftigen Umorientierung des Stadt- und Ballungsgebietsverkehrs von Bedeutung sind.

Nach Wegezwecken aufgegliedert zeigt sich (Abb. 2), daß der Anteil der zeitgebundenen Berufs- und Ausbildungswege nur 31 % ausmacht; die Wegezwecke "Einkaufen" und "Freizeit" (einschl. Urlaub)sind etwa ebenso hoch.10 % der Wege entfallen auf "Dienstleistungen". Die Bedeutung des Berufs- und Ausbildungsverkehrs sollte daher nicht überschätzt werden: Zwar erzeugt er in den Spitzenzeiten die verkehrlichen Probleme sowie ggfs. akute Kohlenmonoxid-Immissionsspitzen, in der Summe überwiegen die über den Tag verteilten Verkehre.

Die Aufschlüsselung nach benutzten Verkehrsträgern verdeutlicht die dominierende Funktion des motorisierten Individualverkehrs. In den Ruhrgebietsstädten erreicht er im Mittel 53 % bei einem außergewöhnlich niedrigen ÖPNV-Anteil von 12 % (Abb. 3). Als Erklärung für das ungünstige Verhältnis von ÖPNV zu Auto wird häufig auf die polyzentrale Struktur des Ruhrgebietes hingewiesen. Diese erlaube es nicht, die Verkehrsverhältnisse mit mittelgroßen und großen Städten in jeweils zentraler Lage zu vergleichen.

Überraschend ist nun der Befund, daß der Anteil der Binnenverkehre in den Ruhrgebiets-Städten außerordentlich hoch liegt. In Mittelstädten bis zu 100.000 Einwohner entfallen 55 % der PKW-Fahrten auf den Binnenverkehr, in den Großstädten mit 3 - 600.000 Einwohnern liegen bei über 80 % aller Fahrten im motorisierten Individualverkehr Start und Ziel innerhalb der Stadtgrenzen (Abb. 4). Die Wahrnehmung von Verkehrsproblemen dieses Raumes in der Perspektive der Verflechtung der verschiedenen Städte miteinander ist also eindeutig falsch. Vielmehr handelt es sich bei den Stadtverkehrsproblemen um "hausgemachte" Schwierigkeiten.

Dies gilt auch für die zentrale Straßenverkehrsader des Ruhrgebietes, den Straßenzug Autobahn A 430/Bundesstraße B 1 "Ruhrschnellweg". Auf diesem teils vierspurig, teils sechsspurig ausgebauten Streckenzug wurden per Kennzeichenverfolgung die Fahrtlängen ermittelt. Das Ergebnis zeigt Abb. 5: Autobahn bzw. Bundesstraße dienen überwiegend dem Kurzstreckenverkehr, im allgemeinen haben 80 % der Fahrzeuge diese für den Fernverkehr ausgewiesene Straße bereits nach 3 - 4 Abfahrten wieder verlassen [5]. Dies ist um so bemerkenswerter, als die Abstände zwischen den Ausfahrten teilweise weniger als 2 km betragen.

Infolge der dominierenden Anteile des innerstädtischen Verkehrs ist der Bau neuer, weiträumig die Ballungskerne umfahrenden Autobahnen keine zielführende Lösung. Ebenso wenig ist der Ausbau um weitere Spuren geeignet, die zentralen Verkehrs- und Umweltprobleme zu lösen, da zum einen infolge der intensiven Verflechtung mit den Stadtnetzen auch für die auf die Stadtautobahn zuführenden Straßen Erträglichkeitsgrenzen sehr schnell erreicht sind, zum anderen die von der Autobahn ausgehenden Abgas- und Lärmbelastungen damit für die Anwohner erhöht würden.

Eine weitere Aufgliederung des Stadtverkehrs nach der Entfernung weist die Richtung der notwendigen Entwicklung (Abb. 6): Substitution des Kürzest-Auto-verkehrs durch nichtmotorisierte Mobilität, Verlagerung von großen Teilen des innerstädtischen und Ballungsgebiets-Verkehrs auf öffentliche Verkehrsträger.

## 3. Trendentwicklung

Professionelle Verkehrsprognostiker formulieren als Rahmenbedingungen für die zukünftige Entwicklung üblicherweise positiv bewertete "Trendszenarien" sowie weniger optimistische, wirtschaftliche Problemsituationen widerspiegelnde "Krisen"szenarien. Aus der Sicht der städtischen wie der globalen Umwelt muß allerdings die Trendfortschreibung als Krisenfall gelten, denn sie beschreibt politisches Handlungsversagen.

Bei Fortsetzung der geltenden Trends muß man von folgenden verkehrsbestimmenden Randbedingungen ausgehen:

- weitere Externalisierung der Umwelt- und Sozialkosten des motorisierten Verkehrs, daher kostenmäßige Vorteile und weitere Steigerung insbesondere des Autoverkehrs, des Straßengüterverkehrs und des Flugverkehrs;

- weitere kfz.-orientierte Stadt- und Siedlungsentwicklung, Fortsetzung der laufenden Prozesse zur Zentralisierung der Orte der Produktion, des Einkaufs und der Dienstleistungen; Entwertung der Aufenthalts- und Wohnqualität in dicht besiedelten Zonen, dadurch weitere Suburbanisierung; (Zitat Mitscherlich: "Mit jedem Grundstück, das am Stadtrand parcelliert (...) wird, schiebt sich der Horizont des Städters (...) weiter hinaus. (...) Mit dem Wachsen der Vorstädte korrespondiert die Langeweile Von hier aus zu der ... sonntäglichen Fluchtbewegung mit dem Auto - in Form und Wirkung dem Alltag ähnlich - ist es nur ein Schritt bzw. eine Autofahrt.")

- Fortsetzung des Anstiegs der Transportentfernungen im Güterverkehr sowohl innerhalb der Produktionskette als auch bei der Distribution zu immer größeren Märkten.

Zusammengefaßt bedeutet dies ein weiteres Verkehrswachstum in den besonders umweltbelastenden Verkehrszweigen sowohl in absoluten Zahlen als auch relativ zuungunsten der Anteile des nichtmotorisierten Verkehrs und der öffentlichen Verkehrsträger.

Flankiert wird diese Trendentwicklung von entsprechenden Investitionsschwerpunkten der öffentlichen Hände auf Bundes- und EG - Ebene für die Straße sowie für Projekte im Hochgeschwindigkeitsverkehr, die nicht nur für die Städte und Ballungsgebiete keine Problemlösung bieten, sondern darüber hinaus massiv verkehrserzeugend wirken. Auf fahrzeug- und systemtechnischer Ebene ist eine Fortsetzung der Fehlentwicklungen im Autobereich in Richtung auf immer schwerere Fahrzeuge mit höheren Motorleistungen und Fahrgeschwindigkeiten zu befürchten, wodurch die technisch möglichen Minderungs-potentiale besonders hinsichtlich des Energieverbrauches verfehlt werden (vergl. Abb. 7 zu den entsprechenden Entwicklungen der vergangenen Jahrzehnte). Im Lärmschutz und der technischen Abgasreduzierung dürfte die EG weiterhin eher dilatorisch agieren; auch auf dem Gebiet der Überwachung von Fahrzeugen im Verkehr werden die effizienteren Konzepte nicht umgesetzt.

Zum Stadtverkehr: Die generelle Fahrzeugentwicklung mit der Ausrichtung auf hohe Motorleistungen, hohe Fahrgeschwindigkeiten, großem Komfort und damit steigenden Fahrzeugabmessungen und -massen läuft diametral den Anforderungen des Alltagsbetriebs entgegen. Eine Trendwende hin zu kompakteren Fahrzeugen mit einer dem Stadtverkehr angepaßten Leistungsauslegung ist noch nicht erkennbar.

Die Entwicklung der Fahrzeugmengen hatte in den vergangenen Jahren zu einer Ausdehnung der Zahl der überlasteten Straßen in Ballungsgebieten und der Dauer der Überlastungen geführt. Die innerstädtischen Verkehrsmengen haben unterproportional gegenüber dem Verkehrsaufkommen in den Ballungsgebieten insgesamt zugenommen, diese wiederum weisen niedrigere Steigerungsraten auf als der Verkehr auf den Autobahnen.

Der Neubau und der Kapazitätsausbau stadtnaher Autobahnen haben den Umfang der Verkehrsstörungen nicht zu reduzieren vermögen, z. T. sind die Stauorte lediglich verlagert worden. Generell liegen die Schwerpunkte der Verkehrsstauungen im Schnittbereich zwischen Autobahn- und Ballungsgebietsverkehr; in der morgendlichen Verkehrsspitze können die Stadtnetze den Verkehr von den auf sie zuführenden Autobahnen nicht aufnehmen, so daß sich Rückstaus bilden, am Nachmittag kommt es in den Stadtnetzen zu Überlastungen durch die herausfließenden Pendler.

Der parallele Ausbau der Infrastrukturen der Straße und der Schiene hat die Attraktivität der Schienenverkehrsangebote für die Autofahrer relativiert. Am Beispiel des Ruhrgebiets läßt sich zeigen, daß parallel zu neu eröffneten bzw. geplanten S-Bahn-Strecken Autobahnen oder autobahnähnliche Bundesstraßen ausgebaut wurden, die den Druck auf die Städte durch den Pendlerverkehr verstärkt haben. Da in den Städten der Parkraum im allgemeinen ausreicht -

bis vor kurzem wurden noch Parkhäuser innerhalb von Innenstädten gefördert -, sind Attraktivitätsvorteile für Autofahrer nach wie vor gegeben.

Mit den bestehenden ÖPNV-Strukturen dürfte sich dieser Trend nicht brechen lassen. Trotz der qualitativ verbesserten Bedienung durch S- und Stadtbahnangebote stehen erhebliche Reisezeitnachteile für die Nutzer des öffentlichen System aufgrund der unzureichenden Flächenerschließung und Zeittakte in den Siedlungs- und Zielgebieten außerhalb der Innenstädte (siehe Abschnitt "Verkehrsverlagerung")

In den letzten Jahren ist der Ausbau der Verkehrswege - Infrastruktur immer stärker begleitet worden durch die Forderung nach Verkehrsleit- oder -beeinflussungssystemen. Hinsichtlich der Straße steht angesichts der offentlich gewordenen Grenzen eines weiteren Straßenbaues in den Ballungsgebieten der Wunsch, die Kapazitäten der vorhandenen Infrastruktur optimal zu nutzen. Mehrere Anwendungen gibt es für Verkehrsbeeinflussungsanlagen, die abhängig vom Aufkommen auf bestimmten Strecken Geschwindigkeitsbegrenzungen vorgeben und damit zu einer Homogenisierung des Verkehrsflusses beitragen. Sinnvoll ist dies vor allem auf Ballungsgebiets - Autobahnen, die starken Belastungen ausgesetzt sind. Mit Erreichung der maximalen Leistungsfähigkeit im Geschwindigkeitsbereich 60 - 80 km/h ist die Wirksamkeit dieser Maßnahme allerdings erschöpft.

Verkehrsleitsysteme, die Überlastungserscheinungen durch Umleitungsempfehlungen im Netz zu begegnen suchen, sind im Ballungsgebiet Rhein-Ruhr seit längerem in Betrieb. Für die alltäglichen Probleme ist ihre Effizienz deswegen begrenzt, weil ein hoher Anteil der Werktagsverkehre wegen der kurzen Fahrtdistanzen kaum im Netz umzulegen ist.

Insgesamt erscheint die Bedeutung der sog. intelligenten Straße für die Bewältigung der Verkehrsprobleme der Ballungsgebiete gering. Da die Leistungsfähigkeit des Straßennetzes kaum noch zu steigern ist, lassen sich allenfalls relative Verbesserungen für bestimmte Verkehrsanteile oder Strecken gestalten. Als Beispiel sei auf ein Steuerungsmodell für den Streckenzug BAB A430/B1 ("Ruhrschnellweg") hingewiesen, dessen Ziel es ist, Verkehrszusammenbrüche durch Überlastung auf dieser Strecke zu vermeiden [5]. Zu diesem Zweck wird die Zufuhr aus den Stadtnetzen soweit gedrosselt, daß die durch die Städte hindurchführende Autobahn ihre maximale Leistungsfähigkeit aufweist.

Neben dem Schlagwort von der "intelligenten Straße" ist in den vergangenen Jahren der Begriff des "integrierten Verkehrssystems" verstärkt benutzt worden. Hinsichtlich des Personenverkehrs in Ballungsgebieten bezeichnet dies den Ansatz, die spezifischen Vorteile der Verkehrsmittel PKW und ÖPNV in ihren jeweiligen Bereichen miteinander zu verbinden. Beispiel für eine derartige Kooperation ist Park-and-Ride. Allerdings muß einschränkend gesagt werden, daß die volumenmäßige Bedeutung von P+R in Ballungsgebieten äußerst begrenzt bleibt. Flächen nahe S-Bahn- bzw. Stadtbahnstationen sind auch am Stadtrand knapp und teuer. Immerhin lassen sich die Kosten für einen P+R-Platz überschlägig auf DM 10 - 20.000 beziffern. Allein der Zinsaufwand einer solchen Investition müßte dazu führen, daß der Nutzer DM 100,-- bis 150,-- pro Monat für diesen Parkplatz zu zahlen hätte. Die Größenordnung von P+R dürfte 1 % des Gesamtverkehrs bzw. rund 3 % des ÖPNV auf bestimmten Korridoren nicht überschreiten. P+R vermag damit die Verbesserung der ÖPNV-Erschließung für den Zulauf auf die leistungsfähigen Schienenstrecken nicht zu ersetzen.

Abschließend sei bei der Betrachtung der Trendentwicklung die Verknüpfung Fernverkehr - Nahverkehr erwähnt. In den vergangenen Jahren ist dem Fernverkehr der Schiene, seit neuerem auch durch die Magnetschwebetechnik ein hoher Stellenwert in der öffentlichen Diskussion zugewachsen. Hinsichtlich des Stadt- und Ballungsgebietsverkehrs ist festzustellen, daß diese Überlegungen nicht nur keinen Beitrag zur Problemlösung liefern, sondern daß darüber hinaus die Priorisierung der Ferne gegenüber der Nähe, die sich auch in Investitionen und betrieblichen Prioritäten ausdrückt, die Städte und Ballungsgebiete zusätzlich belastet. Auch wenn der Transrapid aus technischer Sicht ein interessantes Produkt darstellt, werfen der Umstand der Nicht - Kompatibilität mit dem bestehenden Schnellverkehrsnetz, die Anordnung der Haltepunkte außerhalb der Städte und die daraus folgende Orientierung auf die

Verknüpfung mit der Straße erhebliche Probleme auf. Das PKW-Aufkommen im Stadtverkehr würde sich bei dieser Netzkonzeption erhöhen müssen.

## 4. Alternativen

Die im Gegensatz zu dieser Skizze der Trendentwicklung notwendigen Strukturveränderungen liegen spätestens seit der Berichterstattung der Bundestags-Enquête-Kommission "Schutz der Erdatmosphäre"[6] auf dem Tisch:

- Verminderung des motorisierten Verkehrs (Verkehrsvermeidung),

- Erhöhung des Anteiles an umweltverträglichen Verkehrsträgern (Verlagerung),

- Realisierung aller technischen Optionen zur Reduzierung der Umweltbelastungen, sowie Ausschöpfung der im umweltschonendes Verhalten aller Verkehrsteilnehmer liegenden Potentiale (Verkehrsberuhigung).

Diese in allgemeiner Form sowohl von der Bundesregierung als auch den Länderministerien akzeptierten Handlungsansätze sind bisher nicht in konkrete Maßnahmenprogramme überführt worden. Gegenwärtig wird auf verschiedenen Ebenen, u.a. in der neu konstituierten Enquête-Kommission Klima des 12. Bundestages, an der Formulierung von Umsetzungskonzepten, der Entwicklung von Instrumenten und der Abschätzung der Konsequenzen einer dezidiert auf Emissionsminderung ausgerichteten Politik gearbeitet.

Die bereits im Titel des Beitrages angeklungenen Handlungsansätze werden in den folgenden Abschnitten näher ausgeführt.

## 5. Verkehrsvermeidung

Verkehrsvermeidung bedeutet Reduzierung von Verkehrsaufwand (auch als Verkehrsleistung bezeichnet) durch eine Verringerung der Entfernungen bei gleichem Verkehrsaufkommen (im Personenverkehr die Zahl der Wege, im Güterverkehr die umgeschlagenen Mengen).

Verkehrsvermeidung ist der bisher am wenigsten erprobte, wenngleich in den ökologischen Auswirkungen optimale Handlungsansatz. Theoretischer Ausgangspunkt ist die Stärkung der Nähe gegenüber der Ferne, wodurch zum einen direkt Verkehrsaufwand (in Personen- oder Tonnenkilometer) reduziert wird, zum anderen im Bereich des Personenverkehrs ein Übergang zu den nichtmotorisierten Verkehrsarten möglich wird.

Die Strategie "Verkehrsvermeidung" umfaßt die Gesamtheit der auf die Veränderung der räumlichen Struktur und der Verhaltensstruktur gerichteten Maßnahmen. Hinsichtlich der gebundenen Wege mit festen Quell-Ziel-Beziehungen (vor allem Arbeit, Ausbildung, teilweise auch Einkauf) kommt es darauf an, die räumliche Struktur zu verbessern. Dazu gehört der langfristige Ansatz, Arbeit und Wohnen räumlich zu integrieren, den Prozeß der Zentralisierung z. B. der Schulen und anderen Ausbildungsstätten zu stoppen und zu dezentralen, verkehrssparenden Konzepten überzugehen, und ebenfalls der Ansatz, statt der auf den Autoverkehr ausgerichteten ausgelagerten Einkaufsstätten wieder wohnungsnahe Versorgungsstrukturen zu etablieren.

Für staatliche Dienstleistungen gilt ähnliches: Die Zentralisierung der Verwaltungen, die vor allem aus Rationalisierungsgründen erfolgte, erhöhte den Zeit- und Kostenaufwand für den Bürger. Eine Reduktion des Verkehrsaufwandes wäre z.B. durch Einrichtung kleiner dezentraler Ansprechstellen in Wohnungsnähe realisierbar, die - über EDV vernetzt - personell nur schwach besetzt werden müßten und die als Zugang zu vielen öffentlichen Dienstleistungen dienen können.

Den großen Anteil der freizeitbezogenen Wege kann man nur indirekt durch Veränderungen der Infrastrukturen beeinflussen. Allerdings hat die gebaute Umwelt und die Lebensqualität im Wohnumfeld einen deutlichen Einfluß auf die Häufigkeit der Freizeitfahrten. Bewohner von Innenstädten, die zum einen durch die Umweltauswirkungen des Verkehrs hoch belastet sind und denen im allgemeinen in Wohnungsnähe keine Ausgleichsräume zur Verfügung stehen, wenden insgesamt mehr Auto-km für Freizeitzwecke auf als Einwohner in ländlich strukturierten Gebieten. (Bei den Berufswegen ist dieses Verhältnis dann umgekehrt) Eine Verringung der mit dem Auto zurückgelegten Freizeitverkehre erscheint möglich durch eine Erhöhung der Aufenthalts- und Freizeitqualität im Wohnumfeld. Dazu gehören die Verringerung der Lärm- und Abgasbelastungen, die Schaffung wohnungsnaher Parks, Naturräume, Spazierwege, Spiel- und Erlebnisflächen für Kinder u.a.m.

Der Flächenbedarf dieser Einrichtungen in Wohnungsnähe und die Forderung nach reduzierten Lärm- und Abgasbelastungen kollidiert mit dem heute üblichen Konzept der umfassenden und ständigen Auto - Erreichbarkeit jeder Wohnung. Die Belastungen aus dem Autoverkehr entstammen in erheblichem Umfang dem Verkehr durch Bürger der eigenen Stadtteile bzw. Städte. Wohnungsnahe Freizeitgestaltung wird somit erst dann attraktiv werden können, wenn keine ubiquitäre Autonutzung in dem Wohnumfeld mehr stattfindet.

Denkbare Entwicklungen hierzu sind die Verlagerung von Autoabstellplätzen an die Siedlungsrand (evtl. in Kombination mit Anlagen des öffentlichen Verkehrs), Schaffung autoarmer Bereiche, Umgestaltung der Anlagen des fließenden und ruhenden Verkehrs zum nur noch gelegentlichen Befahren z.B. für Transporte.

Der Umfang der erreichbaren Verkehrsvermeidung, die Entwicklung von Konzepten und die Diskussion von Instrumenten sind neue Arbeitsfelder im Grenzbereich zwischen Verkehrs- und Stadtplanung. Gegenwärtig ist bei den Kommunen ein hohes Interesse an dieser Thematik festzustellen, das zum einen aus der alltäglichen Konfrontation mit den Verkehrs- und Umweltproblemen, zum anderen auch aus dem Bewußtsein einer langfristigen Zielsetzung zur Reduzierung der klimarelevanten $CO_2$-Emissionen herrührt. Insbesondere die Kommunen, die sich dem internationalen Klimabündnis der Städte angeschlossen haben und sich zu einer erheblichen Reduktion an $CO_2$-Emisionen verpflichteten, berücksichtigen zunehmend den Aspekt der Verkehrsvermeidung bei ihren langfristigen Überlegungen zur Stadtentwicklung. Abb. 8 stellt prinzipielle Überlegungen einer "Stadt der kurzen Wege" dar.

## 6. Verkehrsverlagerung

Dem ÖPNV wird gegenwärtig vorgeworfen, gegenüber dem PKW hinsichtlich Fahrzeit und Komfort nicht konkurrenzfähig zu sein. Der ÖPNV soll die Verkehrsspitzen abdecken, in denen der Autoverkehr zum Erliegen kommt. Diese Forderungen erfolgen vor dem Hintergrund eines jahrelangen Abbaues und Attraktivitätsverlustes. Aus der mangelnden Attraktivität folgten abnehmende Kundenzahlen, Finanzierungsprobleme, eine Reduzierung der Angebotsqualität und - in der Vollendung des Teufelskreises - wiederum eine reduzierte Konkurrenzfähigkeit. Bei dem Anstieg der Autoverfügbarkeit in den vergangenen Jahrzehnten und der bisher garantierten, überwiegend nach wie vor problemlosen Autoerreichbarkeit der innerstädtischen Ziele ist diese Diagnose durchaus zutreffend. Bis vor kurzem wurden Parkhäuser in den Innenstädten gebaut; Parkflächen auf öffentlichem Grund werden überwiegend noch kostenfrei zur Verfügung gestellt. Das Baurecht verlangt von Arbeitgebern und Einkaufsstätten den Bau von Parkplätzen. Regelwidriges Parken ist in erheblichem Umfang üblich und bleibt ebenfalls in erheblichem Umfang ungeahndet, sodaß es insgesamt nicht verwunderlich ist, daß das Auto in Städten und Ballungsgebieten nach wie vor oft das bequemste und schnellste Verkehrsmittel darstellt.

"Vorrang für den öffentlichen Nahverkehr" findet verbal seit mehr als einem Jahrzehnt in den Ballungsgebieten statt; übersehen wurde bisher, daß dem Vorrang für den einen Verkehrsträger ein Nachrang für den weniger erwünschten Verkehrsträger gegenüber stehen muß. Ein

Nachrang für das Auto ist jedoch in der Verkehrsplanung der Kommunen und Ballungsregionen nicht zu erkennen gewesen.

In den bereits angesprochenen Untersuchungen im Ruhrgebiet zum Verkehrsverhalten wurde eine repräsentative Stichprobe über die Gründe der Verkehrsmittelwahl befragt. Von Bedeutung war insbesondere, warum Autofahrer nicht in größerem Umfang den ÖPNV benutzen. Die Antworten sind von dem mit der Untersuchung beauftragten Forschungsnehmer wie folgt gegliedert worden (siehe auch Abb. 9):

- 13 % der Befragten des Untersuchungsgebietes haben öffentliche Verkehrsmittel benutzt, davon hatten etwas weniger als die Hälfte (6 %) keine Transportalternative, etwas mehr als die Hälfte (7 %) waren sog. "Wahlfreie";

- Von den 87 %, die nicht den ÖPNV benutzten (davon 2/3 Autofahrer), waren 3 % "Wahlfreie" (d.h. sie hätten aufgrund ihres Bewußtseins-, Informationsstandes und der sachlichen Voraussetzungen auch den ÖPNV benutzen können), 2 % hatten starke persönliche Präferenzen für ihre Verkehrsmittelwahl (z.b. Rauchen im Auto während der Fahrt, Abneigung gegen ÖPNV generell), bei 16 % der Wege war den Nutzern nicht bewußt, daß der ÖPNV in seiner heutigen Angebotsausprägung bereits ein gutes und geeignetes Alternativangebot darstellt. Der Großteil (mit 40 % fast die Hälfte ausmachend) der Begründungen für die Nicht-ÖPNV-Nutzung für den entsprechenden Weg verwies auf Defizite im ÖPNV-Angebot, die diesen Verkehrsträger inakzeptabel machte. 26 % der Wege konnte bei den gegebenen Anforderungsprofil der befragten Bürger nicht mit dem ÖPNV zurückgelegt werden, z.B. wegen des notwendigen Transports von Gütern, von behinderten Personen, speziellen Wegeketten u.a.m.

Bei diesen Zahlen handelt es sich nicht nur um Befragungsergebnisse, vielmehr wurden die Antworten durch Heranziehung von Stadtplänen und Fahrplänen auf ihre Richtigkeit hin überprüft. Erstaunlich erscheint zunächst der hohe Anteil der Unwissenheit über das ÖPNV-Angebot. Neben reinen Informationsdefiziten liegt nach Einschätzung des Sozialforschungs-Instituts, das diese Untersuchungen durchgeführt hat, auch eine Nicht- Wahrnehmung des ÖPNV generell vor. Die Autoorientiertheit der Lebensführung läßt die Bürger das bestehende ÖPNV-Angebot aus ihrem Bewußtsein ausblenden. Zu durchbrechen sei dieser Mangel an "Bewußtheit" nur durch Methoden der Öffentlichkeitsarbeit, die auf die Interessenlage und das Verantwortungsbewußtsein der Autofahrer abstellten. Dies sei z.B. bei den Themen "Verantwortung für die Gemeinde", "Umwelt" gegeben.

Das Potential der allein mit Methoden der Information und Öffentlichkeitsarbeit für den ÖPNV gewinnbaren Fahrten liegt mit 16 % sogar höher als das heutige ÖPNV-Aufkommen. Ohne Ausbau der Angebote und der Infrastruktur ließe sich - theoretisch - demnach der ÖPNV-Anteil verdoppeln.

In hohem Maße bestimmend für die Nichtnutzung des ÖPNV sind infrastrukturelle Defizite. Darin verbergen sich inakzeptable Entfernungen zu den Haltestellen, hohe Zeitverluste bei Umsteigebeziehungen mit nicht vertakteten oder nur in großen Abständen fahrenden Verkehrsmitteln sowie weitere Angebotsmängel. von den Befragern wurden für diese Kategorie jeweils räumliche und zeitliche Akzeptanzkriterien zugrunde gelegt (da in die Kategorie der Nicht-Nutzer des ÖPNV auch Fußgänger und Radfahrer eingehen, entfällt ein Teil der Antworten auf die entsprechenden Wege im Nahbereich, für die wegen des Fehlens von Ortsbusangeboten der ÖPNV keine Alternative darstellt. )

Öffentlicher Nahverkehr wird in Städten offensichtlich auf sehr unterschiedlichem Niveau angeboten. Die Spannweite der Angebotsunterschiede wird in Abb. 10 deutlich: Verglichen wurden die fahrplanmäßigen Bus- und Straßenbahn bzw. Stadtbahnangebote in den von der Einwohnerzahl her vergleichbaren Städten Bochum und Zürich. Während in Zürich Straßenbahntakte mit 6 Minuten oder weniger auf 29 Linien das Rückgrat des ÖPNV bilden, gab es diese attraktive Form der Bedienung im Erhebungsjahr 1988 in Bochum nur auf einer Linie.

Auch gibt es nur eine geringe Zahl von Linien im 10 - oder 12 - Minuten - Takt. Standardangebot in Bochum ist der 15 - bis 20 - Minuten - Takt, es bestehen noch eine nennenswerte Zahl nicht oder schlecht vertakteter Linien.

Kombiniert man die Faktoren Flächen- und Zeitversorgung in dem Kriterium "Haltestellenabfahrten pro 1000 Einwohner" oder "Haltestellenabfahrten pro Flächeneinheit", so zeigt sich in der ÖPNV-Qualität der Stadt Zürich ein etwa um den Faktor 4 besserer Indikator (Abb. 11).

Ziel der Stadtverkehrspolitik in deutschen Städten muß es sein, auf der Angebots-seite einen wesentlichen Niveausprung zu erreichen und parallel die Auto - Erreichbarkeit der Innenstädte durch Parkplatzkonzepte sowie Ausweitung autoarmer und -freier Zonen zu steuern. Zusammenhängende und flächenmäßig komfortable Netze für den nichtmotorisierten Verkehr unterstützen die Verlagerung auf den ÖPNV. Es hat sich ferner gezeigt, daß die Schnittstellen zwischen dem nichtmotorisierten Verkehr und dem ÖPNV gegenwärtig noch unbefriedigend sind. Der Zugang ist häufig unbequem, es müssen Rampen und Treppen überwunden werden. Es sind Umwege zu gehen, die Informationseinrichtungen sind mangelhaft und nicht zuletzt haben ÖPNV-Einrichtungen häufig die Anmutung der Ärmlichkeit und Verwahrlosung. Ein wichtiger Faktor besonders für Frauen und ältere Menschen im Spätverkehr sind menschenleere, der öffentlichen Einsicht und sozialen Kontrolle entzogene Bedrohungsräume z.B. in U-Bahnen. Die Akzeptanz von Straßenbahnen ist aus diesen Gründen sowie wegen der einfacheren Zugänglichkeit und der sichtbaren Präsenz im Stadtbild bei vielen Befragten höher.

## 7. Verkehrsberuhigung

Mit dem Begriff "Verkehrsberuhigung" werden seit etwa 10 Jahren planerische Maßnahmen vor allem in Wohngebieten charakterisiert, mit denen die Fahrgeschwindigkeit der Autos auf ein weniger gefährliches Maß reduziert werden soll. Als weiterer Vorteil ist die Verringerung des Verkehrslärms zu nennen; um die Auswirkungen auf den Schadstoffausstoß gab und gibt es Meinungsverschiedenheiten. Unstreitbar dürfte sein, daß das Fahrverhalten eine wesentliche Rolle spielt; bei niedertouriger und gleichmäßiger Fahrweise können auch hier Vorteile erreicht werden. Der Stickoxidausstoß reduziert sich in jedem Fall bei einer Verringerung der Fahrgeschwindigkeit, weshalb derartige Maßnahmen u.a. in vielen kommunalen Konzepten zur Emissionsminderung - z. B. in der Schweiz - enthalten ist.

Die Zukunft der Verkehrsberuhigung dürfte im Übergang auf die Fläche unter Einschluß auch größerer Straßen bestehen. Das Konzept der autofreien Innenstadt zeichnet sich an vielen Orten ab; die langfristige Perspektive autoarmer Wohngebiete wurde im Zusammenhang mit Verkehrsvermeidung oben angesprochen.

Als "Technische Verkehrsberuhigung" wurde im Auftrag des Verkehrsministerium NRW das Konzept "City-Paket entwickelt [7]. dabei geht es um fahrzeugtechnische Regelungen zur Vermeidung unverträglich hoher Fahrgeschwindigkeiten in verkehrsberuhigten Bereichen, Tempo-30-Straßen sowie im gesamten innerörtlichen Bereich. Hintergrund ist die Frage, warum denn Straßenumbauten, Verschwenkungen, Aufpflasterungen etc. angewendet werden müssen, wenn das Ziel mit technischen Lösungen bei den Verursachern erreicht werden kann [8]. Dies soll selbstverständlich nicht die - lokal unterschiedliche - Notwendigkeit einer Umverteilung von Straßenfläche zugunsten des nichtmotorisierten Verkehrs im Rahmen entsprechender Verkehrskonzepte infrage stellen. In der Kombination der Geschwindigkeits- mit Drehzahlbegrenzern besteht die Möglichkeit, heutige universell nutzbare PKW den spezifischen Anforderungen des Stadtverkehrs anzupassen.

In längerfristiger Perspektive würde die technische Entwicklung der PKW abzugehen haben von der Ausrichtung auf immer höhere Abmessungen, Massen und Leistungen. Kompakte PKW mit ca. 30 kW Motorleistung und auf weniger als ein Drittel gesenktem Verbrauch können aus verkehrlicher Sicht alle notwendigen und nützlichen Funktionen erfüllen.

**Literaturverzeichnis**

1. Hillman,J.  
   Adams, J.  
   Whitelegg, J.  
   One False Move... - A Study on Childrens Independent Mobility, Policy Studies Institute, London 1990

2. Mitscherlich, A.  
   Die Unwirtlichkeit unserer Städte - Thesen zur Stadt der Zukunft, Frankfurt 1965 / 1971

3. Brög, W. et al.  
   Trendwende zum ÖPNV im Ruhrkorridor, versch. Berichte (Mobilitäts-, Potentialerhebungen, PAW-Konzepte), SOCIALDATA München im Auftrag des MSWV NRW, Düsseldorf / München 1988-1990

4. Hüsler, W. et al.  
   Trendwende zum ÖPNV im Ruhrkorridor, versch. Berichte (Bewegungsanalysen, ÖPNV - Angebotsanalysen und - Konzepte), im Auftrag des MSWV NRW, Düsseldorf / Zürich 1988-1990

5. Kirchhoff,P.  
   Stöveken, P  
   Konzeptstudie Verkehrssteuerungssystem B!/A430, TU München im Auftrag des MSWV NRW, Düsseldorf / München 1989, zu den Verkehrserhebungen s.a. :

   Holzapfel, H. et al.  
   Verkehrsverhalten auf dem Ruhrschnellweg B!/A430, ILS Dortmund 1989

6. Dt. Bundestag (Hrsg.)  
   Schutz der Erde - Bericht der Enquete-Kommission des 11. Dt. Bundestages "Vorsorge zum Schutz der Erdatmosphäre", Bonn 1990  
   siehe auch Studienprogramm dazu, bes. Bd. 7 "Konzeptionelle Fortentwicklung des Verkehrsbereiches", hrsg. von der Enquete-Kommission, Bonn 1990

7. v. Winning, H.  
   Krüger, M.  
   City-Paket und Geschwindigkeitsschalter - Verkehrsberuhigung am Auto (Konzept und Praxiserprobung), im Auftrag des MSWV NRW, München / Düsseldorf 1989

8. Petersen, R.  
   Technik statt Recht - kann sozialverträgliche Technik polizeiliche Mittel ersetzen?, in:  
   Umweltschutz zwischen Staat und Markt (Hrsg. Donner, H. et al.), Nomos Verlag Baden-Baden 1989

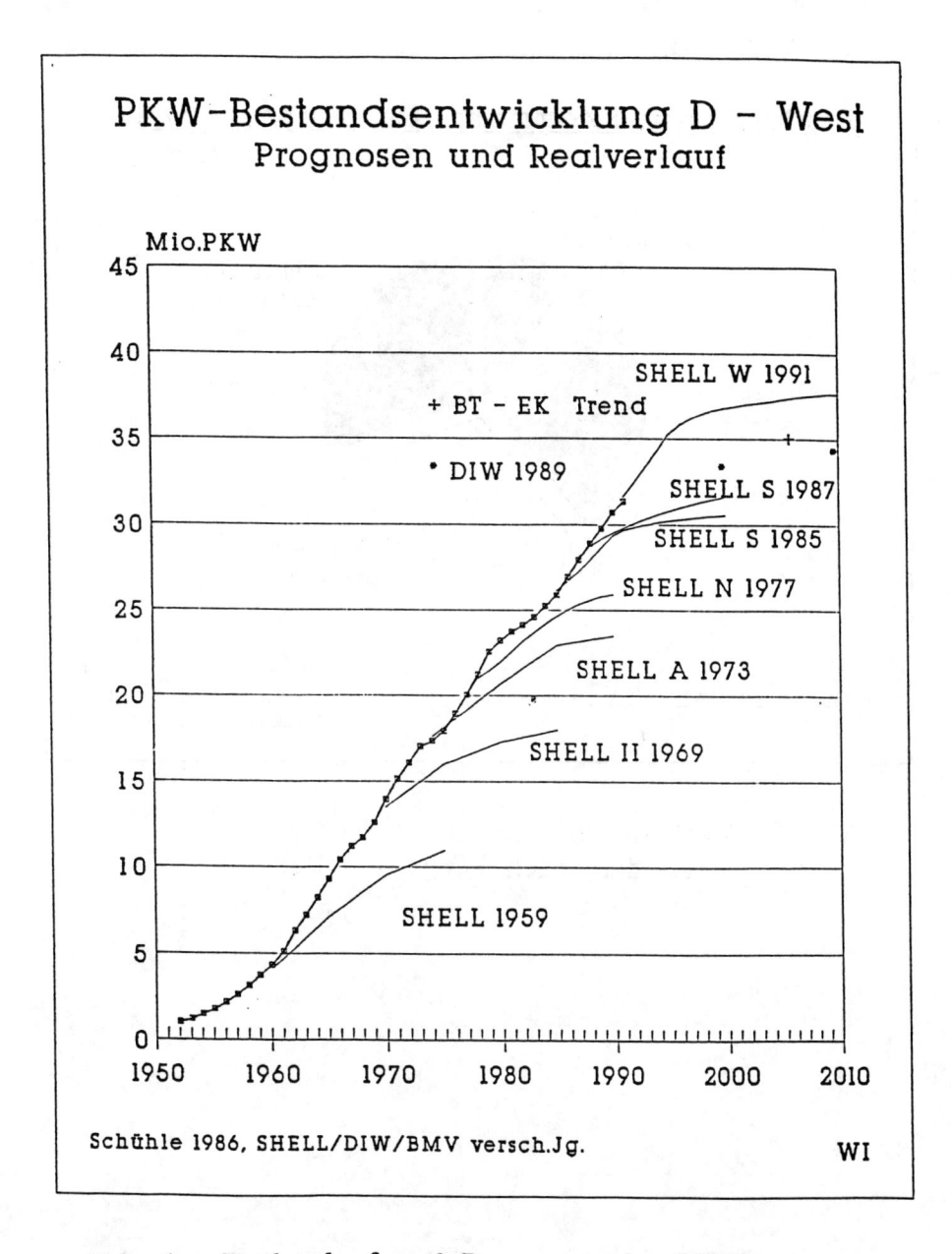

Abb. 1: Realverlauf und Prognosen der PKW-Bestandsentwicklung in Deutschland (West)

**Verkehrsaufkommen im Ruhrgebiet**
nach Wegezwecken, 1988

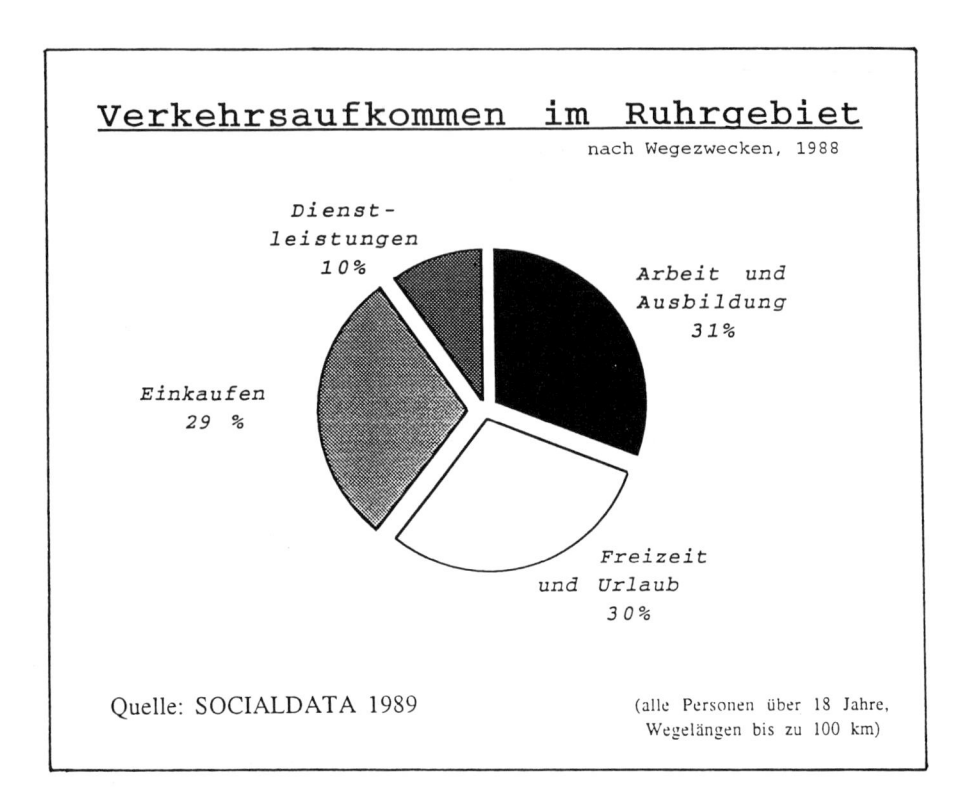

- Dienstleistungen 10%
- Arbeit und Ausbildung 31%
- Einkaufen 29 %
- Freizeit und Urlaub 30%

Quelle: SOCIALDATA 1989 (alle Personen über 18 Jahre, Wegelängen bis zu 100 km)

Abb. 2: Verkehrsaufkommen im Ruhrgebiet, gegliedert nach Wegezwecken

## VERKEHRSMITTELWAHL

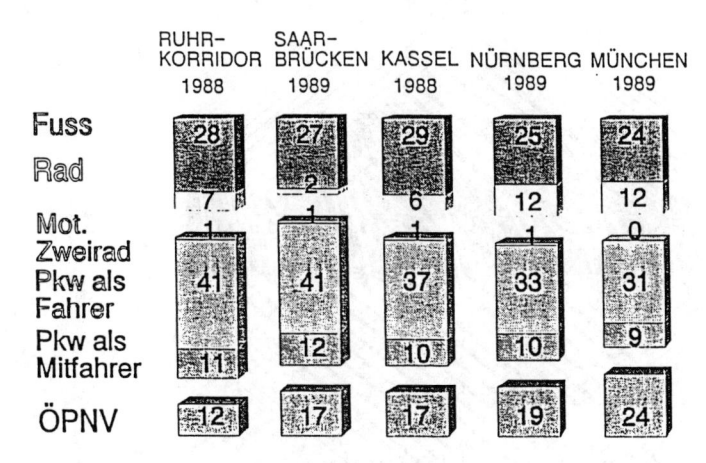

|  | RUHR-KORRIDOR 1988 | SAAR-BRÜCKEN 1989 | KASSEL 1988 | NÜRNBERG 1989 | MÜNCHEN 1989 |
|---|---|---|---|---|---|
| Fuss | 28 | 27 | 29 | 25 | 24 |
| Rad | 7 | 2 | 6 | 12 | 12 |
| Mot. Zweirad | 1 | 1 | 1 | 1 | 0 |
| Pkw als Fahrer | 41 | 41 | 37 | 33 | 31 |
| Pkw als Mitfahrer | 11 | 12 | 10 | 10 | 9 |
| ÖPNV | 12 | 17 | 17 | 19 | 24 |

Abb. 3: Verkehrsmittelwahl im Ruhrgebiet im Vergleich mit anderen Städten

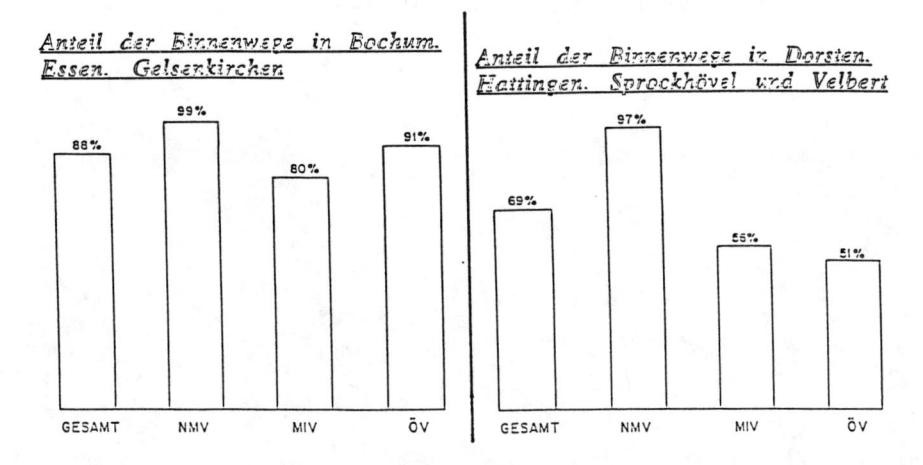

Anteil der Binnenwege in Bochum, Essen, Gelsenkirchen

- GESAMT: 88%
- NMV: 99%
- MIV: 80%
- ÖV: 91%

Anteil der Binnenwege in Dorsten, Hattingen, Sprockhövel und Velbert

- GESAMT: 69%
- NMV: 97%
- MIV: 55%
- ÖV: 51%

Abb. 4: Anteil der Fahrten im Binnenverkehr einiger Groß- bzw. Mittelstädte im Ruhrgebiet

*Verkehrsverteilung (in %)*
Duisburg --) Dortmund

Abb. 5: Wegelängen auf dem Ruhrschnellweg, Hauptverkehrszeit nachmittags

## PKW – FAHRTEN

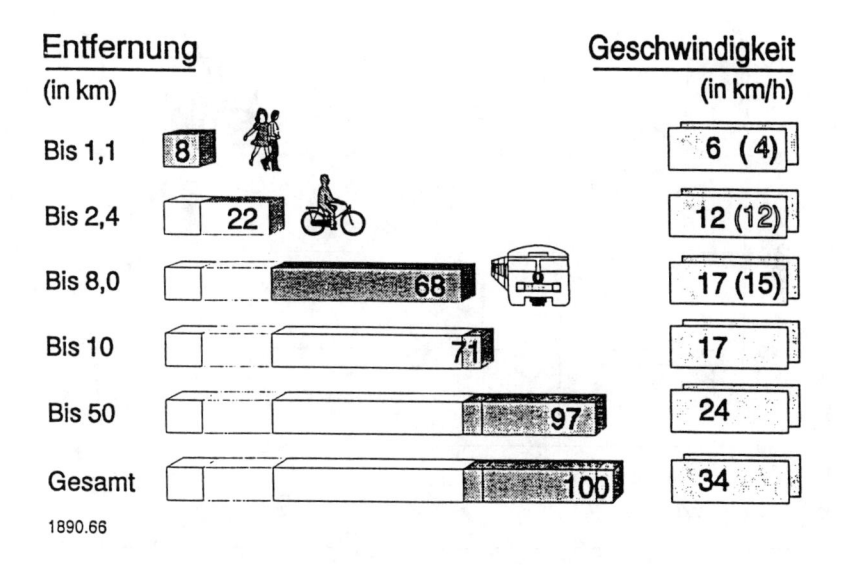

| Entfernung (in km) | | Geschwindigkeit (in km/h) |
|---|---|---|
| Bis 1,1 | 8 | 6 (4) |
| Bis 2,4 | 22 | 12 (12) |
| Bis 8,0 | 68 | 17 (15) |
| Bis 10 | 71 | 17 |
| Bis 50 | 97 | 24 |
| Gesamt | 100 | 34 |

1890.66

Abb. 6: Mit dem Pkw zurückgelegte durchschnittliche Entfernungen und Verkehrsmittelalternativen

## Motorleistung und Verbrauch
### Mittelwerte des PKW-Bestandes

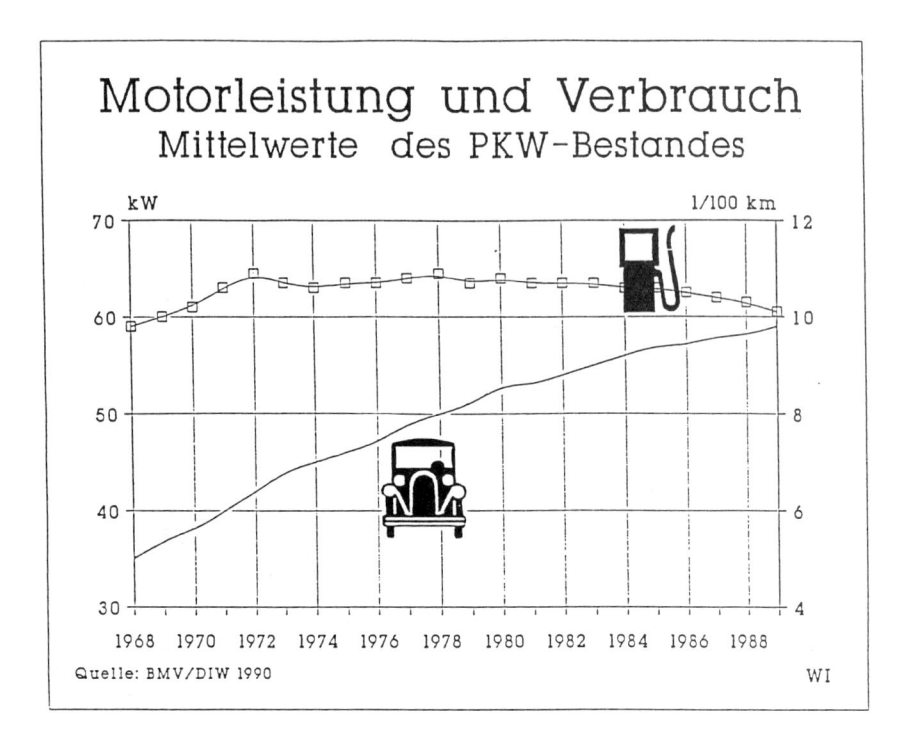

Quelle: BMV/DIW 1990

WI

Abb. 7: Entwicklung von Motorleistung und Verbrauch des bundesdeutschen Pkw-Bestandes in den vergangenen Jahrzehnten

# Mobilität ohne Autonutzung
## -verkehrssparende Stadtentwicklung-

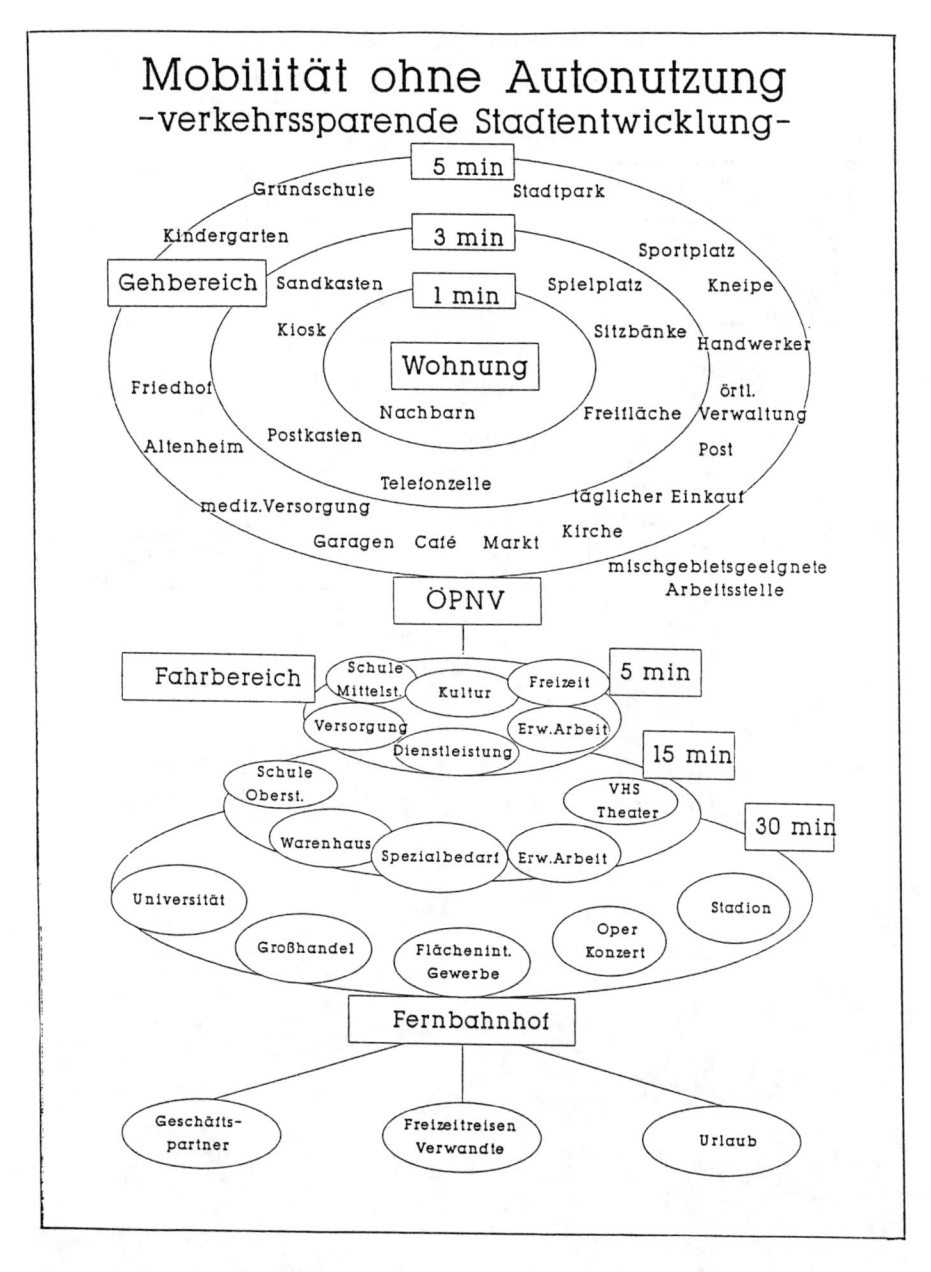

**Gehbereich** (Wohnung, 1 min, 3 min, 5 min):
Grundschule, Stadtpark, Kindergarten, Sportplatz, Sandsasten, Spielplatz, Kneipe, Kiosk, Sitzbänke, Handwerker, Friedhof, Nachbarn, örtl. Verwaltung, Altenheim, Postkasten, Freifläche, Post, Telefonzelle, mediz.Versorgung, täglicher Einkauf, Garagen, Café, Markt, Kirche, mischgebietsgeeignete Arbeitsstelle

**ÖPNV**

**Fahrbereich** (5 min, 15 min, 30 min):
Schule Mittelst., Kultur, Freizeit, Versorgung, Erw.Arbeit, Dienstleistung, Schule Oberst., VHS Theater, Warenhaus, Spezialbedarf, Erw.Arbeit, Universität, Stadion, Großhandel, Flächenint. Gewerbe, Oper Konzert

**Fernbahnhof**

Geschäftspartner, Freizeitreisen Verwandte, Urlaub

Abb. 8: Verkehrsvermeidung durch verkehrssparende Stadtentwicklung

**POTENTIALE FÜR DEN ÖPNV**

RUHRKORRIDOR 1988

| Alle anderen Verkehrsmittel | 87% | | 13% | ÖPNV |

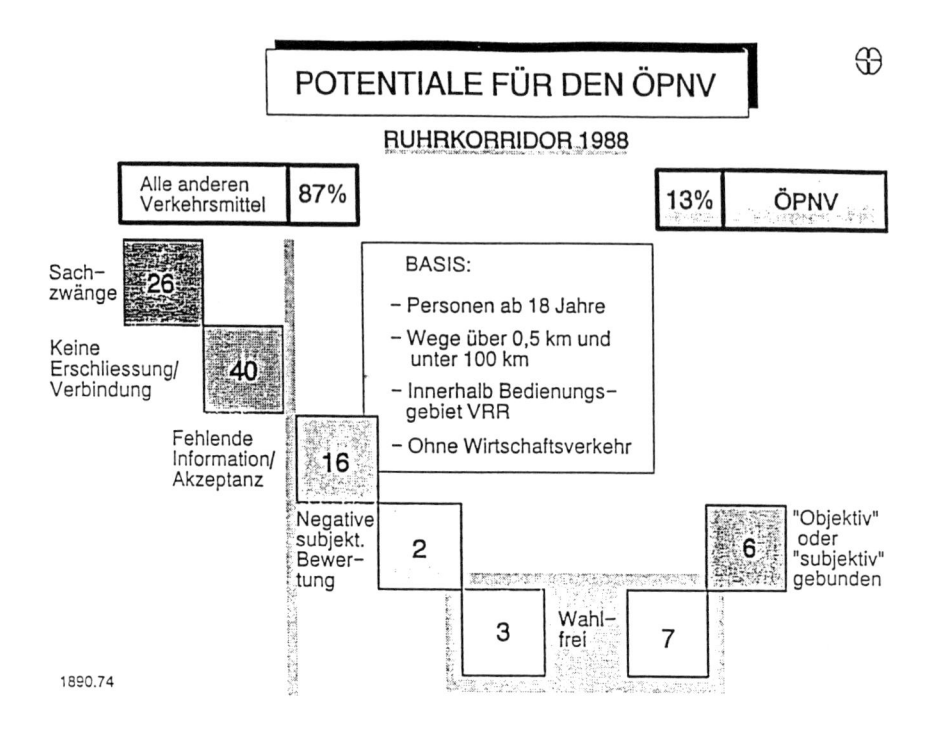

Sachzwänge: 26
Keine Erschliessung/Verbindung: 40
Fehlende Information/Akzeptanz: 16
Negative subjekt. Bewertung: 2
Wahlfrei: 3, 7
"Objektiv" oder "subjektiv" gebunden: 6

BASIS:
– Personen ab 18 Jahre
– Wege über 0,5 km und unter 100 km
– Innerhalb Bedienungsgebiet VRR
– Ohne Wirtschaftsverkehr

1890.74

Abb. 9: Subjektive und objektive Vorbehalte von Autofahrern gegen eine ÖPNV-Benutzung

Linienzahl nach Takten in Bochum und Zürich
Hauptverkehrszeiten

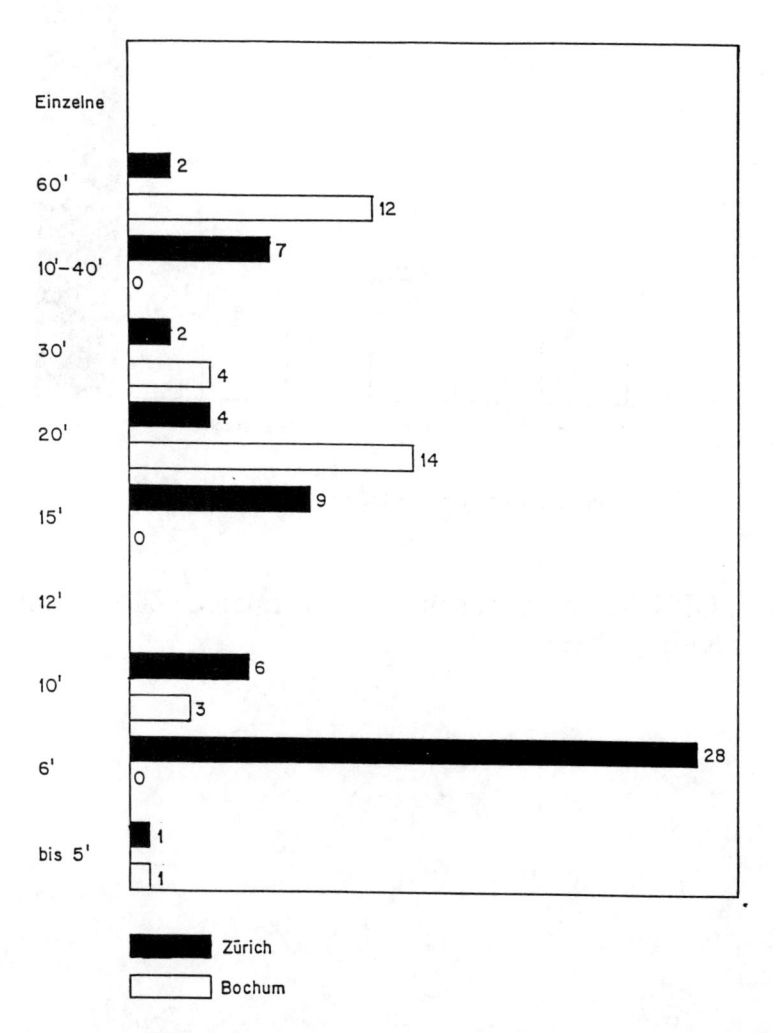

| Takt | Zürich | Bochum |
|---|---|---|
| Einzelne 60' | 2 | 12 |
| 10'–40' | 7 | 0 |
| 30' | 2 | 4 |
| 20' | 4 | 14 |
| 15' | 9 | 0 |
| 12' | | |
| 10' | 6 | 3 |
| 6' | 28 | 0 |
| bis 5' | 1 | 1 |

■ Zürich
□ Bochum

Abb. 10: ÖPNV-Bedienungshäufigkeit : Vergleich Zürich mit Bochum

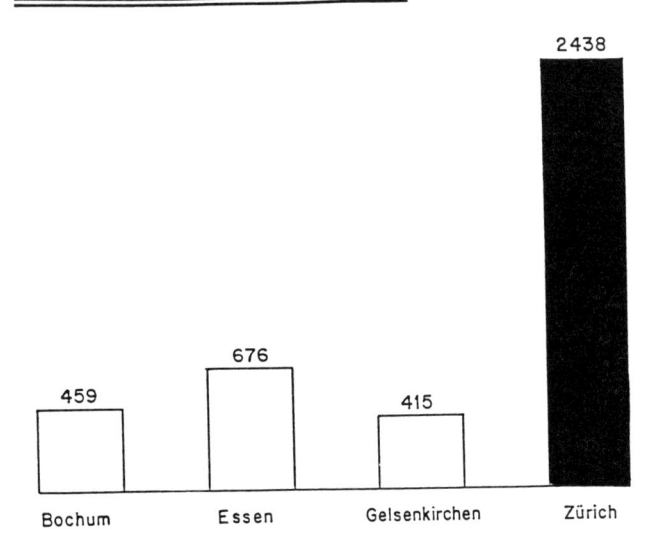

Dichte der Haltestellenabfahrten

| Bochum | Essen | Gelsenkirchen | Zürich |
|---|---|---|---|
| 459 | 676 | 415 | 2438 |

Haltestellenabfahrten pro km² und Tag

Abb. 11: ÖPNV-Bedienungsqualität: Vergleich Zürich mit Ruhrgebiet

# Energiesparmaßnahmen in Städten als Beitrag zum Immissionsschutz

W.-D. Glatzel, Berlin

*Zusammenfassung*

*70% der europäischen Bevölkerung wohnt in Städten. Städte können wesentliche Beiträge zur Verbesserung der Immissionssituation und zur Verringerung von überregional und global wirkenden Schadgasemissionen durch umweltorientiertes Energiemanagement leisten. Dazu stehen zahlreiche Möglichkeiten für die Einsparung von Energie und den Einsatz emissionsarmer Energieversorgungssysteme zur Verfügung. Die Handlungsfelder reichen von der Bauleitplanung über die Bildung von Stadtwerken bis zu vorbildlichen Maßnahmen in kommunalen Gebäuden. Städte sollten auf der Grundlage von Energiekonzepten aktiv handeln und dabei global denken.*

## 1. Global denken - lokal handeln

In der Bundesrepublik Deutschland leben in dreißig Ballungsräumen auf 5% der Fläche des Landes mehr als die Hälfte der Bürger. Entsprechend geballt entstehen in Städten Umweltbelastungen aus der Nutzung von Energie. Deren Auswirkungen sind in ihrer räumlichen und zeitlichen Dimension unterschiedlich:

Die Emissionen der dezentralen Raumwärmeversorgung tragen wegen der niedrigen Quellhöhe und der flächenhaften Verbreitung erheblich zur Schadstoffbelastung der Luft in den Städten bei. Als - wenn auch extremes Beispiel - mag die

Stadt Aue im sächsischen Erzgebirge dienen; sie hat 25.000 Einwohner und eine bebaute Fläche von 3,5km² [1]. Die Verfeuerung von 127.000t Rohbraunkohle und 60.000t Braunkohlebriketts führten dort 1989 zu einer $SO_2$-Emission in Höhe von 4.000t. Damit liegt die Emissionsdichte der Stadt Aue fast dreihundertfach höher als die mittlere Emissionsdichte in den alten Bundesländern. Während der Heizperiode 89/90 wurden die Smogstufen I 294 mal und die Smogstufe II 35 mal überschritten. Ursächlich für diese Situation sind neben dem emissionsintensiven Brennstoff Braunkohle die geringen Wirkungsgrade der Feuerungsanlagen ( 54% im Jahresmittel, Stand der Technik 90%), der schlechte wärmetechnische Zustand der Gebäude und die hohen Verluste der Fernwärmenetze ( 23%, 12% in den alten Bundesländern).

| Stadt Aue | DDR | Alte Bundesländer |
|---|---|---|
| 1.140 | 48 | 4,1 |

Tabelle 1: $SO_2$-Emissionsdichten im Jahr 1989 in [ t/km² ]

Die Auswirkungen der Immissionsbelastung in Städten betreffen zuerst die Gesundheit der Menschen, aber auch die Reste natürlicher Umgebung, Gebäude und Baudenkmäler [2]. In der Stadt Aue sind Allergien und rezidivierende Atemwegserkrankungen überdurchschnittlich häufig. Die Luftbelastung kann auch erhebliche wirtschaftliche Auswirkungen haben, wie in Mexiko-Stadt, wo die Unternehmen an den häufigen Smog-Tagen ihre Produktion um die Hälfte zurückfahren müssen.

Die Energienutzung in Städten hat erheblichen Anteil an der **weiträumigen Belastung der** Luft mit Schadstoffen. Nach dem Verursacherprinzip ursächlich dafür sind nicht nur die direkten Emissionen im Stadtgebiet, sondern auch die der städtischen Energienutzung proportionalen Emissionsbeiträge der leitungsgebundenen Energieversorgung. So trägt der Energieverbrauch beim $SO_2$ mit über 95% und beim $NO_x$ mit 99% zu den jeweiligen Gesamtemissionen in der Bundesrepublik Deutschland bei, den Verkehr als Energieverbraucher eingerechnet. Die überregionalen Auswirkungen der Luftbelastung sind bekannt: die anhaltenden Waldschäden, die Versauerung von Böden und Gewässern, die Schäden an historischen Kunstgütern, der hohe Anteil advehierten Smogs, der Schadstoffeintrag in Nord- und Ostsee. Trotz beachtlicher Erfolge, die hinsichtlich der konventionellen Schadstoffe erreicht wurden, sind die in der ECE diskutierten Verträglichkeitsbelastungen ( critical levels und critical loads) für $SO_2$ und $NO_x$ auch in weiten Gebieten der alten Bundesländer noch überschritten.

Mit der Beeinflussung des Klimas und der Schädigung der Ozonschicht hat der **Immissionsschutz globale und langfristige Dimensionen** erreicht. Zum anthropogenen Treibhauseffekt trägt der Verbrauch fossiler Enrgieträger etwa zur Hälfte bei. Von den klimarelevanten Schadgasen haben $CO_2$ einen Anteil von 50% und $CH_4$ von 19%. Die Konzentration des $CO_2$ in der Atmosphäre steigt exponentiell an. 1988 überstieg sie 350ppm. Der vorindustrielle Wert lag bei 280ppm. Die durchschnittliche Temperatur der Erdoberfläche hat in den letzten 100 Jahren um 0,3 bis 0,6K zugenommen. Dabei lagen die fünf heißesten Jahren dieses Jahrhunderts in den 80er Jahren [3]. Der Meeresspiegel ist während des letzten Jahrhunderts um 30cm gestiegen. In Zukunft wird die Temperatur etwa mit 0,3K pro Dekade ansteigen. Die klimatischen Veränderungen über wenige Jahrzehnte werden größer sein als die während der letzten 10.000 Jahre. Die Enquete-Kommission des Deutschen Bundestages "Vorsorge zum Schutz der Erdatmosphäre" sieht aus diesen Gründen die Zukunft der Menschheit in Gefahr [4].

In der Terminologie des Immissionsschutzrechts bedeutet dieser Stand der wissenschaftlichen Erkenntnis, daß

- $CO_2$ eine Luftverunreinigung, also ein Schadgas, ist.

- die Verminderung der $CO_2$-Emissionen unter Vorsorgegesichtspunkten nach dem Stand der Technik zu erfolgen hat.

- bei langfristiger Betrachtung auch die immissionsschutzrechtlich strengsten Maßstäbe, nämlich die zur Gefahrenabwehr, an energiebezogene Maßnahmen - nur mit diesen ist eine $CO_2$-Minderung praktisch möglich - angelegt werden könnten.

Die vorstehenden Ausführungen waren notwendig, um die Aufgaben, die sich dem Immissionsschutz heute stellen, zu differenzieren und klarzustellen. In Städten wie Aue geht es in erster Linie darum, die lokale Immissionsituation zu verbessern. Dies sollte jedoch heute nicht mehr mit Mitteln einer Hochschornsteinpolitik erfolgen. Auch die immissionsschutzrechtlich bewährte Festsetzung von Emissionsgrenzwerten reicht nicht mehr aus. Der Immissionsschutz muß um energiebezogene und um planende Instrumente erweitert werden ( H.Keinhorst in [2]). Dies fordert v.a. die Gemeinden, die sich ihrer Verantwortung bewußt sein müssen, durch ihr Handeln notwendige Beiträge zur Verminderung der überregionalen Schadstoffbelastung und zum Schutz des globalen Klimas leisten zu müssen: Global denken - lokal handeln!

## 2. Energiebezogener Immissionsschutz in Städten

Zum Handeln stehen den Kommunen grundsätzlich die gleichen Maßnahmen und Strategien zur Verfügung wie der Bundespolitik. Diese sind in <u>Bild 1</u> beispielhaft für das Ziel, eine Verringerung des $CO_2$-Gehaltes der Atmosphäre, schematisch dargestellt [5]. In einem Land, das mit 13,5t $CO_2$ je Einwohner und Jahr das 3,5-fache des Weltdurchschnitts emittiert und damit nach der Wiedervereinigung neben den Niederlanden die Spitzenposition innerhalb der EG einnimmt, kann eine erfolgversprechende $CO_2$-Minderungsstrategie nur auf die Reduktion der Verbrennung fossiler Energieträger setzen. Dafür gibt es zwei Möglichkeiten:

- die Einsparung von Energie und

- den Einsatz emissionsärmerer Energieversorgungssysteme.

Energie läßt sich einsparen durch eine verminderte Nachfrage nach Energiedienstleistungen und durch rationelle Energieverwendung, also durch Verringern des Energieeinsatzes für eine bestimmte Energiedienstleistung. Der dann noch erforderliche Energiebedarf kann durch verschiedene

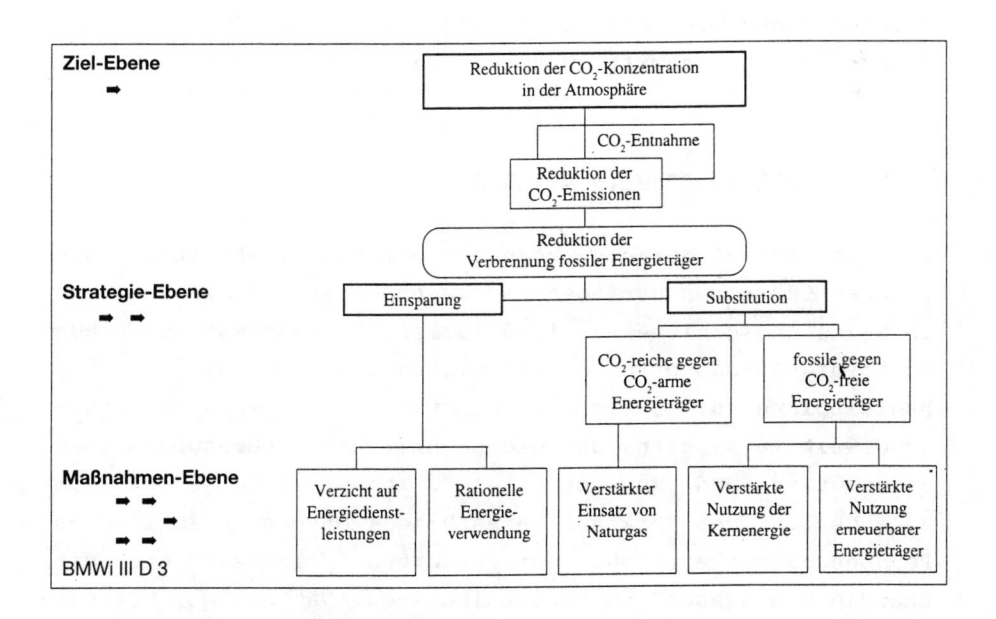

Bild 1: Strategien und Maßnahmen zur Verminderung energiebedingter Emissionen am Beispiel des $CO_2$ [5]

Energieträger und Energieversorgungssysteme gedeckt werden. Den Gemeinden stehen dabei fünf wesentliche Versorgungsalternativen zur Verfügung:

- dezentrales Heizen mit fossilen Brennstoffen,

- Fernwärme aus Heizwerken und Kraft-Wärme-Kopplung,

- die Nutzung industrieller Abwärme,

- erneuerbare Energien und

- die energetische Verwendung von Reststoffen.

Bei den Entscheidungen über die geeignetste Versorgung spielen der Immissionsschutz, aber auch andere Umweltaspekte, eine wesentliche Rolle. Im folgenden wird ein Überblick über Möglichkeiten kommunalen Handelns in den genannten Bereichen gegeben. Zur Vertiefung sei auf das umfangreiche diesbezügliche Schrifttum verwiesen [2, 6 bis 16].

## 3. Energieeinsparung in Städten

In der **Bauleitplanung** können Kommunen frühzeitig die Weichen für einen geringen Nutzwärmebedarf in Neubau- und in Sanierungsgebieten stellen [9,14]. So bestimmt das BauGB in §1 die Aufgaben von Bauleitplänen u.a. wie folgt: " Die Bauleitpläne sollen ... dazu beitragen, eine menschenwürdige Umwelt zu sichern und die natürlichen Lebensgrundlagen zu schützen und zu entwickeln". Dabei sind auch "die Belange ... des Verkehrs einschließlich des öffentlichen Personennahverkehrs und der Versorgung, insbesondere mit Energie und Wasser" zu berücksichtigen. Während die Flächennutzungsplanung mehr die Auswahl der Wärmeversorgungssysteme beeinflußt, können auf der Ebene der Bebauungsplanung eine Reihe von energiesparenden Anforderungen berücksichtigt werden [7], z.B.

- Vermeidung unnötig komplizierter Gebäudeformen zur Verringerung der Gebäudeoberfläche ( Kühlrippenarchitektur)

- Reihenbauweise statt Einzelgebäuden zur Erhöhung der Kompaktheit,

- Ost-West-Zeilen statt Nord-Süd-Zeilen zur besseren Ausnutzung der Sonneneinstrahlung im Winter um ca. 50%,

- nach Süden großzügige Verglasung, nach Norden minimale Verglasung und gute Wärmedämmung,

- Vermeidung von Gebäudeverschattungen (Abstimmung Gebäudehöhe/ Gebäudeabstand), um die Nutzung passiver Sonnenwärmegewinne zu gewährleisten, und

- Anordnung von Windschutzbepflanzungen gegen die Hauptwindrichtung.

Selbst unter ungünstigen Randbedingungen läßt sich der Wärmebedarf von Versorgungsgebieten durch eine energiesparorientierte Bauleitplanung um 10% senken [15]. Andere Quellen sprechen von deutlich höheren Einsparpotentialen [6,16].

Die größten Energieeinsparpotentiale bestehen bei der wärmetechnischen Optimierung der Gebäudestruktur, durch Wärmedämmung und durch energieoptimierte Bauformen. So wurde im Rahmen der Arbeiten für die Enquete-Kommission ein Minderungsbeitrag von 40 Mio t $CO_2$ durch die wärmetechnische Sanierung des Gebäudebestandes in den alten Bundesländern ermittelt; das sind fast 7% der Gesamtemissionen [4]. Auch wenn man davon nur die Hälfte bis zum Jahr 2005 als realisierbar ansetzt, macht dies doch innerhalb der Gesamtstrategie zur Verminderung der $CO_2$-Emissionen, die nach Auffassung der Bundesregierung bis zum Jahr 2005 25 bis 30% erreichen soll, die größte Einzelposition aus [17].

Besonders groß sind diese Einsparpotentiale in den neuen Bundesländern [18]. So liegt der spezifische Heizwärmebedarf der 7,0 Mio Wohneinheiten im Mittel bei 200 kWh/m²a [19]. Dabei weisen die zwischen 1946 und 1970 gebauten Einfamilienhäuser mit 310 kWh/m²a und die von 1961 bis 1970 errichteten Mehrfamilienhäuser in Plattenbauweise mit 215 kWh/m²a die jeweils höchsten Wärmebedarfswerte auf. Im Vergleich dazu liegt der Wärmebedarf in den alten Bundesländern für EFH zwischen 150 und 190 kWh/m²a und der von MFH zwischen 125 und 150 kW/m²a. Durch nachträgliche Wärmedämmmaßnahmen läßt sich der Heizwärmebedarf von Altbauten auf 100 kWh/m²a reduzieren [4,17]. Dies würde die raumwärmebezogenen Schadstoffemissionen in den neuen Bundesländern wesentlich reduzieren. Tabelle 2 zeigt die möglichen Emissionsminderungen in einem typischen Mehrfamilienhaus in Plattenbauweise, das vor der Sanierung mit schwefelreicher Braunkohle und einer Einrohr-Sammelheizung beheizt wird. Weitgehende Emissionsminderungen ergeben sich bei einer integrierten wärmetechnischen Sanierung des Gebäudes, also dem Austausch von Kessel und Heizungssystem, Brennstoffwechsel, Einbau einer Regelung und einer nachträglichen Wärmedämmung ( 100 kWh/m²a).

Aber auch in den alten Bundesländern zählt die **wärmetechnische Sanierung von Altbauten** dann zu den günstigsten Maßnahmen, wenn sie im Rahmen einer "Ohnehin-Sanierung" vorgenommen wird ( 50DM/m²). Dies ergab die Querschnittsauswertung des Schwerpunktprogramms "Energieeinsparung im Wohnungs- und Städtebau", mit dem der Bundesbauminister seit 1979 dreißig Vorhaben gefördert hat ([7], Tabelle 3). Eine Wärmedämmung außerhalb von Erneuerungszyklen ist bislang noch zu teuer ( 216DM/m²). Dies macht deutlich, welche

|  | Emissionen | | | | | |
|---|---|---|---|---|---|---|
|  | $CO_2$ | | $SO_2$ | | $NO_x$ | |
|  | t | % | kg | % | kg | % |
| Vor Sanierung, BK-SH | 9,3 | 100 | 140 | 100 | 4,6 | 100 |
| Öl-SH, nur neuer Kessel | 5,5 | 59 | 4,7 | 3,4 | 3,6 | 78 |
| Öl-SH, neue Heizungsanl. | 4,5 | 48 | 3,9 | 2,8 | 3,0 | 65 |
| Öl-SH, mit Wärmedämmung | 1,9 | 20 | 1,7 | 1,2 | 1,3 | 28 |
| EG-SH, mit Wärmedämmung | 1,4 | 15 | 0 | 0 | 1,0 | 22 |
| FW aus Kohle-KWK, m.Wdmg. | 1,1 | 12 | 1,8 | 1,3 | 0,8 | 17 |

Tabelle 2: Jährliche Schadstoffemissionen verursacht durch die Heizung einer 6o$m^2$-Wohnung in einem MFH der neuen Bundesländer ( Plattenbauweise 1961-70) bei verschiedenen Heizsystemen sowie mit und ohne nachträgliche Wärmedämmung.

Chance der Sanierungsbedarf des Gebäudebestandes in den neuen Bundesländern hinsichtlich einer wirtschaftlichen Wärmedämmung bietet. Inzwischen liegen ausreichende fachliche Ratschläge und Erfahrungen vor [19,20]. Auch helfen eine Reihe von Förderprogrammen [5,21].

Bei **Neubauten** ist ein erhöhter Wärmeschutz in jedem Fall positiv. Leider werden Wärmedämmmaßnahmen nicht sorgfältig genug geplant und ausgeführt. Die behördliche Kontrolle der in der Wärmeschutz-Verordnung vorgeschriebenen Mindestanforderungen an die Wärmeleitfähigkeit von Bauteilen ist

| Energiesparmaßnahmen / Modellfälle (Bautyp, Gebiet) | Erhöhter Wärmeschutz im Neubau (15 DM/m²) | Erhöhter Wärmeschutz im Neubau (39 DM/m²) | Erhöhter Wärmeschutz im Altbau (50 DM/m²) | Erhöhter Wärmeschutz im Altbau (216 DM/m²) | Wintergärten | Gas-Niedertemperatur- und Brennwertkessel | Gasmotorisches Blockheizkraftwerk mit Gasspitzenkessel | Gasmotorische Grundwasserwärmepumpe u. Gasspitzenkessel | Gas- u. Elektromotorische Außen-Abluft Wärmepumpe m. Wärmerückgewinn. u. kontr. Lüftung | Elektromotorische Luft-Wasser-Wärmepumpe | Wärmerückgewinnung u. kontrollierte Lüftung | Nutzung geothermischer Energie |
|---|---|---|---|---|---|---|---|---|---|---|---|---|
| **Neubau** | | | | | | | | | | | | |
| Einfamilienhäuser | positiv | positiv | - | - | sehr positiv | positiv | - | negativ | negativ | - | (nutzerabhängig) | - |
| Geschoßwohnbauten | positiv | sehr positiv | - | - | negativ | sehr positiv | positiv | negativ | negativ | negativ | (nutzerabhängig) sehr positiv | - |
| **Sanierung** | | | | | | | | | | | | |
| Geschoßwohnbauten ab 1945 | - | - | sehr positiv | negativ | negativ | sehr positiv | - | - | - | - | - | - |
| Altbauten | - | - | sehr positiv | negativ | negativ | sehr positiv | positiv | negativ | negativ | - | - | sehr positiv |

Tabelle 3: Gesamtbewertung realisierter Energieeinsparmaßnahmen in Wohngebäuden [7]

weithin unzureichend. Angesichts der Bedeutung, die der
Wärmeschutz inzwischen für den Immissionsschutz und damit
auch für die Vorsorge gegen den Treibhauseffekt erlangt
hat, sollten Städte und Baubehörden diese Aufgabe intensiver wahrnehmen.

Tabelle 3 enthält als Beispiel für energiesparendes Bauen
Wintergärten. Die ausgewerteten Erfahrungen - sehr positiv
in EFH, negativ in MFH - zeigen, daß energiesparendes Bauen
sorgfältig mit dem Nutzerverhalten abgestimmt werden muß.
Sie machen deutlich, um wieviel diffiziler die Bemühungen
zur Verminderung der Energienachfrage sein müssen als die
energiewirtschaftlich eingefahrene Angebotsstrategie.

Moderne Heizkessel weisen Jahresnutzungsgrade von deutlich
über 90% auf. Isolation von Kessel und Rohrleitungen,
Abgasklappe, Niedertemperaturfahrweise, außentemperaturge-
führte Regelung in Verbindung mit Thermostatventilen und
Nachtabschaltung gehören zum Stand der Technik, begleitet
von regelmäßiger Wartung und Einstellung. Eine besonders
gute Energieausnutzung ergeben Brennwertkessel [22]. Die
damit gemachten Erfahrungen sind "sehr positiv" ( Tabelle
3). Klima- und Lüftungsanlagen sollten eine weitgehende
Wärmerückgewinnung enthalten. Fenster mit Zwangslüftung und
integrierter Wärmerückgewinnung setzen sich immer mehr
durch.

Der Ersatz älterer Heizungen durch neue bietet erhebliche
Energieeinspar- und Emissionsminderungspotentiale. Er
erfordert allerdings eine sorgfältige Abstimmung von
Kessel, Heizungssystem und Regelung aufeinander sowie mit
Maßnahmen zur Wärmedämmung und Sanierung von Fenstern. Der
bloße Austausch eines Kohlekessels durch einen Gas- oder
Ölkessel bei Beibehaltung des bisherigen Einrohrsystems und
des schlechten wärmetechnischen Gebäudezustands - wie er z.
Zt. gern in den neuen Bundesländern praktiziert wird -
führt zu suboptimalen Emissionsminderungen ( Tabelle 2) und

ist bereits mittelfristig teurer als eine integrierte Sanierung.

Je mehr sich der Heizwärmebedarf eines Neubaus dem Niedrigenergiehaus-Standard nähert, um so sorgfältiger müssen Architektur und Heizungstechnik aufeinander abgestimmt werden. Architekten, Ingenieure, Ausbaugewerbe und Nutzer müssen dazu rechtzeitig und eng zusammenarbeiten. Dieser fast banale Grundsatz wird besonders bei Bauvorhaben der öffentlichen Hand nur allzuoft nicht beachtet. Er sollte in allen Ausschreibungen explizit zur Auflage gemacht werden.

Gegenüber dem Energiesparen bei der Wärmeversorgung scheint das Stromsparen nachrangig. Zu Unrecht:

- Beim Strom gilt das Schlagwort "Kleinvieh macht viel Mist" ganz besonders: Würde jeder Bürger unseres Landes eine 60W Glühbirne weniger anschalten, könnte die Stromwirtschaft ein 1.300MW Kernkraftwerk abschalten.

- Jede eingesparte Kilowattstunde Strom entspricht aufgrund des Wirkungsgrades der Kondensationsstromerzeugung etwa dem Dreifachen an Primärenergieeinsparung.

- Eine Kraft-Wärme-Kopplung kann nur bei synchronem Bedarf von Wärme und Strom energiesparend eingesetzt werden [10,11,23]. Die angestrebte Verminderung des Wärmebedarfs schmälert den Einsatzbereich der KWK, wenn nicht parallel der Strombedarf reduziert wird.

Die Möglichkeiten zur Stromeinsparung reichen von der rationellen Energieverwendung bei Geräten und Beleuchtung bis zur Substitution durch andere Energieträger [4,18,24]. Besonderes Augenmerk verdienen Überlegungen zur Verminderung der Stromnachfrage ( z.B. Abschalten der Beleuchtung in Zeiten keiner oder geringer Nutzung).

In der Vergangenheit wurde Stromsparen von den Kommunen wohl auch deshalb als nachrangig betrachtet, da es zur Verbesserung der Immissionssituation in den Städten nicht direkt beiträgt. Mit Blick auf den inzwisch globalen Charakter des Immissionsschutzes sollten die Kommunen dem Stromsparen größere Aufmerksamkeit widmen.

### 4. Emissionsarme Energieversorgung in Städten

Zur Deckung des Restbedarfs an Nutzenergie, der nach der Einsparung noch verbleibt, stehen eine Reihe von Versorgungsalternativen zur Verfügung, die aus Sicht des Immissionsschutzes unterschiedlich zu bewerten sind. Bild 2 zeigt Emissionsbilanzen verschiedener Wärmeversorgungssysteme für das Schadgas $CO_2$. Als Vergleichssystem wurde eine moderne Öl-Zentralheizung gewählt. Bezüglich der Bilanzgrundlagen sei auf [9] verwiesen. Emissionsbilanzen wurden verschiedentlich durchgeführt [8, 12, 13]. Das rechnergestützte Bilanzierungssystem Gemis ist für die kommunale Anwendung besonders geeignet [26].

Erdgas, das nach dem Stand der Technik transportiert und verwendet wird, ist von den **fossilen Brennstoffen** der emissionsärmste. Moderne Gaskessel weisen geringe Stickoxidemissionen auf, insbesondere in Verbindung mit der energiesparenden Brennwerttechnik [22]. Erdgas ist zur Immissionsentlastung in Städten ebenso gut geeignet wie zur Verminderung der $CO_2$-Emissionen. Sorgen bereiten jedoch die hohen Leckagen in den ost-deutschen Gasnetzen. So sollen allein in Ost-Berlin täglich 65.000m³ aus undicht gewordenen Muffen entweichen. Dies entspricht dem Gasverbrauch von 10.000 EFH. Das relative Treibhauspotential von Methan in der Atmosphäre ist 32mal größer als das von $CO_2$. Städte und Gasversorgungsunternehmen sollten die undichten Netze so schnell wie möglich sanieren oder noch besser gegen geschweißte Stahlrohre austauschen.

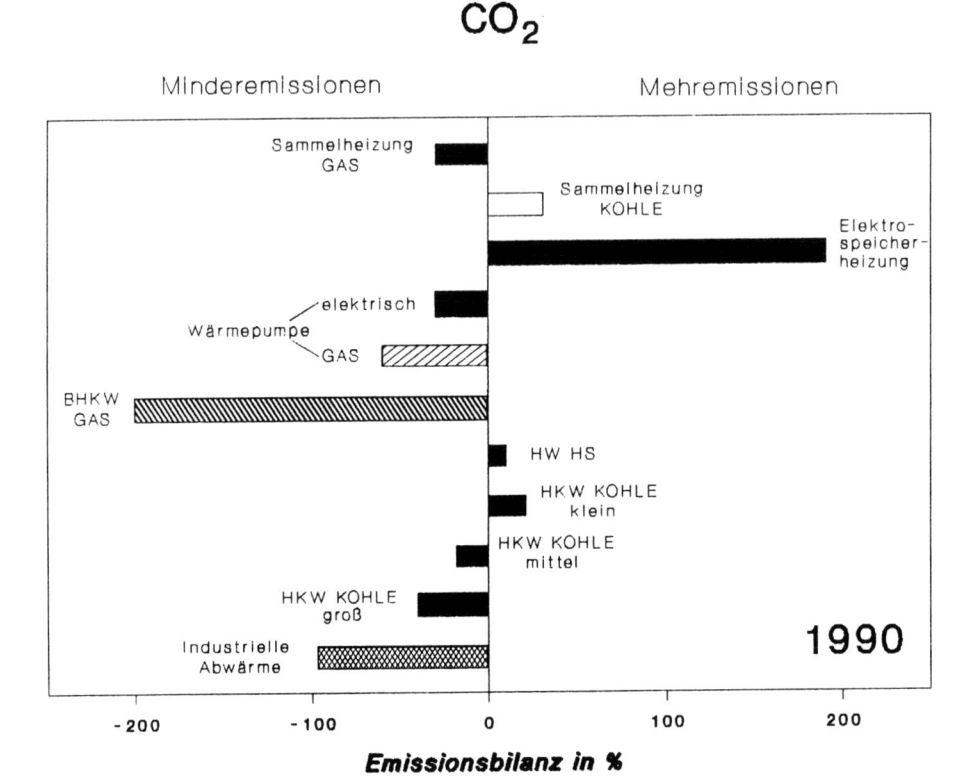

**Bild 2:** Emissionsbilanzen für verschiene Heizungssysteme im Vergleich zur Öl-Sammelheizung [9]

Die Bundesregierung mißt einem verstärkten Einsatz von Erdgas große Bedeutung bei [5]. Die jüngste energiewirtschaftliche Prognose für die Bundesrepublik Deutschland erwartet, daß das Erdgas seinen Anteil am Endenergieverbrauch von heute 20% auf 25% im Jahr 2010 steigern wird [27]. Dabei sind die abzusehenden Veränderungen der energiewirtschaftlichen Rahmenbedingungen noch nicht berücksichtigt.

Kohle zur dezentralen Wärmeversorgung muß aus Sicht des Immissionsschutzes negativ beurteilt werden. Hohe brennstoffbedingte Emissionswerte, geringe Wirkungsgrade bei Heizungskesseln und Öfen sowie die flächigen Emissionen mit niedriger Quellhöhe führen zu hohen nutzwärmebezogenen Emissionen und großer Immissionsrelevanz. Die Substitution von dezentralen Kohleheizungen durch andere Systeme ist eine der wichtigsten Maßnahmen zur Verbesserung der Luftqualität in Städten [18]. Oder plakativ ausgedrückt: Kohle gehört in Kraftwerke und in Heizkraftwerke und nicht in den Hausbrand! Zur Substitution von Kohle gut geeignet sind auch Öl und Flüssiggas.

Die **Fernwärme** muß aus Sicht des Immissionsschutzes differenziert betrachtet werden. In jedem Fall verringert Fernwärme die Immissionsbelastung in den Städten. Fernwärme aus Heizwerken weist meist schlechtere Emissionswerte auf als dezentrale Heizungen, da die Verluste bei Leitung und Reservehaltung den Brennstoffverbrauch erhöhen. Nur bei größeren Heizwerken müssen die teilweise auch spezifisch höheren Emissionswerte durch technische Maßnahmen vermindert werden. Heizwerke und Heizhäuser sollten, wo möglich, auf Kraft-Wärme-Kopplung umgerüstet, vorhandene Fernwärmenetze erhalten und wärmetechnisch saniert werden [18]. Fördermittel dafür stehen für die neuen Bundesländer zu Verfügung [5].

Kraft-Wärme-Kopplung ( KWK) führt grundsätzlich zu einer besseren energetischen Ausnutzung des eingesetzten Brennstoffs ( $\eta_n$ = 85%) als eine Kondensationsstromerzeugung ( $\eta$ = 37%). Bei der Emissionsbilanzierung von KWK-Systemen müssen zusätzlich die spezifischen Emissionswerte und die Stromkennzahl berücksichtigt werden [23,26]. Im Ergebnis sind nicht alle KWK-Varianten emissionsseitig positiv zu beurteilen ( <u>Bild 2</u>). Es ist zu berücksichtigen, daß die dargestellten Emissionsbilanzen auch für KWK-Systeme nutzwärmebezogen sind. Die emissionsseitigen Vorteile von dezentralen KWK-Systemen ( Blockheizkraftwerke/ BHKW) kommen nur dann voll zum Tragen, wenn diese Anlagen wärmegeführt werden. Die starken Minderemissionen von ergasgefeuerten BHKW sind auf die Emissionsgutschrift für den erzeugten Strom zurückzuführen, der ansonsten in Kohle-Kondensationskraftwerken erzeugt worden wäre. BHKW sollten in jedem Fall mit Maßnahmen zur Stickoxid-Minderung nach dem Stand der Technik ausgerüstet werden. Dann stellen erdgasgefeuerte BHKW ein besonders interessantes und emissionsarmes Energieversorgungssystem für Städte dar [11,23]. BHKWs sollten nicht die Nutzung industrieller Abwäre zur Fernwärmeversorgung und den Einsatz regenerativer Energien behindern.

Die Emissionsbilanzen von Fernwärme aus Kohle-Heizkraftwerken hängen stark von der Stromausbeute und den spezifischen Emissionswerten ab [9,23,26]. Der Vorteil hohen Nutzungsgrades kleiner, verbrauchsnaher Kohle-Heizkraftwerke wird durch die geringe Stromausbeute und schlechte Emissionswerte in der Regel weit überkompensiert. Dagegen bietet die Wärmeauskopplung aus energetisch und abgasseitig günstigeren Großkraftwerken immissionsseitig und emissionsseitig deutliche Vorteile. Besonders emissionsarm wird die Wärmeauskopplung aus GuD-Kraftwerken sein ( B.Rukes in [11]). Die Alternative "erdgasgefeuertes BHKW/ Wärmeauskopplung aus einem großen Kohle-Kraftwerk" sollte im Einzelfall unter Einbeziehung aller Zielbereiche abgewogen werden (vgl. Tabelle 2).

Die Nutzung industrieller Abwärme zur Fernwärmeversorgung ist aus Umweltsicht insgesamt die günstigste Wärmeversorgung für Städte. Ist die Temperatur der Abwärme hoch genug für eine direkte Nutzung, muß bei der Emissionsbilanzierung lediglich der Pumpstromverbrauch berücksichtigt werden. Auch eine Temperaturaufwertung mit Wärmepumpen oder Zusatzfeuerung ist emissionsseitig günstig ( kalte Fernwärme [23]). Die Nutzung industrieller Abwärme zur Fernwärmeversorgung kann in Fernwärmeschienen vorteilhaft mit Heizkraftwerken gekoppelt werden [28]. Auch für Nahwärmeversorungen sind energieeffiziente und emissionsarme Gemeinschaftslösungen von Abwärmenutzung und KWK möglich und erfolgreich praktiziert [29]. Im Rahmen von $CO_2$-Minderungskonzepten planen einige Städte Maßnahmen zur Nutzung industrieller Abwärme [30].

Seit 1985 verpflichtet das Bundes-Immissionsschutzgesetz Betreiber bestimmter genehmigungsbedürftiger Anlagen, Abwärme zur Nutzung an Dritte abzugeben, sofern diese dazu bereit sind und es für den Betreiber zumutbar ist. Die kommende Wärmenutzungs-Verordnung soll diese Grundpflicht konkretisieren [31]. Es wird vor allem auch auf die Initiative der Städte ankommen, ob sie als Dritte Abwärme zur Fernwärmeversorgung nutzen wollen. In dieser Hinsicht ist die Stadt Dortmund vorbildlich, die zusammen mit ihren Stadtwerken und der VEW der Nutzung industrieller Abwärme in ihrem Energiekonzept Vorrang einräumt [30]. - Im Auftrag des Umweltbundesamtes wird zur Zeit ein rechnergestütztes kartographisches Beratungssystem erarbeitet, mit dem die notwendige Kooperation von Industriebetrieben, Fernwärmeversorgungsunternehmen und Städten unterstützt werden soll [32].

Vor dem Hintergrund des Treibhauseffekts kommt dem praktisch emissionsfreien Betrieb von **erneuerbaren Energiequellen** eine herausragende Bedeutung zu. Eine Vielzahl von Systemen hat ihre technische Marktreife bereits unter Beweis gestellt [6]. Jedoch haben gegenwärtig nur wenige Systeme ihre Wirtschaftlichkeitsschwelle erreicht [18]. Unter den Systemen, die Wärme bereitstellen, gehören dazu noch am ehesten Solarkollektoren zur Schwimmbadbeheizung, zur Trocknung in der Landwirtschaft, für Nahwärmesysteme und zur Brauchwasserbereitung sowie die Holzverbrennung. Erst später kommen Wärmepumpen und Biogasanlagen hinzu. In den neuen Bundesländern bieten sich stellenweise günstige

Ansatzpunkte zur Nutzung der Geothermie. Von den Systemen zur Stromerzeugung bewegen sich kleine Wasserkraftanlagen zumindest in der Nähe der Wirtschaftlichkeit. Mit der Neuregelung der Einspeisevergütungen erscheinen auch Windkraftanlagen als konkurrenzfähig. Netzverbundene Photovoltaikanlagen sind davon noch weit entfernt. Gleichwohl können erneuerbare Energien im Zusammenwirken mit anderen Energieträgern besonders zur Versorgung einzelner Objekte durchaus ins Gewicht fallende Beiträge zum Immissionsschutz leisten. Der langfristig unumgänglich notwendige große Beitrag erneuerbarer Energien läßt sich erst bei energiepolitisch günstigeren Rahmenbedingungen realisieren.

Die **energetische Verwertung von Reststoffen** wird politisch kontrovers diskutiert. Das "Stellenwertpapier Hausmüllverbrennung" des Umweltbundesamtes hat hierzu Stellung bezogen [33]. Die thermische Behandlung von Hausmüll ist zur Inertisierung und Volumenverminderung vor der Deponierung notwendig. Die dabei freiwerdende Wärme kann genutzt werden und dadurch fossile Brennstoffe ersetzen. Die Abfallverbrennungsanlagen-Verordnung ( 17.BImSchV) schreibt die Nutzung entstehender Wärme zur Stromerzeugung oder Fernwärmeversorgung vor, sofern dies zumutbar ist [34]. Insgesamt ist die energetische Reststoffverwertung emissionsarm möglich [35] und - eine Wärmenutzung vorausgesetzt - klimaschonender als die Deponierung [36]. Insofern sollten Müllverbrennungsanlagen aus Sicht des Immissionsschutzes in die Energiekonzepte von Städten einbezogen und nicht "auf der grünen Wiese" oder gar nicht errichtet werden. Bemühungen zur Reststoffvermeidung können und müssen von einer Müllverbrennung untangiert bleiben. Zur energetischen Reststoffverwertung in Städten gehören auch die Nutzung von Deponiegas und Klärgas, möglichst in BHKWs, sowie die Verbrennung von Klärschlamm [6].

## 5. Kommunale Handlungsfelder für den energiebezogenen Immissionsschutz

Mit der dargestellten breiten Pallette möglicher energiebezogener Maßnahmen können Städte beachtliche Beiträge zum Immissionschutz leisten. Die Erschließung der vorhandenen Energieeinspar- und Emissionsminderungspotentiale erfordert aktives Handeln der Kommunen

- bei der Aufstellung von kommunalen und regionalen Energiekonzepten,

- in der Bauleitplanung sowie im Rahmen der landesweiten Fachplanung für Umwelt und Energie und der Regionalplanung ( J. Grawe in [12,13], [9]),

- als (Mit-) Eigentümer von Energieversorgungsunternehmen oder zur Bildung von Stadtwerken [37],

- als hoheitlicher Träger des Wegenutzungsrechts für die leitungsgebundene Energieversorgung ( Konzessionsverträge) [38],

- als Mittler, der mit der örtlichen Situation vertraut und für die Vorsorge verantwortlich ist, zwischen Energieverbraucher, Energieversorgungsunternehmen, Brennstoffhandel, industriellen Abwärmeemittenten, Beratungs- und Contractingunternehmen, Energieagenturen, Kreditgewerbe und Förderinstitutionen, Genehmigungs- und Planungsbehörden sowie regionalen Institutionen,

- als zuständige Gebietskörperschaft für die Bestimmung von Verwendungsverboten oder eines Anschluß- und Benutzungszwanges zugunsten leitungsgebundener Energieträger ( J.Grawe in [12,13]),

- bei der Errichtung von oder der Beteiligung an Energieagenturen,

- im Sinne einer Vorbildfunktion für die Ausschöpfung vorhandener Einspar- und Emissionsminderungspotentiale in den eigenen Liegenschaften und im eigenen Zuständigkeitsbereich (z.B. 45% nach [22] möglich, [40]),

- bei der Benennung von Energiesparbeauftragten oder der Einrichtung von Energiesparämtern [39],

- bei der Unterstützung oder Durchführung einer Energiespar- und Umweltberatung für Bürger, auch objektbezogen ( z.B. Thermographie),

- in Kooperation mit Wohnungsbauunternehmen und Bau- sowie Ausbaugewerbe, einschließlich der Unterstützung von Fortbildungsmaßnahmen und

- durch eine Öffentlichkeitsarbeit, die den bewußten Umgang mit Energie bei Verbrauchern, Wirtschaft und Behörden fördert.

## 6. Kommunale Energiekonzepte als Teil nationaler und internationaler Emissionsminderungsstrategien

Kommunale und regionale Energiekonzepte sind Basis und Katalysator für alles weitere Handeln von Städten im Energiebereich. Sie haben sich zahlreich als Instrument eines vorsorgenden und planenden Umweltschutzes bewährt, auch schon in den neuen Bundesländern [2,6,8 bis 12, 41, 42]. Immer mehr Gemeinden sind sich ihrer globalen Verantwortung bewußt und gestalten ihre Enegiekonzepte als kommunale $CO_2$-Minderungskonzepte [ u.a. 8,43,30]. Zehn Bundesländer fördern die Erstellung von Energiekonzepten.

Energiekonzepte sollten abstimmungsorientiert sein und der Konsensfindung dienen [9]. Dies setzt die Kooperationsbereitschaft und die Beteiligung aller betroffenen Kreise bei der Erstellung von Energiekonzepten voraus. Wenig hilfreich erscheint in diesem Zusammenhang die Auffassung, die Zuständigkeit für die Energieversorgung liege bei den Unternehmen der überregionalen Versorgungswirtschaft. Wenig hilfreich ist auch die Auffassung, Energiekonzepte müßten ausschließlich leitungsgebundene Energien fördern, um die Position von Stadtwerken zu stärken oder die Notwendigkeit ihrer Einrichtung zu begründen. Natürlich stehen hinter solchen Auffassungen auch handfeste wirtschaftliche Interessen. Diese müssen gegenüber den zumindest gleichermaßen berechtigten Interessen des Immissionsschutzes abgewogen werden. Dies kann auf der örtlichen Ebene nur **Aufgabe der Kommunen** sein.

Die Bundesregierung sieht im Rahmen ihrer Beschlüsse zur Verminderung der $CO_2$-Emissionen und zur Energiepolitik für das vereinte Deutschland [5] in örtlichen und regionalen Energiekonzepten geeignete Instrumente, um vorhandene Einsparpotentiale zu analysieren und durch einen Maßnahmenkatalog umzusetzen. "Energiesparen muß allerhöchste Priorität haben im vereinten Deutschland wie in Europa", fordert BMWi Möllemann ergänzend [43].

Auch die Kommission der Europäischen Gemeinschaft betont die Bedeutung eines aktiven Energiemanagements für Städte [40]: " 70% der europäischen Bevölkerung wohnt in Städten. Städte sind die Hauptverantwortlichen für die Ausschöpfung wesentlicher Potentiale zur Verringerung der Umweltbelastung. Sie sind gleichzeitig Objekt und Akteure und tragen entscheidende Verantwortung für die energiewirtschaftliche Situation in Europa einerseits und für die Umwelt und die Lebensqualität andererseits. Die Kommission fordert dazu auf, daß sich möglichst viele Städte dieser Verantwortung durch die Erstellung von kommunalen Energiekonzepten stellen".

Der Treibhauseffekt verlagert die Zielrichtung des Immissionsschutzes auf die globale Ebene. Städte und Versorgungsunternehmen müssen sich deshalb zunehmend auch als Akteure einer künftigen Welt-Innenpolitik [44] verstehen, die die Zukunft der Menschheit sichert; sie müssen global denken und lokal handeln.

### Schrifttum

[1] Programm Umweltsanierung der Stadt Aue (Reg.bez. Chemnitz), 1991.

[2] VDI-Berichte 605: Umweltschutz in großen Städten; VDI-Verlag, Düsseldorf, 1987.

[3] Intergovernmental Panel on Climatic Change (IPCC): Zwischenbericht 1990.

[4] Dritter Bericht der Enquete-Kommission des 11. Deutschen Bundestages "Vorsorge zum Schutz der Erdatmosphäre"; Zur Sache 19/90, Bonn 1990.

[5] Beschlüsse der Bundesregierung zur Reduzierung der $CO_2$-Emissionen bis zum Jahr 2005; Bonn, 13. Juni 1990, 7. November 1990 und 11. Dezember 1991. "Energiepolitik für das vereinte Deutschland", Beschluß der Bundesregierung vom 11. Dezember 1991.

[6] BINE : Rationelle Energieverwendung und Nutzung erneuerbarer Energiequellen im kommunalen Bereich; Informationspaket in 5. Bänden, Bonn 1983 und 1986.

[7] U. Elsenberger u.a.: Energieeinsparung im Wohnungs- und Städtebau - Querschnittsauswertung im Auftrag des BMBau; BfLR Reihe "örtliche und regionale Energieversorgungskonzepte" Band 28, Bonn 1991.

[8] A. Dütz u.a.: Raumordnerische und städtebauliche Querschnittsauswertung des Arbeitsprogramms "örtliche und regionale Energieversorgungskonzepte" des BMFT und des BMBau; BfLR Reihe "örtliche und regionale Energieversorgungskonzepte" Band 25, Bonn 1990.

[9] P. Klemmer u.a.: Probleme der räumlichen Energieversorgung; Akademie für Raumforschung und Landesplanung Band 162, P.R.Vincentz Verlag, Hannover 1986.

[10] Forschungsstelle für Energiewirtschaft: Energieversorgungskonzepte; Springer Verlag, Berlin 1983.

[11] VDI-Berichte 923: Möglichkeiten und Grenzen der Kraft-Wärme-Kopplung; VDI Verlag, Düsseldorf 1991.

[12] BfLR: Energie und Umwelt; Informationen zur Raumentwicklung Heft 7/8, Bonn 1984.

[13] VDI-Berichte 543: Umweltschutz in der kommunalen Energieversorgung; VDI Verlag, Düsseldorf 1984.

[14] A. Volwahsen u.a.: Rationelle Energieverwendung im Rahmen der kommunalen Entwicklungsplanung; Schriftenreihe des BMBau 03.083, Bonn 1980.

[15] B. Weidlich, W. Breustedt u. R. Haag: Rationelle Energieverwendung im Planungsgebiet Erlangen-West; Köln 1980.

[16] U. Roth: Rationelle Energieverwendung in der Bauleitplanung; Schriftenreihe des BMBau 03.102, Bonn 1984.

[17] E. Müller, F.-J. Schafhausen, P.Beck und W.-D. Glatzel: Zielvorstellung für eine erreichbare Reduktion der $CO_2$-Emissionen; BMU, Bonn 13.6.1990.

[18] Deutsches Institut für Wirtschaftsforschung (DIW): Ermittlung und Bewertung von $CO_2$-Minderungspotentialen in den neuen Bundesländern der Bundesrepublik Deutschland; Untersuchung im Auftrag des BMU, Berlin 1991.

[19] BMBau: Instandsetzung und Modernisierung des Gebäudebestandes in den neuen Bundesländern - weitere Entwicklung des Fertigbaus; Vortragsveranstaltung, Berlin 18.6.1991, Leitfaden in Vorbereitung.

[20] D. Brickwell u. N. Lutzky: Örtliches Wärmeversorgungskonzept Berlin (West) 1980 - 2010; SenStadtUm, Berlin 1984.

[21] H. Langer: Investitionshilfen im Umweltschutz; Bundesanzeiger, Köln 1991. H. Langer: Subventionsmöglichkeiten und Finanzierungsmodelle für Maßnahmen des Umweltschutzes; Beitrag in diesem VDI-Bericht. BINE: Förderprogramme im Bereich erneuerbare Energiequellen und rationelle Energieverwendung; Bonn 1991.

[22] ASUE: Umweltchance Erdgas; Nürnberg, Sept. 1991.

[23] P. Beck, H. Blümel u. W.-D. Glatzel: Umweltaspekte der Fernwärme; VDI-Berichte 543, s.bes.S.179/206, VDI-Verlag, Düsseldorf 1984. J. Schneider u. W.-D. Glatzel: Emissionsbewertung von Kraft-Wärme-Kopplung; die Bedeutung der KWK bei der Umsetzung von Energiekonzepten - wirksame Maßnahmen zur $CO_2$-Reduzierung in Kommunen; ENTSORGA, erscheint demnächst.

[24] M. Jänicke u.a.: Ziele und Möglichkeiten einer stromspezifischen Energiepolitik in Berlin (West); SenStadtUm, Berlin 1989. Studienpaket A1 im Rahmen der Arbeiten zu [4]. A. Harmsen, S. Kohler u. K. Müschen: Konzept zur rationellen Energienutzung und Luftsanierung am Beispiel des Ballungsraumes Hamburg; Metta Kinau Verlag, Hamburg 1985.

[25] Arge VDEW, BGW u. AGFW: Parameterstudie "Örtliche und regionale Versorgungskonzepte für Niedertemperaturwärme"; Forschungsvorhaben 03 E 5358 des BMFT, Bonn 1983. Fichtner BI, Eversheim/Stuible KG u. AEW Plan: Systemvergleich - Erdgas, Fernwärme, Stromwärme; Ruhrgas AG, Essen 1983. H. Euler: Umweltverträglichkeit von Energieversorgungskonzepten; BfLR Informationen zur Raumentwicklung Band 12. H. Konstantinides: Schadstoffbewertung der Heizsysteme; BfLR Reihe "Örtliche und regionale Energieversorgungskonzepte" Band 10, Bonn 1986.

[26] Öko-Insitut: Gesamt-Emissions-Modell Integrierter Systeme (Gemis); Darmstadt, Kassel 1989.

[27] Prognos: Die energiewirtschaftliche Entwicklung in der Bundesrepublik Deutschland bis zum Jahr 2010 unter Einbeziehung der fünf neuen Bundesländer; Untersuchung im Auftrag des BMWi, Basel 1992.

[28] VDI-GET, VIK, FfE u. FFI: Wege und Methoden zur verstärkten Abwärmenutzung in kleinen und mittleren Betrieben; Leitfaden gefördert vom BMFT, Düsseldorf 1988.

[29] Fichtner BI, Energieconsulting Heidelberg u. ISI: Energieeinsparung und Umweltentlastung bei der Wärmeversorgung von Industrie und Gewerbe; Verlag TÜV Rheinland, Köln 1988. Gemeinschafts-Kraftwerk Schweinfurth; ENERGIE Spektrum (1989) Juli S. 35/48.

[30] SenStadtUm: Abwärmevermeidung und Abwärmenutzung in Industrie und Gewerbe in Berlin; Berlin 1991/92. Stadt Dortmund, Dortmunder Stadtwerke u. VEW: Energieversorgungskonzept Dortmund; 1988. H. Murschall-Zabel u. K. Berlo: Kommunale $CO_2$-Reduktionspläne als Strategie zur Eindämmung des Treibhauseffektes; Stadt und Gemeinde 12/1990 S. 459/64. $CO_2$-Minderungsstudie für den Großraum Hannover; erscheint demnächst.

[31] VDI-Berichte 857: Wärmenutzungs-Verordnung; VDI Verlag Düsseldorf 1990. W.-D. Glatzel: Der derzeitige Stand der

Wärmenutzungs-Verordnung - absehbare Konsequenzen für die Industrie; ENKON, Nürnberg 27.11.1991.

[32] Institut für Umwelttechnologie und Umweltanalytik (IUTA), Duisburg: Die Nutzung industrieller Abwärme zur Fernwärmeversorgung; laufendes Forschungsvorhaben im Auftrag des Umweltbundesamtes.

[33] Umweltbundesamt: Stellenwert der Hausmüllverbrennung in der Abfallentsorgung; BMU (Hrsg.), Bonn 1990.

[34] W.-D. Glatzel: Die Abfallverbrennungsanlagen-Verordnung - Anforderungen und Maßnahmen zur Wärmenutzung; UTECH, Berlin 6.2.1991.

[35] A. Schumacher: Umweltverträgliche Abfallverbrennung; dieser VDI-Bericht. H.-G. Schimpf: Erfahrungen mit Bau und Betrieb von Müllverbrennungsanlagen; Energietechn. 42 (1992) 2, S.41/44.

[36] W. Schenkel, L. Barniske, D. Pautz u. W.-D. Glatzel: Waste - a $CO_2$-neutral Energy Resource?; VGB Kraftwerkstechn. 70 (1990) 7, S.506/11. Sachverständigenrat für Umweltfragen: Sondergutachten Abfallwirtschaft; Wiesbaden 1990.

[37] R. Hartung u.a.: Stadtwerke - Chance oder Risiko für die Energieversorgung in den neuen Bundesländern?; Energieanwendung 41 (1992) Heft 2.

[38] F. Tautenhahn u. W. Schlieker: Konzessionsverträge mit Energieversorgungsunternehmen - Alternative zur Bildung von Stadtwerken; Energieanwendung 41 ( 1992) 2, S. 54/55.

[39] Main-Kinzing-Kreis: Energiebericht 1989; Gelnhausen 1990.

[40] Commission of The European Communities (CEC): Energy and Urban Environment - A Comparative Evaluation of Urban Energy Policies in Europe; Brüssel 1991. OECD Project Group on Environmental Improvement through Urban Energy Management.

[41] H. Wolf, Würzburger Verkehrs- und Versorgungsbetriebe: Nur ganzheitliche Konzepte rechnen sich; UMWELTMAGAZIN 20 (1991) 3, S.24/28.

[42] TH Zittau: Kommunale Energieversorgung im Aufbruch; Symposium, Zittau 7.11.1991.

[43] J.W. Möllemann: Versöhnung von Ökonomie und Ökologie; Symposium, Kiel 20.2.1992.

# Energieversorgungskonzepte für die neuen Bundesländer — Folgerungen für Sanierungsmaßnahmen und Regionalplanung

W. Solfrian, Essen

### Zusammenfassung

Ausgehend von den Zielsetzungen und der Beschreibung der formalen Struktur von Energieversorgungskonzepten werden aus einem Vergleich der Rahmenbedingungen zwischen alten und neuen Bundesländern die Defizite und Arbeitsschwerpunkte für Energieversorgungskonzepte in den neuen Bundesländern abgeleitet.
Am konkreten Beispiel der Stadt Wolfen werden die Folgerungen für Sanierungsmaßnahmen und die seit Vorliegen des kommunalen Energieversorgungskonzeptes eingeleiteten Maßnahmen dargestellt. Hieraus werden Forderungen für die Regionalplanung abgeleitet.

### 1. Vorbemerkungen

Energieversorgungskonzepte werden in den alten Bundesländern seit über 10 Jahren bei der Planung und Gestaltung der kommunalen und regionalen Energieversorgung eingesetzt.
Sie tragen in hohem Maße zum Interessenausgleich zwischen den Energieverbrauchern, den kommunalen und regionalen Energieversorgungsunternehmen sowie den kommunalen Planungsträgern bei und fördern dadurch notwendige Entscheidungsprozesse.
In den neuen Bundesländern, die in einem weitreichendem Umbau- und Aufbauprozeß ihrer gesamten Energieversorgungs- und Energieanwendungsstrukturen begriffen sind, gewinnt das Instrument des Energieversorgungskonzeptes eine sogar noch höhere Bedeutung.
Da sich dort gegenwärtig alle Bereiche des Energiemarktes wie:
- Energiebereitstellung
- Energieverteilung
- Energieanwendung

im Fluß befinden, bedarf es dringlichst regional angepaßter Leitlinien, um sinnvolle Planungs- und Umsetzungsschritte einzuleiten. Diese Leitlinien werden in Energieversorgungskonzepten erarbeitet.
Energieversorgungskonzepte erfüllen im Rahmen der kommunalen und regionalen Entwicklungs-, Energie- und Umweltpolitik folgende wichtigen Funktionen:

- Bereitstellung kleinräumig orientierter, EDV-erfaßter Datengrundlagen für Entscheidungsträger.
- Aufzeigung ökonomischer, ökologischer und sozialer Konsequenzen unterschiedlicher Versorgungsalternativen.
- Begründung kooperativer Beziehungen zwischen regionalen (kommunalen) Planungsinstitutionen und Energieversorgungsunternehmen unter Berücksichtigung der Verbraucherinteressen und des Umweltschutzes.
- Einleitung der planvollen Realisierung von Energieeinsparpotentialen und Umweltentlastungen.
- Bewertung kommunaler Optionen im Bereich der Energieversorgung (Kommunale Stadtwerke oder Abschluß von Konzessionsverträgen mit dem regionalen Versorgungsunternehmen).
- Lösung spezifischer energiewirtschaftlicher Sonderprobleme in den Kommunen und Regionen (z. B. Energieträgerumstellung kommunaler Heizhäuser).

## 2. Randbedingungen in den neuen Bundesländern

Die Erarbeitung eines Energieversorgungskonzeptes wird zweckmäßigerweise nach den drei Arbeitsschwerpunkten:
- Rahmenkonzepte
- Detailkonzepte
- Umsetzungskonzepte

durchgeführt. Die inhaltliche Struktur dieser Arbeitsschwerpunkte ist im Bild 1 dargestellt.

| Konzept-phase | Zielsetzung | Arbeitsfelder | Raumbezug |
|---|---|---|---|
| *Rahmen-konzept* | Informations-beschaffung und - bewertung | Bestandsaufnahme: <br> - *Istsituation* <br> - *Rahmenbedingungen* <br><br> perspektivische Entwicklung <br> - *Bedarfsstrukturen* <br> - *Energieversorgung* <br> - *Umweltsituation* | Gesamtes Untersuchungsgebiet <br><br> Aussageschärfe auf der Basis von: <br> - *Stadtbezirken* <br> - *Wohnquartieren* <br> - *Baublöcken* |
| | Ableitung von Handlungs-schwerpunkten | Abgrenzung der Vorrang-gebiete nach: <br> - *Versorgungtechnik* <br> - *Betriebswirtschaft* <br> - *Umweltentlastung* <br> - *Sozialverträglichkeit* <br><br> Organisatorische Gestal-tungsmöglichkeiten | Ortsteilebenen <br><br> Aussageschärfe auf der Basis von: <br> - *Einzelobjekten* <br> - *Straßenabschnitten* |
| *Detail-konzept* | Erarbeitung direkt umsetzbarer Lösungen | Analyse der techn. Möglichkeiten <br><br> Durchführung von Vorplanungen <br><br> Wirtschaftlichkeits-analysen | Objektbezogen |
| *Umsetzungs-konzept* | Einleitung von Umsetzungs-maßnahmen | Aufzeigen von Hemmnissen und Gegenmaßnahmen <br><br> Termin- und Kapazitätsplanung <br><br> Finanzierungs- und Fördermöglichkeiten | Objektbezogen |

Bild 1: Inhaltliche Struktur eines Energiekonzeptes
Quelle: GERTEC GmbH

Die in den alten Bundesländern übliche Vorgehensweise und inhaltliche Ausgestaltung eines Energiekonzeptes muß allerdings wegen
- unterschiedlicher Ausgangslage
- anderen Randbedingungen
- höherem Handlungsdruck

modifiziert werden.

Aus der Gegenüberstellung von Eckdaten der Energieversorgungs- und Verwendungsstrukturen in den alten und neuen Bundesländern werden im folgenden Defizite der Energie- und Umweltsituation in den neuen Bundesländern aufgedeckt und Schwerpunkte für die Erarbeitung von Energieversorgungskonzepten abgeleitet. Die daraus resultierenden Folgerungen für Sanierungsmaßnahmen und Regionalplanung werden anhand eines konkreten Beispiels thesenartig dargestellt.

Als Basisjahr für den Vergleich wird das Jahr 1989 gewählt, da hierfür statistisch abgesicherte Daten für beide Teile Deutschlands vorliegen.

## 2.1 Energiebereitstellung

Der im Umwandlungsbereich eingesetzte Energieträgermix (Bild 2) zeigt als gravierenden Unterschied zu den alten Bundesländern /1/ die einseitige Ausrichtung auf den Primärenergieträger Braunkohle mit etwa 70 % des gesamten Primärenergieverbrauchs verbunden mit extrem hohen Staub- und $SO_2$-Emissionen. Im Vergleich dazu werden in der Alt-Bundesrepublik mit etwa gleichem Anteil die emissionsarmen Primärenergieträger Mineralöl, Erdgas und Kernenergie verwendet /2/.

**Primärenergieverbrauch nach Energieträgern**

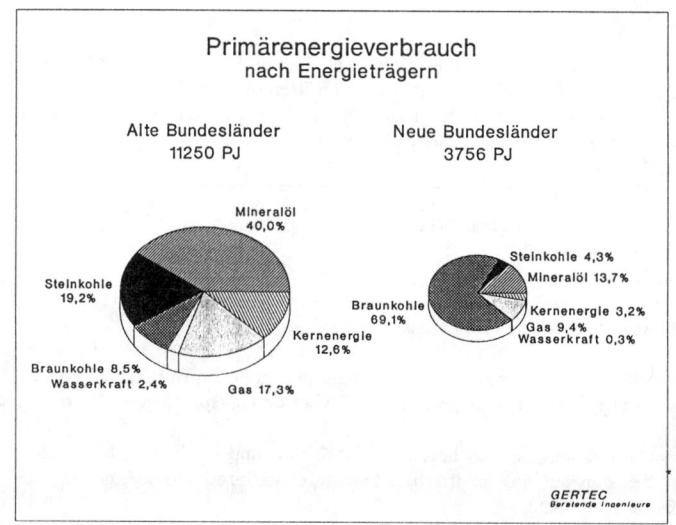

Alte Bundesländer 11250 PJ:
- Mineralöl 40,0%
- Steinkohle 19,2%
- Braunkohle 8,5%
- Wasserkraft 2,4%
- Gas 17,3%
- Kernenergie 12,6%

Neue Bundesländer 3756 PJ:
- Braunkohle 69,1%
- Steinkohle 4,3%
- Mineralöl 13,7%
- Kernenergie 3,2%
- Gas 9,4%
- Wasserkraft 0,3%

GERTEC
Beratende Ingenieure

Bild 2:     Vergleich des Primärenergieverbrauchs 1989
Quelle:     Energiebilanzen, IZE, IfE

Die einseitige Abstützung auf den Primärenergieträger Braunkohle wird noch deutlicher, wenn wir uns im Umwandlungsbereich auf den Kraftwerkssektor beschränken. So stützte sich 1989 die Brutto-Stromerzeugung in der früheren DDR (rd. 119 Mrd. kWh) zu ca. 82 % auf Braunkohle (s.Bild 3)/1/.

**Bruttostromerzeugung 1989**

Alte Bundesländer
440,9 Mrd. kWh

Neue Bundesländer
119,0 Mrd. kWh

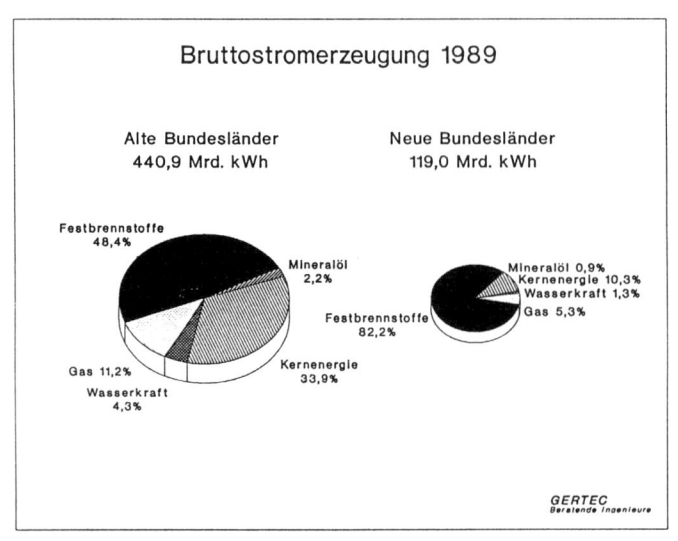

Festbrennstoffe 48,4%
Mineralöl 2,2%
Kernenergie 33,9%
Wasserkraft 4,3%
Gas 11,2%

Mineralöl 0,9%
Kernenergie 10,3%
Wasserkraft 1,3%
Gas 5,3%
Festbrennstoffe 82,2%

GERTEC
Beratende Ingenieure

Bild 3: Vergleich der Bruttostromerzeugung 1989
Quelle: Energiebilanzen, IZE, IfE

In der alten Bundesrepublik entfielen im Vergleich hierzu bei rund 440 Mrd. kWh Brutto-Stromerzeugung etwa 50 % auf die Erzeugung mit festen Brennstoffen /2/.
Bezieht man diese Daten des Umwandlungsbereiches auf die Einwohnerzahl in beiden Gebieten Deutschlands, so ergeben sich folgende Vergleichswerte:

|  | Primärenergie-verbrauch/Einw. | Bruttostromer-zeugung/Einw. |
|---|---|---|
| Alte Bundesländer | 180 GJ/Einw. | 7.088 kWh/Einw. |
| Neue Bundesländer | 229 GJ/Einw. | 7.256 kWh/Einw. |

Tabelle 1: Einwohnerspezifische Daten des Umwandlungsbereiches 1989

Der einwohnerspezifische Primärenergieverbrauch liegt in den neuen Bundesländern ca. 25 %, die einwohnerspezifische Bruttostromerzeugung ca. 2,5 % über den entsprechenden Werten in den alten Bundesländern.
Die Verluste im Umwandlungsbereich liegen mit 30 % um rund ein Fünftel höher als in der Alt-Bundesrepublik. Bezogen auf das erwirtschaftete Bruttosozialprodukt/1/,/3/,/14/ ergeben sich folgende Vergleichswerte für 1989:

|  | Primärenergiever-brauch/1.000 DM BSP | Bruttostromer-zeugung/1.000 DM BSP |
|---|---|---|
| Alte Bundesländer | 7 GJ/1.000 DM BSP | 274 MWh/1.000 DM BSP |
| Neue Bundesländer | 13,2 GJ/1.000 DM BSP | 419 MWh/1.000 DM BSP |

Tabelle 2: Auf BSP bezogene Daten des Umwandlungsbereiches 1989

Der auf jeweils 1.000 DM des Brutto-Sozialproduktes bezogene Primärenergieeinsatz der neuen Bundesländer liegt ca. 100 % über dem entsprechenden Wert der Alt-Bundesrepublik. Die entsprechend berechnete Bruttostromerzeugung je 1.000 DM Brutto-Sozialprodukt liegt um über 50 % über dem Vergleichswert der alten Bundesländer.

## 2.2 Energieanwendung

Die aus dem Umwandlungsbereich an die Verbrauchssektoren Industrie, Verkehr, Haushalte und Kleinverbrauch gelieferte Endenergie teilt sich gemäß /1/ /2/ auf die einzelnen Energieträger auf (s. Bild 4).

### Endenergieverbrauch 1989
#### nach Energieträgern

**Alte Bundesländer**
7221,4 PJ

- Braunkohle 1,4%
- Steinkohle 7,2%
- Gas 22,6%
- Heizöl 18,5%
- sonstiges 0,6%
- Strom 18,2%
- Fernwärme 2,5%
- Kraftstoffe 29,0%

**Neue Bundesländer**
2145,0 PJ

- Braunkohle 43,6%
- Steinkohle 4,3%
- Heizöl 1,6%
- Gas 12,8%
- sonstiges 0,8%
- Kraftstoffe 13,5%
- Strom 14,0%
- Fernwärme 9,4%

#### nach Verbrauchssektoren

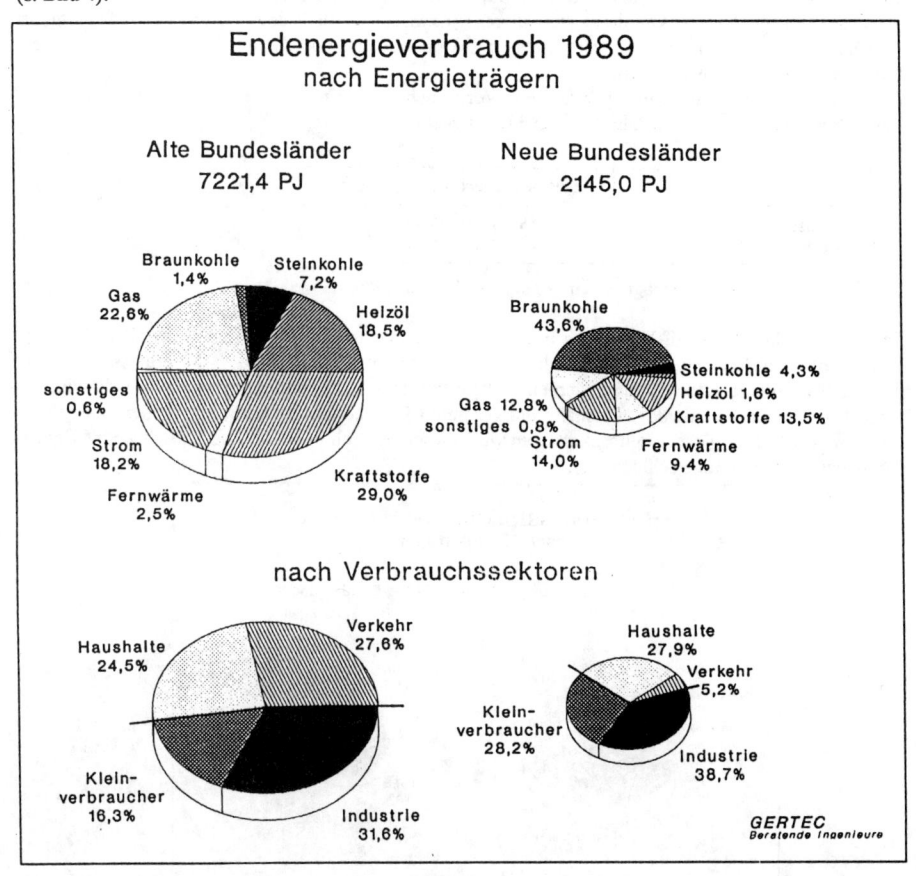

**Alte Bundesländer:**
- Haushalte 24,5%
- Verkehr 27,6%
- Kleinverbraucher 16,3%
- Industrie 31,6%

**Neue Bundesländer:**
- Haushalte 27,9%
- Verkehr 5,2%
- Kleinverbraucher 28,2%
- Industrie 38,7%

*GERTEC*
*Beratende Ingenieure*

Bild 4:   Vergleich Endenergieverbrauch nach Energieträgern und Verbrauchssektoren 1989
Quelle:  Energiebilanzen, IZE, IfE

Es wird insbesondere deutlich, daß auch hier der Anteil von Feststoffen - d. h. im wesentlichen Braunkohle - um den Faktor vier höher liegt als in den Altbundesländern.
Der Anteil der Fernwärme liegt in den neuen Bundesländern um den Faktor 4 höher als in der Alt-Bundesrepublik. Die Fernwärme wird überwiegend in Heizwerken erzeugt, während in der Alt-Bundesrepublik etwa 70 % der Erzeugungskapazitäten als Kraft-Wärme-Kopplungs-Anlagen konzipiert sind. Die Fernwärmeverteilung krankt allerdings an strukturellen Schwächen, auf die noch einzugehen ist.
Deutlich niedriger sind in den neuen Bundesländern die Anteile der Energieträger Heizöl und Gas, die nur 12 % des Endenergieverbrauchs ausmachen (gegenüber 40 % in den alten Bundesländern), während bei etwa gleichen Anteilen für den Haushaltsbereich der Sektor Verkehr nur mit rund 5 % zu Buche schlägt. Dieser Anteil hat sich allerdings zwischenzeitlich deutlich erhöht (auf nunmehr 14 %)/1/, während der Endenergieverbrauch im Sektor Industrie und Kleinverbrauch nur noch einen Anteil von etwa 55 % ausmacht/1/.
Der Vergleich des einwohnerspezifischen Verbrauchs an Endenergie in beiden Teilen der Bundesrepublik Deutschland führt zu folgendem Ergebnis:

|  | Endenergieverbrauch/Einwohner |
|---|---|
| Alte Bundesländer | 115 GJ/Einwohner |
| Neue Bundesländer | 129 GJ Einwohner |

Tabelle 3: Einwohnerbezogener Endenergieverbrauch 1989

Bezogen auf den Pro-Kopf-Verbrauch in den alten Bundesländern ergibt sich ein Mehrbedarf von 11,2 %. Ein Vergleich mit dem spezifischen Primärenergieverbrauch (+ 25 % Mehraufwand) zeigt, daß die Hauptursache für den ineffizienten Energieeinsatz im Umwandlungsbereich zu suchen ist.
Wegen des hohen Anteils der Haushalte am gesamten Endenergieverbrauch und seiner Bedeutung für kommunale Energieversorgungskonzepte wird dieser Bereich in Bild 5 hinsichtlich seiner Beheizungsstruktur näher aufgeschlüsselt/5/.

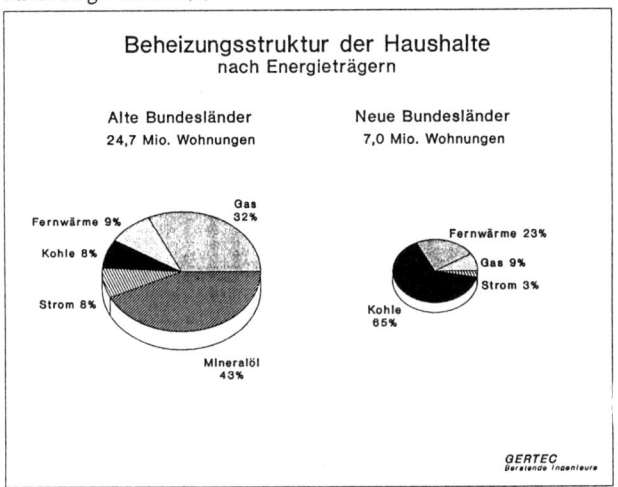

Bild 5: Beheizungsstruktur der Haushalte 1989
Quelle: ESSO, IfE

Auch hier ist wiederum der hohe Einsatz von Braunkohle (meist in Form von Briketts) mit insgesamt 65 % in den 7,0 Mio Wohnungen der neuen Bundesländer bemerkenswert. Braunkohlebriketts werden überwiegend in Einzelofenheizungen verfeuert. Lediglich etwa 10 % der mit Braunkohle beheizten Wohnungen verfügen über Zentralheizungen. Diese Beheizungsstruktur führt zu den hohen Emissions- und Immissionsbelastungen in den Wohngebieten.

Auffallend ist ebenfalls der hohe Anteil fernwärmebeheizter Wohnungen die mit 23 % einen 2,5 mal so hohen Anteil am Raumwärmemarkt aufweisen wie die Wohnungen in den alten Bundesländern. Gas ist mit 9 % gegenüber den Anteilen in der Alt-Bundesrepublik erheblich unterrepräsentiert. Heizöl spielt so gut wie gar keine Rolle bei der Raumwärmebeheizung. Es ist allerdings davon auszugehen. daß sich in den nächsten Jahren erhebliche Substitutionsprozesse zugunsten dieser beiden Energieträger ergeben werden.

Die Wohnungen in den neuen Bundesländern weisen nicht nur erhebliche Defizite bezüglich der Beheizungsstruktur sondern auch bezüglich des baulichen Zustands der Wohnungsgebäude /3//6/ auf. Tabelle 4 veranschaulicht diesen Sachverhalt.

| Alte Bundesländer | Neue Bundesländer |
|---|---|
| Durchschnittliches Baualter: etwa 40 Jahre | Durchschnittliches Baualter: etwa 60 Jahre |
| Gesamtbestand: 24,7 Mio Wohnungen | Gesamtbestand: 7,0 Mio Wohnungen |
| Altbaubestand: (vor 1945) ca. 8,25 Mio Whg. (= 33 % des Wohnungsbestandes) davon ca. 15 % modernisierungsbedürftig | Altbaubestand: (vor 1945) ca. 3,5 Mio Whg. (= 50 % des Wohnungsbestandes) davon ca. 50 % modernisierungs-/ sanierungsbedürftig |

Kriterium für Modernisierungsbedürftigkeit: kein WC oder Bad in der Wohnung

Tabelle 4: Altersstruktur und Modernisierungsbedürftigkeit der Wohnungen

Es wird deutlich, daß in den neuen Bundesländern ein überalteter Baubestand mit entsprechend schlechten Wärmeschutz und hohem Energieeinsatz vorliegt. Durch bauliche Sanierungsmaßnahmen (Wärmeschutz, Beseitigung von Bauschäden, Fenstersanierung usw.) lassen sich erhebliche Energieeinsparungen und damit Umweltentlastungen realisieren.

## 2.3. Luftbelastung

Die durch den Energieumsatz in den neuen Bundesländern hervorgerufene Schadstoffbelastung der Luft weist für das Jahr 1989 einen im internationalen Vergleich ungewöhnlich hohen Wert auf. Bild 6 veranschaulicht diese Verhältnisse im Vergleich zu den alten Bundesländern/1//6/.

**Schadstoffemissionen 1989**
[1000 t/a]

| | Alte Bundesländer | Neue Bundesländer |
|---|---|---|
| Staub | 260 | 2060 |
| SO2 | 825 | 5200 |
| NOx | 845 | 700 |
| CO | 1525 | 2830 |

▨ Kraft-,Fernheizwerke ☐ sonstige

**Schadstoffemissionen 1989**
[kg/Einwohner]

| | Alte Bundesländer | Neue Bundesländer |
|---|---|---|
| Staub | 4,2 | 124,2 |
| SO2 | 13,3 | 313,5 |
| NOx | 13,6 | 42,2 |
| CO | 24,6 | 170,6 |

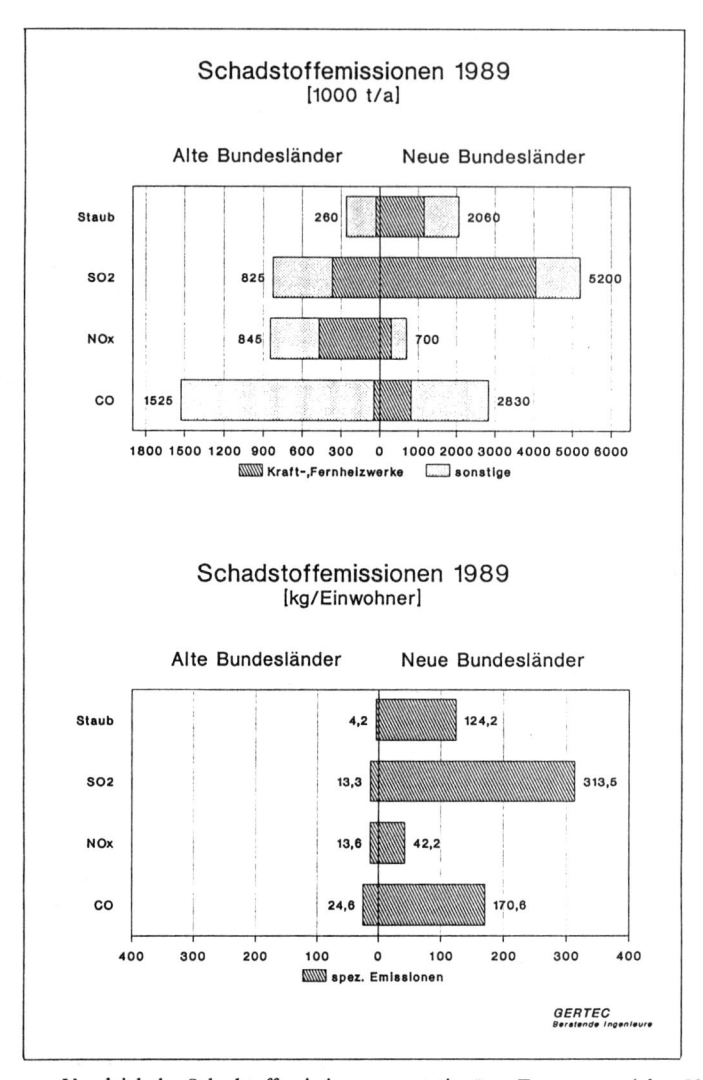

▨ spez. Emissionen

*GERTEC*
*Beratende Ingenieure*

Bild 6: Vergleich der Schadstoffemissionen aus stationären Feuerungen (ohne Verkehr)
Quelle: UBA/BMU

Dabei ist zu beachten, daß in der Darstellung nur stationäre Feuerungsanlagen im Umwandlungsbereich und Energieverbrauchsbereich berücksichtigt werden; der Sektor Verkehr ist in diesem Vergleich ausgeklammert.

Es wird deutlich, daß in den neuen Bundesländern beim Vergleich der Absolutwerte für Staub, $SO_2$ und CO die Schadstoffemissionen der Altbundesländer bei weitem übertroffen wurden (bei Staub um 700 %, bei $SO_2$ um 530 %, bei CO um 85 %). Lediglich bei $NO_x$ liegen die Emissionen um ca. 20 % niedriger als in den westlichen Bundesländern.

Gravierender noch stellen sich die Verhältnisse bei Gegenüberstellung der einwohnerbezogenen Emissionsbelastungen dar.
Hier führt der Vergleich zu folgenden Ergebnissen:
Staub: 2.850 % Mehrbelastung
$SO_2$: 2.255 % Mehrbelastung
$NO_x$: 200 % Mehrbelastung
CO: 600 % Mehrbelastung

Ein Vergleich der vom Kraft-/Fernheizwerksbereich produzierten Luftschadstoffe mit den Gesamtemissionen führt zu dem Ergebnis, daß die $SO_2^-$ (80 %) und Staubemissionen (55 %) vornehmlich aus diesem Sektor des Umwandlungsbereiches stammen.

Durch Stillegung von Industriebetrieben wurde die Luftbelastung zwar gesenkt; die mit Braunkohle befeuerten Kraft- und Heizwerke als Hauptverursacher der hohen Staub- und $SO_2$-Belastung können allerdings lt. Einigungsvertrag in Abhängigkeit von der Emissionsbelastung wie folgt weiterbetrieben werden:
- Geltungsbereich TA-Luft: mindestens bis 1994
- Geltungsbereich GFAVO: bis 1996

Hinsichtlich der Klimabeeinflussung sind die Emissionen des Treibhausgases $CO_2$ von Bedeutung. Hierfür ergeben sich im Basisjahr 1989 folgende Werte durch den Energieverbrauch /1//6/:

|  | Alte Bundesländer | Neue Bundesländer |
|---|---|---|
| Gesamtemission | 688 Mio. t/a | 335 Mio. t/a |
| davon:<br>Kraft- und<br>Fernheizwerke | 247 Mio. t/a<br>(Anteil: 36 %) | 156 Mio. t/a<br>(Anteil: 47 %) |

Tabelle 5:    Vergleich der $CO_2$-Emissionen aus stationären Feuerungen (Stand 1989)

Die spezifischen einwohnerbezogenen Emissionen von $CO_2$ ergeben sich für die alten Bundesländer zu 11.100 kg/Einwohner.a und für die neuen Bundesländer zu 20.200 kg/Einwohner.a.
Sie liegen damit um etwa 100 % über den entsprechenden Werten der Alt-Bundesländer.

### 3. Defizite in den neuen Bundesländern - Schwerpunkte für Energieversorgungskonzepte

Die Umstrukturierung der Energiewirtschaft und die Verbesserung der Umweltbedingungen in den neuen Bundeländern stehen unter hohem Umsetzungsdruck. Mit dem strategischen Instrument des Energieversorgungskonzeptes können die notwendigen Entscheidungen fundierter und abgesicherter getroffen werden.
Die Arbeitsschwerpunkte dieser Konzepte lassen sich aus den dargelegten unterschiedlichen Rahmenbedingungen zwischen alten und neuen Bundesländern ableiten. Die vorhandenen Defizite sind im Bild 7 für die Bereiche Energiebereitstellung und Energieverteilung und in Bild 8 für die Bereiche Energieanwendung und Luftreinhaltung zusammengestellt.

## 1. Defizite der Energiebereitstellung

- Ineffizienter Primärenergieeinsatz im gesamten Umwandlungsbereich
  (Umwandlungsverluste: 30 % neue BL zu 25 % alte BL)

- Hohe Umwandlungsverluste im Kraftwerkssektor
  (Umwandlungsverluste: ca. 68 % neue BL zu 62 % alte BL)

- Fernwärmeerzeugung vorwiegend ohne Kraft-Wärmekopplung
  (FW-Erzeugung in alten Bundesländern zu 70 % aus Kraft-Wärme-Kopplung)

- Emissionsarme Energieträger wie Gas und Mineralöl sind bisher nur begrenzt einsetzbar
  (Anteile am Endenergieeinsatz: ca. 10 % neue BL zu ca. 40 % alte BL)

## 2. Defizite der Energieverteilung

- Jeweils getrennte Ferngassysteme für Stadtgas, Eigenerdgas und Importerdgas

- Strukturschwächen der Fernwärmeverteilung
  - hohe Drucke und Temperaturen des Wärmeträgers
    (zumeist in Form von Dampf)
  - material- und verlustintensive und damit aufwendige Verteilnetze
  - unnötige Umformungen Dampf/Heißwasser
  - uneffektive Organisationsformen

- Technisch veraltete Verteilungsanlagen für alle leitungsgebundenen Energieträger (Strom, Gas, Fernwärme)

*GERTEC*
Beratende Ingenieure

Bild 7: Defizite bei Energiebereitstellung und Verteilung
Quelle: UBA/BMU

## 3. Defizite der Energieverwendung

- **Ineffiziente Energieverwendung bei Industrie und Gewerbe**
  (Anteil am Endenergieeinsatz: 67 % neue BL gegenüber 48 % alte BL)

- **Mangelhafter Bauzustand der Wohngebäude**
  (Neubaubestand: Baumängel, Schlechte Wärmedämmung)
  (Altbaubestand: Bauschäden, Hoher Sanierungsbedarf)

- **Unzureichende Heizungstechnik im Alt- und Neubaubestand**
  (Altbauten: Hoher Einzelofenanteil von 55 % mit Braunkohlenbeheizung)
  (Neubauten: Häufig Einrohrsysteme, keine regelbaren Heizkörper, Fensterregelung)

- **Keine Wärmeverbrauchsmessungen, pauschale Wärmekostenabrechnung**
  (Fehlender Anreiz zu sparsamer Energieverwendung)

## 4. Defizite der Luftreinhaltung

- **Hohe Luftbelastung durch Kraftwerkssektor**
  (speziell Staub und SO2 wegen fehlender Emissionsminderungstechniken)

- **Hohe Luftbelastung in allen Energieverbrauchsbereichen wegen**
  . hohem Schwefelgehalt der Braunkohle
  . unzureichender Heizungstechnik
  . hohem spezifischen Energieverbrauch

- **Hohe Luftbelastung wegen Nichteinhaltung der bereits vorhandenen gesetzlichen Regelungen**
  (In der Praxis häufig Überschreitung der gesetzlichen Grenzwerte )

GERTEC Beratende Ingenieure

Bild 8: Defizite bei Energieverwendung und Luftreinhaltung

Hieraus ergeben sich folgende Schwerpunkte für umsetzungsorientierte Energieversorgungskonzepte:
- Erarbeitung umweltfreundlicher Lösungen im Umwandlungsbereich unter Realisierung der Kraft-Wärme-Kopplung, wo immer wirtschaftlich möglich

- Entwicklung von Sanierungsmöglichkeiten zur Ertüchtigung vorhandener Fernwärmesysteme auf der Basis der Kraft-Wärme-Kopplung

- Ermittlung von Vorranggebieten zur Vermeidung von Doppelversorgungen mit leitungsgebundenen Energieträgern

- Analyse vorhandener Organisationsstrukturen und Ableitung eines effizienten Organisationsmodells unter Berücksichtigung von Finanzierungs- und Know-How-Aspekten sowie Gesichtspunkten der Versorgungssicherheit (Bewertung kommunaler Lösungen gegenüber der Versorgung durch das regionale EVU)

- Ableitung von Einsparpotentialen und Sanierungsmöglichkeiten bei Energieanwendern (privater und kommunaler Wohnungsbestand, öffentliche Einrichtungen, Industrie- und Gewerbe) mit ökonomischer und ökologischer Bewertung

- Beratung der Verbraucher bei der Realisierung von Maßnahmen der rationellen und umweltfreundlichen Energieanwendung unter Beachtung von Finanzierungs- und Förderaspekten

- Bewertung der Einsatzmöglichkeiten regenerativer Energiequellen (Deponie- und Klärgase, Wasser-, Wind- und Solarenergie).

Die aus den dargelegten Defiziten abzuleitenden Folgerungen für Sanierungsmβnahmen und Regionalplanung lassen sich konkret nur am Einzelfall belegen, da sich die Verhältnisse regional sehr unterschiedlich darstellen und das raumplanerische Instrumentarium je nach neuem Bundesland unterschiedlich entwickelt ist.

## 4. Folgerungen für Sanierungsmaßnahmen und Regionalplanung am Beispiel der Stadt Wolfen

Am Beispiel des von GERTEC erarbeiteten Energieversorgungskonzeptes der Stadt Wolfen /7/ werden die daraus abgeleiteten Sanierungsmaßnahmen und deren Umsetzungsfortschritte kurz dargestellt.
Wolfen ist mit 45.000 Einwohnern die größte Kommune im Landkreis Bitterfeld mit den für die meisten Städte in Ostdeutschland typischen Strukturschwächen der Energieversorgung. Die gegenwärtige Wärmeverbrauchsstruktur (ohne Filmfabrik Wolfen AG) stellt sich wie folgt dar:

- Endenergieverbrauch 1989:           343,2 GWh
  davon Fernwärme:           75 %      (auf Braunkohlebasis)
        Braunkohle:          24 %      (Brikett in Einzelöfen)
        Gas/Strom:            1 %
- Fernwärmversorgung aus drei Netzen:
    · Fernwärme GmbH Wolfen          (61 %)
    · Filmfabrik Wolfen AG           ( 7 %)
    · Chemie AG Bitterfeld/Wolfen    ( 6 %)
- Hohe Umweltbelastungen durch $SO_2$ und Staub vorwiegend aus Einzelofenheizungen und Heizwerken/Heizkraftwerken der Filmfabrik Wolfen AG und der Chemie AG

Das Energieversorgungskonzept hat zu allen genannten Handlungsschwerpunkten Umsetzungsvorschläge erarbeitet, die bei Realisierung mittelfristig zu folgenden Ergebnissen führen werden:
Gesamte Energieeinsparung:     ca. 50 %
Umweltentlastung $SO_2$ und Staub:  ca. 60 %

Im einzelnen sind aufgrund des Mitte 1991 vorgelegten Konzeptes und bereits vorliegender Vorarbeiten folgende organisatorischen und sanierungstechnischen Maßnahmen in Angriff genommen worden:

### Energiebereitstellung

- Die Organisationsstruktur der Energieversorgung wurde verbessert durch Gründung der Stadtwerke Wolfen GmbH mit den Sparten:
  Fernwärme:  100 % kommunaler Anteil
  Gas:        51 % kommunaler Anteil
              49 % Regionalversorger MEAG
  Zur Stromversorgung wurde ein Konzessionsvertrag mit dem Regionalversorger geschlossen, der nach Beendigung der fünfjährigen Laufzeit in eine Spartenlösung wie bei Gas münden soll.
- Die Stadtwerke Wolfen AG betreiben zur Versorgung von Wolfen-Nord (ca. 30.000 Einwohner) ein Heizwerk mit einer Leistung von 64 MW. Diese Erzeugungskapazitäten wurden durch Neubau eines BHKW mit einer thermischen Leistung von rd. 2 MW ergänzt.
- Das Heizkraftwerk der Filmfabrik Wolfen AG mit einer elektrischen Leistung von 96 MW und Wärmeabgabe an Dritte (FW-Netz Innenstadt) wird mit 6 Gas-Kesseln und 4 Rohbraunkohle-Kesseln ohne Entschwefelungsanlage betrieben.
  Es ist geplant, zwei dieser Kohle-Kessel auf Wirbelschicht mit Trockenkohle und zwei weitere auf Gas umzustellen.

Die Durchführung dieser Sanierungsmaßnahmen würde zu einer Reduzierung der derzeitigen Emissionen bei $SO_2$ und Staub um etwa 20 % führen.

### Energieverteilung

- Im Energieversorgungskonzept wird eine Umstellung des Fernwärmenetzes Wolfen-Altstadt von Dampf ohne Kondensatrückführung auf Heißwasser vorgeschlagen.

- Die Fernwärmeversorgung von Wolfen-Süd sollte aus Wirtschaftlichkeitsgründen zugunsten einer Gas-/Ölversorgung aufgegeben werden.

- Die Fernwärmeversorgung der Wohnstadt Wolfen-Nord sollte ausschließlich aus Anlagen mit Kraft-Wärme-Kopplung erfolgen.

- Die restlichen Stadtteile lassen sich wirtschaftlich auf Basis Gas und Öl versorgen.

Zur Umsetzung der Empfehlungen des Energiekonzeptes laufen gegenwärtig die Vorplanungen zur Umstrukturierung an.

Die Realisierung der Maßnahmen würde zu einer Emissionsreduzierung von etwa 10 % - bezogen auf das heutige Emissionsniveau - bei $SO_2$ und Staub führen.

### Energieanwendung

- In der Wohnstadt Wolfen-Nord wurde mit den vorgeschlagenen Maßnahmen der Wärmedämmung in Zusammenhang mit der Fassadensanierung begonnen.

- Im Bereich des öffentlichen Gebäude werden die vorgeschlagenen Maßnahmen zur Heizungsumstellung und Gebäudesanierung nach Sicherung der Finanzierungsmittel anlaufen.

- Zur Realisierung der nachgewiesenen erheblichen Energiespar- und damit Umweltentlastungspotentiale (bis 60 %) wird gegenwärtig eine breit angelegte Energiesparberatung für den privaten, öffentlichen und gewerblichen Gebäudebestand konzipiert.

Bci Realisierung dieser Maßnahmen kann insgesamt eine Umweltentlastung bei $SO_2$ und Staub um ca. 30 % erreicht werden.

Die kommunalen Sanierungsmaßnahmen zur rationellen Energieverwendung müssen wegen der in der Regel engen energetischen Verflechtungen mit den Umliegergemeinden in eine regionale Konzeption - zumindest auf Kreisebene - eingepaßt werden.
Dazu müssen vor allem die notwendigen landesrechtlichen Instrumente zur Raumordnung bereitstehen, damit nicht sinnvolle Lösungen verhindert werden und kein unnötiger Zeitverlust durch aufwendige Abstimmungsprozesse zwischen den Einzelkommunen entsteht.

Im Sinne der notwendigen Planungssicherheit ist deshalb zu fordern, daß

- die notwendigen Landesgesetze schnellstmöglich verabschiedet werden und in Kraft treten,

- die anstehenden Gebietsreformen zügig durchgeführt werden,

- die Bildung von Verwaltungsgemeinschaften durch die Landratsämter und Regierungspräsidien unterstützt wird,

- die Klärung von Eigentumsfragen in einem beschleunigten Verfahren im Rahmen der Regionalplanung vorangetrieben wird.

Bis zur endgültigen Klärung dieser Komplexe ist es notwendig, zumindest auf Kreisebene auf einen Konsens aller kommunalen Planungsträger in den Fragen der Energieversorgung hinzuwirken.

Schriftum:

/1/ IfE Leipzig GmbH,
Gesamtbilanz Energie 1990, Leipzig 1991

/2/ Arbeitsgemeinschaft Energiebilanz
Energiebilanz der Bundesrepublik Deutschland
Frankfurt (Main) 1989

/3/ Statistisches Jahrbuch für die Bundesrepublik Deutschland 1989, Wiesbaden, 1990

/4/ W. Solfrian, G.Wagener-Lohse:
Kommunale Energiekonzepte - Wegweiser zur rationellen
Energieanwendung 3, 1991, S. 73 ff, Leipzig

/5/ Esso AG:
Energiestruktur im Wandel, Hamburg 1990/91

/6/ Ohne Verfasser:
Bausanierung in der Ex-DDR - Aus Fehlern lernen -
VDI-Nachrichten (30.11.1990), Nr. 40, S.41

Bundesministerium für Wirtschaft
Energiedaten `90, Bonn 1991

/7/ GERTEC GmbH
Energieversorgungskonzept der Stadt Wolfen Essen, 1991

# Clean black and brown coal fired power stations — the Australian experience and energy concept

**K. M. Sullivan,** Sydney, Australien

Abstract

Australia operates large coal fired power stations using both black and brown coal.

Developments leading to state of the art emission control technology for New South Wales and Queensland black coal and Victorian brown coal power plants, are examined.

These developments mainly relate to particulate control, since Australian coals are low in sulphur and power plants are generally located on coal field sites, remote from major population centres.

## 1. Introduction

Australia is an island continent having an area about equal to the United States. The population exceeds 17 million, has more than doubled in the past forty years and is expanding at a greater rate than other developed countries. Most of the population is located in the coastal regions, with the concentration centring around the major capital cities. Sydney and Melbourne have populations of over 3 million, other mainland capital cities have populations of the order of or greater than 1 million. The average lifestyle is high and the population is demanding of commensurate goods and services. Therefore average per capita consumption of electricity in Australia is of the order of 7000kWh. Growth in electricity consumption has averaged of the order of 5% per annum during the last decade. 80% of Australia's electricity is generated from coal.

Australia, through State legislation was one of the first countries to introduce specific clean air control requirements. During the past thirty years the degree of control has progressively been modified to ensure that adequate air pollution control was achieved.

Australian requirements are significantly different from those in other parts of the world, due to its large land area, small population and concentration of this population.

Most coal fired power stations are adjacent to coal mines and remote from capital cities. Due to this and the low sulphur content of indigenous coal, acidic deposition studies showed that there was negligible effect from the use of coal. Hence tall stack dispersion of emissions was found to be adequate, without the need for sulphur oxide emission control. However, other studies revealed that within the major cities of Australia photochemical smog, largely arising from automobile exhausts, was a problem. This resulted in legislation requiring the fitting of catalytic converters to automobiles being introduced in Australia before it was deemed necessary in Europe.

## 2. Energy Resources

Australia is fortunate in having a wide range of indigenous energy resources. Over 60% of Australia's oil needs are met and supplied from its own oil production. Australia's crude oil is mainly light, having extremely low sulphur content.

Natural gas has been discovered in many parts of Australia and has been developed in a number of major centres for distribution to all the mainland state capitals and major areas of use.

Uranium reserves are reported to be the largest in the world and some mining development has taken place in order to provide a part of the world's needs.

Hydro sources of power are available in specific areas of Australia and by and large these have been developed to their limit, based on both technical and environmental considerations.

Renewable energy sources are considerable, since Australia has vast areas that are exposed to long periods of sunlight, a long and sometimes stormy coastline and a large number of areas with the potential for providing considerable wind power. In some northern areas there is considerable tidal movement. There is potential for biomass production for use as an energy source. Currently there is limited application of bagasse by the sugar producing industry for power generation. However for technical and economic reasons all of these sources are largely unused.

Coal is Australia's major energy resource and is widely distributed throughout most of the country. A large number of high quality bituminous coal fields are located in the States of Queensland and New South Wales. The quality of these coals is such that some are suitable for coke production, some for gasification or liquifaction, whilst most may be used for thermal purposes. Analyses of a range of these coals are provided in Table 1. The feature of most of the thermal coals is that they are low in sulphur and have medium ash content with high fusion properties. The thermal coals from New South Wales are mainly medium volatile content resulting in good flame stability and thermal operating characteristics, whilst they have moderate milling characteristics. Australia has assumed the role of the world's major supplier of internationally traded coal during the last decade, by supplying environmentally preferred coals to the international market.

## TABLE 1
## RANGE OF PROPERTIES OF AUSTRALIAN EXPORT AND LOCALLY USED THERMAL COAL

|  | New South Wales | | Queensland | |
|---|---|---|---|---|
|  | Export Coal | Locally Used Power Station Coal | Export Coal | Locally Used Power Station Coal |
| Total Moisture | 8 - 9% | 8 - 10% | 8 - 16% | 7 - 10% |
| **Air dried basis** | | | | |
| Ash Content | 10 - 15% | 15 - 35% | 8 - 15% | 17 - 30% |
| Volatile Matter | 27 - 35% | 25 - 30% | 20 - 30% | 18 - 28% |
| Fixed Carbon | 49 - 55% | 40 - 55% | 55 - 60% | 38 - 62% |
| Total Sulphur | 0.3 - 0.7% | 0.4 - 0.8% | 0.3 - 0.8% | 0.4 - 0.8% |
| Ash Fusion Temperature | +1550°C | 1400 - +1600°C | 1450 - +1600°C | 1300 - +1600°C |
| Hardgrove Grindability Index | 50 - 55 | 50 - 55 | 55 - 80 | 50 - 100 |
| Heating Valve, air dried basis Kcal/kg | 6600 - 7200 | 4900 - 6000 | 6500 - 7200 | 4800 - 6700 |

Smaller reserves of black coal are also located in the States of Victoria and Tasmania. Tasmanian coal is mined only to provide local market requirements. Sub bituminous coal is mined in the State of Western Australia and is used mainly for power generation and by local industry. Lignite is mined in the State of South Australia for use in power generation.

Vast reserves of brown coal are located in the Latrobe Valley of Victoria and are mined mainly for use in power generation. The quality of the coal varies, but by and large is high in moisture, low in ash and low in sulphur. Typical characteristics of these coals are shown in Table 2. In addition there are considerable reserves of brown coal in the south west of New South Wales, over much of South Australia and along the southern shoreline area of Western Australia. These reserves are vast and of varying quality and have the long term potential to be used for power generation.

TABLE 2
RANGE OF PROPERTIES OF VICTORIAN BROWN COALS

|  | Yallourn | Morwell | Loy Yang |
|---|---|---|---|
| Total Moisture | 65 - 69% | 58 - 63% | 56 - 64% |
| Dry Basis |  |  |  |
| Ash Content | 1 - 3% | 2 - 4% | 0.4 - 8% |
| Volatile Matter | 49 - 52% | 47 - 50% | 47 - 51% |
| Fixed Carbon | 47 - 50% | 46 - 49% | 47 - 50% |
| Total Sulphur | 0.1 - 0.2% | 0.28 - 0.35% | 0.3 - 0.5% |
| Chlorine | 0.06 - 0.14% | 0.05 - 0.12% | 0 - 0.6% |
| Heating Value, as fired Kcal/kg | 1900 - 2250 | 2400 - 2700 | 2200 - 2600 |

## 3. Electricity Supply

Most of the electricity produced in Australia is generated by State authorities, each being responsible to its respective State government. In addition Australia's major hydro electricity scheme, which is common to the borders of New South Wales and Victoria and whose operation also impacts on the irrigation of areas of these two states as well as regions of South Australia is managed by an authority, which is responsible to the Australian government.

The development of electricity supply in Australia commenced with regional generation by either authorities or local councils and these were subsequently linked and co-ordinated into State generating bodies, who over recent years have developed interconnecting links between States, so that all eastern States and South Australia are connected. However the remote areas of Australia still remain serviced by local generation.

The State of New South Wales, with a total population of about 6 million, has over 12,000MW of installed generating plant and in addition has access to almost 4,000MW of hydro power. Over 90% of power generated in New South Wales comes from black coal fired thermal stations, the most recent of which comprise 4 x 660 MW units. These stations are by and large located on or adjacent to coal fields and result in New South Wales generating the lowest priced thermal power in Australia.

Queensland has an installed capacity of over 5,000MW and generates over 95% of its power from black coal fired thermal power stations, mainly located adjacent to the coal mining operation. The average cost of electrical energy is close to that of New South Wales. Recent thermal power stations comprise a number of 350MW coal fired units.

The State of Victoria has an installed generating capacity of approximately 7,000MW and almost 90% of Victorian power is generated from brown coal fired power stations located in the Latrobe Valley to the south east of Melbourne. Power is generated by a number of stations in the area, the most recent comprising several 500MW units.

Tasmania has a total installed capacity of about 2,500MW, which is mainly hydro power and virtually 100% of the electrical energy produced in the State is from this source.

South Australia has almost 3,000MW of installed generating plant which is all thermal using both coal and natural gas. Thermal power is generated in up to approximately 250MW size units and currently about 45% of electrical energy produced in this State is from coal fired plant.

Western Australia has an installed capacity of almost 2,500MW, which is mainly coal and natural gas fired thermal generating plant. Approximately 50% of the electrical energy produced is from black coal fired power stations located adjacent to the coal fields.

The Northern Territory has an installed electrical capacity of approximately 300MW which is mainly natural gas fired turbines or diesel generators.

In addition there are a number of small industrial power generators that provide power not only for an industrial process, but also for the local community. These plants are thermal and are fuelled by natural gas, oil or coal.

There is no nuclear generating capacity in Australia, principally because there is no economic justification for its use. There are a few solar and wind installations at specific locations in Australia. These have principally been installed for evaluation purposes and their capacity is of the order of tens of KW.

## 4. Emission controls for Power Generation - Black Coal

Coal for power generation is produced from both open cut and underground mines, both of which may give rise to environmental concern unless adequate control is taken. The major area of concern in any mining and coal handling operation arises from dust. In addition there is potential contamination from run off water and from fumes from spontaneous combustion of stored coal. By and large emissions from coal winning and handling are contained within the mining operation and do not impact on the surrounding community. Dust is controlled by the use of water and by enclosing any specific problem area. Run off water from the mining operation is contained and cleaned prior to discharge from the site. The correct laying down and monitoring of coal stockpiles prevents spontaneous combustion, thus preventing visible smoke emissions from a stored coal area and degradation of the stockpile itself.

Coal is usually transported from the mine to the power station site by conveyor or by truck. To minimise dust, water is sprayed on to the coal at a conveyor transfer point. Adequate water conditioning does not involve excessive use of water, but merely requires the surface wetting of particles. This ensures dust free transportation, and stockpiling. If a number of transfers and movements occur, allowing the coal to dry, the use of a surface wetting agent at a dosage of a few parts per million, introduced in conjunction with the water spray provides longer term control.

The combustion of coal gives rise to the generation of fine particles of ash. With modern pulverised coal combustion or fluidised bed combustion most of the ash will ultimately pass from the boiler and this fly ash needs to be collected prior to discharge to the atmosphere. Either electrostatic precipitators or fabric collectors are used to collect fly ash from large black coal fired power stations in Australia.

The collection characteristics of fly ash vary considerably from coal to coal and sometimes within a coal seam. This variability is easily observed as a difference in ash content, but is far more difficult to relate to the nature of the ash. Nevertheless, both electrostatic precipitators and fabric collectors can be designed to operate satisfactorily with either a specific coal or a range of coals.

The present state of technology is such, that provided a coal's fly ash can be evaluated in terms of both electrical and aerodynamic characteristics, then an electrostatic precipitator can be designed and installed to ensure that emissions are maintained at a desired level /1/. However, to cope with very difficult ash, extremely large precipitators have been installed, having specific collecting areas up to $250 m^2/m^3/s$.

To improve the collection efficiency of electrostatic precipitators, various techniques have been developed. Flue gas conditioning, generally using $SO_3$, has been shown to be effective . Its use involves the addition of a few part per million of $SO_3$ to the gas stream. The additive is mainly absorbed onto the surface of the ash and does not cause an $SO_3$ emission problem.

Electrical means have been developed to improve the efficiency of existing precipitators. These include intermittent energisation and pulse energisation, both of which may reduce emissions significantly. In addition an energy saving will occur which can provide an economic advantage for adopting the technique /2/. One installation on a Queensland power station resulted in a reduction in particulate emissions of 50% and an energy saving of over 90%.

In the last decade fabric filtration has become increasingly used for the collection of power station fly ash. In New South Wales a number of 660MW installations have occurred, whilst retrafitting of some older type electrostatic precipitators with pulse jet fabric collectors has taken place in units up to 500MW capacity. All of these installations have achieved exceedingly high operating efficiencies with solid particulate emissions being measured at less than $30mg/Nm^3$ at 6% $O_2$. However, experience has shown that difficulties may occur in operation, usually due to fabric failure in bags or from increased residual pressure drop across the collector, caused by an interaction of the fly ash and the fabric, largely brought about by the properties of the fly ash and the material /3/. However, work has been undertaken to improve knowledge in this area /4/ and the results are encouraging. With the passage of time, improvements in design and materials have resulted in a significant increase in the performance of fabric collectors, so that they are now considered to be a predictable and reliable means of collecting fly ash /5/. Australian experience has shown that with improvements to bag design and to operating and maintenance procedures, bag life has been increased to the order of 25,000 hours. This is most important, since a 660MW boiler may contain over 45,000 bags and satisfactory bag life becomes a major factor in the cost effectiveness of using fabric filters.

One of the difficulties associated with maintaining fly ash collection efficiency in Australian power stations, has been the past tendency to use raw coal in the power station, meaning that coal ash quantity and characteristics vary considerably, imposing an enormous variable burden on the fly ash collector. This is not a problem with power stations using Australian export coal, since this is beneficiated to a constant ash content and quality.

Most Australian black coals are low in sulphur and those that are fired in most Australian power stations contain between 0.4 and 0.6% sulphur. Because of this and due to the power stations being located close to coal producing areas, which are remote from the more densely developed parts of Australia, it has been found that sulphur oxide emissions from power stations do not impact adversely on the surrounding community. As a result, control of sulphur oxide emissions from Australian black coal fired power stations has not been required. Means of ensuring that the relatively low emissions do not impact on the community has involved the installation of stacks of sufficient height to provide for adequate dispersion and subsequent low ground level concentrations of oxides of sulphur.

The amount of oxides of nitrogen formed from coal combustion will vary, depending upon the coal used, the combustion intensity and the type of combustion device. Examination of a coal analysis does not provide a positive means of predicting the NOx emission propensity of a coal. This can best be determined from combustion evaluation at typical operating conditions. It has been found that with New South Wales coals, NOx emissions from a variety of coal fired plants, were less than those reported for similar quality northern hemisphere coals /6,7/, as shown in Table (3).

TABLE 3
COMPARISON OF NOx EMISSIONS
FROM AUSTRALIAN AND NORTHERN HEMISPHERE COALS
EMISSION FACTORS (kg NOx/tonne coal)

| COMBUSTION DEVICE | N.S.W. AUSTRALIA | U.S. E.P.A. |
|---|---|---|
| Chain grate boilers | 2.1 - 5.2 | 7.5 |
| Spreader stoker boilers | 4.2 - 6.2 | 7.5 |
| Pulverised fuel boilers | 4.4 - 6.3 | 9.0 |

The major factors that dictate NOx emissions from a coal fired furnace, are the combustion intensity and the method of firing. New South Wales and Queensland coal fired power stations were not required to reduce NOx emissions to a specified level. However during the past decade, all new power stations incorporated state of the art low NOx burner technology and as a result operate at low NOx emission levels.

Australian coals have been examined in relation to trace elements /8/ and although variable, have been found to contain low levels of the trace constituents that are considered to be of concern /9/. Most fly ash and bottom ash produced from bituminous coal fired power stations in Australia is disposed of as a slurry, which requires some control to avoid adverse impact on the environment. However due to the pozzolanic nature and other properties of most of these ash, they have considerable potential for use, which occurs in many countries to which the coals are exported.

## 5. Emission Controls For Power Generation - Brown Coal

Emissions from the brown coal fired power stations in the Latrobe valley of Victoria have come under detailed investigation /10/ and public scrutiny, being the subject of a public inquiry. In consequence the emission controls applied to the power stations. are sufficiently stringent to ensure clean air within the region.

The brown coal fired power generating units vary in size up to 500MW and are equipped with electrostatic precipitators to contain fly ash. These are required to handle a range of coals with ash contents that are mainly in the region of 1-5% and to operate with emission levels of less than 250 mg/Nm$^3$. The as fired brown coals are high in moisture content and the sodium to ash ratio is normally high. Both factors provide good electrical characteristics to the resultant fly ash in terms of precipitability. However physical characteristics of the fly ash may vary due to changes in ash constitution. This can result in a variation in re-entrainment characteristics, which can be controlled from a prior knowledge of the coal being mined, by the use of on-line additives and good aerodynamic design.

The use of low sulphur coal, which is typically less than 0.3% on a dry basis, results in low emissions of sulphur oxides, which are considerably less than the licence limit applied to the power stations in the region.

Nitrogen oxide emissions from the brown coal fired boiler plants are low by world standards. The boilers which range in size from 120 to 500MW are tangentially fired and in general use a separation system for combustion stability, where rich and lean gas streams are fired into the boiler in a manner that minimises NOx formation. The coals are generally low in nitrogen and as a result of these factors, typical NOx emissions from the brown coal fired boilers in the Latrobe Valley are in the region of 200-400mg/Nm$^3$ depending on the operating conditions.

## 6. Global Pollution

The combustion of fossil fuel causes both sulphur oxides and nitrogen oxides to be emitted to the atmosphere and to subsequently contribute to acidic deposition. The capability of gases to be transported over long distances and the potential for any resultant acidic deposition to alter pH in lakes and water systems and to affect vegetation and buildings is recognised.

Australia has investigated acidic deposition and found that in the major cities minimum pH levels of the order of 5.4 occur. The most significant contributor is the motor vehicle, whilst major industries are largely located away from the major urban areas and do not impact on these regions. However the lowest measured value for acidic rainwater in Australia, had a pH of 3.6 which was obtained in a remote area of the Northern Territory, far from industry, transport and commercial development. It was found to be formic acid. Hence, severe acid deposition was recorded due to a natural phenomenon.

Greenhouse gas emissions result from the use of fossil fuel. Coal fired power generation throughout the world contributes about 8% of man's total annual input of these gases to a potential earth warming. The use of coal to generate power from Australia's coal fired power stations contributes less than 0.2% to the potential warming arising from man's annual input of greenhouse gas emissions /11/. During thus century, black coal fired power generating stations have more than quadrupled their efficiency and now generate at up to 38% overall efficiency. In consequence they now consume less than a quarter of the coal to produce each MW of electricity, with a corresponding reduction in $CO_2$ emissions. Brown coal fired power stations operate with overall efficiencies in the range 24-29%, due to the high moisture content and low specific energy of the coal. It has been suggested as one alternate energy strategy for reducing $CO_2$ emissions from the electricity producing industry in the eastern States of Australia, that future electricity generation could be optimised for $CO_2$ emissions by eliminating the use of brown coal and increasing the use of black coal.

This would result in a considerable reduction in $CO_2$ emissions whilst still producing the electricity requirements for most of Australia /12/.

## 7. Conclusion

Australia has a long history of environmental control and compliance.

Electricity is mainly produced throughout Australia from coal because it is abundant, widely distributed across much of Australia and provides the most economic source of energy for power generation.

In order to comply with environmental requirements, Australian coal fired power stations embody all necessary technology to permit these plants to operate in harmony with the community at large.

By and large Australian coals are low in sulphur and low in metallic trace elements, whilst some are low emitters of oxides of nitrogen. Acting on what has been perceived to be the needs of the community, the Australian power industry and associated researchers have investigated and developed means of controlling particulate emissions from power stations using both electrostatic precipitators and fabric collectors, placing Australia to the forefront in this field of technology.

## 8. References

/1/ SULLIVAN K M, "Evaluation of Coal for Electrostatic Precipitator Design", Conference on Pulverised Coal Firing, The University of Newcastle, Newcastle, Australia, August, 1979.

/2/ BAKER J W, NAYLOR P J, and SULLIVAN K M, "ACIRL Coal Combustion Pilot Precipitator Test Facility", Third International Conference on Electrostatic Precipitation, Abano, Italy, October, 1987.

/3/ LOWE A, ROBERTSON C and HACOBIAN B, "Fly Ash Factors Affecting the Performance of Shaker Type Fabric Filters on Utility Boilers", 7th World Clean Air Congress, Sydney, Australia, August, 1986.

/4/ BAKER J W, HOLCOMBE D, and SMITH P D, "Testing Fly Ash in Relation to Fabric Collection ", Australian Coal Industry Research Laboratories Ltd. Report, Sydney Australia, September, 1987.

/5/ CUSHING K M, MERRITT R L, and CHANGI,R L, "Operating History and Current Status of Fabric Filters in the Utility Industry", Journal Air and Waste Management Association, 1051-1058, July 1990.

/6/ SULLIVAN K M, "Oxides of Nitrogen and Carbon Monoxide Stack Emissions from Combustion Equipment Using NSW and Queensland Coals", Australian Coal Industry Research Laboratories Ltd., Report, Sydney, Australia, June, 1977.

/7/ FERRARI L M , DUGUID J, NGUYEN T H, MITCHELL A D, and COUGHLIN R C, "Nitrogen Oxide Emissions and Emission Factors for Stationary Sources in New South Wales", International Clean Air Conference, Brisbane, Australia, May, 1978.

/8/ SWAINE, D.J., "Trace Elements in Australian Bituminous Coals and Fly Ashes", Conference on Pulverised Coal Firing, The University of Newcastle, Newcastle, Australia, August 1979.

/9/ "Swedish State Power Board Report to the Swedish Government, 1983". The Swedish Coal - Health - Environment Project, Sweden, 1983.

/10/ MANINS P C, (Editor) "Latrobe Valley Airshed Study", Clean Air, Australia, November, 1988.

/11/ SULLIVAN K M, "Greenhouse and Coal", Proc. CSIRO Greenhouse and Energy Conference, Sydney, Australia, Dec. 1989.

/12/ HOURE J A, and WATT G N, "Greenhouse and the Electricity Supply Industry", Proc. CSIRO Greenhouse and Energy Conference, Sydney, Australia, Dec. 1989.

# Energieversorgung mit Kohle —
# Stand der Technik bei Neuanlagen und
# bei der Sanierung von Altanlagen

**W.-F. Staab,** Frankfurt/M.,
**E. Führlich,** Radebeul

## 1   Zusammenfassung

Die Verbrennung von Kohle in Altkraftwerken und Neuanlagen erfolgt heute unter sehr hohen Anforderungen hinsichtlich der geforderten niedrigen Schadstoffemissionen. In vorhandenen Kraftwerken werden deshalb Rauchgasreinigungsanlagen nachgerüstet, neu zu planende Kraftwerke können mit entsprechenden Primär- und/oder Sekundärmaßnahmen die Abgasgrenzwerte einhalten. Die Technologien dazu sind erprobt, für weitergehende Verbesserungen - insbesondere zur Wirkungsgraderhöhung - sind Konzepte verfügbar.

## 2   Ausgangssituation

Strukturänderungen in der Energiewirtschaft durch Umorientierung in den neuen Bundesländern aber auch durch das Auslaufen des Jahrhundertvertrages machen auch vor Anlagen für die kommunale und regionale Energieversorgung nicht halt.

Die in den neuen Ländern zur Zeit noch vorhandene Überbetonung des Primärenergieträgers Rohbraunkohle erfordert Maßnahmen zur umweltverträglicheren Versorgung der Ballungsgebiete.

## Primärenergieverbrauch im Jahr 1989

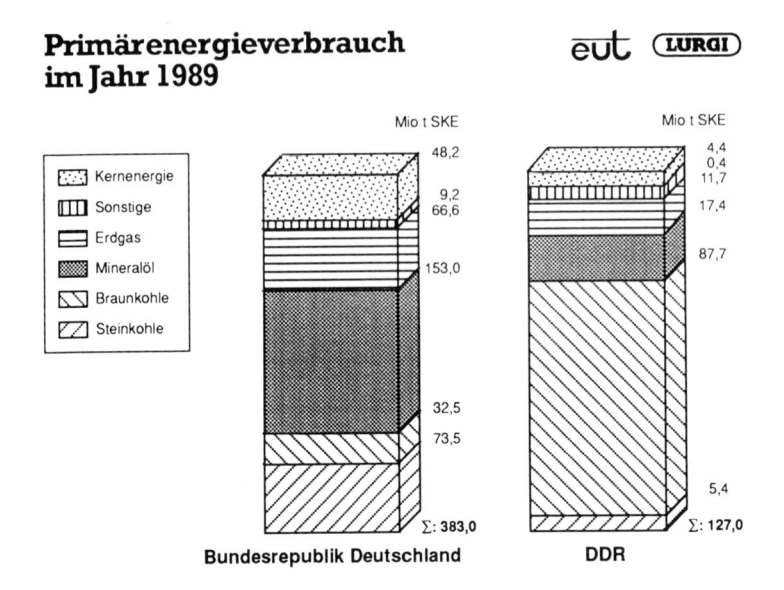

Legend:
- Kernenergie
- Sonstige
- Erdgas
- Mineralöl
- Braunkohle
- Steinkohle

**Bundesrepublik Deutschland** (Mio t SKE):
- 48,2
- 9,2
- 66,6
- 153,0
- 32,5
- 73,5
- Σ: 383,0

**DDR** (Mio t SKE):
- 4,4
- 0,4
- 11,7
- 17,4
- 87,7
- 5,4
- Σ: 127,0

Bild 1: Primärenergieverbrauch beider deutscher Staaten 1989

Dies trifft sowohl auf Anlagen zur Wärme- als auch zur Stromversorgung in diesen Gebieten zu, denn immerhin werden 15,5 % des Endenergieverbrauches der Haushalte durch Fernwärme gedeckt (Altbundesländer 4,3 %); rd. 23 % der Wohnungen sind an Fernwärme angeschlossen. So verfügen alle größeren Städte (Chemnitz, Dresden, Leipzig, Berlin, Neubrandenburg, Gera u.a.) über Heizkraftwerke mit Dampferzeugereinheiten bis zu 320 t/h und 60 MW-Entnahme-Gegendruck-Maschinen.

Die aus dem Einsatz des Energieträgers Rohbraunkohle resultierenden Belastungen für die Umwelt in den neuen Bundesländern waren und sind noch erheblich, so daß neue Versorgungskonzepte von einer wesentlichen Verringerung der Schadstoffemission ausgehen müssen.

## 3 Reduzierung der Schadstoffemission

Eine wesentliche Entlastung der Umwelt wird einerseits durch die mit einer Energieträgerumstellung verbundene Emissionsminderung und andererseits durch Sanierung von Altanlagen sowie Errichtung von Kraftwerken mit neuen Technologien erreicht.

### Entwicklungstendenz ausgewählter Energieträger im Freistaat Sachsen

| | | 1989 | 2000 | |
|---|---|---|---|---|
| Rohbraunkohle | $10^6$ t/a | 116,0 | 30,2 | (- 74 %) |
| Brikett | $10^6$ t/a | 14,0 | 2,3 | (- 84 %) |
| Heizöl | $10^6$ t/a | 0,2 | 2,5 | (+ 1.150 %) |
| Erdgas | $10^9$ m³/a | 1,2 | 4,2 | (+ 250 %) |
| Fernwärme | $10^{15}$ j/a | 65,0 | 47,0 | (- 28 %) |

Bild 2: Entwicklungstendenz ausgewählter Energieträger im Freistaat Sachsen

Allein durch die in Bild 2 am Beispiel Freistaat Sachsen dargestellte erwartete Umstellung der Energieträger ergeben sich für das Jahr 2000 im Vergleich zum Basisjahr 1989 folgende Emissionsminderungen:

$$\begin{array}{lrl} \text{Staub} & 120 - 150 & \cdot\ 10^3\ \text{t/a} \\ \text{SO}_2 & 1.050 & \cdot\ 10^3\ \text{t/a} \\ \text{NO}_x & 125 & \cdot\ 10^3\ \text{t/a} \\ \text{CO}_2 & 90.000 & \cdot\ 10^3\ \text{t/a} \end{array}$$

Tendenziell trifft diese Entwicklung auf alle anderen Neubundesländer entsprechend ihrem Energieverbrauch ebenfalls zu.

Die gesetzlichen Forderungen zur Einhaltung bestimmter Konzentrationen an Schwefel- und Stickoxiden im Rauchgas auch in bestehenden Kraftwerken führte zur großtechnischen Entwicklung und zum Betrieb von Rauchgasentschwefelungs- und -entstickungsanlagen (REA und DeNO$_x$) sowie zu Primärmaßnahmen zur NOx-Reduzierung, die in Kraftwerken nachgerüstet oder in Neuanlagen gezielt eingesetzt werden können.

Parallel dazu bewährte sich die Technologie der zirkulierenden Wirbelschichtfeuerung, die aufgrund ihres Feuerungsprinzips zur Einhaltung bestehender Vorschriften auf nachgeschaltete Rauchgasreinigungsanlagen mit Ausnahme des Staubfilters verzichten kann.

Vom Gesetzgeber wurden die Spätesttermine, zu denen alle Kraftwerke - Neu- oder Altanlagen - die vorgegebenen Grenzwerte einhalten müssen, für die alten Bundesländer auf den 1.3.1994 und für die neuen Bundesländer auf den 30.06.1996 festgelegt. Dampferzeuger, für die sich aus betriebswirtschaftlicher Sicht eine Um- oder Nachrüstung nicht mehr lohnt, sind zu diesem Zeitpunkt stillzusetzen.

Die in den letzten Jahren im Hinblick auf den Treibhauseffekt verschärfte $CO_2$-Diskussion führt zum Streben nach höheren Gesamtwirkungsgraden. Bei der Verfeuerung fossiler Brennstoffe ist die Freisetzung von Kohlendioxid nicht zu umgehen. Eine Verminderung kann durch Reduzierung der eingesetzten Kohlemenge erreicht werden. Bei gleicher zu erzielender Leistung ist dies nur mit einem höheren Umwandlungswirkungsgrad von Brennstoff zu Strom und Fernwärme möglich.

## 4 Sanierungskonzepte für Altanlagen

Der hohe Anteil an umweltfreundlicher Fernwärmeversorgung durch Wärme-Kraft-Kopplung in den neuen Bundesländern muß durch Sanierung von Altanlagen und Neubau effizienter Heizkraftwerke erhalten bzw. ausgebaut werden.

Die Sanierungskonzepte erfordern für Altanlagen

- die Nachrüstung von Elektro- bzw. Gewebefiltern für Reingasstaubgehalte von < 50 mg/m$^3$ i.N.

- die Nachrüstung von Rauchgasentschwefelungsanlagen zur Begrenzung der $SO_2$-Emission auf < 200 mg/m$^3$ i.N. Dabei ist für die Größe der REA hinter Rohbraunkohle-Dampferzeugern das gegenüber Steinkohlefeuerungen 1,4fache Rauchgasvolumen von Bedeutung.

- Maßnahmen zur Entstickung der Rauchgase im wesentlichen durch Primärmaßnahmen im Bereich der Feuerung. Rohbraunkohlefeuerungen sind hier durch ihre ohnehin geringeren $NO_x$-Konzentrationen im Rauchgas (< 500 mg/m$^3$ i.N.) im Vergleich zu Steinkohlefeuerungen begünstigt. Für letztere stehen $DeNO_x$-Anlagen zur Verfügung.

- begleitende Maßnahmen zu von der Verbrennung unabhängigen Anlagenteilen wie Kohle- und Aschetransport, Abwasserbehandlung, Lärmbegrenzung u. ä.

Erste Schritte im Freistaat Sachsen sind beispielsweise die E-Filter-Erneuerung einschließlich Entaschung im Kraftwerk Nossener Brücke in Dresden oder die Umsetzung positiver Versuchsergebnisse zur $NO_x$-Minderung durch Primärmaßnahmen im Kraftwerk Boxberg.

Die im Rahmen dieser Überlegungen nicht mehr ertüchtigungswürdigen Anlagen sind wegen der erschlossenen Infrastruktur Vorzugsstandorte für neue Heizkraftwerke mit höherem Wirkungsgrad.

## 5 Konzepte für Neuanlagen

Die vorgenannten Kriterien bei der Sanierung von Altanlagen sind ebenso für den Bau neuer Kraftwerke gültig. Insbesondere für den kleinen und mittleren Leistungsbereich - also für stadtnahe oder innerstädtische Heizkraftwerke aber auch für die stadtnahe Industrie - hat sich eine moderne Feuerungstechnologie bewährt, die wesentliche Vorteile gegenüber den bekannten Techniken aufweist. Es ist dies die Verbrennung in der Zirkulierenden Wirbelschicht, die aufgrund ihres physikalischen Prinzips auf den Einsatz von Rauchgasentschwefelungs- oder -entstickungsanlagen verzichten kann und daher beim Einbau in eine vorhandene Kraftwerksstruktur oder auch auf "grüner Wiese" durch ihre kompakte Bauweise Platzvorteile bietet.

Charakteristische Merkmale dieser Technik, die sich seit ihrer ersten großtechnischen Anwendung vor 10 Jahren sehr schnell etabliert hat, sind:

- umweltfreundliche Feuerungstechnologie mit "integriertem Umweltschutz"
- hohe Brennstoffflexibilität mit gleichzeitig geringen Anforderungen an die Brennstoffaufbereitung
- hoher Kohlenstoffumsatz, daher hoher Wirkungsgrad
- Entschwefelung allein durch Zugabe von Kalkstein direkt in den Feuerraum
- kraftwerksgerechte Technik, d.h. Kombination mit allen bekannten Kesseltypen
- sehr gutes Teillastverhalten bei Einhalten der vorgegebenen Emissionsforderungen

Bild 3 zeigt ein vereinfachtes Prinzipschema für die ZWS-Technologie. Dargestellt ist ein vollberohrter Feuerraum – die Wirbelbrennkammer, in dem die pneumatisch oder gravimetrisch zugegebene Kohle in einer dichten "Wolke" aus heißen Aschepartikeln, Rauchgas und Luft verbrennt.

Durch das Prinzip der zirkulierenden Wirbelschicht strömt aus der Brennkammer ein mit Asche hochbeladener Rauchgasstrom in einen Zyklon, der zur Vorentstaubung des Rauchgases dient und eine Feststoffabscheidung von weit über 99 % bewirkt.

## Prinzipschema eines ZWS-Kraftwerks
(System Lurgi)

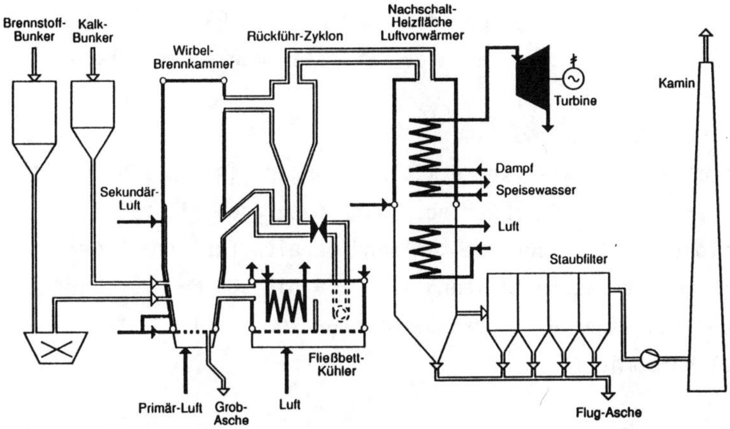

Bild 3: Kohlekraftwerk mit ZWS-Technologie

Der abgeschiedene Feststoff läuft dann über einen sogenannten Tauchtopf zurück in die Wirbelbrennkammer. Optional kann ein Teil dieses rückfließenden Feststoffes aus dem Tauchtopf abgezogen und einem Fließbettkühler (externer Wirbelschicht-Wärmetauscher) zugeführt werden.

Mit Hilfe dieses Kühlers lassen sich ZWS-Dampferzeuger bei optimalen Emissionsbedingungen zwischen 20 und 100 % Last betreiben.

Mit Hilfe der großen extern über Zyklon und Fließbettkühler und der intern in der Wirbelbrennkammer zirkulierenden Aschemenge ergeben sich hervorragende Wärme- und Stoffaustauschbedingungen, so daß niedrige Verbrennungstemperaturen von ca. 850 °C im gesamten Feuerungsbereich eingehalten werden.

Dieses Temperaturniveau verhindert zusammen mit einer gestuften Luftzufuhr weitgehend die Entstehung thermischer Stickoxide und bietet optimale Bedingungen zur Rauchgasentschwefelung. Direkt in den Feuerraum wird handelsüblicher Kalkstein eingeblasen, der die Schwefeloxide zu Gips bindet. Die lange Verweilzeit der Kohlepartikel führt zu einem sehr guten Ausbrand bis zu 99 % bei sehr hoher Flexibilität in bezug auf den Einsatz möglicher Brennstoffe.

Bereits heute sind ZWS-Kraftwerke mit Leistungen bis zu 175 $MW_{el}$ gebaut und erfolgreich in Betrieb. Wirkungsgrade bis zu 40 % werden erreicht. Engineeringarbeiten sind bereits für Kraftwerke bis zu einer elektrischen Leistung von 250 bis 300 MW durchgeführt worden, was einer erzeugten Dampfmenge von ca. 1.000 t/h in einem Kessel entspricht.

Während konventionelle und ZWS-Kraftwerke nur über die Dampfschiene Strom produzieren und in beiden Fällen mit Gesamtwirkungsgraden bis zu 40 % gerechnet werden kann, werden bei kohlegefeuerten Kombikraftwerken wesentlich höhere Wirkungsgrade (bis 45 %) erzielt. Hier wird der Strom sowohl über die Kohlegasschiene als auch über die Dampfschiene erzeugt. Durch das Ausnutzen des höheren Temperaturgefälles in den Gasturbinen wird die Erhöhung des Gesamtwirkungsgrades erzielt.

Bild 4 zeigt beispielhaft für die unterschiedlichen Kombiprozesse das Verfahren der ZWS-Luft-Teilvergasung mit nachgeschalteter Gasreinigung und Einsatz des Brenngases in einer Gasturbine in Verbindung mit der ZWS-Verbrennung zur Verfeuerung des Restkokses aus der Vergasung zusammen mit Kohle. Alle Einzelkomponenten sind verfügbar. Das dargestellte Konzept eines reinen ZWS-Kombikraftwerkes mit einer elektrischen Leistung von 180 MW wurde bereits detailliert geplant und in diversen Veröffentlichungen beschrieben.

(LURGI)

## ZWS - Kombikraftwerk - 180 MW

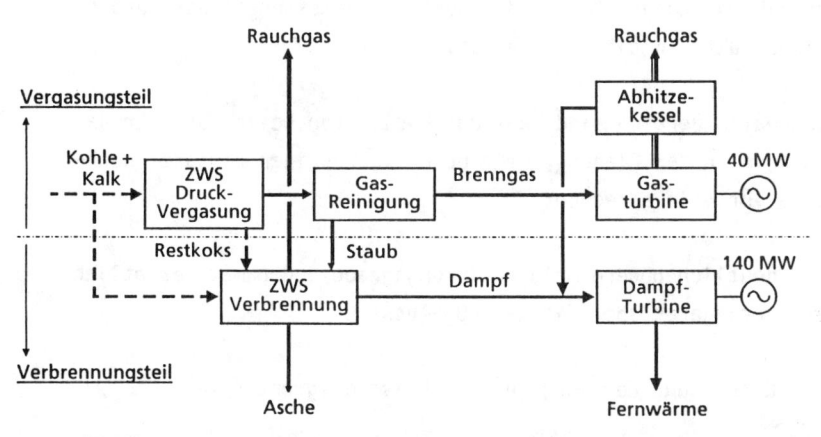

Bild 4: Kombi-Kraftwerk auf ZWS-Basis

Eine weitere Entwicklung im Bereich der Wirbelschicht-Technologie zur Steigerung des Wirkungsgrades ist die Feuerung unter Druck. Hier gibt es allerdings noch einige Probleme, die prozeßtechnisch und konstruktiv gelöst werden müssen, wie z. B. die Heißgasreinigung oder die erosionsvermeidende Anordnung von Wärmeübertragungsflächen.

In modernen Kraftwerken liegen die Frischdampfdaten bei 250 bar
und 535/535 °C. Mit einfacher Zwischenüberhitzung werden heute
Anlagenwirkungsgrade von bis zu 40 % erreicht. Durch weitere Erhöhung der Dampfparameter auf 300 bar und 650/650 °C läßt sich
der Wirkungsgrad um ca. 3 %-Punkte steigern, ein weiterer Pro-
zentpunkt kann durch Einsatz doppelter Zwischenüberhitzung gewonnen werden. Diese Maßnahmen erfordern jedoch die Verwendung
hochwertiger Werkstoffe, deren Kosten bei einer Wirtschaftlich-
keitsbetrachtung stark zu Buche schlagen. Für den kommunalen Bereich mit Leistungsgrößen bis ca. 100 $MW_{el}$ sind diese Möglichkeiten überdies nur schwer zu realisieren, da die Spaltverluste
der Dampfturbine überproportional ansteigen und eine doppelte
Zwischenüberhitzung aufgrund der geringen Abmessungen der Turbine
rein konstruktiv nicht möglich ist.

Im kommunalen Bereich sind auf der Basis von Heizöl und Erdgas
GuD-Anlagen in der Planung, für deren vorrangigen Einsatz nachfolgende Vorteile sprechen:

- deutlich höhere Anlagenwirkungsgrade und damit wesentlich
  geringerer spezifischer $CO_2$-Ausstoß

- Einhaltung der vorgegebenen Emissionsgrenzwerte

- gegenüber Kraftwerken auf Basis Rohbraunkohle erheblich
  geringerer Platzbedarf und Bauaufwand

Konzepte liegen für eine Reihe von Standorten in Größenordnungen
von 50 $MW_{el}$/100 $MW_{th}$ bis 235 $MW_{el}$/480 $MW_{th}$ vor.

## 6 Ausblick

Die Nachrüstbarkeit konventioneller Kohlekraftwerke ist großtechnisch vielfach bewiesen. Für Neuanlagen stehen verbesserte Konzepte und Technologien zur Verfügung, die bereits heute kommerziell eingesetzt werden. Mit Kombikraftwerken auf reiner Kohlebasis können deutliche Wirkungsgradsteigerungen erzielt und kostengünstig Strom und Fernwärme erzeugt werden. Die im Bau befindlichen Anlagen müssen diesen Nachweis noch erbringen.

Für mittlere Leistungsgrößen im Bereich der EVUs hat sich die Technologie der zirkulierenden Wirbelschichtfeuerung durchgesetzt. Dies wurde durch die mehrfache Verleihung des International Power Plant Award dokumentiert, mit dem u. a. im Jahr 1990 ein ZWS-Kraftwerk in Berlin hinsichtlich seines hervorragenden thermischen Wirkungsgrades sowie seiner niedrigen Schadgasemissionen ausgezeichnet wurde.

# Die moderne Ölfeuerung im Wärmemarkt:
## Chancen — Emissionsverhalten — Wirtschaftlichkeit

W. Bley, Wien

Zusammenfassung

Im Wärmemarkt der Bundesrepublik Deutschland werden auch zukünftig Heizöl EL und Heizöl S (1%S) einen hohen Stellenwert behalten.

Durch rationellen Energieeinsatz, durch moderne Feuerungsanlagen und durch Verbesserung der Verbrennungstechnik bestehen bemerkenswerte Emissionsminderungspotentiale.

Insbesondere die günstigen Brennstoffpreise und die angemessenen Investitionskosten führen bei Emissionsminderungsmaßnahmen zu verhältnismäßig kurzen Amortisationszeiten.

Eine Abschätzung der zukünftigen $CO_2$-Emissionen führt zu dem Schluß, daß selbst bei strukturellen Veränderungen des Primärenergieeinsatzes sowie durch ordnungspolitische Eingriffe und marktkonforme Anreize bis zum Jahre 2005 allenfalls eine 16 %ige Reduktion auf insgesamt 870 Mt $CO_2$ erreicht werden kann.

Im Raumwärmemarkt der alten Bundesländer mit 27,2 Millionen beheizten Wohneinheiten hält die Ölheizung derzeit einen Anteil von 43 %.

In den neuen Ländern wird 1995 ein Anteil von 20 % der insgesamt rund 7,0 Millionen Wohneinheiten erwartet.

Während die Ölfeuerungen in den neuen Bundesländern weitgehend als zeitgemäß angesehen werden können, sind rund 58 % der Anlagen in den alten Bundesländern veraltet. Dieses Potential wird in den nächsten 5 Jahren - auch durch die Anforderungen der geplanten Neufassung der 1. Verordnung des Bundesemissionsschutzgesetzes - weitgehend modernisiert werden.

Eine moderne Ölheizung verwendet Heizöl Extra Leicht nach DIN 51603/1 als Brennstoff und besteht aus einem Niedertemperaturkessel, der dem erforderlichen

Wärmebedarf exakt angepaßt ist, einem Ölzerstäuberbrenner mit Vorwärmung und Absperrklappe sowie einer witterungsgeführten Regelung.

Hinzu kommt der Heizöltank sowie die erforderlichen Leitungen und Armaturen.

Kessel und Ölbrenner können sowohl als sog. Unit von einem Hersteller als auch durch die Kombination von Kessel und Brenner verschiedener Hersteller installiert werden.

Hinsichtlich des Jahresnutzungsgrades und der Emissionen läßt sich eine moderne Ölheizung am besten durch die Anforderungen des neuen Umweltzeichens UZ 46 beschreiben:

| | |
|---|---|
| Jahresnutzungsgrad | > 89 % |
| max. NOx-Emissionen: | 130 mg/KWh |
| max. CO-Emissionen: | 80 mg/KWh |
| max. CxHy-Emissionen: | 15 mg/KWh |
| Rußziffer: | < 0,5 |

Nach Felduntersuchungen des IWO als auch der Firma Weishaupt sowie aus der Literatur können für die bestehenden veralteten Anlagen Durchschnittswerte von

| | |
|---|---|
| NOx-Emissionen von | 150 - 180 mg/KWh |
| CO-Emissionen von | 86 - 100 mg/KWh |
| CxHy-Emissionen von | 15 - 18 mg/KWh |
| $SO_2$-Emissionen von | 250 - 288 mg/KWh |
| und Rußziffern von | 0,5 - 2 |

angesetzt werden.

Die Minderungspotentiale durch Modernisierung sind beachtlich, vor allen Dingen, wenn man zusätzlich den Einfluß der Brennstoffverbrauchsreduzierung von durchschnittlich 25% berücksichtigt.

Es ist deshalb unerläßlich, die rationelle Energieanwendung insbesondere auch im Raumheizungsmarkt voranzutreiben, denn kein fossiler Brennstoff setzt Wärme ohne Emissionen frei.

Der Primärenergieverbrauch (s. Vergleich 1990/91) der Bundesrepublik Deutschland zeigt in Abb. 1 die derzeitigen Veränderungen.

Braunkohle wird durch Steinkohle, Erdgas und Mineralöl substituiert.

Die Energieprognosen für die nächsten 18 Jahre lassen weitere, deutliche Struktureffekte erwarten. (Abb.2)

## Abb. 1: Primärenergieverbrauch in der neuen Bundesrepublik Deutschland 1990/1991

| Energieträger | 1990 | 1991*) | Veränderungen 1991/1990 | | Anteile in % | |
|---|---|---|---|---|---|---|
| | in Mio. t SKE | in Mio. t SKE | in % | | 1990 | 1991 |
| Mineralöl | 178,3 | 188,5 | + 10,2 | + 5,7 | 35,3 | 38,4 |
| Steinkohlen | 78,7 | 79,3 | + 0,6 | + 0,8 | 15,6 | 16,1 |
| Erdgas | 78,2 | 82,3 | + 4,1 | + 5,2 | 15,5 | 16,8 |
| Kernenergie | 49,4 | 47,3 | − 2,1 | − 4,3 | 9,8 | 9,6 |
| Braunkohlen | 109,2 | 83,7 | − 25,5 | − 23,4 | 21,7 | 17,0 |
| Wasserkraft | 5,2 | 4,9 | − 0,3 | − 5,8 | 1,0 | 1,0 |
| Außenhandelssaldo Strom | 0,4 | − 0,2 | − 0,6 | • | 0,1 | 0,0 |
| Sonstige (Brennholz u. ä.) | 5,1 | 5,2 | + 0,1 | + 2,0 | 1,0 | 1,1 |
| Insgesamt − in Mio. t SKE | 504,5 | 491,0 | − 13,5 | − 2,7 | 100,0 | 100,0 |

*) vorläufig

Arbeitsgemeinschaft Energiebilanzen 12/91

## Abb. 2: Primärenergieverbrauch nach Energieträgern
in Millionen Tonnen SKE (alte und neue Länder)

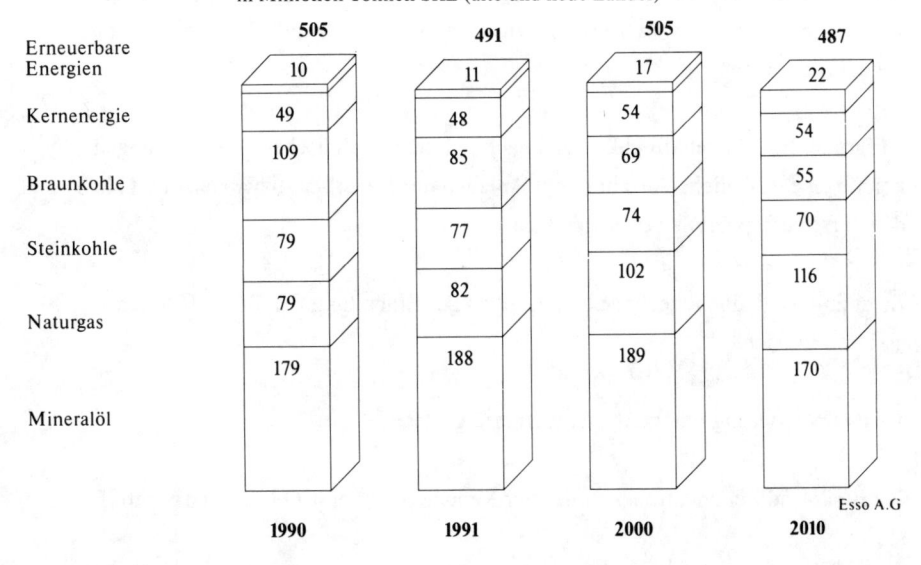

| | 1990 | 1991 | 2000 | 2010 |
|---|---|---|---|---|
| | 505 | 491 | 505 | 487 |
| Erneuerbare Energien | 10 | 11 | 17 | 22 |
| Kernenergie | 49 | 48 | 54 | 54 |
| Braunkohle | 109 | 85 | 69 | 55 |
| Steinkohle | 79 | 77 | 74 | 70 |
| Naturgas | 79 | 82 | 102 | 116 |
| Mineralöl | 179 | 188 | 189 | 170 |

Esso A.G

Daraus und aus den zu erwartenden Fortschritten der Gerätetechnik können die zukünftigen Emissionsfaktoren und die Emissionsentlastungen im Sektor "Haushalt" abgeschätzt werden.

Bei der Verbesserung der Luftqualität in Ballungsgebieten sollte aber nicht übersehen werden, daß bereits heute ein erheblicher Anteil der Schadstoffe vor Ort aus weiträumigen Transportvorgängen stammt.

Dies gilt besonders für Smog-Situationen.

Hier sollten endlich Minderungsstrategien entwickelt werden, die sowohl die chemischen Reaktionen in der Atmosphäre als auch Anreize für die Reduktion der Emissionen an der Quelle beinhalten.

Der weiträumige Transport von Luftschadstoffen ist stark von Großemittenten beeinflußt. In Deutschland unterliegen Leistungen über 50 MWth bekanntlich der Grofeuerungsanlagenverordnung.

Die Masse der Wärmeerzeuger sind jedoch Kesselanlagen im Geltungsbereich der TA Luft im Leistungsbereich von 5 bis 50 MW.

Nach der Schätzung der Feuerungsanlagen im Geltungsbereich der TA Luft (Umweltbundesamt 1986) waren 1800 Anlagen mit Heizöl EL und 8500 Anlagen mit Heizöl S betroffen.

Aufgrund der Wirtschaftlichkeit und nach feuerungstechnischen Verbesserungen konnte eine erhebliche Anzahl dieser Anlagen mit Heizöl EL bzw. Heizöl S (1% S) den verschärften Grenzwerten genügen.

Zwei unterschiedliche technische Lösungen zur Einhaltung der TA Luft sollen erläutert werden:

1. NOx-Minderung durch Abgasrückführung (ARF)

2. Primär- und Sekundärmaßnahmen zur Reduzierung von CO, NOx und Staub (ERC)

Die Minderungsmöglichkeiten für verschiedene Brennstoffe durch die entsprechenden Abgasrückführraten zeigt Abb.3.

**Abb. 3: Einfluß der Abgasrückführung (ARF) auf die $NO_x$-Bildung**

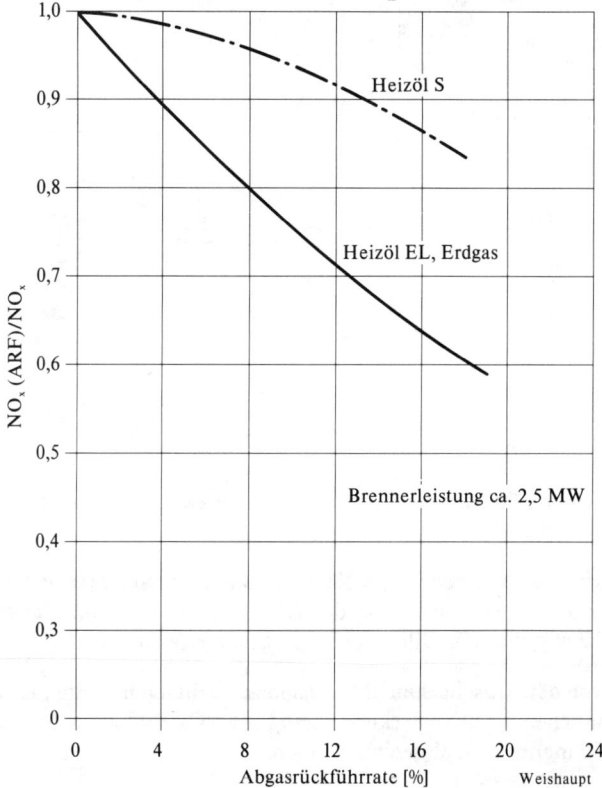

[Diagramm: $NO_x$ (ARF)/$NO_x$ über Abgasrückführrate [%]; Kurven für Heizöl S und Heizöl EL, Erdgas; Brennerleistung ca. 2,5 MW; Weishaupt]

Aus diesen Zusammenhängen geht eindeutig hervor, daß durch dieses Verfahren besonders bei Heizöl EL und Erdgas beachtliche NOx-Reduzierungen erreicht werden können.

Das Prinzipschaltbild entsprechender Anlagen ist in Abb. 4 dargestellt.

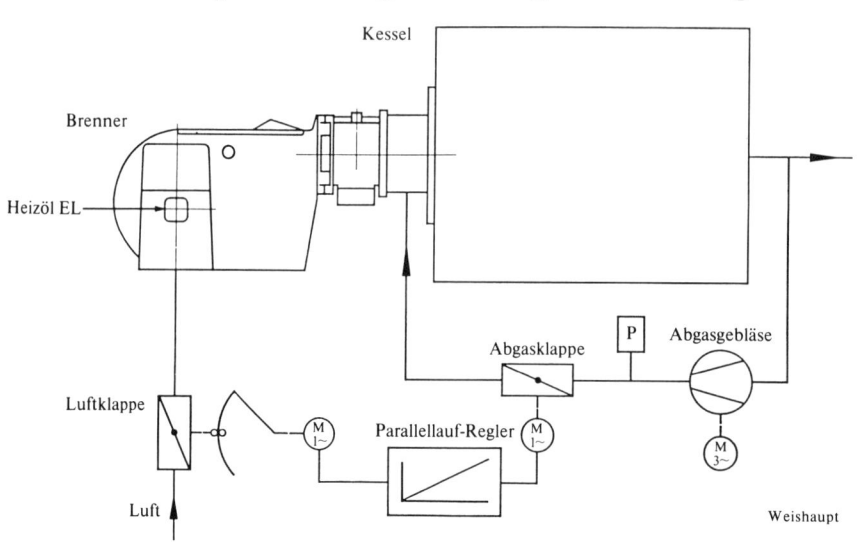

## Abb. 4: $NO_x$-Minderung durch Abgasrückführung

Das ERC-Verfahren besteht aus einer Kombination von zwei unterschiedlichen Additiv-Dosier-Systemen.

Feuerungsseitig wird durch Zugabe eines Verbrennungsverbesserers eine nahstöchiometrische Fahrweise erreicht, ohne daß CO- oder Rußemissionen ansteigen. Damit kann gleichzeitig die NOx-Bildung niedrig gehalten werden.

In Abhängigkeit von der Kesselleistung kann dann zusätzlich durch Eindüsung von Harnstoff oder ähnlichen Additiven sekundärseitig die NOx-Bildung unter den Grenzwert von 450 mg/m³ NOx abgesenkt werden.

Die Verdüsungseinrichtung wird lastabhängig verfahren.

Dadurch ist gewährleistet, daß das Additiv im optimalen Temperatur- und Reaktionsbereich zur Wirkung kommt.

Nach entsprechenden Vorversuchen wird bei der Installation des ERC-Verfahrens die Einhaltung der Grenzwerte der TA Luft garantiert.(Abb. 5)

## Abb. 5: Prinzipschema des ERC-Verfahrens

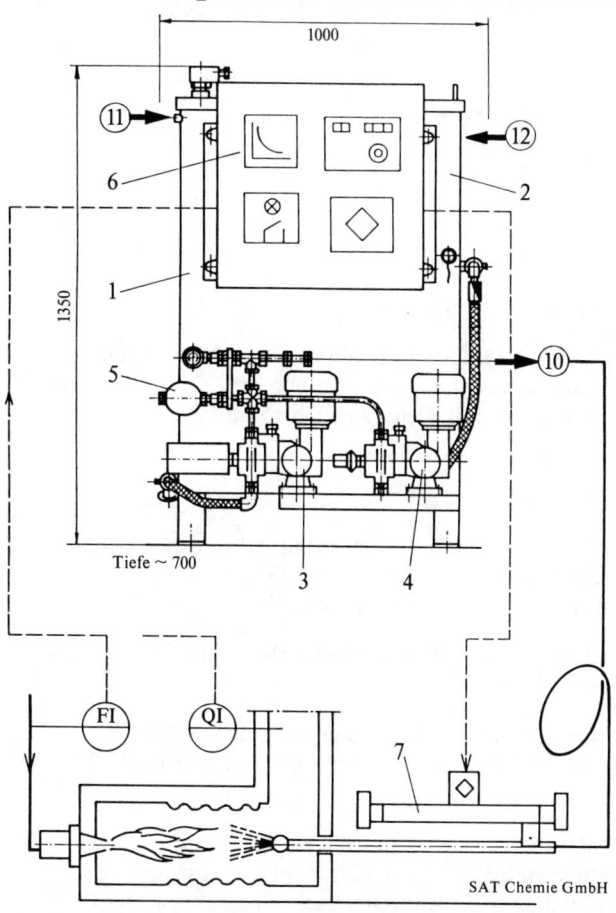

1. Additiv-Vorratsbehälter
2. Deionot-Vorratsbehälter
3. Satamin-Dosierpumpe
4. Deionot Dosierpumpe
5. Druckspeicher
6. Steuerschrank
7. Lanze mit Verdüsungseinrichtung
10. Anschluß Dosierleitung zur Lanze
11. Anschluß Satamin-Zuführung
12. Anschluß Wasserversorgung

Die Brennstoffpreise von durchschnittlich DM 0,046/KWh beim Heizöl EL und DM 0,018/KWh beim Heizöl S (1%S) im Jahr 1991/Anfang 1992 geben gemeinsam mit den vergleichsweise geringen Investitionskosten dem ARF- als auch dem ERC-Verfahren gute Marktchancen.

Neben der Reduzierung der "klassischen" Schadstoffe wird sich die umweltverträgliche Wärmeerzeugung selbstverständlich auch mit der Verringerung der $CO_2$-Emissionen befassen müssen.

An der gesamten $CO_2$-Belastung der Bundesrepublik (alte und neue Länder) von derzeit 1.033 Mt hat Heizöl EL im Wärmemarkt einen Anteil von rund 9 %.

Die $CO_2$-Emissionsrate von Heizöl S liegt bei unter 3 %.

Wird die in Abb. 3 dargestellte Energieprognose zugrunde gelegt, dann sinkt durch rationelle Energieanwendung und durch die Strukturänderung der Energieträger die Kohlendioxid-Belastung der Bundesrepublik Deutschland bis zum Jahre 2010 von 1.033 Mt auf 870 Mt.

Dies wäre eine Verringerung von 16 %.

Diese Reduzierung des $CO_2$-Ausstoßes von 16 % setzt bereits erhebliche Anstrengungen bei der rationellen Energieanwendung voraus und läßt sich nur durch zusätzliche marktkonforme Anreize und ordnungspolitische Eingriffe erzielen.

Die Diskussion um die Attraktivität des Industriestandortes Deutschland darf natürlich diese Erkenntnisse nicht ignorieren.

Es wird jedoch deutlich, daß das von der Bundesregierung angestrebte Ziel einer 25 %igen Minderung der $CO_2$-Emissionen bis zum Jahr 2005 wahrscheinlich nicht erreicht wird.

Dennoch bestehen durch Primär- und Sekundärmaßnahmen sowie durch rationellen Energieeinsatz für Heizöl EL und Heizöl S (1%S) wirtschaftliche Lösungen zur Verfügung, die Luftqualität in Ballungsräumen weiter nachhaltig zu verbessern.

**Literaturverzeichnis:**

Arbeitsgemeinschaft Energiebilanzen 12/91
ESSO-Prognose: "Kein Wachstum ohne Energie"
Druckschriften der Firmen Buderus, SAT-Chemie, Weishaupt
Umweltbundesamt Jahresbericht 1990
Daten zur Umwelt 1989
Veröffentlichungen des statistischen Bundesamtes 1990/1991

# Wärmeerzeugung mit Erdgas —
# Möglichkeiten der Emissionsminderung und Beispiele

**R. Schupp,** Essen,
**H.-P. Roosen,** Essen

Emissionen lassen sich grundsätzlich durch mehrere Maßnahmen vermeiden oder vermindern. Durch sparsame Verwendung der Energieträger, z. B. fossiler Brennstoffe, werden Emissionen entsprechend dem Maß der Energieeinsparung vermieden.

Zur Verminderung der bei der Verbrennung entstehenden Schadstoffe sind heute bewährte Techniken bei der Wärmeerzeugung verfügbar. Bei erdgasbetriebenen Wärmeerzeugern sind in den letzten Jahren deutliche Erfolge in der $NO_x$-Reduzierung erzielt worden. So enthält der Umweltbericht '90 des deutschen Gasfachs folgende Feststellung:

> "Für die im Jahr 1989 neu installierten Gasgeräte im Leistungsbereich bis 1000 kW konnte eine durchschnittliche $NO_x$-Emission ermittelt werden, die um etwa 30 Prozent unter dem Basiswert von 1985 liegt. Das deutsche Gasfach hat damit seine 1986 gegebene Zielsetzung einer $NO_x$-Minderung um ein Drittel bis Ende der 80er Jahre verwirklicht."

**Bestandteile der Abgase aus der Verbrennung**
Die Bestandteile der Abgase aus der Verbrennung fossiler Brennstoffe sind hauptsächlich Sauerstoff, Stickstoff, Wasserdampf und Kohlendioxid. Diese Gase sind umweltneutral und gelten nicht als Schadstoffe. Jedoch

wird dem Kohlendioxid heute die Hauptursache für den Treibhauseffekt zugeschrieben.

Je nach Brennstoff- und Feuerungsart sowie der Betriebsweise der Feuerung können sich im Abgas unterschiedliche Schadstoffkonzentrationen bilden. Die wesentlichsten Schadstoffe sind Schwefeloxide, Stickstoffoxide, Kohlenmonoxid, Kohlenwasserstoffe, Staub und Ruß. Im Gegensatz zu anderen Brennstoffen spielen diese Schadstoffe bei Erdgasfeuerungen keine nennenswerte Rolle (Tabelle 1), bis auf eine Ausnahme: Thermisches $NO_x$, eine Gruppe der Stickstoffoxide, entsteht - ebenso wie bei anderen fossilen Brennstoffen - auch bei der Verbrennung von Erdgas. Dabei ist die Flammentemperatur von Bedeutung, da sich dieser Schadstoff hauptsächlich erst bei Temperaturen von mehr als 1.300 °C bildet (Bild 1).

| Schadstoffe | Entstehung | Schadstoffgehalt bei Erdgas- feuerungen |
|---|---|---|
| Schwefeloxide $SO_2$, $SO_3$ | durch Schwefelgehalt im Brennstoff | praktisch nicht vorhanden |
| Stickstoffoxide NO, $NO_2$, ($NO_x$) | | |
| promptes $NO_x$ | durch kurzlebige Zwischenprodukte sogen. "Radikale" | vernachlässigbar |
| Brennstoff-$NO_x$ | durch organisch gebundenen Stickstoff im Brennstoff | nicht vorhanden |
| thermisches $NO_x$ | durch hohe Verbrennungstemperaturen | vorhanden |
| Kohlenmonoxid CO | durch unvollkommene Verbrennung | gering |
| Kohlenwasserstoffe $C_n H_m$ | durch unvollkommene Verbrennung | sehr gering |
| Staub, Ruß | durch unvollkommene Verbrennung und Ascheanfall | vernachlässigbar |
| **Schadstoffbildung in Feuerungsanlagen** | | |

Tabelle 1: In Feuerungsanlagen entstehende Schadstoffe

**NO$_x$-Bildung in Abhängigkeit von der Flammentemperatur**

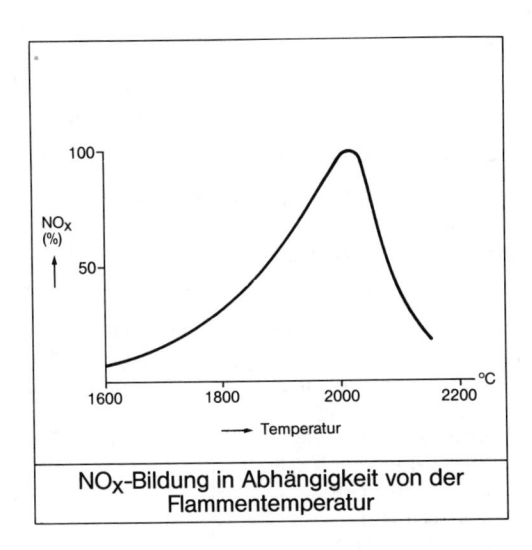

Bild 1: Flammentemperatur und NO$_x$-Emission


NO$_x$-mindernde Maßnahmen

Die Reduzierung der Stickoxid-Emission kann grundsätzlich nach 2 Methoden erfolgen: Die Abgasentstickung (Sekundärmaßnahme) und durch konstruktive Gestaltung der Feuerungseinrichtung (Primärmaßnahme). Die Abgasentstickung, auf die hier nicht näher eingegangen wird, findet ausschließlich bei Großfeuerungsanlagen und Gasmotoren ihre Anwendung. Konstruktive Maßnahmen an der Feuerungseinrichtung und deren Umfeld haben zum Ziel, die Flammentemperatur zu senken. Diese Maßnahmen sind insbesondere bei Gasfeuerungen erfolgreich, denn hier wird hauptsächlich thermisches NO$_x$ in Abhängigkeit der Verbrennungstemperatur gebildet. Dem Konstrukteur bieten sich mehrere Möglichkeiten der Gestaltung, die zur Reduzierung der NO$_x$-Bildung führen (Bild 2).

| Schadstoffe | Primär - Maßnahmen | Sekundär - Maßnahmen |
|---|---|---|
| Schwefeloxide | Verwendung schwefelarmer Brennstoffe<br>Wirbelschichtfeuerung | Rauchgas - entschwefelung |
| Stickstoffoxide | konstruktive Maßnahmen: z.B.<br>- Mehrstufenverbrennung<br>- Abgasrückführung<br>- Brennraumgeometrie<br>- Reduzierung der Belastung<br>- Überstöchiometrische Vormischung<br>- Flammenkühlung durch Einbauten | Rauchgas- entstickung |

Bild 2: Möglichkeiten der Schadstoffminderung bei Feuerungsanlagen

Einige Beispiele sollen zeigen, wie eine Verminderung der $NO_x$-Emissionen bei Gasfeuerungen erreicht werden kann.

Der mit Gebläseunterstützung arbeitende Thermomax-Brenner (Bild 3), eine Entwicklung der Ruhrgas AG, reduziert den $NO_x$-Gehalt der Abgase gegenüber herkömmlichen atmosphärischen Brennern um ca. 80 %.

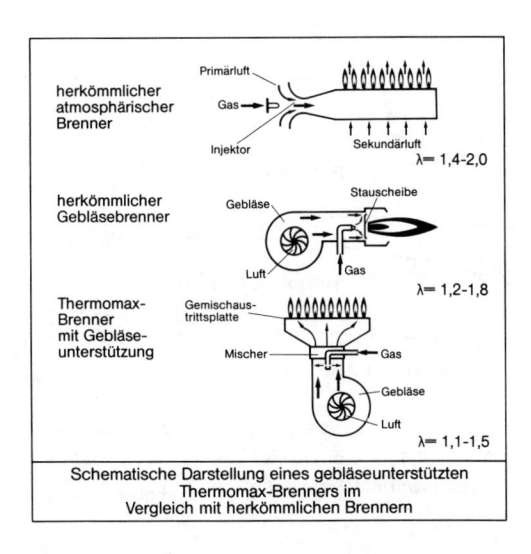

Bild 3: Schematische Darstellung herkömmlicher Gasbrenner und eines gebläseunterstützen Thermomax-Brenners

Bei der Abgasrückführung wird ein Teil des Abgases (15 - 20 %) zum Brenner zurückgeführt und der Verbrennungsluft zugeleitet. Damit wird die Flammentemperatur herabgesetzt und die Bildung des thermischen $NO_x$ vermindert. Bild 4 zeigt, daß mit der Abgasrückführung bei Erdgasfeuerungen eine $NO_x$-Minderung von ca. 50 % erzielt werden kann.

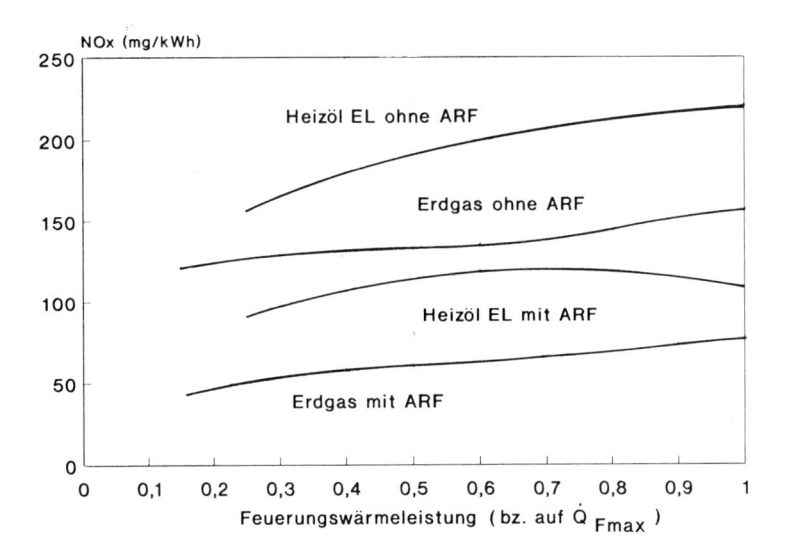

Bild 4: $NO_x$-Minderung durch Abgasrückführung (ARF)

Die modulierende Brennersteuerung ist ebenfalls geeignet, die $NO_x$-Emission im Teillastbereich zu senken (Bild 5).

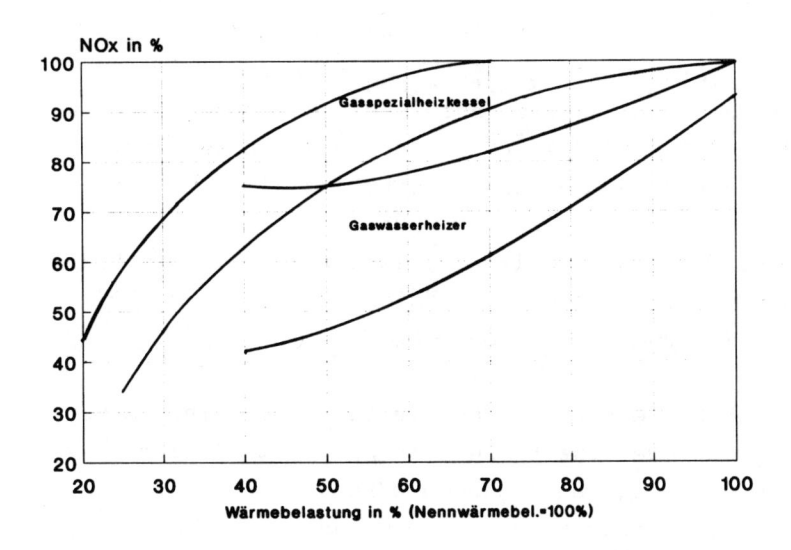

Bild 5: Abhängigkeit der $NO_x$-Emission von der Wärmebelastung

**Umweltentlastung durch Erdgas**

Beispiele

An konkreten Beispielen läßt sich die Umweltentlastung durch die Verwendung von Erdgas darstellen. So wurden im Jahre 1984 die Heizungsanlagen von sechs Schulen in einer rheinischen Stadt von Heizöl EL auf Erdgas umgestellt (Tabelle 2). Durch diese Maßnahme und die Erneuerung der Regelung verringerte sich der Energieverbrauch um 39 %. Die Erneuerung der Heizkessel allein brachte eine durchschnittliche Energieeinsparung von 23 %. Das Verhältnis $\dot{Q}_{K\ Alt}/\dot{Q}_{K\ Neu}$ gibt die Überdimensionierung der Altanlage gegenüber dem berechneten Wärmebedarf nach DIN 4701 an. Im Durchschnitt waren die Nennheizleistungen der alten Kessel um 44 % zu groß.

Die Emissionsminderung ist deutlich höher als die Energieeinsparung. Sie reduzierte sich um 99,7 % bei $SO_2$, 51 % bei $NO_x$ und um 53 % bei $CO_2$.

Vermutlich hätte sich bei der Installation einer neuen Ölheizungsanlage eine Energieeinsparung in ähnlicher Größenordnung ergeben. Dagegen wäre aber die Verringerung der Emissionen niedriger gewesen.

| Objekt | Nennwärmeleistung | | | Brennstoffverbrauch | | Energieeinsparung |
|---|---|---|---|---|---|---|
| | $\dot{Q}_K$ Alt [kW] | $\dot{Q}_K$ Neu [kW] 1) | $\dfrac{\dot{Q}_K\ Alt}{\dot{Q}_K\ Neu}$ | $B_a$ Alt [MWh/a] | $B_a$ Neu [MWh/a] | $\Delta B_a$ [%] |
| Schule A | 1511 | 1222 | 1,24 | 1953 | 1591 | 19 |
| Schule B | 424 | 256 | 1,66 | 804 | 583 | 27 |
| Schule C | 260 | 210 | 1,24 | 607 | 452 | 26 |
| Schule D | 386 | 280 | 1,38 | 524 | 411 | 22 |
| Schule E | 1302 | 768 | 1,70 | 1352 | 1034 | 24 |
| Schule F | 424 | 256 | 1,66 | 804 | 583 | 27 |
| gesamt | 4307 | 2992 | 1,44 | 6044 | 4654 | ⌀ 23 |

1) Nennwärmeleistungen entsprechend dem Wärmebedarf nach DIN 4701

Tabelle 2: Energieeinsparung durch Erneuerung der Wärmeerzeuger, Beispiel: 6 Schulen

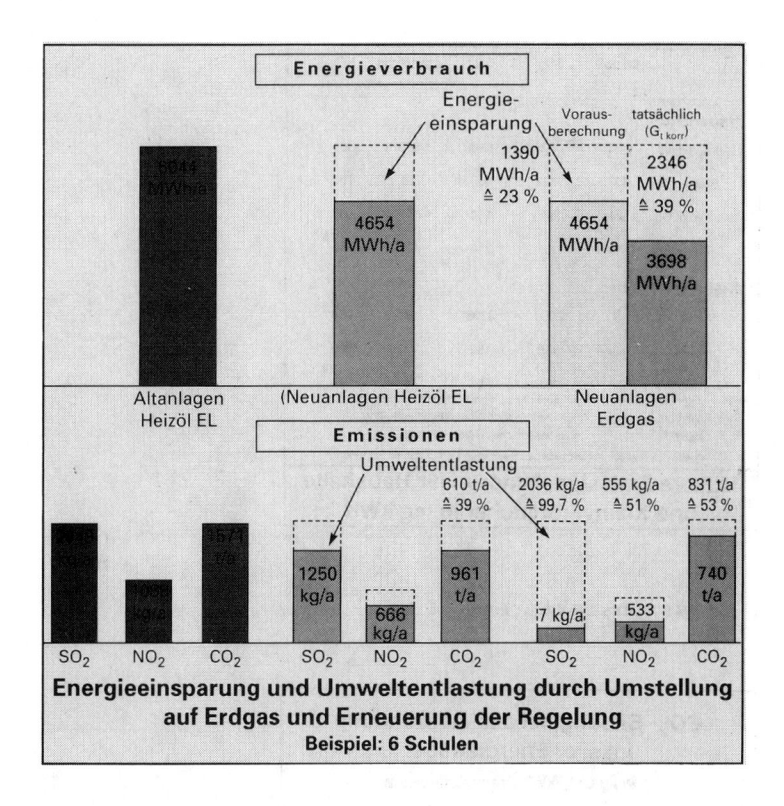

Bild 6: Energieeinsparung und Umweltentlastung bei 6 Schulen

Zur Ermittlung der Emissionen wurden die in der Tabelle 3 aufgeführten Emissionsfaktoren zu Grunde gelegt. $NO_x$-mindernde Brennerkonstruktionen sind in dieser Tabelle nicht berücksichtigt. Der spezifische $CO_2$-Wert, angegeben in $CO_2$/kWh Brennstoffeinsatz, ist dem Bild 7 entnommen.

|  | Staub | $SO_2$ | CO | organische Verbindungen | $NO_x$ |
|---|---|---|---|---|---|
| **Haushalte** | | | | | |
| Braunkohle | 1260 | 360[1]/5400[2] | 16200 | 1620 | 360 |
| Steinkohle | 637 | 1732 | 18000 | 828 | 180 |
| Heizöl EL | 5,4 | 342 | 162 | 18 | 180 |
| Erdgas | 0,4 | 1,8 | 216 | 18 | 180[3] |
| **Kleinverbraucher** | | | | | |
| Steinkohle | 180 | 2059 | 2308 | 79 | 439 |
| Heizöl EL | 5,4 | 338 | 162 | 18 | 180 |
| Erdgas | 0,4 | 1,8 | 162 | 18 | 144[4] |

[1] Rheinland
[2] Leipzig
[3] im wesentlichen atmosphärische Brenner
[4] im wesentlichen Gebläsebrenner

Quelle: Umweltbundesamt 1989 " Luftreinhaltung '88 " (Zahlen für 1986)

**Mittlere Emissionsfaktoren für Haushalte und Kleinverbraucher in mg/kWh**

Tabelle 3: Emissionsfaktoren

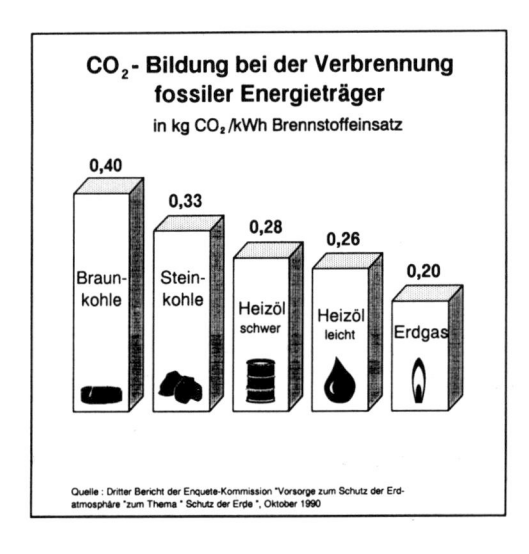

**$CO_2$- Bildung bei der Verbrennung fossiler Energieträger**

in kg $CO_2$/kWh Brennstoffeinsatz

- Braunkohle: 0,40
- Steinkohle: 0,33
- Heizöl schwer: 0,28
- Heizöl leicht: 0,26
- Erdgas: 0,20

Quelle: Dritter Bericht der Enquete-Kommission "Vorsorge zum Schutz der Erdatmosphäre "zum Thema " Schutz der Erde ", Oktober 1990

Bild 7: $CO_2$-Bildung bei der Verbrennung fossiler Energieträger

Beispiel:

Gewerbebetrieb mit überwiegendem Wärmebedarf zur Raumheizung. Umstellung von Braunkohlenbriketts auf Erdgas, Erneuerung der Wärmeerzeuger.

Braunkohlenanlage:

| | |
|---|---|
| Nennwärmeleistung: | 4 x 450 kW ≙ 1800 kW |
| Jahresnutzungsgrad: | $\eta_a$ = 0,68 |
| Braunkohlenverbrauch: | 650 t/a ≙ 3380 MWh/a |
| Heizwert: | $H_u$ = 5,2 kWh/kg |
| Jahreswärmebedarf: | $Q_a$ = 650 x 5,2 x 0,68 |
| | $\underline{Q_a = 2300 \text{ MWh/a}}$ |

Erdgasanlage:

Nennwärmeleistung: 2 x 700 kW ≙ 1400 kW (enspr. $\dot{Q}_N$)

Jahresnutzungsgrad: $\eta_a = 0{,}88$

Erdgasbedarf: $\dfrac{2.300}{0{,}88} = \underline{2.614 \text{ MWh/a}}$ ($H_u$)

| Kesselart | Brennstoff | $\eta_a$ [%] |
|---|---|---|
| Kokskessel | Rohbraunkohle | 40....50 |
|  | Briketts | 55....60 |
|  | Anthrazit | 65....70 |
|  | Koks | 65....70 |
|  | Heizöl | 80....85 |
|  | Gas | 85....90 |
| Kohlekessel | Rohbraunkohle | 50....60 |
|  | Briketts | 65....70 |
|  | Anthrazit | 55....60 |
|  | Heizöl | 75....80 |
|  | Gas | 85....90 |

Betriebswirkungsgrade von Gußgliederkesseln
Nach Ermittlungen der Verbundnetz Gas AG

Tabelle 3: Betriebswirkungsgrade

Der Austausch des Wärmeerzeugers mit gleichzeitiger Reduzierung der Kesselleistung ergibt eine Energieeinsparung von 23 %. Die Entlastung der Umwelt durch den Einsatz einer neuen erdgasbeheizten Wärmeerzeugeranlage zeigt Tabelle 4. Die Schadstoffminderung beträgt bei $SO_2$ und Staub über 99 %, beim $NO_x$ 68 %.

|  | Braunkohlenbriketts | | Erdgas | | |
| --- | --- | --- | --- | --- | --- |
|  | Emissionsfaktoren | jährliche Emissionen | Emissionsfaktoren | jährliche Emissionen | Emissinsminderungen |
| $SO_2$ | 2100 mg/kWh 1) | 7100 kg/a | 1,8 mg/kWh | 5 kg/a | >99,9 |
| $NO_x$ | 360 mg/kWh | 1200 kg/a | 144 mg/kWh | 380 kg/a | 68 |
| CO | 11880 mg/kWh 2) | 40200 kg/a | 162 mg/kWh | 420 kg/a | 99 |
| Staub | 1800 mg/kWh 2) | 6100 kg/a | 0,4 mg/kWh | 1 kg/a | >99,9 |
| $CO_2$ | 0,4 kg/kWh | 1350 t/a | 0,2 kg/kWh | 520 t/a | 61 |

1) Braunkohlenbriketts, Gebiet Lausitz mit 0,9% S
2) nach Ermittlungen der Verbundnetz Gas

Tabelle 4: Emissionsminderung Gewerbebetrieb

Beispiel

$CO_2$-Minderung durch Anwendung der Kraft-Wärme-Kopplung

Vor dem Hintergrund der zunehmenden $CO_2$-Problematik (Stichwort: Treibhauseffekt) erscheint es immer wichtiger, Wärmeversorgungssysteme anzuwenden, die einen sparsamen und umweltschonenden Energieeinsatz erlauben. Interessante Möglichkeiten zur besonders effizienten und daher energiesparenden Strom- und Wärmeerzeugung bietet die dezentrale Kraft-Wärme-Kopplung. In einer Studie des Instituts "Angewandte Thermodynamik und Klimatechnik" der Universität Essen wurden 18 erdgasbetriebene Blockheizkraftwerke (BHKW) in der Bundesrepublik

Deutschland untersucht. Die Anlagen wurden mit fiktiven konventionellen Systemen verglichen, die den Strom aus Großkraftwerken beziehen und die Wärme dezentral in Heizkesseln erzeugen.

Die untersuchten Objekte dienten zur Versorgung von Wohnsiedlungen, Schulen, Krankenhäusern, Kindergärten, Altenheimen, Schwimmbädern, Kirchen, Bürogebäuden, Gewerbebetrieben, Hotels etc.

Die elektrischen Nennleistungen liegen zwische 172 kW und 13.200 kW, die thermischen Nennleistungen zwischen 280 kW und 17.600 kW (plus Spitzenkessel). Die Netzlängen der Wärmeversorgungsleitungen liegen zwischen 200 m und 22.000 m.

Die untersuchten Anlagen haben eine durchweg hohe Primärenergieausnutzung. Bild 8 zeigt die Nutzungsgrade der 18 BHKW (thermisch und elektrisch, bezogen auf den Heizwert $H_u$).

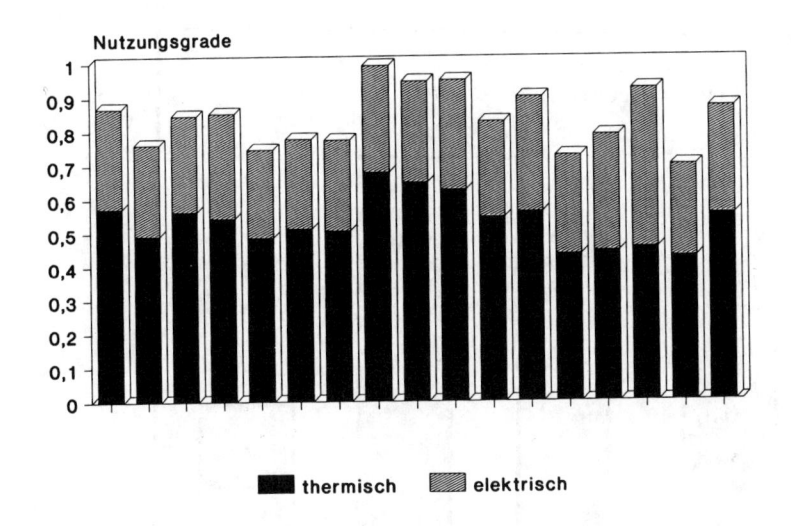

Bild 8: Thermische und elektrische Nutzungsgrade der BHKW's

**Weniger $CO_2$-Emissionen**

Bei den untersuchten Anlagen wurde jeweils der $CO_2$-Ausstoß berechnet und den Emissionswerten von fiktiven konventionellen Strom- und Wärmeerzeugungssystemen gegenübergestellt. Dabei ging man von verschiedenen Vergleichsvarianten aus. Während für die konventionelle Stromerzeugung in Großkraftwerken der statistische Brennstoffmix zugrunde gelegt wurde, nahm man bei der dezentralen Wärmeversorgung mit einem Heizkessel alternativ die Energieträger Erdgas, Heizöl und Steinkohle an.

```
                CO₂ - Ausstoß [%] Mittelwerte
                                    205%
                           174%
                143%
                                                    100%


        Erdgas    Heizöl    Steinkohle    Erdgas-BHKW
              Wärmeerzeugung im Kessel    und Spitzen-
                                           kessel
        Strombez. aus Kraftwerk mit Brennstoff-Mix
```

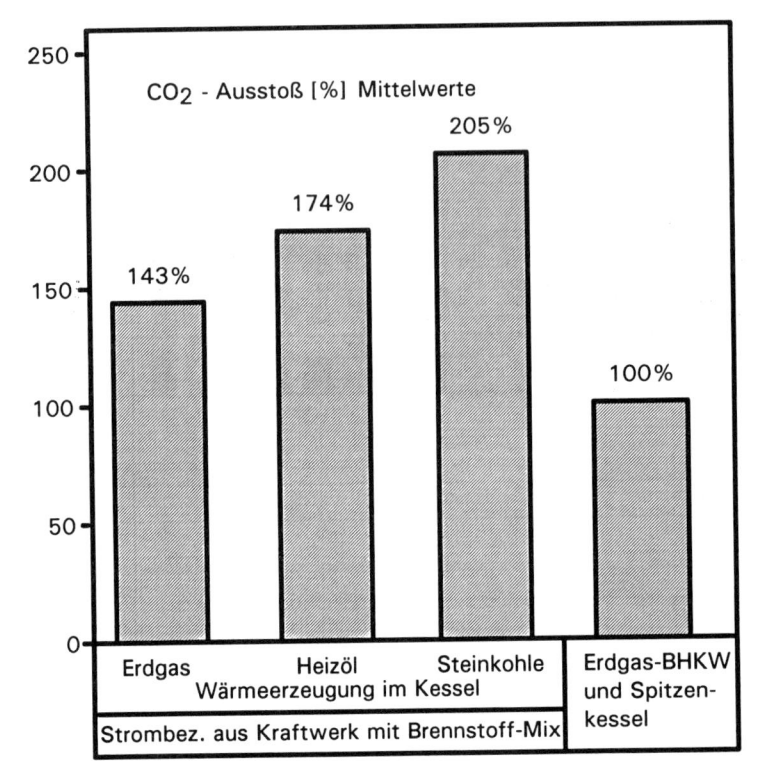

Bild 9: Verringerung der $CO_2$-Emission durch Erdgas-BHKW (Werte von 18 ausgeführten Anlagen)

Bild 9 stellt die Ergebnisse der verschiedenen Kombinationen aus zentraler Stromerzeugung und Wärmeversorgung im Kessel der Strom- und Wärmeerzeugung in einem Erdgas-BHKW (plus Gasheizkessel für die Spitzenabdeckung) gegenüber. Es verdeutlicht den herausragenden Beitrag zur $CO_2$-Emissionsminderung, den erdgasbefeuerte Blockheizkraftwerke leisten können. Der für das BHKW dargestellt $CO_2$-Ausstoß ist der Mittelwert der 18 untersuchten Anlagen, er wurde in der Graphik gleich 100 % gesetzt.

Der Vergleich zeigt, daß bei der Kombination von Steinkohleheizkessel und Strombezug aus einem Großkraftwerk der $CO_2$-Ausstoß im Mittel mehr als doppelt so groß ist wie beim erdgasbetriebenen BHKW. Die Kombination Ölkessel/Großkraftwerk ergibt eine um 74 % höhere $CO_2$-Emission. Bei Wärmeerzeugung im Erdgaskessel und Strombezug aus Großkraftwerken werden immer noch 43 % mehr $CO_2$ emittiert.

**Kostenvergleich: $CO_2$-Minderung durch Blockheizkraftwerk oder Wärmedämmung**

Die spezifischen Gesamtinvestitionen der BHKW lagen in der Regel zwischen 1.800 und 2.400 DM pro $kWh_{el}$, wobei der größte Anteil (ca. 40 %) auf die Motoren entfiel.

Bei 13 der untersuchten Anlagen wurden die Mehrinvestitionen der Blockheizkraftwerke im Vergleich zu neuinstallierten Heizkesseln erfaßt. Daraus lassen sich die spezifischen Mehrinvestitionen je Kilogramm jährlicher $CO_2$-Emissionsminderung ableiten. Bild 10 stellt die durchschnittlichen spezifischen Mehrinvestitionen (als Mittelwert der 13 Anlagen) jeweils im Vergleich zur Wärmeerzeugung im Erdgas-, Öl- oder Steinkohle-Heizkessel dar (Stromerzeugung jeweils mit Brennstoff-Mix).

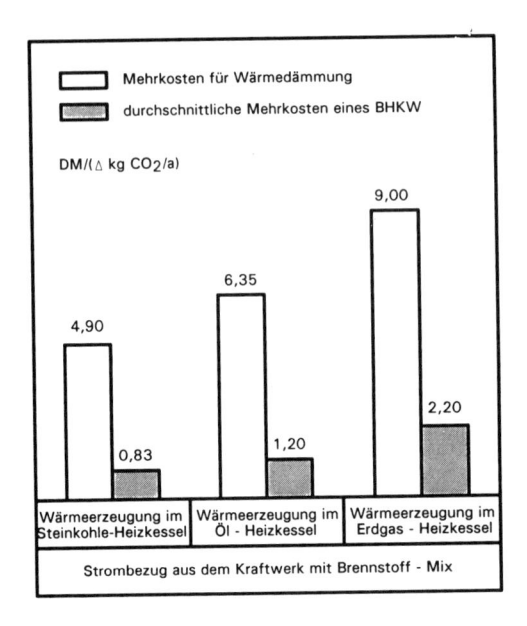

Bild 10: Verhältnis von Mehrinvestitionen zu $CO_2$-Emissionsreduzierung bei einigen ausgeführten Anlagen zum Vergleich Mehrinvestition für Wärmedämmung

Das Bild zeigt auch, wie hoch die Investitionen je Kilogramm jährlicher $CO_2$-Emissionsminderung wären, wenn man das gleiche Ergebnis - wiederum bezogen auf die drei Varianten der Wärmeerzeugung - mit Hilfe einer verbesserten Wärmedämmung der Gebäude erreichen wollte. Legt man beispielsweise im Vergleich die Wärmeerzeugung in einem Öl-Heizkessel zugrunde, so betragen die spezifischen Mehrinvestitionen pro Kilogramm jährlicher $CO_2$-Einsparung beim Einsatz eines BHKW durchschnittlich 1,20 DM; das gleiche Ergebnis mittels erhöhter Wärmedämmung kostet 6,35 DM.

Die Gegenüberstellung macht deutlich, daß der Einsatz erdgasbetriebener BHKW auch unter Kostenaspekten ein sehr sinnvoller Weg zur $CO_2$-Minderung ist. Das gilt besonders im Vergleich zu Steinkohle-Heizkesseln, aber auch bezogen auf Öl-Heizkessel. Da bei der Verbrennung von Erdgas weniger $CO_2$ entsteht als bei Steinkohle und Heizöl, sind die Mehrkosten des BHKW im Vergleich zur Variante Erdgas-Heizkessel/Stromerzeugung mit Brennstoff-Mix am größten.

Schrifttum:

1. Schupp, R: Der Beitrag des Erdgases zur Erhaltung der Umwelt Gesundheitsingenieur-gi, 108 (1987) Nr. 1, 5.5-9,

2. Arbeitsgemeinschaft für sparsamen und umweltfreundlichen Energieverbrauch e. V.- ASUE,: Erdgas und Umwelt, 1991,

3. Steimle, F., Hainbach, Chr., Schädlich, S.: $CO_2$-Emissionsminderung durch den Einsatz von Blockheizkraftwerken anstelle einer konventionellen Beheizung und Stromerzeugung in der Bundesrepublik Deutschland. Universität Essen, Angewandte Thermodynamik und Klimatechnik, Juli 1990, unveröffentlicht.

# Einsatz erneuerbarer Energien
G. Eisenbeiß, Köln

### 1) Die Bedeutung erneuerbarer Energien

Die langfristige Bedeutung erneuerbarer Energien kann man überhaupt nicht unterschätzen. Man darf dabei allerdings nicht pessimistisch sein - weder im Hinblick auf die Reaktionsfähigkeit der globalen Politik auf die Bedrohung unserer Atmosphäre, noch in Bezug auf eine Wohlstandsentwicklung in der Dritten Welt trotz wachsender Bevölkerung. Denn es ist schlechterdings keine Entwicklung denkbar, bei der 10 Milliarden Menschen menschenwürdig auf unserem Globus leben können, Wohlstand genießen und gleichwohl in Harmonie mit der natürlichen Umwelt existieren, wenn erneuerbare Energien nicht umfangreich genutzt werden.

Diese globale und optimistische Aussage nutzt allerdings der gegenwärtigen Lage der erneuerbaren Energien, ihren Anwendungschancen weltweit und speziell in Städten unserer Klimazone nicht viel; denn hier und heute werden die erneuerbaren Energien sehr hart beurteilt nach ihrer Wirtschaftlichkeit.

Zwar mag man sich wünschen, bei ökologisch so vorteilhaften Technologien sollte nicht eine vordergründige Betriebswirtschaftlichkeit, sondern eine Gutschrift für vermiedene Umweltschäden zugrunde gelegt werden; ich würde auch soweit gehen, von wohlhabenden, reichen Investoren im Westen Europas oder den USA zu

erwarten, daß sie solche wohlwollenden Korrekturen zugunsten erneuerbarer Energien politisch und in ihrem Investitionsverhalten berücksichtigen.
Ich zögere aber, ähnliches von Investoren - seien es Unternehmen oder Gemeinden - zu verlangen, die Mühe haben, die notwendigsten Sanierungs- und Modernisierungsmaßnahmen zu finanzieren.

Hinzu kommt, daß erneuerbare Energien in aller Regel geringe Leistungsdichte aufweisen. Im Umkehrschluß bedeutet dies, daß man viel Fläche braucht, um ein gewisses Maß an Leistung und Energie zu ernten. Die Sonne selbst liefert in unseren Breiten nur etwa 1 kW pro $m^2$ als primäres Strahlungsangebot - in Energiegrößen nur etwa 1 MWh pro Jahr. Abb. 1 zeigt für verschiedene Nutzungssysteme den Flächenbedarf für jeweils 1 MWh technisch gewonnener Energie pro Jahr, wobei die Umwandlungwirkungsgrade eine entscheidende Rolle spielen.

Man muß also - am besten in örtlichen Energiekonzepten - sehr genau hinsehen, wo sich erneuerbare Energien als Versorgungsbeitrag und als Umweltentlastungsbeitrag tatsächlich technisch und ökonomisch gut einfügen.

## 2) Technische Möglichkeiten

Weit vor aktiven Maßnahmen, erneuerbare Energien zu nutzen, stehen Maßnahmen im Gebäudebereich, die als **passive Solarnutzung** populär geworden sind, aber noch immer nicht konsequent genutzt werden. Es lohnt sich fast in jedem Einzelfall einer Gebäudesanierung, -modernisierung oder -neubau, schon vom Entwurf her solargerecht zu planen.

Hierbei werden oft Ergebnisse erzielt - etwa im Hinblick auf Fenstergröße und -gestaltung -, bei denen zwischen rationeller Energieverwendung (also etwa gutem

Wärmeschutz) und Gewinn an Solarenergie (Fenster als "Kollektoren") nicht mehr abgrenzend unterschieden werden kann. Ein Beispiel neuer Möglichkeiten ist die

### Flächenbedarf Erneuerbarer Energien
jeweils 1 $MWh_{th}$ bzw 1 $MWh_e$ pro Jahr

|  | $m^2$ Strom Wärme | Vergleich |
|---|---|---|
| Windenergie (Rotorfläche) | 1 | 300 kW-Anlage<br>30 m Rotordurchmesser<br>300 Haushalte |
| Photovoltaik (Dachfläche) | 10 | 1 $kW_p$ - Anlage<br>10 $m^2$ Dach<br>30 % d. Haushaltsbedarfs |
| Sonnenkollektor (Dachfläche) | 3 | 6 $m^2$ für 50 % des Haushaltsbedarf an Warmwasser |
| Winterweizen (Acker) | 160 | Verbrennung der ganzen Pflanze heizt knapp 10 $m^2$ Wohnraum |
| Raps (Acker) | 800 | 100 l Raps-Diesel-Öl |

Abb. 1: Flächenbedarf für verschiedene Nutzungssysteme

transparente Wärmedämmung (TWD), die wegen der Transparenz Solargewinne an der abgedeckten Wand ermöglicht und gleichzeitig wie eine Sperrdiode den Wärmeverlust der Wand unterdrückt (Abb. 2). Bezieht man die Speichereigenschaften der Wand intelligent mit ein, kann ein so nachgerüsteter Altbau oder ein entsprechend ausgelegter Neubau energiesparend und damit umweltschonend und gleichwohl behaglich im Wohnkomfort gestaltet werden.

Natürlich gehören auch Glasvorbauten und Wintergärten zum Bereich passiver Solarnutzung; ihre wirtschaftliche Akzeptanz erhalten sie häufig durch die damit erreichte Erweiterung des Wohnraums.

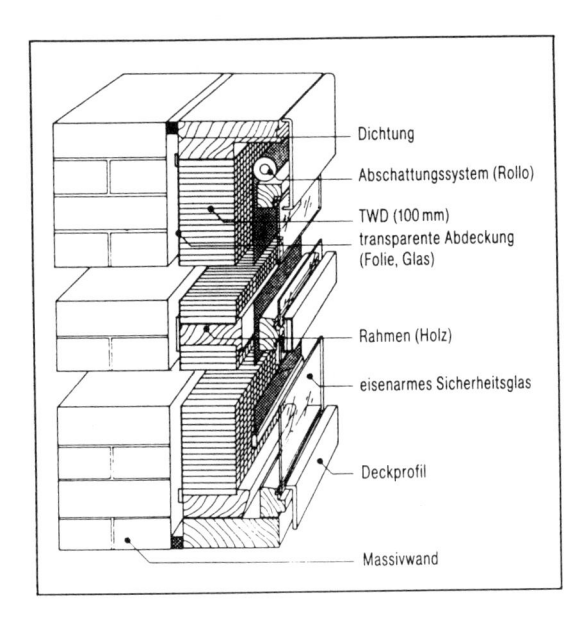

Abb. 2: Schnitt und Funktionsweise der transparenten Wärmedämmung (Quelle: FhG-Institut für Solare Energiesysteme, Freiburg)

**Solarkollektoren** können in Deutschland nicht zur Hausheizung beitragen; dagegen sprechen die verfügbaren Flächen ebenso wie die Kosten. Ein interessanter Ansatz, der möglicherweise dichter an brauchbare Lösungen heranführt, ist die solare Nahwärme; dabei haben schwedische Erfahrungen gezeigt, daß bei Errichtung eines großen Kollektorfeldes gegenüber Einzelmontage auf dem Dach bedeutsame Kosten eingespart werden können; auch haben die Schweden gute Lösungen für billige saisonale Wärmespeicher in Granitkavernen gezeigt. Ich bin daher auch in Deutschland für ein Großexperiment, das wohl noch 50 % Zuschuß der Regierungen bräuchte. Eine solche Demonstration würde besser beurteilbar machen, ob sich hier ein kostengünstiger Heizenergiebeitrag der Sonne - jedenfalls für kleinere Siedlungen mit Niedertemperaturheizung - erschließen ließe.

**Solare Warmwasserbereitung** kann durchaus breiter eingesetzt werden; insbesondere Selbstbausätze und -strategien können zu Kosten führen, die zumindest mit elektrischer Warmwasserbereitung konkurrieren können. Gegenüber einer Heizungsanwendung wirkt hier natürlich positiv, daß man warmes Wasser auch im Sommer braucht, wenn die Sonne viel scheint.

**Windenergie und kleine Wasserkräfte** können nur genutzt werden, wenn Windgeschwindigkeit bzw. Gefälle des Gewässers zu erträglichen Kosten führen; beides dürfte in Städten nicht der Fall sein. Gleichwohl haben sich kleine und mittlere Gemeinden an der Nordseeküste durchaus mit wirtschaftlicher Erfolgsaussicht am 250 MW-Programm Windenergie der Bundesregierung beteiligt. Grob gesagt, kostet eine Windanlage überall gleichviel; die geerntete Energie sinkt jedoch mit der 3. Potenz der Windgeschwindigkeit (d.h. halbe Geschwindigkeit bringt nur 12 % des Ertrages!), so daß gute wirtschaftliche

Ergebnisse nur an wenigen Gebirgsstellen im Binnenland erzielt werden können.

**Photovoltaik** kann zwar technisch durchaus überall zur Anwendung kommen; energiewirtschaftlich und damit umweltwirksam kann solcher Solarstrom in diesem Jahrhundert allerdings nicht veranschlagt werden. Zwar kann ich durchaus eine Beteiligung von Bürgern, Unternehmen und Gemeinden an den Demonstrationsprogrammen der EG und der Bundesregierung (z.B. "1000 Dächer"-Programm) empfehlen - eine Versorgungsaufgabe ist bei 2-5 DM pro $kWh_e$ aber nicht darstellbar.

Biomassenutzung kann grundsätzlich auf zwei Arten verwirklicht werden. Zum einen abfallwirtschaftlich: Beispiele sind Müllverbrennung, **Deponie- und Klärgasnutzung,** Biogasanlagen bei Schlachthäusern oder Bauernhöfen. Mehr oder weniger sind alle diese Techniken entwickelt und dann auch wirtschaftlich einsetzbar, wenn angemessene Entsorgungsgutschriften berücksichtigt werden können. Im Westen Deutschlands gibt es zahlreiche unsubventionierte Deponieasnutzungen - zumeist mit BHKW zur Stromerzeugung - , so daß hier ein begrenztes, aber wirtschaftliches Potential vorliegt. Ob ostdeutsche Deponien vergleichbares Nutzungspotential aufweisen, müßte erprobt werden. Andere Biogasanlagen - in Europa vielfach demonstriert - haben sich noch nirgends als wirtschaftlich erwiesen, weil z.B. Gülleverordnungen mit entsprechenden Entsorgungskosten fehlen.

Eine andere Biomasse-Nutzungsstrategie knüpft sich an **Energiepflanzen**; dazu gehören der Anbau von schnell wachsenden Hölzern, C4-Gräser wie etwa China-Schilf (" Elefantengras") oder auch traditionelle Agrarprodukte wie Winterweizen oder Raps. Wiewohl diese Strategien kaum zur städtischen Umweltsituation beitragen können, sei ein provokantes Wort gewagt: Einige der mitunter von interessierter agrarischer Seite empfohlenen Strategien wie z.B. Biosprit erinnern doch stark an kostenaufblähende Umwege. Ein Ergebnis eines Versuchs auf dem bayerischen Versuchsgut Grub zeigt, daß man ganz normalen Weizen energetisch am besten nutzt, wenn man ihn als Ganzpflanze - also ungedroschen und praktisch ungetrocknet - in zentralen Öfen verbrennt, um Nahwärmesysteme zu betreiben. Das dadurch eingesparte Öl dürfen wir dann guten Gewissens im Verkehrssektor verbrauchen. Der Weg zur Ölsubstitution durch Biosprit ist demgegenüber kostenintensiver bei der Verfahrenstechnik und effizienzmindernd durch die Wirkungsgradkaskaden in der Verarbeitungs- und Umwandlungkette. Eine vergleichbare Analyse zum Rapseinsatz für Treibstoffe kenne ich nicht; ich wäre aber nicht überrascht, wenn sich auch dort Substitutionsminderung bei erhöhten Kosten als Quintessenz gegenüber schlichter Verbrennung herausstellen würde. Daß eine Rapsöl-Strategie für den Verkehrssektor zumindest bei der nicht veresterten Variante alternative Motorkonzepte benötigt, scheint ebenfalls kein Wirtschaftlichkeitsvorteil zu sein.

Es ist sehr eindeutig einzuräumen, daß der wohl wichtigste Energie- und Umweltfaktor in Städten - der **Verkehr** - von den Umweltvorteilen erneuerbarer Energien nicht erreicht wird; auch Solarautos stellen m.E. keine brauchbare Lösung dar. Erst wenn Photovoltaik massenweise zu wirtschaftlich vertretbaren Kosten Strom liefern kann, könnten Elektrofahrzeuge mit Solarstrom betankt werden und sich damit von den herkömmlichen Energiequellen lösen.

Ich glaube daher, daß bei der Entwicklung erneuerbarer Energien und ihrer Anwendung primär alle Kraft darauf gerichtet werden muß, konventionelle Energieträger im Wärme- und Stromsektor zu ersetzen; es wird dann wohl so kommen, daß der letzte Tropfen Öl der Welt in einem hoffentlich sparsamen und "sauberen" Auto verbrannt werden wird.

Schließlich noch eine Bemerkung zur **Erdwärme**. Entsprechende Vorkommen niedriger Enthalpie sind in deutschen und insbesondere auch europäischen Programmen intensiv erforscht, demonstriert und vielfach kommerziell genutzt worden z.B. in Paris; auch Vorkommen höherer Temperatur sind etwa im Umkreis vulkanischer Gebiete weitgehend erforscht und vereinzelt genutzt - für manche Länder wie El Salvador oder Indonesien durchaus auch in kommerziellem Kraftwerksbau. Im nördlichen Ostdeutschland hatte man wohl schon vor Jahren begonnen, Warmwasservorkommen zu nutzen (Neubrandenburg); eine ökonomische Neubewertung dieser Vorkommen ist mir nicht bekannt. Wo solche Vorkommen angetroffen werden, lohnt grundsätzlich eine nähere Betrachtung, z.B. bei einem kommunalen Energieversorgungskonzept; einige süddeutsche Stadt- oder Gemeindewerke haben damit Erfahrung (z.B. München, Bruchsal oder Saulgau). Es ist aber hervorzuheben, daß Erdwärme nur bei erheblichem Aufwand - insbesondere grundsätzlich einer Reinjektion - als umweltfreundliche Energiequelle bezeichnet werden kann.

Längerfristig könnte das **Hot-Dry-Rock-Verfahren** der Erdwärmenutzung (Einpressen von kaltem Wasser und Wiedergewinnung aus einem künstlichen Rißsystem im tiefen Untergrund) erfolgreich sein und an vielen Stellen der Erde nutzbar werden. Britische Bewertungsstudien zeigten schon vor Jahren insbesondere für stadtnahe Standorte attraktive Wirtschaftlichkeitspotentiale, wenn Strom und Fernwärme gekoppelt erzeugt und abgesetzt werden können. Die Entwicklung dieser Technologie steht jedoch noch am Anfang; die Risiken z.B. zu hohen Pumpaufwandes oder zu großen Wasserverlustes in möglicherweise kluftenreichem Untergrund sind noch nicht beherrschbar.

Am Rande zu erwähnen sind auch Strategien zur Nutzung erneuerbarer Energie, die nur indirekt mit dem Thema Umweltschutz in Städten zu tun haben. Zum einen sind es **Importstrategien**, die z.B. davon ausgehen, daß Sonnenenergie weit billiger als bei uns im Sonnengürtel der Erde, insbesondere durch solarthermische Kraftwerke mit konzentrierenden Spiegelrinnen (sogenannte Solarfarmkraftwerke) etwa in der Sahara geerntet werden könnte. Häufig wird als Speicher- und Transportmedium Wasserstoff vorgeschlagen. Solche Strategien sind allenfalls in einer sehr fernen Zukunft vorstellbar; insbesondere müßte man von einer Überkapazität an billigen Solarkraftwerken im Sonnengürtel ausgehen - ein Zustand, von dem wir kosten- und mengenmäßig noch um mindestens eine Generation entfernt sind.

Die zweite, näherliegende Strategie macht sich fest am globalen Charakter des $CO_2$- und Treibhaus-Problems; es wäre sinnvoll und vorstellbar, daß sich ein deutscher Investor oder Betreiber von $CO_2$-emittierenden Anlage "freikauft" durch entsprechende $CO_2$-Senkungsinvestitionen in Solarkraftwerken in besseren Klimata, wenn die eingesparte Tonne $CO_2$ pro Jahr dann billiger wäre als bei heimischen Investitionen. Ein solches **Kompensationsmodell** wäre ungeheuer hilfreich, die Möglichkeiten reicher, kompetenter Länder mit wenig Sonne klimaschützend zusammenzuführen mit den Nöten und Chancen sonnenreicher, aber armer Länder. Vielleicht werden in einem solchen Zusammenhang auch EVU-Partner- und Patentschaften zwischen deutschen Stadtwerken und entsprechenden Versorgungs-Unternehmen in der Dritten Welt vorstellbar.

3) **Zusammenfassende Wertung**

Umweltschutz in Städten wird auf absehbare Zeit vom Energiesektor vor allem durch rationelle Energieverwendung (Wärmedämmung, Kraft-Wärmekopplung) unterstützt werden können und müssen.

Erneuerbare Energien können nur sehr begrenzt beitragen; Abb. 3 zeigt eine Abschätzung für die alten Bundesländer ohne Unterscheidung von Stadt und Land bei Ausstieg aus der Kernenergienutzung bis 2005. Attraktive Beiträge können vor allem im Gebäudebereich durch "solar bewußte" Planung und Durchführung ("passive" Solarnutzung) sowie durch Biomasse-Abfallstrategien (z.B. Deponiegasnutzung mit BHKW) erwartet werden; Windenergie und Wasserkraft können an speziellen Standorten ebenfalls zur umweltfreundlichen Energieversorgung in Gemeinden beitragen.

Langfristig werden allerdings auch die Städte sich beteiligen müssen an einer verstärkten Nutzung erneuerbarer Energien in größerer Entfernung ihres Standortes - sei es, um sich selbst zu versorgen, oder sei es, um in einem Kompensationsprozess andernorts Schadstoffe und Treibhausgase wie $CO_2$ einzusparen, die aus strukurellen oder klimatischen Gründen am eigenen Standort nicht vergleichbar kostengünstig vermieden werden können.

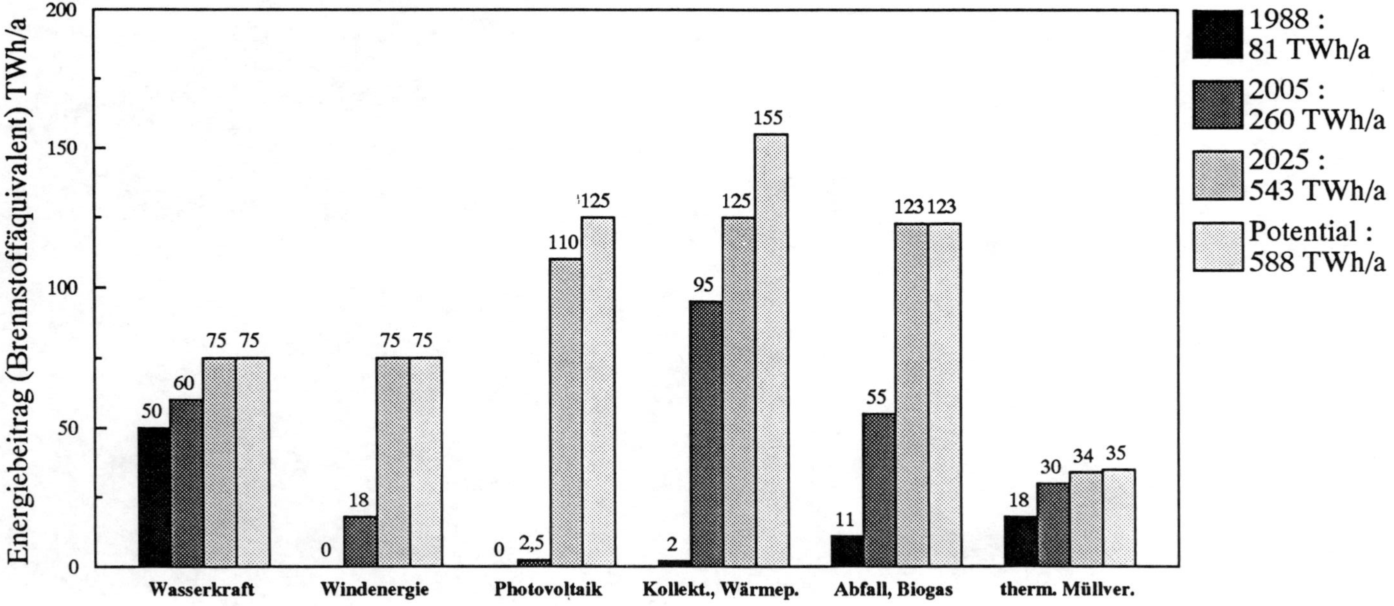

**VDI** BERICHTE 451

|  | |
|---|---|
| 1988: | 81 TWh/a |
| 2005: | 260 TWh/a |
| 2025: | 543 TWh/a |
| Potential: | 588 TWh/a |

Energiebeitrag (Brennstoffäquivalent) TWh/a

| | Wasserkraft | Windenergie | Photovoltaik | Kollekt., Wärmep. | Abfall, Biogas | therm. Müllver. |
|---|---|---|---|---|---|---|
| 1988 | 50 | 0 | 0 | 2 | 11 | 18 |
| 2005 | 60 | 18 | 2,5 | 95 | 55 | 30 |
| 2025 | 75 | 75 | 110 | 125 | 123 | 34 |
| Potential | 75 | 75 | 125 | 155 | 123 | 35 |

Abb. 3: Dezentrale Nutzung erneuerbarer Energiequellen für das Gebiet der BRD (Szenario I) (Quelle: Aufbaustrategien für eine solare Wasserstoffwirtschaft" Untersuchung für die TA-Enquete des Dt. Bundestages, Stuttgart Juni 90

# Ein kurzfristiges Konzept zur Senkung der Immissionen aus der Energieerzeugung im Versorgungsgebiet

H. Kleinschmidt, Dresden

### Zusammenfassung

Diktiert werden die Zeitschritte zur Verbesserung der Luftqualität durch die Termine der 13. Verordnung zum Bundesimmissionsschutzgesetz (13. BImSchV). Erste Erfolge - zumindest bei der Staubimmission - konnten durch Verlagerung der Erzeugung auf Anlagen mit Elektroentstaubern und hohen Schornsteinen erreicht werden, aber auch durch verstärkten Einsatz von Heizöl S. Ein zusätzliches Plus ergab sich durch die - leider - sinkende Nachfrage infolge abnehmender industrieller Tätigkeit.

Als schnell wirkende Sofortmaßnahmen sind insbesondere der Ersatz von Altanlagen bei gleichzeitiger Umstellung des Brennstoffes geplant. Dadurch werden die Immissionen, hervorgerufen durch ESAG-Anlagen, in Dresden bis zum 30. 06. 1996 um ca. 90 % gesenkt.

### Einleitung

Das ESAG-Versorgungsgebiet ist - bis auf den Bereich um Hoyerswerda und Weißwasser - identisch mit den Grenzen des Regierungsbezirkes Dresden (Bild 1). Versorgt werden ca. 1 Mio. Kunden mit Strom und Fernwärme.

Fünfzehn genehmigungspflichtige Erzeugeranlagen der ESAG befinden sich -fernwärmekonform - in den größeren Städten wie Bautzen, Görlitz, Meißen und insbesondere in der Landeshauptstadt Dresden.

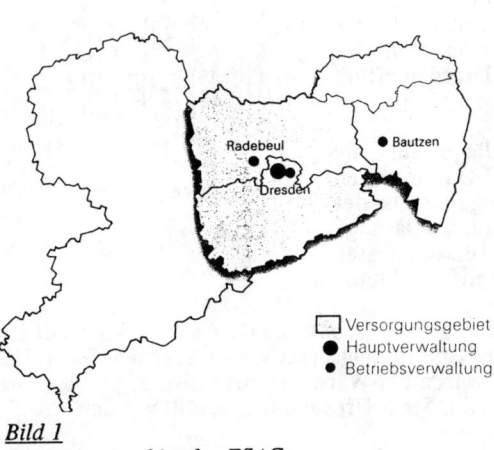

*Bild 1*
*Versorgungsgebiet der ESAG*

Entsprechend der Philosophie der früheren DDR-Staatsregierung sind die Anlagen - bis auf drei - für den Brennstoff Braunkohle ausgelegt und nur teilweise mit dürftigen Entstaubungsanlagen oder völlig ohne Rauchgasreinigung ausgerüstet (**Tabelle 1**). Dementsprechend ist ihr Anteil an der Luftverschmutzung in den genannten Gebieten, wenngleich sie den unbestreitbaren Vorteil aufweisen, in den meisten Fällen ihre Rauchgase über höhere Schornsteine in die Umgebung ableiten zu können als die ortsüblichen braunkohlegefeuerten Hausbrand-Einzelheizungen.

| Tabelle 1 | Energieerzeugungsanlagen der ESAG | | | | |
|---|---|---|---|---|---|
| Anlage | Feuerungs-wärmelstg. | Baujahr | Brennstoff | Jahr der letzten RRA-Maßnahme | Entstaubung |
| **Dresden** | | | | | |
| HKW DD-Noss.-Brücke | 560 MW | 1964/66 | RBK | 1990/92 | E-Entstauber |
| HW DD-Mitte | 300 MW | 1928/54/63 | BB/RBS | 1979/80/82 | Zyklone/E-Entst. |
| HW DD-Nord | 48 MW | 1918/60/81 | BB/RBK | 1961/80 | Zyklone |
| HW DD-Leuben | 52 MW | 1983 | RBK | | Zyklone |
| HW DD-Reick | 580 MW | 1975 | SG/HÖ | | |
| HW DD-Lösnitzstr. | 6 MW | 1979 | SG/HÖ | | |
| HKW Pirna | 360 MW | 1960/62 | RBK | 1988/91 | E-Entstauber |
| HW Bautzen | 105 MW | 1981 | RBK | | Zyklone |
| HW Meißen | 32 MW | 1927 | BB | 1963/82 | Zyklone/Ohne Entst. |
| HW Görlitz-Nord | 62 MW | 1978 | SG | | |
| HW Görlitz-Süd | 20 MW | 1969 | HÖ | | |

Besonders im Ballungsraum Dresden, in dem ca. 75 % der Feuerungswärmeleistung von 2140 MW der ESAG installiert sind, sind in den Wintermonaten Grenzwertüberschreitungen - beispielhaft $SO_2$ - von beinahe 60 % des IW1 (als Monatsmittelwert) durchaus üblich ( **Bild 2** ). Hier etwas zu tun und zumindest den Anteil der durch ESAG-Anlagen hervorgerufenen Immissionen schnell zu reduzieren, war und ist vordringliches Ziel.

### Grundlagenermittlung

Bevor Maßnahmen eingeleitet werden konnten, mussten zunächst Emissions- und Immissionssituation der ESAG-Anlagen bzw. das Gesamtbild der Immissionen in der Stadt Dresden erfaßt werden.

Grundlage für die ESAG-Daten waren die Angaben aus der Emissionserklärung 1990, für die Daten der Stadt die Studie einer

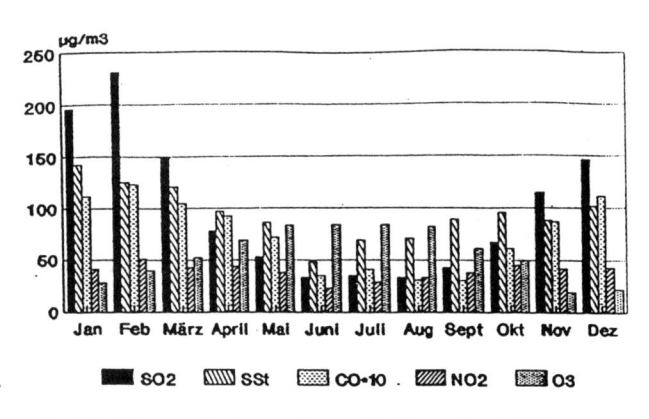

*Bild 2 Monatsmittelwerte Januar bis Dezember 1991*

Consulting-Gesellschaft, die im Auftrag der Stadt Dresden und der damaligen Geschäftsbesorgungsgesellschaft Sachsen Ost (GESO) erstellt worden war. Darin waren der Wärmebedarf (**Bild 3**) und die Brennstoffdichte (**Bild 4**) je km2 in der Stadt Dresden festgestellt worden.

Diese beiden Ausgangslagen ermöglichten nun, eine Immissionsbetrachtung in Dresden vorzunehmen. Dabei sind nur die Emittentengruppen Hausbrand mit Braunkohle und die Anlagen der ESAG betrachtet worden. Desweiteren blieb die Untersuchung auf Schwefeldioxid beschränkt, da dieser Schadstoff aufgrund der eingesetzten Brennstoffmengen relativ gut erfaßbar war.

In **Bild 3** ist die Stadt zunächst einmal in Flächen S1 bis S7 unterteilt worden, denen dann der Wärmebedarf anteilig an den eingesetzten Brennstoffen zugewiesen wurde. Es ist zu erkennen, daß insbesondere der Innenstadtbereich durch Fernwärme beheizt wird, während die stadtrandnahen Gebiete und die Neustadt in großem Stil mit braunkohlebefeuerten Einzelfeuerstätten durchsetzt sind.

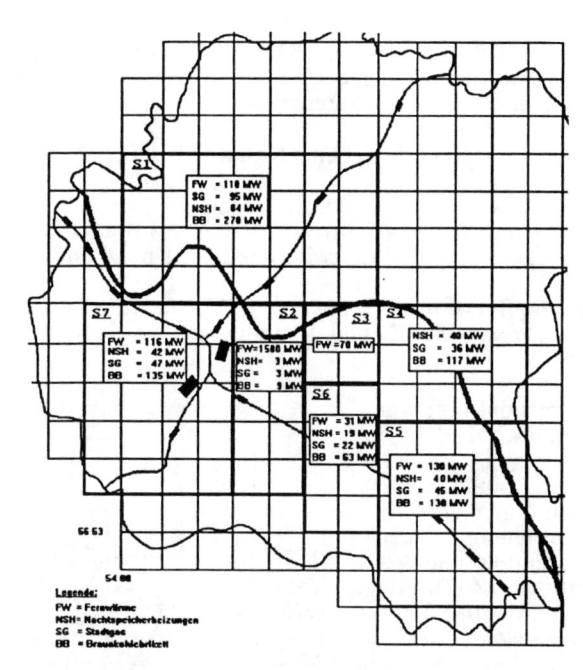

*Bild 3*
*Heizwärmebedarf der Stadt Dresden*

**Bild 4** zeigt die dazugehörige Gesamtfeuerungswärmeleistung der Einzelfeuerstätten mit Braunkohlefeuerung, die mit einem Wirkungsgrad von **65 %** ermittelt wurde.

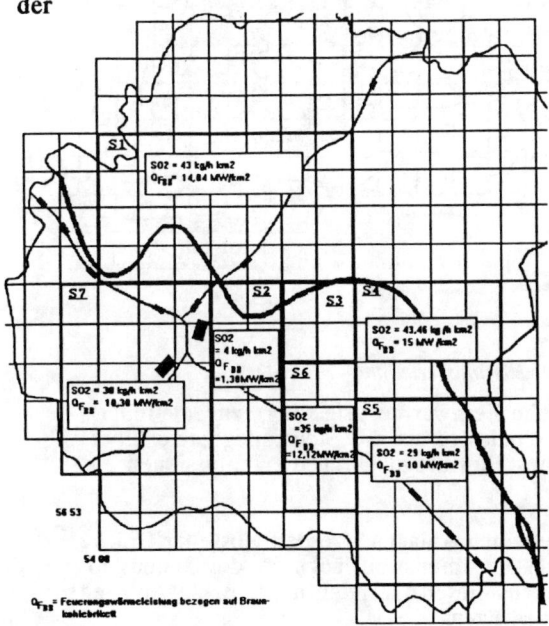

*Bild 4*
*Brennstoffdichte und SO2-Emissionen der Stadt Dresden*

Aufgeteilt auf die Flächen **S1** bis **S7** ergaben sich daraus spezifische Feuerungswärmeleistungen je km². Mit den früher in den neuen Bundesländern üblichen Berechnungsformeln (1)

$$E_{SO2} = 2 * m_{Brst} * \text{S-Gehalt} * \text{Sigma} * 10^{-2} \ [\,t/a\,] \tag{1}$$

mBrst = Brennstoffmenge
S-Gehalt = Schwefelgehalt in der Braunkohle
Sigma = Emissionsfaktor (0,8 bei Rostfeuerung)

wurde die $SO_2$-Emission für eine Flächenquelle mit der Ausdehnung 1 x 1 km2 festgelegt (**Bild 4**) und die Immission mit dem Programm AUSTAL '86 bestimmt.

Als Emissionshöhe wurden pauschal **25 m** angenommen, die Rauchgasvolumenströme mit einer Verbrennungsrechnung nach Boie ermittelt. Die Wetterstatistik ist Dresden 1979 - 1988. **Bild 5** zeigt die Immissionsverteilung in den einzelnen Stadtgebieten.

Daraus ist deutlich zu erkennen, daß der Hausbrand seine Luftschadstoffe relativ gleichmäßig über die Stadt verteilt.

Die hohen Immissionswerte bis zu ca **50%** des Grenzwertes IW1 (Jahresmittelwert) resultieren aus der niedrigen Emissionshöhe der Feuerstätten, was nicht anders zu erwarten war.

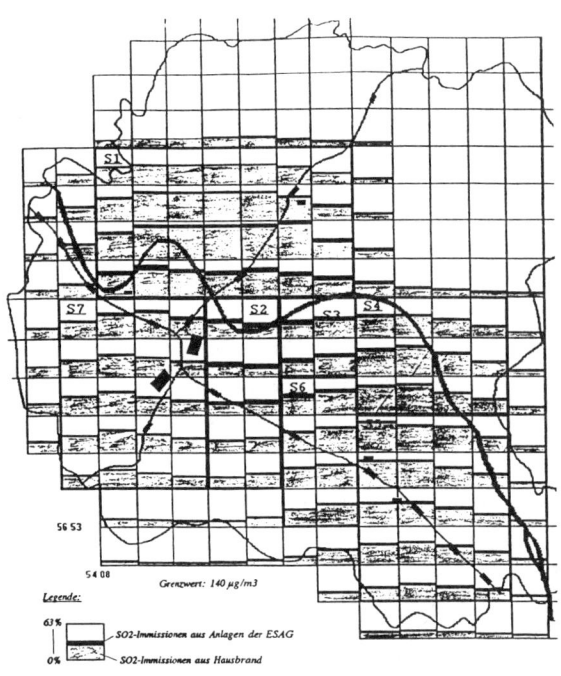

*Bild 5*
*SO2-Immissionsverteilung*

Aufgrund der Wärmestruktur (hohe Fernwärmeauslastung) sind die Innenstadtbereiche wesentlich geringer belastet als die Stadtrandgebiete. Überlagert wurden die Immissionen aus Hausbrand durch die Immissionen aus den Anlagen der ESAG.

Dabei stellte sich heraus, daß die beiden Anlagen Dresden-Nossener Brücke und insbesondere Dresden-Mitte die Immissionslücke in der Innenstadt auffüllen. Es lag daher nicht nur aus diesen Gründen nahe, beide Anlagen schnellstens nachzurüsten bzw. zu ersetzen.

## Erste Maßnahmen

Da die notwendigen Maßnahmen zur Erfüllung der Anforderungen der 13. BImSchV längere Planungszeiten voraussetzten, hat die ESAG im Vorfeld Sofortmaßnahmen ergriffen, die eine doch spürbare E- und Immissionsminderung bewirken sollten.

So war an den beiden genannten Anlagen die Verfügbarkeit der Entaschungsanlagen ein Problem, daß mit geringem Aufwand behoben werden konnte. Dadurch wurde insgesamt die Verfügbarkeit der Entstaubungsanlagen erhöht und damit Staubemissionen vermieden.

Zusätzlich wurden die E-Entstauber hinter zwei der fünf Dampferzeuger im HKW Dresden-Nossener Brücke ertüchtigt und auf den erforderlichen Stand der 13. BImSchV gebracht. Die Produktion aus dem HKW Dresden-Mitte, heute HW, konnte gleichzeitig wegen des einbrechenden Fernwärmebedarfs auf das HKW Dresden-Nossener Brücke und das HW Dresden-Reick verlagert werden, so daß die Staubemissionen weiter gesenkt werden konnten. Beide Anlagen besitzen zudem Schornsteine von 140 m bzw. **200 m** Höhe gegenüber den **65 m** Schornsteinen des HW Dresden-Mitte und verteilen daher die Schadstoffe weiträumiger, ein nicht besonders erwähnenswerter Effekt, aber in diesem Fall wegen der goßräumigeren Verdünnung auch ein Beitrag zur Immissionsverbesserung. Dennoch sind die Emissionsbeiträge der ESAG-Anlagen ( **Tabelle 2** ) noch sehr beträchtlich und es galt, neben diesen adhoc-Maßnahmen weitere in die Tat umzusetzen.

| Tabelle 2 | Emissionen der ESAG-Anlagen 1991 in Tonnen/a | | | |
|---|---|---|---|---|
| Anlage | Feuerungs-wärmelstg. | SO2 | NOx | Staub |
| Dresden | | | | |
| HKW DD-Noss.-Brücke | 560 MW | 20 210 | 2 006 | 875 |
| HW DD-Mitte | 300 MW | 553 | 91 | 44 |
| HW DD-Nord | 48 MW | 335 | 61 | 73 |
| HW DD-Leuben | 52 MW | 351 | 64 | 88 |
| HW DD-Reick | 580 MW | 2 286 | 274 | n. n. |
| HW DD-Lösnitzstr. | 6 MW | 18 | 3 | |
| HKW Pirna | 360 MW | 4 705 | 395 | 585 |
| HW Bautzen | 105 MW | 543 | 121 | 174 |
| HW Meißen | 32 MW | 151 | 28 | 86 |
| HW Görlitz-Nord | 62 MW | | 13 | |
| HW Görlitz-Süd | 20 MW | 150 | 24 | |

## Anlagenkonzept der ESAG

Untersuchungen an allen Anlagen der ESAG ergaben, daß Nachrüstmaßnahmen zur Rauchgasreinigung entweder wegen der beengten Platzverhältnisse, wegen des technischen Zustandes der Anlagen oder aber wegen des finanziellen Aufwandes nicht realisiert werden konnten.

Die Überlegungen zielten daher in allen Fällen auf Ersatz der Anlagen Alt gegen Neu unter Beibehaltung einiger Nebenanlagen oder aber völligen Neubau an den vorhandenen Standorten. Dazu ließ man sich von folgenden Gesichtspunkten leiten:

- Versorgungssicherheit
- hoher Erzeugungswirkungsgrad Wärme/Strom
- angepaßte Leistung
- hohe Umweltstandards
- Wirtschaftlichkeit
- schnelle Realisierung

Es sind dies sicher keine neuen Erkenntnisse; angesichts der fehlenden ständigen Erneuerung der Anlagen in den zurückliegenden Jahren aber besonders in puncto Wirtschaftlichkeit und Termindruck eine schwierige Aufgabe. Schnelle und damit kurzfristige Lösungen versprachen eigentlich nur Anlagen, die an den Stadtstandorten der ESAG akzeptabel waren, d. h. mit den Brennstoffen Heizöl EL oder Erdgas betrieben werden sollten und einen entsprechenden Lärmschutz boten.

Gleichzeitig wurde untersucht, welche Insel-Anlagen aufgrund der einbrechenden industriellen Wärmenachfrage stillgelegt und deren restliche Abnehmer durch Anschluß an das zentrale Fernwärmenetz versorgt werden konnten. Entsprechend der prognostizierten Fernwärmeentwicklung (**Bild 6**) wurden das Heizwerk Nord am gleichen Standort mit neuester Kesseltechnik, Brennstoff Heizöl EL, und das Heizwerk Leuben am Standort Reick (**Bild 7**) mit etwas geringerer Leistung - Brennstoff Erdgas, alternativ Heizöl EL - geplant und beantragt. Beide Anlagen sind mittlerweile im Bau.

Bei der Fernwärmeprognose ging man von drei verschiedenen Entwicklungen bis zum Jahr 2000 aus

- Einbruch des Wärmeabsatzes und Absinken des Bedarfs von **900 MW** auf ca. **700 MW**

- Einbruch des Wärmeabsatzes, aber Ausgleich durch Neuanschlüsse innerhalb des bestehenden Netzes und damit geringfügige Erhöhung der Wärmehöchstlast auf **950 MW**

- wie Variante 2, aber mit zusätzlicher Erschließung von Absatzgebieten und damit eine Erhöhung der Fernwärmehöchstlast auf **1150 MW**

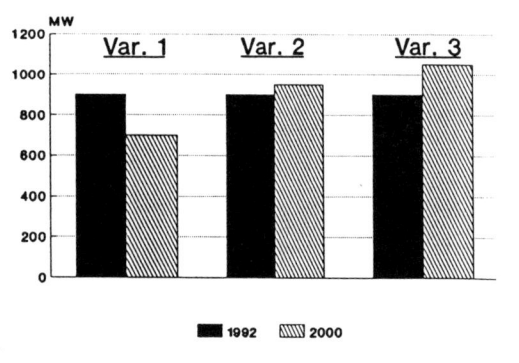

*Bild 6*
*Fernwärmebedarfsprognose Dresden*

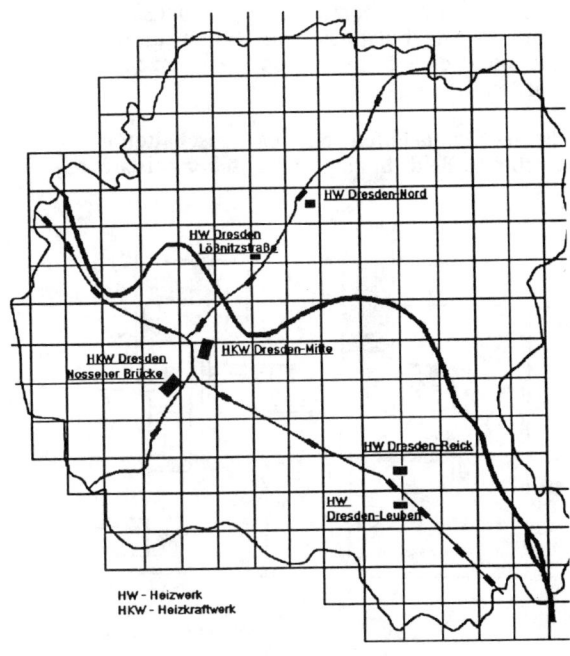

*Bild 7*
*Standorte der ESAG-Anlagen in Dresden*

Da die Prognosen mit sehr großen Unsicherheiten behaftet sind, weil Verbrauchsverhalten, die Auswirkungen von Wärmedämmaßnahmen und der Ausbau der Fernwärme kaum abzuschätzen waren, hat ESAG sich für die Möglichkeit 2 entschieden und zunächst den Ersatz alter Anlagen in gleicher Größe geplant.

Von der Lage im zentralen Fernwärmenetz her kam für eine Neuanlage nur der Standort Dresden-Nossener Brücke infrage. Versehen mit allen infrastrukturellen Einrichtungen zur Stromableitung und drei wichtigen Fernwärme-Versorgungssträngen in Richtung Stadtmitte, Süden und Osten bot sich der Platz auch aus hydraulischen Gründen an.

Für eine langwierige Standortsuche blieb aufgrund der engen Terminsituation, vorgegeben durch die 13. BImSchV, ohnehin keine Zeit.

## GT-HKW Dresden-Nossener Brücke

Prunkstück unter den Fernwärmeerzeugungsanlagen der ESAG im Fernheiznetz Dresden soll ein Gas- und Dampfturbinen-Heizkraftwerk werden. Die fernwärmeorientiert betriebene Anlage wird die beiden Altanlagen HKW Dresden-Nossener Brücke und Dresden-Mitte ersetzen, wobei die thermische Leistung mit **480 MW** erhalten bleibt, die elektrische Leistung mit **260 MW** deutlich angehoben wird.

Der Standort selbst ist im z. Zt. gültigen Flächennutzungsplan der Stadt Dresden als Fläche für Anlagen zur Energieerzeugung ausgewiesen. Einen Bebauungsplan für dieses Gebiet gibt es derzeit nicht. Erste Gespräche mit der Genehmigungsbehörde, dem Regierungspräsidium Dresden führten zu dem Ergebnis, daß nicht so sehr immissionsschutzrechtliche Gründe zu der Verhinderung einer Genehmigung führen könnten, sondern die sogenannten "anderen Belange" nach § 6 BImSchG.

Aus diesem Grund wurde schon im Stadium der Anfragephase die Stadtplanung miteingeschaltet, um deren Vorstellungen zur Neuplanung des gesamten Gebietes mit in die Anlagenplanung einfließen zu lassen.

In enger Zusammenarbeit mit den Stadtplanern wurden Richtlinien entworfen, die von den einzelnen Anbietern in zwei Architekturstudien berücksichtigt werden mußten. Im Endstadium der Angebotsphase entstanden daraus drei anbieterspezifische Modelle, die alle drei - mit gewissen Präferenzen - von der Stadtplanung abgesegnet wurden.

Kernstück der Anlage sind mehrere Gasturbinen mit nachgeschalteten Abhitzekesseln und eine Dampfturbine. **Bild 8** zeigt eine schematische Darstellung.

Da der Standort beinahe mitten im Zentrum Dresdens und in unmittelbarer Nachbarschaft zu einem Wohngebiet liegt, waren und sind besondere Anstrengungen im Hinblick auf den Nachbarschutz zu unternehmen. Von besonderem Interesse sind dabei die Beeinträchtigungen durch Lärm.

Angesichts des entstandenen Nebeneinanders von Wohngebiet - mit gewerbegebietsähnlichem Charakter - und Gewerbe-/Industriegebiet wurden im Vorfeld zusammen mit der Genehmigungsbehörde Schallimmissionsrichtwerte von **45/60 dB(A)** an ausgewählten Meßpunkten um

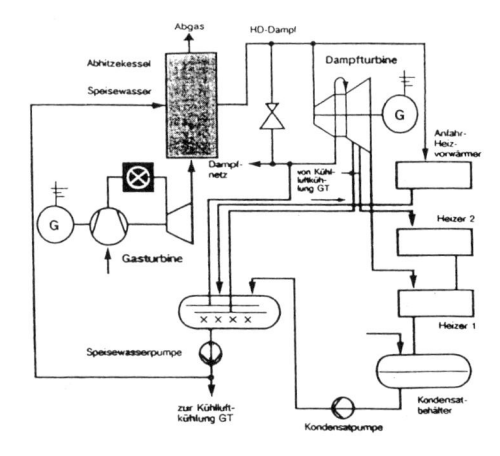

*Bild 8*
*Dampf-, Speisewasser- und Kondensatsystem*

das alte HKW Dresden-Nossener Brücke und das Baufeld des GT- HKW festgelegt. Ist-Aufnahmen der Schallimmissionen der Altanlage ergaben, daß diese Werte zum Teil erheblich überschritten werden. In der Neuplanung wurden daher Richtwerte von **43/58 dB(A)** vom Schallgutachter vorgegeben, die es erlauben, daß sich auch später noch Betriebe in der Nachbarschaft des GT-HKW ansiedeln können, ohne daß die Schallimmissionsrichtwerte überschritten werden. Angesichts des geplanten Verkehrsverlaufes um das GT-HKW herum werden diese Richtwerte ohnehin nur einen theoretischen Inhalt haben.

Als Zusatzwasser wird aufbereitetes Elbwasser verwendet. Einsatzstoffe außer Brennstoff und einigen kleinen Mengen an Chemikalien zur Wasseraufbereitung sind nicht vonnöten, so daß auch der Abfallpfad mit dem Prädikat "überwiegend positiv" versehen werden kann. **Tabelle 3** zeigt eine Gegenüberstellung der Reststoffmengen der Altanlagen und der Neuanlage.

| Tabelle 3 | Gegenüberstellung der Reststoffmengen | | |
|---|---|---|---|
| | HKW Dresden Nossener Brücke | + HW Dresden Mitte | GT-HKW Dresden-Nossener Brücke |
| Ascheanfall | 76 000 m3/a | + 6 300 m3/a | - |
| Sonderabfall | 50 m3/a | | 30 m3/a |
| Schlämme | - | | 120 m3/a |
| Summe | | 82 350 m3/a | 150 m3/a |

Bleibt der Luftpfad. Hier sollte es die für Dresden so dringend erwartete wie notwendige Entlastung geben. **SO₂** und **Staub** sind bei Erdgas sicherlich nicht die Schadstoffe, die Anlaß zur Besorgnis geben könnten. Sie sind durch die Grenzwerte mit **35 mg/m³** und **5 mg/m³** auf ein Minimum begrenzt.

Anders das Stickoxid. ESAG wird hier **100 mg/m³** bei Erdgasfeuerung und **150 mg/m³** bei Heizöl EL-Feuerung der Gasturbine beantragen. Anhaltspunkt dafür war ein Erlaß des Hessischen Umweltministeriums vom August letzten Jahres, in dem die Dynamisierungsklauseln nach TALuft konkretisiert wurden. Der $O_2$-Bezugswert wird weder **15 %** für Gasturbinen noch **3 %** für die ausschließlich erdgasbefeuerten Abhitzekessel sein, er wird vielmehr entsprechend einem Papier des Niedersächsischen Umweltministeriums als Gleitwert zwischen diesen beiden Grenzwerten liegen. Diese Regelung, für die in der 13. BImSchV keine Definition vorliegt, wird u. a. auch vom Umweltbundesamt propagiert. Danach berechnet sich der $O_2$-Bezugswert zu (2)

$$- O_2 = (m_{B-GT} * 15\% + m_{B-AHK} * 3\%) / (m_{B-GT} + m_{B-AHK}) \qquad (2)$$

$m_{B-GT}$ = Brennstoffmassenstrom Gasturbine
$m_{B-AHK}$ = Brennstoffmassenstrom Abhitzekessel

Da die Grenzwerte der Gasturbine als auch des Abhitzekessels identisch sind, erübrigt sich ein ebenfalls in diesem Papier stehender Emissionsgleitgrenzwert.

Mit diesen Werten ergeben sich die in **Tabelle 4** angegebenen Emissionsmassenströme (ca.-Werte)

| Tabelle 4 | | Vergleich Altanlagen - GT-HKW | | |
|---|---|---|---|---|
| | | HKW Dresden Noss. Brücke | HW Dresden Mitte | GT-HKW Dresden Noss. Brücke |
| Feuerungswärmeleistung | [ MW ] | 560 | 300 | 840 |
| **Brennstoffeinsatz** | | | | |
| Braunkohle | [ kg / h ] | 238 580 | 103 705 | - |
| Erdgas | [ m3 / h ] | - | - | 80 856 |
| Fernwärmeleistung | [ MW ] | 360 | 110 | 480 |
| Elektrische Leistung | [ MW ] | 100 | 0 | 260 |
| **Rauchgasvolumenstrom** | | | | |
| i. N.; feucht | [ m3 / h ] | 1 016 302 | 456 508 | 2 200 572 |
| *Reingasdaten* | | | | |
| Gesamtstaub | [ mg / m3 ] | 170 | 185 | 5 |
| SO2 | [ mg / m3 ] | 2 800 | 2 890 | 35 |
| NOx, ger. als NO2 | [ mg / m3 ] | 400 | 360 | 100 |
| CO | [ mg / m3 ] | 120 | 100 | 100 |
| Gesamtstaub | [ kg / h ] | 123 | 37 | 6 |
| SO2 | [ kg / h ] | 2 019 | 572 | 43 |
| NOx, ger. als NO2 | [ kg / h ] | 288 | 71 | 123 |
| CO | [ kg / h ] | 87 | 20 | 123 |
| CO2 | [ t / a ] | 1 220 000 | 196 600 | 940 000 |

Mit diesen Emissionswerten werden nicht nur die Bagatellmassenströme nach TALuft unterschritten, sondern die Immissionen, hervorgerufen durch die Neuanlage, bewegen sich alle unterhalb der 1%-Grenze des IW1.

Dennoch ist die Verbesserung der Immissionssituation in Dresden durch die Sanierung der Anlagen der ESAG bei weitem nicht so gravierend wie vielfach angenommen wurde, obwohl bei einigen Parametern wie Staubniederschlag, $SO_2$ eine Verbesserung (rechnerisch!) um den Faktor 100 zu vermelden ist. Meßtechnisch nachzuweisen wird die Verbesserung sicherlich nicht sein, denn bei der absoluten Spitzenemission von $SO_2$ ist der Emissionsbeitrag der ESAG im Jahresmittel auf der am höchsten durch ESAG-Anlagen belasteten Fläche ohnehin nur ca. 13,5 ug/m$^3$ beim IW1. Durch den Ersatz der beiden hier beschriebenen Altanlagen reduziert sich der Wert um ca. 9 ug/m$^3$. Die übrigen Luftschadstoffe sind aufgrund ihrer noch geringeren Emission zu weit geringeren Teilen an der Immission beteiligt. Demzufolge ist ihr Anteil an der Sanierung auch geringer.

Interessant wird die gesamte Altanlagensanierung dadurch, daß der vorgegebene Zeitplan unter allen Umständen eingehalten werden soll und die ESAG bemüht ist, dies auch noch weit vor dem gesetzlichen Termin zu erfüllen. Das Genehmigungsverfahren soll noch in diesem Jahr soweit abgeschlossen sein, daß im Dezember mit ersten Bauarbeiten begonnen werden kann. Der letzte Generator soll dann zum 30. November 1994 ans Netz gehen, ein durchaus kurzfristiges Programm zur Sanierung der Altanlagen im Versorgungsgebiet der ESAG.

# Investitionshilfen und Finanzierungsmodelle für Maßnahmen des Umweltschutzes

H. Langer, Berlin

## Zusammenfassung

Der Beitrag zeigt die Möglichkeiten staatlicher Förderung bei Umweltschutzinvestitionen in Kommunen und bei der Wirtschaft auf. Es werden die Konditionen einzelner Programme und die Voraussetzungen, die erfüllt werden müssen, dargestellt.

Investitionshilfen und Finanzierungsmodelle für Maßnahmen des Umweltschutzes

## 1. Grundsätze der Förderpolitik

Umweltschutz ist in der Bundesrepublik Deutschland ein wichtiger Investitionsfaktor geworden. Anspruchsvolle Umweltschutzanforderungen haben eine entsprechende Nachfrage geschaffen.

Auslöser waren vor allem die Novellierungen der Umweltschutzgesetze seit 1986. Von der neuen technischen Anleitung zur Luftreinhaltung bis zur Einführung des Standes der Technik bei der Einleitung von gefährlichen Schadstoffen ins Abwasser gilt, daß eine große Anzahl von Unternehmen, man schätzt insgesamt über 100.000 Betriebe, Investitionen durchführen müssen.

Die Finanzierung des Umweltschutzes ist in erster Linie vorrangige Aufgabe der Unternehmen, der Kommunen und, sofern diese unmittelbar betroffen sind, der privaten

Haushalte. Nur wenn die Verursacher von Umweltbelastungen die Kosten der Vermeidung bzw. der Beseitigung selbst zu tragen haben, besteht ein wirtschaftlicher Anreiz, mit natürlichen Ressourcen sparsam umzugehen und die Umwelt zu schonen. Die dramatische Umweltbelastung in der ehemaligen DDR erklärt sich nicht zuletzt damit, daß dieser Grundsatz in der Vergangenheit keine Berücksichtigung gefunden hat. Die Einführung des Verursacherprinzips ist daher eine der wichtigsten Weichenstellungen für die Gesundung der Umwelt.

Verantwortliche Umweltpolitik ist aber auch ein wesentliches Element zukunftsorientierter staatlicher Strukturpolitik. Hier finden flankierende staatliche Hilfen für die Finanzierung der erforderlichen Umweltschutzinvestitionen ihre sachliche Begründung.

Diese Hilfen sind so zu gestalten, daß das Verursacherprinzip grundsätzlich nicht durchbrochen wird, sondern daß seine Durchsetzung - etwa in Fällen, in denen Emissionen sich im Rahmen der festgelegten Grenzwerte halten - unterstützt wird.

Eine Förderung durch die Haushalte des Bundes und der Länder sollte nur dort erfolgen, wo im Sinne der Vorsorge das Engagement des Staates gefordert ist, wo echte innovative Ansätze entwickelt werden sollen und wo von der Industrie oder bei globalen und grenzüberschreitenden Umweltbelastungen von anderen Staaten aus wirtschaftlichen Gründen kein ausreichendes Engagement zu erwarten ist.

Insbesondere in den neuen Bundesländern sind jedoch die Voraussetzungen für eine sofortige, strikte Umsetzung des Verursacherprinzips noch nicht gegeben. Die vollständige, verursachergerechte Belastung von Unternehmen, Kommunen und privaten Haushalten mit den Kosten der notwendigen

Umweltschutzmaßnahmen würde zu unkalkulierbaren wirtschafts-, arbeitsmarkt-, sozial und umweltpolitischen Risiken führen.

Im Rahmen dieser Zielsetzungen haben Bund und Länder - zu einem großen Teil auch die neuen Bundesländer - vielfältige Förderungsprogramme eingeführt.

## 2. Staatliche Förderprogramme

Der am weitesten verbreitete Fördertyp bei staatlichen Umweltschutzhilfen von Bund und Ländern sind Kreditprogramme mit zum Teil deutlich günstigeren Konditionen als auf dem allgemein zugänglichen Kreditmarkt.
Hierfür haben Bund und Länder eine Vielzahl von Programmen aufgelegt. Auf Bundesebene sind vor allem die Umweltschutzkreditprogramme des ERP-Sondervermögens, das Umweltprogramm der Kreditanstalt für Wiederaufbau, das Ergänzungsprogramm III der Deutschen Ausgleichsbank, das Kommunal-Kreditprogramm für die fünf neuen Bundesländer sowie das Investitionsprogramm zur Verminderung von Umweltbelastungen des Bundesumweltministers in Verbindung mit dem Ergänzungsprogramm III und dem Umweltprogramm der KfW zu nennen. Das letztgenannte Programm hat auch andere Funktionen - auf die später eingegangen werden soll.
Die Konditionen der Umweltschutzkreditprogramme, die hier einschlägig sind, liegen z. Zt. zwischen einem Zinssatz von 6,5 % (effektiv) und 8 % effektiv. Die Darlehen werden häufig zu 100 % ausgezahlt, das größte Disagio liegt bei 4 % (Auszahlung 96 %). Die Kreditlaufzeiten liegen zwischen 10 und 15 Jahren (in den neuen Bundesländern) bei maschinellen Anlagen und bei überwiegend baulichen Anlagen bis zu 20 Jahren. Unter Liquiditätsgesichtspunkten ist interessant, daß in der Regel 2 bis 3 tilgungsfreie Jahre, in den neuen Bundesländern sogar 5 tilgungsfreie Jahre angeboten werden. Allerdings liegen dann die Tilgungsraten in der Restlaufzeit naturgemäß höher.

Der Anteil der Investitionskosten, der mit diesen Darlehen finanziert werden kann, ist sehr unterschiedlich hoch. Er liegt je nach Programm zwischen 50 % und 70 % der Investitionssumme. In den neuen Ländern kann bei einigen Programmen sogar ein Anteil von bis zu 75 % finanziert werden.

Eine Besonderheit stellt das Programm des Bundesministers für Umwelt, Naturschutz und Reaktorsicherheit zur Förderung von Investitionen mit Demonstrationscharakter zur Vermeidung von Umweltbelastungen dar. Die Förderung wird entweder als Zinszuschuß zur Verbilligung eines Darlehens oder als Investitionszuschuß (Zuwendung in der Regel als Anteilfinanzierung) gewährt. Grundsätzlich können Darlehen bis zu 70 % der förderfähigen Kosten zinsverbilligt werden. Die Zinsrate wird aus Bundesmitteln in der Regel um 5 %-Punkte über bis zu 5 Jahre der Gesamtlaufzeit verbilligt. Der Kredit wird als Festzinskredit zu den Vorzugskonditionen des Ergänzungsprogrammes III der Deutschen Ausgleichsbank oder zu den Konditionen des Umweltprogramms der Kreditanstalt für Wiederaufbau in der Regel über eine Geschäftsbank zur Verfügung gestellt.
Die Laufzeit der Darlehen beträgt bis zu 30 Jahren. Sie sind mit einer Zinsbindung für die ersten 10 Jahre der Laufzeit ausgestattet. Danach wird der Kredit zu Marktkonditionen angeboten.

Ein Investitionszuschuß kann für bis zu 30 % der förderfähigen Kosten gewährt werden. Die Auszahlung erfolgt direkt über das Umweltbundesamt.

Diese besonders günstigen Konditionen sind allerdings nicht ohne besondere Verpflichtungen und Leistungen der Antragsteller erreichbar.
Fördermittel werden nämlich nur dann vergeben, wenn das zu fördernde Projekt einen größeren Betrag zur Umweltentlastung leistet als die Umweltpolitik durch Gesetze

und Auflagen derzeit vorschreibt, und wenn zusätzlich noch technisches Neuland betreten wird und eine sogenannte Demonstrationsanlage errichtet wird.

Es kann davon ausgegangen werden, daß eine Anlage eingesetzt werden muß, die in dieser Form oder in diesem Wirtschaftsbereich oder in der vorgesehenen verfahrenstechnischen Anordnung noch nicht eingesetzt wurde.
Die Anlage selbst sollte sich im kleintechnischen Versuchsmaßstab bereits bewährt haben. Mitunter kann auch eine Förderung erlangt werden, wenn der Anlagentyp bereits an anderer Stelle in großtechnischem Maßstab eingesetzt wurde, wegen der Neuartigkeit der Technik oder wegen der besonderen Umstände in Zusammenhang mit dem Umfeld der Anlage (Transportwege, Energieversorgung usw.) aber mehrere Anlagen erprobt werden sollen.

Weitere Förderprogramme sind auch von der EG, Kommission der Europäischen Investitionsbank sowie von der Deutschen Bundesstiftung Umwelt aufgelegt worden.

Die Europäische Investitionsbank stellt für Projekte zur Sicherung der Luft- und Wasserqualität, zum Schutze der Natur in den Bereichen Abfallwirtschaft, rationelle Energienutzung sowie zur Verbesserung der städtischen Umwelt Darlehen zur Verfügung. Die Konditionen für diese Darlehen sind nicht so günstig wie bei der Kreditanstalt für Wiederaufbau oder der Deutschen Ausgleichsbank, liegen jedoch immer noch unter den marktüblichen Konditionen.
Die Europäische Gemeinschaft befindet sich bei ihrer Förderpraxis zur Zeit in einer Umstellungsphase.
Ab Mitte des Jahres 1992 soll ein "Umweltfonds" geschaffen werden, der die derzeitigen zeitlich befristeten Förderprogramme ablösen wird.
Im Rahmen dieses Fonds (LIFE) werden insbesondere die investiven Maßnahmen

- zum Einsatz neuer Umwelttechnologien in besonders problematischen Industriezweigen wie der Zementindustrie, der Zellstoff- und Papierindustrie bei Gerbereien und Konservenfabriken,
- zur Sanierung von Altlastenstandorten,
- zur Entwicklung von Techniken zur Verwertung von Abfällen und
- zur Wiederherstellung von natürlicher und städtischer Umwelt

gefördert.

Als Finanzierungsart kommen Zinszuschüsse, Darlehen, rückzahlbare und nicht rückzahlbare Zuschüsse in Betracht. Die finanzielle Beteiligung der EG wird zwischen 30 % und 75 % der Gesamtkosten liegen.

Eine weitere wichtige Förderinstanz ist die Deutsche Bundesstiftung Umwelt. Diese vom Bundesfinanzministerium ins Leben gerufene Stiftung hat Mitte Mai 1991 ihre Tätigkeit aufgenommen. Schwerpunkt der Förderung wird in den kommenden Jahren die Beteiligung an Umweltschutzvorhaben in den neuen Bundesländern sein. Vor allem sollen Vorhaben der mittelständischen Wirtschaft für den Umweltschutz gefördert werden.

Gefördert werden umwelt- und gesundheitsfreundliche Verfahren, die zur Vermeidung und Verminderung mengenmäßig, oder durch besondere Gefährlichkeit bedeutsamer Stoffe beitragen, bestehende Grenzwerte deutlich unterschreiten und mit ihrem modellhaften Charakter eine breite Anwendung in den betreffenden Branchen versprechen. Weiterhin werden die Entwicklung und Markteinführung umwelt- und gesundheitsfreundlicher Produkte die Wiederverwertung und umwelfreundliche Entsorgung von Abfällen und Reststoffen, die Reinigung industrieller Abluft gefördert ebenso wie Vorhaben zur rationellen Energieverwendung und zur Nutzung regenerativer Energien.

Andere Schwerpunktbereiche der Förderung sind die entwicklung innovativer Verfahren zur Umweltanalytik, Planungskonzepte zur ökologischen Stadtentwicklung, zur Gewässerschutzplanung, der Einsatz nachwachsender Rohstoffe, die Entwicklung umweltgerechter Konversionsverfahren, der Bereich Landwirtschaft und Umwelt, der Bereich Umwelt und Verkehr (z. B. integrierte Verkehrskonzepte für Städte), die Entwicklung von Materialien zur Umweltinformationsentwicklung sowie die Denkmalpflege.

Die Stiftung vergibt grundsätzlich Zuschüsse zum Teil in beträchtlicher Höhe der Gesamtkosten, in begründeten Ausnahmefällen kann auch ein Darlehen beantragt werden. Antragsberechtigt sind Betriebe und Kommunen sowie Gebietskörperschaften.

Ebensolche Möglichkeiten bestehen im Rahmen der Gemeinschaftsaufgabe "Verbesserung der regionalen Wirtschaftsstruktur" für gewerbliche Unternehmen in den neuen Bundesländern bei der unter anderem für Energieversorgungsanlagen, Abwasser- und Abfallbeseitigungsanlagen sowie zur Altlastensanierung Investitionszuschüsse bis zu 23 % gewährt werden.

Zusätzlich kann hier noch eine Investitionszulage für betriebliche Investitionen in Höhe von 8 % der Anschaffungs- oder Herstellkosten beim Finanzamt beantragt werden. Dieses Programm läuft Ende 1992 aus.

Ein der Gemeinschaftsaufgabe entsprechendes Programm zur "Finanziellen Förderung der wirtschaftsnahen Infrastruktur auf dem Gebiet der 5 neuen Länder" existiert für Gemeinden und Kreise. Unter anderem können gefördert werden, die Errichtung und der Ausbau von Energie- und Wasserversorgungsleitungen und -verteilungsanlagen sowie von Anlagen für Reinigung von Abwasser und Entsorgung von Abfall.

Steht eine geplante Investition im Umweltbereich an der Schwelle zwischen Forschung und Entwicklung so können Forschungsmittel vom Bundesminister für Forschung und Technologie erhalten werden, jedoch nur dann, wenn die Technik noch nicht im Versuchsmaßstab erprobt ist.
Es wird also mehr als der oben beschriebene Demonstrationscharakter, nämlich der Forschungscharakter verlangt. Der Forschungsminister bietet allerdings auch Zuschüsse bis zu 50 % der entstehenden Kosten.

Förderungen für Produzenten von Umweltschutzanlagen

Die materielle Förderung, die Bund und Länder für die Gruppe der Umweltschutzgüterproduzenten bieten, soll als Ausgleich für Risiken dienen, mit denen ein Unternehmer auf dem noch jungen Umweltschutzmarkt zu rechnen hat.

Neben dem schon erwähnten umfangreichen Programm der Bundesstiftung Umwelt ist hier vor allem eine interessante Fördermöglichkeit, die vom Bundesumweltminister und von der Deutschen Ausgleichsbank initiiert wurde, zu nennen. Geboten werden sowohl zinsgünstige Darlehen, als auch eine Art Bürgschaft für mittelständische Unternehmer umweltschonender Produktionsanlagen oder Produkte mit Innovationscharakter.

Die Vielzahl der bestehenden Förderprogramme im Bereich Umweltschutztechnologien ist verwirrend und läßt sich nicht im einzelnen darlegen. In vielen Fällen bieten sich darüber hinaus für den Unternehmer noch Möglichkeiten aus den allgemeinen Wirtschaftsförderungsprogrammen des Bundes und der Länder sowie für den Bereich der neuen Bundesländer einige Möglichkeiten von Sonderabschreibungen. Eine umfassende Information über die Fördermöglichkeiten sollte daher stets am Anfang jeder Überlegung stehen. Eine vorschnelle Antragstellung bei einem falschen Programm verursacht nicht nur zum Teil erheblichen Aufwand

beim Antragsteller und bei der entscheidenden Behörde, sie kann auch zur Enttäuschung und Desillusionierung beitragen.
Geeignete Informationsmöglichkeiten bietet z. B. die Broschüre "Investitionshilfen im Umweltschutz" des Bundesanzeiger Verlages, eine der vielen Loseblattsammlungen im Umweltbereich, ein Informationsbesuch bei Ihrer Hausbank oder den genannten Kreditanstalten. Auskünfte erteilen auch die zuständigen Landesumweltverwaltungen oder - für Bundesprogramme - das Umweltbundesamt.

Umweltberatung

Unternehmen und Kommunen müssen beraten werden, wenn der ökonomisch und ökologisch gebotene Strukturwandel erfolgreich durchgeführt werden soll.

Hier bestehende Informationsdefizite können durch Umweltberatungsprogramme beseitigt werden. Das Bundesumweltministerium und das Bundeswirtschaftsministerium haben die folgenden Beratungsförderungsprogramme entwickelt:

- Das Beratungsförderungsprogramm des Bundesumweltministeriums; es richtet sich an gewerbliche Unternehmen, aber auch an Kommunen. Die geförderten Beratungen haben den Charakter von Orientierungsberatungen. Sie sollen einen ersten Überblick über die im Einzelfall besonders wichtigen gesetzlichen Auflagen vermitteln.

- Das Beratungsförderungsprogramm des Bundeswirtschaftsministeriums; es richtet sich gezielt an gewerbliche Unternehmen. Für Umweltberatungen wird ein Zuschuß als Projektförderung in Form einer Anteilfinanzierung gewährt. Außerdem fördert das Bundeswirtschaftsministerium in ausgewählten Regionen der neuen Länder Projektteams, die beim Aufbau der wirtschaftsnahen Infrastruktur beraten sollen.

Arbeitsbeschaffungsmaßnahmen für die Umwelt

In vielen Bereichen des Umweltschutzes können durch staatlich geförderte Arbeitsbeschaffungsmaßnahmen zusätzliche dringende Aufgaben - in den neuen Ländern - sofort begonnen werden.

Einsatzmöglichkeiten bestehen z. B. bei der Entsorgung wilder Deponien, im Bereich der Bodenzustandserfassung und -bewertung, bei der Boden- und Altlastensanierung, bei der Sanierung und dem Neubau von Abwasserkanälen, der Sanierung von Trinkwasserleitungen der Unterhaltung und Pflege von Gewässern und wasserwirtschaftlichen Anlagen oder im Naturschutz.

Die durch ABM zu fördernden Arbeiten müssen im öffentlichen Interesse liegen. Soweit es sich um Sicherung oder Beseitigung eines Umweltschädigungspotentials handelt, ist grundsätzlich ein öffentliches Interesse anzunehmen.

Träger von ABM können juristische Personen des öffentlichen Rechts (z. B. Kommunen), Einrichtungen des privaten Rechts, die gemeinnützige Zwecke vefolgen (z. B. Vereine), oder in bestimmten Ausnahmen auch Unternehmen sein. Die Förderungsdauer der Maßnahme beträgt in der Regel bis zu zwei Jahren. Die Arbeitsverwaltung gewährt Zuschüsse bis zu 100 % der Bruttolohnkosten sowie zur Sicherung der Durchführung der Maßnahmen für notwendige Sachkosten Zuschüsse bis zu einem Drittel der Gesamtkosten der Maßnahme. Als förderfähig können Werkzeuge, Maschinen, Materialien sowie Planungsleistungen anerkannt werden.

Nutzung privaten Kapitals für kommunale Aufgaben

Der erhebliche Sanierungs- und Ausbaubedarf der gesamten Ver- und Entsorgungsinfrastruktur in den neuen Bundesländern kann über öffentliche Investitionsprogramme und staatliche Hilfen allein nicht finanziert werden. Es ist daher erforderlich, privates Kapital zu mobilisieren. Dazu können folgende Modelle eingesetzt werden:

- Private Besitz- und Betreibergesellschaften. Entsprechende Verträge können die Einflußmöglichkeiten der Kommunen ausreichend sichern.

- Kommunale Umweltschutzinvestitionen könnten dadurch finanziert werden, daß kommunale Immobilienfonds oder Umweltaktiengesellsch aften eingerichtet werden.

- Im Bereich der Wasserversorgung könnten Konzessionen zur Errichtung und zum Betrieb von Wasserwerken und Leitungssystemen an private Konzessionäre vergeben werden.

- Das im Bereich des öffentlichen Personennahverkehrs (ÖPNV) zu erwartende Defizit läßt sich dadurch vermindern, daß Teilbereiche des öffentlichen Personennahverkehrs privatisiert bzw. in Querverbundunternehmen eingebracht werden, die als Eigengesellschaften organisiert sind.

# Autorenverzeichnis

**Dipl.-Ing. W. Bley**
IWO Österreich
Wipplingerstraße 23/1/24
A-1010 Wien

**Prof. Dr. habil.
T. Broniewski**
Politechnika Krakowska
TU Kraków
ul. Warszawska 24
PL-31-155 Kraków

**Dr. P. Bruckmann**
MURL Ministerium für
Umwelt, Raumordnung
und Landwirtschaft
Postfach 30 06 52
4000 Düsseldorf

**Dr. E. A. Drösemeier**
Stadt Köln
Gürzenichstraße 6—16
5000 Köln

**Dr.-Ing. G. Eisenbeiß**
DLR Deutsche Forschungsanstalt
für Luft und Raumfahrt e.V.
Programmdirektor Energietechnik
Postfach 90 60 58
5000 Köln 90

**Dr.-Ing. H. Feier**
Heinz & Feier
Beratende Ingenieure
Taunusstraße 75
6200 Wiesbaden

**Dipl.-Ing. E. Führlich**
Energie- und
Umwelttechnik GmbH
Wasastraße 50
O-8022 Radebeul

**Dipl.-Ing. T. Gaux**
Zentralinnungsverband
des Schornsteinfegerhandwerks
Robert-Koch-Straße 25
3012 Langenhagen

**Dipl.-Ing. P. Gelfort**
Institut für Stadtforschung
und Strukturpolitik
Lützowstraße 93
1000 Berlin 30

**Dr. W.-D. Glatzel**
Umweltbundesamt
Bismarckplatz 1
1000 Berlin 33

**Dipl.-Ing. N. Gorißen**
Umweltbundesamt
Bismarckplatz 1
1000 Berlin 33

**Prof. Dr. G. Haase**
Institut für Geographie
und Geoökologie
Georgie-Dimitroff-Platz 1
O-7010 Leipzig

**Priv.-Doz. Dr. U. Heinrich**
Fraunhofer Institut
für Toxikologie
und Aerosolforschung
Nikolei-Fuchs-Straße 1
3000 Hannover 61

**Dr. habil. A. Hellwig**
Ministerium für Umwelt
und Naturschutz
Pfälzer Straße
O-3024 Magdeburg

**J. Hennerkes**
Umweltamt
der Stadt Frankfurt/M.
Philipp-Reis-Straße 85
6000 Frankfurt/M. 90

**Prof. Dr.-Ing. H. Ising**
Institut für Wasser-, Boden-
und Lufthygiene
Bundesgesundheitsamt
Corrensplatz 1
1000 Berlin 33

**Dr.-Ing. S. Karczmarczyk**
Politechnika Krakowska
TU Kraków
ul. Warszawska 24
PL-31-155 Kraków

**Dipl.-Ing. H. Kleinschmidt**
ESAG — Energieversorgung
Sachsen Ost AG
Postfach 101
O-8010 Dresden

**Prof. Dr. H. Klingenberg**
Volkswagen AG
Forschung Meßtechnik
3180 Wolfsburg 1

**Prof. Dr.-Ing.
W. Knobloch**
WESTAB Holding GmbH
Kommunalentsorgung
Postfach 10 14 51
4100 Duisburg 1

**Dipl.-Phys. J. Krause**
Landeshygieneinspektion
und Institut Magdeburg
Postfach 317
O-3010 Magdeburg

**Dipl.-Wirtsch.-Ing.
H. Langer**
Umweltbundesamt
Bismarckplatz 1
1000 Berlin 33

**Dipl.-Ing. P. Leisen**
TÜV Rheinland e.V.
Postfach 10 17 50
5000 Köln 91

**Dr. sc. D. Möller**
Heinrich-Hertz-Institut
für Atmosphärenforschung
und Geomagnetismus
Rudower Chaussee 5
O-1199 Berlin

**Dr. L. Müller**
Zweckverband
Verbunddeponie
Bielefeld-Herford
Vilsendorfer Straße 42
4900 Herford

**Dr.-Ing. P. Peklo**
Chemie AG Bitterfeld-Wolfen
Zoerbiger Straße
O-4400 Bitterfeld

**Dipl.-Phys.
G. Penn-Bressel**
Umweltbundesamt FB II 3.4
Bismarckplatz 1
1000 Berlin 33

**Dr.-Ing. R. Petersen**
Wuppertal-Institut für Klima,
Umwelt, Energie GmbH
Postfach 10 04 80
5600 Wuppertal 1

**Dr. B. Prinz**
Landesanstalt
für Immissionsschutz
Wallneyer Straße 6
4300 Essen 1

**Dipl.-Ing. H. P. Roosen**
Ruhrgas AG
Postfach 10 32 52
4300 Essen 1

## Autorenverzeichnis

**Prof. J. Schmölling**
Umweltbundesamt
Bismarckplatz 1
1000 Berlin 33

**Dipl.-Ing. A. Schumacher**
Fachverband Dampfkessel-,
Behälter- und Rohrleitungsbau e. V.
Postfach 30 03 43
4000 Düsseldorf 30

**Dipl.-Ing. R. Schupp**
Ruhrgas AG
Postfach 10 32 52
4300 Essen 1

**Dr. K. Schwinkowski**
Thüringer Umweltministerium
Richard-Breslau-Straße 11 a
O-5082 Erfurt

**Prof. Dr. W. Seiler**
Fraunhofer Institut
für Atmosphärische
Umweltforschung IFU
Kreuzeckbahnstraße 19
8100 Garmisch-Partenkirchen

**Dipl.-Ing. W. Solfrian**
GERTEC GmbH
Viehoferstraße 11
4300 Essen 1

**Dipl.-Ing. W.-F. Staab**
Lurgi Energie-
und Umwelttechnik GmbH
Abt. E/KWD
Postfach 11 12 31
6000 Frankfurt/M.

**Dr. K. M. Sullivan**
Coal & Allied Industries Ltd.
G. P. O. Box 15 54
Sydney 2001
Australia

**PD. Dr. L. Trepl**
TU Berlin
Institut für Ökologie
Schmidt-Ott-Straße 1
1000 Berlin 41

**Dr. W. Werner**
Kommission Reinhaltung
der Luft im VDI und DIN
Postfach 10 11 39
4000 Düsseldorf 1

**Prof. Dr. Dr.
H. E. Wichmann**
GHS Wuppertal FB 14
Arbeitssicherheit
und Umweltmedizin
Gaußstraße 20
5600 Wuppertal 1

# VDI BERICHTE

enthalten über jeweils ein bestimmtes Sachgebiet Vorträge und Aussprachen von Tagungen des VDI und andere Arbeiten der VDI-Fachgliederungen

## SACHVERZEICHNIS (Stand März 1991)

| | Nr. | | Nr. |
|---|---|---|---|
| Bautechnik | 628, 653, 726, 788, 800, 840, 841 | Produktionstechnik | 694, 719, 722, 758, 759, 762, 767, 792, 810, 824, 830, 831, 863, 867, 871 |
| Technische Gebäudeausrüstung | 641, 654, 655, 656, 718, 769, 783, 784, 802, 828 | Fördertechnik, Materialfluß und Logistik | 636, 638, 660, 671, 685, 688, 691, 692, 707, 708, 712, 713, 732, 743, 756, 757, 767, 776, 781, 814, 821, 823, 826, 827, 833, 834, 850, 880, 881 |
| Fahrzeugtechnik | 632, 650, 657, 665, 681, 699, 714, 741, 744, 778, 779, 791, 816, 817, 818, 819, 875 | Wertanalyse | 683, 760, 829, 849 |
| Textiltechnik | 738, 739, 740, 848, 879 | Meß- und Automatisierungstechnik | 631, 644, 659, 679, 711, 723, 728, 731, 749, 750, 751, 761, 768, 801, 804, 815, 836, 843, 844, 854, 855, 856 |
| Energietechnik | 602, 640, 645, 652, 667, 668, 669, 675, 676, 684, 689, 690, 703, 704, 706, 715, 725, 727, 729, 733, 753, 754, 763, 764, 765, 772, 782, 789, 793, 794, 807, 808, 809, 811, 822, 851, 859, 868, 872 | Werkstofftechnik | 600.3, 600.4, 600.5, 670, 702, 734, 770, 773, 797, 862, 866 |
| | | Reinhaltung der Luft | 634, 639, 701, 721, 735, 745, 799, 837, 838, 853, 857 |
| Feinwerktechnik | 666, 673, 720, 747, 777, 795, 796, 805, 806, 870, 876 | | |
| | | Lärmminderung | 629, 648, 678, 742, 798, 813, 860 |
| Entwicklung Konstruktion Vertrieb | 626, 633, 635, 643, 646, 647, 649, 651, 658, 661, 663, 672, 680, 682, 695, 697, 698, 700.1, 700.2, 700.3, 700.4, 709, 716, 724, 736, 748, 752, 766, 774, 775, 785, 786, 787, 790, 803, 812, 820, 825, 839, 842, 846, 847, 858, 861.1, 861.2, 861.3, 861.4, 861.5, 864, 865 | Umwelttechnik | 696, 746, 832 |
| | | Industrielle Systemtechnik | 642, 717, 771, 835, 845 |

Kostenloses Verzeichnis auf Anforderung

Die VDI-Berichte erscheinen in zwangloser Folge (Format DIN B5). Im Abonnement 20% Nachlaß; für VDI-Mitglieder auf den Einzelpreis und auf den Abonnementspreis 10% Nachlaß. Studenten (gegen Bescheinigung) 20% Nachlaß auf den Ladenpreis. — Die im Inland zur Berechnung kommenden Preise verstehen sich einschließlich Mehrwertsteuer.

**Die noch lieferbaren Berichte sind im obigen Sachverzeichnis enthalten.** Zwischenzeitlich vergriffene Berichte werden nicht in jedem Fall wieder aufgelegt. Auf Anfrage erhalten Sie ein Prospekt.

**Registerband I:** Übersicht und Register zu den VDI-Berichten 1 — 50 DM 19,20
**Registerband II:** Übersicht und Register zu den VDI-Berichten 51 — 120 DM 36,—

| Nr. | | DM |
|---|---|---|
| 825 | **Wettbewerbsfaktor Informationsmanagement. Herausforderung für Marketing und Vertrieb** (Tagung Köln 1990) | 98,— |
| 826 | **Produktionslogistik** (Tagung Offenbach/M. 1990) | 98,— |
| 827 | **Kühlhäuser im Warmfluß** (Tagung Stuttgart 1990) | 68,— |
| 828 | **Sanierungsaufgaben in der techn. Gebäudeausrüstung** (Tagung München 1990) | 98,— |
| 829 | **Wertanalyse-Kongreß '90** (Tagung Mannheim 1990) | 98,— |
| 830 | **Rechnerintegrierte Konstruktion und Produktion** (Tagung München 1990) | 128,— |
| 831 | **Inbetriebnahme komplexer Maschinen und Anlagen** (Tagung Frankfurt 1990) | 68,— |
| 832 | **Technik zum Schutz der Umwelt** (Tagung Köln 1990) | 98,— |
| 833 | **Verfügbarkeit von Materialflußsystemen** (Tagung Baden-Baden 1990) | 68,— |
| 834 | **Automatisierte Lagersysteme '90** (Tagung Stuttgart 1990) | 98,— |
| 835 | **Qualität erzeugen und sichern** (Tagung Dortmund 1990) | 68,— |
| 836 | **Fertigungsmeßtechnik und Qualitätssicherung** (Tagung Zürich 1990) | 98,— |
| 837 | **Wirkung von Luftverunreinigung auf Böden** (Tagung Lindau 1990) | 238,— |
| 838 | **Aktuelle Aufgaben der Meßtechnik in der Luftreinhaltung** (Tagung Heidelberg 1990) | 198,— |
| 839 | **Erfolgreich im Vertrieb** (Tagung Neu-Ulm 1990) | 98,— |
| 840 | **Betonverbund** (Tagung Nürnberg 1990) | 98,— |
| 841 | **Hallenbau für Industrie und Gewerbe** (Tagung Mannheim 1990) | 98,— |
| 842 | **Mut zur R'Evolution im Kundendienst** (Tagung Heidelberg 1990) | 68,— |
| 843 | **Kalibrierdienst — Baustein zur Sicherung der Produktqualität im Europäischen Binnenmarkt** (Tagung Köln 1990) | 68,— |
| 844 | **Standardisierter Feldbus für die elektrische Antriebstechnik** (Tagung Köln 1990) | 68,— |
| 846 | **Schwingungsüberwachung — Maschinendiagnose** (Tagung Mannheim 1990) | 98,— |
| 847 | **Kurvengetriebe — bewährte Technik neuzeitlich eingesetzt** (Tagung Mannheim 1990) | 98,— |
| 848 | **Planung + Controlling in der Bekleidungsindustrie** (Tagung Düsseldorf 1990) | 98,— |
| 849 | **Wertanalyse — Wertgestaltung — Value Management** (Tagung Nürnberg 1990) | 98,— |
| 850 | **Roboter in der Verpackungstechnik** (Tagung Duisburg 1990) | 68,— |
| 851 | **Regenerative Energien** (Tagung Kassel 1991) | 128,— |
| 852 | **Ingenieurwerkstoffe im techn. Fortschritt, Werkstofftag '91** (Tagung München 1991) | 238,— |
| 853 | **Faserförmige Stäube** (Tagung Heidelberg 1990) | 198,— |
| 854 | **Diagnoseverfahren in der Automatisierungstechnik** (Tagung Baden-Baden 1990) | 68,— |
| 855 | **GMA-Kongreß '90, Automatisierungstechnik '90** (Tagung Baden-Baden 1990) | 198,— |
| 856 | **Knowledge Based Measurement** (Tagung Karlsruhe 1990) | 128,— |
| 857 | **Wärmenutzungsverordnung** (Tagung Würzburg 1990) | 128,— |
| 858 | **Bürokommunikation '90** (Tagung Köln 1990) | 98,— |
| 859 | **Schraubenmaschinen '90** (Tagung Dortmund 1990) | 148,— |
| 860 | **Schallausbreitung in Werkhallen** (Tagung Köln 1990) | 68,— |
| 861.1 | **Datenverarbeitung in der Konstruktion '90, Plenarveranstaltung** (Tagung München 1990) | 68,— |
| 861.2 | **Datenverarbeitung in der Konstruktion '90 CAD in Maschinenbau und Fahrzeugtechnik** (Tagung München 190) | 128,— |
| 861.3 | **Datenverarbeitung in der Konstruktion '90 CAD und Informationstechnik** (Tagung München 1990) | 98,— |
| 861.4 | **Datenverarbeitung in der Konstruktion '90 CAD in Elektrotechnik / Elektronik** (Tagung München 1990) | 68,— |

**VDI VERLAG** Postfach 10 10 54
4000 Düsseldorf 1

| Nr. | | DM |
|---|---|---|
| 861.5 | Datenverarbeitung in der Konstruktion '90<br>CAD im Bauwesen (Tagung München 1990) | 68,— |
| 862 | Schadensanalyse (Tagung Würzburg 1990) | 98,— |
| 863 | Trends in der Produktionstechnik / Laser für die Metallbearbeitung (Tagung Düsseldorf 1990) | 98,— |
| 864 | Marketingorientierung in Konstruktion und Design (Tagung Nürnberg 1990) | 68,— |
| 865 | Die Konstruktion als entscheidender Wettbewerbsfaktor (Tagung Bad Soden 1991) | 68,— |
| 866 | Bauteilbeschichtung (Tagung Wiesbaden 1990) | 128,— |
| 867 | Blechbearbeitung (Tagung Essen 1990) | 128,— |
| 868 | Strömungsmaschinen (Tagung Aachen 1991) | 98,— |
| 869 | Bauen für den Grundwasser-, Boden- und Gewässerschutz (Tagung Baden-Baden 1991) | 148,— |
| 870 | Maskentechnik für Mikroelektronik — Bausteine (Tagung München 1990) | 68,— |
| 871 | Praxis der Montageautomatisierung '90 (Tagung Nürnberg 1990) | 98,— |
| 872 | Ventilatoren im industriellen Einsatz (Tagung Düsseldorf 1991) | 198,— |
| 874 | Raumfahrtaktivitäten in der BRD (Tagung Bonn 1991) | 98,— |
| 875 | Motorrad, 4. Fachtagung (Tagung München 1991) | 128,— |
| 876 | Verbindungstechnik '91 für elektronische und elektrooptische Geräte + Systeme<br>(Tagung Karlsruhe 1991) | 98,— |
| 877 | Unebenheiten von Schiene und Straße als Schwingungsursache (Tagung Braunschweig 1991) | 98,— |
| 878 | Getriebe in Fahrzeugen — heute und morgen (Tagung München 1991) | 198,— |
| 879 | Automatisieren im Textilbetrieb 2000 (Tagung Düsseldorf 1991) | 98,— |
| 880 | Kühlhäuser im Warenfluß (Tagung Osnabrück 1991) | 68,— |
| 881 | Steuerung von Materialfluß-Systemen (Tagung Baden-Baden 1991) | 98,— |
| 882 | Experimentelle Mechanik, 14. GESA-Symposium (Tagung Berlin 1991) | 198,— |
| 883 | Fügetechniken im Vergleich (Tagung Baden-Baden 1991) | 148,— |
| 884 | Kernenergie: heute, morgen (Tagung Aachen 1991) | 128,— |
| 885 | Abgas- und Geräuschemissionen von Nutzfahrzeugen (Tagung Karlsruhe 1991) | 128,— |
| 887 | Blockheizkraftwerke und Wärmepumpen (Tagung Essen 1991) | 98,— |
| 889 | Investitionsgütervertrieb im europäischen Wachstumsmarkt, VIT '91 (Tagung Bad Soden 1991) | 98,— |
| 890 | Produktionslogistik (Tagung Offenbach 1991) | 98,— |
| 891 | Sicherung von Ladeeinheiten (Tagung Köln 1991) | 68,— |
| 892 | 5. Deutscher Materialflußkongreß (Tagung Karlsruhe 1991) | 148,— |
| 893 | Meß- und Versuchstechnik im Automobilbau, Umweltsimulation (Tagung Köln 1991) | 128,— |
| 894 | FE-Simulation of 3-D Sheet Metal Forming Processes in Automotive Industry<br>(Tagung Zürich 1991) | 228,— |
| 895 | Prozeßführung und Verfahrenstechnik der Müllverbrennung (Tagung Essen 1991) | 128,— |
| 896 | Erhalten historischer Bauten (Tagung Köln 1991) | 128,— |
| 897 | Wissensverarbeitung in der Automatisierungstechnik (Tagung Langen 1991) | 98,— |
| 898 | Integrierte Auftragsabwicklung (Tagung Nürnberg 1991) | 98,— |
| 899 | Integrierter Umweltschutz. Ingenieurkonzepte für eine umweltverträgliche Technikgestaltung<br>(Tagung Düsseldorf 1991) | 68,— |
| 900 | Schalltechnik '91 (Tagung Nürnberg 1991) | 98,— |
| 902 | Bauteilschäden (Tagung Würzburg 1991) | 128,— |
| 903 | Erfolgreiche Anwendung wissensbasierter Systeme in Entwicklung und Konstruktion<br>(Tagung Heidelberg 1991) | 128,— |
| 904 | Fortschrittliche Meß- und Analysemethoden lösen Schwingungs- und Lärmprobleme<br>(Tagung Bad Soden 1991) | 98,— |
| 905 | Sicherheitsfaktoren in Maschinen, Fahrzeugen und Anlagen: Selbsthemmende Getriebe<br>(Tagung Düsseldorf 1991) | 98,— |
| 906 | Recycling — Herausforderung für den Konstrukteur (Tagung Bad Soden 1991) | 98,— |
| 907 | Kommissionieren in Industrie und Handel (Tagung Karlsruhe 1991) | 68,— |
| 908 | Sichere Ladung auf Straßenfahrzeugen (Tagung Köln 1991) | 68,— |
| 909 | Automatisierte Lagersysteme '91. Anforderungen, Anpassung, Neustrukturierung<br>(Tagung Baden-Baden 1991) | 128,— |
| 910 | 4. Aufladetechnische Konferenz (Tagung Darmstadt 1991) | 148,— |

**VDI VERLAG** Postfach 10 10 54
4000 Düsseldorf 1

| Nr. | | DM |
|---|---|---|
| 911 | Materialfluß und Logistik in Automobilbau und Zulieferindustrie. Konzepte — Beispiele — Erfahrungen (Tagung Stuttgart 1991) | 98,— |
| 912 | Wasserstoff-Energietechnik III — Ergebnisse und Optionen (Tagung Nürnberg 1992) | 128,— |
| 913 | Erfolgreicher mit Bürokommunikation in Industrie und Dienstleistung (Tagung Köln 1991) | 148,— |
| 914 | Fortschrittliche Automatisierungstechnik mit SPS (Tagung Bad Soden 1991) | 98,— |
| 915 | Mobilität im Verkehr. Reichen die heutigen Konzepte aus? (Tagung München 1991) | 98,— |
| 916 | Reifen, Fahrwerk, Fahrbahn (Tagung Hannover 1991) | 198,— |
| 917 | Vom Werkstoff zum Bauteil. Normung, Auswahl, Qualitätssicherung, Umwelt (Tagung Berlin 1992) | 198,— |
| 918 | Unternehmensressourcen für neue Märkte und Produkte. 3. Europäischer Wertanalyse-Kongreß (Tagung München 1991) | 198,— |
| 919 | Reinraumtechnik — Ausgewählte Lösungen und Anwendungen (Tagung Bielefeld 1991) | 128,— |
| 920 | Wettbewerbsteile durch Technologie-Management (Tagung Essen 1991) | 68,— |
| 921 | Industrieroboter messen und prüfen (Tagung Köln 1991) | 98,— |
| 922 | Verbrennung und Feuerungen. 15. Deutscher Flammentag (Tagung Bochum 1991) | 198,— |
| 923 | Möglichkeiten und Grenzen der Kraft-Wärme-Kopplung (Tagung Würzburg 1991) | 98,— |
| 924 | Einsatzmöglichkeiten des PC in der Energietechnik (Tagung Nürnberg 1991) | 68,— |
| 925 | Modellbildung für Regelung und Simulation (Tagung Langen 1992) | 128,— |
| 926 | Energietechnische Investitionen im Neuen Europa. Märkte, Projekte, Finanzierungen (Tagung Dresden 1991) | 68,— |
| 927 | Soziale Kosten der Energienutzung: Externe Kosten heute — Betriebskosten morgen (Tagung Mannheim 1991) | 98,— |
| 928 | Gesamtauftragssteuerung mit Auftragsleitstelle (Tagung Stuttgart 1991) | 128,— |
| 929 | Integration der Qualitätssicherung in CIM (Tagung Braunschweig 1991) | 98,— |
| 930 | Produktionsmanagement '91 (Tagung Köln 1991) | 98,— |
| 931 | Anwendungs- und Untersuchungsprobleme bei Dichtelementen (Tagung Köthen 1991) | 98,— |
| 932 | Projektmanagement beim Bauen für Industrie, Gewerbe, Kommune (Tagung Hannover 1992) | 98,— |
| 933 | Werkstoffe der Mikrotechnik — Basis für neue Produkte (Tagung Karlsruhe 1991) | 128,— |
| 934 | Neue Konzepte für die Autoverwertung (Tagung Wolfsburg 1991) | 198,— |
| 935 | Maskentechnik für Mikroelektronik-Bausteine (Tagung München 1991) | 68,— |
| 936 | Erfolgreiche Anwendungen von Datenbanken, Expertensystemen und Simulationen in der Oberflächentechnk (Tagung Köln 1992) | 98,— |
| 937 | STAK '92 — Softwaretechnik in Automatisierung und Kommunikation, Projektierungs- und Entwicklungswerkzeuge (Tagung Karlsruhe 1992) | 98,— |
| 939 | SENSOREN — Technologie und Anwendung (Tagung Bad Nauheim 1992) | 198,— |
| 941 | Energiehaushalten und $CO_2$-Minderung: Einsparpotentiale im Sektor Stromversorgung (Tagung Würzburg 1992) | 98,— |
| 942 | Energiehaushalten und $CO_2$-Minderung: Einsparpotentiale durch die Einbindung regenerativer Energieträger (Tagung Würzburg 1992) | 68,— |
| 943 | Energiehaushalten und $CO_2$-Minderung: Einsparpotentiale im Sektor Verkehr (Tagung Würzburg 1992) | 98,— |
| 944 | Energiehaushalten und $CO_2$-Minderung: Einsparpotentiale im Sektor Haushalt (Tagung Würzburg 1992) | 98,— |
| 948 | Das Mensch-Maschine-System im Verkehr (Tagung Berlin 1992) | 148,— |
| 949 | Rechnergestützte Fabrikplanung '92 (Tagung Fellbach 1992) | 98,— |
| 951 | Steuerung von Materialflußsystemen (Tagung Offenbach 1992) | 98,— |
| 956 | Flurförderzeuge '92. Technik — Sicherheit — Wirtschaftlichkeit (Tagung Heidelberg 1992) | 128,— |
| 957 | Selbsterregte Schwingungen — Ursache, Analyse, Beherrschung (Tagung Fulda 1992) | 98,— |
| 959 | LWL '92. Angewandte Lichtwellenleitertechnik (Tagung München 1992) | 98,— |
| 960 | Gerätetechnik und Mikrosystemtechnik, 2 Bände (Tagung Chemnitz 1992) | 238,— |
| 963 | Erfolgreiches Qualitätsmanagement durch firmenübergreifende Partnerschaft (Tagung Düsseldorf 1992) | 98,— |

**VDI VERLAG** Postfach 10 10 54
4000 Düsseldorf 1